中国地质调查成果 CGS 2017-027

中国地质调查局地质矿产调查评价专项项目(编号:121201009000150002、12120114084501)资助

南岭成矿带地质矿产调查"十二五"成果集

付建明　卢友月　牛志军　谢新泉　等编著
陈希清　马丽艳　程顺波　秦拯纬

参编单位　武汉地质调查中心　　　　　　　湖南省地质调查院
　　　　　广西壮族自治区地质调查院　　　广西壮族自治区区域地质调查研究院
　　　　　广东省地质调查院　　　　　　　广东省佛山地质局
　　　　　江西省地质调查研究院　　　　　湖南省地质矿产勘查开发局
　　　　　湖南省有色地质勘查局　　　　　中国冶金地质总局
　　　　　中国地质科学院矿产资源研究所　南京地质调查中心
　　　　　中国地质大学(武汉)　　　　　　合肥工业大学

中国地质大学出版社

内 容 简 介

南岭成矿带是西太平洋成矿带极为重要的组成部分，也是世界上著名的有色、稀有和稀土金属矿床的集中地。"十二五"期间，中国地质调查局在南岭地区实施了"南岭成矿带地质矿产调查"计划项目，部署了一批区域地质调查、矿产远景调查（评价）和综合研究项目。书中集中反映了这期间该计划项目结题的53个工作项目在基础地质和矿产地质方面取得的主要成果与进展。本书适合于区域地质调查、矿产地质调查、矿产勘查、地学科学研究和规划管理部门相关人员使用，对地质找矿工作具有重要参考价值。

图书在版编目(CIP)数据

南岭成矿带地质矿产调查"十二五"成果集/付建明，卢友月，牛志军等编著.—武汉：中国地质大学出版社，2017.6

ISBN 978-7-5625-4068-7

Ⅰ.①南…
Ⅱ.①付… ②卢… ③牛…
Ⅲ.①南岭-成矿带-地质矿产调查
Ⅳ.①P622

中国版本图书馆 CIP 数据核字(2017)第 155245 号

南岭成矿带地质矿产调查"十二五"成果集		付建明　卢友月　牛志军　等编著
责任编辑：王凤林　周　旭		责任校对：张咏梅

出版发行：中国地质大学出版社(武汉市洪山区鲁磨路388号)　　邮编：430074
电　　话：(027)67883511　　传　　真：(027)67883580　　E-mail：cbb@cug.edu.cn
经　　销：全国新华书店　　　　　　　　　　　　　　　　　　Http://cugp.cug.edu.cn
开本：880毫米×1230毫米　1/16　　　　　　　　　　字数：867千字　印张：27.5
版次：2017年6月第1版　　　　　　　　　　　　　　印次：2017年6月第1次印刷
印刷：武汉中远印务有限公司　　　　　　　　　　　印数：1—500册
ISBN 978-7-5625-4068-7　　　　　　　　　　　　　　　　　　　定价：288.00元

如有印装质量问题请与印刷厂联系调换

前 言

1999年中国地质调查局开展国土资源大调查以来,南岭成矿带被列为中国首批16个重点成矿区带之一,并且是5个重中之重之一;2009年和2013年,全国重点成矿区带分别调整为19个和21个,南岭成矿带仍列其中。该成矿带横跨扬子板块和华夏板块,成矿条件优越、找矿潜力大、矿业基础好、工作程度高、采选冶产业发达,是中国钨、锡、铋、铅、锌等矿产的传统基地,也是世界上独具特色的与大陆花岗岩有关成矿作用最为强烈的地区,在全国资源发展战略中具有举足轻重的地位。

南岭成矿带范围为东经107.00°—116.00°,北纬24.00°—27.00°,面积约$30×10^4 km^2$;2014年全国资源潜力评价调查研究后对范围进行了重新调整,主要拐点坐标:东经116.00°,北纬26.50°;东经114.61°,北纬23.83°;东经109.15°,北纬22.89°;东经108.08°,北纬24.62°;东经110.09°,北纬26.56°。面积约$23×10^4 km^2$,主要涉及湘南、赣南、桂北、粤北等地区。

南岭地区因其丰富的矿产资源和独特的地理位置长期以来受到广大地学工作者的极大关注,成为世界上研究燕山期大陆成矿体系和花岗岩成岩、成矿理论最典型的地区之一,孕育了包括钨矿"五层楼"模式和"成矿系列"等具有中国特色的一批原创性成矿理论,以及由于其公益性引领拉动商业性地质工作的地质找矿新机制"锡田模式"。"十二五"期间(2011—2015年),中国地质调查局部署计划项目"南岭成矿带地质矿产调查",组织实施单位为武汉地质调查中心。5年来在南岭成矿带投入的总经费近4.5亿元,主要目标任务是:①基础地质调查。开展1:25万、1:5万区域地质调查和1:5万遥感地质调查,初步查明成矿地质背景,提供一批新的找矿远景区和找矿线索;深化区域地质背景和成矿地质条件的认识,为矿产远景调查提供基础信息。②矿产远景调查与评价。以钨、锡、铅锌、铜矿为主攻矿种,兼顾铁、锰、金、银矿,探索铀等特殊矿种,根据区域成矿地质背景、成矿特点及以往找矿勘查工作程度等,围绕诸广山、万洋山、骑田岭、九嶷山、都庞岭等重要岩体和丹—池地区开展锡多金属矿远景调查,优选成矿有利地段,综合分析地物化异常和矿(化)线索,通过地面高精度地球物理(磁测)、地球化学等综合调查手段,圈定矿致异常、矿(化)点和找矿靶区。③综合研究。开展成矿带成矿地质背景、矿产资源潜力综合评价和勘查选区研究,加强矿化富集规律研究和找矿模式的总结与运用、花岗岩成因及与成矿关系研究,充分依靠现代深部探测方法技术,开展深部找矿预测,为后续勘查提供后备选区。综合研究区域重大地质问题,编制成矿带基础地质系列图件,建立成矿带基础地质数据库。主要工作手段为区域地质调查、矿产远景调查(评价)和综合研究等,完成主要实物工作量见表1。通过5年项目实施,提交了一系列地质图、矿产图和各类综合图件,以及一批区域地质调查、矿产远景调查(评价)和综合研究成果报告。在基础地质、地质找矿方面取得了重要进展,对制约找矿的主要科学问题提出了一些新认识。

表1 "十二五"期间南岭成矿带完成主要实物工作量

工作内容	单位	2011年	2012年	2013年	2014年	2015年	合计
1:25万区域地质调查	km²	23 326	10 166	0	0	0	33 492
1:5万矿产地质测量	km²	3650	4653	4613	7253	8901	29 070
1:5万区域地质调查	km²	6187	5925	5284	5269	6480	29 145
1:5万水系沉积物测量	km²	6217	5038	13 227	12 100	10 287	46 869
1:5万高精磁测量	km²	2344	714	1167	1894	922	7041
1:5万遥感地质解译	km²	15 969	6278	11 689	7862	9222	51 020
探槽	m³	41 500	62 950	36 000	21 260	29 149	190 859
钻探	m	12 550	12 480	15 930	2700	3274	46 934

一、基础地质

在桂北震旦纪硅质岩中获得磷质壳体微体生物化石,桂西地区发现晚泥盆世腕足类 *Dzieduszyckia* 化石群、泥盆纪牙形石和晚三叠世海相双壳类化石,粤北新丰地区发现晚三叠世植物群等。通过采获的大量生物化石和锆石 U-Pb 测年,重新厘定和完善岩石地层序列,建立了华南地区高精度年龄体系支持的前寒武系岩石地层序列;赣南加里东期花岗闪长岩中发现冥古宙锆石核,在赣南地区发现晚志留世增坑辉长辉绿岩;以最新的精确年龄和地球化学数据为基础,建立了南岭地区侵入岩精确年代格架和构造-岩浆事件序列;以区域地质调查工作中取得的新成果资料为基础,重新划分构造单元,查明了重要区域性断裂带的构造特征,提出了 4 个构造阶段的大地构造演化格局。这些进展为重新认识华南大地构造格局及其成矿作用提供了重要的科学依据。

二、矿产地质

新发现矿点 200 余个,有望取得找矿突破的矿产地 45 处,圈定 1:5 万水系沉积物综合异常 516 个、1:5 万高精度磁异常 157 个和找矿靶区 150 余处。研究认为复式岩体中具有高分异特征的补体花岗岩有利于成矿,160～150Ma 是南岭乃至华南地区成岩矿高峰期,地幔流体在锡多金属矿形成过程中起积极的甚至关键作用,铝土矿的富集具有继承性;提出了南岭成矿带钨锡多金属的找矿方向,建立了钨锡等重要矿种的成(找)矿模式,划分了 19 个Ⅳ级成矿(区)带、56 个Ⅴ级成矿(区)带,圈定找矿远景区 19 个、找矿靶区 96 个,编制完成了 1:75 万南岭成矿带系列基础地质图件。同时,以地质矿产调查获得的成果为基础,工作项目承担单位申请了一批国土资源厅地勘项目及其他勘查项目,并取得良好找矿效果,充分体现了地质矿产调查项目公益性的引领作用。

为了及时、更好地宣传南岭地区"十二五"期间地质找矿新进展,武汉地质调查中心编制了本书,全面反映"十二五"期间计划项目"南岭成矿带地质矿产调查"中结题工作项目取得的主要成果与进展,章节顺序总体按区域地质调查、矿产远景调查(评价)、综合研究排列。53 个工作项目成果独立成章,作者为项目负责人及其团队成员。本书中的数据为各工作项目最新的成果进展,部分成果还没有正式发表,在此特别感谢各工作项目组支持。书中的各项成果可正式引用,详细的研究成果各项目组将以文章形式发表,二者互为补充。受篇幅限制,书中未列参考文献,请被引文章作者谅解。

计划项目组自始至终得到了中国地质调查局基础调查部、资源评价部,武汉地质调查中心,中南项目管理办公室的指导与关心。南岭地区四省(区)地勘局和地调院、科研院所及高校也付出了艰辛的努力,在此一并表示衷心的感谢!

计划项目"南岭成矿带地质矿产调查"工作时间跨度长、工作子项目多,并且不同行业承担单位选用的标准不尽一致(如地层划分),加之编著者水平有限,尽管付诸了很大努力,书中仍然可能存在一些不足或错误,付建明敬请读者批评指正。

目　录

第一章　湖南1:25万武冈市、永州市幅区域地质调查	(1)
第二章　广西1:25万南丹县幅区域地质调查	(8)
第三章　广西1:5万水口幅、林溪幅、龙额乡幅、良口幅区域地质调查	(15)
第四章　湖南1:5万腰陂幅、高陇幅、茶陵县幅、宁冈县幅区域地质调查	(22)
第五章　广东1:5万坪石镇幅、沙坪乡幅、乐昌县幅、乳阳林业局幅、桂头镇幅区域地质调查	(28)
第六章　广西1:5万梅溪幅、窑市幅、江头村幅、资源县幅、龙水幅、黄沙河幅区域地质调查	(36)
第七章　江西1:5万遂川县幅、良口幅、横市井幅、夏府幅区域地质调查	(40)
第八章　广西1:5万下塘幅、龙川幅、百色市幅、坤圩幅区域地质调查	(48)
第九章　广西1:5万龙岸圩(东)幅、融水幅、浮石圩幅、黄金镇(东)幅、和睦幅、大良街幅区域地质调查	(55)
第十章　广东1:5万隘子公社幅、坝仔公社幅、翁城幅、翁源县幅、连平县幅区域地质调查	(62)
第十一章　广西1:5万南乡幅、上程幅，广东1:5万福堂圩幅、小三江幅区域地质矿产调查	(69)
第十二章　广西1:5万桃川镇幅、麦岭幅、源口幅、福利幅区域地质矿产调查	(78)
第十三章　广西1:5万富川县、涛圩、桂岭圩、太保圩幅区域地质矿产调查	(87)
第十四章　广西1:5万西凉幅、月里街幅、麻尾镇幅、尧山幅区域地质矿产调查	(96)
第十五章　广东1:5万周陂公社幅、隆街公社幅、新丰县幅、马头幅区域地质矿产调查	(105)
第十六章　广西1:5万印茶幅、向都幅、东平幅、天等县幅、大新幅区域地质调查	(109)
第十七章　广西1:5万圭里幅、向阳幅、平腊幅、更新幅区域地质矿产调查	(115)
第十八章　广西罗富地区矿产远景调查	(120)
第十九章　湖南坪宝地区铜铅锌多金属矿调查评价	(130)
第二十章　湖南衡东—丫江桥地区铅锌矿远景调查	(138)
第二十一章　广西靖西龙邦锰矿远景调查	(144)
第二十二章　广东英德金门-雪山嶂铜铁铅锌矿产远景调查	(154)
第二十三章　湖南茶陵太和仙-鸡冠石锡多金属矿远景调查	(163)
第二十四章　湖南新田地区矿产远景调查	(171)
第二十五章　湖南茶陵—宁冈地区矿产远景调查	(180)
第二十六章　广西龙州地区铝土矿调查评价	(189)
第二十七章　湖南茶陵锡田整装勘查区锡多金属矿调查评价与综合研究	(195)
第二十八章　湖南宜章地区矿产远景调查	(203)
第二十九章　广西扶绥—崇左地区铝土矿调查评价	(212)
第三十章　湖南省水口山—大义山地区铜铅锌锡多金属矿调查评价	(222)
第三十一章　湖南省邵阳市崇阳坪地区矿产远景	(231)
第三十二章　广东福田地区矿产远景调查	(242)
第三十三章　湖南上堡地区矿产远景调查	(253)
第三十四章　广西三江地区矿产远景调查	(261)
第三十五章　广东始兴南山坑—良源地区钨锡多金属矿评价	(267)

第三十六章	江西崇义淘锡坑外围钨矿调查评价	(274)
第三十七章	江西竹山—广东澄江地区钨锡多金属矿远景调查	(284)
第三十八章	江西赣县罗仙崟-龙潭下钨矿远景调查	(290)
第三十九章	湖南通天庙地区矿产远景调查	(297)
第四十章	湖南阳明山地区矿产地质调查	(306)
第四十一章	广西龙州—扶绥地区矿产地质调查	(315)
第四十二章	湖南宝峰仙—彭公庙地区矿产地质调查	(325)
第四十三章	湖南省新田县新圩—龙溪地区矿产地质调查	(331)
第四十四章	江西大埠—盘古山地区矿产地质调查	(338)
第四十五章	湖南湘潭—九潭冲地区矿产地质调查	(350)
第四十六章	广西田东—德保地区矿产地质调查	(360)
第四十七章	广东城口—油山地区×矿远景调查	(368)
第四十八章	南岭成矿带基础地质综合研究	(369)
第四十九章	南岭成矿带及整装勘查区重要金属矿床成矿规律研究与选区评价	(380)
第五十章	南岭西段与锡矿有关花岗岩成因及壳幔相互作用研究	(392)
第五十一章	南岭燕山期典型复式岩体中补体与主体的成因联系及其对成矿的意义	(401)
第五十二章	桂西整装勘查区铝土矿床成因与富集规律研究	(413)
第五十三章	南岭成矿带资源远景调查评价	(420)

第一章 湖南 1∶25 万武冈市、永州市幅区域地质调查

柏道远　钟响　贾朋远　熊雄　黄文义

（湖南省地质调查院）

一、摘要

查明了区内地层、岩浆岩、变质岩和构造发育特征，探讨了岩浆活动的构造背景和构造变形的动力学机制，总结了矿产资源概况和成矿规律，深入研究雪峰造山带及邻区重要地质问题，取得了以下主要创新性成果认识：新元古代中期雪峰造山带构造演化过程可分为 4 个阶段；确定南华冰期底界年龄为 720Ma；湖南境内钦杭结合带与扬子陆块的分界可能沿浏阳南桥—新化—隆回—城步一线，与华夏陆块分界可能沿川口—常宁—双牌一线；雪峰造山带东侧早古生代存在两期挤压造山-花岗质岩浆事件；印支期花岗岩主体为晚三叠世后碰撞 S 型花岗岩，其形成与中三叠世后期印支运动陆内造山有关；雪峰造山带在加里东运动和早中生代构造运动中均具有背冲构造样式；前人在沅麻盆地东缘厘定的多个飞来峰实为断夹块；沅麻盆地中新生代经历了 7 期主要构造事件，其中多数事件在靖州盆地得到反映；提出湘东南印支运动挤压应力方向为 NWW 向，湘中盆地西部构造变形的总体逆冲方向为 SE 向，雪峰造山带西侧褶皱变形主要受到区域水平挤压作用下原地基底和盖层的收缩及其导生的滑脱和逆冲控制；提出湘东南晚三叠世—早侏罗世盆地为拉张盆地，晚三叠世—中侏罗世靖州盆地是挤压类前陆盆地。

二、项目概况

调查区位于湖南西南部，行政上主要隶属湖南省邵阳市和永州市管辖，部分属怀化市、衡阳市管辖。此外，调查区西部与贵州、南部与广西接壤。地理坐标：东经 $109°30'00''$—$112°30'00''$，北纬 $26°00'00''$—$27°00'00''$。工作起止时间：2010—2012 年。主要任务是按照中国地质调查局《1∶25 万区域地质调查技术要求》《数字区域地质调查技术要求》及其他有关规范、指南，采用数字填图方法，综合应用区域地、物、化、遥资料，开展 1∶25 万区调修测，提交了数字区域地质调查系统原始数据资料、最终成果图件空间数据库和报告文字数据。

三、主要成果与进展

（一）地层学方面

以最新的国际地层表为标准，建立了调查区各时代不同相区的年代地层和岩石地层序列，对不同时代地层的岩性组合和沉积环境进行了系统研究或厘定。代表性成果有以下两项。

1. 厘定出寒武纪—早奥陶世地层分区暨构造古地理格局。大体以东安—祁东—衡阳一线为界，北西侧（湘中区）属扬子东南缘盆地，为稳定性的泥质、硅质、碳质、钙质沉积。南东侧（湘南区）属华夏北西缘盆地，总体为半深海-深海浊流碎屑沉积夹硅质沉积。湘中区与湘南区沉积之间存在连续过渡关系。

2. 厘定出晚泥盆世早期台地、台盆相间的构造古地理格局，台地相区沉积棋梓桥组钙质夹云质沉

积,台盆相区先后形成榴江组硅质和硅质泥质沉积、佘田桥组泥质、泥质钙质夹钙质沉积。

(二)岩石学方面

对调查区花岗岩的形成时代、侵入期次、岩石学和矿物学特征、地球化学特征、岩浆成因机制、形成构造背景等进行了系统研究,为华南构造-岩浆演化研究补充了具有重要参考价值的地质资料。

1. 新获得加里东期苗儿山岩体 428.5 ± 3.8Ma 和 409 ± 4Ma、加里东期越城岭岩体 436.6 ± 4.8Ma 和 430.5 ± 4.3Ma 的锆石 SHRIMP U-Pb 同位素年龄,结合已有年龄数据,厘定加里东期花岗岩主要形成于 445~430Ma(早志留世)和约 410Ma(志留纪末—泥盆纪初)2 个阶段。获得了印支期晚三叠世瓦屋塘岩体 216.4 ± 2.4Ma 和 215.3 ± 3.2Ma 的锆石 SHRIMP U-Pb 年龄。

2. 在高精度年龄资料的基础上,结合地质学、岩石学和矿物学特征,将调查区花岗岩厘定为新元古代中期、加里东期(志留纪)、印支期(以晚三叠世为主)、早燕山期(中-晚侏罗世)和晚燕山期(白垩纪)5 个阶段 24 个侵入期次。

3. 对区内各阶段主要花岗岩体分别进行了主量、微量和稀土元素,以及 Sr、Nd 同位素地球化学研究,并对岩浆成因进行了较深入分析。新元古代花岗岩均具强过铝特征,物源主要为地壳泥质岩夹碳酸盐岩,并有幔源物质加入;岩浆形成与地壳增厚导致升温及软流圈地幔热能向上传递有关。加里东期、印支期和早燕山期花岗岩均以强过铝质陆壳重熔型花岗岩为主,源岩主要为中、上地壳酸性岩石,多数岩体可能有少量地幔物质加入;岩浆形成主要与陆壳增厚升温有关,部分与软流圈热传递有一定关系。

4. 系统厘定调查区新元古代至早燕山期主要花岗岩岩体形成的构造环境。

(1)城步 805.7 ± 9.2Ma 的新元古代花岗岩为岛弧花岗岩,应与古华南洋洋壳俯冲有关。鉴于同时期西侧的江南(雪峰)造山带发育与碰撞造山相关的后碰撞花岗岩,城步岛弧花岗岩的厘定实际揭示出新元古代中期扬子板块东南缘的岛弧增生过程。

(2)加里东期花岗岩形成于后碰撞构造环境,主要与加里东陆内造山运动造成地壳增厚、升温之后的应力松弛和减压熔融有关,并可能受到深部软流圈上涌和热量向上传递影响。鉴于此,推断上述早、晚两期岩浆活动分别与奥陶纪末—志留纪初的北流运动(崇余运动)和志留纪后期的广西运动有关;城步-新化断裂以东在北流运动和广西运动中均产生过强烈的陆内挤压与地壳增厚,断裂以西仅于广西运动中产生过强烈陆内挤压变形,反映了早古生代后期陆内造山自南东向北西的迁移过程(图1);志留纪期间断裂以东隆升剥蚀,断裂以西(现雪峰造山带)因东侧逆冲块体的重力荷载而成为前陆盆地并接受沉积(图1A)。因此,区域上城步-新化断裂以东志留系的缺失属沉积缺失而非后期剥蚀造成。

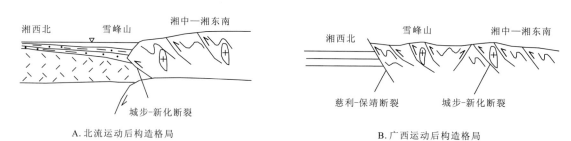

图 1 早古生代陆内造山迁移

(3)印支期花岗岩体主要为晚三叠世,形成于后碰撞构造环境,在中三叠世印支运动之后挤压应力相对松弛、深部压力降低的后碰撞构造环境下,因地壳增厚而升温的中、上地壳岩石减压熔融并向上侵位而形成。区域上晚三叠世后碰撞花岗岩的广泛发育,佐证了中三叠世后期印支运动的陆内强变形特征。

(4)早燕山期花岗岩形成于后造山伸展构造环境,岩浆活动伴随有岩石圈地幔的拆沉及其引起的软流圈地幔上涌,并与中侏罗世早燕山期陆内造山运动引起的地壳增厚、升温及其后的应力松弛和减压熔融有关。

（三）构造地质学方面

在构造地质学方面获得了以下 5 项成果。

1. 重塑了新元古代中期江南造山带西段构造演化过程。

（1）880～820Ma 期间江南造山带处于岛弧岩浆作用阶段。沉积-岩浆事件包括年限为 880～820Ma 的冷家溪群及相当地层的沉积-火山喷发，835～820Ma 的基性—超基性岩浆活动以及 835～820Ma 的新元古代中期早阶段花岗质岩浆活动（岛弧花岗闪长岩）等。其中 835～820Ma 期间江南造山带具岛弧环境，同期东侧的城步地区为弧前盆地。

（2）820～810Ma 期间江南造山带处于弧-陆（主）碰撞阶段。扬子陆块与其东南缘的岛弧之间发生弧-陆碰撞造山（武陵运动或四堡运动），造成板溪群与冷家溪群之间的角度不整合，同期东南侧的城步地区大致处于弧前盆地向岛弧发展的过渡时期。

（3）810～800Ma 期间江南造山带处于后碰撞阶段。继武陵运动变形峰期之后区域挤压作用减弱，经先期增温的地壳岩石减压熔融而形成晚阶段强过铝后碰撞（黑云母）花岗岩。同期东侧城步地区因华南洋洋壳俯冲而形成新的岛弧。

（4）800～630Ma 为裂谷盆地阶段。主要物质记录为 800～720Ma 的板溪群和 720～630Ma 的南华系沉积，以及年龄约为 760Ma 的基性—超基性岩。获得萍乡东桥板溪群上部岩门寨组顶部凝灰岩 717.2 ± 8.9 Ma 的锆石 LA-ICPMS U-Pb 年龄，说明该阶段早期板溪群沉积期和晚期南华冰期之间的分界年龄约为 720Ma。

上述构造演化新认识揭示出扬子陆块东南缘的连续岛弧增生过程，同时为钦杭结合带南西段雪峰期"残留洋盆"属性提供了新证据。

2. 厘定了钦杭结合带湖南段构造边界的具体位置：结合带北西边界为自浏阳南桥—新化—隆回西面至城步东面苗儿山（浏阳-城步汇聚带）；南东边界自江西萍乡—湖南川口—常宁—双牌—广西（川口-双牌汇聚带）。具体依据主要有以下 5 个。

（1）地球物理探测表明湘中南存在一个总体呈 NE 走向的岩石圈增厚带，其两侧边界为分别对应于浏阳-城步汇聚带和川口-双牌汇聚带的陡倾岩石圈低阻带。

（2）大量残留锆石年龄显示湘东南自东向西存在连续的新太古代—中元古代结晶基底，不支持将茶陵-郴州断裂作为钦杭结合带存在。

（3）湘东浏阳文家市一带发育的武陵期蛇绿岩套残片、南桥发育的具典型 N-MORB 特性的玄武岩、再往北发育的岛弧岩浆成因新元古代花岗岩，以及湘西南城步新元古代岛弧花岗岩，支持浏阳-城步汇聚带的存在。

（4）受武陵期陆-洋-陆板块格局暨上述板块边界的控制，武陵期和加里东期构造线及湘中南早中生代带状隆起的走向发生规律性变化。

（5）川口-双牌汇聚带明显控制了南华纪—寒武纪的沉积作用；浏阳-城步汇聚带则为早-中志留世的沉积边界。

3. 提出雪峰造山带及其内部中生代盆地构造的新认识或新发现。

（1）发现雪峰造山带南段—中段在加里东运动与早中生代的印支运动与早燕山运动中均存在明显的挤压变形，构造体制均为 NW—NWW 向挤压，形成 NE—NNE 向褶皱和逆断裂。发现雪峰造山带北段变形强度显著大于南段—中段，表现在深部的冷家溪群和板溪群在北段大量出露而南段—中段则极少或没有出露。这一变形差异揭示出加里东运动区域 SN 向挤压体制。

（2）提出雪峰造山带南段—中段可以溆浦-靖州断裂为界分为东带和西带，东带和西带分别为加里东期雪峰逆冲推覆构造的根带和中带（图 2）；加里东运动和早中生代构造运动中东带变形的强度均显著大于西带。

(3)劈理优势倾向以及褶皱轴面和逆断裂的倾向等反映出雪峰造山带南段—中段的东带在加里东运动与早中生代构造运动中均具有背冲构造样式,但早中生代背冲构造的中轴相对加里东期向西迁移20km(南段)至25km(中段)以上(图2)。此外,造山带北段同样具有背冲构造样式。

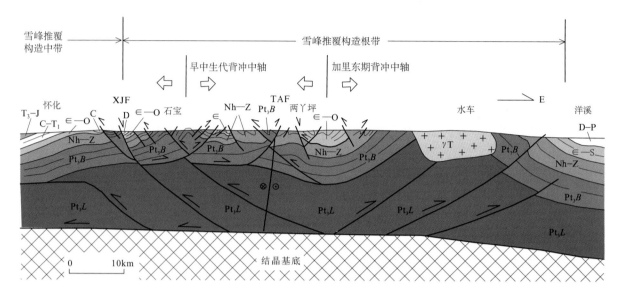

图2 雪峰造山带中段怀化—洋溪构造剖面

T_3—J. 上三叠统—侏罗系;C—T_1. 石炭系—下三叠统;C. 石炭系;D. 泥盆系;D—P. 泥盆系—二叠系;∈—S. 寒武系—志留系;∈—O. 寒武系—奥陶系;Nh—Z. 南华系—震旦系;Pt_3B. 新元古界板溪群;Pt_3L. 新元古界冷家溪群;ηT. 印支期花岗岩;XJF. 溆浦-靖州断裂;TAF. 通道-安化断裂

(4)在雪峰造山带新发现大型膝褶带构造(位于中段怀化石宝一带),确定膝褶带主要形成于加里东运动。

(5)揭示溆浦-靖州断裂经历了南华纪伸展、志留纪晚期逆冲、晚古生代伸展、中三叠世晚期逆冲、晚三叠世—中侏罗世左行走滑—逆冲、中侏罗世晚期逆冲、白垩纪伸展、古近纪右行走滑等多期构造活动,断裂两侧变形(东强西弱)和花岗质岩浆活动(东强西无)差异显示该断裂为扬子陆块与东南缘岛弧之间的分界断裂。

(6)详细的构造调查与解析表明,沅麻盆地中新生代经历了中三叠世晚期印支运动中区域NW—NWW向挤压、晚三叠世—早侏罗世区域SN向挤压、中侏罗世晚期早燕山运动中NWW—近EW向挤压、早白垩世区域NW—SE向伸展、晚白垩世SN向伸展、古近纪中晚期NE向挤压以及古近纪末—新近纪初NW向挤压等7期构造事件,其中多数事件在靖州盆地断裂与节理变形中同样得到反映。此外,前人于沅麻盆地东部及东侧外围地区厘定的多个"飞来峰"实为与逆冲断裂和正断裂有关的断夹块。

4. 详细研究地质作用与雪峰造山带密切相关的邻区构造变形特征,并取得以下新认识:

(1)详细的构造解析确证湘东南印支运动挤压应力方向为NWW向、构造线走向为NNE向,不支持前人提出的该地区SN向挤压观点。主要依据有:早燕山期构造层下伏不整合面切割了上古生界中NNE向褶皱;以NNE走向为轴将不整合面旋转至水平,恢复上古生界岩层走向及构造线方向为NNE向;不整合面之下的地层层位普遍存在沿东西方向的快速变化。

(2)发现湘中盆地西部逆冲推覆构造变形运动指向为SE向,而非前人所认为的NW向。洞口—九公桥构造剖面、大乘山背斜构造剖面、白溪—冷水江构造剖面、黄瓜岭向斜黄金牌—曾家塘构造剖面、斜岭倒转向斜周家—茅木塘构造剖面等,均清楚显示盆地西部褶皱轴面及逆断裂主要倾向NWW或NW,反映总体自NW向SE逆冲的运动学特征。提出盆地西部向SE的逆冲推覆与雪峰造山带东缘向东逆冲以及城步-新化岩石圈断裂向西俯冲有关(图3)。

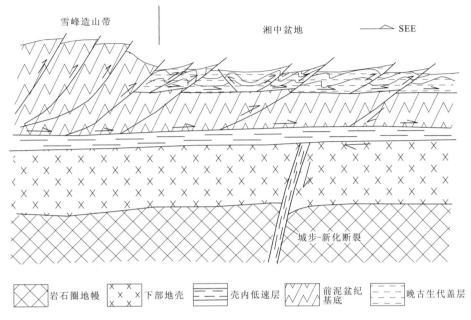

图 3 湘中盆地西部构造变形成因机制示意图

(3)通过对桑植-石门复向斜和沿河地区褶皱的解剖研究,提出雪峰造山带以西、齐岳山断裂以东盆山过渡带褶皱变形主要受区域水平挤压作用下原地基底和盖层的收缩及其导生的滑脱和逆冲控制(图 4)。这一新的模型可以很好地解释前人雪峰西推模型不能解释的若干重要地质事实,包括褶皱轴面和逆冲断裂无向东或南东倾斜极性、雪峰造山带未发生向西侧褶皱带的大规模推覆、盆山过渡带具大幅度整体性构造抬升等,同时也不存在雪峰西推模型中地质剖面无法平衡的问题。

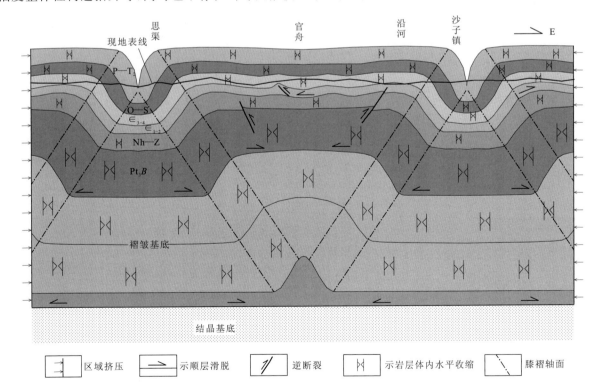

图 4 沿河地区隔槽式褶皱形成机制模型

P—T_1. 二叠系—下三叠统;O—S. 奥陶系—志留系;ϵ_{3-4}. 寒武系第三统—芙蓉统;
ϵ_{1-2}. 寒武系纽芬兰统和第二统;Nh—Z. 南华系—震旦系;Pt_3B. 新元古界板溪群

5. 对湘东南和湘西南晚三叠世—侏罗纪盆地性质和成因机制进行了探讨,确定湘东南晚三叠世—早侏罗世盆地是区域 SN 向挤压下先期(印支运动)NNE 向断裂产生 EW 方向伸展形成的拉张盆地,而非前人所认为的挤压类前陆盆地;早燕山期靖州盆地为挤压类前陆盆地,而非前人所认为的走滑拉分伸展盆地。

(1)沉积物分布及岩相特征研究表明:湘东南晚三叠世—早侏罗世早期为海相-海陆交互相沉积环境,早侏罗世晚期—中侏罗世早期为陆相沉积环境;晚三叠世盆地为分布于茶陵-郴州大断裂东侧(上盘)的 NNE—近 SN 向狭长海湾,早侏罗世开始盆地向东、西两侧扩展;晚三叠世—侏罗纪沉积横向上覆于相对较老的地层之上。结合区域构造背景,提出盆地的形成主要与区域 SN 向挤压下先期 NNE 向断裂产生 EW 方向伸展有关,一定程度上印证了印支运动构造线为 NNE 向。

(2)研究表明湘西南靖州盆地为挤压类前陆盆地,主要依据有:①现今残留盆地边界与上古生界下伏不整合界线及上古生界内部二叠系/石炭系界线平面上总体协调一致,说明盆地开始接受沉积时总体为挤压挠曲作用下形成的低缓洼地。②T_3-J_1 下部成分为成熟度极高的砾岩以及中侏罗世砂质沉积物中远源的黑云母和玄武岩类岩屑,指示盆地应处于相对稳定构造环境,与挤压挠曲洼地环境相吻合。③T_3-J_2 同沉积期构造变形为挤压成因:盆地北端 T_3-J_1 充填于岩层挤压弯曲形成的凹陷;自盆地边缘向中央中侏罗世岩层产状逐渐变缓,指示 J_2 盆地受到 NW 向挤压并产生持续褶皱变形。④盆地东缘晚古生代岩层产状较陡而盆地西缘岩层产状平缓、盆缘上古生界与盆地沉积所组成向斜的轴迹显著偏于东缘、沉积环境西浅东深等,进一步显示盆地主发育期受控于 NW 向挤压与东缘逆冲块体的重力载荷。⑤盆缘伸展断裂少见,更多的是不同方向挤压下形成的走滑断裂、逆断裂、共轭剪节理等形迹;盆地东缘局部发育的正断裂更可能为白垩纪区域伸展背景的产物。⑥就地表断裂走向来看,溆浦-靖州断裂在靖州盆地一段为 NE 走向,而往北向西偏转为 NNE 向,如此断裂左行走滑时靖州盆地所处部位应为挤压区而非拉张区。

据盆地沉积和构造特征及区域大地构造演化背景,靖州盆地的形成主要与晚三叠世—早侏罗世区域 SN 向挤压,以及中侏罗世区域 NWW 向挤压和 NNE 向左行走滑有关。

(四)矿产地质方面

系统阐述了调查区各类矿产资源发育特征、矿产资源受控因素,探讨了区域成矿规律,并进行了找矿远景区划分。

区内矿产主要受地层岩性、构造、岩浆岩 3 个地质因素控制。牛蹄塘组中磷矿、测水组中煤矿、梁山组中耐火黏土矿等产于地层的特定层位;脆性粉砂岩、砂岩和化学性能活跃的灰岩、硅化灰岩是热液矿产矿液上升沉淀的良好场所,对成矿有利。不同方向、不同规模、不同性质的断裂与裂隙是热液矿产的导矿及重要容矿构造。加里东期、印支期和燕山期花岗质岩浆活动为热液矿产提供了热源和流体,而不同时代、不同类型岩石的成矿能力和矿产组合存在差异:印支期和燕山期花岗岩成矿能力强于加里东期;幔源较以基性岩浆为主形成的花岗岩与金、铜、铬、镍、钴、钒等矿种的成矿关系密切,壳源花岗岩与钨、锡、钼、铋、锑、砷等矿种的成矿关系密切。

依据已知矿产数量、种类、规模、出露地层、印支期或燕山期花岗岩体、断裂构造、物化探异常等的发育情况,划分出 6 个找矿远景区。

(1)五团-寨子冲找矿远景区,面积约 $700km^2$,主要有赤铁矿、滑石矿、水晶矿、钨矿 4 种矿产。

(2)上白洞-苗儿山找矿远景区,面积约 $1900km^2$,有钨矿、铅锌矿、锰矿、砷矿、锌矿、铅矿、铜矿、萤石矿、水晶矿、钾长石矿、钨锡矿、褐铁矿、石棉矿 13 种矿产。

(3)阳明山-塔山找矿远景区,面积约 $2600km^2$,有钾长石矿、石英矿、高岭土矿、锡矿、多金属矿、砷矿、砂锡矿、钨矿、铜矿、重晶石矿、铅矿、钨锡矿、煤矿 13 种矿产。

(4)越城岭-高挂山-牛头寨找矿远景区,面积约 $1450km^2$,有钨矿、多金属矿、锑矿、铅矿、铅锌矿、铜矿、金矿、赤铁矿、褐铁矿、石墨矿 10 种矿产。

（5）关帝庙找矿远景区，面积约 500km^2，有铅锌矿、银矿、钒矿、重晶石矿、赤铁矿、磷矿、石煤矿 7 种矿产。

（6）大义山-盐湖找矿远景区，面积约 200km^2，主要有钨锡矿、多金属矿、褐铁矿、锰矿、煤矿 5 种矿产。

四、成果意义

针对雪峰造山带及邻区存在的重要地质问题进行了深入研究，取得了大量的创新性成果，如揭示新元古代中期雪峰造山带 4 个阶段的构造演化过程，提出湖南境内钦杭结合带的南、北边界分别为川口-双牌汇聚带和浏阳-城步汇聚带，发现雪峰造山带东侧早古生代存在两期挤压构造-花岗质岩浆事件，确定前人于沅麻盆地东缘厘定的多个"飞来峰"实为断夹块、湘东南印支运动挤压应力方向为 NWW 向，湘中盆地西部构造变形的总体逆冲方向为 SE 向，雪峰造山带西侧褶皱变形主要是受区域水平挤压作用下原地基底和盖层的收缩控制，湘东南晚三叠世—早侏罗世盆地为拉张盆地，晚三叠世—中侏罗世靖州盆地是挤压类前陆盆地等。这些成果为全面、客观认识湖南乃至华南地区的区域地质和构造演化补充了重要的基础地质资料，对华南地质的后续研究具有重要的指导和借鉴作用。

第二章 广西 1∶25 万南丹县幅区域地质调查

陆刚[1]　黄祥林[1]　吴立河[1]　凌绍年[1]　李新华[1]　朱春迪[1]
黄高斌[1]　邓宾[2]　麦驰[1]　李月志[1]　王建辉[1]　韦旭[1]

（1. 广西壮族自治区区域地质调查研究院；2. 广西壮族自治区地质调查院）

一、摘要

开展了年代地层、岩石地层、生物地层、层序地层等多重地层划分与对比，建立了调查区岩石地层格架，查明了不同时代沉积岩相特征；在下泥盆统、下石炭统等层位中新采获一批牙形刺、腕足类、珊瑚类、放射虫等化石，为区域地层划分对比提供了新资料；在乐业、凌云等地区新发现形成于早石炭世杜内期的沉积岩脉及多期次的地震沉积；在中三叠统兰木组沉积混杂岩中识别出地震活动证据；在都安雅龙华昌地区新发现钾镁煌斑岩，出现铬尖晶石、炭硅石等金刚石成矿指示矿物，获得都安保安煌斑岩墙群金云母 $^{40}Ar-^{39}Ar$ 年龄为 99.02±0.78Ma；获得龙田地区含金石英斑岩白云母 $^{40}Ar-^{39}Ar$ 年龄为 95.54±0.72Ma，为微粒型金矿成矿地质背景研究提供了重要资料。

二、项目概况

调查区位于广西西北部，隶属于百色市、河池市管辖，地理坐标：东经 106°30′00″—108°00′00″，北纬 24°00′00″—25°00′00″，总面积 16 840km²。工作起止时间：2010—2012 年。主要任务是按照中国地质调查局《1∶25 万区域地质调查技术要求》《数字区域地质调查技术要求》及其他有关规范、指南，采用数字填图方法，综合应用区域地、物、化、遥资料开展 1∶25 万区调修测。重点开展以下工作：①采用岩石地层填图方法，以现代地层学、沉积学理论为指导，对调查区各时代地层进行岩石地层、生物地层、年代地层调查研究，进行多重地层划分对比，建立岩石（年代）地层格架。重点建立桂西北泥盆系—中三叠统岩石地层划分方案及区域对比标志。②运用"时代+岩性"的表示方法，对调查区二叠纪、白垩纪岩浆岩的填图单位进行重新清理和划分，查明岩石地球化学特征及其构造背景，探讨岩浆活动与成矿的关系。③查明调查区内以丹池断裂带、右江断裂带为主的构造形迹的特征，及其对右江盆地的形成和发展、岩浆活动、沉积相的控制作用，重点调查研究扬子陆块与南华活动带的物质组成及构造变形特征、构造单元分界位置及其表现形式。④调查研究中-晚泥盆世、晚二叠世、中三叠世等重要成矿期沉积作用、岩浆活动、变形作用及盆地演化与成矿作用的关系。重点对区内微细粒（卡林）型金矿、岩浆热液型锡-多金属矿、密西西比河谷型（MVT）铅锌矿等矿产的区域成矿地质背景进行了研究。

三、主要成果与进展

（一）地层学及沉积学方面

1. 以最新的国际地层表、中国地层表为指南，提出了调查区右江区（孤台台洼＋孤台台棚＋孤台边缘＋台前斜坡＋盆地）与桂北区（台棚-混积陆棚＋台缘＋台前斜坡）的地层划分方案（表1），建立了调查区的地层序列,对区域地层划分体系进行了完善。

表1 广西1:25万南丹县幅区调地层划分表

年代地层			岩石地层						
系	统	阶	右江地层分区					扬子地层分区	
第四系	全新统		桂平组						
	史新统		望高组						
新近系	上新统	麻则沟阶	长蛇岭组						
古近系	始新统	坦曲阶	（百岗组）					邕宁群〈未分〉	
			那读组						
三叠系	中统	新铺阶	兰木组		第三段			（兰木组）	
					第二段				
					第一段				
		关刀阶	板纳组		百逢组			（板纳组）	
	下统	巢湖阶	罗楼组		石炮组			（罗楼组）	
		印度阶							
二叠系	乐平统	长兴阶	合山组	二叠系礁灰岩	第三段	领薅组	〈待定〉	（合山组）	二叠系礁灰岩
		吴家坪阶							
	阳新统	冷坞阶	茅口组		第二段	四大寨组	冲头段	茅口组	
		孤峰阶							
		祥播阶	栖霞组		第一段			栖霞组	
		罗甸阶					改交段	（梁山组）	
	船山统	隆林阶	马平组	威宁组（台地边缘相黄龙组+马平组并层）		南丹组	第二段	马平组	威宁组
		紫松阶					第一段		
石炭系	上统	逍遥阶					大山塘白云岩	黄龙组	
		达拉阶	黄龙组						
			大埔组					大埔组	
	下统	滑石板阶			巴平组			罗城组	
		罗苏阶							
		德坞阶	都安组		都安组			寺门组	
		大塘阶						黄金组	
					鹿寨组			英塘组	
		杜内阶	隆安组					尧云岭组	
泥盆系	上统	邵东阶	额头村组					额头村组	
		阳朔阶	东村组		融县组	五指山组		融县组	
		锡矿山阶							
		佘田桥阶	桂林组			榴江组			
	中统	东岗岭阶	唐家湾组		东岗岭组	罗富组		（唐家湾组）	
		应堂阶				塘丁组	第二段	（信都组）	
	下统	四排阶	〈未出露〉				第一段	〈未出露〉	
		郁江阶				益兰组			
		那高岭阶				丹林组			
		莲花山阶							

注：带"（ ）"的组见于邻区

2. 研究认为桂北区晚古生代—中生代台棚-混积陆棚相岩石地层序列与右江区明显有别，并进行了划分：泥盆系［(邻区出露的)信都组→唐家湾组→桂林组→东村组→]融县组→额头村组→（天河组）→石炭系上朝组或尧云岭组→英塘组→黄金组→寺门组→罗城组→大埔组→黄龙组或石炭系—二叠系马平组［或（未出露的）壶天组→二叠系梁山组］→栖霞组→茅口组→合山组→三叠系罗楼组→板纳组。确认晚古生代—中生代桂北区台棚-混积陆棚相岩石地层序列仅见于调查区的东北角，出露极为不全。河池以北图幅东缘为其与丹池斜坡-盆地相岩石地层序的相变地带，晚古生代本区发育了一个北东向的深水凹槽，台、盆分野并非完全受北西走向的丹池断裂控制。

3. 建立和完善桂西北泥盆纪—中三叠世台盆格局的岩石地层单位划分方案及区域对比标志、岩石（年代）地层格架。以泥盆纪南丹型沉积为基础，提出了完整的右江区深水沉积型地层序列：划分为泥盆系丹林组→益兰组→塘丁组→罗富组→榴江组→五指山组→石炭系鹿寨组→巴平组（→大山塘白云岩）→石炭系—二叠系南丹组→二叠系四大寨组（改交段→冲头段）→领薅组→三叠系石炮组→百逢组→兰木组，其中取得的一些认识如下。

（1）丹池地区泥盆纪早期岩石组合以灰色、灰白色石英细砂为主，与典型的莲花山组紫红色砂岩有别。建议采用丹林组一名，使用丹林组或莲花山组，有必要进行讨论。即使是延用莲花山组，因与典型剖面有别，反映了不同于六景地区、六景型沉积的特征。

（2）丹池地区"那高岭组"以灰色、深灰色砂、泥岩为主，与典型的那高岭组灰绿色等杂色砂、泥岩组合明显有别。认为采用舒家坪组一名似乎更为贴切，是采用丹林组或延用那高岭组，或是否相当于舒家坪组也有必要进行讨论。

以上两组反映了滨岸→混积陆棚、浅→深的演变，是南丹型泥盆纪沉积的基础，是南丹型地层序列演变、丹池地区逐渐演变成为深水盆地的前期阶段表现。

（3）典型的南丹型沉积以富含竹节石的黑色泥岩为主要特征。《广西壮族自治区岩石地层》(1997)认为它们之间岩石划分标志不明显，将原来的益兰组、那标组、塘丁组合并称为塘丁组，改变了塘丁组的原始含义、包含层位。《中国地层表》(2011)划分的塘丁组，则未合并，包含益兰组，与原始的定义接近。

项目组认为益兰组、塘丁组、那标组、罗富组的主体岩石组合大同小异，但也存在多层含灰泥岩、泥灰岩、砂岩、粉砂岩夹层，可作为替代原来以古生物化石种类定义的划分标准，作为组、段界线的岩石划分标志——A. 采用石油部云贵石油勘探处(1963)建立的塘乡组，并进一步划分为益兰段、塘丁段、那标段；B. 修定扩大塘乡组的含义、包含层位，将罗富组并入塘乡组，划分为益兰段、塘丁段、那标下段、那标上段、罗富段，这可能是更符合实际的岩石地层划分方案。一方面既符合岩石地层划分的要求，另一方面又尊重了历史，可最大限度地减少地层划分与对比混淆或混乱问题的出现。这一段地层如何划分，既符合岩石地层的划分要求，又能反映广西已经深入地质界的划分方案，极有必要进行再讨论。

（4）查明丹池地区以富含竹节石黑色泥岩为主的罗富组仅见于罗富背斜，往东泥岩、（含）泥灰岩增加，在九圩地区分为泥岩、灰岩两段，到六甲地区分为上、下两个灰岩段夹一个泥岩段的三段式组合，表明本区其实质为黑色泥岩组与泥灰岩组侧向相变组合。

如果黑色泥岩组的岩石地层名称为罗富组（原始定义含义），那么泥灰岩组另称东岗岭组可能更为恰当[这与地质部泥盆系专题队(1964)、广西区调队(1968)的划分相类同]。由于东岗岭阶为我国中泥盆统的正式阶名(《中国地层表》，2011)，泥灰岩组也可以考虑采用平恩组一名或另建新名称，或变更罗富组的岩石地层定义为富含竹节石的黑色泥岩或灰岩或泥岩与灰岩组合（不仅强调黑色泥岩，但此方案不能反映泥岩相、灰岩相两大类型岩石为侧向沉积的真实关系）。

（5）发现大厂地区榴江组在局部以灰黑色泥岩为主，夹深灰色薄层状—中层状硅质岩、中层状—厚层状长石石英细砂岩，与以硅质岩为主的典型的榴江组有所区别；五指山组在局部以深灰色中层状夹薄层状含生物屑微晶灰岩为主，夹少量泥岩、硅质岩，与区域内标准的五指山组有差异。

(6)发现大厂地区五圩背斜西翼原来划分的五指山组的局部为灰色中层状钙质硅质岩,应调整岩石地层界线,将以钙质硅质岩为主的层段划归为榴江组可能更为恰当。

(7)查明大山塘白云岩夹于巴平组与南丹组之间,是斜坡相沉积灰岩经白云石化作用形成的一套交代白云岩,出露于北香—大山塘—河池一带,往西变薄尖灭。其白云石化基础、形成时代与大埔组白云岩不同,很可能是与丹池断裂活动有关的一套热水白云岩。

由于巴平组、南丹组建组的标准剖面建立于斜坡相与台地边缘相的过渡相区,二者是不连续的,在标准剖面巴平组之上为台地相的黄龙组,在标准剖面南丹组之下为大山塘白云岩(原来采用的是台地相的大埔组一名)。故大山塘白云岩的划分及尖灭对研究右江区晚石炭世深水沉积型地层序列、正确划分巴平组及南丹组具有重要意义。

(8)提出中二叠统采用四大寨组,同时提出其内的段应采用贵州的段名——改交段、冲头段,建议不再采用广西的龙马段(或组)、拔旺段(或组)。查明这两个段与原来前人所划分的栖霞组(或"黑栖霞组")、茅口组(或"黑茅口组")不能等同,改交段在区域上是一个大型硅质—砂—泥质岩透镜体。

4. 对罗楼组创名地的下三叠统进行了再调查研究,对李四光等(1941)创建罗楼组的"富含早三叠世菊石化石的石灰岩层"予以了确认,查明了相变关系,对理顺罗楼组定义、层型,为右江地区罗楼组、南洪组、石炮组的合理、正确划分与对比提供了依据。

5. 查明东兰兰木—外弄地区晚古生代地层为孤台内部相沉积,其上的下-中三叠统为其延续演化的沉浸台地(混积-泥质陆棚)沉积。其中,对中三叠统板纳组、兰木组创名地的兰木剖面进行了再调查研究,查明原剖面4~11层为泥质陆棚相沉积,为泥质岩组(厚120.8m);其上的12~17层根据新公路揭示主要为浊流沉积组合,实质以大量的砂岩为主,为砂岩组,为右江地区板纳组和兰木组的合理、正确划分与对比提供了依据。根据岩石地层单位的划分准则,项目组认为板纳组与兰木组的分界应该回归到广西石油普查大队陆中求(1961)创名时的11层与12层分界处。

6. 在下三叠统罗楼组底部发现大量微生物岩,下三叠统石炮组中发现大量蠕虫灰岩,而且在右江盆地内具有广泛性,其分布与沉积相展布关系密切,是二叠纪末生物大灭绝后海洋生态全面复苏的典型代表,对重建生物大灭绝前的生态系统、见证新种类的出现及营养等级的建立具有非常积极的意义。

7. 中三叠世浊积岩砂岩中发育的底模构造,反映本区古流向存在多向性,可能存在 NE、NW 两个方向的物质来源,肯定了有来自江南古陆的物源;认识到继承二叠纪孤立碳酸盐岩发育的盆内高地的存在,是中三叠世浊积砂岩中的古流向方向存在多向性的重要控制因素,为右江三叠纪沉积相与盆地演化研究提供了资料。

8. 在调查区西部查实二叠纪礁灰岩与石炭系黄龙组存在同构造沉积不整合,表明此类特殊沉积构造在右江盆地内具有广泛性,为研究此类假不整合构造提供了资料,对区域地层的正确划分与对比,对岩相古地理、古构造研究均有重要意义。

(二)沉积岩脉调查方面

1. 在凌云下甲等沉积岩脉群中新发现多期岩脉发育特征,新发现液化脉、液化沉积及软沉积物卷曲变形构造、层内阶梯小断层构造、震裂构造等震积特征,查实了垂直贯入层理、液化沉积物流的存在(图1),为沉积岩脉及地震沉积研究提供了资料。

2. 首次在桂北区台缘相区的早石炭世早期地层中发现了典型的沉积岩脉,根据岩性及化石特征推定形成时代为杜内期中期。结合已发现的六寨二叠纪沉积岩脉群,表明桂北区台缘相区与右江区台缘相发育的沉积岩脉在组成和时间上可以进行对比。

新的沉积岩脉群的发现及凌云下甲沉积岩脉群的再调查,对研究右江盆地及其晚古生代孤立台地的裂解、发展及机制,对研究晚古生代内重大地史事件,探讨丹池锡铅锌成矿区、右江盆地微粒(卡林)型金矿成矿区的地质背景和深化认识具有重要意义。

图 1 沉积灰岩脉野外地质特征

A. 沉积灰岩脉沿同生构造裂隙充填,脉内纹层理向上弯曲变形(围岩为中泥盆统东岗岭组,广西凌云下甲);
B. 沉积灰岩脉中的液化流贯入构造(凌云下甲);C.(沉积灰岩脉)脉内同生液化变形,其中可粗略分辨出环状层理形态、同生小断层(凌云下甲);D. 沉积灰岩脉中的液化塑性变形构造与其中的含角砾团包(凌云下甲);E. 多次拉张形成的多条垂直沉积灰岩脉复合形成的垂直状"层"状构造,其右的沉积灰岩脉中发育与脉壁大角度相交的脉内纹层理(乐业甲龙);F. 复合沉积灰岩脉形成的"垂直层理"(乐业甲龙)

(三)构造地质方面

1. 通过对 1∶5 万坡老街幅、六甲幅的路线调查,对右江区(南华活动带)与桂北区(扬子陆块)的分界及性质取得一些新认识:桂北区台棚-混积陆棚相岩石地层序列与右江区明显有别,地质物质组成及构造变形特征存在明显差异。但是,桂北区台缘相岩石地层序列特征与右江区孤台边缘类同,差别不大;桂北区台缘相岩石地层序列与台棚-混积陆棚相序列,在调查区东缘发现存在明显的指状穿插相变关系。这些发现说明以丹池断裂带为界的右江区与桂北区晚古生代—中生代沉积存在明显差异,反映为不同环境、不同性质的沉积序列,但它们是相连的组合并存在密切联系。这对认识和研究扬子陆块与南华活动带的构造单元分界位置及其表现形式,为探讨扬子陆块与南华活动带分界关系的问题提供了重要资料。

2. 发现五圩、南丹、大厂一带背斜构造为明显的复式斜歪背斜,南西翼陡倾—倒转,其中可见高角度断层;邑岳向斜轴部发现具典型断坡、断坪结构的小型低角度逆冲断层;发现在背斜倒转翼塘丁组—纳标组及百逢组第三段泥岩夹细砂层岩性段,具明显的细砂质成分层被劈理改造,表现为劈理与层理相互平行的假象,显示了大型逆冲构造特征。

3. 在五圩拉朝一带发现低角度正断层,涉及的地层为罗富组—南丹组,显示了滑覆构造的特征。

4. 对龙川穹隆进行了构造解析调查,查明龙川地区主构造线以北西向为主,北西向背斜中北西向断裂发育,叠加了近EW向、NE向、近SN向褶皱和断裂及顺层剪切滑动等多组构造,是多重构造叠加的产物,构造复杂,是区域内多期次构造活动叠加的反映,是滨太平洋构造域与特提斯构造域复合的表现。

查明本区构造与金矿存在密切的关系,是最重要的、不可或缺的成矿控矿因素之一,构造叠加部位是金矿形成的有利部位。

5. 在龙川地区首次识别出发育于鹿寨组内的剪切构造,发现了大量的平卧褶皱、层间褶皱、无根小褶皱、倾竖褶皱、杆状褶皱,发现了典型的顺层剪切、顺层小断裂、梳状石英脉及石香肠化、透镜化、书斜构造、残斑构造等剪切滑动构造。这一发现表明本区鹿寨组实质为内部构造复杂、地层无序的一套地层,故应加强其构造研究,进一步判断本区是否存在滑脱构造或是推覆构造。

(四)岩浆岩与矿产地质方面

1. 获得桂西巴马—凤山—凌云一带石英斑岩脉斑晶白云母$^{40}Ar-^{39}Ar$高精度年龄,其中凤山弄黄北东向岩脉$^{40}Ar-^{39}Ar$坪年龄为$95.59\pm0.68Ma$,相应的等时线年龄为$95.0\pm1.0Ma$;巴马北西向岩脉$^{40}Ar-^{39}Ar$坪年龄为$96.54\pm0.70Ma$,相应的等时线年龄为$95.9\pm1.1Ma$,代表了岩脉的侵位年龄。这些成果支持右江褶皱带及其周缘燕山晚期岩浆活动集中于100~80Ma之间很窄的时限范围内,以双峰式岩浆侵位为主要特色的认识,暗示本区晚白垩世(100~80Ma)发生了大规模的岩石圈伸展减薄事件,右江褶皱带燕山晚期花岗质岩浆活动与大规模的多金属成矿有关。

2. 在龙田地区发现近NE向花岗斑岩脉切穿三叠纪碎屑岩与二叠纪碳酸盐岩分界,延入三叠纪碎屑岩中,又为后期断裂所切错。同时查明该花岗斑岩脉具有微细粒型金矿化,部分构成矿体,与三叠纪碎屑岩中NW向断裂控制的微粒型金矿化脉构成共轭体系。首次获得花岗斑岩白云母$^{40}Ar-^{39}Ar$年龄为$95.54\pm0.72Ma$。在都安雅龙华昌地区首次发现钾镁煌斑岩、金伯利斑岩,出现铬尖晶石、炭硅石等金刚石成矿指示矿物,并获得都安保安煌斑岩墙群金云母$^{40}Ar-^{39}Ar$年龄为$99.02\pm0.78Ma$,表明右江褶皱带内部的燕山晚期岩浆活动,与以卡林型金矿为代表的低温热液矿床可能有成因联系。此发现与目前本区域微细粒型金矿成矿时代为印支期的主流认识明显不同,对微细粒型金矿成矿地质背景、成矿时代及岩浆岩和成矿作用的认识与研究意义重大。

3. 对产于晚古生代碳酸盐岩隆起边缘,分布于二叠系和三叠系接触带碎屑岩一侧的凤山久隆金矿等高龙式微粒型金矿进行调查研究,发现它是叠加、复合在晚二叠世碳酸盐岩与中三叠世陆源碎屑岩之间的古岩溶不整合构造上,以构造为主要控矿因素,沉积间断面为重要控矿因素,断控与层控等多重因素复合控制,经多期构造活动叠加形成的金矿,可称之为沉积间断断面型金矿。多重因素复合控矿理论对于滇黔桂区域已知微粒型金矿的再认识,开展低缓异常找矿,寻找深部隐伏矿体,扩大金矿资源远景,具有积极的推动和指导作用。

4. 通过对调查区西南部与辉绿岩有关的龙川、世加金矿进行调查研究,发现该类型金矿体主要受到断层控制,主要产于断层角砾岩带及两侧破碎的辉绿岩、硅质岩中,受不同方向断裂交汇等构造叠加、构造与辉绿岩叠加等多重因素复合控制。

5. 在龙川地区新发现多个与石英脉有关的金矿化点;将龙川方屯一带锰矿的含矿层建立为非正式地层单位,划分为鹿寨组第二段,发现锰质常在褶皱虚脱处、地层产状陡峭处、构造叠加处出现次生淋滤富集,受控于含矿层内的淋滤型锰矿体及富矿石的展布与构造关系极其密切,为本区进一步找矿和成矿研究分析工作提供了资料。

四、成果意义

1. 划分了岩石地层-年代地层单位，建立了调查区岩石地层-年代格架，为区域地层划分对比提供了基础地质资料。

2. 初步查明以丹池断裂带为界的右江区与桂北区晚古生代—中生代沉积存在明显差异，为探讨扬子陆块与南华活动带分界关系的问题提供了重要资料。

3. 获得了调查区内各岩体的高精度测年数据，确定了各岩体年龄格架，研究了各岩体岩石成因，探讨了岩浆源区及形成的大地构造背景，为调查区域岩浆活动、成矿作用提供了基础地质资料。

4. 在调查区南东都安雅龙乡华昌屯一带首次发现钾镁煌斑岩等金伯利岩类岩石，并发现铬尖晶石、炭硅石等金刚石成矿指示矿物，对寻找金刚石矿床具有重要意义。

第三章 广西1∶5万水口幅、林溪幅、龙额乡幅、良口幅区域地质调查

唐专红[1] 张能[1] 李玉坤[1] 吴年冬[1] 彭展[1] 文件生[1] 荣红[1] 刘华应[1]
唐娟红[2] 蒋宗林[1] 吴伟周[1] 周连文[1] 覃斌贤[1] 何杰[1] 李翠萍[1]

（1. 广西壮族自治区区域地质调查研究院；2. 广西壮族自治区地质调查院）

一、摘要

对地层进行了多重地层划分与对比，突出特殊岩性或特殊地质体及非正式填图单位的表达方式；对不同地质时代的沉积相与沉积环境进行了总结，对青白口纪、南华纪岩石地球化学特征及构造背景作了探讨，认为形成于裂谷海盆。对侵入青白口系合桐组上部的基性—超基性岩年代学、岩石地球化学及其构造环境和成矿专属性进行了分析研究。对调查区以三江-融安断裂为代表的NNE向区域断裂的基本特征、活动期次、形成时代及其控岩、控相、控矿作用等作了总结。对矿产的分布规律、控矿因素及区域成矿地质背景作了初步的总结。

二、项目概况

调查区位于广西壮族自治区西北部，部分属贵州省。地理坐标：东经109°15′00″，北纬26°00′00″；东经109°45′00″，北纬26°00′00″；东经109°45′00″，北纬25°50′00″；东经109°30′00″，北纬25°50′00″；东经109°30′00″，北纬25°40′00″；东经109°00′00″，北纬25°40′00″；东经109°00′00″，北纬25°50′00″；东经109°15′00″，北纬25°50′00″。工作起止时间：2010—2012年。主要任务是按照1∶5万区域地质调查有关规范和技术要求，在系统收集和综合分析已有地质资料的基础上，开展1∶5万区域地质调查，加强含矿地层、岩石、构造的调查，突出岩性、构造填图和特殊地质体及非正式填图单位的表达，系统查明区域地层、岩石、构造特征和成矿地质条件。

三、主要成果与进展

（一）地层方面

1. 开展多重地层划分与对比研究，查明调查区的岩石地层、年代地层、沉积旋回和沉积相特征及构造背景，划分13个组级22个岩石地层填图单元，并系统建立了前泥盆纪岩石地层格架，为扬子陆块东南缘（江南—雪峰山地区西南缘）盆地的成生、发展、充填序列演化研究提供了重要资料。

2. 查明了丹洲群拱洞组的岩石组合、沉积相、展布及变化特征，结合岩石学、岩石（砂岩）地球化学特征分析，确认丹洲群拱洞组主体是陆缘伸展背景下的产物。

（1）主量元素。拱洞组砂岩主量元素含量表明碎屑岩成分主要为富硅和富铝的石英长石类矿物，并含有较多的云母、黏土及富铁矿物，碳酸盐岩成分含量很低。地球化学图解表明样品多数落入长英质物源区（图1），次为中性岩火成物源区（图2）。在图3中除二段、一段1个样点分别投入被动大陆边缘、大

洋岛弧环境外,其余一段的样点均落入大陆岛弧;在图4中拱洞组二段样点落入近大洋岛弧区,一段样点基本落入活动大陆边缘与大陆岛弧。

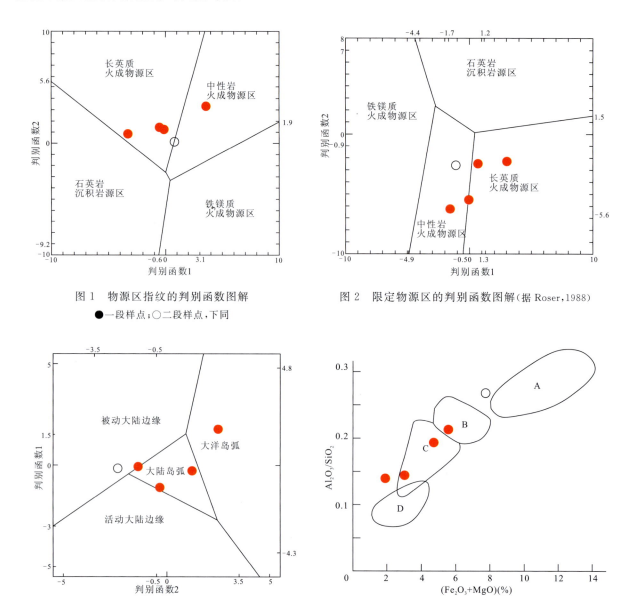

图1 物源区指纹的判别函数图解
●—一段样点;○—二段样点,下同

图2 限定物源区的判别函数图解(据 Roser,1988)

图3 构造环境判别函数图解

图4 $Al_2O_3/SiO_2 - Fe_2O_3$(总)$+MgO$ 图解(据 Bhatia,1983)
A. 大洋岛弧;B. 大陆岛弧;C. 活动大陆边缘;D. 被动大陆边缘

(2)微量元素。拱洞组砂岩微量元素 La-Th-Sc 图解(图5)中,仅二段砂岩样品样点落入大陆岛弧区,一段大部分样点近大陆岛弧边缘区外;在 Th-Sc-Co 图解(图6)中,多数样点基本上投入长石砂岩物源区,一段有一个样点反映了来自克拉通盆地的石英质沉积岩信息;在 La/Th-Hf 图(图7)中二段砂岩样品显示来自"增加古老沉积物成分"物源区(克拉通内部),一段所有样点则显示混合长英质/基性源的特点,显示出拱洞组碎屑岩成分具多样性物源的特点。

(3)稀土元素。拱洞组砂岩的 Eu/Eu^* 在 0.95~1.20 之间,显示弱异常或异常不明显,表明源岩的 Eu 亏损较弱或不明显(可能系快速较近源堆积的缘故)。在配分模式中所有样品均显示较弱的 Ce 负异常,呈右倾的配分模式。轻稀土相对富集,重稀土相对弱亏损并变化平缓,说明其物质主要来源于上地壳,但有深部物质的混入。

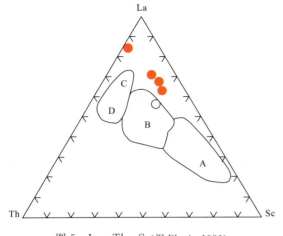
图 5　La-Th-Sc(据 Bhatia,1986)
A. 大洋岛弧；B. 大陆岛弧；C. 活动大陆边缘；
D. 被动大陆边缘

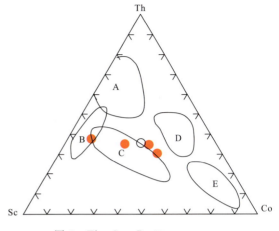
图 6　Th-Sc-Co(据 Condie,1989)
A. 长英质火山岩；B. 来自克拉通盆地的石英质沉积岩；
C. 长石砂岩；D. 页岩(上地壳)；E. 杂砂岩(岛弧)

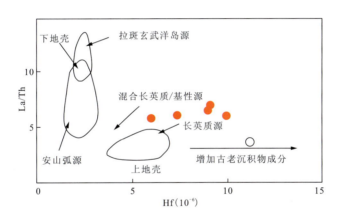
图 7　La/Th-Hf 图解(据 Gu X X et al,2002)

新近研究资料表明,新元古代至早古生代期间为具较强活动性的裂谷盆地(王剑等,2001),调查区显示拱洞组一段属被动陆缘裂谷环境下的夹火山碎屑的复理石建造,因此可推断拱洞组一段砂岩成分来源于被动陆缘,原岩中包含有大量早期(中元古代及期以前)岛弧与活动大陆边缘环境下形成的岩石,显示有活动大陆边缘和大陆岛弧的地球化学信息,二段砂岩成分可能来源于活动大陆边缘。

3. 丹洲群拱洞组第一段类"水下"长英质岩脉、巨厚块状砂岩滑移体等灾变事件的识别和发现,为解决青白口纪晚期沉积盆地性质、归属等问题提供了重要的依据。

4. 查明青白口系(丹洲群)与南华系呈整合接触,对南华系长安组一段冰水或冰融杂砂岩与正常沉积的陆源细碎屑岩相间组合、水道砂砾岩的研究,浊积岩与内波作用或等深流薄粉砂—泥岩交互叠覆改造及风暴滞留砾石等的识别、发现,更新了以往单纯的浅海冰水沉积的观念,提出了华南地区南华纪早冰期具冷、热交替变化频繁的新认识,对该时期古地理沉积环境的研究,具有重要意义。

5. 通过对富禄组两次亚冰期的发现、滨浅海相和限制台地古地理环境及冷、热气候下的岩石组合变化的研究,提出与黔东南富禄组(5 个岩性段,林树基等,2010)地层层序相对应,自下而上可划分为 5 个沉积阶段,分别对应于黔东南的三江间冰段、龙家冰段、烂阳间冰段、两界河冰段和大塘坡间冰段。区域上,富禄组第三段与黔东北松桃一带两界河组相似,第四段的冰碛砾岩与松桃的铁丝坳组、鄂西长阳一带的古城组可对比,第五段含锰含碳夹碳酸盐岩粉砂质泥岩与湘、黔、鄂相一致,可与大塘坡组岩性基本一致。在富禄组上部（相当于大塘坡组）黑色泥岩中发现疑似藻类生物化石，对华南地区南华纪生物地层的研究具有重要意义。

6. 调查区东部同乐一带，黎家坡组顶部陆相冰川泥石流、冰川河-湖相杂砾岩的发现，对华南地区南沱晚冰期气温回暖、冰川消融退却等地质事件的分析研究，具有重要的意义。

7. 通过南华系 CIA 值研究表明：长安组一段下部中上部为 65～70，较暖湿气候环境；顶部回落到 60～65 之间，气候干燥寒冷；长安组二段以 65～70 为主，较暖湿气候。富禄组一段 CIA 值最高在 85～100 之间，气候炎热潮湿；往上 CIA 值主要为 65～70，以暖湿气候为主，兼杂寒冷变化。黎家坡组 CIA 值在 60～65、65～70 两个区间徘徊，以干燥寒冷气候为主，间或出现暖湿气候。反映本区南华纪时期自老至新经历多次由干燥寒冷—温暖潮湿气候期的变化。调查区 CIA 研究对华南地区南华系的划分、对比具有重要的意义。

8. 南华纪地层层序、古地理岩相、砂岩骨架分析及地球化学等特征表明，调查区南华纪属被动大陆边缘不成熟的裂谷盆地，沉积于区域断裂控制下富禄期的"堑—垒"沉积格局（图8），以滨浅海相冰融杂砾岩建造为特色、强烈活动性、无节奏的沉积旋回为主，冰融泥流、碎屑流现象发育。原岩中包含有大量早期（中元古代及期以前）岛弧与活动大陆边缘环境下形成的岩石，显示有活动大陆边缘和大陆岛弧的地球化学信息。

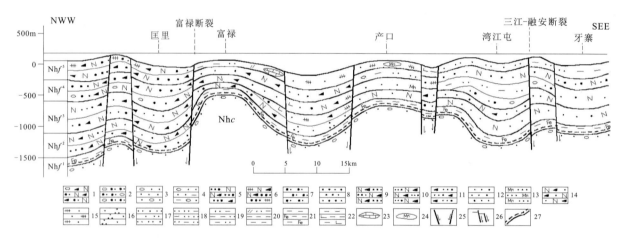

图 8　调查区南华纪富禄期堑—垒相间的沉积盆地横剖面图

1. 浅变质含不等粒长石岩屑砂岩；2. 浅变质砾质不等粒砂岩；3. 浅变质含砾砂岩；4. 浅变质含砾长质砂岩；5. 浅变质粗—中粒长石岩屑砂岩；6. 浅变质中—粗粒长石岩屑杂砂岩；7. 浅变质不等粒砂岩；8. 浅变质细—中粒砂岩；9. 浅变质细—中粒长石岩屑砂岩；10. 浅变质中—细粒岩屑长石砂岩；11. 浅变质含岩屑中—细粒砂岩；12. 浅变质中—细粒砂岩；13. 浅变质含锰砂岩；14. 浅变质细粒长石岩屑砂岩；15. 浅变质细粒杂砂岩；16. 浅变质石英砂岩；17. 浅变质细—粉砂岩；18. 浅变质泥质粉砂岩；19. 浅变质粉砂质泥岩；20. 浅变质含白云质含粉砂岩；21. 浅变质铁质泥岩；22. 浅变质钙质泥岩；23. 灰岩透镜体；24. 锰质团块；25. 地堑式相向正断层；26. 阶梯状正断层；27. 平行不整合界线；Nhf. 富禄组；Nhc. 长安组；Nhf¹～Nhf⁵. 富禄组第一～五段

9. 老堡组中下部硅质岩中采获少量 *Palaeopascichnus jiumenensis*，*Horodyskia minor* 磷质壳体微体生物化石（图9），该类化石在贵州上震旦统留茶坡组（老堡组）上部以及安徽皮园村组中下部硅质岩中均有发现，属震旦纪晚期。这对华南震旦纪生物年代地层的研究具有较为重要的意义。

10. 通过与扬子陆东南缘雪峰山、湘西和黔东地区寒武纪地层层序、沉积岩相、变化特征对比研究，认为调查区寒武纪为被动大陆边缘成熟的裂谷型次深水—深水海盆，清溪组第一、二段属含盆地扇的深水下斜坡-盆地相，第三段为与陆源细碎屑岩混积、具深水斜坡相特点的"镶边碳酸盐岩地"碳酸盐岩建造，之上边溪组为具快速堆积特点的深水斜坡相。建立了区内寒武纪的年代地层格架。

11. 晚石炭世大埔组超覆不整合于南华系长安组之上的发现，对调查区及其北缘自加里东造山运动以来华南联合陆块裂陷、海相沉积演化开启的时限研究，提供了明晰的地质资料。

图 9　老堡组硅质岩中的磷质壳体微体生物化石

12. 对南华系富禄组液化角砾岩、细—粉砂岩脉、上石炭统黄龙组灰岩—白云岩沉积岩脉的新发现,初步认定为非稳定环境下的产物(可能属震裂作用而成),收集了丰富的岩石组构、空间产状特征等资料,为调查区沉积相环境及其构造背景分析提供了重要的资料。

13. 特殊岩性层的圈定:南华系富禄组一段下部和上部含铁-铁质板岩或泥岩、三段上部和五段中上部层状—透镜状碳酸盐岩、黎家坡组近顶部含黄硫铁矿含砾砂质泥岩、下震旦统陡山沱组中上部产铅锌矿的白云岩夹层、寒武系清溪组一段底部靠上的深色含碳—碳质粉砂质泥岩或页岩和三段底部以上的碳酸盐岩,不仅丰富了图面,对调查区沉积岩相、构造背景、赋矿控矿及其成因机理等方面的研究也具有重要的意义。

(二)岩浆岩方面

按"岩性+时代"的填图方法对调查区岩浆岩进行调查。基性—超基性呈透镜体、丘状、似层状呈NNE向带状连续分布,侵入新元古界合桐组上部,与龙胜等地区三门街组层位相当;水平方向岩相分带清楚:橄辉岩→辉长岩→辉长辉绿岩,具同源幔源岩浆演化的特点。与邻区龙胜及湘西南通道地区基性—超基性岩有相似的地球化学特征,类似弧玄武岩,表明岩浆来自富集的岩石圈地幔:SiO_2含量43.58%～44.30%,具高 MgO(18.82%～25.87%)、低 TiO(0.51%～0.57%)的特点,属里特曼钙碱性岩系[里特曼指数(σ)0.02～0.16],分离结晶程度较低,主要以堆晶作用为主。微量蛛网图上,部分大离子亲石元素(LILE)和高场强元素(HFSE)变化特征明显:P、Ba 富集明显,Cr、Zr、Th、K 相对富集;Nb、Sr 亏损明显,La 相对亏损,具大陆裂谷玄武岩特征,在 Ti-Zr-Y 判别图解亦表明为板内玄武岩。ΣREE 介于 17.25×10^{-6}～48.19×10^{-6},δEu 值为 0.98～1.11,基本无 Eu 异常,稀土元素配分模式特点与岛弧或弧后盆地拉斑玄武岩相似,呈右倾、相对平缓的配分曲线模式。

区域地层学、同位素年代学特征表明,基性—超基性岩获锆石 LA-ICPMS U-Pb 年龄为777.6±2.5Ma(图10),形成于青白口纪。该基性—超基性岩是铜镍矿的寄主岩体,产岩浆熔离硫化物型铜镍矿床。

(三)变质岩方面

1. 查明了调查区变质岩类型、变质矿物组合特征及分布规律,对变质作用类型及特征进行分析研究,建立了变质作用序次及其演化特征,为调查区造山带变质作用及其构造背景分析提供了依据。

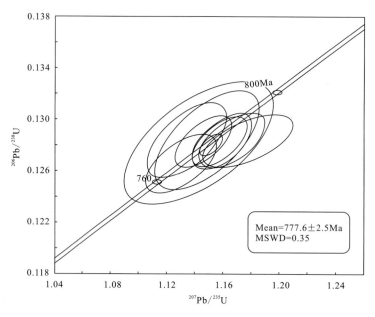

图 10 锆石 LA-ICPMS U-Pb 年龄谐和图

2. 调查区前泥盆系普遍遭受过区域变质作用改造，呈面型展布，具低温、低压特点，以绢云母-白云母、绿泥石等低变质矿物为主，属于绢云母-白云母-绿泥石变质相带，变质相达低绿岩相。其中丹洲群变质作用类型属伸展拆离机制下的埋藏型低温低压区域变质作用，在地层结构柱上，重结晶作用、板劈理化变形往上逐渐减弱，初步认为是雪峰运动的结果；南华系—寒武系则为区域动力低温、低压变质作用类型，是加里东造山运动的响应。

(四) 构造方面

1. 根据沉积建造、构造-岩浆活动、变质变形作用特征，对调查区构造位置、构造区划及其演化模式进行了厘定划分，认为调查区前泥盆纪属扬子陆块东南缘加里东造山带范畴，相继经历了青白口纪陆缘（主动）火山型裂谷盆地→南华纪继承性上叠型裂谷海盆→震旦纪—寒武纪成熟的被动边缘发展演化过程。

2. 对调查区构造层进行了初步划分，查明了各构造层的变质变形特征，确立了构造格架及变形序次。其中雪峰-加里东构造层为调查区主体构造层，走向 NNE 向，发育轴面 NWW 微倾的阿尔卑斯型宽缓长轴褶皱和 NWW 倾的韧-脆性断层，且自西往东褶皱形态由宽缓向紧闭状变化，断裂由相对稀疏向相对密集的束状、带状发展，暗示加里东期造山带中心位于东部邻区，具由西往东的碰撞造山特性。海西—印支期构造层呈稀疏带状，具板内造山的结构样式特点，发育侏罗山式薄皮褶皱及断承性脆性平移-逆断层，早期为近直立宽缓的长轴状褶皱，局部叠加了晚期近东西向平缓短轴褶皱。对雪峰亚构造层中顺层劈理或剪切带的发现，反映了江南、雪峰山地区的造山运动仍波及本区。

3. 查明了调查区主干构造——NNE 向断裂的空间产状、力学性质、构造样式，反演了不同地质时期内 NNE 向断裂的成生、演化过程。在加里东运动早期，主要表现张性拆离活动，构成地堑—地垒相间的构造沉积单元；加里东运动晚期主要表现为低角度逆断层，呈叠瓦扇、双冲构造组合样式。其中三江-融安断裂带极有可能为扬子古陆与南华活动带的边界，控岩、控相、控矿作用明显。这对扬子陆块东南被动大陆边缘演化特征及沉积盆地性质归属、加里东造山带性质等基础问题的分析，提供了重要的基础地质资料。

4. 调查区褶皱与断层相伴发育并受断层严格控制，褶皱拉长变形，或发生错移致背、向斜叠接，指示区内以三江-融安断裂为首的主干断裂兼具左旋走滑性质,可能为扬子陆块、华夏陆块斜向汇聚的响应。

5. 通过野外填图、精细剖面工作发现,调查区前泥盆系发育三期劈理构造:雪峰期伸展机制下的区域性顺层劈理、加里东造山期叠接碰撞期挤压背景下的类轴面劈理及后碰撞期伸展型带状折劈理,对分析扬子陆缘在不同地质时期的构造演化特征具有重要意义。

(五)矿产方面

通过矿点概略性检查,尤其是重点矿产的大比例尺填图,基本查明了调查区的矿产类型、分布规律、控矿因素,对成矿地质背景、形成机理进行了初步分析,认为调查区金属、非金属矿产和能源矿产主要属层控改造型矿产,受构造-地层层位控制,主要形成于前泥盆纪裂谷-被动陆缘盆地,以硅质页岩含磷建造为主,主要由白云岩、白云质磷块岩、黑色硅质岩、硅质泥岩或页岩组成,含有钼、钒、铀、铅、锌、铁、磷、煤等矿。通过对重要矿产(点)概略性检查,对调查区矿产进行了初步的潜力评价。

四、成果意义

1. 查明证实了调查区青白口系(丹洲群)与南华系呈整合接触关系,建立了前泥盆纪岩石地层格架,为扬子陆块东南缘盆地演化研究提供了基础资料。

2. 发现南华系长安组一段冰融沉积,并与正常陆源细碎屑沉积交替发育,于富禄组发现两次亚冰期沉积,将富禄组自下而上划分出 5 个沉积阶段。根据沉积特征和 CIA 研究,提出南华纪具冷、热频繁交替变化的特征。

3. 于老堡组中下部硅质岩中采获少量 *Palaeopascichnus jiumenensis*, *Horodyskia minor* 磷质壳体微体生物化石。

4. 查明了调查区基性—超基性岩的分布特征,获得锆石 LA-ICPMS U-Pb 年龄为 777.6 ± 2.5 Ma、759 ± 5.1 Ma,表明形成于青白口纪。

5. 基本查明了调查区构造格架和变形特征。对三江-融安断裂带进行了重点研究,为构造单元的划分提供了基础地质资料。

第四章 湖南1∶5万腰陂幅、高陇幅、茶陵县幅、宁冈县幅区域地质调查

马爱军 杨少辉 陈迪 周国祥 陈鹏

(湖南省地质调查院)

一、摘要

重新厘定、完善了调查区地层层序;划分了侵入岩岩浆演化序列;探讨了岩浆活动的构造背景;查明了褶皱、断裂等主要地质构造特征;建立了构造格架和构造序次,重点对茶陵—郴州断裂进行了综合分析;总结了矿产资源情况和成矿规律,新发现矿点3处,划分了2个找矿远景区、圈定了2个找矿靶区。

二、项目概况

调查区位于湖南省东南部,部分属江西省。地理坐标:东经113°30′00″—114°00′00″,北纬26°40′00″—27°00′00″,总面积为1836km²。工作起止时间:2010—2012年。主要任务是在系统收集和综合分析已有地质资料的基础上,开展1∶5万区域地质调查,加强含矿地层、岩石、构造的调查,突出岩性、构造填图和特殊地质体及非正式填图单位的表达,系统查明区域地层、岩石、构造特征和成矿地质条件。重点开展以下工作:①采用岩石地层填图方法。以现代地层学、沉积学理论为指导,查明区内地层的基本层序、沉积及岩石建造等特征,进行多重地层划分与对比,重新厘定调查区地层系统,并重点研究泥盆纪地层与铁矿的关系。②查明测区内各时代岩浆岩的基本特征。重点解剖锡田岩体花岗岩侵入时代和侵入期次划分,探明岩体中是否有中侏罗世花岗岩存在的问题,全面研究其岩石地球化学特征,探讨岩浆演化、形成时的构造背景及岩浆活动与内生金属矿产成矿作用的关系。③查明各时期构造变形特征及组合样式,探讨构造成生演化史,阐明构造对控岩、控相与控矿的作用。④通过对沉积建造、变质变形、岩浆作用、构造作用的综合分析,反演区域地质演化史;查明成矿地质背景和成矿条件,发现找矿线索,开展矿点概略性检查和异常查证。

三、主要成果与进展

(一)地层学方面

1. 厘定完善区内地层序列,划分为32个组、段级岩石地层单位,2个非正式填单位(表1),查明了不同时期沉积建造、岩相特征及其横向变化,为扬子与华南地层区地层划分对比提供了可靠的依据。

2. 采集和收集到大量的古生物化石资料,划分了28个生物化石带,重点研究了笔石、珊瑚、腕足类、蜓等生物地层特征,其中划分了3个笔石带,8个珊瑚组合带、延限带,11个腕足组合带、延限带和6个蜓类组合带,为区域多重地层划分提供了基础资料。

表 1 岩石地层单位划分一览表

年代地层单位		岩石地层单位			非正式填图单位	含矿性
系	统	组		符号	厚度(m)	
第四系	全新统	橘子洲组		Qhj	0～3.4		
	更新统	白沙井组		Qpb	0～7.5		
古近系	古新统	枣市组		E_1z	>518.8		
白垩系	上统	百花亭组		KEb	280.1～326.1		
		红花套组		K_2h	215.0～508.7	gs（钙质砂岩）	
		罗镜滩组		K_2l	182.0～812.1	ss（砂岩）	
侏罗系	下统	高家田组		J_1g	122.7～358.3		煤
		石康组		J_1s	424.3～462.6		
二叠系	上统	龙潭组	上段	P_3l^2	110.3～395.7		煤
			下段	P_3l^1	390.8～411.5		
	中统	孤峰组		P_2g	122.7		锰
		小江边组		P_2x	86.3		
		栖霞组		P_2q	109.8～206.6		
	下统	马平组		CPm	191.6～725.3		
石炭系	上统	大埔组		C_2d	361.0～688.4		
	下统	梓门桥组		C_1z	28.1		
		测水组		C_1c	76.5～81.9		煤
		石磴子组		C_1s	122.7～136.6		
		天鹅坪组		C_1t	31.9～194.4		
		马栏边组		C_1m	38.0～93.3		
泥盆系	上统	孟公坳组		D_3m	57.9～103.9		
		岳麓山组		D_3y	64.5～470.3		铁
		锡矿山组		D_3x	47.4		
		吴家坊组		D_3w	405.3～461.7		
		棋梓桥组		$D_{2-3}q$	137.4～464.0		
	中统	易家湾组		D_2y	19.0～83.8		
		跳马涧组		D_2t	430.1～461.3		
奥陶系	上统	天马山组		O_3t	>2086.7		
	中统	烟溪组		$O_{2-3}y$	134.8		
	下统	桥亭子组		$O_{1-2}q$	445.3		
		爵山沟组		$\in Oj$	>1084.8		
寒武系	芙蓉统	小紫荆组		$\in_{3-4}x$	2606.3		
	第三统						

3. 重点分析研究了区内晚古生代层序地层格架和层序特征,划分出Ⅰ级层序1个,其间又经历了3个较大的T—R旋回,分别为中泥盆世—晚泥盆世、早石炭世—早二叠世、中二叠世—晚二叠世旋回,以上3个旋回形成了3个Ⅱ级层序,进一步划分为13个Ⅲ级层序,具体由1个低水位体系域、4个陆架边缘体系域、13个海侵体系域、13个高水位体系域、2个饥饿段构成。层序地层格架的建立对研究沉积盆地的发展和演化,优化岩石地层单位界线具有重要的意义。在盆地内部,岩石地层单位和层序地层单位的界线趋于平行或一致,但在调查区岩石地层单位和层序地层单位之间的相互关系比较复杂,大致有一个组跨两个Ⅲ级层序、两个组构成一个Ⅲ级层序、一个组相当于一个Ⅲ级层序3种对应关系。

4. 首次查明了泥盆纪锡矿山组相变特征及分布范围。确认在法门期,茶陵-郴州大断裂为一条控岩、控相断裂,以此为界,断裂北西部无锡矿山组沉积记录,吴家坊组与岳麓山组直接接触,而南东部则有锡矿山组沉积,为法门期区域地层划分提供了基础资料。

5. 在区内首次划分出石炭系马栏边组和天鹅坪组。马栏边组整合于孟公坳组之上,出露面积小,下部为灰色、深灰色中至厚层状砂屑泥晶灰岩夹中层粉晶灰岩,泥晶泥质灰岩,条带状泥晶泥质灰岩及粒屑泥晶灰岩透镜体,属潮下低能带沉积,局部发育台地相;上部为灰色至深灰色厚层状粉晶灰岩、粉晶砂屑灰岩、生物屑粉晶灰岩夹薄层状泥质灰岩,具有潮间带沉积特征。天鹅坪组毗邻于马栏边组分布,与其整合接触,属碳酸盐岩台地相,但该地层由 NW 向 SE 厚度增加,灰岩透镜体逐渐减少,南部白石一带岩性为深灰色、灰黑色薄—中层状粉砂质泥岩,泥质粉砂岩,含粉砂质钙质泥岩夹碳质钙质泥岩及粉砂岩,属潮坪相。

（二）岩浆岩方面

1. 根据岩体的接触关系、岩石学特征、岩石地球化学特征、同位素年龄,将调查区岩浆岩划分为 10 个侵入期次(表 2),归并为晚志留世、晚三叠世、晚侏罗世和早白垩世 4 个岩浆演化系列,提高了调查区岩浆岩的研究程度,为成矿地质背景分析提供了基础资料。

表 2 花岗岩岩石谱系单位划分表

时代	岩体	侵入期次	代号	岩性	代表性年龄(Ma)
早白垩世	锡田	一次	$\eta\gamma K_1$	细粒二云母二长花岗岩	SH-z 141.6±4.1
晚侏罗世	锡田	三次	$\eta\gamma J_3^c$	细粒二(锂)云母二(碱)长花岗岩	SH-z 155.5±1.7 LA 157.0±2.6
		二次	$\eta\gamma J_3^b$	中细粒斑状二云母二长花岗岩	LA 150.0±0.5
		一次	$\eta\gamma J_3^a$	中细粒斑状黑云母二长花岗岩	SH-z 147.0±3.5 SH-z 151.6±2.8
晚三叠世	锡田及邓阜仙	三次	$\eta\gamma T_3^c$	细—中细粒斑状黑云母二长花岗岩	SH-z 215.7±3.3 LA 225.2±0.5 LA 224.4±1.4
		二次	$\eta\gamma T_3^b$	中粗粒斑状黑云母二长花岗岩	SH-z 228.0±2.5
		一次	$\gamma\delta T_3^a$	中—细中粒斑状黑云母花岗闪长岩	
志留纪	万洋山	三次	$\eta\gamma S^c$	中粒斑状黑云母二长花岗岩	LA 433.8±2.2
		二次	$\gamma\delta S^b$	细中粒少斑状黑云母花岗闪长岩	
		一次	$\gamma\delta o S^a$	细粒角闪石黑云母英云闪长岩	SH-z 438.0±3.0

SH-z. 锆石 SHRIMP U-Pb 年龄;LA. 锆石 LA-ICPMS U-Pb 年龄

2. 对锡田岩体进行了详细解体,将其划分为 7 个侵入期次,圈定出 42 个侵入体,SHRIMP 和 LA-ICPMS U-Pb 同位素测年结果表明,锡田岩体是多期岩浆活动的复式岩体,将其划分为两期、四阶段,即晚三叠世第一阶段,侵位于 230~224Ma 间,峰值约 228Ma;晚三叠世第二阶段,侵位于 215Ma 左右;晚侏罗世第一阶段,侵位于 160~147Ma 间,峰值在 151Ma 左右;早白垩世第二阶段侵位于 141Ma 之后。结合区域地质背景及样品中分散的单点 U-Pb 年龄值资料,锡田岩体可能在中三叠世开始形成,在白垩纪(分散单点锆石 $^{206}Pb-^{238}U$ 年龄,如 119.7Ma、79.2Ma、78.9Ma、59.6Ma)期间均存在断续的岩浆活动。对样品中残留锆石核(年龄 1648±25Ma、1704.5Ma、1017.0Ma 和 460.7Ma)的研究表明,锡田岩体在形成过程中可能将中元古代、新元古代及加里东期岩石卷入熔融源区。

3. 对锡田岩体中暗色微粒包体的岩相学和包体中不平衡矿物组合,以及暗色微粒包体岩石化学特征进行了调查研究,表明暗色微粒包体是岩浆混合成因的,锆石 U-Pb 定年结果表明:暗色微粒包体年龄(145.09±0.63Ma)与寄主花岗岩的年龄(150.04±0.52Ma)基本一致,为岩浆混合作用的时间提供了有力的同位素年代学约束,时限为晚侏罗世。这组年龄与南岭中段的姑婆山岩体、铜山岭岩体中暗色包体形成时间相差不大,与区域上的基性岩浆活动时限有一定的重叠,表明锡田岩体中暗色微粒包体及其寄主花岗岩是在岩石圈伸展减薄、地幔物质上涌诱发地壳物质部分熔融的环境下形成的。

4. 对万洋山岩体(图2)、锡田岩体进行形成构造环境研究(图3、图4)认为:万洋山岩体属于后碰撞花岗岩类,是在伸展的构造环境中形成的;锡田岩体印支期花岗岩形成于同造山阶段的后碰撞构造环境,锡田岩体燕山期岩石为后造山花岗岩。

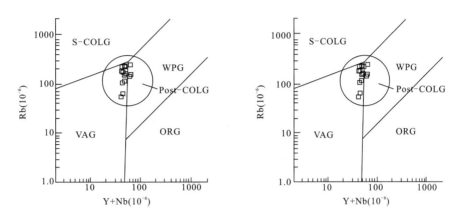

图2 万洋山岩体花岗岩微量元素构造环境判别图

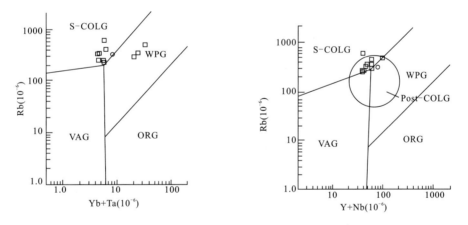

图3 晚三叠世花岗岩微量元素构造环境判别图(据Pearce等,1984)

(三)构造地质学方面

1. 根据地层记录、接触关系、岩浆活动、变质作用及同位素年代学资料等方面进行综合分析,查明调查区先后经历了加里东运动、印支运动、燕山运动及喜马拉雅运动4次构造运动,根据不整合面和地层变形程度,厘定出寒武纪—奥陶纪构造层(∈—O)、泥盆纪—二叠纪构造层(D—P)、三叠纪构造层(T)、侏罗纪构造层(J)、白垩纪—古近纪构造层(K—E)及第四纪构造层(Q)6个构造层;建立了调查区比较完整的构造变形序列,概略论述了地质发展史(早古生代裂谷盆地发育阶段和泥盆纪—二叠纪稳定陆表海沉积阶段;中三叠世后期—中侏罗世初陆内造山阶段、中侏罗世早期—晚侏罗世后造山阶段和白垩纪板内裂谷阶段;新生代地质构造发展)。

2. 系统调查区内断裂、褶皱构造。查明了茶陵-郴州断裂(图5)为一条由主断裂及多条次级断裂组成、宽50～150m的构造断裂带,认为该断裂至少存在4期及以上的构造变形期次,提出断裂主要形成

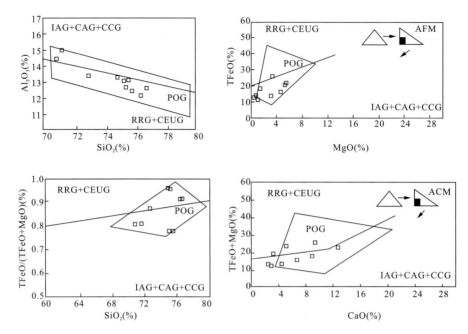

图 4　锡田岩体晚侏罗世、早白垩世花岗岩形成的构造环境判别图

于加里东期,之后经历了印支期俯冲、燕山早期走滑、燕山晚期拉张—短暂挤压及喜马拉雅期伸展运动阶段。研究表明该断裂在印支期及燕山早期的活动对晚三叠世和侏罗纪多期次花岗岩的侵位起着控制作用:在印支运动中,茶陵-郴州断裂西北盘向南东盘俯冲消减,使断裂南东盘因板片叠置而具更大的厚度并相对隆起地壳的叠置加厚可导致中下地壳界面温度升高到 700℃以上,从而引起中地壳片麻质岩石熔融而形成花岗岩浆房;在晚三叠世后期,应力相对松弛,岩浆沿着断裂带裂隙上移侵位。燕山晚期及喜马拉雅期伸展作用则控制着茶永盆地生成演化;侏罗纪末期—白垩纪初期,茶陵-郴州断裂表现为伸展构造和短暂的挤压,沉积了白垩纪—古近纪茶永盆地。

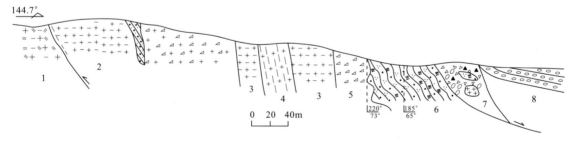

图 5　茶陵-郴州断裂带构造剖面图

1.二云母花岗岩;2.绿泥石化花岗岩;3.糜棱岩化花岗岩;4.糜棱岩;5.花岗质碎裂岩;6.硅化石英岩;7.构造混杂岩;8.罗镜滩组砾岩

(四)矿产地质方面

1.系统总结了调查区构造、岩浆岩及成矿间的相互关系。认为每次大的构造运动都伴随着强烈的岩浆活动;通过对构造与矿产关系的研究,总结出了区域的构造体制对区内内生矿产起着控制作用,整个湘东南地区中生代大规模成矿主要与燕山早期花岗岩体有关,区内锡田钨锡多金属矿床为侏罗纪第三次侵入($\eta\gamma J_3^3$)花岗岩所控制,而构造形态样式则对矿产的分布,矿床(矿体)空间上的定位,以及成矿元素的迁聚起着直接的控制作用。研究表明断裂具有以下几种控矿作用:①成矿期断裂主要表现为张

性活动,控矿断裂为张性断裂,或以压(扭)性为主的多期活动断裂在张性活动期成矿。②矿田内主干断裂与不同期次密集裂隙系统叠加复合控矿,不同级序多组断裂复合控矿。褶皱控矿作用主要表现在以褶皱翼部泥质岩石作为封闭层的背向斜比较有利于封存含矿热液,有利于金属元素沉淀并富集成矿。侵入岩体的接触带构造控矿作用表现为,含矿熔浆或热液运移和富集的有利地带决定矿床、矿体的定位,影响到矿体的形态、产状、规模、内部结构及矿化类型。裂隙构造控矿作用表现在节理构造为热液运移提供了良好通道,有利于渗滤交代的进行和形成巨大的矽卡岩体。

2. 新发现矿点3处,并进行了检查评价,提出了下一步工作的建议。

(1)老虎塘铅(铜)矿点:矿化体均赋存于茶陵-郴州断裂硅化破碎带内,共圈定出铅铜矿体1个(Ⅰ号),铅矿体1个(Ⅱ号)。Ⅰ号矿体呈透镜状产出,长150m,厚0~2m,矿体产状与断层产状基本上一致,走向NE,倾向SE,倾角较陡,平均含量Pb为0.203%,Zn为0.12%,Cu为0.085%。Ⅱ号矿体赋存断层破碎带硅化石英岩中,矿体呈不规则似层状、透镜状,走向上长约80m,矿体厚0~1.5m,平均含量Pb为0.823%,Zn为0.134%,Cu为0.040%。

(2)铁冲铅矿点:矿化体赋存于NW向中王江断裂中,呈似层状产出,出露长大于1000m。最高含量Pb为0.178%,Zn为0.078%,Cu为0.011%,Ag为8.5×10^{-6},Au为0.08×10^{-6},未达到边界品位要求。

(3)卸甲山铅矿点:矿(化)体赋存于SN向断层破碎带内,圈定出矿体2个,编号为Ⅰ号、Ⅱ号。Ⅰ号矿体赋存于F_4断层破碎带中,呈透镜状产出,长约110m,平均含量Pb为0.311%,Au为0.337×10^{-6}。Ⅱ号矿体赋存于F_5断层破碎带中,矿体呈透镜状产出,长约100m,平均含量Pb为0.548%,Au为0.177×10^{-6},Ag为15.667×10^{-6},Cu为0.12%,Zn为0.176%。

3. 根据调查区已知成矿地质特征、内生矿产地分布规律及物化探、重砂、遥感资料综合分析,划分了2个找矿远景区。

(1)锡田钨锡钼铋找矿远景区。区内钨、锡矿主要产于锡田岩体接触带,尤以内接触带最为富集。已知中型钨矿床1处,钨、钨锡矿点15处,铅锌矿点2处,属高中温热液型,多集中分布在岩体中部。含矿岩体主要为侏罗纪侵入体细粒二云母花岗岩,次为中粒、中细粒黑云母花岗岩。

(2)潞水铅锌铜多金属找矿远景区。区内已知铅锌矿点3处,金矿点3处,另有沉积型中型铁矿床2处,锰矿点1处,在本次1:5万区域地质调查工作中新发现铅(铜)矿(化)点3处。该远景区是寻找岩浆岩型铅锌金多金属矿及沉积型铁矿的有利地段。

4. 根据地层、构造特征,成矿地质条件,主要矿种或矿床的成因类型等诸因素的相似性和差异性,结合物探、化探和遥感异常特征,综合分析研究,圈定以下2处找矿靶区。

(1)潞水-卸甲山铅锌铜多金属找矿靶区:位于潞水、黄草山、卸甲山一带,呈长条状NE向展布,面积约为32.2km²。已知矿床(点)10处,其中铅锌矿点1处,铅矿点1处,铁矿2处,煤矿2处,花岗岩石材矿4处。新发现铅(铜)矿(化)点3处,分别为老虎塘铅铜矿点、铁冲铅矿点、卸甲山铅矿点,该3处矿点均受断裂控制。

(2)垄上-荷树下钨锡多金属找矿靶区:位于锡田岩体中部及接触带上,位于垄上、花里泉、晒禾岭、荷树下、桐木山一带,面积约96km²。已知主要矿床有垄上钨锡矿床,荷树下-桐木山-狗打栏钨锡矿床,牛形里锡铅锌矿床,还有若干钨锡多金属矿点。

四、成果意义

1. 提高了调查区基础地质工作程度,为湖南区域多重地层划分对比、同源岩浆演化、区域构造和成矿地质背景分析等补充了重要的基础地质资料,对湖南后续地质工作具有重要的指导作用。

2. 发现了新矿点,划分了找矿远景区,圈定了找矿靶区,为下一步找矿工作部署指出了方向。

第五章　广东1∶5万坪石镇幅、沙坪乡幅、乐昌县幅、乳阳林业局幅、桂头镇幅区域地质调查

刘辉东　邵小阳　唐福贵　张忠进　骆韶军　廖示庭　彭峰

(广东省地质调查院,广东省佛山地质局)

一、摘要

在粤北大瑶山地区的前泥盆纪地层中首次发现火山岩夹层,为大地构造背景及演化研究提供了新资料;查明上泥盆统帽子峰组仅出现在大瑶山东侧,大瑶山西侧天子岭组直接与下石炭统连县组接触,缺失帽子峰组;研究认为大东山花岗岩不是典型的S型花岗岩,与铝质A型花岗岩或高分异的I型花岗岩较为相近;分析了区域成矿地质条件,探讨钨锡等多金属矿成矿规律,划分找矿远景区;新发现类似湖南张家界的自然景观,认为有进一步旅游开发价值。

二、项目概况

调查区位于粤北、湘南交界部位,行政区域大部分属广东省韶关市所辖,地理坐标:东经$113°00'00''$—$113°30'00''$,北纬$24°50'00''$—$25°20'00''$,总面积为2329 km^2。工作起止时间:2010—2012年。主要任务是通过1∶5万区域地质调查,查明了区内的地层、岩石、构造及矿产特征,为粤北基础地质研究、矿产资源调查提供系统的地质资料。重点开展以下工作:①以现代地层学、沉积学理论为指导,对各地层单位进行岩石地层、生物地层、年代地层等方面的综合研究,并通过区域对比建立调查区的地层层序。开展泥盆系、石炭系含矿特征调查;②查明区内大东山岩体燕山期花岗岩岩石地球化学特征及成因类型、形成时代,进行岩石单位划分,重点研究岩体内外接触带特征及岩浆作用与成矿的关系;③查明区内构造地质特征,研究北东向郴州-怀集断裂带和南北向瑶山-石牯塘断裂的地质特征、成生发展机制和演化历史及其控岩、控盆、控矿特征;④通过对沉积建造、变形变质、岩浆作用的综合分析,反演区域地质演化史;查明成矿地质背景和成矿条件,发现找矿线索,开展矿点概略性检查和异常查证。

三、主要成果与进展

(一)地层学方面

1. 查明区内前泥盆纪地层中的硅质岩分布情况,重新厘定老虎塘组。粤北大瑶山一带震旦纪地层顶部普遍发育一套厚12.28~20.39m的硅质岩,在区域上延伸稳定,是良好的填图标志,是震旦系坝里组与下寒武统牛角河组之间的分界标志,将其修订为老虎塘组,层位与湖南省的丁腰河组相当。粤北大瑶山地区坝里组、牛角河组局部夹硅质岩,但这些硅质岩分布局限,延伸不稳定,横向上容易尖灭,不具区域对比意义。

2. 在震旦系坝里组及下寒武统牛角河组中首次发现火山岩。震旦系坝里组的火山岩分布局限,出露零星,由数层变质凝灰质中细粒岩屑石英砂岩组成,夹于正常沉积岩中,厚10~30m不等,代表了多

次火山活动事件。

下寒武统牛角河组的火山岩比较发育,多处出露,以乐昌市大源乡湖洞七里坑附近及乳源县东坪镇柑子坪一带发育较好(图1),夹于海相类复理石建造中。

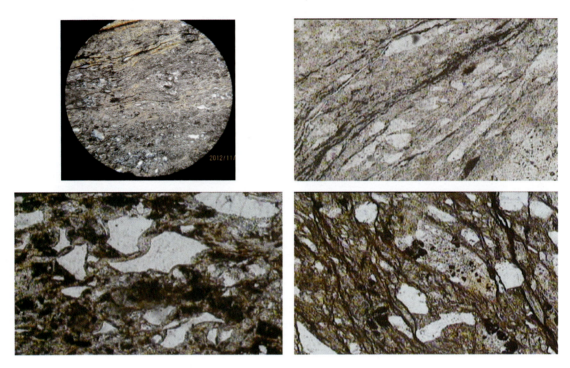

图1 寒武系牛角河组火山岩镜下特征

(左上视域直径5mm,为正交偏光,其余视域范围1.20mm×0.79mm,为单偏光)

左上及右上样号D2088-3,弱片理化流纹质熔结凝灰岩,见鸡骨状、长条状单晶石英或石英集合体,为刚性玻屑硅化后保留火山碎屑外形;左下样号D8001-1,室内定名为绢云母化流纹质凝灰岩,石英晶屑呈凹面棱角状;右下样号D2088-1,变质沉凝灰岩,见鸡骨状玻屑、凹面棱角状玻屑、半塑变岩屑及刚性岩屑

乐昌市大源乡湖洞七里坑的火山岩岩性有变质沉凝灰岩、弱片理化变流纹质熔结凝灰岩、变流纹质凝灰岩、弱变质凝灰质中细粒石英砂岩等,以出现多层变流纹质熔结凝灰岩为特征,总厚近160m。

乳源县东坪镇柑子坪一带的火山岩岩性以浅灰色中层—厚层状变质凝灰质不等粒—细粒长石石英砂岩、变质凝灰质不等粒—细粒岩屑石英砂岩、变质沉凝灰岩为主,夹大量变质中细粒岩屑石英砂岩、变质粉砂岩、变质粉砂质泥岩、碳质泥岩、板岩等,局部见含火山角砾变质凝灰质长石石英砂岩出露。火山岩分布不均匀,厚度变化较大,最厚达407.9m,薄者仅十几米,横向上可快速尖灭,很难进行区域对比。

对3个典型的火山岩样品进行锆石LA-ICPMS U-Pb年龄测试。3个样品共分析89个测点,剔除谐和性差的测点后,82个测点的 $^{206}Pb/^{238}U$ 年龄介于2869~614Ma之间。讨论如下:

(1)锆石晶形较差,基本上为碎屑锆石,年龄值较为分散,说明碎屑锆石是多来源的;峰值出现在1000~900Ma,占29%,表明当时火山活动最为强烈;850~640Ma的年龄值约占25%,表明青白口纪末—南华纪岩浆活动较为强烈;区内还有不少大于2400Ma的碎屑锆石,暗示有些碎屑锆石来源于古元古代—新太古代的岩浆活动。

(2)本区没有获得下寒武统的年龄值,其中晶形完好、环带清晰的锆石主要出现在750~700Ma。

(3)粤北大瑶山地区的震旦纪—寒武纪地层采集到较多的光面球藻(Leiosphaeridia)、瘤面球藻(Lophosphaeridium),还见到棘球藻(Heliosphaeridium)和单轴海绵骨针(Uniaxial sponge spicules)。这套地层被泥盆纪地层角度不整合覆盖,空间上与粤北有确凿化石依据的寒武纪—奥陶纪地层不相邻,地层时代没有确凿的依据。地层时代与火山岩年龄数据矛盾,值得进一步研究。

3. 重新厘定区内泥盆纪地层：①将湖南的易家湾组引进广东，修订桂头群层型剖面，将粤北老虎头组顶部的泥岩、粉砂岩组合定义为易家湾组；②查明粤北东岗岭组与棋梓桥组为同物异名，不是上下关系；③查明大瑶山两侧存在不同的天子岭组，大瑶山东侧以灰色、深灰色中层至厚层状泥晶—微晶—粉晶灰岩为主，顶部与海退三角洲相的帽子峰组碎屑岩呈整合接触；大瑶山西侧，以灰色、深灰色中层至厚层状泥晶—微晶—粉晶灰岩为主，常夹有白云岩、碳泥质泥晶灰岩及碳质薄膜，顶部受海退影响，局部出现碎屑岩段，与下石炭统连县组灰岩呈整合接触。

4. 重新厘定区内二叠纪地层。在栖霞组顶部，识别出小江边组，明确小江边组是整合于栖霞组厚层状—块状含燧石结核灰岩之上、孤峰组硅质岩之下的灰黑色薄层状碳质泥岩、碳质页岩或深灰色薄层—中薄层状微晶灰岩、泥晶灰岩。

5. 将上三叠统艮口群降群为组。填图工作表明，区内上三叠统艮口群总体岩性以细粒（长石）石英砂岩为主夹页岩、碳质泥岩，局部夹煤层，其岩性组合与《广东省岩石地层》（1997）推荐的"粗—细—粗"三分方案不同，降群为组。调查区该组横向变化较大，相变过渡明显，显示物源随古地理的变化而不同，但沉积相的变化却基本一致，下部和上部为潟湖沼泽相含煤碎屑岩建造，中部含大量海相双壳类化石。

6. 重新厘定下白垩统伞洞组与马梓坪组的关系。通过详细填图，认为伞洞组是以火山岩为主体的地质体，位于盆地边部，当火山活动较强时，下部为伞洞组，上部为马梓坪组；当没有火山活动时，可缺失伞洞组，马梓坪组直接不整合在桥源组之上。

（二）岩石学方面

1. 解体大东山复式岩体，依侵入体的岩石地球化学特征及野外接触关系，将大东山复式岩体划分为4个填图单位（表1）。获得5个高精度年龄值，确定大东山岩体的结晶年龄集中分布于162～153Ma之间。

表1 大东山岩体基本特征

代号	岩石名称	基质粒径（mm）	斑晶(%)		基质(%)					锆石U-Pb（Ma）
			钾长石	斜长石	斜长石及牌号	钾长石	石英	黑云母	白云母	
$\eta\gamma J_3^{2b}$	细粒黑云母二长花岗岩	0.1～1			25～35（An15—20）	30～35	30～35	2～3	1	
$\eta\gamma J_3^{2a}$	细粒斑状黑云母二长花岗岩	0.5～2	5～18	偶见	25～35（An15—25）	25～30	27～35	5	1	153.4±1.4（SHRIMP）；153.1±1.7（SHRIMP）
$\eta\gamma J_3^{1b}$	中细粒斑状黑云母二长花岗岩	0.5～3	7～15	偶见	25～30（An15—25）	25～30	25～35	5～7	偶见	160.1±1.3（LA-ICPMS）
$\eta\gamma J_3^{1a}$	粗中粒—中粒斑状黑云母二长花岗岩	2～5为主，少数5～8，部分<2	5～20	偶见	20～30（An15—25）	25～30	25～35	5～7	偶见	155.7±2.4（SHRIMP）；162.0±1.4（LA-ICPMS）

研究了大东山岩体的岩石化学特征及岩体成因，其岩石化学特征表现为高硅（SiO_2 为 75.6%～

76.88%),富碱(K_2O+Na_2O 为 7.92%~8.54%),贫钙(CaO 为 0.25%~1.02%)和高铁镁比值(FeO^*/MgO 大多为 7.72~16.3,个别样品达 79.87),分异指数 DI 为 92.42~96.22(平均 93.82),说明岩浆的分异程度很高。岩石 A/CNK 为 1.016~1.098(平均 1.052),属弱过铝质花岗岩。由于 $SiO_2>70\%$,里特曼指数(σ)划分碱度的精度较差,改用 Wright 的 AR-SiO_2 图解判别,属碱性系列(图2)。在碱性系列的 An-Ab′-Or 图解上,属钾质类型(图3)。因此,大东山岩体为硅过饱和的弱过铝质钾质类型的碱性岩石系列,是岩浆演化晚期阶段形成的偏碱性花岗岩。

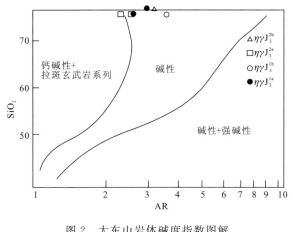

图 2 大东山岩体碱度指数图解
(据 Wright,1969)

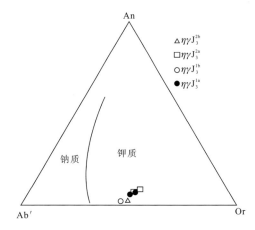

图 3 大东山岩体碱性系列 An-Ab′-Or 图解
(据 Irvine,1971)

I_{Sr} 主要在 0.709~0.719 之间,暗示岩浆来源以壳源为主,受幔源物质混染。I 型、S 型演化的长英质花岗岩($SiO_2>74\%$)的某些地球化学特点与 A 型花岗岩颇为相似,因为经历了高度分异结晶作用之后的花岗质岩石的主量元素和矿物相趋向于最低共熔点组分,这给原岩的判定造成了很大的困难。Eby(1990)提出当 $SiO_2>70\%$ 时,A 型花岗岩的 K_2O+Na_2O 为 7%~11%,CaO<1.8%,FeO^*/MgO 为 8~80。大东山岩体具有高硅、富碱、贫钙和高铁镁比值特点,与 A 型花岗岩定义一致。Eby(1990)指出,高硅花岗岩($SiO_2>74\%$),FeO^*/MgO-SiO_2 图解能有效地把大多数 A 型花岗岩与 I 型和 S 型花岗岩区别开来。其图解表达的意思是 A 型花岗岩具有较高的 FeO^*/MgO 值。但是,大东山岩体的 MgO 本身很低,调查区为 0.034%~0.16%(平均 0.088%),接近仪器的检测限,因此,FeO^*/MgO 比值意义不大。

综上所述,大东山岩体的岩石化学特征及 $^{87}Sr/^{86}Sr$ 初始比值揭示岩浆主要来源于下地壳物质的重熔,有少量地幔物质加入,经历了高度分异结晶作用,不是典型的 S 型花岗岩,与铝质 A 型花岗岩或高分异的 I 型花岗岩较为相近。

2. 研究了广东曲江一六岩体的岩石化学特征及岩体成因。一六岩体侵入到上泥盆统—下石炭统,出露面积仅 0.27km²,为半隐伏岩体。岩体接触带附近呈环带分布有从高温到低温的钨、锡、砷、铅、锌、锑、汞等矿床(点),尤以白钨矿最为出名。岩性为(中)细粒(含斑)黑云母二长花岗岩($\eta\gamma J_3^{1c}$),SiO_2 平均 73.48%,K_2O+Na_2O 平均 7.86%,CaO 平均 1.22%,FeO^*/MgO 大多为 3.3~7.14。与大东山岩体对比,明显 SiO_2、FeO^*/MgO 较低,CaO 较高。

一六岩体的 A/CNK 为 1.078~1.13(平均 1.104),位于弱过铝质与强过铝质的界线附近,但岩石中普遍含 1%~2% 的白云母,标准矿物中出现刚玉,且刚玉质量百分数达 1.42~1.54,远高于大东山岩体(大东山岩体 0.29~1.07),属于强过铝质花岗岩。岩石分异指数(DI)平均为 88.96,说明岩浆的分异程度高。但一六岩体的分异指数(DI)明显低于大东山岩体,后者平均为 93.82。由于 $SiO_2>70\%$,里特曼指数(σ)划分碱度的精度较差,改用 Wright 的 AR-SiO_2 图解判别(图4),属"钙碱性+拉斑玄武岩系列"。用 FeO^*-FeO^*/MgO 图解和 SiO_2-FeO^*/MgO 图解判别,为钙碱性系列(图5)。利用 K_2O-

SiO₂ 图解,属高钾钙碱性系列(图 6)。因此,一六岩体为硅过饱和的强过铝质高钾钙碱性岩石系列。A/CNK>1.1,普遍含 1%~2% 的白云母,且标准矿物的刚玉大于 1%(1.42%~1.54%),属 S 型花岗岩。获得锆石 LA-ICPMS U-Pb 年龄为 155.8±3.1Ma(图 7)。

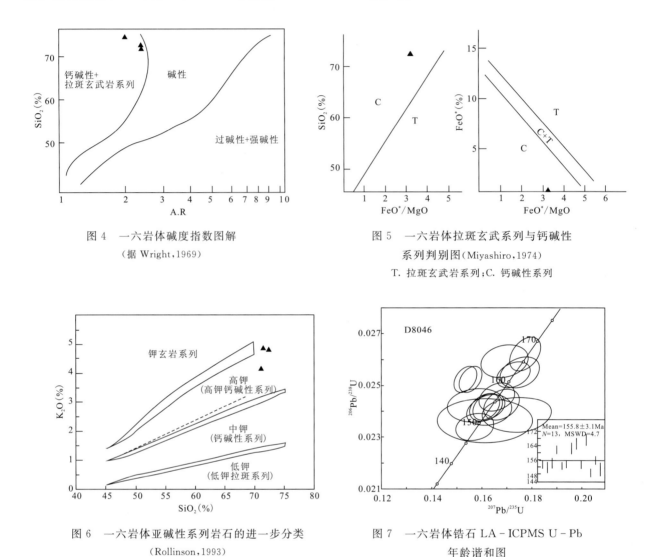

图 4　一六岩体碱度指数图解
（据 Wright,1969）

图 5　一六岩体拉斑玄武系列与钙碱性
系列判别图（Miyashiro,1974）
T. 拉斑玄武岩系列;C. 钙碱性系列

图 6　一六岩体亚碱性系列岩石的进一步分类
（Rollinson,1993）

图 7　一六岩体锆石 LA-ICPMS U-Pb
年龄谐和图

3. 将区内变质岩划分为区域变质岩、热接触变质岩、气-液变质岩和动力变质岩,研究了各种变质岩的岩石类型及相应的变质矿物共生组合(表 2)。

(三) 构造地质学方面

1. 以老虎塘组硅质岩为标志,查明粤北大瑶山一带加里东期褶皱由一系列轴向 NNW 的向斜和背斜组成,褶皱形态以正常褶皱为主,少数表现为同斜倒转(图 8)。

2. 研究表明印支期褶皱,以瑶山古隆起为界,西部轴向以近 SN 向为主,褶皱形态多表现为同斜倒转,局部表现为复式褶皱；东部轴向以 NE 向、近 SN 向为主,EW、NW 向次之。

3. 查明区内 NE 向郴州-怀集断裂带和 SN 向瑶山-石牯塘断裂的地质特征、成生发展机制和演化历史及其控岩、控盆、控矿特征。

表 2 变质岩基本特征

变质作用类型	岩石类型	受变质地质体	矿物共生组合	特征矿物	变质相系
区域低温动力变质作用	板岩类、千枚岩类、变质砂岩类、变火山岩类	前泥盆纪地层	①石英＋绢云母；②石英＋绢云母＋绿泥石；③石英＋绢云母＋黑云母（雏晶）；④石英＋绢云母＋白云母＋黑云母＋绿泥石	主要为绢云母、绿泥石，局部出现黑云母雏晶、黑云母	低压相系低绿片岩相
热接触变质作用	角岩及角岩化岩石	大东山岩体外接触带	①绢云母＋黑云母＋石英；②钠长石＋绿帘石＋绿泥石（黑云母）＋石英	绢云母、黑云母、绿帘石、绿泥石（局部见到红柱石、矽线石）	钠长绿帘角岩相（局部达到普通角闪石角岩相、辉石角岩相）
		一六岩体外接触带	①堇青石（雏晶）＋白云母＋黑云母＋绿泥石＋石英；②红柱石＋黑云母＋白云母＋石英	堇青石（雏晶）、红柱石、白云母、黑云母、绿泥石	钠长绿帘角岩相
	大理岩及大理岩化岩石	大东山岩体外接触带	①方解石＋绿帘石；②方解石＋绿帘石＋绢云母；③方解石＋透闪石＋石英	绿帘石、透闪石	钠长绿帘角岩相
		一六岩体外接触带	方解石＋白云石＋透闪石	透闪石	钠长绿帘角岩相
气-液变质作用	矽卡岩、云英岩、绢英岩	主要见于一六岩体周边，大东山岩体周边仅局部发育	①石榴石＋透辉石；②透辉石＋透闪石；③石英＋白云母；④绢云母＋石英	石榴石、透辉石、透闪石、硅灰石、绿帘石、绿泥石、白云母、石英、绢云母	
动力变质作用	构造角砾岩、碎裂岩、碎粒岩	脆性断裂带			
	片理化岩石、糜棱岩	韧性剪切带	绢云母＋白云母	绢云母、白云母	低绿片岩相

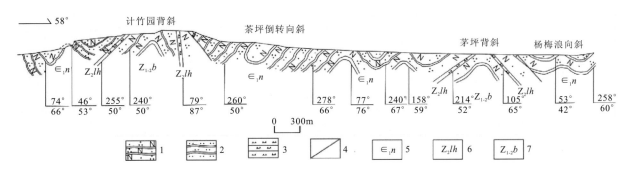

图 8　广东乳源县蒙眼坑顶—杨梅浪一带褶皱构造剖面
1.变质细粒长石石英砂岩；2.变质粉砂岩；3.硅质岩；4.断层；5.下寒武统牛角河组；6.上震旦统老虎塘组；7.震旦系坝里组

郴州—怀集断裂带在遥感影像上线性构造较清晰，野外露头上，由一些 NE 向的断裂组成，断面倾向 NW，倾角 40°～60°。上三叠统艮口组沿断裂带呈线性展布，当时可能是由断裂拗陷而成的海湾。早白垩世—早古近世断裂持续活动，以上盘下滑的张性活动为主，控制了坪石盆地的东部边界，当时可能是同沉积断裂，使沉积中心向南东迁移。由断裂南东的弧形褶皱形态分析，此断裂带在燕山期发生过右行平移，致使南东盘形成凸向西的弧形。

SN向瑶山-石牯塘断裂带分布于调查区的中西部,往北与郴州-怀集断裂带交汇。断裂带由一系列近SN向的断裂组成,具多期活动特点,早期为片理化带,有些地段见脆-韧性构造岩,力学性质为右行走滑或上盘下滑;后期叠加多次脆性断裂活动,力学性质经历了由压性到张性的转换过程。大洞、湖洞一带的泥盆纪地层呈SN向展布,当时可能是断裂控制的海湾。主干断裂——东田-大竹园断裂两侧地形高差悬殊,构成不同地貌单元的分界线,在沙坪幅中北部的磜下村一带见明显的断层三角面,沿断裂带多处有温泉涌出,证明其是活动性断裂。此断裂带控岩、控矿较为明显,断裂带南部见大量辉长闪长玢岩、闪长玢岩岩株和岩脉,中部的和尚田一带物探资料推测下面有隐伏岩体,沿断裂带地球化学综合异常、重砂综合异常呈条带状发育,分布众多金属矿矿床、矿点。

(四)矿产地质方面

总结了区内88处矿床、矿点的矿产特征,其中新发现锑、钨、银、铅、硫铁矿等矿点、矿化点12处,新收录民采矿床、矿点16处。通过对这些矿床、矿点的分析,总结成矿条件,初步探讨了成矿规律,划分出8个找矿远景区(表3)。

表3 找矿远景区特征简表

序号	名称	类别	面积(km²)	成矿围岩及控矿因素	矿点及特征	找矿前景
1	广北林场-南岭煤矿找矿远景区	C类	30	艮口组(T_3g)	乐昌罗家渡小型煤矿,乐昌南岭关春小型煤矿,大量民采矿窿	前人工作程度高,找矿前景一般
2	大竹园-和尚田钨、锡、银-多金属、锑找矿远景区	A类	140	成矿围岩为泥盆纪—石炭纪地层,控矿因素为SN向瑶山-石牯塘断裂带及隐伏岩体	矿点众多,以钨、锡矿为主,铅锌、硫铁矿、锑及铁为次。区内有和尚田特大型钨锡矿,钨锡矿带外围分布锑、金、铅、锌、银矿化带	有极佳的找矿潜力
3	深塘-梅花锑汞砷找矿远景区	B类	25	天子岭组顶部泥岩段,层间破碎带,属层控矿床	区内有乐昌县深洞小型锑矿点,辉锑矿晶形完好,围岩蚀变明显	有一定的找矿潜力
4	乐昌多金属、硫铁矿、银、钨、锡找矿远景区	B类	70	层控矿床,位于EW向西瓜地向斜中,铅锌-硫铁矿主要成矿层位为泥盆纪—石炭纪地层,锰矿产于孤峰组(P_2g)中下部	矿点较多,矿种有铅锌、硫铁矿、铜、锰、石灰矿、铁等。原生矿为沉积-改造型、沉积型等,地表有次生的褐铁矿	有一定的找矿潜力
5	中洞-冻牛塘锑多金属找矿远景区	B类	25	成矿围岩为泥盆纪—石炭纪地层,控矿因素为SN向瑶山-石牯塘断裂带	化探综合异常	有一定的找矿潜力
6	乳阳林业局钨、锡、银-多金属、锑找矿远景区	A类	100	大东山岩体内、外接触带及断层破碎带	有多个矿点、矿化点,主要有五里坑钨锡矿、天门嶂锡矿和西云寺锡矿等,主要产于外接触带,多为矽卡岩型矿床,有些矿体产于断层破碎带中	有极佳的找矿潜力
7	大富-长溪钨、铍、银-多金属、锑找矿远景区	A类	60	成矿围岩为泥盆纪—石炭纪地层,控矿因素为SN向瑶山-石牯塘断裂带及隐伏岩体	乳源上头榜小型钨(铍)矿床、乳源锡坑铁矿化点、乳源石崩寨银矿化点、乳源大桥禾仓栋锑矿化点	有一定的找矿潜力
8	重阳钨、银、锑找矿远景区	B类	45	成矿围岩为泥盆纪—石炭纪地层,控矿因素为一六岩体内、外接触带,断层破碎带	大型砷矿床、小型铅锌矿床、小型白钨矿床、锑矿化点	有一定的找矿潜力

（五）旅游地质资源

在乳源县桂头镇西北约12km的方洞村神凤岭一带，发现类似湖南张家界的自然景观，系产状平缓的中泥盆世碎屑岩形成的峰林地貌（图9），有进一步的旅游开发价值。

图9 乳源县必背镇方洞村神凤岭地貌景观

四、成果意义

1. 通过1:5万区域地质调查，为粤北基础地质研究、矿产资源调查提供了系统地质资料。

2. 在粤北大瑶山地区的前泥盆纪地层中首次发现火山岩夹层，为华南大地构造背景及演化研究提供了新的参考资料。

3. 总结了调查区的成矿地质条件，探讨了成矿规律，划分了找矿远景区，提出了下一步找矿工作的具体建议。

4. 新发现类似湖南张家界的自然景观，有进一步的旅游开发价值。

第六章 广西1∶5万梅溪幅、窑市幅、江头村幅、资源县幅、龙水幅、黄沙河幅区域地质调查

寇晓虎 骆满生 季军良 李志勇 付伟 吴年文
王成刚 安显银 王盛栋 蔡晓斌

[中国地质大学（武汉）地质调查研究院]

一、摘要

系统厘定了调查区岩石地层单位，建立了非正式填图单位，对沉积岩进行了多重地层划分对比，并对各岩石地层的形成环境进行了分析。对岩浆岩进行了岩石学、岩石地球化学和同位素年代学研究，对其物质组成、侵入期次等进行了初步划分。查明了调查区各时期构造变形样式，合理划分了构造单元，并在矿点检查的基础上对成矿地质背景、成矿条件、控制因素等进行了分析，划分了找矿远景区。

二、项目概况

调查区位于广西东北部，地理坐标：东经110°30′00″—111°15′00″，北纬26°00′00″—26°20′00″，面积2780km²。工作起止时间：2010—2012年。主要目标任务是按照1∶5万区域地质调查的有关规范和技术要求，在系统收集和综合分析已有地质资料的基础上，开展1∶5万区域地质调查，加强含矿地层、岩石、构造的调查，突出岩性、构造填图和特殊地质体及非正式填图单位的表达，系统查明区域地层、岩石、构造特征和成矿地质条件。重点开展以下工作：①采用岩石地层填图方法。以现代地层学、沉积学理论为指导，重新厘定调查区地层序列，进行岩石地层、年代地层、生物地层、化学地层等多重地层划分对比。重点调查含矿岩系的时空展布，建立非正式填图单位，分析成矿地质背景。②运用"时代+岩性"的表示方法，对测区各时期花岗岩的填图单位进行重新清理和划分，探讨岩浆演化及其构造背景。重点调查测区与成矿相关的岩体，查明其物质成分、时代归属、侵位期次，分析其构造-岩浆演化及与成矿的关系。③查明各时期构造变形特征及组合样式，合理划分构造单元，探讨构造成生演化发展史。④在充分收集已有矿产调查资料的基础上，针对钨锡等多金属矿点进行异常查证和概略性检查，分析其成矿地质背景、控矿要素、找矿标志等。对新发现的矿点要采用槽探等工程手段进行重点检查。

三、主要成果与进展

（一）地层学及沉积学方面

1. 厘定完善了调查区地层单位，划分35个组级地层单位、22个段级填图单位和5个非正式填图单位。重点对奥陶纪、泥盆纪和石炭纪地层进行了系统划分。

2. 详细分析了奥陶纪沉积环境和沉积相变化，在奥陶纪地层中发现了笔石化石。

（1）白水溪组第一段主要以粉砂岩、碳质板岩、含矿粉砂质板岩为主，可见水平层理和微波状层理，发育鲍马序列BCDE段，为浊流沉积产物，其间夹有钙质板岩，说明浊流之间存在一定时间的间歇期。

含黄铁矿碳质板岩说明水位较深且海水流动缓慢,而粉砂质板岩和泥质粉砂岩均呈灰蓝色,代表此时为半深海非补偿滞流还原环境。第二段主要岩性为灰蓝色、灰绿色厚层状泥灰岩,钙质泥岩,部分层位可见波状层理。泥灰岩与钙质板岩的大量出现,说明此时陆源碎屑相对减少,该地区与为海底扇提供沉积物的海底峡谷已有相当距离,在白水溪组顶部出现数层厚层状灰岩,此时沉积环境已达到最浅,属于外陆棚相沉积。

(2)桥亭子组第一段主要为粉砂岩、泥质粉砂岩,夹少量的泥灰岩;第二段以粉砂岩为主,夹有泥岩、粉砂质泥岩、泥质粉砂岩,发育水平层理。桥亭子组相比白水溪组,其碳酸盐岩沉积显著减少,而是以碎屑岩沉积为主,第一段仅夹有数层泥灰岩,第二段全部为碎屑岩沉积,其层厚普遍较厚,说明此时物源供给充足,发育水平层理、小型交错层理、斜层理,属浅海槽盆相沉积。

(3)烟溪组为典型的页岩相地层。第一段以灰黑色、深灰色粉砂岩,粉砂质板岩,板岩为主,水平层理发育,局部可见鲍马序列 CDE 段,属半深海大陆斜坡沉积。第二段岩性以灰黑色粉砂质板岩、板岩和硅质板岩、硅质岩为主,岩石的颜色整体较深,多为黑色、深灰色。由于岩石中硅质含量高,且无碳酸盐岩出现,由此判断其沉积界面在方解石饱和深度以下,处于水流不畅、缺氧的还原环境,为陆源物质供应不充分的半深海沉积。

烟溪组产丰富的笔石类化石,主要有 *Climacograptus* cf. *acuminatus*,*C. haddingi*,*C.* cf. *caudatus*,*C. brevis*,*C. sextans*,*C. styloicheus*,*C. parvus*,*C. minimus*,*Orthgraptus calcaratus*,*Dicellograptus divaricatus minor*,*Dicranograptus nicholsoni diapason*,*D. nanus*,*Glyptograptus teretiusculus*,*G.* sp. 及三叶虫 *Cyclopyge* sp. 等,其中笔石主要为中奥陶世分子。

(4)天马山组第一段岩性主要为浅灰绿色、浅灰色厚层状粉砂岩,泥质粉砂岩,细砂岩与中薄层状的碳质板岩、薄层状泥岩互层,可见少量的平行层理。岩层以中薄层为主,泥岩板岩的比例相对较多,说明物源供给不充分,形成环境较深,推测其沉积环境为深海环境。基本层序主要为砂泥韵律层,泥岩比例较多,镜下特征显示砂岩以粉砂为主,磨圆中等,离物源区较远,因此认为其形成环境为深海的海底扇沉积相外扇-中扇亚相。

天马山组第二段岩性主要为浅灰色、浅灰绿色厚层状长石石英砂岩,杂砂岩夹中至厚层状的泥质粉砂岩,局部夹灰色中—厚层状的岩屑砂岩,可见平行层理、波状层理、粒序层理等沉积构造,发育鲍马序列 A 段、CD 段以及 BE 段。基本层序主要为长石石英砂岩、细砂岩与粉砂岩、泥岩旋回,粒度从下到上由粗到细,为下粗上细的沉积序列。韵律层相对较少,沉积相为海底扇沉积相中扇亚相。

天马山组第三段主要为浅灰绿色厚层状杂砂岩,中至厚层状岩屑砂岩,泥质粉砂岩与灰黑色、浅灰绿色薄—中层状碳质板岩,板岩,泥岩和粉砂质泥岩互层,见平行层理、水平层理以及包卷层理等,发育鲍马序列 AB 段、BE 段、DE 段、BCD 段、ABC 段、CD 段等。岩层以中厚层居多,砂岩中含有岩屑成分,说明离物源区较近,沉积环境为半深海大陆斜坡相。

天马山组在第一段、第三段产大量的笔石化石,主要有 *Didymograptus abnormis*,*Glyptograptus perculptus*,*Climacograptus* sp.。区域上在越城岭一带产 *Climacograptus* sp.,*C. stiloideus lapyworth*,*C. brevis*,*C. micerabilis*,*C. putillua*,*Dicellograptus* sp.,*Dicranograptus* sp.,*Glyptogratus* sp.,*Orthograptus* sp. 及三叶虫等,地质时代为晚奥陶世。可与兴安县田岭口组、广东台山长水坑组、湖南中部胡乐组所产笔石对比。

3. 在中泥盆统跳马涧组中发现了遗迹化石 8 属 11 种,划分为两个遗迹相——Skolithos 和 Cruziana 遗迹相,并结合沉积构造特征详细分析了跳马涧组沉积的古环境。

(1)跳马涧组为滨岸相碎屑岩沉积,可分为 4 段。一、二段主体岩性为紫红色厚层状砾岩、紫红色石英砾岩、灰绿色及紫红色细砂岩和含砾砂岩,发育平行层理,砾石具叠瓦状构造。砂岩发育鱼骨状交错层理、波状层理、水平层理。沉积环境为滨海的潮间带沉积。一、二段底部高成熟度的底砾岩代表着中泥盆统桂北一带大规模海侵开始的标志。三、四段主体岩性为紫红色细砂岩、灰绿色石英砂岩、灰黄色含泥粉砂岩,层厚主要为中厚层状,夹薄层粉砂岩及泥质粉砂岩。发育潮汐层理、波状层理、楔状交错层理,且可见鲕粒,还可以看到垂直和平行层面的生物遗迹化石,属潮坪相。其中,第三段及第四段底部以泥质岩、潮汐层理为主,为潮间带-潮上带沉积;第四段中部到上部岩性变为石英砂岩,顶部为紫红色粗砂岩,广泛发育有潮汐层理、交错层理、平行层理,同时发育 Skolithos-Cruziana 过渡相遗迹化石,为潮间带-潮下带沉积。

(2) Skolithos(石针迹)遗迹相。跳马涧组中上部细砂岩中发育遗迹化石2属2种:Skolithos annulatus(Howell),Bergauria sp.。遗迹化石单调,但丰度很高。Skolithos 遗迹属被认为是 Skolithos 遗迹相的指相化石,常形成于高能环境下的滨海潮间、潮下带浅水环境。

Cruziana(克鲁兹迹)遗迹相:跳马涧组上部泥岩和细砂岩中发现遗迹化石6属9种,分别是 Asterosoma sp.,Chondrites fenxiangensis,Bifungites sp.,Planolites montanus,P. kwangsiensis,P. sp.,Palaeophycus curvatus,P. tubularis,Megagrapton irregular。其中 Palaeophycus,Planolites 两种广相遗迹化石最为丰富。就遗迹属种习性分类而言,居住迹和觅食迹占据了整个遗迹群落的大部分。Chondrites 常被学者认为是缺氧环境的指示剂,常见于 Cruziana 遗迹相,而 Palaeophycus 为广相遗迹化石。与上述遗迹化石共生的沉积构造主要是微波状层理,所以将这两层归于 Cruziana 遗迹相,反映滨浅海低—中等能量的潮下带沉积环境。

从遗迹化石分布的层位可知,跳马涧组第三段为 Skolithos 遗迹相,第四段地层可见 Skolithos 遗迹相的遗迹化石,也可见 Cruziana 遗迹相遗迹化石,但以 Cruziana 遗迹相的遗迹化石为主,所以可将第四段划分为 Skolithos-Cruziana 的过渡相。

4. 系统研究中上泥盆统棋梓桥组、佘田桥组和锡矿山组生物地层。

(1)棋梓桥组分为3段:一段为深灰色纹层状灰岩与中厚层白云质灰岩互层,发育波状层理、水平层理,属潮下带-潮间带相;二、三段岩性为青灰色薄层状灰岩,纹层状灰岩与中厚层状灰岩互层,局部夹瘤状灰岩,发育斜层理、波状层理,属台地浅滩相。棋梓桥组主要有珊瑚:Pseudoamplexus sp.,Füchungoporella hananensis Jia,Alveolitella bamianchongensis Jiang,Disphyllum caespitosum pashiense Sockinia 等,以及牙形石 Ozarkodina regularis Branson & Mulle,时代属中泥盆世。

(2)佘田桥组主要为灰色、深灰色、灰黑色中薄—中厚层状泥质灰岩,生物碎屑灰岩,局部灰岩中发育黑色硅质团块,发育波状层理、水平层理。代表海水水体良好、氧气充足、盐度正常的开阔碳酸盐岩台地环境。本次采集到珊瑚化石:Füchungopora hananensis Jia,F. simplex Jiang 等,时代属于 Frasnian 上部。

(3)锡矿山组主要为灰色、深灰色中薄层、中厚层生物碎屑灰岩,含硅质团块灰岩夹含碳质灰岩、碳质泥岩,发育波状层理,属碳酸盐岩台地相。产丰富的牙形石化石,主要有 Polygnathus decorosus Stauffer,P. glaber glaber Ulrich & Bassler,P. dubius Hinde,P. dengleri Bischoff et Ziegler,P. norrisi Uyeno,P. semicostatus Branson & Mehl,Ligonnodina sp. Ulrich & Bassler,Hunanognathus sinensis Zuo,Icriodus alternatus Branson & Mehl,Icriodu sp. Branson & Mehl,I. brevis Stauffer,Palmatolepis quadrantinodosalobata Sannemann,P. triangularis Sannemann,P. delicatula delicatula Branson & Mehl,P. cf. Regularis Cooper,P. hassi Müller & Müller,P. sp. 等,时代属晚泥盆世 Famennian 早期。

5. 建立了调查区白垩系3个孢粉组合带,并分析了古气候变化。

在栏陇组中鉴定出孢粉17属18种,其中以裸子植物花粉(9种,占孢粉总量的82.90%)和蕨类植物(7种,占比14.75%)为主,另有少量被子植物花粉(2种,占比2.35%)。其中裸子植物当中,以杉柏科 Rugubivesiculites sp.(39.22%)和 Pinuspollenites sp.(11.44%)及南美杉科 Classopollis pflug(14.24%)为主,另有 Brevimonosulcite canadensis(1.97%),Cycadopites sp.(83.62%),Eucommiidites sp.(2.99%),Exesipollenites tumulus triangulus(6.42%),Inaperturopollenites sp.1(1.27%),杉科 Taxodiaceaepollenites hiatus(1.72%);蕨类植物孢子以 Deltoidosporites sp.(5.09%)和 Sphagnumsporites sp.(3.81%)为主,另有 Lycopodiumsporites sp.(0.83%),Lygodioisporites sp.(1.08%)

和 *Lygodiumsporites* sp.(2.16%),*Ciatricosisporites* sp.(1.46%)和 *Schiza* sp.(0.32%);被子植物为 *Tricolpites* sp.(2.16%)和 *Boechlensipollis qingjiangensis*(0.19%)。根据孢粉组合特征,划分 3 个孢粉带:*Cicatricosisporites* sp. – B. Canadensis – *Lygodiumsporites* sp. – *Lygodioisporites* sp. 组合带;*Eucommiidites* sp. – *E. tumulus triangulu* – *T. hiatus* – *Lycopodiumsporites* sp. 组合带;*Cicatricosisporites* sp. – *Lygodiumsporites* sp. – *Lygodioisporites* sp. – *B. qingjiangensis* 组合带,并与国内外地层中孢粉组合进行对比,确定栏陇组地质时代为早白垩世。

6. 以古地磁和光释光分析方法,测得黄沙河Ⅱ级阶地底部年龄为 36.3 ± 1.5 ka,形成于上更新统;黄沙河Ⅰ级阶地年龄为 3140 ± 30 aBP,形成于中晚全新统。

黄沙河Ⅰ级阶地除了底部河道砾岩外,向上为砂和粉砂质黏土互层。根据河流搬运沉积物的特点,粗碎屑沉积形成于水动力较强的条件下。因此,每个砂层-粉砂质黏土层的旋回代表了一次大的洪水事件。由剖面岩性的组合来看,黄沙河Ⅰ级阶地的形成至少经历了 3 次大的洪水事件。Ⅰ级河流阶地光释光年龄与粉砂质黏土中碳屑的 ^{14}C 测年结果均表明Ⅰ级阶地形成于中晚全新世。

根据黄沙河Ⅰ级阶地剖面的平均磁化率为 105×10^{-6} SI,粉砂质黏土层的平均磁化率值均小于砂层。将Ⅰ级阶地岩性、磁化率与湖北和尚洞石笋研究得到的年降水量对比,发现砂层对应于降水量大的时期,而粉砂质黏土层对应于降水量少的时期。这进一步说明砂层是在较强的水动力条件下形成的,代表了比粉砂质黏土形成时期更强的降雨量。

与Ⅰ级河流阶地磁化率值相比,Ⅱ级阶地黏土的磁化率值明显高。岩性明显比较细,沉积物的颜色也较红。对于同样细颗粒的黏土沉积,上部颜色红而磁化率值高,这与我国北方黄土沉积相似,可能代表上部沉积时期的气候较下部湿热,在成壤过程中,上部新生成的微细磁铁矿含量多于下部,因此上部磁化率值高。

（二）岩石学方面

对花岗岩的岩石组成、地球化学特征、形成时代、侵入期次以及形成的构造背景等进行了研究,根据获得的锆石 U-Pb 年龄数据,将调查区的花岗岩填图单位,将其划为加里东期和印支期两个期次,并将加里东期花岗岩分为晚奥陶世（457～452Ma）、早志留世（436Ma）和中晚志留世 3 个阶段（422～417Ma）;印支期花岗岩主要形成于晚三叠世（236Ma）。对加里东期花岗岩和印支期花岗岩进行了主量、微量和稀土元素等研究,对其岩浆成因、形成的构造背景等进行了分析。

（三）矿产地质方面

新发现矿（化）点 3 处,对调查区成矿地质背景、成矿条件和控矿因素进行了初步总结,对调查区构造、岩浆与成矿的关系进行了分析。

四、成果意义

1. 通过详细填图,厘定了调查区岩石地层单位,对不同时代的地层进行了岩石地层、年代地层、生物地层等的系统研究,为该地区地层研究提供了基础地质资料。

2. 对调查区花岗岩进行了岩石学、岩相学、岩石地球化学和同位素年代学等的研究,划分了花岗岩侵入期次,探讨了花岗岩形成的构造背景,为华南花岗岩的研究补充了重要的地质资料。

第七章 江西 1:5 万遂川县幅、良口幅、横市井幅、夏府幅区域地质调查

罗春林　左祖发　王会敏

（江西省地质调查研究院）

一、摘要

通过开展 1:5 万区域地质调查和概略性矿产检查，对调查区地层组、段进行了填图单位的划分，建立了地层层序；对弹前、巾石、隆木、高湖脑等不同时代岩体进行了解体，划分了侵入体，建立了不同时代侵入岩的岩石单位；首次在赣南地区发现晚志留世基性岩；建立了调查区地质构造格架和构造次序；通过 1:5 水系沉积物测量，圈定钨多金属综合异常 5 处。在综合分析的基础上，划分了找矿远景区，并评价了资源潜力。发现找矿线索，为后续矿产调查提供重要找矿靶区。

二、项目概况

调查区位于江西南部，地理坐标：东经 114°30′00″—115°00′00″，北纬 26°00′00″—26°20′00″，总面积 1846 km^2。工作起止时间：2010—2012 年。主要任务是按照 1:5 万区域地质调查有关规范和技术要求，在系统收集和综合分析已有地质资料的基础上，紧密围绕查明南岭成矿带基础地质背景和成矿条件，开展 1:5 万区域地质调查和概略性矿产检查，发现找矿线索，为后续矿产调查提供重要找矿靶区。重点开展以下工作：①以岩石地层单位为基础，开展区域地层调查和多重地层划分研究，查明调查区新元古代、古生代地层的岩性和岩相变化特征，按组、段、层划分填图单位，建立调查区地层层序；查明主要含矿层位分布及与成矿关系。②对调查区弹前、巾石、隆木、高湖脑等不同时代岩体进行解体，划分侵入体；查明各侵入体的岩石学、地球化学特征、形成时序关系，建立不同时代侵入岩的岩石单位；查明侵入体构造特征，分析侵位机制与区域构造的关系；查明与成矿作用关系密切的侵入体及岩浆侵入活动，研究岩浆岩的成矿专属性。③查明调查区褶皱、断裂等主要地质构造特征，建立调查区地质构造格架和构造序次，探讨区域地质构造演化历史；查明震旦纪、寒武纪浅变质岩构造变形特征和构造样式；重点调查遂川-万安 NE 向断裂，大余-兴国 NE 向断裂在调查区的表现形式；查明调查区主要控矿构造及与成矿作用的关系；④针对区内主要矿种和矿化类型，分析与成矿关系密切的地层、岩石和构造控制因素，开展含矿地质体详细调查和成矿地质条件研究，查明与成矿关系密切的层位、岩石类型和地质构造；择优开展主要矿点概略检查和重要物化探异常查证，发现找矿线索，为地质找矿提供靶区；系统总结区域成矿作用与地层、构造和岩浆作用的相互关系，为地质找矿提供基础资料。

三、主要成果与进展

（一）地层学方面

1. 通过地质填图和地质剖面测量，划分出 14 个组级、12 个段级填图单位，建立了调查区地层序列；

重点对寒武纪、泥盆纪地层进行了划分对比研究(表1)。

2. 查明了老虎塘组顶部、底部灰白色及乳白色硅质岩的区域特征,与寒武纪地层底部的灰黑色薄层状硅质岩、含碳质硅质岩、碳质板岩呈整合接触,可以确定为区域填图标志。

表1 调查区岩石地层单位划分表

地质年代			岩石地层单位			代号	厚度(m)	标志层或填图标志	沉积环境
代	纪	世							
新生代	第四纪	全新世	赣江组			Qhg^{al}	>2	上砂下砾之二元结构	现代河流
			联圩组			Qhl^{al}	>2	构成河流Ⅰ级阶地	河流
		更新世	进贤组			Qpj^{al}	>2	构成河流Ⅱ级阶地	河流
中生代	白垩纪	晚白垩世	赣州群	茅店组	上段	K_2m^3	2565	含钙砂岩、粉砂岩、泥岩夹砂砾岩	河流-冲积扇
					中段	K_2m^2	2920	复成分砾岩	河流冲积
晚古生代	泥盆纪	晚泥盆世	峡山群	嶂紫组		D_3zd	>193.8~339.08	紫色砂岩、粉砂岩	滨海-滨岸
				三门滩组		D_3s	24.94~99.04	钙质粉砂岩、泥岩和钙质砂岩	浅海陆棚
				中棚组		D_3z	370.41~581.86	灰紫色杂砂岩、粉砂质泥岩	滨海
		中泥盆世		云山组		D_2y	87.92~328.78	白色厚层状石英砾岩、石英砂岩	河流-滨岸
早古生代	寒武纪	芙蓉世	八村群	水石组	中段	ϵ_4s^2	>180.72	变质砂岩、板岩、粉砂质板岩,夹少量含碳板岩	浅海-次深海
					下段	ϵ_4s^1	1008.69	变质砂岩与板岩互层,底部为块状砂岩夹含碳绢云板岩	
		第三世		高滩组	上段	ϵ_3g^2	>159.18	宽条带板岩	浅海-次深海
					下段	ϵ_3g^1	585.97	变质砂砾岩或变质含砾杂砂岩	
		中寒武世—纽芬兰世		牛角河组	上段	$\epsilon_{1-2}n^3$	442.12	砂岩夹板岩	次深海
					中段	$\epsilon_{1-2}n^2$	631.36	砂板岩互层	
					下段	$\epsilon_{1-2}n^1$	557.20	碳质板岩、底部石煤层	
新元古代	震旦纪	晚震旦世	乐昌峡群	老虎塘组	上段	Z_2l^3	1.11~2.97	乳白色条带状硅质岩	次深海
					中段	Z_2l^2	657.28	砂板岩互层	
					下段	Z_2l^1	1.99~3.17	灰白色、肉红色硅质岩	
		早震旦世		坝里组		Z_1b	>195.18	砂板岩互层	次深海
	南华纪	中-晚南华世		沙坝黄组		$Nh_{2-3}s$	>212.88	变质砂砾岩或变质含砾石英粗砂岩	浅海陆棚边缘斜坡

3. 将寒武纪地层划分为牛角河组、高滩组和水石组。牛角河组底部以碳质板岩为标志与下伏老虎塘组区分,划分上、中、下3段;高滩组以出现巨厚—块状变质细砂岩(含砾细砂岩)作为类标志,划分上、下2段;水石组的主要标志具条纹条带状构造,本区上部缺失,划分中、下2段。

4. 将泥盆纪地层从下往上划分为云山组、中棚组、三门滩组、嶂紫组。云山组标志层为底部的石英质砾岩,与下伏寒武纪地层呈不整合接触;中棚组标志层为灰紫色岩段;三门滩组标志层为含钙质层;嶂紫组标志层为紫色岩段。

(二)岩浆岩方面

1. 查明了调查区侵入岩的岩石类型、空间分布、规模、围岩蚀变及矿化特征。结合新获得锆石 LA-ICPMS U-Pb年龄,划分了7个序列1个独立侵入体,共18个岩石填图单位(表2),建立了调查区侵入岩活动时序,对其形成的大地构造背景进行了探讨。

表2 侵入岩岩石填图单位划分表

时代	岩石序列	岩石填图单位	代号	侵入体个数	面积 (km^2)	产状	同位素年龄值 (Ma)	成因类型	构造环境	侵入接触关系	与矿产的关系
早白垩世	弹前序列	大坑中细粒斑状黑云母正长花岗岩	$\xi\gamma K_1^{1b}$	16	545.00	岩基、岩株、岩瘤	144.4 ± 3.7 锆石 LA-ICPMS U-Pb	S	陆内伸展	侵入 $\eta\gamma J_3^{1b}$	钨锡
早白垩世	弹前序列	旺坑细粒含斑黑云母正长花岗岩	$\xi\gamma K_1^{1a}$	6	21.79	岩瘤、岩滴		S	陆内伸展	侵入 $\eta\gamma J_3^{1b}$	钨锡
晚侏罗世	高湖脑序列	黄岗背粗中粒黑云母二长花岗岩	$\eta\gamma J_3^{2d}$	2	5.54	岩瘤、岩滴		S	陆内造山	侵入 Z_1b、$\eta\gamma J_3^{2a}$	钨锡
晚侏罗世	高湖脑序列	上西山中细粒黑云母二长花岗岩	$\eta\gamma J_3^{2c}$	3	14.86	岩瘤、岩滴		S	陆内造山	侵入 $Nh_{2-3}s$、$\eta\gamma J_3^{2a}$	钨锡
晚侏罗世	高湖脑序列	狮子前细粒(含斑)黑云母二长花岗岩	$\eta\gamma J_3^{2b}$	8	22.15	岩瘤、岩枝	$\frac{145.1}{K-Ar}$	S	陆内造山	侵入 $Nh_{2-3}s$、Z_1b、$\in_{1-2}n$ 及 $\gamma\delta O_3$	钨锡
晚侏罗世	高湖脑序列	水口中粗粒黑云母二长花岗岩	$\eta\gamma J_3^{2a}$	2	68.11	岩株	148 ± 0.9 锆石 LA-ICPMS U-Pb	S	陆内造山	侵入 $Nh_{2-3}s$、Z_2l、$\in_{1-2}n$	磷钇矿
晚侏罗世	柏岩序列	蟠岩中—粗粒黑云母(二长)花岗岩	$\eta\gamma J_3^{1b}$	1	456.53	岩基	149.4 ± 3.4 锆石 LA-ICPMS U-Pb	S	陆内造山	侵入 $\in_{1-2}n$ 及 $\eta\gamma J_3^{1a}$ 和 $\gamma\delta O_3$	钨
晚侏罗世	柏岩序列	下尾中—细粒黑云母(二长)花岗岩	$\eta\gamma J_3^{1a}$	1	57.59	岩株	155.4 ± 1.5 锆石 LA-ICPMS U-Pb	S	陆内造山	侵入 $Nh_{2-3}s$ 及 Z、$\in$、D 等地层和 $\gamma\delta O_3$	钨
晚志留世		增坑辉长(辉绿)岩	υS_3	4	1.64	岩墙	422.8 ± 1.8 锆石 LA-ICPMS U-Pb 421.7 ± 2.2 锆石 LA-ICPMS U-Pb	I	造山期后伸展	侵入 $\in_{1-2}n$	

续表2

时代	岩石序列	岩石填图单位	代号	侵入体个数	面积（km²）	产状	同位素年龄值（Ma）	成因类型	构造环境	侵入接触关系	与矿产的关系
早志留世	沙地序列	早禾坑中—粗粒黑云母正长花岗岩	$\xi\gamma S_1^{1c}$	1	9.34	岩滴		S	造山后期	侵入$\in_{1-2}n$及γS_1^{1b}	
		新屋子中—细粒黑云母正长花岗岩	$\xi\gamma S_1^{1b}$	1	38.00	岩株		S	造山后期	侵入$Z_2 l$、$\in_{1-2}n$及γS_1^{1a}	
		水边细粒黑云母正长花岗岩	$\xi\gamma S_1^{1a}$	8	6.01	岩滴	428.3±5.9 锆石LA-ICPMS U-Pb	S	造山后期	侵入$Z_2 l$、$\in_{1-2}n$	
晚奥陶世	汤湖序列	龙上黑云母花岗闪长岩	$\gamma\delta O_3^{3a}$	1	15.59	岩瘤、岩滴	424 Rb-Sr	S	造山后期	侵入$\in_{1-2}n$，被D_{2-3}沉积不整合	
	社溪序列	高庄细粒含斑黑云母正长花岗岩	$\xi\gamma O_3^{2b}$	6	9.21	岩瘤、岩滴	444±10 锆石LA-ICPMS U-Pb	S	同造山晚期	侵入$Nh_{2-3}s$、$\xi\gamma O_3^{2a}$	铌钽
		长岭脑中细粒斑状黑云母正长花岗岩	$\xi\gamma O_3^{2a}$	1	3.22	岩滴	449±12 锆石LA-ICPMS U-Pb	S	同造山晚期	侵入$Nh_{2-3}s$、$Z_1 b$、$Z_2 l$	
	坪市序列	老屋里中粒少斑黑云母二长花岗岩	$\eta\gamma O_3^{1c}$	3	70.04	岩株	457±6 锆石La-ICPMS U-Pb	S	同造山晚期	侵入$Z_1 b$、$Z_2 l$、$\in_{1-2}n$及$\gamma\delta O_3^{1a}$	
		洋岭脑中细粒黑云母花岗闪长岩	$\gamma\delta O_3^{1b}$	5	39.00	岩株	441.3±5.2 锆石LA-ICPMS U-Pb	S	同造山晚期	侵入$Z_2 l$、$\in_{1-2}n$及$\gamma\delta O_3^{1a}$	
		镜口细粒黑云母花岗闪长岩	$\gamma\delta O_3^{1a}$	6	4.00	岩滴	456.1±3.8 锆石LA-ICPMS U-Pb	S	同造山晚期	侵入$\in_{1-2}n$	

2. 对坪市一带及东部社溪一带的加里东期花岗岩进行了解体,将坪市序列解体为镜口细粒黑云母花岗闪长岩体、洋岭脑中细粒黑云母花岗闪长岩体和老屋里中粒少斑黑云母二长花岗岩体3个侵入体,将社溪序列解体为长岭脑中细粒斑状二长花岗岩体和高庄细粒含斑黑云母正长花岗岩体两个侵入体,各侵入体与南华纪—寒武纪浅变质地层呈侵入接触关系,被燕山期花岗岩侵入切割破坏。坪市序列及社溪序列均属于挤压型的主动定位类型,为加里东同造山晚期强过铝质S型花岗岩,岩浆形成的物质主要来源于地壳。锆石LA-ICPMS U-Pb定年获得谐和年龄值为460~440Ma,形成时代属晚奥陶世。

3. 将沙地一带原1∶20万区调划归燕山期花岗岩解体为水边细粒黑云母正长花岗岩体、新屋子中—细粒黑云母正长花岗岩体和早禾坑中—粗粒黑云母正长花岗岩体3个侵入体,各侵入体与震旦纪—寒武纪浅变质地层呈侵入接触关系。沙地序列属于被动定位类型,为加里东造山后期富硅、富碱、铝过饱和的花岗岩,岩浆形成的物质主要来源于地壳,属于陆壳改造(重熔)型花岗岩的同源岩浆演化序列。锆石LA-ICPMS U-Pb定年获得谐和年龄为428.3±5.9Ma(MSWD=1.9),形成时代重新确定为早志留世。

4. 将原1∶20万区调中所划分的"混合花岗岩"重新分解为奥陶纪花岗岩、南华纪—震旦纪变质地层。其中对于里海地区前人所划分的"混合花岗岩",通过本次工作认为这类所谓"混合花岗岩"往往具有片理化或片麻理,岩石命名为片理化花岗岩或花岗质片麻岩。这种岩石主要分布于构造带内,岩体形态多呈透镜状、藕节状、不规则状,呈岩滴和岩瘤分布于震旦纪和寒武纪地层中,其与围岩大部分能见突变的侵入关系,局部地段两者也有逐渐过渡的关系。这种片麻状花岗岩(图1、图2)从1:5万填图资料获得空间分布仅限于横市井NNE向韧性或韧性变形变质带中,片麻状花岗岩韧性剪切变形非常清楚。在韧性剪切带内花岗岩变形十分清楚,具有分带性,形成片理化花岗岩、花岗质片麻岩、花岗质糜棱岩等。总之,在里海地区所见的片理化花岗岩或花岗质片麻岩,是由原岩浆形成的花岗岩处于塑性状态下接受构造叠加改造而形成片理化花岗岩或片麻状花岗岩。在时代上及岩性上,与高庄岩体及长岭岩时代和岩性相同,属于岩浆成因的花岗岩类。局部可能存在同化混染或边缘混合岩化作用。

图1　横市井地区片麻状花岗岩野外特征
A. 片麻状花岗岩手标本特征;B. 片麻状花岗岩顺层侵入;C. 片麻状花岗岩与围岩呈突变接触;
D. 片麻状花岗岩中的围岩包裹体

图2　横市井地区片麻状花岗岩镜下特征

5. 将遂川县幅和良口幅中部燕山期超大型花岗岩岩基及横市井幅西南部花岗岩岩基分别进行了解体,建立了柏岩、高湖脑和弹前3个序列。柏岩序列解体为下尾中—细粒黑云母(二长)花岗岩体及蟠岩中—粗粒黑云母(二长)花岗岩体;高湖脑序列解体为水口中粗粒黑云母二长花岗岩体、狮子前细粒(含斑)黑云母二长花岗岩体、上西山中细粒黑云母二长花岗岩体和黄岗背粗中粒黑云母二长花岗岩体4个侵入体;弹前序列解体为旺坑细粒含斑黑云母正长花岗岩体及大坑中细粒斑状黑云母正长花岗岩体两个侵入体。其中柏岩序列及高湖脑序列属后造山铝过饱和及高钾钙碱性系列花岗岩类,岩浆来源属于地壳重熔S型花岗岩类。弹前序列属陆内伸展铝过饱和及高钾钙碱性系列花岗岩,岩浆来源于地壳物质的熔融。采用锆石LA-ICPMS U-Pb定年法获得柏岩及高湖脑序列谐和年龄为155~145Ma,弹前序列获得谐和年龄为144.5±3.7Ma,形成时代分别归属晚侏罗世及早白垩世。

6. 首次在赣南地区确认晚志留世基性岩——增坑辉长辉绿岩的存在。

增坑基性岩体(vS_3)分布于增坑至清江,岩体侵位于NNE向断裂带内,由数个岩体沿断裂带呈串珠状断续分布。大者呈岩墙状,小者呈岩瘤状或岩滴状,均侵入于震旦纪—寒武纪变质岩地层中(图3),围岩形成宽100~300m角岩化带,岩墙呈NNE向延长7~8km,宽0.2~800m,累计出露面积约1.64km²。

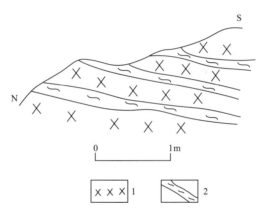

图3 辉长岩顺层侵入千枚岩(田西7007点)
1.辉长岩(纤闪石化);2.片理化千枚岩

基性岩体岩性较复杂,经追溯略可分相。边部为细粒—微粒结构之角闪辉石闪长岩;内部除主要为中—细粒结构的纤闪石化辉长岩外,尚有条带辉长岩、纤闪石化辉长辉绿岩、橄榄辉长辉绿岩(或橄长岩)。尚见有球粒辉长岩(引用1:20万区调资料)及脉状、团块状浅色斜长岩。岩体顶部同化混染较明显,斑杂构造常见,粗细岩石交错出现,围岩捕房体也时有见及。镜下观察,岩石自变质较强,纤闪石化最为发育,次之为钠黝帘石化、阳起石化、滑石化。早期基性矿物几乎全被纤闪石、滑石所代替,具绿泥石化。

增坑基性岩体SiO_2含量变化不大,含量为47.09%~51.80%,有两个样品,SiO_2含量分别为52.90%和54.27%,可能为中基性岩类;基性岩类Fe_2O_3平均含量2.87%,FeO平均含量7.18%,TFe平均含量10.05%,MgO平均含量9.87%,MF指数50.45,微偏向富铁的基性岩类;Na_2O平均含量2.30%,K_2O平均含量1.10%,Na_2O/K_2O比值2.1,属于富钠基性岩类;TiO_2含量较高,平均含量1%,属于富钛的基性岩类,A/CNK均小于1,一般与幔源型岩浆有很大的关系。

新鲜辉长辉绿岩锆石形态自形,CL图像(图4)显示明显具有振荡韵律环带结构,属岩浆成因锆石。采用LA-ICPMS锆石U-Pb定年法获得其谐和年龄分别为422.8±1.8Ma及421.7±2.2Ma,提出其归属于造山后期伸展体系下的产物,指示调查区晚志留世构造背景由挤压向伸展环境转换。

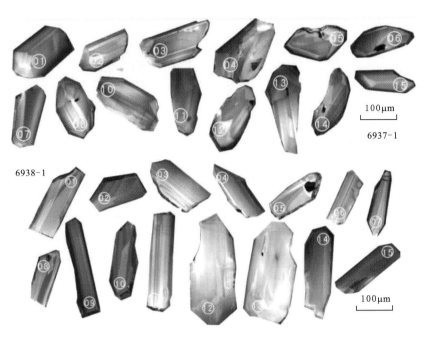

图 4 曾坑辉长辉绿岩体代表性锆石 CL 图像

(三)构造地质学方面

查明调查区主体断裂及褶皱的规模、展布方向、性质以及动力学特征,重点对前泥盆纪地层构造变形特征进行了调查研究,建立了调查区构造格架。

1. 查明了区域性遂川-万安深断裂带在调查区的表现形式。

遂川-万安深断裂带在调查区西北部浅构造层内表现为强烈切割了泥盆系—石炭系组成的向斜并控制着遂川白垩纪盆地的形成、发展,及加里东期、燕山期花岗岩的侵入,造成泥盆系—石炭系组成的向斜显得支离破碎且造成地层大量缺失,使遂川白垩纪盆地仅存其北西翼。断裂带大致呈 NE45°延伸,组成断裂带的各断层延伸性好,单条主干断层延长数十千米,宽度数米至数百米,大体呈带状平行展布。断层一般呈舒缓波状延展,断面多数倾向 NW,少数倾向 SE,倾角较陡,在 $50°\sim70°$ 之间。断层一般表现为强烈硅化破碎,局部形成硅化带突出地表,挤压破碎明显,破碎带中常出现大小不等的构造透镜体及呈次棱角状至滚圆状的构造角砾岩,一般具有定向排列,其排列方向与挤压带大致平行。

遂川-万安深断裂带在调查区南部横市井一带相对较深构造层内的花岗岩地区常表现为绿泥石化及钾长石化蚀变和糜棱岩化,变质岩区发育构造片岩,形成韧(脆)性变形带,在增坑一带变质岩区内沿断裂带见志留纪晚期的辉长辉绿岩体呈 NNE 向贯入。

2. 查明调查区加里东期构造以强烈的轴迹呈近 SN 的紧密线形倒转褶皱变形为特征,局部发育强烈剪切变形,伴有强烈熔融流动变形条件下的岩浆活动。

3. 调查区脆性断层主要表现为印支期—燕山期的多期次逆冲断层,按断裂带延伸方向可划分为 NE 向、NNE 向、NW 向和近 EW 向几组,其中 NE 向及 NNE 向断层最为发育。从形成时间上来看,近 EW 向断层最早形成,NW 向断层最晚形成,且 NNE 向断层切错 NE 向断层。

(四)矿产地质方面

1. 通过 1∶5 万水系沉积物测量,在大仑山—曾仚一带共圈定钨多金属综合异常 5 处,对南康市桐苦钨矿区进行了 1∶1 万矿产地质填图,总结了该矿区的矿化特征,新发现萤石矿点 1 处、钨矿(化)点5 处。

2. 对调查区成矿专属性进行了总结,划分了 3 个 A 级找矿远景区,分别为良碧洲钨多金属找矿远景区,高湖脑稀土、钨多金属找矿远景区和里海铌钽多金属找矿远景区,对其矿产资源潜力进行了评价。

四、成果意义

1. 新的基础地质资料获得为本区国民经济基础建设、规划部署等提供了可靠的地质技术支撑。

2. 首次在赣南地区确认存在晚志留世基性岩——增坑辉长辉绿岩,为华南地区基性岩科学研究提供了新的可靠资料。

3. 圈定钨多金属综合异常 5 处,划分了找矿远景区,为后续找矿工作部署指明了方向。

第八章 广西1:5万下塘幅、龙川幅、百色市幅、坤圩幅区域地质调查

黄祥林[1]　陆刚[1]　吴立河[1]　凌绍年[1]　朱春迪[1]
白云峰[1]　韦新球[1]　邓宾[2]　李新华[1]

（1. 广西壮族自治区区域地质调查研究院；2. 广西壮族自治区地质调查院）

一、摘要

以最新的国际地层表为指南，重新厘定了调查区多重地层划分对比序列，突出特殊岩性及非正式填图单位的表达方式，划分了16个正式、27个非正式岩石地层单位，提高了地层研究程度；查明了调查区岩浆岩的展布特征，重点查明了基性岩的地质特征、岩石学特征、岩石地球化学特征，探讨了基性岩活动时代、岩区性质及构造环境，并做了基性岩与金矿、透闪石玉的关系研究；对调查区构造运动及不同时代或不同性质的褶皱和断裂发育特征进行了系统总结，建立了调查区构造变形序列；对下三叠统石炮组中的特殊沉积层——蠕虫状灰岩做了专题研究；系统总结了矿产及其分布规律、控矿因素及区域成矿地质背景，新发现透闪石玉矿（化）点4处。

二、项目概况

调查区位于广西西北部，隶属于百色市、河池市管辖，地理坐标：东经106°30′00″—107°00′00″，北纬23°20′00″—23°40′00″，面积1878km²。工作起止时间：2011—2013年。工作区位于南盘江-右江成矿带（桂西矿集区）西南部，地处扬子板块西南缘，为古特提斯构造域和环太平洋构造域的复合部位，是古特提斯构造多岛海（洋）及右江盆地性质及其构造演化等国际前沿课题研究的关键地区之一。基性岩发育，地质构造复杂，金、锑、锰、钨、钛铁矿及新型矿产（软玉）等成矿地质条件优越，具有较好的找矿前景。项目主要任务是按照1:5万区域地质调查有关规范和技术要求，在系统收集和综合分析已有地质资料的基础上，开展1:5万区域地质调查，加强含矿地层、岩石、构造的调查，突出岩性、构造填图和特殊地质体及非正式填图单位的表达，系统查明区域地层、岩石、构造特征和成矿地质条件。重点开展以下工作：①采用岩石地层填图方法，以现代地层学、沉积学理论为指导，对调查区各时代地层进行岩石地层、生物地层、年代地层调查研究，进行多重地层划分对比，建立岩石-地层格架。②运用"岩性＋时代"的表示方法，查明基性岩地质特征、岩石学、岩石地球化学特征，探讨岩浆活动时代、岩浆演化及其构造环境、岩浆活动与成矿关系。③查明各时期构造变形特征及组合样式，并合理划分构造单元。重点查明右江断裂的基本特征、活动时代及控岩、控相、控矿和控震特征。④查明百色新生代盆地的地层序列、盆地充填过程以及新构造活动特征，加强对古人类化石和旧石器赋存层位、分布特点的研究。⑤调查研究微细粒型金矿的分布规律、成矿地质背景，总结区域成矿规律。

三、主要成果与进展

(一)地层学方面

1. 系统研究了调查区各时代地层岩石组合特征及时空展布，开展了多重地层划分与对比，厘定了岩石地层序列，划分了16个正式、27个非正式岩石地层单位(段级25个，特殊岩性层2个)，完善了调查区地层系统，提高了地层研究程度。

2. 在早石炭世盆地相型地层中新采获一批牙形刺化石(图1)，为区域地层划分对比以及其含锰岩系的时代归属提供了重要依据。如首次在调查区北部龙川地区鹿寨组第二段泥岩、硅质泥岩中采获肉眼可见的早石炭世杜内期牙形刺化石 *Pseudopolygnathus triangularis triangularis*，*Hindeodella subtilis*，*Neoprioniodus* sp.，*Ozarkodina* sp. 以及在砂屑灰岩透镜体中采获早石炭世杜内晚期 *typicus* 带化石分子 *Dollymae bouckaerti*，*Gnathodus* sp.；在调查区北东部巴平组中采集到谢尔普霍夫期—巴什基尔期 *Gnathodus bilineatus*，*Declinognathodus noduliferus*，*Locheria* sp.，以及 *Mesogondolella* sp.，*Streptognathodus*，*Swadelina* 等晚石炭世牙形刺分子，为厘定巴平组为穿时地层单位提供了确定性依据。

3. 在多个地层中(上二叠统领薅组、下三叠统石炮组、中三叠统百逢组及兰木组)识别出内波内潮汐等深水牵引流沉积。在下三叠统石炮组中识别出蠕虫状灰岩，收集了丰富的沉积相资料，并结合岩石地球化学特征，对其做了专题研究，为右江盆地岩相古地理及蠕虫状灰岩研究提供了丰富的基础资料。

4. 在中三叠统兰木组中发现沉积混杂岩，识别出与砂岩、泥岩液化、塑性变形及伴生的滑动面理、擦痕等同生构造，认为其为地震活动的产物，为研究右江盆地三叠纪构造背景提供了新资料。

5. 将下石炭统鹿寨组上部夹含锰矿层的硅质岩段、中三叠统百逢组顶部由不同颜色组成呈"斑马纹"状的薄—中层泥岩、泥质粉砂岩组合段，作为非正式填图单位进行划分；将下三叠统石炮组中上部蠕虫状灰岩层(透镜体)、中三叠统兰木组中下部广为发育的沉积混杂岩层作为特殊岩性层划分。对调查区特征岩性段(层)予以了强调，完善了调查区地层系统，提高了地层研究程度。

6. 调查区内发现上二叠统领薅组顶部普遍存在一段单层较厚的沉凝灰岩、凝灰质泥岩，查明其在区域内具有稳定性，结合岩石组合、沉积旋回和古生物等特征，提出其应为晚二叠世末火山事件、区域性海平面下降的沉积表现，是盆地相沉积二叠系与三叠系(即领薅组与石炮组)划分的重要标志。为解决长期以来本区域盆地相沉积的二叠系领薅组与三叠系石炮组划分标志不明的问题提供了资料，对长期以来存在的本区(盆地相)晚二叠世—早三叠世为连续海侵沉积提出了不同的见解。

7. 查明百色、永乐新生代盆地地层序列和盆地充填过程，通过调查、对比分析，重新恢复划分新近系，将出露于永乐盆地北缘角度不整合于古近系之上的一套红色砾岩、含砾砂岩层厘定为长蛇岭组。

8. 将第四系划分为白沙组、望高组、桂平组，对应为早更新世末期—中更新世早—中期、中更新世晚期、全新世沉积，提出为多套河流沉积与残积、残坡积多相堆积物组合的认识，并非简单的河流阶地沉积。其中原来划分含旧石器和玻璃陨石的第Ⅳ级阶地，即东亚地区唯一获得可靠测年数据(0.803Ma)的旧石器遗址产出的红色黏土层，不是河流阶地沉积，而是早、中更新世之交形成的一套特殊古土壤层。确认本区0.50~0.34Ma发生过较剧烈的新构造运动，表现为NW向断层的继承性活动，并进一步派生出许多小型断裂，切割了白沙组(原第Ⅲ、第Ⅳ级阶地)，形成了多级梯状小台地，其后形成的望高组、桂林组受新构造运动影响微弱。上述认识为本区第四纪地层划分和对比地质地貌背景、发展演化历史和古人类活动的关系、分析探究古人类起源及环境变迁提供了科学依据。

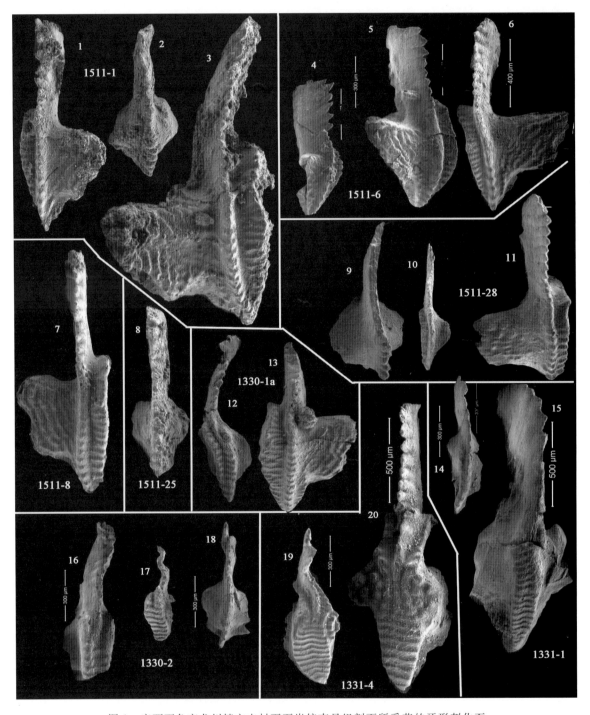

图1 广西百色市龙川镇方屯村下石炭统南丹组剖面所采获的牙形刺化石

1、3. *Gnathodus bileanatus*；2. *Locheria* sp. 德坞阶—罗苏阶界线附近；4~6. *Gnathodus bileanatus* 德坞阶—罗苏阶界线附近；7. *Gnathodus* sp. 维宪阶—德坞阶界线附近；8. *Locheria* sp. 德坞阶；9. *Locheria* sp.；10、11. *Gnathodus bileanatus* 德坞阶；12. *Declinognathodus noduliferus*；13. *Gnathodus bilineatus* 德坞—罗苏阶界线附近；14. *Neolocheria* sp.；15. *Declinognathodus* sp. 上石炭统罗苏阶；16、17. *Declinognathodus* sp.；18. *Neolochriea* sp. 罗苏阶；19、20. *Idiognathoides* cf. *I. simulator* 上石炭统达拉阶上部

(二)构造方面

1. 基本查明了调查区主要构造运动变形特征,建立了构造格架(表1),重点对右江断裂带及龙川背斜进行了调查。查明龙川似穹状背斜为NW向与NE向、EW向、近SN向褶皱和断裂及顺层剪切构造组构的多期次叠加构造,是滨太平洋构造域与特提斯构造域复合叠加、多期区域构造活动的反映。

表1 调查区构造演化表

地质年代			沉积建造	构造旋回	构造运动	主要地质事件	地质发展阶段
代	纪或世	代号					
新生代	第四纪	Q	陆相松散坡积洪冲积堆积	喜马拉雅旋回	新构造运动	地壳抬升 沟谷阶地 活动断裂 挤压拗陷活动	滨太平洋活动阶段
	新近纪	N	河流洪冲积堆积		喜马拉雅运动 第三幕		
	古近纪	E_3			第二幕	拉分断陷活动 陆内断陷盆地的 形成与发展	
		E_2	类磨拉石和复陆碎屑建造		第一幕		
		E_1			燕山运动		
中生代	白垩纪	K		燕山旋回		挤压造山、酸性岩浆侵入 构造变形事件	
	侏罗纪	J					
	三叠纪	T_3			印支运动	褶皱回返 结束海相沉积历史	
		T_2	陆源碎屑岩、浊积岩	印支旋回	桂西运动	裂陷沉降 盆地充填 孤立台地淹没阶段	华南大陆形成阶段
		T_1	碳酸盐岩夹火山碎屑岩		苏皖运动	盆地裂解, 基性—超基性岩浆活动 台盆格局成型	
晚古生代	二叠纪	P_3	陆缘碎屑 火山碎屑建造		东吴运动		
		P_2					
		P_1	碳酸盐岩 硅质岩	海西旋回	黔桂运动	盆地间歇性拉张 台盆格局形成与发展	
	石炭纪	C_2	泥晶灰岩				
		C_1	硅质岩 黑色泥岩建造				

2. 在龙川地区发现下石炭统鹿寨组具有褶叠层的构造特征,层内平卧褶皱(图2、图3)、层间褶皱、无根小褶皱、倾竖褶皱、杆状褶皱、顺层小断裂、石香肠构造、透镜构造、书斜构造、残斑构造、梳状石英脉常见,剪切滑动构造发育,鹿寨组内部构造复杂、无序,可能存在大型滑脱构造或推覆构造。

图 2　龙川平卧褶皱　　　　　　　　　图 3　方屯小型掩卧褶皱

3. 在世加地区新识别出一系列 NW 向、NE 向、近 EW 向、近 SN 向断层,世加金矿区所谓的"大型硅化锥"实际是多组、多条断层交叉,而非火山或岩株形成的硅化锥体,龙川金矿、世加金矿明显受多组共轭断裂控制。

4. 在龙川背斜东西两侧中三叠世地层中识别出同沉积挤压构造,其中以挤压皱纹及挤压岩枕较为常见,从其挤压方向推测古构造应力方向主要为 NE－SW 向,为中生代右江盆地演化与古构造的研究提供了资料。

(三)岩浆岩方面

1. 查明调查区辉绿岩均呈"厚层块状"夹于下石炭统—上二叠统多个地层中,辉绿岩"层"靠近上、下接触面,均存在变细并发育有冷凝边,多数"层状"辉绿岩边部围岩具不同程度的大理岩化、滑石化、透闪石化、纤闪石等矿化蚀变现象,是侵入接触的重要证据。

2. 辉绿岩主量元素具有低 SiO_2、富钛、高镁之特征,属钙碱性岩类。微量元素整体表现出介于板内洋岛玄武岩(OIB)与富集型洋中脊玄武岩(E－MORB)之间的过渡类型特征。稀土配分曲线为相对较陡的右倾型,即轻稀土富集,而重稀土亏损,轻重稀土分馏明显;稀土配分模式总体上也介于 OIB 与 E－MORB 之间。研究显示,辉绿岩属于板内幔源岩浆并可能受到岛弧岩浆不同程度的混染,形成于板内构造环境。

3. 调查研究表明世加金矿等与辉绿岩空间关系密切,成矿作用发生在辉绿岩成岩之后。稀土元素及微量元素地球化学特征显示,世加金矿床可能与辉绿岩同源,成矿流体为深源,成矿物质主要源于辉绿岩和围岩地层。辉绿岩侵入为成矿流体运移提供了通道,成矿流体从岩体和围岩中萃取成矿物质,岩体与围岩的接触断裂带为成矿提供了容矿场所。

4. 研究认为基性岩与透闪石玉矿化关系密切。透闪石玉为岩床状辉绿岩顺层侵入时带来的气液流体,在与围岩(白云质灰岩、硅质岩)发生长期的交代蚀变过程中形成,是辉绿岩侵位时与气液流体相互作用的结果。成矿母岩为辉绿岩、白云质灰岩、硅质灰岩、硅质岩。辉绿岩为热源,同时提供富含二氧化硅的热液,白云质灰岩和硅质灰岩提供钙、镁及部分硅质,灰岩中的硅质岩夹层或条带提供了硅质来源,而气液流体则使白云质灰岩和硅质岩(条带)以及辉绿岩中物质成分的活化迁移,并提供另外少量的硅、锂、钠、铝等物质,在其特定的物理化学条件下形成一种新类型的软玉矿体。

5. 调查区石英斑岩为燕山晚期侵入岩,总体表现为富硅铝,贫钙镁、钛铁,属于过铝质花岗岩,具 S 型花岗岩特征,形成于碰撞造山环境。

(四)矿产方面

1. 研究证实龙川、世加地区金矿与基性岩及构造关系密切。对调查区微粒浸染型金矿分布规律、成矿地质背景进行了调查研究,提出了以断裂构造为主控因素,岩浆岩、地层、构造因素复合控矿模式。

辉绿岩型金矿床的产出在时间、空间上和成因上与辉绿岩密切相关,时间关系:成矿晚于辉绿岩体,成矿作用发生在辉绿岩成岩以后。空间关系:矿体与辉绿岩密切相关,成矿流体与辉绿岩同源,二者具有共用相同的构造通道。辉绿岩的侵入为金矿成矿带来一定深部成矿物质的同时又为成矿流体运移提供了通道,而且其与围岩的接触断裂带为成矿提供了有利的容矿场所。成因关系:成矿流体为深源,与辉绿岩同源。成矿物质主要源于辉绿岩和硅质岩(围岩地层),但也可能有少量成矿物质来源于深部,具综合来源特征。

调查区地处桂西右江盆地中部。右江盆地的演化始于早泥盆世;石炭纪区域上地壳活动性较强,总体处于拉张的构造环境,裂谷初步形成;中晚二叠世之交,东吴运动后进入印支期,本区地壳再次发生大规模拉张活动,形成范围较广的坳陷以及局部隆起区。隆起区边部,由于强烈拉张,常常形成一系列同生断裂及受同生断裂控制的局部洼地。这些洼地即是各种陆源物质,以及伴随地壳拉张、基性—中基性(辉绿岩)岩浆喷溢而来的上地幔、下地壳物质沉积的有利部位,而这些物质中均富含有金等成矿物质,因而往往沉积形成转生矿源层,为金矿床形成的控制因素之一。

另外,隆起区边缘常发育深度大、具继承性和多次性复活特征的基底大断裂,是成矿热液上涌及循环的主要通道。再者,因基性岩浆(辉绿岩)侵入活动,在隆起区内产生一系列岩体-围岩接触断裂破碎带以及岩体内部形成断裂破碎带或节理、裂隙带。这些接触断裂带往往为有利的容矿构造,在辉绿岩侵入活动期后,岩浆期后含矿热液上升至岩体边部破碎带及岩体内构造带(节理、裂隙带)时一方面发生充填交代成矿,另一方面由于物化条件的改变(温度降低、扩容减压等有利条件)使成矿流体在其中卸载成矿。综合分析认为调查区内与辉绿岩有关的金矿床(世加金矿床)形成过程大致经历了矿质预富集→辉绿岩侵入成岩并伴有深部岩浆热液上涌→构造叠加→热液蚀变→元素富集成矿作用过程。

2. 在世加地区新发现多个与石英脉有关的金矿(化)点,为本区进一步找矿和成矿研究分析工作提供了新资料。

3. 查明世加矿区的锑矿呈断续"鸡窝"状产出,受近 EW 向断层控制,产出位置多为断层与次级断裂叠加位置。

4. 发现百色市平那地区蚀变作用中存在云英岩化、电气石化等典型热蚀变特征,推测平那一带可能存在隐伏岩体。钨、锡、铍矿(化)点及其他金属异常不仅与 NW 向断裂相关且可能与隐伏岩体密不可分。这一发现为本区找矿提出了新的思路。

5. 调查区东南部那拉锑矿(化)点位于 NW 走向的右江断裂带次级断裂带上,锑矿(化)发育于斜列式分布的右江断裂及次级断裂的结合部位,锑矿呈束状、放射状产出,且与金矿关系密切;另外,其西北部的百色平那一带有小型钨锡铍矿产出,中部六丈一带发育金锑异常,与 NW 向断裂相关。综合地质、构造、矿化、蚀变特征,平那-六丈-那拉为一受 NW 向断裂控制的钨金锑成矿带,具有较好的成矿地质条件。

6. 确认龙川方屯一带锰矿的含矿层位为鹿寨组第二段,该段夹多个含锰质较高的锰质泥岩层段。发现锰质的后生淋滤富集现象常见于褶皱虚脱、地层产状陡峭、构造叠加等部位。

7. 在龙川一带新发现透闪石玉矿(化)点 4 处(表2),为本区进一步寻找新型软玉提供了线索。

表 2 调查区新发现透闪石玉矿(化)体特征一览表

产地	成矿类型	矿(化)体特征
田阳三中屯	接触交代型成矿	透闪石岩、透闪石化硅质岩、硅质透闪石岩。呈浅灰白—蜡白色(局部稍暗色)薄层、似层状夹于灰色中层透闪石化大理岩中,单层厚5~10cm,总厚约0.7m。半透明,蜡状光泽,质感细腻,均匀性较好,偶见铁锰质氧化物形成的褐色"冰晶"状、"脑花"状石花膜;硬度大于5.5,断口参差状,局部裂纹较多;岩石为隐晶质结构—鳞片变晶结构,矿物成分主要为透闪石,透闪石多成显微晶质集合体。透闪石含量在45%~85%之间,高者达92%
田阳舍屯		灰白色大理岩化带,局部夹浅黄绿—蜡白色大理岩化透闪石岩,似层状或条带状产出,单脉宽5~8cm,总厚约0.8m,略呈拱形弯曲状,节理较发育,透闪石含量45%~86%
田阳那路屯		发育透闪石矿化体2个:①为灰白色透闪石化大理岩夹蜡白色条带状硅质透闪石岩,局部呈透镜状、不规则脉状产出,单脉宽3~8cm,总厚1.3m,节理发育,透闪石含量70%~89%;②为灰白色大理岩夹浅绿色透闪石岩,其仍保留原岩层理,局部受挤压弯曲,变形程度强烈,透闪石岩呈不规则条带状产出,单脉宽3~15cm,总厚1.5m,局部裂纹较多,透闪石含量66%~87%
龙川六勤屯		硅质透闪石岩,呈浅灰白—蜡白色薄层,似层状夹于灰色中层透闪石化大理岩、硅质灰岩中,单层厚3~8cm,总厚约0.5m。略透明,蜡状光泽,质感细腻,均匀性较好,断口参差状,局部裂纹较多,透闪石含量51%~72%

四、成果意义

1. 划分了岩石地层单位,建立了调查区岩石地层序列;新建立了蠕虫状灰岩、沉积混杂岩等非正式岩石地层单位,为区域地层对比提供了基础地质资料。

2. 首次在调查区北部龙川地区鹿寨组中上部泥岩、硅质泥岩中采获早石炭世杜内期牙形刺化石 *Pseudopolygnathus triangularis triangularis*, *Hindeodella subtilis*, *Neoprioniodus* sp., *Ozarkodina* sp.,对本区早石炭世盆地相型地层时代划分以及其鹿寨组下部含锰岩系的时代归属提供了重要依据。

3. 探讨了基性岩与金矿的关系,为桂西地区基性岩及其与金矿成矿关系研究提供了丰富的基础地质资料。

4. 首次在龙川一带发现透闪石玉矿化点4处,为本区进一步寻找新型软玉提供了资料和线索。

5. 查明了微粒浸染型金矿分布特征及成矿地质背景,提出了以断裂构造为主控因素的复合成矿模式,为区域成矿规律总结提供了基础地质资料。

第九章　广西1∶5万龙岸圩(东)幅、融水幅、浮石圩幅、黄金镇(东)幅、和睦幅、大良街幅区域地质调查

黄锡强　邓宾　覃洪锋　梁国科　农军年　李昌明　吴祥珂
贺超群　李祥庚　谭斌　周秋娥

(广西壮族自治区地质调查院)

一、摘要

查明了调查区沉积类型和沉积相特征及岩相古地理格局;摸清了各地层层序及分布、接触关系特征;新发现区内存在上泥盆统榴江组和五指山组;对石炭纪生物地层进行了研究,将早石炭世四射珊瑚从下至上分为6个带;四堡群文通组获得辉长岩锆石U-Pb年龄分别为819.8Ma、826.5Ma,花岗闪长岩813.5Ma、825.9Ma;侵入到丹洲群合桐组顶部花岗岩年龄为784.4Ma,拱洞组顶部凝灰岩年龄为766.2Ma;于四堡群文通组中下部采取石英二长闪长岩,获得锆石U-Pb年龄为139.7Ma,属于燕山期花岗岩;查明变质岩的分布、成因、岩石结构特征、变质相等;查明了褶皱、断裂的分布、形状、产状及多期次构造活动与构造叠加特征,建立了构造格架。基本查明了调查区矿产类型、分布规律、控矿因素。

二、项目概况

调查区位于广西西北部,地理坐标:东经108°52′30″—109°30′00″,北纬24°50′00″—25°10′00″,面积2330km²。工作起止时间:2011—2013年。主要任务是按照1∶5万区域地质调查的有关规范和技术要求,在系统收集和综合分析已有地质资料的基础上,开展1∶5万区域地质调查,加强含矿地层、岩石、构造的调查,突出岩性、构造填图和特殊地质体及非正式填图单位的表达,系统查明区域地层、岩石、构造特征和成矿地质条件。

三、主要成果与进展

(一)地层学及沉积学方面

1. 对调查区进行多重地层划分研究,重新厘定调查区岩石地层单位,建立岩石地层层序,将调查区内地层划分为28个组,共33个岩石地层填图单位(表1)。查明四堡群、丹洲群、南华系、震旦系、寒武系、泥盆系及石炭系层序及分布、接触关系特征;测制相关地层剖面,系统收集了地层的岩性、岩相、古生物等资料。

2. 进一步证实丹洲群与四堡群为角度不整合接触关系(图1)。丹洲群底砾岩覆于四堡群之上,四堡群为近东西向倒转叠加褶皱带,而丹洲群为NNE向平缓开阔褶皱。

表1 本次工作划分的地层表

界	系	统	组		
新生界	第四系	全新统	桂平组(Qhg)		
			临桂组(Ql)		
上古生界	石炭系	上统	黄龙组(C₂h)		
			大埔组(C₂d)		
		下统	罗城组(C₁₋₂l)		
			寺门组(C₁s)		
			黄金组(C₁h)		
			英塘组(C₁yt)	三段	
				二段	
				一段	
			尧云岭组(C₁y)		
	泥盆系	上统	天河组(D₃th)	融县组(D₃r)	五指山组(D₃w)
			桂林组(D₃g)		榴江组(D₃l)
		中统	唐家湾组(D₂t)		东岗岭组(D₂d)
			信都组(D₂x)		
		下统			
下古生界	寒武系		边溪组(∈b)		
			清溪组(∈q)	三段	
				二段	
				一段	
新元古界	震旦系	上统	老堡组(Z₂l)		
		下统	陡山沱组(Z₁d)		
	南华系		黎家坡组(Nhl)		
			富禄组(Nhf)		
			长安组(Nhc)		
	丹洲群		拱洞组(Pt₃g)		
			合桐组(Pt₃h)	二段	
				一段	
			白竹组(Pt₃b)		
	四堡群		文通组(Pt₃w)		

3. 根据沉积序列和沉积相分析,将丹洲群划分为3个一级旋回,7个次级旋回。认为白竹组先后沉积了陆相或滨海相的砾岩、粗砂岩,砂泥质岩和钙质岩。钙质岩厚度不大,表明晚期属比较稳定的陆棚相,但构造变形强烈;合桐组沉积时期扩张作用进一步加强,海盆不断扩大和加深,沉积了厚度较大的泥岩夹砂岩,上部富含碳质及黄铁矿,反映半深海-深海的还原环境;拱洞组沉积时期,沉积物以砂泥质板岩为主,但其中砂岩逐渐增多,出现较多的长石和岩屑,复理石韵律发育,为半深海、深海沉积环境。

4. 进一步证明了南华系与丹洲群为渐变的整合接触关系(图2)。将南华纪冰期划分为长安冰期—富禄间冰期—黎家坡冰期。长安冰期产物——冰碛岩为杂基支撑的含砾砂岩、含砾泥岩,富禄组间冰期表现为滨浅海相的变质砂岩、变质粉砂岩及板岩互层,黎家坡冰期产物以块状含砾砂岩为主,为新元古代"雪球地球"假说补充了证据。

图1　丹洲群与四堡群角度不整合接触关系　　　　图2　拱洞组与长安组整合接触关系

5. 新发现了调查区内存在晚泥盆世台间盆地相的榴江组和五指山组。榴江组为浅灰色、灰白色薄—中层状硅质岩,夹薄—中层状含锰泥岩;五指山组为浅灰色、灰白色、灰色薄—中层状滑塌角砾岩、条带状和扁豆状灰岩互层,偶夹薄层泥岩。滑塌角砾岩以及碎屑流、液化缝合线等的发现证明了调查区内水东—潭头由南向北存在一条裂谷海槽带,延伸长大于10km。研究证明,裂谷形成于泥盆纪晚期,西侧地势高的融县组崩落,滑塌进入海槽内,在边部形成滑塌角砾岩;相对低缓的东侧台地上地层也遭受崩塌陷落,但由于地势相对平缓,受崩落岩层的重力作用,与海槽内少量泥皮形成交错穿插现象,条带状扁豆状灰岩与鲕粒灰岩交互出现;而在内部更深水域内,接受的是正常深水沉积,形成了底部为硅质岩,且夹含锰泥岩层,顶部为条带状、扁豆状灰岩及薄层泥岩。裂谷槽的首次发现,对本区的古地理沉积环境甚至矿产研究都具有重要的意义。

6. 对调查区石炭纪生物地层进行了详细研究,将早石炭世四射珊瑚从下至上厘定为6个带(*Pseudouralina*带,*Aphrophyllum*带,*Thysanophyllum*带,*Kueichowphyllum*带,*Yuanophyllum*带,*Axophyllum*带),腕足从下至上分为2个带(*Eochoristites*带和*Gigantoproductus*带)。

7. 泥盆系信都组的底砾岩超覆在寒武系或南华系之上(图3),其间缺失奥陶系与志留系,上古生界和下古生界之间为明显的角度不整合关系,进一步证实了该时期发生过强烈的构造运动——广西运动。

图3　泥盆系信都组角度不整合于寒武系之上

(二)岩浆岩方面

1. 划分了区内岩浆岩的类型期次(表2):四堡期科马提岩、超基性岩、辉长岩和花岗闪长岩,雪峰期凝灰岩和花岗岩,燕山晚期石英闪长岩。

表 2 岩浆岩活动序列一览表

时代	代号	岩性	产状	年龄数据	主要岩体名称	出露面积（km²）	有关矿产	备注
燕山晚期	δ	石英(二长)闪长岩	岩株	侵入 Pt₃w 锆石 U-Pb 法：139.7±1.4Ma	湾塘角	>0.50	钨锡	图幅西侧外围
雪峰期	tf	凝灰岩	喷出岩	顺层 Pt₃g 锆石 U-Pb 法：766.2±4.9Ma	银子寨	0.004		
雪峰期	γ	花岗岩	岩脉-岩株	侵入 Pt₃h² 锆石 U-Pb 法：784.4±7.9Ma	大杠岭宅亭岭	0.03	锡矿	
四堡期	δμ/γδ	闪长玢岩-花岗闪长岩	岩株	锆石 U-Pb 法：813.5±7Ma	下凉水	0.58	锡矿	
四堡期	δμ/γδ	闪长玢岩-花岗闪长岩	小岩株	锆石 U-Pb 法：825.9±7.8Ma	雨董	0.08	锡矿	
四堡期	ν	辉长岩	岩株岩脉	锆石 U-Pb 法：819.8±4.5Ma	下凉水峒敏红帽山	0.41		
四堡期	ν	辉长岩	岩株岩脉	锆石 U-Pb 法：826.5±7.5Ma	河边村	>1.00		图幅西侧外围
四堡期	Σ	超基性岩	岩脉	侵入 Pt₃w	下凉水	0.06		
四堡期	χω	科马提质玄武岩(?)	海底基性喷发岩	调查区北部	锆石 U-Pb 法：825±25Ma（Li Z X,1999）	红帽山月亮山洞厘背	0.94	铜镍

2. 四堡群文通组获得辉长岩锆石 U-Pb 年龄分别为 819.8±4.5Ma、826.5±7.5Ma（图4、图5），花岗闪长岩 813.5±7Ma、825.9±7.8Ma（图6、图7），为青白口纪中晚期，代表了四堡群上限侵入岩的年龄，因此认为四堡群形成不晚于 825～810Ma，也代表了四堡运动时间的上限；侵入到丹洲群合桐组顶部花岗岩年龄为 784.4±7.9Ma（图8），拱洞组顶部凝灰岩年龄为 766.2±4.9Ma（图9），均属于青白口纪晚期，代表了丹洲群形成上限时间；此外，本次工作于四堡群文通组中下部采取石英二长闪长岩，获得锆石 LA-ICPMS U-Pb 年龄为 139.7±1.4Ma，属于燕山期，说明本区存在燕山期侵入到四堡群现象。

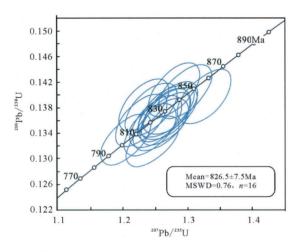 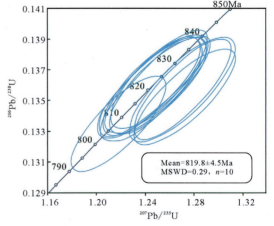

图 4　河边村辉长岩锆石 LA-ICPMS 谐和图　　图 5　下凉水辉长岩锆石 LA-ICPMS 谐和图

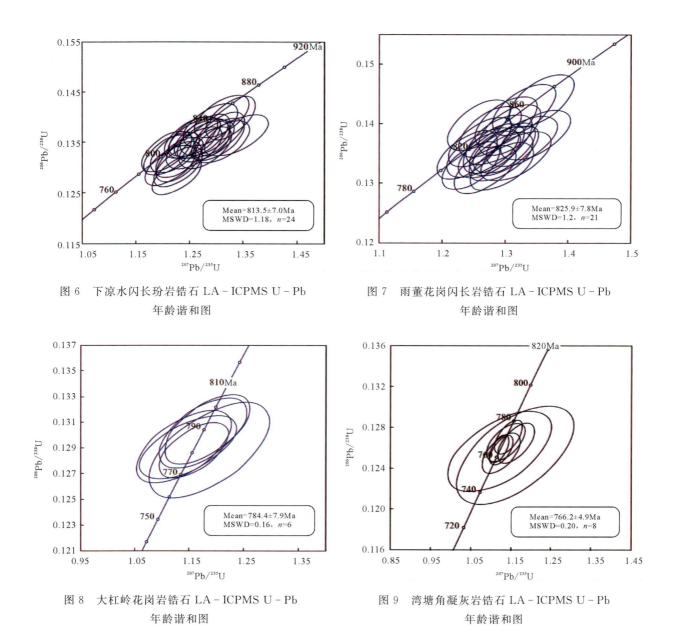

图6 下凉水闪长玢岩锆石 LA-ICPMS U-Pb 年龄谐和图

图7 雨董花岗闪长岩锆石 LA-ICPMS U-Pb 年龄谐和图

图8 大杠岭花岗岩锆石 LA-ICPMS U-Pb 年龄谐和图

图9 湾塘角凝灰岩锆石 LA-ICPMS U-Pb 年龄谐和图

(三)变质岩方面

按成因类型划分了区内的变质岩类型:查明了区内岩石以区域变质岩为主。主要岩石类型有绢云板岩、绢云千枚岩、轻变质砂泥质岩、变基性—超基性岩及大理岩等。特征矿物有绿泥石、绢云母、白云母、黑云母、阳起石、透闪石、绿帘石等,属低绿片岩相的浅变质岩;动力变质岩次之,主要岩石类型有断层泥、断层角砾岩和碎裂岩等;接触变质岩极少,仅见岩石类型为角岩。

(四)构造地质学方面

1. 基本查明了调查区褶皱、断裂的分布、形状、产状及多期次构造活动与构造叠加特征,建立了构造格架。根据沉积建造、构造-岩浆活动、变质变形作用特征,对调查区构造位置、构造区划及其演化模式进行了厘定划分。

2. 对调查区构造层进行了初步划分,建立了各构造层的构造样式。本区发生过四堡运动、加里东末期的广西运动、印支运动、燕山运动和喜马拉雅运动,其中广西运动和印支运动的影响最大。前者完成了江南—雪峰山地区"洋—陆"的顺利转化,印支运动终结了华南地区的海相沉积历史,转入陆内演化及活动陆缘发展的新阶段。

3. 查明了调查区内主要的褶皱、断层及劈理等构造形迹特征,以及主要区域性大断裂的性质特征。三江-融安大断裂主干断层具有分划性力学边界断层特征,其北西侧伴生断裂以 NW、NWW 倾向为主,南东侧次级断裂以 SE、SEE 倾向为主,均以压扭逆断层为主(局部伴生斜卧同斜状小褶皱,如浮石—三坡一带),相向对冲,构成对冲式格局,由此初步推断三江-融安断裂主期(加里东期)变形具对冲式逆断层样式特点。

4. 丹洲群自下到上发育有较稳定的 4 个层状韧性变形带:第 1 带发育于白竹组的下段,主要表现为底砾岩中砾石形成拉伸线理,部分砾石表现为左旋形式;第 2 带发育于白竹组上段的薄层状大理岩和含钙千枚岩中,形成十分典型的褶叠层构造和小型顺层韧性剪切带;第 3、第 4 带分别见于合桐组的下段和上段,岩性主要为条纹条带状千板岩,其中韧性变形的构造群落十分发育,主要发育有掩卧褶皱、顺层流劈理、顺层小型韧性剪切带、同构造褶皱脉到石香肠等。

(五)矿产地质方面

基本查明调查区的矿产类型、分布规律、控矿因素,对成矿地质背景、形成机理进行了初步分析,初步认为金属矿产、能源矿产及非金属石灰岩属沉积型矿产及热液充填型,受地层和构造两方面控制。检查了大型矿床 1 处,中型矿床 1 处,小型矿床 7 处,矿点 11 处,矿化点 10 处。钨矿主要分布于调查区北部平峒岭一带,赋存于南华系富禄组中;铜镍矿主要分布在黄金—四堡一带;铁矿床有褐铁矿、赤铁矿等类型,褐铁矿主要赋存在坡积层及残积层中;铅、锌等矿化主要于构造带及石炭纪灰岩、白云岩岩层中;煤矿为无烟煤,主要产于下石炭统(寺门组),层位较稳定。

1. 控矿因素

(1)地层的控矿作用。沉积型矿床,严格受地层岩性的控制,如落西煤矿、都月赤铁矿点及分水寒磷矿点等;热液型矿床,不同时代地层对成矿作用没有特别的控制性,不同岩性的地层对热液成矿作用具一定的控制,不同类型的热液矿床往往选择不同的岩性而生成,其赋矿层位为四堡群、青白口系、南华系及下石炭统等层位,在不同岩性的地层往往形成不同类型或不同规模的热液矿床。

四堡群形成的热液矿床:矿体产于辉绿岩与千枚岩,多呈不连续的透镜状细脉,矿体规模较小,如四堡地吴铜铅锌矿。

青白口系与南华系形成的热液矿床:含矿围岩为砂岩、板岩。岩石脆性大,小断裂及节理、裂隙发育,为矿液充填创造了有利条件,尤其是这种岩性接触部位更有利于成矿,且矿体规模也较大。

(2)构造对矿产的控矿作用。褶皱构造——四堡群在多期次的区域构造运动作用下,常形成背斜、向斜构造,轴部及两翼在构造应力作用下,常形成构造虚脱部位或构造裂隙带,为成矿岩浆的侵入及储存提供了有利的通道和空间,是良好的容矿构造。如四堡地区基性—超基性岩基本是沿 EW 向褶皱轴部出现,而它们是区内铜镍矿的成矿母岩。断裂构造——区域性断裂构造对内生矿床的控制主要表现为控岩、控相和导矿。而容矿构造则为次级脆-韧性断裂、节理裂隙或主干断裂旁侧雁行裂隙、层间剥离带、成矿岩体原生节理、(微)裂隙带、内外接触带等,一般具定向和等距分布的特点。多期次活动的断裂破碎带,尤其是经张性或扭性的复合断裂,对容矿十分有利,在复合处由于岩石破碎导致空间增大,有利于矿液的运移和储存成矿,如雨累钨矿点等。

(3)岩浆岩的控矿作用。区内铜镍矿无一例外地赋存于岩浆岩中。岩浆活动集中在四堡期,其存在由基性至酸性、由喷发至侵入、由强至弱至再强的旋回特点。岩浆岩以铁镁质基性、超基性岩为主;经岩浆熔离分异作用而形成铜、镍、钴等矿床或矿化,如马槽山铜镍矿。

2. 矿产分布规律

(1)成矿的时间分布规律。四堡成矿期是区内重要的成矿期,成矿作用主要发生在调查区西南四堡大断裂附近,新元古代基性—超基性岩中形成了镍、钴、铜金属矿产,主要以铜、镍为主。

加里东成矿期是本区重要的成矿期。含矿层位主要为青白口系拱洞组、南华系富禄组、震旦系陡山沱组及寒武系清溪组,形成了铁、钨等内生金属矿产,以及磷、黄铁矿、水晶等非金属矿产。

海西—印支成矿期是本区另一个重要的成矿期,主要形成了早石炭世煤矿,以及中晚泥盆世与晚石炭世的石灰岩、白云岩矿产,是调查区分布最为广泛的矿产资源。

喜马拉雅成矿期主要为第四纪松散堆积的砂、砾石和少量砂金矿。

(2)成矿的空间分布规律。四堡大断裂多期次控岩、控矿,在断裂两侧附近形成了铜、镍、锌、铅等多金属矿化中心,是调查区主要的内生矿产分布区。平峒岭大断层是调查区内另一条重要的控矿断层,该断层是内生矿产的容矿及成矿构造,断层破碎带及上下盘的裂隙中,充填有钨矿脉及含钨细脉带等,形成有价值的矿床(点),如平峒岭钨矿床、公景黄铁矿点及断续出现的钨矿化。

(3)矿产的共生规律。矿产的共生规律反映在矿种的组合方面,区内铜镍的共生表现为受新元古代基性—超基性岩岩浆控制的岩浆熔离型矿化,如马槽山铜镍矿;钨、铁、锰的共生表现为中(—低)温热液型矿化,如平峒岭钨矿。

四、成果意义

1. 进行多重地层划分研究,重新厘定岩石地层单位,新发现调查区存在晚泥盆世台间盆地相榴江组和五指山组,丰富了对区内地层的认识。

2. 更新了调查区基础地质资料,为今后地质科研、矿产资源勘查、工程建设、环境保护、地质灾害防治、国土规划提供了重要的基础地质综合图件和成果资料,具有广泛的实用性。

第十章 广东1:5万隘子公社幅、坝仔公社幅、翁城幅、翁源县幅、连平县幅区域地质调查

廖小华 官卫忠 姚巍 陈志柠 罗贤贵 吴红雷 赖辉阳

(广东省地质调查院)

一、摘要

厘定了泥盆纪—石炭纪地层层序,系统总结了其沉积环境;建立了岩浆侵入序列(5期8次),获得花山片麻状二长花岗岩锆石 LA-ICPMS U-Pb 年龄为 444.6Ma、原岩为辉长岩的钠长阳起岩成岩年龄为 426Ma;新发现早志留世流纹岩和英安斑岩,分别获得锆石 LA-ICPMS U-Pb 年龄为 442 ± 2Ma 和 446 ± 2Ma,对研究加里东期火山活动及地质发展史有着重要的意义。

二、项目概况

工作区位于广东省北部,地理坐标:东经 $113°45'00''$—$114°30'00''$,北纬 $24°20'00''$—$24°40'00''$,面积 2340 km^2。工作起止时间:2011—2013 年。主要任务是在系统收集和综合分析已有地质资料的基础上,以揭示区域地质构造和成矿背景为目标,通过地表地质填图,开展1:5万区域地质调查。加强含矿地层、岩石、构造的调查,突出岩性、特殊地质体及非正式填图单位的表达,系统查明区域地层、岩石、构造特征和成矿地质条件。

三、主要成果与进展

(一)地层学方面

1. 采用多重地层划分方法,重新厘定了调查区内填图单位,理顺地层层序。重点研究了泥盆纪—石炭纪地层的岩性、沉积相及沉积演化,划分了3处同时异相沉积(表1)。

2. 对区内天子岭组开展了剖面上的岩石微量元素地球化学分析,与碳酸盐岩微量元素含量相比,Hg 明显偏低,Sb、Pb 基本持平,Cu、Zn 略高(2倍),从另一个角度说明,在资溪一带,棋梓桥组存在高背景的 Cu、Pb、Zn 等。

(二)岩浆岩方面

1. 重新厘定了嵩灵组(J_1s),岩性组合特征为安山质玄武岩、玄武安山岩、英安岩、流纹岩、次流纹英安岩、次流纹岩、流纹质晶屑岩屑凝灰熔岩及流纹质晶屑岩屑凝灰岩。早期以岩浆喷溢为主,形成厚度较大的玄武岩岩流;晚期出现火山爆发—熔浆喷溢交替发生,形成一套流纹质火山碎屑岩和玄武质熔岩;在 TAS 图解上的投影分别落在粗面玄武岩-玄武安山岩区、流纹岩区,具有双峰式火山岩的岩石地球化学特征。

表 1 中泥盆统—下石炭统岩石地层划分序列表

年代地层			岩石地层（武夷地层分区）		岩石地层（粤东北地层分区）
界	系	统	韶关地层小区	始兴地层小区	和平地层小区
上古生界	石炭系	下统	梓门桥组(C_1z)：灰色中—厚层泥晶灰岩、含碳质灰岩、白云质灰岩夹白云岩，常含硅质团块或条带。厚12.5~43.0m。		
			测水组(C_1c)：深灰色、灰黄色、灰白色及杂色砂岩，页岩，夹碳质页岩及煤层，局部夹泥灰岩、铁质砂岩、泥质粉砂岩、砂砾岩等。厚1056.7m。含腕足类、珊瑚等		忠信组(C_1zx)：砾岩、含砾砂岩、粗—细粒石英砂岩、粉砂岩、粉砂质泥岩，夹碳质泥岩和煤层。厚>208.4m。
			石磴子组(C_1s)：深灰黑—灰色生物碎屑粉晶泥晶灰岩夹白云质灰岩、白云岩、燧石灰岩、泥质灰岩，局部夹页岩、碳质页岩或钙质砂岩。厚165.0~168.5m。含珊瑚、腕足类		
			长坜组（C_1cl)：以深灰黑—灰色生物碎屑泥晶灰岩为主，夹亮晶灰岩、颗粒生物屑灰岩或薄层泥灰岩。厚>310m。含珊瑚、腕足类		帽子峰组(D_3C_1m)：灰白色、灰褐色中厚层砂岩，粉砂岩夹灰岩，厚>761m。产腕足类*Cyrtospirifer subextensus*
	泥盆系	上统	天子岭组(D_3t)：浅灰色、灰黑色生物碎屑泥晶灰岩为主，夹有亮晶、颗粒生物屑灰岩或薄层泥灰岩。厚185.0~918.4m。产腕足类*Cyrtospirifer* sp.		
		中统	东坪组(D_2dp)：以灰质泥岩、钙质粉砂质泥岩为主，夹碳质泥岩、泥质粉砂质、生物碎屑泥晶灰岩透镜体。厚50~80m。产腕足类*Cyrtospirifer* sp.		春湾组(D_2c)：以石英砂岩为主夹少量粉砂岩或粉砂质泥岩。厚>531m。产腕足类*Cyrtospirifer chaoi*
			棋梓桥组(D_2q)：灰色、深灰色、灰黑色灰质泥岩夹薄层泥晶灰岩，常呈透镜状产出。厚>550.5m		
			老虎头组(D_2l)：下部以灰白色、浅灰色、黄白色为主，夹紫红色、灰紫色石英砾岩，含砾砂岩、石英砂岩、粉砂及粉砂质泥岩；上部以灰绿、灰黄色薄层粉砂岩、泥岩、钙质页岩为主，夹薄层泥灰岩。厚273.0~448.4m。		

2. 解体贵东复式岩体。根据岩性、接触关系等共划分了早志留世次英安斑岩、早志留世第一次黑云母花岗岩、中三叠世第一次二长花岗岩、早侏罗世次英安岩、早侏罗世第一阶段第三次二长花岗岩、晚侏罗世第二阶段第一次黑云母二长花岗岩、晚侏罗世第二阶段第二次二云母二长花岗岩、早白垩世第一阶段第一次黑云母二长花岗岩等8个侵入期次（表2）。

表 2 调查区侵入期次岩性特征表

地质年代	侵入期次		岩性	结构			主要矿物成分含量(%)				
	期	次		结构名称	基质粒径(mm)	斑晶种类、含量(%)及大小(mm)	石英	正长石	斜长石	黑云母	白云母
早白垩世	燕山四期	第一阶段第一次侵入	中细粒黑云母二长花岗岩	中—细粒花岗结构	0.5~4.0		32	29	33	5	
晚侏罗世	燕山三期	第二阶段第二次侵入	细粒二云母二长花岗岩	细粒花岗结构	0.3~1.6		36	32	22	7	3
			中—细粒二云母花岗岩	中—细粒花岗结构	0.8~4.5		34	42	14	6	4
			中细粒斑状二云母二长花岗岩	似斑状结构，基质为中—细粒花岗结构	0.5~3.0	钾长石10，粒径>8	20~35	35~43	14~30	5~7	3

续表 2

地质年代	侵入期次 期	侵入期次 次	岩性	结构 结构名称	结构 基质粒径(mm)	结构 斑晶种类、含量(%)及大小(mm)	主要矿物成分含量(%) 石英	主要矿物成分含量(%) 正长石	主要矿物成分含量(%) 斜长石	主要矿物成分含量(%) 黑云母	主要矿物成分含量(%) 白云母
晚侏罗世	燕山三期	第二阶段第一次侵入	细粒斑状二长花岗岩	似斑状结构，基质为细粒花岗结构	0.2~1.8	钾长石10,斜长石1~3,石英5,粒径2~3	25	25	30		
晚侏罗世	燕山三期	第二阶段第一次侵入	中—细粒斑状黑云母花岗岩	似斑状结构，基质为中—细粒花岗结构	0.25~4.0	钾长石，粒径>5	30~34	37~46	12~26	2~7	1~2
早侏罗世	燕山一期	第一阶段第三次侵入	粗粒白云母化黑云母二长花岗岩	粗粒花岗结构	粒径>5.0		28	39	30	3	
早侏罗世	燕山一期	第一阶段第三次侵入	粗中粒斑状黑云二长花岗岩	似斑状结构，基质为粗—中粒花岗结构	5.0~8.0	钾长石15~20,粒径9~13	20~25	30	30	5~15	
早侏罗世	燕山一期	第一阶段第三次侵入	中—粗粒斑状黑云母花岗岩	似斑状结构，基质为中—粗粒花岗结构	1.0~8.0	钾长石5~10,粒径>10	25~35	27~41	中-更长石,18~31	6~10	3
早侏罗世	燕山一期	第一阶段第三次侵入	中粒斑状黑云母二长花岗岩	似斑状结构，基质为中粒花岗结构	1.0~6.0	钾长石10,粒径>10	31~35	36~43	16~24	4~10	1~2
早侏罗世	燕山一期	第一阶段第三次侵入	(潜)英安斑岩	斑状结构，基质为显微鳞片、显微粒状变晶结构	粒径<0.1	斜长石、钾长石、石英,粒径0.26~1.00	22	19	34	3~8	
中三叠世	印支期	第一阶段侵入	中细粒二云母二长花岗岩	中细粒花岗结构	0.2~2.8		31~38	30~42	15~27	2~7	3~4
中三叠世	印支期	第一阶段侵入	中—细粒斑状二云母花岗岩	似斑状结构，基质为中—细粒花岗结构	0.15~4.30	钾长石5~10,粒径>5	29~32	45~46	15~16	4~5	3~4
中三叠世	印支期	第一阶段侵入	中—细斑状粒花岗岩	似斑状结构，基质为中—细粒花岗结构	0.25~3.60	钾长石5~10,粒径>5	31	44	16	2	2
早志留世	加里东期	第一阶段侵入	中细粒片麻状黑云母花岗岩	变余似斑状，基质细粒花岗结构	0.2~0.5	斜长石5~10、钾长石2~3、石英1,粒径2~3	20~25	5~10	更长石,50~55	5~10	
早志留世	加里东期	第一阶段侵入	(潜)英安斑岩	斑状结构，基质具微嵌晶结构,显微晶质结构	0.01~0.05	斜长石5~18、钾长石12、石英4~10,粒径0.2~5.5	28~32	20~22	31~36	3~8	

3. 首次在区内发现加里东期火山岩及潜火山岩,分别为早志留世石井英安斑岩($\zeta\pi S_1$)(446±2Ma)和早志留世大鱼坑流纹岩(442±2Ma)锆石(LA-ICPMS U-Pb 同位素年龄;图1、图2)。这套火山岩的发现为研究粤北地区甚至整个华南地区加里东期火山活动及地质构造演化历史提供了新的基础资料。

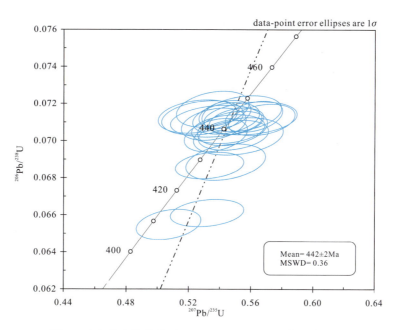

图1 大鱼坑流纹岩锆石 LA-ICPMS U-Pb 年龄谐和图

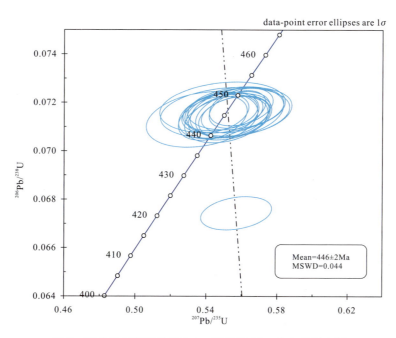

图2 石井英安斑岩锆石 LA-ICPMS U-Pb 年龄谐和图

4. 重新厘定花山岩体为早志留世第一次片麻状二长花岗岩,获得锆石 LA-ICPMS U-Pb 同位素年龄为 444.6±2.3Ma(图3),并对花岗岩片麻理成因进行了初步研究。

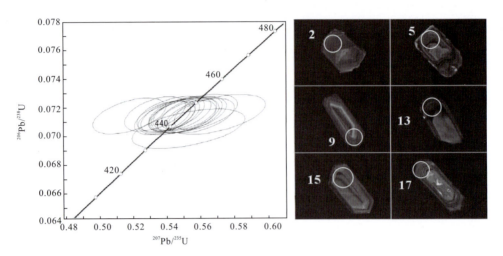

图 3　锆石 LA-ICPMS U-Pb 年龄谐和图（左）和代表性锆石 CL 照片（右）

（照片中圆圈直径为 32μm，数字代表靶位点号）

（三）变质岩方面

1. 将变质岩划分为区域变质岩、热接触变质岩、气-液蚀变岩和动力变质岩。研究了各种变质岩的岩石类型及变质矿物共生组合。在嶂背南华系大绀山组中获得 2 件变质砂岩 LA-ICPMS 锆石 U-Pb 同位素年龄，ZB1 的蚀变年龄 434.1±6.4Ma，ZB2 的蚀变年龄 445±35Ma（图 4、图 5），与侵入的片麻状黑云母花岗岩的成岩年龄（444.6±2.3Ma）相近，反映了大绀山组在区域变质的基础上叠加了热接触变质。

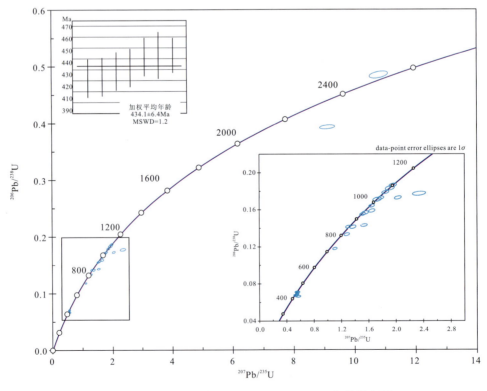

图 4　ZB1 样品碎屑锆石 LA-ICPMS U-Pb 年龄谐和图

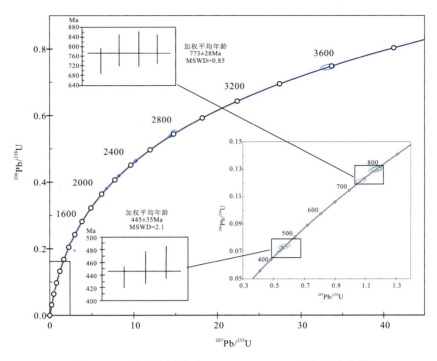

图 5 ZB2 样品碎屑锆石 LA-ICPMS U-Pb 年龄谐和图

2. 在早志留世片麻状黑云母花岗岩中发现钠长绿帘阳起岩。岩石具有针状柱粒状变晶结构、变余半自形粒状结构,块状构造。主要矿物成分为阳起石 40% 左右、绿帘石 25%~30%、钠长石 25%~30%,及少量绿泥石 1%~5%、石英 3%~5%。阳起石为原岩暗色矿物轻微变质的产物,绿帘石为长石或暗色矿物轻微变质的产物,钠长石和石英的集合体呈近半自形板状,为长石假象,局部似格架状,由此推测原岩为辉长岩。变质矿物组合为阳起石+绿帘石+绿泥石+钠长石+石英;变质相为低绿片岩相。本次获得其锆石 LA-ICPMS U-Pb 同位素年龄,成岩年龄 426±24Ma(图 6),蚀变年龄 222±11Ma。

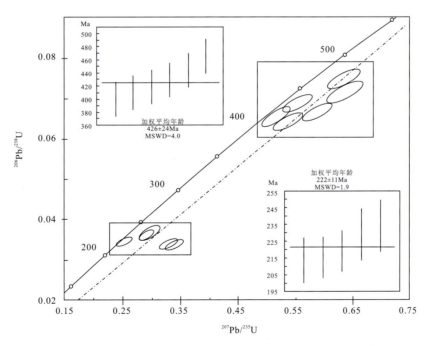

图 6 钠长绿帘阳起岩锆石 LA-ICPMS U-Pb 年龄谐和图

(四)构造地质方面

对区内翁源—临塘断裂再认识。翁源-临塘断裂走向 NE-SW,倾向 315°~340°,倾角 40°~60°;区内长约 38km,压碎带出露宽数米至 30m 不等,断裂多被浮土覆盖。研究认为翁源-临塘断裂始于加里东晚期,控制中泥盆世—早石炭世的沉积,判别为张性活动;中三叠世末,使印支期陂头向斜、坝仔向斜呈断裂继承,判别为压型活动;早白垩世—古近纪时,控制合水组、丹霞组沉积,判别张性活动;喜马拉雅期,局部使南华纪地层逆冲于丹霞组之上,判别为压性活动。至此,此断裂可能经历了张—压—张—压的发展过程,断裂活动时间从加里东期一直持续到喜马拉雅期。

四、成果意义

1. 首次在区内发现加里东期火山岩及潜火山岩,对研究华南加里东期火山活动及构造地质演化有着重要的意义。

2. 以现代地层学、沉积学理论为指导,重新厘定了地层填图单位,按"岩性+时代"的表达方式对侵入体解体,提高基础地质工作程度,为本区地质科研、工程建设、国土规划等提供了重要资料。

第十一章 广西1∶5万南乡幅、上程幅,广东1∶5万福堂圩幅、小三江幅区域地质矿产调查

涂兵[1] 王令占[1] 田洋[1] 李响[1] 谢国刚[1] 张楗钰[1]
贾小辉[1] 曾波夫[1] 方敬文[2] 陈伟彬[2]

(1. 武汉地质调查中心;2. 广东省佛山地质局)

一、摘要

以最新的国际地层表为指南,重新厘定了调查区地层序列,划分为17个正式岩石地层单位与3个非正式填图单位,并建立了岩石地层、生物地层、年代地层等多重地层划分与对比表。将调查区的岩浆岩划分为3个岩体,7个填图单位,获得了区内大埔顶、大宁和连阳岩体的高精度测年数据,确定了各岩体年龄格架,研究了区内各岩体的岩石成因,探讨了岩浆源区以及形成的大地构造背景。发现了华南地区较少出露的加里东期火山岩,并测定了年龄。通过石英流体包裹体的 $^{40}Ar-^{39}Ar$ 法定年揭示张公岭成矿作用具有多期性。对调查区构造运动及不同时代或不同性质的褶皱和断裂发育特征进行了系统总结,建立了调查区构造变形序列。厘定了调查区加里东期、印支期和燕山期构造体制及构造形迹。通过全区的水系沉积物测量,查明了调查区水系沉积物地球化学特征,编制了元素地球化学图和单元素异常图,并对调查区内5处异常区开展了查证工作。

二、项目概况

调查区位于广西壮族自治区贺州市与广东省连山县的交界部位,地理坐标:东经111°45′00″—112°15′00″,北纬24°10′00″—24°30′00″,面积1874km²。工作起止时间:2012—2014年。主要任务是在系统收集和综合分析已有地质资料的基础上,开展1∶5万区域地质矿产调查,查明区域地层、岩石、构造特征,加强含矿地层、岩石、构造的调查,突出岩性填图和特殊地质体及非正式填图单位的表达,加强地质构造调查研究,系统查明调查区的成矿地质背景和成矿条件,发现找矿线索,总结区域成矿规律,提出地质找矿重点调查区域。

三、主要成果与进展

(一)地层学方面

1. 以最新的国际地层表为指南,重新厘定了调查区地层序列,划分为17个正式岩石地层单位与3个非正式填图单位,建立了多重地层划分与对比表(表1)。

2. 对贺州黄洞口南华纪—寒武纪地层进行碎屑锆石测年,获取了232组有效锆石U-Pb谐和年龄值,具有与华夏地块相似的锆石年龄分布特征(图1),均含有大量Grenville期(1.0Ga)的特征年龄,与扬子陆块的相应特征区别明显。因此,至少于华南加里东构造事件发生以前,黄洞口地区所代表的古生代沉积盆地及其周边陆源区并不具备扬子克拉通陆缘的属性,进而指示扬子陆块与华夏陆块之间的边

界应位于黄洞口的西北以远。

表 1 调查区多重地层划分表

界	年代地层 系	统	阶	岩石地层 组	代号	厚度(m)	生物地层
新生界	第四系	全新统		桂平组	Qhg		*Cyatheaceae, Gleichenia*
	古近系	古新统					*Gleichenia, Osmunda, Taxodiaceae*
中生界	白垩系	上统		丹霞组	K_2E_1d	>700	*Yumenella, Grambastichara yuntaishanensis*
上古生界	石炭系	下统	德坞阶	测水组	C_1c	354	*Neoarchaediscus postrugosus-Pseudoendothyra globosa* 带 *Gigantoproductus* 带
			大塘阶	石磴子组	C_1s	395	*Neoarchaediscus-Howchinia* 带 *Glomodiscus biarmicus* 带 *Planoarchaediscus spirillinoides* 带 *Eoparastaffella simplex* 带
			岩关阶	连县组	C_1l	342~640	*Eoparastaffella rotunda-Globoendothyra* 带 *Chernyshinella glomiformis* 带 *Bisphaera irregularis* 带 *Siphonodella praesulcata* 带
	泥盆系	上统	邵东阶	额头村组	D_3e	89	*Quasiendothyra kobeitusana-Q. konensis* 带 *Cystophrentis* 组合 *Q. radiata* 带 *Caninia dorlodoti* 组合 *Eoendothyra regularis* 带
			锡矿山阶	东村组	D_3d	216	*Septatournayella rauserae* 带 *Yunnanella* 组合
			佘田桥阶	桂林组	D_3g	59	*Eotournayella jubra* 带 *Cyrtospirifer* 组合
		中统	东岗岭阶	唐家湾组	D_2t	389	*Stringocephalus* 组合带 *Temnophyllum* 组合
			应堂阶	信都组	D_2x	172~202	*Eospiriferina* 组合
		下统	四排阶	贺县组	D_1h	21~73	*Euryspirifer* 组合 *Prerinea* cf. *Lineata* *Solenopsis* sp. *Zosterophyllum* sp.
			郁江阶 那高岭阶	莲花山组	D_1l	106~317	*Eognathodus sulcatus* *Taeniocrada* sp.
下古生界	寒武系	芙蓉统 第三统	第十阶 第五阶	黄洞口组	$\in_{3-4}h$	2355	*Protospongia* sp. *Lophosphaeridium rugosum Stenozonotriletes* sp. *Acanthotriletes* sp.
		第二统 纽芬兰统	第四阶 幸运阶	小内冲组	$\in_{1-2}x$	1193	*Leiopsophaera* sp.
新元古界	震旦系	上统 下统		培地组	Zp	1592	*Protospongia* sp. *Lophotriletes* sp. *Tyloligotriletes* sp.
	南华系	上统		正园岭组	Nh_2z	699	*Laminarites* cf. *antiquissimus* *Taeniatus* sp.
		下统		天子地组	Nh_1t	973	

3. 在贺州三岐村震旦纪培地组剖面中下部发现一套薄层状碳质板岩沉积,水平层理十分发育,见大量黄铁矿晶体,总厚度为5.94m,为最大海泛面凝缩段沉积,这对于培地组层序地层的划分具有良好的指示意义。

4. 在调查区泥盆纪唐家湾组新发现鱼类化石,经鉴定属胴甲鱼纲(Antiarchi)(图2),由于化石保存原因,属种无法鉴定。

5. 通过南华系—寒武系碎屑岩元素地球化学研究,探讨了该时期形成的构造背景。总体来看,主量元素特征值显示的环境主要为大陆岛弧;主量元素判别图解主要显示为被动大陆边缘、大陆岛弧,部分反映活动大陆边缘信息;微量元素及稀土元素特征值反映出大陆岛弧、活动大陆边缘、被动大陆边缘等多种环境,且以大陆岛弧和活动大陆边缘为主;微量元素判别图解主要显示为被动大陆边缘或大陆岛弧。从不同构造背景下的剥蚀原岩(继承性因素)及风化条件和搬运沉积过程(沉积成岩过程因素)来看,大陆岛弧与活动大陆边缘环境形成的砂岩应具有显著区别于被动大陆边缘的地球化学特征,而被动大陆边缘形成的砂岩能包括较多的大陆岛弧和活动大陆边缘环境的地球化学信息。由此判断,包含多种构造环境地球化学信息的南华系—寒武系砂岩应形成于被动大陆边缘环境。

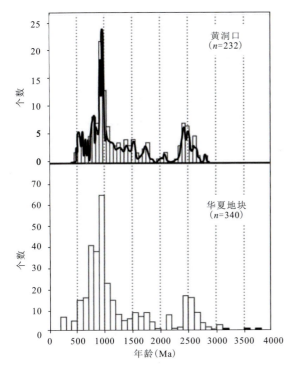

图 1 前泥盆纪变质沉积岩中碎屑锆石 U-Pb 年龄谱图与华夏地块年龄直方图

图 2 胴甲鱼化石

6. 通过对震旦纪培地组硅质岩的地球化学特征系统研究表明：培地组硅质岩具有火山成因硅质岩低 SiO_2、MnO、Fe_2O_3，高 Al_2O_3、K_2O、TiO_2 的特征，特征元素比值、稀土元素配分模式及硅质岩成因判别图解均表明其为火山成因硅质岩，与生物和热水作用无关（图3、图4）。培地组硅质岩元素特征及判别图解表明其形成于大陆边缘环境或大陆边缘与深海过渡带的贫氧环境，与洋中脊无关（图5、图6）。结合其与具鲍马序列的浊积岩共生，且沉积物以细粒沉积为主，推测其形成于大陆坡下部环境。

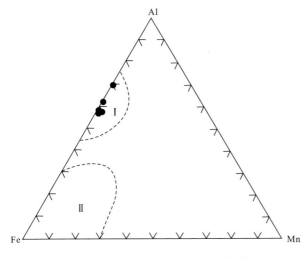

图 3 培地组硅质岩 Al-Fe-Mn 图解
（据 Adachi et al.，1986）
Ⅰ．非热水成因硅质岩；Ⅱ．热水成因硅质岩

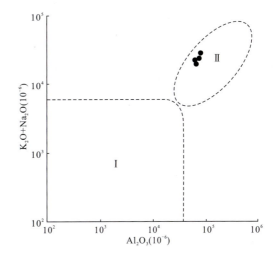

图 4 培地组硅质岩(K_2O+Na_2O)-Al_2O_3 图解
（据韩发等，1989）
Ⅰ．生物成因硅质岩；Ⅱ．火山成因硅质岩

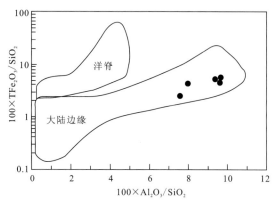

图5 培地组硅质岩 $100 \times TFe_2O_3/SiO_2$ - $100 \times Al_2O_3/SiO_2$ 图解

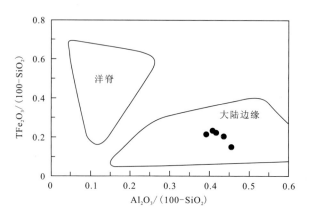

图6 培地组硅质岩 $TFe_2O_3/(100-SiO_2)$ - $Al_2O_3/(100-SiO_2)$ 图解

(二)岩浆岩方面

1. 在已有年龄资料的基础上,通过详细的野外地质调查,结合岩石学和矿物学特征对比分析,将调查区岩浆岩划分出3个岩体,7个填图单位(表2)。大埔顶岩体在地表被分割成3个独立的小侵入体,主体岩性为角闪二长花岗岩,宏观特征为角闪石含量较高,一般在10%以上,局部达20%以上;将大宁岩体厘定出花岗闪长岩和二长花岗岩,前人认为的石英二长闪长岩只在局部呈脉状产出,将原大宁岩体中角闪石含量高的二长花岗岩划归大埔顶岩体;将连阳岩体划分为早白垩世的中粒(斑状)二长花岗岩和晚白垩世的中细粒钾长花岗岩。

表2 调查区岩浆岩填图单位划分表

填图单位及代号			主体岩性	侵入关系	同位素年龄(Ma) 锆石 LA-ICPMS U-Pb
侵入岩	燕山期	连阳 $\xi\gamma K_2$	细中粒、中细粒、细粒黑云母钾长花岗岩	侵入 $\eta\gamma K_1$、$\eta\gamma_{Hb} O_3$ 等	81.8±1.0
		连阳 $\eta\gamma K_1$	粗中粒、中粗粒、中粒(斑状)含角闪石黑云二长花岗岩	侵入 $\epsilon_{3-4}h$、$\gamma\delta S_1$ 等,被 $\xi\gamma K_2$ 侵入	102.4±1.1
	加里东期	大宁 $\xi\gamma S_3$	细中粒黑云钾长花岗岩	侵入 $\eta\gamma S_1$	419.1±6.4*
		大宁 $\eta\gamma S_1$	细中粒、中粒(含斑状)角闪黑云二长花岗岩	侵入 $Nh_2 z$ 等,被 $\eta\gamma K_1$ 等侵入	439.6±2.4
		大埔顶 $\gamma\delta S_1$	细中粒、中粒、中粗粒斑状角闪黑云花岗闪长岩	侵入 ϵ_{3}-h 等,被 $\xi\gamma K_2$ 侵入	442.0±3.5
		大埔顶 $\eta\gamma_{Hb} O_3$	细中粒、中粒角闪二长花岗岩	侵入 $Nh_2 z$,被 $\eta\gamma K_1$、$\eta\gamma S_1$ 等侵入	451.1±4.6
火山岩	加里东期	初洞 tfS_3	岩屑晶屑凝灰岩	呈岩筒状	419.6±7.2**

* 程顺波等,2009,SHRIMP 锆石 U-Pb;** 程顺波等,2013,SHRIMP 锆石 U-Pb

2. 获得了调查区内大埔顶岩体角闪二长花岗岩形成于晚奥陶世(451Ma,图7);大宁岩体主体花岗闪长岩和二长花岗岩均形成于早志留世[约440Ma,图8(a)(b)(c)],在晚志留世[约420Ma,图8(d)]又有一次微弱的岩浆活动,形成了晚期中细粒钾长花岗岩和岩屑晶屑凝灰岩;连阳岩体主体中粒(斑状)二长花岗岩形成于早白垩世(约101Ma),晚期钾长花岗岩形成于晚白垩世(约80Ma);确定了各岩体的年龄格架。

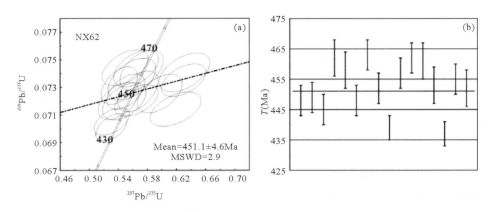

图7 大埔顶岩体二长花岗岩 LA-ICPMS 锆石 U-Pb
年龄谐和图(a)和年龄加权平均值(b)

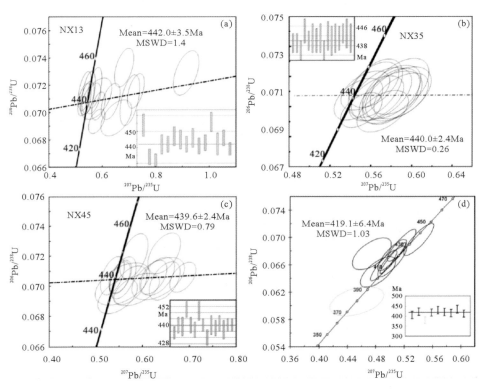

图8 志留纪大宁岩体花岗岩 LA-ICPMS 锆石 U-Pb 年龄谐和图及年龄加权平均值
(a)(b)花岗闪长岩;(c)二长花岗岩;(d)钾长花岗岩(据程顺波等,2009)

3. 在详细的地质调查的基础上,通过岩石学、地球化学以及 Sr-Nd-Hf 同位素的联合示踪,查明了调查区内大埔顶岩体、大宁岩体和连阳岩体的岩石成因,探讨了岩浆源区以及形成的大地构造背景。大埔顶和大宁岩体均具高钾钙碱性特征,有较明显的轻重稀土元素分馏,Eu 负异常不明显,两阶段 Nd 模式年龄为 2.01~1.68Ga,结合锆石 U-Pb 年龄以及花岗岩的构造环境判别图解,认为大埔顶岩体、大宁岩体早志留世和晚志留世花岗岩分别是在同造山环境、造山挤压向后造山伸展转换的环境以及板内拉张-裂解环境下由古元古代地壳组分部分熔融形成的。连阳岩体早白垩世和晚白垩世花岗岩均为铝质 A 型花岗岩，二者具有相似的元素地球化学及 Nd 同位素组成，它们可能是同一岩浆源区（中元古代地壳物质）在伸展和拉张的背景下不同阶段部分熔融的产物。

4. 通过对大宁岩体中暗色微粒包体野外地质特征的详细观察，以及室内岩石学、地球化学、年代学测试分析，结合包体的分形特征（图 9~图 12），确定大宁岩体中的暗色微粒包体为岩浆混合成因。

5. 查明了连阳岩体主体中粒斑状二长花岗岩与晚期钾长花岗岩的成因联系，二者具有相似的元素地球化学及 Nd 同位素组成，表明二者可能存在同源关系，即是同一岩浆演化到不同阶段的产物。

图 9　大宁岩体暗色微粒包体的手标本（左）及锆石 LA－ICPMS U－Pb 年龄谐和图（右）

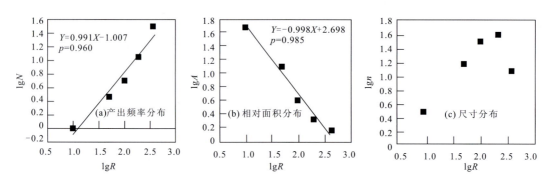

图 10　南乡那远河道冲刷面包体分布型式的分形统计

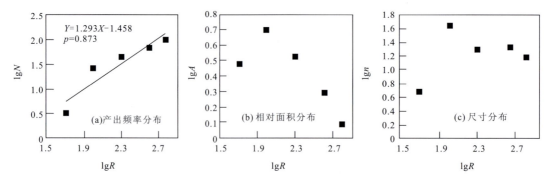

图 11　福堂金沙河道冲刷面包体分布型式的分形统计

图 12 大宁岩体暗色微粒包体野外地质特征（a-f）及镜下特征（g-h）

a. 斑状花岗闪长岩中的暗色包体，颜色较寄主岩深，形态各异；b. 包体形成拖尾状，内含钾长石斑晶；c. 包体长轴方向与钾长石斑晶定向排列方向一致；d. 包体与围岩接触界线截然；e. 包体一侧与围岩接触界线截然，另一侧为过渡接触；f. 钾长石斑晶横跨在寄主岩石与包体接触边界；g、h. 镜下特征：g. 似煌斑结构，斑晶和基质中暗色矿物都较自形（正交偏光）；h. 针状磷灰石（单偏光）

(三)构造地质学方面

1. 对调查区构造运动及不同时代或不同性质的褶皱和断裂发育特征进行了系统总结和较详细阐述,对构造格架和变形特征进行了剖析和探讨,进而建立了区内构造变形序列(表3)。

表3 调查区构造变形序列

时代	变形期次	构造类型及其他有关地质作用	构造体制与背景
K末	D_7	码市盆地白垩系SN向褶皱,晚白垩世(连阳岩体)花岗岩中SN向逆冲走滑断层	东南边缘的古太平洋板块斜向俯冲
K_2	D_6	断层张性活动,形成NW向次级褶皱及晚白垩世(连阳岩体)花岗岩	晚燕山运动深部作用导致区域性伸展
J、K之交	D_5	断陷盆地,码市盆地周缘、内部的正断裂,形成早白垩世(连阳岩体)花岗岩	早燕山运动后的应力松弛阶段导致区域性伸展
J_2末	D_4	轴向NE—NNE盖层褶皱及走向逆断层	早燕山运动NW(W)向挤压,东南边缘的古太平洋板块斜向碰撞或俯冲
T_2末	D_3	轴向NNE及近SN向的盖层褶皱和走向逆断裂,NNE向博白-岑溪断裂右行走滑	印支运动主幕NWW至近EW向挤压,构造背景为扬子和华夏陆块的继发性陆内俯冲汇聚
S、D之交	D_2	南华系—寒武系形成轴向近东西褶皱及次级褶皱,并发生区域浅变质作用	晚加里东运动即广西运动,区域构造背景为华夏与扬子陆块碰撞
O、S之交	D_1	形成NNE向博白-岑溪断裂雏形,形成晚奥陶世(大埔顶岩体)、早志留世(大宁岩体)花岗岩	中加里东运动,即北流运动

2. 厘定了调查区加里东期、印支期及燕山期构造体制及构造形迹。加里东期为NNW向挤压,形成轴向近EW向褶皱及次级褶皱;印支期为NWW至近EW向挤压,形成轴向NNE及近SN向褶皱和次级褶皱;早燕山期为NW—NWW向挤压,形成轴向NE向次级褶皱,同向加强了轴向NNE次级褶皱,其中印支运动和早燕山运动对前期构造进行了强烈叠加改造,使区内构造复杂化。提出调查区各构造期(以印支期最为明显)与区域构造挤压方向的明显差异受NNE向博白-岑溪断裂带、地层与岩体界线边界共同控制,其深层次原因可能与新元古代—早古生代扬子板块与华夏板块的NE向接合带制约或两陆块的继发性陆内俯冲汇聚有关。

(四)矿产地质方面

1. 通过1:5万水系沉积物测量,查明了调查区水系沉积物地球化学特征,编制了18种元素的地球化学图和单元素异常图。元素异常图反映了本区以Au、Ag、Pb、Zn异常为主,次为Cu、Mo、W、Sn、Bi、As、Sb、Cd异常,Cr、Co、Ni、La、F、Hg仅在局部出现低缓异常。Au、Ag、Pb、Zn、Cu、Sn等区内主要成矿元素或成矿伴生元素异常主要分布于加里东期大宁岩体、燕山期连阳岩体与围岩接触带上,其次分布于大宁岩体内。

2. 在调查区选取5处异常区(AS28号连南县上洞Au、Ag、Pb、Zn异常、AS69号怀集县覃屋Sn、W、Ag、Cu异常、AS27号连南县东埔Au异常、AS66号贺州市坪景Sn、W、Au异常和AS4号连山县安塘Au、Ag异常)开展查证工作,最显著的异常带位于松崩—龙水—张公岭(长冲)—梅洞一带,发现长约14km、宽2~4km,主要由Au、Ag、Pb、Zn、Cd、Sb、As等元素组成。

3. 通过石英流体包裹体 $^{40}Ar-^{39}Ar$ 法定年技术,获得了张公岭Ag-Au-Pb-Zn矿的成矿年龄,南带以铅锌为主的矿化发生在155Ma左右,而中带以银金为主的矿化则发生在200Ma左右,成矿作用具有多期性,与调查区内多期次构造活动有关。

四、成果意义

1. 以最新的国际地层表为指南,重新厘定了调查区地层序列,建立、完善了多重地层划分与对比系统,为区域地层对比提供了基础地质资料。

2. 南华纪—寒武纪地层碎屑锆石年龄分布特征与华夏地块锆石年龄分布特征相似,指示扬子陆块与华夏陆块边界位于调查区北西。岩石地球化学特征指示调查区南华系—寒武系砂岩形成于被动大陆边缘环境,物源来自华夏陆块,为区域大地构造格架研究提供了基础地质资料。

3. 获得了调查区内各岩体的高精度测年数据,建立了年龄格架,研究了岩石成因,探讨了岩浆源区及形成的大地构造背景,为南岭花岗岩研究提供了基础地质资料。

4. 查明了调查区水系沉积物地球化学特征,编制了相关图件。通过石英流体包裹体$^{40}Ar-^{39}Ar$法定年技术,获得了张公岭矿区南带(以铅锌为主)和中带(以银金为主)的成矿年龄,为区域成矿规律总结提供了基础地质资料。

第十二章　广西1∶5万桃川镇幅、麦岭幅、源口幅、福利幅区域地质矿产调查

邵小阳　李文辉　罗锡宜　闫亚鹏　李坤　丁培华
陈玉川　李冲　陈伟彬　陈裕明

（广东省佛山地质局）

一、摘要

对调查区进行了多重地层划分与对比，新填绘出易家湾组、黄公塘组和长龙界组，加强了特殊地质体及非正式填图单位的表达。对天马山组、桥亭子组、边溪组一段和边溪组二段进行了碎屑锆石LA-ICPMS U-Pb定年研究，结果表明调查区亲华夏地块更高。采用"岩性＋时代"填图单位，对侵入岩进行重新划分和研究，并获得高精度同位素年龄，确定岩浆活动时间，研究岩浆活动与区内构造及成矿关系。调查了区内构造形迹的展布及其特征，重点查明了玉龙山脚-大围山滑脱断裂和高塘-小田断裂带的地质特征、形成机制及控矿特征。通过水系沉积物测量和异常查证等方法手段，查明了区内成矿地质背景和成矿条件，初步建立找矿模式，圈定了找矿远景区，总结了区域成矿规律，并提出了找矿方向。

二、项目概况

调查区位于广西和湖南交界地区，行政区域上大部分属于广西富川县和恭城县，少部分属于湖南省江永县和江华县，地理坐标：东经$111°00'00''$—$111°30'00''$，北纬$24°50'00''$—$25°10'00''$，面积$1864km^2$。工作起止时间：2012—2014年。主要任务是通过开展1∶5万区域地质矿产调查，系统查明区域地层、岩石、构造特征，加强含矿地层、岩石、构造的调查，突出岩性填图和特殊地质体及非正式填图单位的表达，加强地质构造调查研究，系统查明调查区的成矿地质背景和成矿条件，发现找矿线索，总结区域成矿规律，并提出地质找矿重点工作区域。

三、主要成果与进展

（一）地层学方面

1. 以现代地层学、沉积学理论为指导，结合最新的国际年代地层表，将区内的地层序列划分为24个组级2个段级岩石地层单位（表1），将早古生代地层中的灰岩透镜体、跳马涧组中的豆状赤铁矿层、碳酸盐岩地层中的泥岩、泥灰岩、硅质岩、藻礁灰岩、竹叶状灰岩等作为特殊地质体，建立完善了调查区多重地层划分与对比系统。

2. 重新厘定泥盆纪岩石地层，新填绘出易家湾组、黄公塘组和长龙界组。易家湾组以泥灰岩、生物碎屑灰岩为主夹钙质页岩，富含腕足类和珊瑚化石，代表当时碎屑潮坪向碳酸盐潮坪过渡的沉积环境；黄公塘组以结晶白云岩为主，夹少量灰岩与白云质灰岩，盛产枝状层孔虫，属局限台地相；长龙界组为泥

灰岩、钙质页岩夹泥晶灰岩,以富含晚泥盆世腕足类标准分子为特征,是划分两套中—厚层状碳酸盐岩地层体之间的重要填图标志。

表1 岩石地层单位划分表

年代地层			岩石地层		厚度(m)	沉积岩建造
界	系	统	组、段	代号		
新生界	第四系	全新统	橘子洲组	Qhj	2.0~6.1	砂砾-黏土层建造
		更新统	白水江组	$Qpbs$	2.0~32.0	砾石-砂砾层建造
中生界	白垩系	下统	栏垅组	K_1l	165.0~297.1	砾岩-泥岩建造
	侏罗系	下统	高家田组	J_1g	63.0~457.3	含煤碎屑岩建造
上古生界	石炭系	上统	大埔组	C_2d	>170.0	白云岩建造
		下统	梓门桥组	C_1z	146.0	灰岩-白云质灰岩建造
			测水组	C_1c	19.0~43.9	含煤砂页岩建造
			石磴子组	C_1s	561.1~1079.7	灰岩-白云质灰岩建造
			天鹅坪组	C_1t	57.9~65.7	钙质页岩-泥灰岩-硅质岩建造
			马栏边组	C_1m	227.6~720.0	白云质灰岩-生物碎屑灰岩建造
	泥盆系	上统	孟公坳组	D_3m	38.6~301.3	粉砂岩-页岩-泥灰岩建造
			锡矿山组	D_3x	212.3~575.1	灰岩-泥灰岩建造
			长龙界组	D_3c	3.3~43.6	页岩、泥灰岩建造
		中统	棋梓桥组	$D_{2-3}q$	300.0~1251.2	灰岩-白云质灰岩建造
			黄公塘组	D_2h	83.4~569.2	白云岩-白云质灰岩建造
			易家湾组	D_2yj	23.2~109.9	泥质灰岩、泥灰岩建造
			跳马涧组	D_2t	331.1~1369.5	石英砂岩-粉砂岩建造
		下统	源口组	D_1y	91.3~263.0	含砾(砾质)-砂岩-杂砂岩建造
下古生界	奥陶系	上统	天马山组	O_3t	>216.9	砂岩-板岩建造
		中统	烟溪组	$O_{2-3}y$	45.4~62.5	硅质岩-碳质板岩建造
		下统	桥亭子组	$O_{1-2}q$	>95.1	泥质碳质板岩建造
	寒武系	芙蓉统	爵山沟组	ϵ_4O_1j	>447.3	长石石英砂岩夹板岩建造
		第三统	边溪组二段	$\epsilon_{3-4}b^2$	>1512.7	杂砂岩-泥岩建造
			边溪组一段	$\epsilon_{3-4}b^1$	>886.8	杂砂岩-粉砂岩-泥岩建造
		第二统 纽芬兰统	清溪组	$\epsilon_{1-2}q$	>149.7	泥岩-碳质板岩夹粉晶灰岩建造

3. 研究奥陶系天马山组、桥亭子组和寒武系边溪组碎屑锆石(图1),发现桥亭子组和天马山组碎屑锆石 U-Pb 年龄直方图形态相似,寒武系边溪组一段、二段碎屑锆石 U-Pb 年龄直方图形态相似,推测调查区在寒武纪和奥陶纪之间存在一次较大的构造运动;通过与扬子地块、华夏地块碎屑锆石 U-Pb 年龄直方图进行对比(图2),认为本区寒武纪—奥陶纪地层物源主要来自华夏地块,少量来自扬子地块,调查区与华夏地块亲缘性更高。

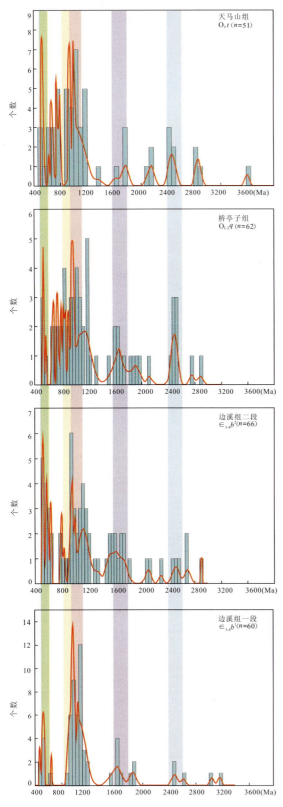

图1 碎屑锆石U-Pb年龄直方图

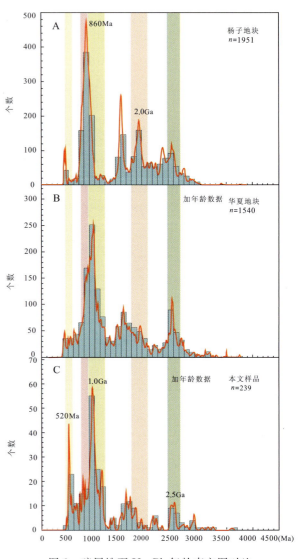

图2 碎屑锆石U-Pb年龄直方图对比

A. 扬子地块数据来自王鹏鸣等(2012);王孝磊等(2013);李怀坤等(2013);杜利林等(2013);赵芝等(2013);Wang et al. (2007);Yao et al. (2012). B. 华夏地块数据来自王果胜等(2009);李青等(2009);向磊等(2010);杜秋定等(2013);Wang et al. (2007);Li et al. (2007);Yu et al. (2008). C. 本文样品

(二) 岩浆岩方面

1. 将调查区侵入岩划分为3个"岩性+时代"填图单位,解体鹰咀岩岩体。查明了各期次侵入体之间、侵入体与围岩之间的接触关系,开展了侵入岩岩石学、岩石化学、地球化学、成矿性等研究,认为区内热液型矿床大多与岩浆活动有关,尤其与加里东期鹰咀岩岩体关系密切,由于加里东期及燕山期岩浆活动强烈加之区域上构造作用形成的一系列断层,成为成矿物质的控矿、容矿构造,岩浆作用所成热液流体沿断层通道迁移,使得成矿元素富集,最终形成各种热液型矿床。

2. 获得鹰咀岩岩体花岗闪长斑岩、花岗斑岩锆石LA-ICPMS U-Pb同位素年龄(图3),分别为 426.9 ± 2.3Ma 和 426.2 ± 2.3Ma,两者侵位时代皆属加里东晚期的中志留世,呈相变过渡关系,为一套硅过饱和钙碱性深成Ⅰ型花岗岩类,具洋脊花岗岩特征,形成于板块碰撞后隆起的区域构造环境(图4),显示出区内在加里东期发生过较强烈的碰撞造山运动。

3. 获得白沙源岩体细中粒斑状黑云母二长花岗岩锆石LA-ICPMS U-Pb年龄(图5)为 158.9 ± 2.0Ma,侵位时代属燕山期晚侏罗世,为一套硅过饱和、过铝质高钾钙碱性深成S型花岗岩,形成于同碰撞的区域构造环境,是陆内碰撞的产物(图6)。

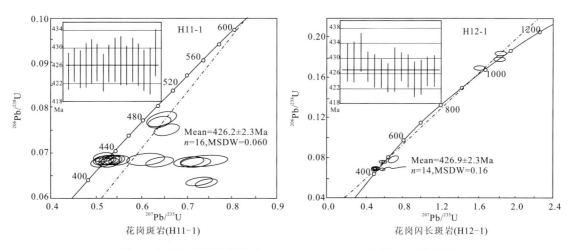

图3 中志留世花岗岩锆石LA-ICPMS U-Pb年龄(Ma)谐和图

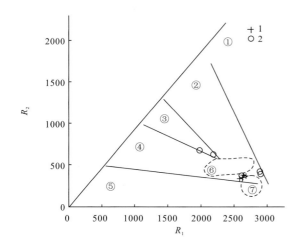

图4 调查区侵入岩 R_1-R_2 因子判别图

(据 Batchelor & Bowdden,1985)

①地幔分离;②板块碰撞前;③板块后隆起;④造山晚期;⑤非造山;⑥同碰撞期;⑦造山期后;1.晚侏罗世岩体样品;2.中志留世岩体样品

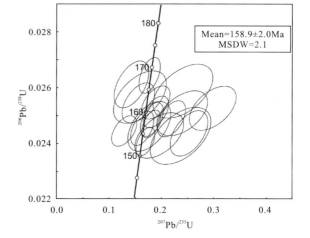

图5 晚侏罗世花岗岩锆石LA-ICPMS U-Pb年龄谐和图

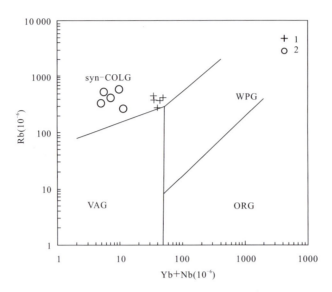

图 6 调查区花岗岩 Rb-(Yb+Nb)图解(据 Pearce,1984)
ORG. 洋脊花岗岩;WPG. 板内花岗岩;VAG. 火山弧花岗岩;syn-COLG. 同碰撞花岗岩;1. 晚侏罗世岩体样品;2. 中志留世岩体样品

4. 认为鹰咀岩及外围地区的钨、铜、钼、铅锌等矿点与鹰咀岩斑岩体关系紧密,该加里东期岩浆的侵位,除提供热源外,还提供了大量的成矿物质。从外围接触热变质特征及成矿特征分析,区内极可能存在较大面积的加里东期隐伏岩体。

(三)变质岩方面

将调查区变质岩划分为区域变质岩、接触变质岩、气-液变质岩和动力变质岩 4 类。研究了各种变质岩的岩石类型及相应的变质矿物共生组合。初步划分了区域变质岩、接触变质岩相带(图7)。

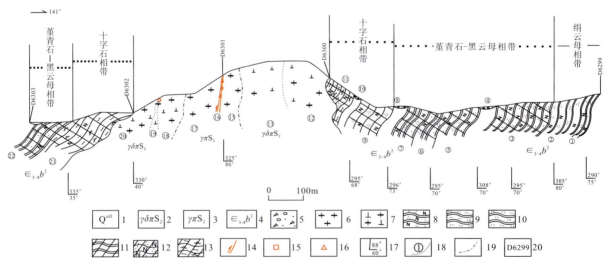

图 7 广西富川县朝东镇鹰咀岩接触变质岩剖面图
1. 第四纪残坡积;2. 中志留世花岗闪长斑岩;3. 中志留世花岗斑岩;4. 边溪组二段;5. 残坡积物;6. 花岗斑岩;7. 花岗闪长斑岩;8. 变质长石石英砂岩;9. 变质粉砂岩;10. 粉砂质板岩;11. 角岩化;12. 长英角岩;13. 堇青石云母角岩;14. 逆断层;15. 黄铁矿化;16. 构造角砾;17. 岩层产状;18. 室内分层号;19. 侵入岩涌动界线;20. 地质观测点及位置

(四) 构造地质方面

1. 厘定较具规模褶皱 24 个,划分为 10 个基底褶皱和 14 个盖层褶皱,厘定大小断层共 27 条,建立了本区的构造格架。确定区内基底褶皱形成于加里东期,褶皱形态以紧闭复式褶皱为主,局部表现为同斜倒转,并叠加多期变形,具中等强度塑性变形特征,其构造方向以 NNE 向为主,盖层褶皱形成于印支期,以连续宽缓向斜和背斜为特征,其构造方向为 NE 向;查明了区域性断裂带在调查区的空间展布、变形特征、活动期次、形成时间、力学性质、发展机制及控盆、控矿特征,理清了调查区断层构造格局以 NNE—NE 向为主,SN 向和 NW 向次之。

2. 重点查明玉龙山脚-大围山滑脱断裂的控矿构造特征(图 8)。该断裂发育于中泥盆统跳马涧组,断面倾向 NE,倾角 40°～60°,断层内构造角砾岩、构造透镜体、碎裂岩,硅化岩发育,黄铁矿、锡及铅锌等具有良好的蚀变矿化现象。调查区在早泥盆世时期开始海侵,地壳产生拉张作用并伴随重力滑脱,形成滑脱断裂,滑脱断裂的存在为深部成矿物质提供了良好的通道和储矿场所,最终两者配套组合完成了断裂的控矿构造。

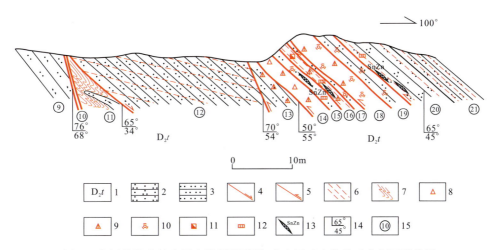

图 8　富川县城北镇大围山滑脱断裂锡-多金属矿点构造矿化剖面素描图

1. 跳马涧组;2. 细粒石英砂岩;3. 粉砂岩;4. 正断层;5. 逆断层;6. 劈理化;7. 揉皱;8. 构造角砾岩;
9. 碎裂岩;10. 硅化;11. 褐铁矿化;12. 黄铁矿化;13. 锡-多金属矿脉;14. 产状;15. 分层号

3. 重点查明了高塘-小田断裂带的地质特征、成因发展机制、演化历史及其控岩、控盆特征。该断裂带为一系列 NE 向逆冲断裂(图 9),断裂迹线在平面上呈波状弯曲和弧形展布,断层沿线断层崖地貌发育,在构造剖面上表现为叠瓦式逆冲断裂构造样式,断裂面整体倾向 NWW,断面上陡下缓呈梨式,倾角平缓处一般 10°～25°,沿断裂常发育碎裂岩、构造角砾岩等,当灰岩逆冲到泥、砂岩之上时,下盘泥、砂岩中常发育压碎岩、擦痕、阶步和拖拽褶曲等。断层具多期活动特点,前期断裂表现为张性拉张,控制了侏罗纪红盆的形成,晚期断裂性质反转,以挤压逆冲为主,表现为泥盆纪碳酸盐岩逆冲到侏罗系高家田组碎屑岩之上,且在高桥村一带发现断裂切穿早白垩世红盆,说明在白垩纪时断裂仍有活动。

(五) 区域矿产资源

1. 完成 1∶5 万水系沉积物测量,探讨了元素的地球化学分布特征。圈定 41 处综合异常,其中甲类异常 3 处,乙类异常 21 处,丙类异常 17 处。筛选成矿潜力较大的甲$_1$、乙$_1$、乙$_2$ 类共 7 处异常开展了异常查证。

2. 总结了矿产资源的分布特征,重点分析了钨、锡、钼、铜、铅、锌、锑等多金属矿产赋存的地质条件,新发现矿点 20 处(表 2),划分了矿床成因类型,初步建立了成矿系列。

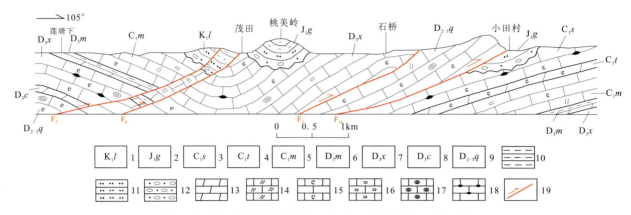

图 9 富川县麦岭镇钟家洞-小田叠瓦式逆冲断裂地质剖面图

1. 栏垅组;2. 高家田组;3. 石磴子组;4. 天鹅坪组;5. 马栏边组;6. 孟公坳组;7. 锡矿山组;8. 长龙界组;9. 棋梓桥组;10. 泥岩;11. 粉砂岩;12. 砂砾岩;13. 泥灰岩;15. 含碳灰岩;16. 豹皮状灰岩;17. 含核形石灰岩;18. 含燧石结核灰岩;19. 断裂及运动方向

表 2 调查区新发现矿点一览表

编号	矿点位置	矿种	成因类型	规模	资料来源	开发利用情况
1	广西富川县麦岭镇黄沙岭西	赤铁矿	沉积型	矿点	D4562	未利用
2	广西富川县麦岭镇黄沙岭东	赤铁矿	沉积型	矿点	D4558	未利用
3	湖南省松柏乡小石岭	赤铁矿	沉积型	矿点	D1576	未利用
4	湖南省松柏乡大源冲	赤铁矿	沉积型	矿点	D1548	未利用
5	湖南省松柏乡银光岭	锑矿	低温热液型	矿点	D6684	民采(已停采)
6	湖南省源口乡鸟源水库管理所	赤铁矿	沉积型	矿点	D1080	未利用
7	湖南省江永县横开河	锑矿	低温热液型	矿点	D8025	民采(已停采)
8	广西富川县公田源	钨矿	高温热液型	矿点	D2851	民采(已停采)
9	广西富川县公田源	金矿		矿点	D3062	民采(已停采)
10	广西富川县公田源	铅锌矿	低温热液型	矿点	D1808	民采(已停采)
11	广西富川县石林村	铅锌矿	低温热液型	矿点	D2852	未利用
12	广西富川县南源山	铅锌矿	低温热液型	矿点	D2832	未利用
13	广西富川县城北镇黄栗地	赤铁矿	沉积型	矿点	D1089	未利用
14	广西恭城县大水冲	铅锌矿	低温热液型	矿点	D5297	未利用
15	广西富川县门楼坳	钨钼矿	斑岩型	矿点	D1805	民采(已停采)
16	广西恭城县桐油坪北	锑矿	低温热液型	矿点	D1809	民采(已停采)
17	广西富川县大围山	锡-多金属矿	低温热液型	矿点	D2197	未利用
18	广西富川县五子山	褐铁矿	风化淋滤型	矿点	D2245	未利用
19	广西富川县江背村	褐铁矿	风化淋滤型	矿点	D1604	未利用
20	广西富川县红岩村	褐铁矿	风化淋滤型	矿点	D1608	未利用

3. 在综合分析相关地质、矿产、化探、物探、遥感等资料的基础上,系统总结了成矿规律、找矿方向和找矿标志,建立多金属矿成矿模式(图10)和找矿模式(表3),圈定找矿远景区5处,分别为:Ⅰ号老屋地-半边山钨、钼、锑、汞远景区(C类),Ⅱ号松柏-水美塘锑、金、砷、钼、汞远景区(A类),Ⅲ号白沙源-正冲头钨、锑、钼、铋、铜、铅、锌远景区(A类),Ⅳ号杉木坪-鹰咀岩-洋溪冲金、银、钨、锡、铅、锌、铜远景区(A类),Ⅴ号狮子坪-井头湾金、锑、钨、钼、汞远景区(B类)。

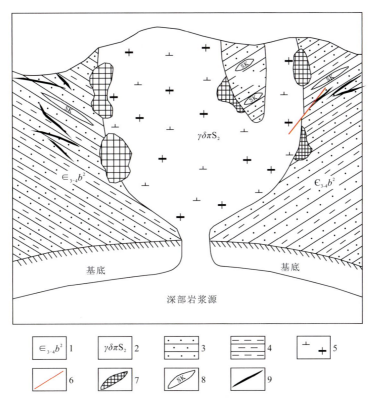

图 10　鹰咀岩地区多金属矿成矿模式示意图

1. 边溪组二段；2. 中志留世花岗闪长斑岩；3. 砂岩；4. 泥岩；5. 花岗闪长斑岩；6. 断层；7. 斑岩型矿床；8. 矽卡岩型矿床；9. 石英脉型矿床

表 3　找矿模式表

矿种	成矿地质背景	成矿特征	找矿标志
钨、钼、铜、铅、锌矿	主要发育于 NE 向江永-朝东断裂、NE 向大源村断裂和鹰咀岩岩体及岩体接触带一带，该断裂和岩体附近地球化学综合异常非常发育，异常具强度高，浓度分带清晰，浓集中心明显等特点，异常元素与已知矿点矿种基本一致，受断裂和岩体控制非常明显，成矿条件十分有利	受断裂影响引起的区域性挤压和拉张，有利于深部岩浆上升侵入至近地表，岩浆在上升过程中出现分异，形成花岗斑岩-花岗闪长斑岩系列的酸性超浅成侵入体。岩浆的侵入，从深部带来钨、钼、铜、锌、铅、银等成矿物质，或岩浆在上升过程中重熔或萃取基底地层中的成矿物质，融入于从岩体析出的原生热水溶液中，并随岩浆的侵入而析出，沉淀在斑岩体的内外接触带，形成斑岩型钨钼铜多金属矿床 当岩体与围岩的接触带存在碳酸盐岩或钙质砂岩时，则产生矽卡岩化蚀变，含矿热液进入矽卡岩，析出、沉淀矿物质形成矽卡岩型矿床；或者围岩在矽卡岩化蚀变过程中，矿物质直接析出沉淀，从而形成矽卡岩型矿床 在斑岩型多金属矿床、矽卡岩型多金属矿床的形成过程中，由于岩体向外温度逐渐变低，含矿热液在运移过程中，会在远离岩体的断裂裂隙中不断沉淀，矿物质跟随石英、萤石等一起结晶析出，从而形成石英脉型矿床	地球化学异常、围绕岩体的蚀变带（硅化、黄铁矿化、绿泥石化、矽卡岩化等）、角岩化带、地表长期氧化形成的矿帽、石英脉中的矿化现象、民采矿窿等

续表 3

矿种	成矿地质背景	成矿特征	找矿标志
锑矿	主要产于泥盆纪锡矿山组硅灰岩、源口组和跳马涧组砂泥岩中,寒武系边溪组中也有发现,沿断裂产出,矿点及围岩未见有岩浆岩直接出露,但外围附近有小岩株、岩脉及角岩化砂岩出露,可能存在作为成矿物质来源的隐伏岩体	大气降水在下渗过程中萃取地层中成矿元素 Sb、As、S 等成矿伴生组分,使热液成为富含 Sb、As、S 等组分的成矿热液,这种热液到达一定深度遇到断裂构造后即沿此上升;另一方面,含有 Sb、S 等组分的深部来源的含矿热液亦以断裂构造作为上升的通道,与地下水含矿热液混合。多矿液上升到一定程度,由于温度、压力以及酸碱度等环境参数的改变,在有利的构造及地化环境部位析出沉淀,富集成矿	控矿断裂、地球化学异常、蚀变现象(硅灰岩、硅化、黄铁矿化等)、民采矿窿等
锡多金属矿	矿化围岩为中泥盆世跳马涧组的细粒石英砂岩、粉砂岩,矿点发育于玉龙山脚-大围山滑脱断裂上,并受南部燕山期花山隆起影响	岩浆侵入带来大量成矿物质,并萃取了围岩中的成矿元素,两者一道沿断裂构造通道上升、迁移,同时对围岩发生交代、蚀变,最终使成矿物质在有利部位富集成矿	断裂带及围岩劈理化带、含矿石英脉、岩石表面的硫化物和围岩蚀变(硅化、黄铁矿化等)、地球化学异常

四、成果意义

通过开展 1∶5 万区域地质矿产调查,为今后的地质研究和找矿工作提供了丰富详实的基础地质资料,同时深化了本区基础地质的研究程度和减少今后找矿工作的盲目性。

第十三章 广西1∶5万富川县、涛圩、桂岭圩、太保圩幅区域地质矿产调查

王令占[1] 涂兵[1] 田洋[1] 李响[1] 谢国刚[1] 张楗钰[1]
张宗言[1] 曾波夫[1] 钟志标[2]

（1. 武汉地质调查中心；2. 广西壮族自治区地球物理勘察院）

一、摘要

以最新的国际地层表为指南,重新厘定了调查区地层序列,划分出22个正式岩石地层单位与19个非正式填图单位,建立完善了调查区多重地层划分与对比序列。将调查区岩浆岩划分为8个岩体16个填图单位,获得了区内各岩体的高精度测年数据,确定了各岩体的年龄格架,研究了各岩体的岩石成因,探讨了岩浆源区以及形成的大地构造背景。发现了数量较多的煌斑岩脉,并测定了年龄,在鹰扬关岩组内发现了辉长岩。系统总结了调查区构造运动及不同时代或不同性质的褶皱和断裂发育特征,建立了构造变形序列。厘定了调查区晋宁期、加里东期、印支期及燕山期构造体制及构造形迹,重点对鹰扬关岩组和拱洞岩组进行了构造解析,认为其具造山带构造样式。通过1∶5万太保圩幅水系沉积物测量,查明了太保圩幅水系沉积物地球化学特征,编制了元素地球化学图和单元素异常图,并对调查区内1处异常区开展了查证工作。

二、项目概况

调查区位于广西壮族自治区贺州市,广东省连山县、连南县和湖南省江华县的交界部位,地理坐标：东经111°15′00″—112°15′00″,北纬24°40′00″—24°50′00″,面积1868km²。工作起止时间：2013—2015年。主要任务是按照1∶5万区域地质调查技术要求、区域地球化学调查有关技术规范,及中国地质调查局关于加强成矿带1∶5万区调工作的通知等有关要求,在系统收集和综合分析已有地质资料的基础上,开展1∶5万区域地质矿产调查,查明区域地层、岩石、构造特征,加强含矿地层、岩石、构造的调查,突出岩性填图和特殊地质体及非正式填图单位的表达,加强地质构造调查研究,系统查明调查区的成矿地质背景和成矿条件,发现找矿线索,总结区域成矿规律,提出地质找矿重点调查区域。

三、主要成果与进展

（一）地层学方面

1. 以最新的国际地层表为指南,重新厘定了调查区地层序列。划分了22个正式岩石地层单位与19个非正式填图单位,并建立了岩石地层、生物地层、年代地层等多重地层划分与对比系统（表1）。

2. 通过对前人厘定的鹰扬关群（包括鹰扬关岩组与拱洞岩组）野外剖面和路线地质调查,认为广西鹰扬关一带出露的为一套强烈片理化、千枚理化变质熔结凝灰岩,凝灰质绢云千枚岩夹石英岩、大理岩岩块,变余流纹岩及蛇纹石片岩的岩石组合,其中变质熔结凝灰岩与凝灰质绢云千枚岩占主体。鹰扬关

岩组与拱洞岩组整体无序,局部有序,不能恢复原始的岩石序列,在形成时代上,两者可能不存在严格的先后关系。

表 1 调查区多重地层划分对比表

地层年代			岩石地层			生物地层(组合及重要化石)	
代	纪	世	组	段	代号		
新生代	第四纪	全新世	桂平组		Qhg	*Cyatheaceae,Gleichenia*	
		更新世	望高组		Qpw	*Rhinoceros sinensis,R.*sp.	
中生代	白垩纪	早白垩世	石门组		K_1sh	*Bennettites,Gleichenia* sp., *Pagiophyllumpollenites* sp.	
晚古生代	石炭纪	早石炭世	巴平组		C_1b	*Chernyshinella glomiformis*带 *Bisphaera irregularis*带	
	泥盆纪	晚泥盆世	融县组	额头村组	D_3e	*Siphonodella praesulcata*带	*Cystophrentis*组合 *Caninia dorlodoti*组合
				东村组	D_3r D_3d	*Yunnanella*组合	
				桂林组	D_3g	*Cyrtospirifer*组合	
		中泥盆世	东岗岭组	唐家湾组	D_2d D_2t	*Stringocephalus*组合带	*Temnophyllum*组合
			信都组		D_2x	*Eospiriferina*组合	
		早泥盆世	贺县组		D_1h		
			莲花山组		D_1l	*Euryspirifer*组合	
早古生代	寒武纪	芙蓉世	边溪组	黄洞口组 三段	$\in_{3-4}b^3$	*Protospongia* sp. *Leiopsophaera* sp.	*Lingulella* sp. *Stenozonotriletes* sp. *Acanthotriletes* sp. *Protospongia* sp.
		第三世		二段	$\in_{3-4}b^2$ $\in_{3-4}h$		
		第二世		一段	$\in_{3-4}b^1$		
		纽芬兰世	清溪组	小内冲组	$\in_{1-2}q$ $\in_{1-2}x$	*Leiopsophaera* sp., *Lophominuscula* sp., *Tyloligotriletes* sp.	
新元古代	震旦纪	晚震旦世 早震旦世	培地组		Zp	*Protospongia* sp., *Lophotriletes* sp., *Tyloligotriletes* sp.	
	南华纪	晚南华世	正园岭组		Nh_2z	*Trachyminuscula simplex, Trachysphaeridium plunum*	
		早南华世	天子地组		Nh_1t	*Asperatopsophosphaera balensis, A.Partialis*	
	青白口纪		拱洞岩组		Qbg		
			鹰扬关岩组		Qby		

3. 对鹰扬关岩组 1 个变质熔结凝灰岩进行了锆石 LA - ICPMS U - Pb 定年,共获得了 29 组有效年龄(图 1),其中 12 颗锆石年龄集中于($843\pm8.7\sim853\pm7.9$)Ma 之间,加权平均年龄为 849.6 ± 4.6Ma(MSWD=0.12),12 颗锆石年龄集中分布于($818\pm6.6\sim830\pm7.6$)Ma 之间,加权平均年龄值为 821.3 ± 3.9Ma(MSWD=0.17)。由于分析样品的原岩为熔结凝灰岩,849.6 ± 4.6Ma 可能为岩浆房早期结晶的锆石或捕获围岩的锆石年龄,而 821.3 ± 3.9Ma 则代表了火山喷发的年龄,表明鹰扬关岩组的火山碎屑岩主要形成于新元古代。另外,本次锆石测年样品中有 3 颗锆石年龄集中在 790Ma 左右,其意义有待进一步探究。

4. 对青白口系拱洞岩组变质砂岩的碎屑锆石年代学研究显示,<1000Ma 的年龄计 62 个,占 81%,年龄值集中在 850~740Ma 之间,具有 823Ma、786Ma 与 764Ma 三个峰值,且排序后,年龄值连续增大,该年龄分布特征与鹰扬关岩组的变质火山(碎屑)岩年龄有良好的对应关系。另外还具有约 2.48Ga、约 1.70Ga 两个年龄峰值。碎屑锆石最小年龄为 735Ma,暗示拱洞岩组的沉积时代为青白口纪。

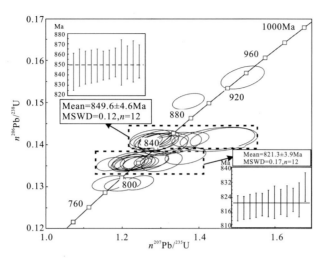

图 1　鹰扬关岩组变质熔结凝灰岩的锆石
LA-ICPMS U-Pb 年龄谐和图

5. 在广东南岗镇泥盆纪信都组获得孢粉化石 28 属 31 种,自下而上划分为 2 个组合带:*Retusotriletes-Apiculiretusispora* 组合带(Ⅰ)和 *Archaeozontriletes-Cymbosporites* 组合带(Ⅱ)。孢粉组合带Ⅰ的特征分子 *Retusotriletes* 在整个泥盆纪地层中发现,*Apiculiretusispora* 主要集中在早-中泥盆世地层中,*A. microconus* 和 *A. gaspiensis* 集中出现在早泥盆世晚期(埃姆斯阶)和中泥盆世早期(艾费尔阶)。孢粉组合带Ⅱ的 2 个带化石主要在中泥盆世—晚泥盆世地层中,其中 *Cymbosporites magnificus* 主要产于中泥盆世(吉维阶)和晚泥盆世早期(弗拉斯阶)。

(二)岩浆岩方面

1. 重新厘定了调查区花岗岩的岩石谱系单位,划分出 8 个岩体,16 个填图单位(表2)。根据野外的接触关系、同位素年龄值及岩性特征等,归为志留纪、晚三叠世、晚侏罗世 3 期构造—岩浆旋回。

表 2　调查区岩浆岩划分一览表

时代	岩体名称	出露面积(km^2)	代号	主要岩性	同位素年龄(Ma)(锆石 LA-ICPMS U-Pb)
燕山期	金子岭	34	$\eta\gamma J_3$	中粗粒黑云母二长花岗岩	162.0
	乌羊山	0.5	$\eta\gamma J_3$	细中粒黑云母二长花岗岩	162.3
	姑婆山	180	$\xi\gamma J_3$	粗粒斑状黑云母正长花岗岩	161.9
				细中粒、粗粒黑云母正长花岗岩	
			$\eta\gamma J_3$	细中粒斑状黑云母二长花岗岩	163.7
			$\eta\gamma_{Hb} J_3$	中粗粒、粗中粒斑状角闪石黑云母二长花岗岩	162.0*
	禾洞	244	$\xi\gamma J_3$	中细粒、细中粒黑云母正长花岗岩	158.0
			$\eta\gamma J_3$	(细)中粒、粗粒黑云母二长花岗岩	160.4
				粗中粒、粗粒斑状黑云母二长花岗岩	
			$\gamma\delta J_3$	细中粒斑状角闪石黑云母花岗闪长岩	160.9
			ηJ_3	中粒黑云母二长岩	162.2

续表2

时代	岩体名称	出露面积（km²）	代号	主要岩性	同位素年龄（Ma）（锆石 LA-ICPMS U-Pb）
印支期	太保	100	$\eta\gamma T_3$	粗中粒斑状角闪石黑云母二长花岗岩	225.7
				粗中粒、中粒角闪石黑云母二长花岗岩	
			$\gamma\delta T_3$	粗中粒斑状角闪石黑云母花岗闪长岩	220.4
加里东期	桂岭	10	$\eta\gamma S_3$	细粒、细中粒含角闪石黑云母二长花岗岩	422.3
				细中粒斑状含角闪石黑云母二长花岗岩	
	均洞	3	$\eta\gamma S_1$	细粒角闪石黑云母二长花岗岩	536.4
			$\gamma\delta S_1$	中细粒角闪石黑云母花岗闪长岩	
			$\delta o S_1$	中细粒角闪石黑云母石英闪长岩	
	永和	18	$\gamma\delta S_1$	中细粒、细中粒角闪石黑云母花岗闪长岩	440.6

* 引自朱金初等，2006

2. 在禾洞岩体内识别出一套细中粒角闪石黑云母花岗闪长岩，含角闪石和暗色微粒包体，与禾洞岩体主体岩性差别较大，呈岩株状侵入到太保岩体内。获得锆石 U-Pb 年龄为 160.9Ma，与禾洞岩体的年龄在误差范围内一致，因此将其划归禾洞岩体。在禾洞岩体内还发现数量较多的二长岩的岩脉或岩株，其对理解禾洞岩体的岩石成因和源区性质具有重要的指示意义。

3. 通过锆石 LA-ICPMS U-Pb 定年获得了调查区内各岩体的高精度测年数据，确定了各岩体的年龄格架。永和岩体和桂岭岩体锆石 U-Pb 年龄分别为 440.6Ma 和 422.3~417.2Ma，形成时代分别为早志留世和晚志留世；在多个样品锆石 U-Pb 定年的基础上，获得太保岩体锆石 U-Pb 年龄约为 220Ma（图2），确定其形成时代为晚三叠世，是印支期岩浆活动的产物；禾洞岩体、姑婆山岩体、乌羊山和金子岭岩体锆石 U-Pb 年龄为 163.7~158.0Ma，在误差范围内一致，均形成于晚侏罗世。

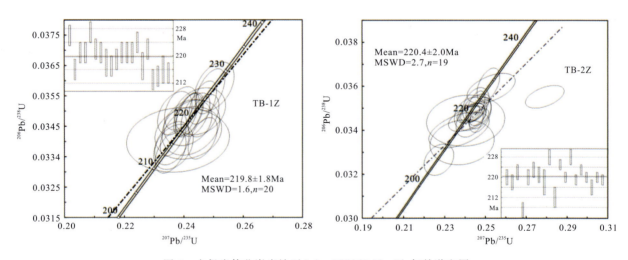

图2　太保岩体花岗岩锆石 LA-ICPMS U-Pb 年龄谐和图

4. 在广西富川县莲山乡鲁洞村和开山镇孔子庙附近发现数量较多的煌斑岩脉（图3），获得其捕获锆石的 U-Pb 谐和年龄为 201.6±1.8Ma。而该时期被认为是华南从特提斯构造域向古太平洋构造域转换的过渡时期，南岭地区也处于岩浆活动的间歇期。该年龄的发现对制约南岭地区两大构造域转换的时间和岩石学成因具有重要意义。

图 3 煌斑岩野外地质特征

A. 鲁洞煌斑岩的野外产状,围岩为上泥盆统桂林组;B. 鲁洞煌斑岩手标本,见气孔和杏仁构造;
C. 孔子庙煌斑岩的野外产状,围岩为上泥盆统融县组;D. 孔子庙煌斑岩手标本,斑状结构

5. 在均洞岩体外围的鹰扬关岩组内发现了辉长岩的露头(图4),根据野外产状推测其为深源捕房体。这些基性岩是研究南岭地区深部地幔性质、壳幔相互作用的重要"岩石探针",同时对于了解南岭地区深部过程(壳-幔相互作用)对花岗岩形成的作用具有非常重要的科学意义。

图 4 辉长岩的野外地质特征

A. 辉长岩野外露头,见与二长花岗岩的岩浆混合作用;B. 辉长岩野外露头,斜长石定向排列呈流动构造;C. 辉长岩手标本;D. 辉长岩中的钾长石捕房晶

6. 获得均洞岩体中细粒石英闪长岩样品成岩年龄为 536.4±3.5Ma(锆石 LA-ICPMS U-Pb 法)。目前报道华南最早的加里东期岩浆活动的时间为 507Ma,而该年龄在误差范围内更靠近泛非事件(600~550Ma)的时限。目前华南还没有真正意义上 600~500Ma 花岗岩的报道,仅有一些在这个年龄范围内的碎屑锆石年龄。如果该年龄可靠,这将是南岭乃至华南花岗岩研究的重大发现,进一步验证该年龄是否可靠的工作正在进行中。

(三)构造地质学方面

1. 对调查区构造运动及不同时代或不同性质的褶皱和断裂发育特征进行了系统总结和较详细阐述,对构造格架和变形特征进行了剖析和探讨,进而建立了区内构造变形序列。

2. 系统厘定调查区晋宁期、加里东期、印支期和燕山期构造体制及构造形迹,晋宁期为近 EW-SE 向挤压,形成 NNE—NE 向褶皱及断层;加里东期为 NNW 向挤压,形成轴向 NEE 或近 EW 向褶皱及次级褶皱;印支期为 NWW 或近 EW 向挤压,形成轴向近 SN 向褶皱及次级褶皱;早燕山期为 NW—NWW 向挤压,形成轴向 NE 向褶皱及次级褶皱。其中印支运动和早燕山运动对前期构造进行了强烈的叠加改造,使区内构造复杂化。晚燕山期为近 EW 向挤压,形成近 SN 向褶皱及断裂;古近纪为 NE 向挤压,形成 NW 向褶皱。提出调查区各构造期(以印支期最为明显)与区域构造挤压方向的明显差异受 NNE 向博白-岑溪断裂带、地层与岩体界线边界共同控制,其深层次原因可能与新元古代—早古生代扬子板块与华夏板块的 NE 向接合带制约或两陆块的继发性陆内俯冲汇聚有关。

3. 对青白口系鹰扬关岩组和拱洞岩组进行了详细的构造分析(图 5),初步认为其具造山带构造样式,仅局部可见变余层理,多以千枚理、片理及顺片理分布的石英脉为基础,变形形成尖棱紧闭或同斜褶皱,其中石英脉多形成片内钩状或无根褶皱(为最直接易寻的证据)。另外见发育一系列由东向西的逆冲断层,断层与尖棱紧闭或同斜褶皱轴面近平行,指示总体上为由西向东的俯冲作用。该套地层至少经历了 5 期构造变形。

(四)矿产地质方面

1. 查明了 1:5 万太保圩幅水系沉积物地球化学特征,编制了 18 种元素地球化学图、单元素异常图、组合异常图、综合异常图,并编制了找矿预测图。

2. 根据地球化学变异系数统计结果,区内钨矿成矿最有利层位为侏罗纪花岗岩,金矿最有利层位为南华系天子地组,结合异常特征成果,禾洞岩体及其接触带是区内主要成矿部位,从地质构造环境和地球化学异常特征分析,找矿重点应以 W、Au 为主。

3. 通过本次工作,圈定综合异常 8 处,其中甲$_1$ 类 1 处,乙$_3$ 类 4 处,丙$_2$ 类 3 处。圈定找矿远景区 5 处(表 3),其中 B 类 1 处,C 类 4 处。

四、成果意义

1. 重新厘定了地层序列,建立完善了多重地层划分与对比系统;厘定了鹰扬关岩组和拱洞岩组的岩石组合和形成时代,认为它们具有造山带构造样式,为区域地层对比和大地构造格架研究提供了基础地质资料。

2. 获得了各岩体的高精度测年数据,建立了年龄格架;研究了岩石成因,探讨了其形成的大地构造背景,为南岭花岗岩研究提供了基础地质资料。

3. 圈定综合异常 8 处,找矿远景区 5 处,指出了找矿方向。

图 5　鹰扬关岩组和拱洞岩组中构造变形

A. 鹰扬关岩组中磁铁石英岩发育的平行褶皱；B. 拱洞岩组中千枚岩变余层理；C、D. 强烈的构造置换，石英脉（岩）细脉形成不对称（复式）褶皱，基质被完全"均一化"；E. 石英脉（岩）细脉形成的紧闭同斜褶皱转折端；F. 片理化大理岩中发育不对称褶皱，指示左行剪切；G. 片理化大理岩及后期石英脉发育顶厚褶皱；H. 鹰扬关岩组中凝灰质千枚岩发育第三世代褶皱

表 3 找矿远景区特征简表

找矿远景区简称-编号-级别(矿种)	面积 (km²)	预测矿种	地球化学特征		地质特征			矿产
			综合异常编号及类别	异常特征	地层	岩浆岩	断裂构造	
Y-1-B(W,Au)	53.12	钨、金	TB-Hs-1 (甲₁)	TB-Hs-1异常呈近EW向分布于禾洞岩体接触带北东端，为一以W、Au为主的异常，伴有Bi、Mo、Sn、Ag、Cu、Ni、Sb等元素，W最高值达487.6×10⁻⁶，Au最高值为300×10⁻⁹。W异常主要分布在接触带内侧，Au异常主要分布在岩体外侧震旦系小内冲带岩体接触带中，各元素异常吻合良好，均具外、中、内带，规模较大	震旦系培地组、寒武系小内冲组，蚀变有角岩化、硅化	中—粗粒(斑状)黑云母二长花岗岩	地球化学推断断裂	异常区西端发现有民采钨矿点
Y-2-C(Au)	17.80	金	TB-Hs-2 (乙₃)	TB-Hs-2异常呈近SN向分布于禾洞岩体接触带西端，异常以Au为主，伴有Ni、As、Cr等元素，异常主要分布在岩体与青白口纪、南华纪地层接触带中，各元素异常吻合程度一般，As元素具外、中、内带，Ni、Cr具外、中带	南华系天子地组，蚀变有角岩化、硅化	中—粗粒(斑状)黑云母二长花岗岩、中细粒斑状含角闪黑云二长花岗岩	地球化学推断断裂	尚未发现矿点出露

续表3

找矿远景区地质地球化学特征 远景区简称-编号-级别(矿种)	面积(km²)	预测矿种	地球化学特征 综合异常编号及类别	地球化学特征 异常特征	地质特征 地层	地质特征 岩浆岩	地质特征 断裂构造	矿产
Y-3-C(Au)	30.18	金	TB-Hs-4 (Z_3)	TB-Hs-4异常呈近NWW向分布于禾洞岩体接触带东部,为一以Au为主的异常,伴有As,Sb,Ni,Cr,Bi等元素,Au最高值为24.9×10^{-9},异常主要分布在岩体与寒武系小内冲组、黄洞口组,蚀变角岩化,硅化中,各元素异常吻合良好,其中As,Sb,Ni具外、中、内带,Au,Cr,Bi具外、中带,有一定的规模	震旦系埃地组、寒武系小内冲组、黄洞口组,蚀变有角岩化,硅化	中—粗粒(斑状)黑云母二长花岗岩	两条NW向地球化学推断断裂	尚未发现矿点出露
Y-4-C(Au)	11.84	金	TB-Hs-7 (Z_3)	TB-Hs-7异常呈近EW向分布于禾洞岩体接触带北东部,为一以Au为主的异常,伴有As,Pb等元素,Au最高值为5.6×10^{-9},异常主要分布在岩体与南华系接触带中,异常吻合程度一般,其中Au具外、中、内带,As具外、中、内带,但异常元素组合较简单	南华系天子地组,蚀变有角岩化、硅化	中—粗粒(斑状)黑云母二长花岗岩,花岗闪长岩	预调查区未见有断裂	尚未发现矿点出露
Y-5-C(W)	12.60	钨	TB-Hs-8 (Z_3)	TB-Hs-8综合异常以W为主,伴生Bi,Mo,Ag,Cu,As等元素,其中钨异常具外、中、内带,Bi异常具外、中带,为明显岩体高温元素组合,W异常含量最高值达$3.06km^2$,面积达58.11×10^{-6}	未见沉积地层出露	中—粗粒(斑状)黑云母二长花岗岩,花岗闪长岩	预调查区有两条NE向地球化学推断断裂	尚未发现矿点出露

第十四章 广西 1∶5 万西凉幅、月里街幅、麻尾镇幅、尧山幅区域地质矿产调查

唐专红[1]　潘罗忠[1]　文件生[1]　彭展[1]　邓宾[2]　荣红[1]　吴年冬[1]　刘华应[1]
蒋宗林[1]　吴伟周[1]　周连文[1]　覃斌贤[1]　何杰[1]　李翠萍[1]

（1. 广西壮族自治区区域地质调查研究院；2. 广西壮族自治区地质调查院）

一、摘要

进行了多重地层划分与对比，突出了特殊岩性或特殊地质体及非正式填图单位的表达方式；对不同地质时代的沉积相与沉积环境进行了总结。特别对生物地层进行了大量工作，为年代地层划分奠定了基础；对调查区断裂的基本特征、活动期次、形成时代及其控岩、控相、控矿作用等作了总结。开展 1∶5 万水系沉积物测量，圈定化探异常，通过对重要化探异常查证与评价，初步查明引起异常的原因，为地质找矿提供信息，对矿产的分布规律、控矿因素及区域成矿地质背景进行了初步总结。

二、项目概况

工作区位于广西壮族自治区西部，地理拐点坐标：东经 107°00′00″，北纬 25°10′00″；东经 107°00′00″，北纬 25°40′00″；东经 107°15′00″，北纬 25°40′00″；东经 107°15′00″，北纬 25°30′00″；东经 107°30′00″，北纬 25°30′00″；东经 107°30′00″，北纬 25°20′00″；东经 107°15′00″，北纬 25°20′00″；东经 107°00′00″，北纬 25°10′00″。工作起止时间：2013—2015 年。主要任务是在系统收集和综合分析已有地质资料的基础上，开展 1∶5 万区域地质矿产调查工作，系统查明区域地层、岩石、构造特征和成矿地质条件。

三、主要成果与进展

（一）地层学和沉积学方面

1. 对调查区进行了多重地层划分对比研究，查明了调查区岩石地层、生物地层、年代地层、沉积旋回、沉积相特征，共划分出 34 个组级共 42 个岩石地层填图单位，采用了一批特殊岩性层，明确了各单位的特征与划分依据、划分标志，建立了调查区晚古生代至中生代岩石地层和年代地层格架，对盆地的演化历史进行了研究，为右江盆地的发生、发展、充填演化研究提供了重要资料。

2. 查明了调查区沉积类型和沉积相特征及岩相古地理格局，对各地层单位的岩性组合特征、空间展布、岩相、层序和沉积旋回及分布规律等方面资料进行总结：查明调查区晚古生代—中-晚三叠世，具有多阶段继承性发展演化的特征，完整地记录了海西期—印支期由裂至聚发展演化过程。

3. 在拉也一带，采集了大量的牙形刺 *Palmatolepis triangularis*，*Polygnathus* sp. 为法门阶底部 *triangularis* 带，*Ancyrodella* sp.，*Palmatolepis bogartensis*，*Polygnathus* sp. 为弗拉斯阶 *linguiformis* 带上部，*Palmatolepis bogartensis*，*Polygnathus* sp. 属于弗拉斯阶 *linguiformis* 带顶部。厘定了调查区 F/F 事件的存在，为年代地层提供了可靠的依据。

4. 在打寨融县组中下部、长塘及度里五指山组中下部首次发现小嘴类腕足生物群落（*Dzieduszyckia*）（图1、图2），在该组合同时采获牙形刺（图3）：长塘及度里仅限于上 *Pa. rhomboidea* 带内（图4），打寨属 *Palmatolepis triangularis* 带内（图5），结果表明不管是分布在碳酸盐岩台地相还是其他相区，这一特殊的小嘴贝类在华南均出现在法门阶下部而非以前认为的法门阶上部。已有的生物地层学资料显示 *Dzieduszyckia* 属不仅分布于华南的法门阶下部，在诸如摩洛哥、乌拉尔南部等地法门阶均有记录。此生物群落的发现反映当时特定的生活环境（化能合成作用非光合作用的生物食链）。

图1 调查区打寨剖面、度里产 *Dzieduszyckia*（哲杜茨克贝）群

5. 在马道融县组顶部首次发现石炭纪—泥盆纪过渡型小嘴类腕足生物组合（图6），采获 *Axiodeaneia*、*Paleochoristites*、*Ptychomaleotoechia*、*Geniculifera* 等一批腕足类化石，在该组合上部采获牙形刺 *Polygnathus symmetricus*、*Po. communis communis*、*Po. inornatus lobatus*、*Po. sp.*、*Siphonodella sulcata*、*S. duplicata*、*S. lobata*。这一腕足组合在该地区属重要发现，是广西桂林南边村国际 C/D 副层型剖面后的又一次发现，在古生物及区域地层划分与对比等方面研究具有重要意义。

图 2　调查区长塘、度里产 *Dzieduszyckia*（哲杜茨克贝）群

6. 在度里、下达等地均发现 C/D 界线事件层（灰黄色凝灰岩，厚 2～30cm 不等），结合牙形刺化石（事件层之上均出现 *Siphonodella sulcata*）（图 7、8），为调查区年代地层界线提供可靠的时代依据。

7. 在下司一带首次在石炭系汤粑沟组底部发现一套厚 10～20m 的灰—深灰色中层状—薄层状纹层状钙质微生物岩，为石炭系底部微生物岩的研究及区域地层对比提供了新资料，同时也是对 C/D 界线事件后生物复苏的佐证。

8. 通过对上石炭统—二叠系采集䗴类化石，共建立了 6 个带：*Triticites* 带、*Pseudoschwagerina* 带、*Misellina* 带、*Neoschwagerina* 带、*Yabeina* 带、*Codonofusiella* 带，为晚石炭世—二叠纪生物地层划分及年代地层提供了可靠的依据。

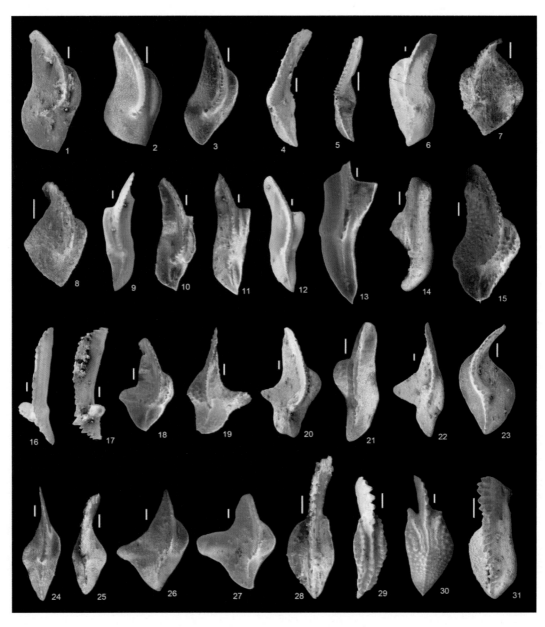

图3 调查区长塘与度里产牙形石图版

9. 在三堡一带,识别出 T/P 为整合接触关系,同时在合山组顶部及大冶组底部识别两个事件层(凝灰岩层),为调查区地层划分及区域性对比提供了新资料。

10. 将调查区三叠系划分出3个地层分区,建立了三叠纪地层序列,在北部发现了下-中三叠统罗楼组—板纳组与台地型大冶组—坡段组的相变关系,对调查区域三叠纪地层的划分与岩相古地理格局重建具有重要意义。

11. 在下三叠统底部识别出广泛分布的钙质微生物岩,其中发现了明显的菌藻类结构,对其进行了结构划分,并对地质时代、空间展布进行了较为详细的调查研究,在下三叠统大冶组上部识别出蠕虫状灰岩,抓住了古代转折期环境变化、生态演变等前沿问题对 P/T 界线及 P/T 全球生物大灭绝事件之后的生物复苏、环境变迁的研究具有重要意义。

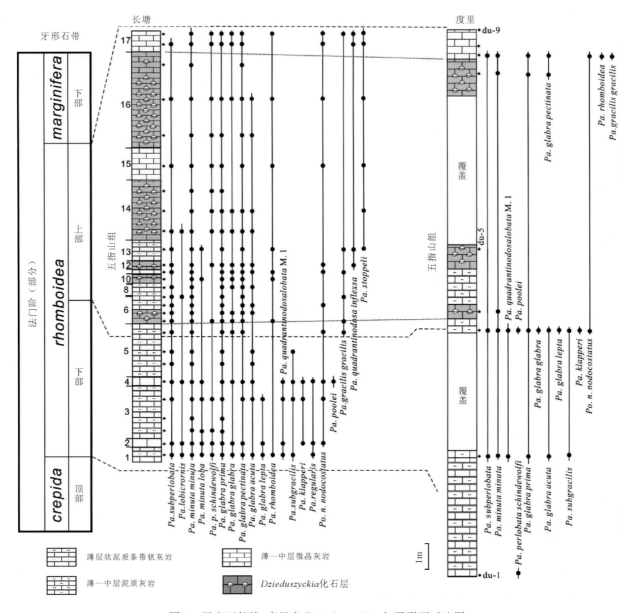

图 4　调查区长塘、度里产 *Dzieduszyckia* 与牙形石对比图

12. 在南丹月里一带，在广西首次发现晚三叠世海相双壳化石：*Costatoria seranensis weishanensis*（图 9 左）、*Halobia* cf. *planicosta*（图 9 右）、*Daonella lommeli*、*Schafhaeutlia* cf. *sphaerioides*，化石的发现对广西晚三叠世海相地层的划分、右江盆地的演化史及印支运动等有重要的地质意义。通过野外调查及综合研究，在三叠系划分出 8 个双壳类化石带：*Claraia wangi* − *C. stachei* 化石组合带、*Daonella amerciana* 带、*D. moussoni* 带、*D. rieberi* − *D. indica* 带、*D. varifurcata* 带、*D. lommeli* 带、*Halobia* 带、*Costatoria* 带，为三叠纪生物地层划分及年代地层提供了可靠的依据。

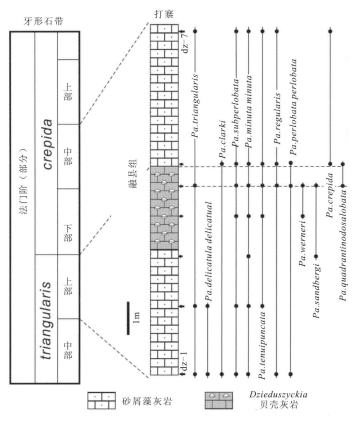

图5 调查区打寨剖面产 Dzieduszyckia 与牙形石化石对比图

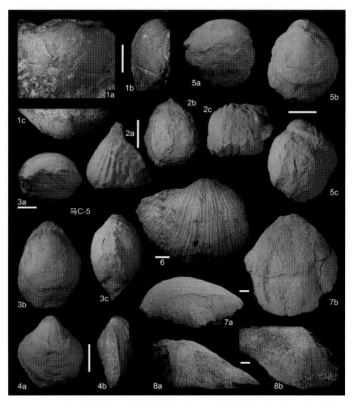

图6 调查区马道剖面产 Axiodeaneia 等化石

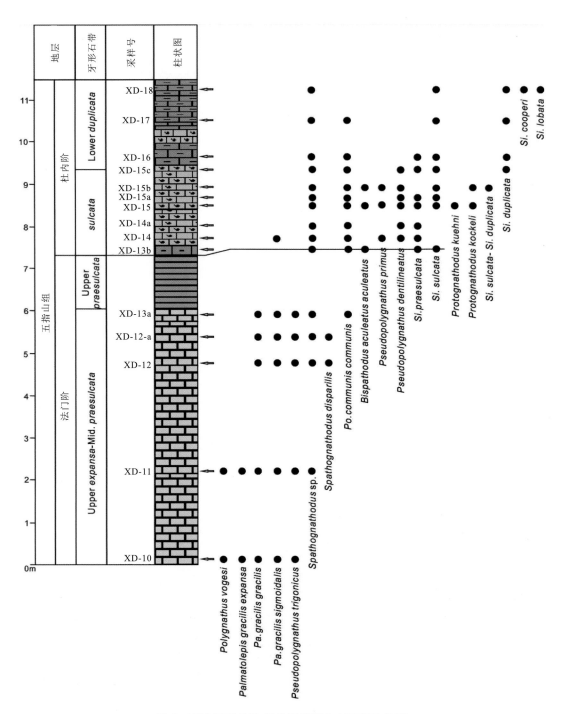

图7 下达剖面C/D界线牙形石分布特征柱状图

(二)构造地质方面

1. 基本查明了调查区褶皱、断裂及劈理带的分布、形状、产状及多期次构造活动与构造叠加特征，建立了构造格架，根据沉积建造、变形作用特征等，对构造的控岩、控相、控矿特征，对区域变质变形、地质演化历史进行了初步探讨。研究了多期次构造活动及构造叠加的特征，表明调查区的构造形迹是泥盆纪以来多次应力继承性叠加的最终产物，而非三叠纪中晚期发生的印支运动一次性强烈褶皱回返的结果。

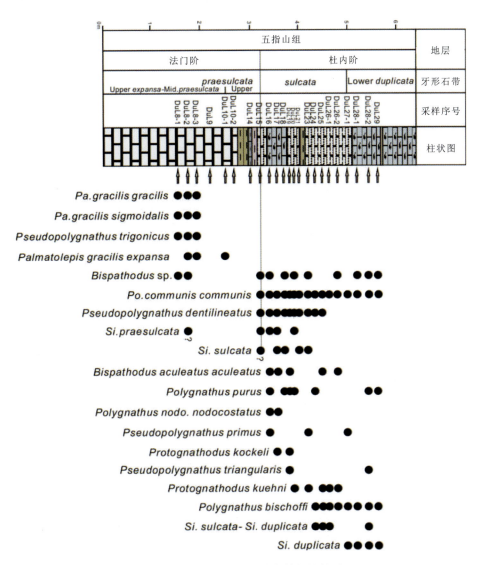

图 8 度里剖面牙形石分布特征柱状图

图 9 黑苗湾组产 Costatoria 化石（左）和 Halobia cf. planicosta Yin et Hsü 化石（右）

2. 大致查明丹池(顶茂)断裂是一条多期活动的控相大断裂。同沉积活动期该断层控岩控相,控制了调查区构造线的展布,其后在脆性活动的早期表现为正断层。在脆性活动的晚期表现为与NNE和NE向的挤压、逆冲、平移构造复合。

3. 在调查区发现了尧山碎屑质韧脆性劈理构造带及麻往村、孔王寨节理带,对研究本区及右江的构造格局和演化具有重要意义。

(三)矿产地质方面

1. 在充分利用地、物、化、遥综合信息的基础上,结合区域地质调查开展了部分区域地质矿产、环境地质、旅游地质等国土资源调查研究,对调查区汞、金、锑等矿产的成矿地质条件和分布规律进行了总结,对主要矿产资源进行了远景评价和成矿预测,提出了找矿方向。

2. 通过1:5万水系沉积物测量,共圈定出23处综合异常,在对单个异常详细分析其成矿地质特征的基础上,综合分析各主成矿元素的区域成矿规律,结合成矿背景、控矿要素等因素,初步圈出了7处优先查证靶区,分别为YS-HS-2(甲$_1$)、YL-HS-1(甲$_1$)、YL-HS-4(乙$_2$)、MW-HS-1(乙$_2$)、MW-HS-6(甲$_1$)、XL-HS-2(乙$_2$)、XL-HS-4(甲$_2$),同时对异常源进行了查证、剖析,为进一步开展矿产勘查工作打下了基础。

四、成果意义

1. 重新厘定了调查区地层序列、格架,建立完善了多重地层划分与对比系统,为区域地层对比提供了基础地质资料。

2. 晚泥盆世腕足 *Dzieduszyckia* 化石群的发现,对其在华南出现时限及当时的生存环境有较为重要的地质意义;C/D界线的发现为全球副层型剖面地的研究提供了资料。

3. 双壳类化石(*Costatoria seranensis weishanensis*,*Halobia* cf. *planicosta*)的发现对广西晚三叠世海相地层的划分、右江盆地的演化史及印支运动等有重要的地质意义。

4. 基本查明了调查区构造格架和变形特征。对丹池断裂带进行了重点研究,为构造单元的划分提供了基础地质资料。

5. 查明了调查区水系沉积物地球化学特征,编制了相关图件,通过异常查证及剖析,为区域成矿规律总结提供了基础地质矿产资料。

第十五章 广东1:5万周陂公社幅、隆街公社幅、新丰县幅、马头幅区域地质矿产调查

林小明　李宏卫　林杰春　黄孔文　黄建桦　黎旭荣　梁武　黄海华

(广东省地质调查院)

一、摘要

厘定了26个组级岩石地层单位、11个段(层)级非正式岩石地层单位。岩浆岩划分为5期10次，新增加了早侏罗世第一阶段、晚白垩世第一阶段两个填图单位。对寒武纪水石组含火山晶屑石英杂砂岩夹层进行了碎屑锆石定年(513±23Ma)，测得嵩灵组火山地层中凝灰岩年龄为185.7±3.4Ma。查明了调查区褶皱、断裂等主要地质构造特征，重点研究了区域上恩平-新丰断裂带北延段的构造行迹和活动期次，建立了调查区地质构造格架。完成了调查区1:5万水系沉积物测量，编制了全区地球化学图件，圈出29处综合异常，并对其进行了分类。对鲁谷等5个化探异常区进行了异常查证，圈定了半岭、鲁谷两处找矿靶区，为公益性地质矿产调查项目成果服务社会打下了坚实的基础。

二、项目概况

调查区位于广东省北部，工作范围地理坐标：东经114°00′00″—114°30′00″，北纬24°00′—24°20′00″，工作起止时间：2013—2015年。主要任务是在系统收集和综合分析已有地质资料的基础上，开展1:5万区域地质矿产调查工作，系统查明区域地层、岩石、构造特征和成矿地质条件。完成区域地质调查总面积1876km²、1:5万水系沉积物测量1134km²。重点开展以下工作：厘定调查区岩石地层序列，查明各岩石地层单位的时代及空间分布特征，重点解决泥盆纪—石炭纪地层的地层序列特征。查明调查区花岗岩类侵入体的特征，重新厘定调查区花岗岩形成时代，建立岩浆岩的岩石建造序列，研究岩浆的演化特征。探讨不同时期岩浆活动与成矿作用的关系。查明区内地质构造特征，重点阐明区域性NE向断裂的控盆、控岩、控矿特征，反演区域地质演化历史。开展1:5万水系沉积物测量，圈定化探异常；开展重要化探异常查证与评价，初步查明引起异常的原因，为地质找矿提供信息。

三、主要成果与进展

(一)地层学方面

1. 查明了调查区内各时代地层的空间分布与产出特征、岩石组合类型及区域变化规律，厘定了26个组级岩石地层单位、11个段(层)级非正式岩石地层单位。

2. 重新厘定调查区震旦纪地层序列。查明了震旦系岩石组合、岩石地球化学、成岩时代及空间展布特征等，新划分出活道组，为区域上粤西—粤东北的地层对比奠定了基础。

3. 重新厘定调查区寒武纪地层序列。在牛角河组中发现大量放射虫等微体古生物化石(图1)。对水石组含火山晶屑石英杂砂岩夹层进行了碎屑锆石定年,部分较自形岩浆锆石年龄为 513±23Ma (MSWD=6.2),为华南地区寒武纪地层和构造研究提供了有力同位素年龄证据。

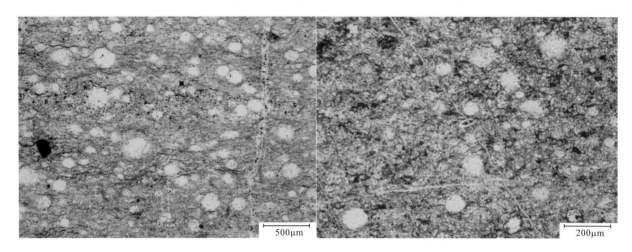

图1 牛角河组中的放射虫(一)10×4

4. 新发现大量化石,重新厘定调查区晚三叠世地层序列及地质时代。通过岩性对比、生物地层对比,厘定红卫坑组内陆河谷沼泽相地层和小水组海陆交互相地层,将小水组划分为两段,新划分出头木冲组。在红卫坑组碳质泥岩、泥岩和泥质粉砂岩中发现大量的植物化石,计有:*Clathropteris* cf. *mongugaica*,*C.* cf. *platyphyyla*,*C.* sp., *Todites* sp., *Equisetites* sp., *Pterophyllum* sp., *Symopteris* sp., *Cladophlebis* sp., *Gleichenites japonica*,*G.* sp. nov. ?,*Sphenopteris* sp., *Thallites* sp., *Dictyophyllum* cf. *nathorsti*,蕨类孢子囊、植物茎干、松柏类的枝等。该植物群落属于 *Ptilosamites-Lepidopteris* 组合带(图2)。

5. 新划分出下侏罗统嵩灵组,获得火山地层中凝灰岩锆石 LA-ICPMS U-Pb 年龄为 185.7± 3.4Ma(MSWD=0.67),总体属流纹岩-英安斑岩弱双峰式火山岩组合。在中侏罗统麻笼组中新发现腹足类 *Tylotrochus rotundatus*?,双壳类 *Neomiodonoides*? sp.(南京地质古生物研究所鉴定)等化石,对区内侏罗纪—白垩纪地层划分、对比具有重要意义。

(二)岩浆岩方面

重新厘定调查区岩浆岩形成时代,建立岩浆岩岩石建造序列。将岩浆岩划分为5期10次,查明调查区各期次侵入体的分布范围、岩性特征和接触关系,新增加了早侏罗世第一阶段石英闪长玢岩 ($o\delta\mu J_1$)、晚白垩世第一阶段细粒(含斑)黑云母二长花岗岩($\eta\gamma K_2^{1a}$)填图单位。认识到调查区花岗斑岩 ($\gamma\pi K_2^{2a}$)分布较广泛,多呈脉状产出,且存在同期异相的细粒二长花岗岩($\gamma\pi K_2^{2b}$)。探讨了不同时期岩浆活动与成矿作用的关系。

(三)构造地质方面

基本查明调查区褶皱、断裂、不整合、推覆等主要地质构造特征,建立了调查区地质构造格架。共梳理出15处褶皱构造,划分为加里东期、印支期、燕山早期3个褶皱构造期次;查明了11条主要断裂构造带和3条强劈理化构造带(强片理化带),划分为 NE—NNE 向、NW—NNW 向和近 EW 向共3组断裂构造,重点查明了区域上恩平-新丰断裂带北延段(新丰断裂)的构造行迹和活动期次,厘定了该断裂在调查区的展布位置,阐明了区域性 NE—NNE 向断裂的控盆、控岩、控矿特征。

图 2 新丰县红卫坑组中的植物化石群落

（四）矿产地质方面

通过 1∶5 万水系沉积物测量工作，编制全区地球化学图、单元素异常图、元素组合异常图、综合异常图，圈出 29 处综合异常，其中甲$_2$ 类异常 1 个，乙$_1$ 类异常 4 个，乙$_2$ 类异常 9 个，乙$_3$ 类异常 7 个，丙$_1$ 类异常 4 个，丙$_2$ 类异常 4 个。对黄屋、秀长江、半岭、鲁谷、吉田 5 个化探异常区进行了异常查证，圈定了半岭、鲁谷 2 处找矿靶区，显示具备寻找金、铜、钼规模型矿床的潜力，为公益性地质调查项目成果服务于社会打下了坚实基础。

（1）新丰鲁谷金矿点位于 NE 向和 SN 向断裂交汇处，受加里东构造事件的影响，区内发生了强烈褶皱。该金矿点化探异常好（图 3），异常区内岩性主要为水石组板岩和变质细粒长石石英杂砂岩。该岩组金背景值普遍较高。围岩蚀变主要有硅化、绢云母化、黄铁矿化、褐铁矿化和绿泥石化等，为低温蚀变。已知矿化体主要受断裂控制,呈条带状或透镜状产出,总体近 EW 向,呈右行斜列展布,单个矿体厚度约 80cm,其中老窿 LD001 中 KD-009 和 KD-010 含矿石英脉中 Au 分析结果分别为 1.19×10^{-6}、1.20×10^{-6},老窿 K02 中 K0210、K0211 和 K0213 化学分析结果分别为 24.9×10^{-6}、10.4×10^{-6} 和 1.10×10^{-6}。区内岩浆岩产出规模较少,据航磁、重磁资料揭示,区内地壳浅部存在较多的隐伏岩体。这些特征均显示,在该异常区内寻找破碎带型金矿是具有良好前景,目前该金矿点已被列为广东省重点勘查区之一。

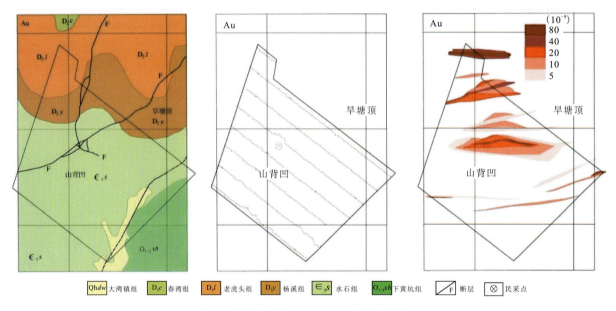

图 3 新丰鲁古金矿 1∶1 万土壤异常剖析

(2)新丰半岭铜钼矿点位于佛冈岩体东部,近 SN 向诸广山-桂峰山斑岩带在此交汇。异常区位于多期岩浆活动区,出露有燕山早期花岗闪长岩、细粒(斑状)黑云母二长花岗岩、花岗斑岩和燕山晚期花岗斑岩。化探异常好,1∶5 万水系沉积物测量圈定了 Cu 异常 $14km^2$。在此基础上,对其东段所进行的 1∶1 万土壤测量显示,Cu、Mo 异常浓度值较高,套合性好,Cu 浓度值为 $(400\sim800)\times10^{-6}$ 的面积达 $1.2km^2$;Mo 异常浓度分带内带也达 $0.8km^2$。蚀变种类和蚀变矿化组合已表明绢英岩化蚀变的存在,本区岩浆岩特征、化探异常和初步的矿产检查均显示出具有斑岩型铜(钼)矿成矿地质标志特征。具有细脉浸染状铜矿化和细脉浸染状(脉状)钼矿化的出现更加说明在本区具有寻找规模型斑岩铜(钼)矿床的前景。目前该铜钼矿点已被列为广东省重点勘查区之一。

四、成果意义

1. 通过开展 1∶5 万区域地质矿产调查,为下一步地质研究和找矿工作提供了丰富详实的基础地质资料,同时深化本区基础地质的研究程度和减少今后找矿工作的盲目性。

2. 圈定的半岭、鲁谷两处找矿靶区为公益性地质矿产调查项目成果服务社会打下了坚实的基础。

第十六章　广西1∶5万印茶幅、向都幅、东平幅、天等县幅、大新幅区域地质调查

黄祥林　陆刚　吴立河　凌绍年　朱春迪　白云峰　韦新球

张冠清　陈绍强　刘健权　谢杰佳

（广西壮族自治区区域地质调查研究院）

一、摘要

查明了调查区不同地质时代发育的沉积类型，识别出台地内部相、台地边缘相及斜坡-盆地相3个沉积相序；以最新的国际地层表为指南，重新厘定了地层序列，划分了35个组级正式岩石地层单位与5个非正式填图单位，并建立了多重地层划分与对比序列。对构造运动及不同时代或不同性质的褶皱和断裂发育特征进行了系统总结，将调查区构造格架归纳为"两层一伸，五台两槽一带一盆，三沟四岭，多阶段演化"。查明了东平锰矿含矿层位的地质时代，并取得了东平型锰矿主要为同生断裂提供深源锰质的热水沉积型矿床的新认识。新发现金矿（化）点2处。

二、项目概况

调查区位于广西西南部，地理坐标：东经106°45′00″—107°00′00″，北纬23°10′00″—23°20′00″及东经107°00′00″—107°15′00″，北纬22°50′00″—23°30′00″，面积2366km²。工作起止时间：2013—2015年。主要任务是按照1∶5万区域地质调查有关规范和技术要求，在系统收集和综合分析已有地质资料的基础上，开展1∶5万区域地质调查，加强含矿地层、岩石、构造的调查，突出岩性、构造填图和特殊地质体及非正式填图单位的表达，系统查明区域地层、岩石、构造特征和成矿地质条件。加强地质构造调查研究，系统查明调查区内东平一带锰矿、龙茗-全茗、大新长屯铅锌矿、印茶锑金矿等矿产的分布规律、成矿地质背景和成矿条件，为区域成矿地质背景、成矿条件、成矿规律研究及成矿预测提供资料。

三、主要成果与进展

（一）地层学方面

1. 系统研究了调查区各时代地层岩石组合特征及时空展布情况，全面开展了多重地层划分与对比，基本查明了调查区地层的岩石、古生物、年代、沉积相、层序特征及组合规律，对调查区地层进行了清理，划分出35个组60个填图单位（表1），完善了调查区地层系统，建立了岩石地层序列，初步建立了地层格架，对调查区的总体地质构造、岩相古地理格架及盆地演化进行了归纳总结——"两层一伸，五台两槽一带，三盆四岭，多个演化阶段"。

2. 新发现同构造震裂角砾岩、滑塌角砾岩、沉积岩脉、上泥盆统与下石炭统之间的平行不整合、二叠纪海绵礁及叶状藻丘、早三叠世微生物岩与蠕虫状灰岩、中三叠世泥质灰岩及硅质岩-泥岩特殊沉积等一批重要的地质现象，尤其是首次发现盆地沉积区早石炭世杜内中晚期发育的拉张裂陷形成的同构

造沉积不整合构造——毗连不整合、中晚泥盆世形成的沉积岩脉等,对研究右江盆地的演化、灵马凹陷裂解演化及构造背景具有重要意义。

表 1 调查区地层划分表

年代地层			岩石地层		
系	统	阶	D_1^4—T_1 台地内部相	D_1^4—T_1 台地边缘相	D_1^4—T_1 斜坡-盆地相
第四系	全新统		临桂组		
三叠系	中统	新铺阶	兰木组		第二段 / 第一段
		关刀阶	板纳组		百逢组 第五段/第四段/第三段/第二段/第一段
	下统	巢湖阶	北泗组	混积透镜体	东平层 / 砾屑灰岩楔 第二段
		印度阶	马脚岭组	罗楼组	石炮组 / 第一段
二叠系	乐平统	长兴阶	合山组	第四段	领薅组
		吴家坪阶			
	阳新统	冷坞阶	茅口组	猴子关灰岩 / 二叠系礁灰岩 第三段	生物屑灰岩透镜体 / 四大寨组 冲头段
		孤峰阶			
		祥播阶		第二段	改交段
		罗甸阶	栖霞组		
	船山统	隆林阶	马平组	第一段	南丹组 第二段
		紫松阶			
石炭系	上统	逍遥阶			
		达拉阶	黄龙组		第一段
			大埔组		
	下统	滑石板阶	都安组		巴平组
		罗苏阶			
		德坞阶			鹿寨组 / 船埠头组
		维宪阶			
		杜内阶	隆安组		
泥盆系	上统	邵东阶	融县组	第二段	五指山组
		阳朔阶			
		锡矿山阶		第一段	榴江组
		佘田桥阶		巴漆组	
	中统	东岗岭阶	北流组	东岗岭组 第二段	平恩组
		应堂阶		第一段	
	下统	四排阶	黄猄山组		
		郁江阶	郁江组		
		那高岭阶	那高岭组		
		莲花山阶	莲花山组		第三段/第二段/第一段
寒武系	芙蓉统	排碧阶?	边溪组		
	第三统	古丈阶			
		王村阶			

(1)在调查区中部坡元以北一带的下-中泥盆统平恩组顶部发现一套具有同构造震裂、滑塌特征的角砾岩、沉积岩脉(图1),为本区中泥盆世之初的事件沉积。

图1　坡元以北平恩组顶部发育同生小断裂的滑塌角砾岩

(2)在调查区中部三合水库等地,首次发现下石炭统鹿寨组下部生物屑灰岩(建议另外划分一个岩石地层单位)与其上覆硅质岩系之间的同构造沉积不整合构造——毗连不整合(图2),为盆地沉积区拉张裂陷作用的产物,采获的牙形刺等化石表明其形成时代为早石炭世杜内中晚期,是右江盆地杜内中晚期拉张裂解断陷事件(靖西运动?)的重要证据。

图2　三合水库鹿寨组碳酸盐岩与硅质岩系的毗连不整合接触关系

(3)在调查区北部陇信背斜北翼的上泥盆统融县组顶部发现一套厚约3m的渣状角砾岩层,调查区南部大新县那栋屯一带发现上泥盆统融县组与下石炭统隆安组之间发育一层厚约10cm的铁质壳层(图3),为本区台地相型沉积在泥盆系与石炭系之间发育平行不整合的确认提供了证据,是晚泥盆世末柳江运动在本区域的反映。

(4)在调查区中部百纪的下-中泥盆统北流组中,在调查区北部定列北东、偶井以南的上泥盆统融县组顶部发现沉积灰岩脉(图4),中泥盆世形成的沉积岩脉在右江盆地为首次发现,为研究本区晚古生代碳酸盐岩台地的拉张裂解提供了新资料。

图3　泥盆系与石炭系之间的铁质壳层

图 4 调查区中部百纪中泥盆统东岗岭组中发育的沉积灰岩脉

(5)调查区内发现二叠纪海绵礁及叶状藻丘;在深水相沉积区石炭系、二叠系发现浅水碳酸盐岩沉积插入等现象;晚古生代—早三叠世地层中,发现不同程度地发育滑塌、滑积碎屑流和浊流等灾难性事件层。事件层广泛出现于台缘-深水斜坡环境,且具阵发性、递进发展的特点,它们是盆地沉积对构造事件的响应,是构造隆升或断陷事件的反映,为研究灵马凹陷的演化及与右江盆地的关系提供了资料。

3. 调查区三叠纪东平锰矿的调查研究取得重要进展。

(1)将调查区三叠纪沉积划分为太平型、作登型、百逢型3种沉积类型,对东平早三叠世锰矿成矿带的赋矿层位及岩石地层单位进行了重新划分,确定东平锰矿产出层位为深水盆地相沉积,并将其重新厘定划归石炮组,将其赋矿地层新厘定为东平层(T_1^d),系统完善测区地层系列,纠正了长期将东平锰矿地层划为台地相沉积的北泗组($T_{1-2}b$)的偏差。

(2)在赋矿地层下部的泥岩层中采获 *Claraia* sp. 等早三叠世双壳类及菊石化石,测得其赋矿地层顶部火山碎屑岩中锆石 LA-ICPMS U-Pb 年龄为 251.5±2.5Ma,在火山碎屑岩层之上采获中三叠世双壳类和菊石,确定区内锰矿赋矿地层的时代应为早三叠世中晚期。获得该同位素年龄在早三叠世印度期与奥仑尼克期之交,早于右江盆地一般获得的对应早/中三叠世界线(247.2Ma)的同位素年龄,可能暗示了以大规模火山活动为代表的桂西事件的初始时间(奥仑尼克期早中期)。

4. 在本区域坐王山一带首次采获寒武纪三叶虫 *Rhodotypiscus nasonis* Öpix(图5),该化石可以与澳洲的 *R. nasonis* Öpix 对比,产出层位相当于我国第三统王村阶 *Goniagnostus nathorsti* 带和 *Ptychagnostus punctuosus* 带,该化石的发现为本区寒武纪地层时代的确定、划分对比及大地构造属性研究提供了重要资料。

图 5 坐王山寒武纪地层采获的玫瑰型虫
(*Rhodotypiscus nasonis* Öpix)

5. 调查区中部晚泥盆世早期沉积的融县组上段下部发现厚约30m的夹腕足灰岩层段,采获小嘴贝类 *Dzieduszyckia* 等一批化石("小山剖面"),为本区碳酸盐岩台地演化及沉积环境提供了新资料。而且已有的生物地层学资料显示 *Dzieduszyckia* 属不仅分布于华南的法门阶下部,在诸如摩洛哥、乌拉尔南部等地法门阶均有记录,这对本区研究 F/F 事件之后的生物灭绝与复苏、沉积环境演变等具有重要意义。

6. 在早-中泥盆世斜坡相型地层中新采获一批牙形刺化石，其中在调查区西部坡元剖面平恩组下部的微晶灰岩中采获牙形刺 *Polygnathus costatus patulus*（下泥盆统埃姆斯阶顶部 *patulus* 带）与 *Polygnathus costatus partitus*（中泥盆统艾菲尔阶底部 *partius* 带）。对调查区下-中泥盆统斜坡相型地层时代归属、厘定平恩组为穿时地层单位提供了确定性的依据。

（二）构造方面

1. 基本查明了调查区各类构造形迹特征以及控岩、控相、控矿特征，初步建立了调查区地质构造格架。

2. 查明调查区中部 NE 向展布的进结构造带为下雷-灵马凹陷带中段的组成部分，具控岩、控相、控矿特征。其由构造变质变形存在明显差异的 3 部分组成：西北部以深水沉积地层为主构成的断褶区，为我国一条重要的锰矿成矿带；中部为台地边缘与深水沉积地层过渡区构成的褶断区，其间断裂构造发育，进结断裂往南西断续与上映-土湖相连；东南部为台地边缘浅水沉积构成的构造弱变形区，晚古生代台地边缘相的展布与进结构造带一致。

3. 在调查区中部东平平贯村一带（向都台地北东缘）发现钙质韧性剪切变形构造（钙质韧性剪切带）。东平平贯村一线中泥盆统、晚石炭世——三叠纪碳酸盐岩地层均不同程度发育韧性剪切变形，弱者灰岩中出现糜棱岩化，强者已经构成钙质糜棱岩，总体表现为变形强弱不等、面型展布的钙质韧性剪切变形带。主要发育拉伸线理（蜓、砾屑等线形拉伸）、剪切褶皱、旋转碎斑、书斜构造、眼球状构造、拔丝构造、剪切构造分异条带、S—C 面理等细微或显微构造。初步研究，认为与灵马凹陷多期次发育的浅层次伸展滑脱构造有关，为分析区域构造演化、盆地形成与演化提供了新资料。

4. 在向都台地南缘果洪—定明一带中泥盆统识别出同沉积构造，为 D_1^{3-3}—D_3 期向都台地演化、金洞台沟演化等次级裂陷盆地乃至灵马凹陷裂解演化提供了证据。

调查区中部向都台地、天等台地内部均存在 D_3 期深水相型沉积，其具明显重力滑塌、重力流沉积特征以及同生断裂构造（图 6、图 7），且与 D_2 期浅水相型沉积为同沉积断层接触，是分析区域伸展滑脱构造、次级裂陷盆地乃至灵马凹陷裂解演化的重要依据。

图 6　顺层滑动同生褶皱

图 7　同生断层

（三）岩浆岩方面

1. 确认调查区存在海西期之后的基性侵入岩。新发现的辉绿岩呈似层状近顺层侵入，上覆地层为下三叠统石炮组上部含砂、泥质条带的灰岩段，围岩发生热蚀变，具重结晶、大理岩化现象；下伏地层为下三叠统石炮组下部的泥质岩段，采获双壳类 *Claraia* sp., *C. pingxiangensis* 及菊石 *Lytophiceras*

cf. *sakubtala* 等大量早三叠世化石,该发现对解决右江地区(尤其是右江盆地内部)基性岩认识争议具有重要意义。

2. 在调查区中部新发现近顺层侵入的蚀变辉绿岩脉。其侵入上泥盆统榴江组,蚀变带外带见假象纤闪石岩,纤闪石含量达70%以上。

3. 查明作登等地前人资料中的火山岩均为沉凝灰岩,分布不稳定,呈层状或透镜状。

(四)矿产地质方面

1. 在东平锰矿层中发现透闪石蛇纹石化大理岩、绿纤石蛇纹石化灰岩、碎裂钙质硅质岩、硅质泥岩及放射虫化石,并通过微量元素等岩石地球化学分析研究,取得了东平型锰矿主要为同生断裂提供深源锰质的热水沉积型矿床的新认识。东平锰矿岩石地层单位、地层序列的重新厘定,成矿时代的确认,岩相古地理格局和同生构造的研究认识,都是这一认识的重要依托,对正确认识与早三叠世沉积有关的锰矿成矿地质背景和成矿地质条件,指导东平型锰矿地质找矿工作具有重要意义。

2. 在调查区北东部三合南西的中二叠统四大寨组第一段中发现夹含锰硅质岩或锰土层。此为本区新发现的含锰层位,为本区中二叠世沉积环境分析提供了新资料。

3. 对调查区北部第四系中产出堆积型铝土矿及褐铁矿的分布规律提出了初步认识,其分布、富集及品质明显与区内中、晚二叠世台地边缘相带的展布相关,台内相沉积区易形成富厚铝土矿层而台地边缘相沉积区不易形成高品位、具规模的铝土矿层。

4. 发现以弄屯矿为代表的西大明山地区铅锌矿受一定层位、岩性及构造控制,具有层控、断控复合控矿的特征,特别是寒武系与泥盆系界面之间普遍存在构造破碎及热蚀变现象,且下泥盆统莲花山组及寒武系中发现存在较多的含钙碎屑岩及灰岩,其与铅锌矿关系密切,为本区铅锌矿成因及控矿因素、四城岭滑脱伸展构造的研究提供了新资料,对指导西大明山地区地质找矿开拓了找矿新思路。

5. 在调查区中部宁干乡含香屯一带新发现Au异常及Au矿(化)点2处。含Au品位(0.4~0.9)$\times 10^{-6}$,局部Au含量达1.2×10^{-6}。

四、成果意义

1. 以最新国际地层表为指南,重新厘定了调查区地层序列,开展了多重地层划分与对比,提高了地层研究程度,为区域地层对比提供了基础地质资料。

2. 查明调查区中部NE向展布的进结构造带为下雷-灵马凹陷带中段的组成部分,具控岩、控相、控矿特征,为盆地形成与演化乃至区域大地构造格架研究提供了基础地质资料。

3. 调查发现区内存在海西期之后侵入的辉绿岩,对解决右江地区(尤其是右江盆地内部)基性岩认识争议具有重要意义。

4. 明确了区内东平锰矿含矿层位的地质时代,重新厘定了岩石地层序列,并取得了东平锰矿主要为同生断裂提供深源锰质的热水沉积型矿床的新认识,为系统认识与早三叠世沉积有关的锰矿成矿地质背景及区域成矿规律总结提供了基础地质资料。

第十七章　广西1∶5万圭里幅、向阳幅、平腊幅、更新幅区域地质矿产调查

庾慧敏　周开华　汤新田　姚仕祥　左利明　黎译阳　姚敬民

(广西壮族自治区区域地质调查研究院)

一、摘要

采集了大量化石,查明了调查区地层沉积类型、沉积相,重新厘定沉积地层序列;证明了调查区晚古生代—中三叠世具有多阶段、继承性发展演化的特征;首次在桂西地区发现煌斑岩脉;建立了调查区构造变形序列,查明了海西期、印支期及燕山期构造体制与构造形迹及构造与矿产的关系;开展1∶5万水系沉积物测量,圈定了元素异常和成矿远景区;通过异常查证与矿点检查,新发现金矿点6处,提出找矿方向;开展了页岩气调查与研究,为右江盆地页岩气调查提供了详实的基础资料,发挥了基础先行的作用。

二、项目概况

调查区位于广西西北部与贵州南部的接壤部位,地理坐标:东经106°30′00″—107°00′00″,北纬24°40′00″—25°10′00″,面积1876km²。工作起止时间:2013—2015年。主要任务是按照1∶5万区域地质(矿产)调查、区域地球化学调查有关技术规范,及中国地质调查局关于加强成矿带1∶5万区调工作的通知等有关要求,在系统收集和综合分析已有地质资料的基础上,开展1∶5万区域地质矿产调查,查明区域地层、岩浆岩、构造特征,加强含矿地层、岩石、构造的调查,突出岩性填图和特殊地质体及非正式填图单位的表达,加强地质构造调查研究,系统查明调查区的成矿地质背景和成矿条件,发现找矿线索,总结区域成矿规律,提出地质找矿重点调查区域。

三、主要成果与进展

(一)地层学方面

1. 查明了调查区地层沉积类型、沉积相特征及岩相古地理,以最新的国际地层表为指南,重新厘定了调查区地层序列,划分为24个组级岩石地层单位41个岩石地层填图单位,建立了多重地层划分与对比表(表1)。

2. 在享里背斜、巴鱼背斜、长里背斜,本次工作新识别出泥盆系,划分出盆地相沉积的上泥盆统五指山组、榴江组;中下泥盆统罗富组、塘丁组、益兰组,在长里确定出露最老层位为下泥盆统丹林组,采获竹节石化石:*Nowakia* cf. *acuaria*, *N. mana*, *N. huananensis*, *N.* cf. *huananensis*, *N.* cf. *praecursor*, *N. subtilis*, *N.* cf. *subtilis*, *N. zlichovensis*, *N.* cf. *zlichovensis*, *N. praecursor*, *N. conica*, *N. barrandei*, *N. multicostata*, *N. elegans*, *N. cancellata*, *N. richteri*, *N. holyninsis*, *N. procera*, *N. otomeri*, *N. regularis*, *N.* cf. *otomari*, *N.* cf. *regularis*, *N.* sp., *Viratellina* sp., *V. guangxiensis*, *V. irregularis*, *V. minuta*, *V. multicostata*, *Styliolima* sp., *S. domaniscens*, *Striatostyliolina* sp., *S. striata*,

Costulaostyliolina sp., *Gonioviriatelina debaoensis*, *G. parareticulata*, *G. reticulata*, *Metastyliolina* sp., *Homoctenus tenuicinctus*, *H. ultimus*, *H. krestovnikovi* 等,该套沉积序列与丹池带沉积序列相同,与南宁六景滨岸-陆棚相沉积的标准剖面相比从岩性组合至生物组合都有明显不同,为右江裂陷盆地所特有,并具有在右江裂陷盆地深水海槽区展布之特征。

表 1 调查区地层划分表

年代地层			岩石地层		
系	统	阶	盆地-斜坡相	台缘相	台地相
第四系	全新统		桂平组(Qhg)		
三叠系	中统	新铺阶	兰木组(T_2l)	第二段(T_2l^2)	
				第一段(T_2l^1)	混杂岩(Smlg)
		关刀阶	百逢组(T_2bf)	第五段(T_2bf^5)	板纳组(T_2b)
				泥灰岩层(ml)	
				第四段(T_2bf^4)	
				第三段(T_2bf^3)	
				第二段(T_2bf^2)	
				第一段(T_2bf^1)	
	下统	巢湖阶	石炮组(T_1s)	罗楼组(T_1l)	
		印度阶		微生物层(dls)	
二叠系	乐平统	长兴阶	领薅组(P_3lh) 第二段(P_3lh^2)	第三段($Pbls^3$)	合山组(P_3h) 第二段(P_3h^2)
		吴家坪阶	第一段(P_3lh^1)		第一段(P_3h^1)
	阳新统	冷坞阶	四大寨组(P_2s) 冲头段(P_2^c)	礁灰岩(Pbls) 第二段($Pbls^2$)	茅口组(P_2m)
		孤峰阶			
		祥播阶	改变段(P_2^g)	第一段($Pbls^1$)	栖霞组(P_2q)
		罗甸阶			
石炭系	船山统	隆林阶	南丹组(C_2P_1n) 第二段($C_2P_1n^2$)	马平组(C_2P_1m)	
		紫松阶			
	上统	逍遥阶	第一段($C_2P_1n^1$)	黄龙组(C_2h)	
		达拉阶			
		滑石板阶			
		罗苏阶	巴平组(C_2b)	都安组($C_{1-2}d$)	
	下统	德坞阶	鹿寨组(C_1lz)		
		维宪阶			
		杜内阶			
泥盆系	上统	邵东阶	砾屑灰岩(glls)	未出露	
		阳朔阶	五指山组(D_3w)		
		锡矿山阶			
		余田桥阶	榴江组(D_3l)		
	中统	东岗岭阶	罗富组(D_2l)		
		应堂阶	塘丁组($D_{1-2}t$) 第二段($D_{1-2}t^2$)		
		四排阶	第一段($D_{1-2}t^1$)		
	下统	郁江阶	益兰组(D_1yl)		
		那高岭阶	丹林组(D_1d) 第二段(D_1d^2)		
		莲花山阶	第一段(D_1d^1)		

3. 新采获一批重要生物化石（鲢、菊石、双壳、竹节石和牙形刺等），为调查区地层划分与对比、岩相古地理的研究分析提供了古生物依据和时代依据。

（1）在更新台地识别出都安组—黄龙组，在白云岩（原大埔组）之上采获 *Fusulinella* sp.，突破了以往的地质认识（最老地层为上石炭统马平组）。

（2）在巴平组底部灰岩中采获牙形刺 *Idiognathodus* sp.，*Idiognathoides corugatus*，*Neognathodus kanumai*，确定了区内巴平组的时代为上石炭统巴什基尔阶。

（3）确定区内礁灰岩的时代，更新台地和院子台地边缘的礁灰岩均从中二叠世开始沉积。礁灰岩底部采获 *Misellina* sp.。同时，更新台地上礁可分为3段：第一段内采获 *Misellina* sp.；第二段采获 *Verbeekina* sp.，*Yabeina* sp.，牙形刺 *Mesogondolella* cf. *aserrata*；第三段采获牙形刺 *Spathognathodus* sp.。与台地相对比，相当于栖霞组、茅口组、合山组。

4. 重新厘定罗富组底界。现在桂西地区该组的划分方案不统一，原罗富组标准剖面是以时代为依据进行划分，后经邝国敦等（1999）进一步修正，界线上移至原罗富组中部灰岩层底部。本次工作修编原罗富组标准剖面及黄娥剖面，结合长里剖面，在区域上原罗富组底部的砂岩层不稳定，而中部的灰岩层相对稳定，更利于岩组单位的地质填图及横向对比。因此，恢复邝国敦等（1999）以灰岩为底界的划分方案。

5. 开展了页岩气调查与研究，泥盆系、石炭系有4个厚度较大的含碳泥岩层段，具有较好的成藏条件，与中国地调局油气资源调查中心建立了合作关系，为开展1∶5万页岩气调查提供了详实的基础资料，为物探和深井钻孔布置提供了依据，发挥了基础先行作用。

（二）岩浆岩方面

在调查区乃至桂西地区首次发现煌斑岩岩脉，查明了其分布、产状、岩石类型、岩石地球化学及矿化蚀变等基本地质特征。岩脉呈NW向展布，小角度侵入于中二叠统四大寨组冲头段灰岩中。出露宽约40m，长约500m。接触面弯曲，总体倾向围岩（图1）。内接触带见冷凝边（图2），宽2~3cm，自边部至岩体内部，斑晶从无到有、从细变粗，矿物颗粒亦明显变粗；外接触带宽几米到10余米，灰岩大理岩化、硅质岩石英岩化。

图1 接触关系（宏观）

图2 接触界线及冷凝边（微观）

测试结果显示辉绿岩与煌斑岩的 SiO_2 含量48.63%~49.35%，属 SiO_2 不饱和正常类型基性岩。通过CIPW标准矿物计算，岩体边部石英矿物含量与岩体内部不一致，反映出岩脉边部成分可能受到了围岩影响。

(三)构造地质方面

基本查明了调查区褶皱、断裂、节理带、劈理带、同沉积构造等构造形迹特征及构造与矿产的关系,建立了构造格架,对地质演化历史进行了初步探讨,对调查区的成矿地质条件和成矿规律总结具有重要意义。

调查区总体上分属为一个一级构造单元、一个二级构造单元、一个三级构造单元、一个四级构造单元;海西期为拉张构造,造成调查区裂陷形成盆包台的构造格局,调查区以裂陷盆地为主。于印支期盆地受造山运动影响抬升隆起,受挤压发育NW—NNW向紧密线状褶皱与断层,后经燕山期NE向剪切构造叠加确定构造格局。台地边缘发育弧形断裂,经受多期构造叠加,形成基底大断裂,具有控岩、控相、控矿等特征。

这些不同规模的构造,是调查区微细粒型金矿等多金属矿产主要的导矿、控矿构造,控制了矿体的空间展布等。

(四)矿产地质方面

1. 开展1∶5万水系沉积物测量,划分出Ag-Au-As-Sb-Hg、Cu-Pb-Zn、Sn-W-Bi-Mo-F、Ni-Cr-Co四类元素组合,圈定21个综合异常,7个成矿远景区,为进一步矿产调查提供了选区依据。

2. 对区内的5个矿点(马溜山金锑矿点、长里锰钼铜矿点、母里金锑矿点、纳岩金矿点、纳相金矿点)和4个主要异常(纳么Au、Ag异常,板凤Sb、Au异常,百西Au、Sb异常,百必Pb、Zn异常)进行检查和查证。通过1∶1万土壤地化剖面测量,共圈出成矿元素异常219个;其中Au异常35个,Ag异常52个,Cu异常28个,Pb异常35个,Zn异常30个,Sb异常39个;新发现金矿点6处(金矿体14个、金矿化体5个),锑矿点1处,铜矿化点1处,锰矿化点1处。

(1)马溜山金矿点:发现金矿体8个,金矿化体4个(表3)。均产于断层破碎带中,其中NE向4个,近EW向4个,NW向3个,SN向1个,产状较陡,宽0.84~7.00m不等,最长达630m,Au品位(0.25~3.00)×10^{-6}。

表3 马溜山金矿体统计表

金矿(化)体号	金矿(化)体特征				
	长度(m)	厚度(m)	平均厚度(m)	Au品位(10^{-6})	Au平均品位(10^{-6})
Au-1	不详	1.10~1.37	1.20	0.58~1.19	0.90
Au-2	630	1.47~3.50	2.49	1.95	1.95
Au-3	不详	5.0~7.0	6.00	0.66	0.66
Au-4	不详	4.0~5.0	4.67	0.56~0.71	0.64
Au-5	不详	2.44	2.44	1.2~3.0	2.00
Au-6	不详	3.0	3.00	1.5	1.50
Au-7	200	3.0~4.0	3.32	0.50~0.69	0.54
Au-8	不详	0.84	0.84	0.55	0.55
Au-9	不详	1.38	1.38	0.25	0.25
Au-10	不详	1.59	1.59	0.26~1.37	0.29
Au-11	不详	3.0~4.0	3.50	0.26	0.26
Au-12	不详	0.93	0.93	0.25	0.25

(2)马溜山锑矿点:新发现锑矿体1个,产状40°∠65°,Sb品位$0.98×10^{-2}$,宽3.51m,长度不详。

(3)母里金矿点:金矿体1个,近SN向,产状35°~88°∠50°~52°,长约400m,厚0.56~12.31m,Au品位$(0.50~7.64)×10^{-6}$。

(4)纳么金矿点:金矿体2个,Au-1号金矿体NE向,产状218°∠72°,Au品位$(1.12~3.64)×10^{-6}$,平均品位$2.36×10^{-6}$,矿体真厚度8.16m,长度不详;Au-2号金矿体NW向,产状60°∠37°,Au品位$(0.50~1.02)×10^{-6}$,平均品位$0.77×10^{-6}$,厚2.54m,长度不详。

(5)板凤金矿点:金矿体1个、金矿化体1个。金矿体产于NW向顺层断裂,产状65°∠24°,厚0.82~0.91m,长58m,Au品位$(3.81~3.99)×10^{-6}$,平均品位$3.90×10^{-6}$;矿化体产于NW向断裂带中,产状70°∠80°,Au品位$(0.37~0.42)×10^{-6}$,平均品位$0.40×10^{-6}$,厚4.79m,矿体长度不详。

(6)百必金矿点:金矿体1个。产于台地边缘弧形断裂带中,产状166°∠76°,Au品位$(0.37~1.30)×10^{-6}$不等,平均品位$0.78×10^{-6}$,厚5.31m,长度不详。

(7)罗家坳金矿点:发现金矿体1个。产于断层破碎带中,Au品位$0.81×10^{-6}$,厚1.67m,长度不详。

(8)板隆铜矿化点:铜矿化体1个。产于断层石英脉及围岩细小石英脉中,Cu品位0.4%,厚1.04m,长度不详。

(9)长里锰矿化点:锰矿化体1个。产于层间滑动断层中,矿化体呈似层状,厚0.87m,Mn品位13.56%,长度不详。

四、成果意义

1. 建立了地层序列,为桂西地区复杂多变的台盆相间的地质格局环境的地层研究、对比提供了新资料。

2. 对含碳泥页岩(页岩气目标层)进行有所侧重的调查研究,为页岩气调查和综合评价提供了详实的基础地质资料,发挥了基础地质先行的作用。

3. 初步建立了调查区构造序列和构造格架,对研究右江裂陷盆地的构造演化和发展史具有重要意义。

4. 圈定了综合异常和成矿远景区,新发现矿(化)点9处,为下一步矿产调查提供了方向。

第十八章　广西罗富地区矿产远景调查

王新宇[1]　刘名朝[1]　石伟民[1]　黄锡强[1]　吴祥珂[1]　覃勇新[1]
陈彪[1]　杨富强[2]　李祥庚[1]　谭斌[1]　谢植贵[1]

（1. 广西壮族自治区地质调查院；2. 广西壮族自治区地球物理勘察院）

一、摘要

厘定了地层序列，划分了 24 个岩石地层单位；岩浆岩为隐伏的燕山晚期复式岩体，具壳源重熔型花岗岩特征；印支期挤压构造体制作用形成 NW 向挤压线性褶皱、劈理化构造带及逆冲断层，后期则以 NE、NEE 向区域拉张构造为主；圈定重力异常 34 个，高磁异常 2 处，水系沉积物异常 20 处；综合地、物、化、遥等成果信息，编制了矿产预测图，圈定找矿远景区（Ⅰ级 3 处、Ⅱ级 1 处、Ⅲ级 1 处）和找矿靶区各 5 个；建立了矿产远景调查数据库。

二、项目概况

工作区位于广西壮族自治区南丹县与天峨县之间，地理坐标：东经 107°15′00″—107°45′00″，北纬 24°40′00″—25°00′00″，面积 1869km^2。工作起止时间：2010—2012 年。在大地构造上，本区位于上扬子陆块东南缘罗城-来宾褶冲带与右江前陆盆地的拼结地带，为右江盆地东北缘最靠近江南古陆的次一级盆地——丹池盆地。丹池盆地为晚古生代以来，夹持于丹池大断裂、天峨-东兰大断裂、独山-罗甸断裂和拔贡断裂之间的较深水的沉积单元，形成和演化既与古特提斯洋活动关系密切，又具有自身的沉积作用、岩浆活动和构造运动特点。区内矿产资源极为丰富，为全国闻名的锡多金属内生矿床的产地。该项目的主要任务是主攻锡多金属矿，在广西罗富地区开展 1∶5 万矿产地质测量、水系沉积物测量和高精度磁测等工作，大致查明锡多金属矿控矿条件，圈定物化探异常和找矿远景区，在此基础上，利用大比例尺地物化和工程等手段，开展系统矿产检查，圈定找矿靶区，为下一步矿产勘查工作提供依据。综合各类工作成果，总体评价全区资源潜力。

三、主要成果与进展

（一）地层

工作区沉积环境多样，岩性、岩相变化较大，生物种类繁多。出露地层有泥盆系、石炭系、二叠系、三叠系的海相碳酸盐岩和碎屑岩地层，沉积总厚度达 7278m。根据前人资料，结合本次调查工作成果，划分了 24 个岩石地层单位（表 1）。

（二）岩浆岩

岩浆岩以燕山晚期中—酸性侵入岩为主，以隐伏岩体的形式出现，出露较少。主要分布在大厂矿带中部笼箱盖和西部铜坑—巴力一带，呈岩枝、岩床、岩脉产于丹池大断裂两侧，侵入大厂背斜轴部。地表出露主要有笼箱盖复式花岗岩体、"东岩墙"——花岗斑岩脉、"西岩墙"——石英闪长玢岩墙以及白岗岩、云煌岩等脉岩。脉体总体走向为 NW 向,与区域构造线方向基本一致,据物探及钻探资料,向深部有连成一片构成岩基的趋势。

表 1　测区地层划分表

年代地层				岩石地层			
界	系	统	时代	地层代号		台地相区	盆地相区
				台地	盆地		
中生界	三叠系	上统	T_3			缺失	
		中统	T_2		T_2bf	缺失	百逢组
		下统	T_1	T_1n　T_1l	T_1s	南洪组　罗楼组	石炮组
古生界	二叠系	上统	P_3	P_3lh		缺失(合山组)	领薅组
		中统	P_2	P_2m	$P_{1-2}s$	茅口组	四大寨组
				P_2q		栖霞组	
		下统	P_1				
	石炭系	上统	C_2	C_2P_1m	C_2P_1n	马平组	南丹组
				C_2h		黄龙组	
				C_2d		大埔组	
		下统	C_1	$C_{1-2}d$	$C_{1-2}b$	缺失(都安组)	巴平组
					C_1lz		鹿寨组
	泥盆系	上统	D_3	D_3r	D_3w	缺失(融县组)	五指山组
					D_3l		榴江组
		中统	D_2	D_2d	D_2l	缺失(东岗岭组)	罗富组
					$D_{1-2}t$	缺失	塘丁组
		下统	D_1	D_1y		郁江组	
				D_1n		那高岭组	
				D_1l		莲花山组	

— — — 平行不整合接触　　……… 接触关系不明　　〜〜〜 相变接触

笼箱盖复式岩体是由多期岩浆侵入形成（主要有3期：103.8～102Ma、96.6～93.86Ma、91～85.1Ma）；"东岩墙"的花岗斑岩成岩时代为91Ma；"西岩墙"的石英闪长玢岩脉成岩时代为91Ma左右、白岗岩为84～81Ma。大厂矿田中锌铜矿体、锡多金属矿体的形成与笼箱盖复式岩体的第二期黑云母花岗岩(96.6～93.86Ma)侵入关系密切。

除石英闪长玢岩外，其他岩浆岩显示高硅，富碱，低镁、铁、钙的特点，稀土配分曲线为明显的Eu负异常，表现为轻稀土富集的右倾V形曲线，具有壳源重熔型花岗岩特征。与成矿相关的第二期黑云母花岗岩具有Rb、Ta、P、Hf富集，Ba、La、Sr、Zr、Ti亏损特点，显示非造山花岗岩的特点。

（三）构造

工作区位于滨太平洋构造域与特提斯构造域的交汇部位。夹持于丹池大断裂、天峨-东兰大断裂之间的较深水的沉积、构造单元，其主体为丹池盆地。中泥盆世开始，伴随着古特提斯洋的打开，NW向基底断裂产生拉张活动，形成了NW-SE向的丹池凹陷带，接受了大于2600m的海相沉积。在海西期的断陷沉积过程中，NW向丹池断裂对沉积相的控制作用尤为明显，断裂东侧主要为台地型碳酸盐岩沉积，西侧的丹池凹陷带内则以台沟型沉积为主。

区域构造以浅表构造层次变形为主，表现为两套完全不同的构造样式和变形组合：以NW向为主的挤压线性褶皱、劈理化构造带及逆冲断层，属于早期挤压构造体制作用的产物；层内伸展剪切褶皱、层间滑脱带、拉断石香肠构造及以张性间扭性为主的断裂构造，反映了一种以区域拉张为主的伸展变形机制。早期NW向褶皱以紧闭线型的等厚褶皱为主，形成于印支期(T_2)。断层主要分布于背斜核部，以NW向为主，断层面倾向以NE向为主；可见少量NE、NEE向断层，它们往往破坏、切割NW向断层(图1)。

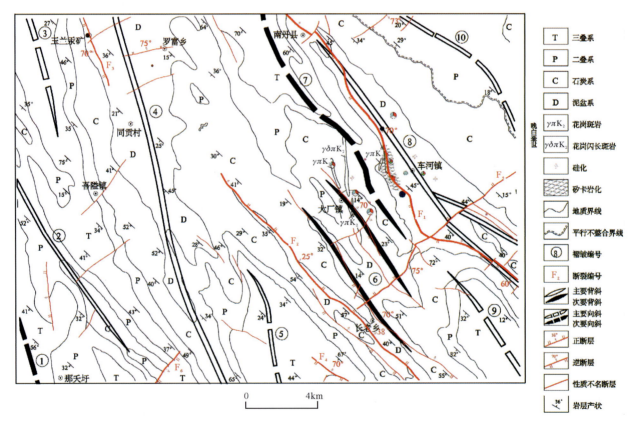

图1 广西罗富地区构造纲要图

(四)变质作用

本区变质作用主要为接触变质,分布在隐伏岩体周围,蚀变地层主要是中泥盆统泥质、钙泥质和砂质岩层、上泥盆统五指山组扁豆状灰岩。尤其是西侧扁豆状灰岩,矽卡岩化特别强烈,近岩体处蚀变矿物(主要是透辉石、钙铝榴石、符山石)结晶粗大,向外逐渐变小。当远离岩体矽卡岩化变弱时,则大理岩化、角页岩化就明显地显示出来。离岩体越远,大理岩化、角页岩化逐渐变为绢云母化和硅化。

(五)地球物理特征

1. 高精度磁法测量。测区主要岩石、矿石的磁性可以归纳为:从地层→蚀变围岩→矿(化)体,其磁性表现为由极微磁性→微—弱磁性→弱—中等磁性,表明岩石、矿石的磁性随着蚀变矿化程度的增强、磁黄铁矿含量的增多而增强。作为主要勘查对象的蚀变岩和矿(化)体,与地层之间磁性存在显著的差异。测区圈定的区域磁异常主要有2处,编号分别为Cq-1、Cq-2(图2)。

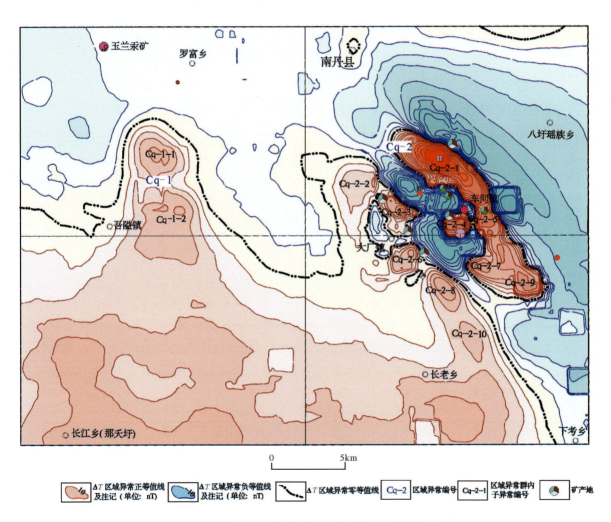

图2 广西罗富地区高精度磁测 ΔT 区域异常图

Cq-1异常:以正磁异常为主,北部及东、西两侧为低缓负异常,南部与正磁高背景区融合;由两个等(短)轴状子异常构成,异常强度0~25nT。异常区主要出露泥盆系—下石炭统鹿寨组,异常中心为泥盆系的郁江组、塘丁组和罗富组。丹池成矿带岩浆热液成因的多金属矿床及其蚀变围岩中,磁黄铁矿普遍较多,相对正常围岩均具有较强的磁性,从而表现出一定磁异常特征;而磁性的强弱又与蚀变矿化程度、温度成正相关,一般的低温热液锑汞矿床(体)磁性极弱或无磁性,中—低温热液多金属矿床呈弱磁性,高温或高温气成热液多呈弱—中等磁性;结合本区磁异常规模和强度,推断异常区内圈定的磁源体可能为隐伏的中—低温热液多金属矿床、矿化体。

Cq-2异常:该异常表现为成群的正、负伴生异常,包括10个子异常,强度在-140~190nT之间,推断是由岩浆期后热液锡多金属矿床及酸性隐伏岩体接触带磁性壳引起。异常分布于丹池背斜车河隆起区的大厂复式背斜,核部出露泥盆系,翼部地层为石炭系、二叠系。异常区内有少量燕山晚期中酸性浅成岩呈岩床、岩墙、岩枝、岩脉状产出,岩性主要为花岗岩、花岗斑岩、长石石英斑岩、闪长玢岩及石英闪长玢岩;在侵入岩分布的地下深部,据钻孔和重力测量资料推测有较大的隐伏花岗岩体存在。异常区内已发现多个锡多金属矿床,其中大型4处,中型3处;锑银矿床大型1处,小型1处;小型钨矿床1处。

2. 重力测量。1:5万重力工作区位于测区西北部,主要覆盖了罗富背斜的南段。1:5万布格重力区域异常特征表现为一条走向NNW的"舌状"相对重力高异常带,南部重力值最高且形态较宽阔,往北重力值逐渐变小,形态逐渐收敛,较好地反映了罗富背斜构造的形态特征,背斜轴部表现为相对重力高异常,翼部表现为相对重力低。

测区共圈定局部异常34个,其中重力高15个,重力低19个。局部正异常主要集中分布于罗富背斜轴部和南西翼,与泥盆系关系密切;负异常则多分布于罗富背斜两翼,以及背斜核部下泥盆统莲花山组、那高岭组。局部异常形态大多呈条带状及短轴状,NW和NE走向。

(六)地球化学特征

1. 地球化学场特征。1:5万水系沉积物测量为1:5万罗富幅和那夭圩幅,面积为935km^2。调查发现Co、Cu、Zn、Mo、Cd、Pb、Sn、Ag、As、Sb、Hg等微量元素在泥盆系产生不同程度的富集,显著富集的元素有Mo、Cd、Ag、Sb、Hg等,其含量高于中国水系沉积物丰度值的2倍以上,而W、Bi、Au元素相对贫乏。主要成矿元素在泥质岩中最高,其次为砂岩,再次为碳酸盐岩,Zn在碳酸盐岩中的丰度值最高。在整个泥盆纪从早到晚的沉积过程中,各种元素浓集程度的变化不完全一样,例如Sn的丰度值不大,但在下泥盆统塘丁组和中泥盆统纳标组晚期更为富集;Zn和Sb则由弱→强→弱,在中上泥盆统最为富集。

从泥盆系各组水系沉积物微量元素含量统计可以看出,除了W、Bi、Au元素以外,其他元素在泥盆系各组均达富集状态。在塘丁组水系沉积物微量元素中,Pb、Bi和Au元素含量比其他组稍高,Mo元素含量变异系数达115.02,属强分异型,Cd和Sb元素含量分布属弱分异型,证明该组有一定的钼、锑矿的找矿潜力;在郁江组水系沉积物微量元素中,W和Sn元素含量比其他组稍高,元素含量分布属弱分异型的元素有Zn、Mo、Cd和Sb,其中Sb元素的变异系数在各组中最高达92.56,说明该组有一定的锑矿找矿潜力。

2. 地球化学异常。通过与已知的区域地质矿床条件及地球化学特征等对比分析,本区共圈定了20个地球化学异常区,其中3个甲类异常、4个乙类异常和13个丙类异常。

(七)矿产检查

综合各类矿化信息,该次矿产调查对罗富锑异常区、拉烧锌锰银矿化点、同林锡多金属异常区、林才金异常区、威亨钼银异常区和德莫-纳定金多金属异常区进行了概略查证;对尾马锌锰矿(化)点、查狅锑矿点、塘先铅锌金锑异常区、同贡金锑异常区4处进行了重点检查。

(八)区域矿产特征与区域成矿规律

工作区位于广西丹池成矿带上,矿产丰富,主要矿床类型为矽卡岩型、热液型和喷流型。就矿体的数量而言,脉状矿体远远多于似层状矿体。在五圩矿田、北香矿床几乎全为脉状矿,大厂矿田内部也是脉状矿体多于似层状矿体,但似层状矿体的储量则远超过脉状矿体。

丹池成矿带上的矿床尽管成因多样,但锡多金属矿床均产于丹池盆地内部的泥盆系中,主要赋矿地层为塘丁组底部、塘丁组上部、罗富组上部、榴江组顶部和五指山组顶部,具层控特点。矿床与岩浆岩关系密切,常围绕岩浆岩分布,且有从岩体向外围成矿温度逐步降低的变化规律。

通过对前人资料总结和本次矿产远景调查成果认识,根据成矿地质背景、矿床成因、矿床类型将本区划分为大厂和罗富两个成矿单元。

大厂成矿单元:位于扬子陆块右江前陆盆地与凤凰-大庸(宜州)台缘盆地交汇处丹池凹陷褶皱带。成矿单元内的矿床形成受岩性、构造和岩浆岩的共同制约。赋矿地层为中上泥盆统五指山组、榴江组、罗富组、塘丁组。主要成矿时代为燕山晚期,区内岩浆活动为燕山晚期中酸性岩浆。矿床围绕花岗岩形成环状分布的特征,即"近铜远锡,中间锑"的分带特点。以笼箱盖黑云母花岗岩为中心,内环主要为矽卡岩型锡矿化,往外的第二环为矽卡岩型锌铜矿床,第三环为锡多金属矿床,外环主要为汞矿化。成矿构造为丹池和大厂大断裂及次级 NW 向、NE 向、SN 向等断裂。

罗富成矿单元:位于罗富背斜南端,目前已发现有玉兰大型汞矿床以及本次异常查证发现的罗富锑矿点、查狂锑矿点、塘先铅锌矿点等。该成矿单元南北长约 30km,东西宽约 10km,处在一个锑、砷、钡的区域地球化学高背景场中,汞、锑、金、铅、锌具有综合成矿远景。成矿类型主要为中低温热液矿床。已发现的矿点均产于罗富背斜核部,赋矿层位为中上泥盆统,主要层位为塘丁组、罗富组、榴江组、五指山组,岩性主要为一套深水沉积的碎屑岩。罗富背斜为成矿单元的构造格架,与丹池主背斜轴呈雁形排列,断裂以 NW 向逆断层,NE 向平移断层,SN 向张性平移断层为主。在多期褶皱背斜轴部相叠加部位往往是断裂裂隙最密集地段,也是控岩、控矿最有利的部位。围岩蚀变为硅化、黄铁矿化。通过总结罗富背斜地区已发现的矿床、矿点及矿化信息,结合罗富背斜的成矿地质条件和物、化、遥、重砂等异常特征,建立了罗富背斜成矿模式(图3)。

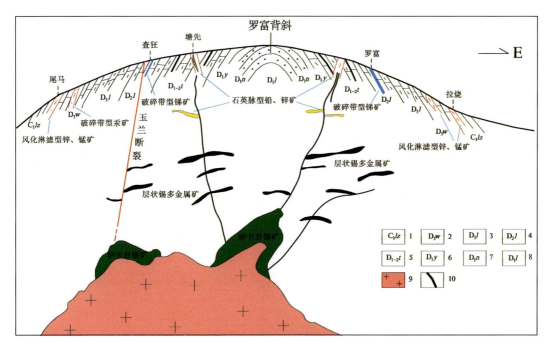

图 3 罗富背斜成矿模式

1. 鹿寨组;2. 五指山组;3. 榴江组;4. 罗富组;5. 塘丁组;6. 郁江组;7. 那高岭组;
8. 莲花山组;9. 推测隐伏花岗岩;10. 中泥盆统黑色泥页岩

(九)矿产预测

在综合地球物理、地球化学、遥感异常及矿产地质测量、矿点检查成果的基础上,测区划分出Ⅰ级找矿远景区3处[大厂矿田外围锡多金属找矿远景区(Ⅰ₁)、玉兰-塘先-同贡铅锌金锑汞多金属找矿远景区(Ⅰ₂)、玉兰至同贡页岩气找矿远景区(Ⅰ₃)],Ⅱ级找矿远景区1处[拉烧-芭来锡铅锌多金属找矿远景区(Ⅱ₁)],Ⅲ级找矿远景区1处[林才-古兰金多金属找矿远景区(Ⅲ₁)](图4),圈定找矿靶区5个(表2)。

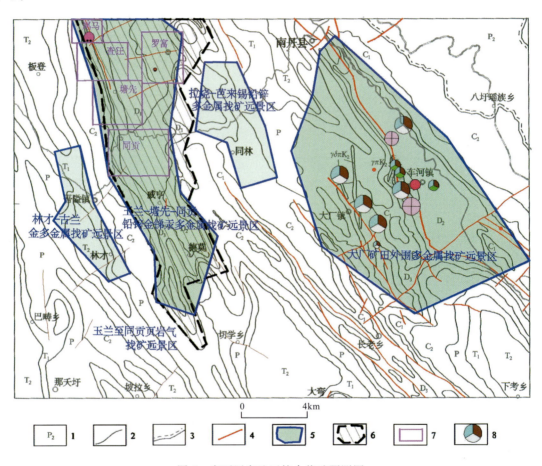

图4 广西罗富地区综合找矿预测图
1.地层代号;2.一般地质界线;3.平行不整合接触界线;4.断层;5.综合圈定找矿远景区;
6.页岩气成矿远景区;7.找矿靶区;8.矿产地

1.大厂矿田外围锡多金属找矿远景区(Ⅰ₁)。远景区位于测区东南部,面积约333km²,构造上位于丹池背斜车河隆起区的大厂复式背斜。区内主要出露一套从下中泥盆统到二叠系的深水相碎屑岩沉积,岩性有砂岩、粉砂岩、泥页岩、硅质岩、灰岩、泥灰岩、白云岩等。泥盆系既是矿源层,又是赋矿层位,复杂多变的岩性组合,也是其有利成矿的因素。区内构造发育,主要有NW向、NE向、SN向3组断裂。以NW向为主,表现为一系列NW走向的次级褶皱和平行分布的断裂,主要的断裂构造有丹池深大断裂、大厂逆断层等,具有控岩、控矿的特点。出露的岩浆岩既有侵入岩,也有喷出岩,以岩脉、岩床和岩株产出,为浅成、超浅成岩体。岩石种类有黑云母花岗岩,黑云母花岗斑岩、闪长斑岩、石英斑岩、黑云斜长煌斑岩、辉绿玢岩等,接触带有不同程度的矽卡岩化、角岩化等蚀变。在侵入岩分布的地下深部,据钻孔和重力测量等资料推测有较大的隐伏花岗岩体存在。

表 2 广西罗富地区找矿靶区特征

靶区名称	面积(km²)	主攻矿种	地质背景	地球物理、化学特征	矿化特征	已有矿点	找矿方向
尾马锌锰矿找矿靶区	7	风化淋滤型锌、锰矿床	位于罗富背斜西翼，地层有泥盆系及石炭系，有NW向玉兰大断裂及次级小断层	以Hg、Zn、Mo异常为主。Hg元素异常特别突出，具明显的浓度分带性。Zn元素异常亦明显，两者与Hg元素浓集中心相吻合	锌、锰矿化体赋存于上泥盆统五指山组硝质岩接触带，为顺层产出，产状基本与地层一致，揭露锌矿化体最厚9.8m，品位0.56%~1.06%，平均品位为0.78%，伴有弱锰矿化	益兰矿	主要找矿层位为中泥盆统罗富组下段碳酸盐岩与上部碎屑岩接触带、上泥盆统五指山组硝豆状灰岩与下石炭岩统碎屑岩接触带
查狂锑矿找矿靶区	17	断裂破碎带型锑矿	位于罗富背斜西翼，地层有泥盆系塘丁组、罗富组、榴江组、五指山组。区内有玉兰大断裂及次级NNW向正小断层（查狂断裂）	以Hg、Zn、Mo元素为主，伴生As、Sb、Ag、Cd元素。Hg元素异常特别突出，具明显的浓度分带性。Zn元素异常亦明显，两者与Hg元素浓集中心相吻合	锑矿产于下中泥盆统塘丁组砂岩、泥质粉砂岩破碎带中，破碎带走向20°，倾角近直立，宽0.6~1m，矿石矿物为辉锑矿，呈放射状集合体产出，矿体地表厚度为1.15m，Sb品位12.83%，深部品位为1.6%	民采锑矿点若干个	锑矿受玉兰断裂旁侧各次级断裂控制，建议环绕玉兰裂展布、垂向分布上深部可能存在中高温元素成矿空间
塘先铅锌、金矿找矿靶区	22	石英脉型铅锌、金矿，断裂破碎岩型锑矿，破碎蚀变岩型金矿	本区重力正负异常相互交错，推断为NW和NE两组断裂交会。深部有多个基性岩体（株）。以Sb、Au、Zn、Hg、As元素异常为主，异常范围大、强度较高，元素套合性好。土壤元素异常反映玉兰裂平行	铅锌矿矿体产于宽1.3m的含石英破碎带中，切入塘丁组。民隆中见宽30~40cm的铅锌化石英脉，平均品位Zn 3.41%、Pb 0.77%，伴生Ag(34×10⁻⁶)、Cu(0.1%)。含金重晶石石英脉呈NE走向，宽6~10m，侵入下泥盆统郁江组，有铁、钛、金矿化	民采锑矿点若干个	以塘先村为中心、中温元素成矿带引起。四周任低温断裂侧带存在酸性岩浆物探推断在深部地区上深部可能在隐伏岩体、建议找矿区域为塘先村
同贡金、锑、锌矿找矿靶区	27	破碎带蚀变岩型金矿，砂卡岩型锡多金属矿	位于罗富背斜核部南段，玉兰断裂系东南尾部，有一条小的SN向断层。区内有玉兰断裂西倾，围岩为泥盆系及石炭系	异常元素为Au、Sb、As、Au、Sn具合性较好。Au、Sn具明显。内、中、外3级浓度分带。据1:5万航磁成果，推测异常深部可能存在隐伏岩体	塘丁组上覆褐铁矿层，厚度约1m，整体呈蜂窝状。矿石表面可见热液流动迹象和滑动形成的摩擦面，矿石明显受热液迭加		Au异常为矿致异常，推测由同贡-所洋-吾临断裂带引起探推测本区深部存在酸性岩浆建议下一步对本区深部是否存在隐伏岩体进行查证
罗富锑矿找矿靶区	24	断裂破碎带型锑矿	位于罗富背斜核部靠东翼，玉兰断裂东部，地层有泥盆系及石炭系。内有一条NE向次级小断裂	异常以Sb为主，次为As、Au、Mo、Sn、Hg等，面积约10km²，两个Sb浓集中心具合值，其中东桥-坑桥浓集中心有分带强磁异值点，与已知锑矿点吻合	锑矿主要受地层及断层破碎带控矿，围岩为泥盆系塘丁组黑色泥岩、泥质粉砂岩，层间破碎带为锑矿点主要赋矿空间，走向50°~70°，宽约1m，Sb品位25.32%，但连续性较差，多为透镜状或短细脉状	更桥锑矿点	多期褶皱背斜轴部相叠加部位任任是断裂裂隙密集地段，也是控矿最有利部位。下一步工作建议充分分析重磁推断的隐伏断裂、结合塘丁组地层的空间分布进行找矿

1:5万高精度磁测有Cq-2区域磁异常群分布,向下延拓显示,该异常群主要由21个相对独立的磁源体引起;地下磁性体在空间上的分布受NW向构造和酸性隐伏岩体双重控制。

水系沉积物及土壤地球化学异常元素以Sn、Sb、Pb、Zn、Ag、As、W为主,次有Au、Mo、Bi、Co、Hg、Cd等,面积360km^2,形态呈不规则状,轴向NW向,与构造展布方向一致。

根据以上成矿要素,推测大厂矿田深部及外围平村、老菜园、白竹洞—大拗等地有锡多金属成矿潜力。

2. 玉兰-塘先-同贡铅锌金锑汞多金属找矿远景区(I_2)。远景区位于测区西北部的罗富背斜南段,面积约200km^2。区内主要出露一套从下泥盆统到二叠系的深水相碎屑岩沉积。岩性主要为砂岩、粉砂岩、泥页岩、硅质岩、泥灰岩、灰岩等。区内褶皱主要有罗富背斜,为对称的宽缓背斜。区内断裂主要为NW向和近EW向,其中NW向的益兰断裂是丹池盆地内部与丹池断裂平行的重要断裂。

1:5万高精度磁测有Cq-1区域磁异常分布,该异常由Cq-1-1、Cq-1-2两个等轴或短轴状正磁子异常组成;向下延拓显示,磁异常由4个相对独立的处于隐伏状态的磁源体引起;这些磁源体呈脉状或由脉状体密集分布复合成的不规则状面形展布,推断为含磁黄铁矿热液蚀变(矿化)岩,其成因与燕山晚期酸性岩浆侵入有关。1:5万重力调查反映罗富背斜及泥盆系盖层的相对重力高异常分布,以及由局部剩余负重力异常推断的酸性岩脉群,由局部剩余正重力异常推断的热液蚀变岩或矿化带分布。

1:5万水系沉积物测量圈定了玉兰、塘先、罗富、同贡4处异常,呈NW向平行产出。

本区的成型矿山仅有玉兰大型汞矿床,通过异常查证及矿点检查,在玉兰村尾马一带发现风化淋滤型锌锰矿点,在玉兰村查狂、罗富东桥一带发现破碎带型锑矿点,在塘先村一带发现石英脉型铅锌、金矿点。总体上本区矿化信息显示为与气水热液有关的中低温成矿系列,推测深部(500~1500m)范围中高温矿床的成矿潜力大。

3. 玉兰至同贡页岩气找矿远景区(I_3)。远景区位于罗富背斜南段,范围与玉兰-塘先-同贡铅锌金锑汞多金属成矿远景区基本一致,面积约200km^2。广西黑色泥页岩气源岩具有独特的构造、沉积及其演化背景,借鉴国内外选区参数标准结合本区的特点,评价指标主要包括气源岩厚度、有机质丰度(TOC)、有机质成熟度(Ro)、气源岩脆性条件。

测区沉积环境为有机质含量高的深水还原环境,地层中黑色泥页岩分布广、沉积厚度大,主要层位包括泥盆系郁江组、塘丁组、罗富组和石炭系鹿寨组。其中塘丁组、罗富组为页岩气成矿的有利层位。

4. 拉烧-芭来锡铅锌多金属找矿远景区(II_1)。远景区位于罗富背斜与凤凰山向斜过渡地带,面积约56km^2。区内出露地层主要为早石炭世—晚二叠世深水相沉积碎屑岩、碳酸盐岩,岩性主要为砂岩、粉砂岩、泥页岩、硅质岩、泥灰岩、灰岩等。本区内无区域断层通过。

1:5万水系沉积物测量圈定尧盘山、更脑两处异常,呈NW向平行产出。区内未发现成型矿山,仅在北部石家村南布置剥土工程,揭露出真厚约1.5m的铁锰矿化层,Zn品位0.37%,Mn品位15.00%;在拉烧村旁地表槽探揭露,发现一含银铁锰层的破碎带,厚>1m,Ag品位达45.9×10^{-6}。该矿化类型应与沉积环境有关。本区中泥盆统罗富组(D_2l)下段碳酸盐岩与上部碎屑岩接触带,上泥盆统五指山组扁豆状灰岩与下石炭统鹿寨组碎屑岩接触带(D_3w—C_1lz)为下一步寻找该类型矿化的重点区域,特别是岩性过渡带与断层的交汇区域成矿潜力更大。

5. 林才-古兰金多金属找矿远景区(III_1)。远景区位于罗富背斜南倾伏端西翼,面积约42km^2。出露地层主要有石炭系—二叠系南丹组、四大寨组、领薅组、三叠系石炮组、百逢组,岩性主要为砂岩、粉砂岩、泥页岩、硅质岩等碎屑岩组合。NE向莫江-林才断裂切穿异常区内石炭系、二叠系、三叠系。

1:5万水系沉积物测量圈定那庄德竹村、林才两处异常,呈NW向带状产出。区内经异常查证未发现明显矿点,但远景区包括整个矿产调查测区的大地构造位置位于右江盆地西北缘,广西右江盆地为卡林型金矿矿集区,该类型矿床成因类型初步认定为浅成中低温地下热(卤)水溶滤型金矿,以渗滤扩散和充填交代方式成矿。区内四大寨上段灰岩与领薅组碎屑岩岩性差异接触带是桂西金矿的重要赋矿层位,且NE向莫江-林才断裂切穿异常区内石炭系、二叠系、三叠系,因此本区存在寻找破碎带型金矿潜力。

四、成果意义

1. 完成了1:5万地质、物探、化探综合工作,在综合研究基础上划分了找矿远景区、圈定了找矿靶区各5处,为今后南丹地区矿产勘查提供了依据。

2. 泥盆系属于广西南丹型深水还原沉积环境,本区页岩气成矿潜力大,其中塘丁组、罗富组为有利层位。

3. 丰富了基础地质资料,建立了矿产远景调查数据库,对服务地方经济建设具有重要意义。

第十九章 湖南坪宝地区铜铅锌多金属矿调查评价

杨齐智 吴清生 钟江临 鲁艺 粟烈 唐林波 严彦
罗四华 周俊 沈长明 罗振军 覃孝明

（湖南省有色地质勘查局）

一、摘要

通过工作，进一步查明了区内铜铅锌多金属成矿地质特征，预测矿化富集有利地段，圈定多处具备找矿前景的物探异常，新发现一批具有找矿意义的蚀变体（带）和三将军、大坊北等多处矿化点，建立了坪宝多元信息找矿模型，提出了大坊北铅锌金银矿、人民村铅锌矿、洞水塘铅锌矿、南贡铅锌矿等多个找矿靶区。

二、项目概况

工作区位于湖南省南部、郴州市以西约 30km。地理坐标：东经 112°36′23″—112°48′12″，北纬 25°35′34″—25°49′12″，面积 500km²。工作起止时间：2010—2012 年。主要任务是以铜铅锌矿为主攻矿种，通过对以往资料的综合分析，选择重点地区开展 1∶1 万地质填图、1∶5000 地质剖面测量、高精度磁法测量、重力测量、重力剖面测量、可控源音频大地电磁测深、槽探、钻探等工作，检查区域物化探异常，进一步查明区内铜铅锌多金属成矿地质特征，预测矿化富集有利地段，圈定找矿靶区，验证深部铜铅锌多金属矿体，圈定找矿靶区。综合区内各类工作成果，总体评价了本区域资源潜力。

三、主要成果与进展

1. 系统梳理了坪宝地区历年来的勘查工作及成果，较全面收集了评价区的区域地质、物化探资料，以及宝山、黄沙坪、大坊、柳塘岭等典型矿床矿产勘查资料，并进行了较为系统的资料二次开发，按照新的规范要求和近年来矿产勘查的新认识，重新厘定和分析了区内地层、构造、岩浆岩、矿化特征、物化探异常等，并圈定水系沉积物异常 20 处，整理区内矿点（化）49 处，整理编制了水系沉积物异常图、物化探综合异常图等一系列区域综合性图件。

2. 进一步查明各评价区地层、构造、岩浆岩等成矿地质条件，通过对猴子岭—三光井、正和—村头等重点地段开展地质测量等工作，加深了解了区内含矿层、矿化带、蚀变带、矿体的分布范围、形态、产状、矿化类型、分布特点及其控制因素。区内地层主要为上泥盆统、石炭系、二叠系、古近系、第四系。石炭系石磴子组、测水组、梓门桥组，二叠系栖霞组、当冲组为区内主要赋矿层位。主要褶皱构造有 5 个，自西向东分别为：①六合锰矿-仁义圩复式倒转向斜；②塘下-石碗水复式倒转背斜；③坪宝复式倒转向斜；④茅竹岭-东塔岭复式倒转背斜；⑤太和-官溪复式倒转向斜。其中坪宝复式倒转向斜是最重要的赋存构造，宝山、黄沙坪两个大型矿床均分布在该构造内。该褶皱构造在 F_{133} 以南走向 NE，向 SE 倒转，向 NW 倾斜。复式向斜中的次一级短轴背斜是坪宝矿田内主要赋矿构造。区内断裂构造非常发育，以 SN 向或 NNE 向压性断层为主，EW 向或 NWW 向张性或张扭性断裂次之。区内有大小岩体约 130

个,可分为英安质凝灰角砾岩、英安质流纹斑岩、花岗闪长斑岩、花岗斑岩、石英斑岩、云斜煌斑岩、辉绿斑岩7类,其中以微粒花岗闪长斑岩、花岗斑岩分布最广。猴子岭-三光井测区位于坪宝复式倒转向斜中段,次级褶皱、断裂等非常发育,是构造应力最集中地段,成矿位置最为有利,区内物化探异常多,矿化蚀变强烈,分布有柳塘岭铅锌多金属矿床、马鞍岭银金锰矿点、猴子岭雌黄雄黄矿化点、三将军铅矿化点等,是区内最重要的找矿远景区。

3. 发现了大坊北铁锰金(图1)、马鞍岭银金锰、洞水塘铁锰、六合铁锰多金属矿等多处矿(化)点,主要赋矿层位为二叠系当冲组,其次为以壶天群白云岩风化形成的红土壳。分布在二叠系当冲组中,硅质岩、粉砂岩、页岩中的次生淋积黑—褐色块状氧化锰层状锰矿受地层控制,较稳定,矿体呈以层状、似层状为主,局部为透镜状。矿体和断裂关系密切,断层附近,矿体相对富大,矿体单层厚为 0.4~1.7m,TFe 可达 50%~60%,Mn 一般为 7%~20%。分布在壶天群白云岩风化形成的红土壳的锰矿主要呈颗粒状铁锰结核分散在风化残积层中,富含铁,锰含量不均匀,总体偏低,但分布范围广,厚度大,矿层厚度受地形、地貌影响较大。洞水塘铁锰矿点分布于石炭系孟公坳组,并在村头、金子岗、黄沙坪尾砂库、洞水塘等地圈定出具有找矿意义的硅化、强碳酸盐化等蚀变体(带),硅化体分布层位主要有下石炭统孟公坳组下段,测水组砂页岩、泥灰岩,梓门桥组、壶天群白云岩,在部分构造发育处,硅化尤为强烈,局部伴有黄铁矿化,未见其他矿化现象。其中规模最大的分布于村头-下徐家倒转背斜核部的SN走向硅化破碎带(图2),该硅化破碎带分布于孟公坳组灰岩、泥灰岩中,控制延伸长约1500m,宽1~10m,受倾向E、近于直立的SN向压扭性逆断层控制,硅化破碎带在村头岩体附近被横贯工作区的EW向断层 F_{101} 错断。破碎带角砾原岩为灰岩、钙质页岩,角砾大小悬殊,硅质、铁质物胶结。

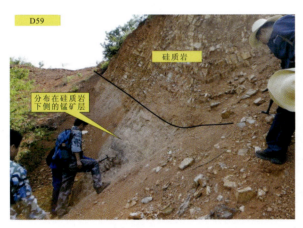 

图1 大坊矿区分布在硅质岩中的锰矿层　　　　图2 村头一带呈SN向展布的硅化破碎带

4. 加强了对宝山、黄沙坪、大坊等典型矿床的研究,进一步总结坪宝地区的成矿地质条件和成矿规律,认为区内成矿控制条件与地层、岩性、构造及岩浆岩有关,具明显时空分布规律,形成三位一体的控矿特征。其具有多组基底断裂交叉,并且有盖层的EW或NW向控岩断裂(或岩带)与SN或NE向走向断裂叠加,且同处于区域复式向斜中测水与石磴子组组成的次级隐伏短轴背斜部位,是最有利的控岩、控矿构造。其倒转翼的逆冲断层、正常翼的逆掩断层、背斜轴部压性破碎带、层间破碎带、虚脱空间、隐伏岩体接触破碎带以及其组合构造是成矿溶液的主要富集场所。对区内黄沙坪、宝山、大坊等典型矿床的成因和找矿标志进行探讨和分析,进一步丰富成矿模式,建立地质+地球物理+地球化学多元信息找矿模型(图3)。

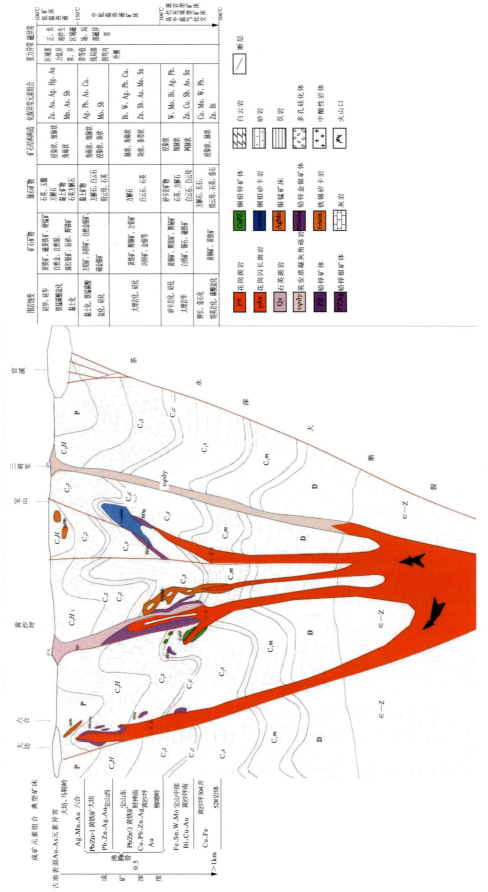

图 3 地质+地球物理+地球化学多元信息找矿模型图

5. 在猴子岭-三光井、村头、金子岗评价区新圈定了一批具有找矿意义的物探异常。全区累计圈定高磁异常18处,激电异常9处,重力低异常12处。其中猴子岭-三光井区圈定7个高磁异常、6个重力异常区,物化探综合异常5处。经地表检查及综合分析,认为张鸡铺、南贡、三将军、人民村等地段有进一步工作价值。在村头区圈定4个磁异常、5个充电率异常、3个重力低异常。综合认为在M1磁异常与IP2激电异常处有化探异常分布,该处为村头岩体西端、断层交汇处,说明该处热液活动较强,断裂提供了较好热源通道,该处为成矿有利位置。在金子岗区圈定7个磁异常、4个激电异常、3个低布格重力异常。

6. 选择了猴子岭-三光井、正和-村头、昭金-金子岗、大坊北、六合5个测区作为重点开展了评价工作,通过一系列工作圈定了三将军、呼家、张鸡铺、人民村、南贡、村头6个找矿靶区(图4),并对靶区进行优选分类,筛选出大坊北、人民村为寻找铅锌银等多金属矿床的重点类找矿靶区,洞水塘、南贡、下徐家为寻找铅锌银等多金属矿床的一般类找矿靶区,六合为寻找金银矿床的一般类找矿靶区。

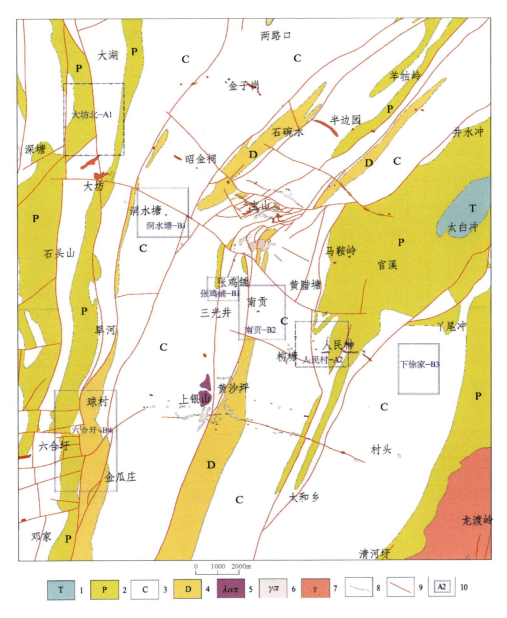

图4 坪宝地区找矿预测图

1. 三叠系;2. 二叠系;3. 石炭系;4. 泥盆系;5. 石英斑岩;6. 花岗斑岩;7. 花岗岩;8. 地质界线;9. 断层;10. 找矿靶区

1) 重点找矿靶区。

(1) 大坊北铅锌金银找矿靶区。本靶区位于宝山-大坊铅锌银多金属矿带内(图5),大坊铅锌金银矿床北部,南起腊树下,北至莲华坪,面积约 10km²。找矿目标为热液充填型铅锌金银矿床。

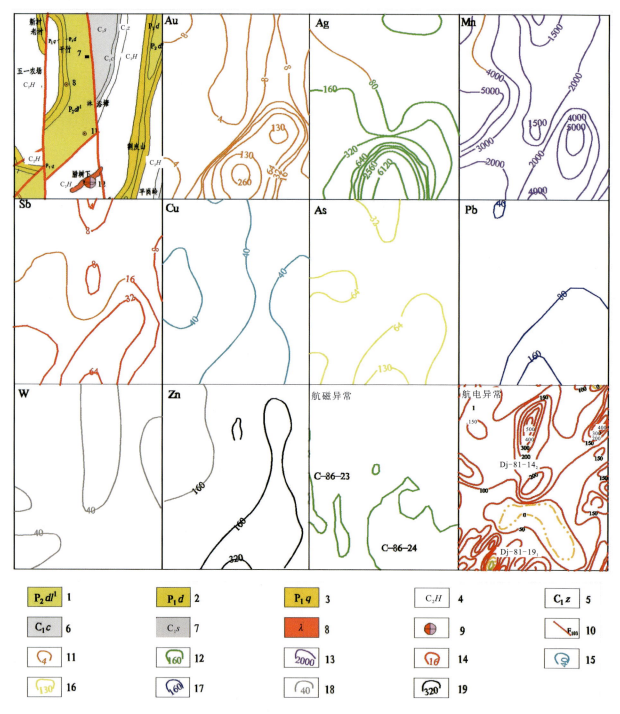

图 5　大坊北物化探剖析图

1. 斗岭组;2. 当冲组;3. 栖霞组;4. 壶天群;5. 梓门桥组;6. 测水组;7. 石磴子组;8. 花岗斑岩脉;9. 矿点;10. 断层;
11. Au 元素;12. Ag 元素;13. Mn 元素;14. Sb 元素;15. Cu 元素;16. As 元素;17. Pb 元素;18. W 元素;19. Zn 元素

1∶5万水系沉积物特征：水系沉积物异常有AS8，主要异常元素为Ag、Au、Sb、Mn，浓度高，其中Ag最高达$20\,000\times10^{-6}$，Au最高达1020×10^{-6}，Pb最高达511×10^{-6}，Zn最高达705×10^{-6}。

1∶5万重力、航磁特征：重力布格异常及不同半径异常和垂向二导异常都非常明显，航磁异常有C-86-24，异常相对强度约6nT，航电异常有Dj-81-19。推断深部断裂交叉处存在较大的岩基。

1∶1万土壤剖面特征：据大比例物化探详查资料在腊树下岩体以北分布有Mo、Cu、Pb、Zn、Ag、As、Sb等元素化探次生晕组合异常，背斜隆起部位，地表分布有次生晕AS、Hg组合异常，有零星Cu、Pb、Zn、Ag、Au、As、Sb元素异常分布，其中硅化体Pb为$(800\sim1000)\times10^{-6}$，Sn为$(5\sim25)\times10^{-6}$，Ag为$(800\sim1000)\times10^{-6}$，Au为$1.2\times10^{-6}$，Sb为$(60\sim100)\times10^{-6}$，As为$(20\sim200)\times10^{-6}$。浓集中心位于516线，该异常上叠加有物探激电低缓异常，地表普遍见铁锰碳酸盐化，局部有黑土型银金锰矿，主要分布于断层、裂隙等构造发育地段。

矿化与蚀变：地表普遍见铁锰矿化、铁锰碳酸盐化及硅化。沿SN向断裂、NW向断裂分布10余处硅化体，硅化体中个别见有石英细脉穿插和不规则的黄铁矿细脉。

铁锰矿化体主要分布在断层破碎带、二叠系当冲组、第四系土层中。主要类型为次生淋滤型含金银矿化氧化铁锰矿，矿化体在断裂附近及交汇部位尤为富集，且存在金银铁矿化，断层是主要的导矿和容矿构造；地表壶天群等风化的红土层中见土型金矿。本次共圈定锰矿体3个，矿体呈NE或EW走向，矿体厚$0.7\sim1.0$m，Mn平均为12%，Au最高为0.3×10^{-6}。

铅锌矿化地表未见，但在以往钻孔见有矿化。516/ZK1终孔于测水组碳质页岩中，钻孔原生晕Pb、Cu、Sn、Ag、As、Sb元素异常强度较高（特别是Cu、Ag），并有向深部增高的趋势，516/ZK3孔施工于背斜倒转翼梓门桥组白云岩中，见铁锰碳酸盐岩化、陡脉状的褐铁矿脉，并见4层花岗闪长斑岩，岩体中普遍见硅化、绿泥石化、高岭土化和不规则石英脉，含Ag为$(1\sim5)\times10^{-6}$，附近围岩含Ag为$(4\sim8)\times10^{-6}$，该背斜南段ZK39孔在背斜石磴子组灰岩中见有0.7m厚，Pb+Zn为21%，Ag为375×10^{-6}的富Pb、Zn、Ag矿体。

找矿前景：本区处在有利的成矿构造部位，南面有已知金银铅锌多金属矿床；腊树下背斜、花岗闪长斑岩、含矿破碎带和金矿化带往北延伸至本区；物化探异常分布面积大，强度高，叠合较好，沿断裂分布，且多处见重结晶、硅化等热液活动现象，且推测深部有隐伏岩体；地表沿断裂及褶皱挤压带分布的铁锰帽中具一定强度的金银矿化。综合认为本区与大坊金银铅锌多金属矿存在相同的成矿条件，具备良好的找矿前景。

（2）人民村铅锌找矿靶区。本区位于黄沙坪铅锌矿北东角，紧邻柳塘岭铅锌矿床，面积约5.5m²。找矿目标为热液充填交代型铅锌矿。

地质概况：出露地层主要为壶天群，岩性为白云质灰岩、白云岩。褶皱断裂发育，受骑田岭岩体超覆侵入造成的次级构造控制，对成矿十分有利。地表出露有燕山早期花岗斑岩岩株，岩脉多处。推断深部存在隐伏花岗岩体。

1∶5万重力、航磁特征：处于坪宝推覆体构造内和重力低异常G18南东侧边缘，航磁局部异常有C-86-26、C-85-21叠加在-25nT区域背景场上，-20nT、-35nT异常呈不规则椭圆形，走向NE，与区内已知铅锌矿脉走向一致。重磁推断F_7深断裂与EW向F_1基底断裂在该处交叉复合。

1∶5万水系沉积物特征：本区位于黄沙坪、宝山水系沉积物Cu、Pb、Zn、W等组合异常边部，据黄沙坪水系沉积物剩余异常浓集中心约5km。1∶5万水系沉积物测量在本区圈定AS4甲类综合异常，异常覆盖柳塘岭，元素组合为Ag、Zn、Au、Mn、As、Sn、Cu、Pb等，元素丰度值高背景值3～8倍，其中Ag最高达$10\,000\times10^{-9}$，Pb高达2500×10^{-6}，Zn高达2500×10^{-6}，Mn高达8930×10^{-6}，浓集中心明显，该异常与宝山异常AS8、黄沙坪异常AS20等特征类似，共同构成坪宝矿田异常群。

1∶1万物探特征：2010年度物探工作在本区圈定局部重力高异常，该重力异常与155线已知剖面花岗斑岩岩体上的重力高异常较为相似，为处于低背景中的平缓重力高异常。从东区155～200号线的重力平剖图分析，已知岩体往北有一定延伸。人民村东存在一低阻高极化异常，在位置上基本与重力异常相同,人民村附近还存在高磁异常。

蚀变及矿化:蚀变矿化主要有 Pb、Zn 矿化,绿泥石化,碳酸盐化,黄铁矿化,与矿产关系较密切。

柳塘岭已控制的铅锌硫化物矿化带,其成矿部位主要在 F_{103}~F_{105} 之间的隐伏花岗斑岩外接触带的隐伏背斜核部层间破碎带及断裂构造中。以往工作证实含矿断裂及隐伏花岗斑岩往北延伸至本区。

找矿远景:从构造条件来看,靶区位于柳塘岭小背斜的北倾伏端,附近还有两条 NE 向断裂通过。综上所述本区成矿地质条件优越,物探、化探异常显示明显,且有蚀变矿化,该地段是寻找铅锌矿床的有利靶区。

2)一般找矿靶区。

(1)洞水塘铅锌找矿靶区。该靶区位于宝山多金属矿床的西侧,区域性 F_{133} 断层从矿区中部横穿与 SN 向、NNE 走向断层交汇,该断层往 NW 延伸至大坊金银多金属矿区,区内分布有花岗闪长斑岩岩脉,沿断层硅化、铁锰碳酸化等热液蚀变活动强烈,地表多处分布具热液成因的铁锰帽,局部见有黄铁矿化、石英岩化。区内发现一处风化淋滤型褐铁矿点,出露长达 400m,宽 50~100m,TFe 品位约 40%,光谱分析显示 Pb、Zn、Cu 等多个元素均高于区域背景值 5~20 倍,其中 Pb 达 200×10^{-6},Zn 达 400×10^{-6},Cu 为 100×10^{-6},Mn 为 1000×10^{-6}。化探异常 Au、Pb、Zn、Ag、Cu、W 均达三级的 AS2 甲类异常,航电异常有 DJ-90-18,DJ-90-19 异常,综合分析认为深部存在断裂充填交代型中低温铅锌矿床的潜力。

(2)南贡铅锌找矿靶区。该靶区位于坪宝走廊中段,柳塘岭铅锌多金属矿北西面,断层发育,SN 向为走向断裂,纵切褶皱,为赋矿断层;NW 向、NWW 向断裂则横切褶皱,并控制岩带产出,为重要的控岩导矿断裂。化探在本区圈定以 Au、Pb、Zn、Ag、Cu、W 为元素组合的 AS3 甲类异常,异常强度大,Ag 最高含量 300×10^{-9},Pb 为 1544×10^{-6},Zn 为 2500×10^{-6}。以往区域物探将本区圈定在 C-85-21 航磁异常区。本次工作在本区圈定了 M5 高磁异常,局部重力高异常。物化探异常显示深部存在隐伏岩体隆起,受岩浆岩作用,岩体上方经热蚀变形成含磁黄铁矿化的高密度的硅化白云岩、大理岩、矽卡岩。区内沿断层在呼家一带和石家等多处见黄铁矿化、硅化、铁锰碳酸化蚀变带,深部钻孔控制到具硅化、绿泥石化、碳酸盐化、黄铁矿化的流纹斑岩脉,反映了该靶区内热液活动强烈,具备寻找断裂充填交代型矿床的潜力,是探索深部隐伏岩体和新的含矿层位(泥盆系)的有利部位。

(3)下徐家铅锌找矿靶区。该靶区位于坪(黄沙坪)-宝(宝山)矿田的东部,下徐家倒转背斜的 NE 倾伏端,岩脉发育。矿区的地层、构造、岩浆岩可类比宝山等中大型矿山,具有优越的成矿条件。化探主要异常元素有 Mn、Mo、Zn、Cu、Au、Co、Ni 的水系沉积物异常,与已知的锰矿点、铅锌矿点基本吻合。以往工作在下徐家倒转背斜倾伏端的下菜园一带的 Pb、Zn、Sn、Cu 等原生晕多元素组合异常显著,经钻孔验证异常由热液活动引起,且在下徐家背斜与 NNE、NE 向断裂切穿下徐家背斜核部部位发现铅锌矿化。其中 1/ZK1 钻孔 196.71~200.58m 段见及铅锌硫化物矿化体,见矿真厚度 3.17m,平均品位为:Pb 2.03%,Zn 2.85%。矿区内围岩蚀变主要有黄铁矿化、硅化、绢云母化等,其他零星可见透闪石化、铁锰碳酸盐化。分析认为在 NE 向控矿断层与石磴子组灰岩层位的二者结合部位,有可能找到热液充填型富厚铅锌矿体。

(4)六合金银锰找矿靶区。该靶区位于大坊-六合复式向斜的南端。区内构造复杂,有 SN 向、EW 向断裂纵横交错,将地层划分为"井"字形格子状。化探异常有 AS12 铅锌金银多金属元素组合异常,异常围绕断裂破碎带呈 NE-SW 向或近 SN 走向分布。以往普查工作中在球村-侯居石背斜发现大面积的面状负值磁异常,且正负磁异常的过渡带也在本区间出现,推断深部可能存在隐伏岩体。蚀变主要有黄铁矿化和绢云母化、硅化和铁锰碳酸盐化。区内矿产主要有"沉积+改造型"锰矿、金银矿。金银矿与锰矿为共生关系,矿(化)体产于断裂破碎带和当冲组下部瘤状灰岩段的层间破碎带中。1991—1992 年在六合施工钻孔 12 个,估算银金属量 69.84t,平均品位 251.22×10^{-6},本次在邓家以东山坡发现 3 处褐铁矿石(含金)露天采矿场,采场下部山脚老硐中见有脉状铅锌黄铁矿原生硫化物矿石。综合认为六合区具备较好的寻找低温热液充填型的金银铅锌多金属矿床潜力。

7. 综合研究取得一定认识。认为黄沙坪、宝山矿床边深部铅锌等区内优势矿产资源潜力巨大,提出横断层控制岩脉(体)及矿床的分布,纵断层控制矿体产出的认识。认为"先找被横断层切割的 SN 向背斜构造,再找 NE 向的结合点"可望成为解决区内找矿突破的新思路。其中 NWW 向 F_{133} 断裂具有重要的控矿作用,位于其旁侧的杨梅冲、大坊、洞水塘、三将军等地具有较大找矿前景。

四、成果意义

整理编制了一系列区域综合性地质图件,圈定了一批具有找矿意义的蚀变体(带),发现了一些矿(化)点;总结了成矿规律,建立了坪宝多元信息找矿模型,圈定了大坊北铅锌金银矿、人民村铅锌矿、洞水塘铅锌矿、南贡铅锌矿等多个找矿靶区,对坪宝走廊今后的找矿工作具有重要的指导意义。

第二十章 湖南衡东—丫江桥地区铅锌矿远景调查

吴志华 王勇 丁正宇 吴云辉 周淼

马光辉 张晓平 陆锡宏 伍学恒

（湖南省地质调查院）

一、摘要

厘定了区内地层层序、岩浆岩填图单位。圈定高精度磁测异常61处，水系沉积物综合异常54处，遥感综合异常4处。新发现衡东县杨梅冲锡钨铜矿、衡山县岭坡铅锌矿、衡东县石岗坳铅锌矿等3个矿产地，估算333+334金属量 Pb 10.9×10^4 t, Zn 9.4×10^4 t, WO_3 0.5×10^4 t, Sn 0.8×10^4 t, Cu 0.9×10^4 t。在综合分析的基础上，圈定了找矿远景区8处、找矿靶区7处。

二、项目概况

工作区位于湖南省中东部，行政区大部分属衡阳市，少部分属株洲市、湘潭市管辖。地处南岭纬向构造带中段北缘。地理坐标：东经112°38′00″—113°28′00″，北纬27°00′00″—27°32′00″，工作区以衡山幅、衡东幅、黄龙桥幅、小集幅4个图幅为主，面积1830 km²，另外对4个图幅外围地区也开展大比例尺矿产远景调查，总面积4800 km²。工作起止时间：2010—2012年。主要任务是以铅锌为主攻矿种，开展衡山县、衡东县、小集、黄龙桥地区矿产远景调查，在衡东—丫江桥地区开展大比例尺地质、物化探测量，大致查明铅锌控矿条件，并择优对区域物化探、重砂异常进行查证，对隐伏矿体进行深部钻探验证，圈定找矿靶区，综合区内各种工作成果，对全区铅锌矿资源潜力进行总体评价。

三、主要成果与进展

（一）基础地质

确定地层填图单位43个，岩浆岩填图单位7个。大致查明了区内不同时期各地质体沉积建造、岩相及其纵、横向变化特征；建立了地层层序，查明了各岩石地层单位的时空分布特点；摸清了岩浆岩特别是岩脉的时空分布情况，初步总结了岩浆岩与构造、成矿作用的关系。

基本查明了晋宁期、加里东期、海西—印支期、燕山期等各构造时期的主要构造变形样式，构造演化规律，确定了构造叠加、改造、演化序列。明确了测区主体构造样式定型于晋宁期，区域构造以NEE向及NE向断裂、褶皱发育为特征。测区NEE向及NE向区域性断裂，控制区内各期岩相分布，亦是区域上重要控矿构造。

（二）物探、化探、遥感

1. 完成了1:5万地面高精度磁测共1434.4 km²。圈定了高精度磁测异常61个，可分为强磁异常类和弱小磁异常类两类。强磁异常类主要与角岩化、磁铁矿化岩石关系密切，可指示深部的热活动，是深部存在岩浆岩侵入信息标志之一;弱小磁异常类主要由热液蚀变作用形成的磁性矿物引起,它们往往在构造薄弱部位形成蚀变地质体,该类磁异常具有较好的间接找矿意义。

2. 完成1:5万水系沉积物测量1830km^2,分析W、Mo、As、Sb、Bi、Co、Ag、Zn、Cu、Sn、Pb、Au共12种元素,单元素异常总面积以W、Bi、Pb、Sn最大。共圈出54处综合异常,其中甲$_1$类3处,乙$_1$类9处,乙$_2$类20处,乙$_3$类16处,丙类6处。

3. 完成1:5万遥感地质解译共1830km^2,解译出了一批断裂带、环形影像和矿化蚀变带,结合地质、地球化学及矿产特征,圈出了4个遥感综合异常区,与区内圈定的相应找矿远景区吻合性好。

(三)矿产检查

新发现矿(化)点13处,通过矿产检查,提交新发现矿产地3处:岭坡铅锌矿、石岗坳铅锌矿、杨梅冲铅锌钨锡多金属矿;估算333+334金属量Pb10.9×10^{4}t,Zn 9.4×10^{4}t,WO$_3$ 0.5×10^{4}t,Sn0.8×10^{4}t,Cu0.9×10^{4}t。

1. 衡东杨梅冲锡钨铜多金属矿。位于NW向常德-安仁基底断裂带与NE向潘家冲-水口山深大断裂带的交汇部位。区内主要出露冷家溪群小木坪组浅变质岩系。断裂构造纵横交错,主要有NNE—NE向、近EW向、NW向断裂,其中NE向、NW向石英细脉带中赋存有钨锡铜铅锌矿。岩浆岩主要为吴集岩体,岩性为角闪石黑云母花岗闪长岩,见细粒花岗岩脉、花岗闪长岩脉等出露,重磁推断矿区深部发育隐伏岩体。

1:5万高精度磁测在区内圈定了C12ΔT异常,由C12-1、C12-2、C12-3三个局部异常组成(图1),C12-1、C12-2ΔT异常呈NW向,正负异常伴生,推断异常为磁性蚀变带(体)引起,与钨锡铜多金属矿有关,具有找矿意义。

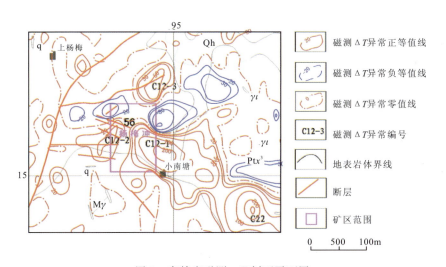

图1 高精度磁测 ΔT 剖面平面图

1:5万水系沉积物测量圈定有AS22综合异常,异常主要元素由As、W、Pb、Sn等组成,其次为Co、Au等。As、W、Pb、Sn元素含量高,均具内、中、外3级浓度分带,异常峰值W 56.5×10^{-6},Sn 78×10^{-6},Pb 614×10^{-6},平均含量W 28.55×10^{-6},Sn 32.92×10^{-6},Pb 190.3×10^{-6},找矿意义大。

1:5万遥感影像解译了杨梅冲环形构造,环内浅红色,环外绿色,找矿意义大。已发现Q1、Q2、Q3、Q4、Q5、Q6共6条含锡钨铜石英脉带(图2),长500~1000m,单脉宽一般1~2cm,局部10~20cm,脉带宽1~2m,间距5~50cm(图3),脉带内发现有17个锡钨铜矿体。

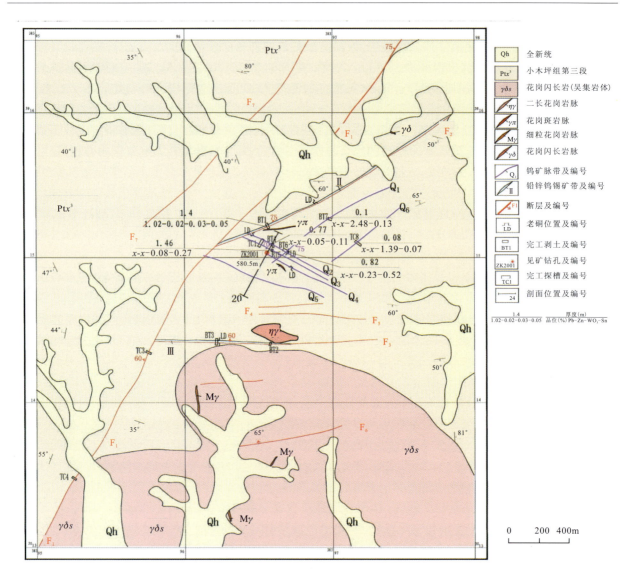

图 2 杨梅冲矿区地质图

图 3 石英细脉带（钨矿体）

地表槽探揭露 2 个钨锡矿体,厚 0.08~0.46m,品位 WO_3 0.47%~1.39%,Sn 0.07%~0.48%。

ZK2001 钻孔累计发现垂直厚 152.42m 含锡钨铜矿化体,圈定 15 个锡钨铜工业矿体,厚 0.51~3.69m,WO_3 单样最高 0.84%,单矿体 0.10%~0.35%,Sn 单样最高 0.82%,单矿体 0.20%~0.56%,Cu 单样最高 1.42%,单矿体 0.06%~0.51%;另圈定锡钨铜低品位矿体 6 个,厚 0.70~1.96m。

共估算 334 资源量:WO_3 5139t,Sn 8207t,Cu 6196t,达矿产地要求。

2. 衡山县岭坡铅锌矿。该铅锌矿位于衡阳盆地北部,NNE 向长平-双牌深大断裂带与 NW 向常德-安仁深大断裂带交汇部位。地层出露有冷家溪群小木坪组浅变质碎屑岩及白垩系戴家坪组红色碎屑岩。以构造断裂为主,主要有 NNE 向断裂(长平大断裂)、近 EW 向断裂。

1:20 万重力测量推断深部发育隐伏岩体。1:20 万水系沉积物测量在工作区内圈定有 AS2、AS3、AS5、AS7 综合异常,元素组合为 Pb、Zn、Cu、Ag、W、Au 异常,异常呈 NNE 向,异常面积大,浓集中心明显,各元素异常吻合性好。点距 20m 土壤剖面测量成果显示,化探异常发育,Pb、Zn 异常峰值较高,最高 Pb>$1000×10^{-6}$,Zn $368.51×10^{-6}$。

已发现 Ⅰ、Ⅱ 两条铅锌矿带,其中 Ⅰ 矿带发现 1 个铅锌矿体($Ⅰ_1$),2 个铅矿体($Ⅰ_2$、$Ⅰ_3$)。

Ⅰ 矿带受 NE 向断裂带控制,长 3000 余米,$Ⅰ_1$、$Ⅰ_2$、$Ⅰ_3$ 铅锌矿体赋存于 Ⅰ 矿带内。

$Ⅰ_1$ 矿体控制走向长 1400m,控制斜深 240m。矿体厚 1.04~5.57m,平均厚 2.61m,Pb 品位 0.06%~9.25%,平均 2.09%,Zn 品位 0.003%~6.50%,平均 1.42%,Cu 平均品位 0.08%。

$Ⅰ_2$、$Ⅰ_3$ 铅矿体为单工程控制,厚 1.13~2.44m,Pb 0.71%~0.78%。

估算铅锌矿石 333+334 资源量:$357.3×10^4$t;333+334 资源量:Pb $7.3×10^4$t,Zn $4.9×10^4$t,伴生铜 $0.3×10^4$t。

3. 衡东县石岗坳铅锌矿。该铅锌矿位于东岗山矿田东部。出露地层为冷家溪群和泥盆系、石炭系,岩性为浅变质碎屑岩、碳酸盐岩及含煤碎屑岩,其中泥盆系为含矿岩系。构造简单,为一岩层倾向 NE 向的单斜,区内棋梓桥组断续可见层间破碎带。

1:5 万水系沉积物测量发育 AS41 化探综合异常,呈带状沿棋梓桥组分布,异常主要元素由 Pb、Zn、Sb 组成,异常峰值:Pb $211×10^{-6}$。Zn $403×10^{-6}$、Sb $27.4×10^{-6}$,具内、中、外 3 级浓度分带,异常浓集中心吻合较好,属矿致异常,具地质找矿意义。

发现铅锌矿带 1 条(Ⅰ 矿带),锌矿体 1 个($Ⅰ_1$),铅锌矿体 1 个($Ⅰ_2$)。

Ⅰ 矿带赋存于棋梓桥组上部中粗—粗粒蚀变白云岩中。矿化带倾向 SE,倾角 60°~70°。矿带总长 6000 余米,宽 20~80m。

$Ⅰ_1$ 锌矿体赋存于 Ⅰ 矿带内,断续长 150m,厚 0.68~1.08m,呈层状、似层状产出,矿石品位:Pb 0.02%~0.95%,平均 0.57%;Zn 0.97%~4.66%,平均 2.50%。

$Ⅰ_2$ 铅锌矿体为地表槽探揭露,矿体厚 3.83m,品位:Pb 1.67%,Zn 1.24%。

根据矿床地质特征,该矿床应属层控型铅锌矿床。估算 334 Pb+Zn 资源量 $8.1×10^4$t,达矿产地规模。

(四)综合研究

对区内地、物、化、遥和矿产检查工作成果进行了系统的整理及研究分析,总结了成矿规律,建立了矿产预测模型。针对不同预测类型进行建模与信息提取,圈定了 A 类找矿远景区 4 处,B 类找矿远景区 2 处,C 类找矿远景区 2 处,并进行了地质评价(表 1)。在综合分析的基础上,圈定了找矿靶区 7 处。

1. 衡东县周田寨重晶石铅锌矿找矿靶区(A 类)。该靶区位于吴集岩体西接触带,地表发现重晶石铅锌矿化带 1 条,赋存于 NE 向压扭性硅化破碎带内,硅化、重晶石化普遍,Pb、Zn、Cu、Ag 等元素化探异常强度高,浓集中心明显,经槽探揭露发现 1 个铅锌矿体,厚 0.69m,平均品位:Pb 1.02%;Zn 1.59%。

表1 衡东—丫江桥地区找矿远景区特征一览表

类别	远景区	地质评价
A类	白莲寺锡钨铜铅锌金矿找矿远景区	位于常德-安仁基底断裂中部,吴集岩体、白莲寺岩体北部,地表盖层构造发育,物、化探异常强烈,各类异常与已知矿点吻合性好,新发现的杨梅冲矿点规模大,品位富,资源潜力大,同时区内矿产类型的分布具有温度梯度分带特征,即由岩体接触带→远离接触带分别为钨锡铜铅锌(杨梅冲矿点)→金(金子冲矿点),找矿前景好,岩体接触带附近是寻找复合内生型瑶岗仙式石英脉带型锡钨铜矿、吊马垄式岩浆热液型铅锌矿的有利地段,远离接触带是寻找构造蚀变岩型金矿的有利地带
A类	福田铅锌铜钨锡金找矿远景区	已发现有东湖町铅锌矿(小型)、岭坡铅锌矿(矿点)、铅锌铜等矿产,主要赋存于长平-双牌深大断裂及其旁侧的次级断裂内,矿产与构造、岩浆关系密切,同时区内物化探异常发育,各类异常与已知矿床(点)吻合性好,显示了本区找矿潜力大。深大断裂及其旁侧次级断裂、铅锌铜化探异常强烈地区(如AS2、AS6、AS7等),是寻找复合内生型吊马垄式岩浆热液型铅锌铜的有利地区;金化探异常强烈及次级断裂发育地区是寻找构造蚀变岩型金矿有利地区(如AS2、AS3等);深大断裂旁侧南岳岩体接触带是寻找高温热液型钨锡矿有利地区(如AS51)
A类	潘家冲铅锌银钨萤石矿找矿远景区	位于潘家冲-东岗山NE向铅锌银钨金萤石成矿区北部,区内矿产主要赋存于丫江桥岩体外接触带,NE向潘家冲-水口山深大断裂为导矿构造,其旁侧的次级NNE向断裂为容矿构造,已发现铅锌银萤石矿床、矿(化)点21个,探明中型矿床3处,小型矿床3处,同时区内物化探异常发育,矿化信息丰富,区内成矿条件极其优越,地层、构造、岩浆岩、物化探异常及矿化信息显示本区与吊马垄铅锌萤石矿成矿条件类似,找矿前景好,是寻找复合内生型吊马垄式岩浆热液型铅锌银钨萤石的有利地区
A类	东岗山铅锌银钨锡铜萤石找矿远景区	位于NW向常德-安仁基底断裂与NE向潘家冲-水口山深大断裂交汇部位,岩浆活动强烈,物化探异常发育,矿化信息丰富,已发现铅锌银萤石矿床3处,通过与吊马垄铅锌银矿对比,在东岗山矿田外围北部新发现有南冲铅锌矿点,其他地带与吊马垄铅锌银矿成矿条件类似,显示了本区找矿潜力大,是寻找复合内生型吊马垄式岩浆热液型铅锌银钨锡铜萤石的有利地区
B类	张立岩铅锌锑金雄黄矿找矿远景区	位于东岗山隆起NE向边缘,海西—印支期坳陷带内,铅锌矿化产于棋梓桥组顶部白云岩、白云质灰岩中,为碳酸盐岩台地相沉积的含铅锌碳酸盐岩建造,金矿化产于长龙界组下部泥灰岩中,为含金泥灰岩建造,含矿岩系及矿化层厚度大,含矿层位稳定,物、化探异常发育,与已发现的矿床(点)吻合性好,成矿地质条件有利。棋梓桥组顶部中粗晶白云岩、白云质灰岩是寻找张立岩式层控碳酸盐型铅锌矿的有利层位,长龙界组下部泥灰岩具有寻找层控浸染型金矿的有利层位
B类	栗木重晶石铅锌矿找矿远景区	位于潘家冲-东岗山NE向铅锌银钨金萤石成矿区南部,NE向断裂构造发育,为潘家冲-水口山深大断裂次级断裂,岩石变形强烈,矿化蚀变普遍,物、化探异常发育,成矿地质条件有利,找矿标志明显。远景区内已圈定有周田寨重晶石铅锌矿找矿靶区,地表已发现有铅锌矿、重晶石矿露头,对重晶石铅锌矿找矿有很好的指示作用,地层、构造、化探异常及矿化信息显示本区铅锌成矿条件好,是寻找裂控型重晶石铅锌等矿产有利地带,找矿潜力大
C类	龙潭钨铋金砷矿找矿远景区	位于潘家冲-水口山基底导矿断裂构造转折端,潘家冲背斜南端,成矿构造条件有利,区内物化探异常发育,强度大,浓集中心明显,异常范围内已发现金钨砷矿点,找矿潜力大,岩体外接触带金化探异常发育区是寻找构造蚀变岩型金矿有利地段,岩体接触带是寻找瑶岗仙式石英脉型钨铋多金属矿有利地段,近EW向断裂是寻找砷矿的有利构造
C类	九龙泉钨锗铅锑金矿找矿远景区	位于南岳岩体东外接触带,物、化探异常强烈,各类异常套合性好,与已知矿点吻合性好。异常区元素组合较齐全,低温元素As、Sb异常强度高,面积大,指示元素前缘晕发育,预示剥蚀程度浅,金异常具多个浓集中心,除指示已知矿点存在外,还预示着有新的矿体存在,W、Pb成矿元素异常从强度、面积、元素组合等异常特征类似矿致异常特点,找矿潜力大,岩体外接触带断裂构造及金异常发育地段是寻找构造蚀变岩型金矿有利地段,石湾向斜扬起端,断裂构造发育地段是寻找岩浆热液型钨铅锗矿有利地段

2. 衡山县白龙潭金矿找矿靶区（A类）。位于南岳岩体东接触带，地表发现有5条金矿化脉，产于跳马涧组砂岩、粉砂岩内，赋存于EW向的破碎带及节理、裂隙中，属构造蚀变岩型金矿。

Ⅰ号矿化脉长约500m，宽2～8m，Au品位$(0.04\sim0.80)\times10^{-6}$，厚1.5～2m。

Ⅱ矿化脉长180m，宽1～3m，Au品位1.08×10^{-6}，厚2.5m。

Ⅲ矿（化）脉长400m，宽10～30m，以裂隙充填型为主，也多见顺层充填，Au品位2.28×10^{-6}，厚4.65m。

Ⅳ矿脉长200m，宽1～3m，经BT6控制，Au品位4.33×10^{-6}，厚1.83m。

Ⅴ金矿（化）脉长150m，宽1～3m，Au 2.73×10^{-6}，厚1.20m。

属构造蚀变岩型金矿。

3. 株洲县石板冲金矿找矿靶区（B类）。该靶区位于潘家冲-将军庙NE向深大断裂东侧，出露冷家溪群雷神庙组浅变质碎屑岩，发育近SN向断裂及中细粒二云母二长花岗岩岩脉，岩脉附近和近SN向破碎带中发现有金矿体。

近SN向断裂破碎带发现2条相互平行金矿化带，长800～1200m，宽1.5～12m，拣块化学分析，Au品位$(0.21\sim0.89)\times10^{-6}$。花岗岩接触带经槽探控制见金矿体，Au品位$5.05\times10^{-6}$，厚1.70m。

4. 攸县钩盆冲砷钨矿找矿靶区（B类）。该靶区位于潘家冲-水口山向NE向深大断裂带中段，丫江桥岩体出露西侧。

冷家溪群雷神庙组下段板岩、砂质板岩中的层间破碎带内，发现有3条砷矿带，相互平行产出，长450～900m，宽0.3～1m，拣块样分析，As含量29.63%～36.41%。

近SN向石英脉中发现有钨矿体，长150m，宽1m，经探槽控制，钨矿体厚0.53m，WO_3 0.346%。

5. 衡东县金子冲金矿找矿靶区（C类）。该靶区位于衡东-浏阳NE向隆起带中段，株衡断块、茶醴断块接合部位，NW向常德-安仁基底断裂带与NE向潘家冲-水口山深大断裂带的交汇于本区。

发现2条金矿化脉，赋存于NE向破碎带内，长400～1200m，金矿化发育于石英脉和碎裂岩中，宽0.5～2m，经槽探控制，Au $(0.51\sim1.80)\times10^{-6}$，厚1.24～1.66m。

6. 衡东县板石岭铅锌金矿找矿靶区（C类）。位于桃水向斜的西翼。发现1条金矿化带，产于佘田桥组及长龙界组交界处泥灰岩、砂质泥灰岩、泥质粉砂岩中，矿化带走向与地层近于一致，长1500余米，宽2～5m。发现2个金矿体，厚1.44～1.51m，Au为$(2.79\sim8.67)\times10^{-6}$。

7. 衡东县南冲铅锌矿找矿靶区（C类）。位于银矿冲背斜北西翼，东岗山矿田北部1km，成矿条件与东岗山铅锌矿极为类似，发育NE向深大断裂，出露有花岗斑岩脉。

1∶5万水系沉积物测量圈定了AS32综合异常，异常元素主要有Au、Sb、Pb、As、Ag、Zn，元素平均含量：Pb 934.66×10^{-6}、Zn 1294.42×10^{-6}、Au 213.99×10^{-6}、Sb 48.72×10^{-6}，元素组合齐全，异常浓集中心吻合较好，具有寻找铅锌金锑等多金属矿的潜力。

老窿PD1中见有铅、锌、铜矿化，地表工作尚未发现矿（化）体露头。

四、成果意义

1. 杨梅冲锡钨铜矿、岭坡铅锌矿、石岗坳铅锌矿深部经钻探验证，均取得较好找矿成果，是今后寻找工业矿床的重点地带。衡东县周田寨重晶石铅锌矿、衡山县白龙潭金矿等7处找矿靶区，找矿前景好，为区内今后开展找矿工作提供了重要依据。

2. 杨梅冲锡钨铜矿2014年转为省级两权价款地质勘查项目，2015年续作，充分体现了地质矿产调查的公益特征和示范引领作用。

第二十一章 广西靖西龙邦锰矿远景调查

廖青海 黄桂强 夏柳静 朱炳光

（中国冶金地质总局中南地质勘查院）

一、摘要

通过综合分析研究和矿点检查，初步了解全区含锰岩系及锰矿层的赋存规律。新发现德保县六钦锰矿、田东县六乙锰矿、德保县大旺锰矿、天等县把荷锰矿等4处矿产地。对靖西县那敏锰矿、德保县六钦锰矿、德保县大旺锰矿、田东县六乙锰矿、天等县把荷锰矿和天等县东平锰矿等6个矿区中的锰矿体进行资源量估算，探获锰矿石资源量 3945.41×10^4 t。对 $5\% \leqslant Mn < 10\%$ 碳酸锰矿石的利用进行了调查研究。划分了4个锰富集区带，认为调查区潜在锰矿资源量巨大。

二、项目概况

工作区位于广西西南部，隶属田东县、德保县、靖西县、大新县、天等县等。地理坐标：东经 $106°20'00''$—$107°18'00''$，北纬 $22°50'15''$—$23°26'15''$，面积约 $5000 km^2$。工作起止时间：2010—2012年。主要任务是全面收集调查区内地质、物化探、勘查、科研等资料，以上泥盆统五指山组、下石炭统大塘组、下三叠统北泗组等各含锰岩系中深部碳酸锰矿为主攻对象，兼顾下石炭统大塘组、下三叠统北泗组中的氧化锰矿；在龙邦—岳圩锰成矿区开展1:5万矿产远景调查，初步查明调查区地层、含锰岩系、构造、岩浆岩及锰矿分布情况；对矿化有利地段开展1:1万地质简测、施工槽、井工程，圈定和揭露锰矿层；选择锰矿层厚、品位优的地段施工钻探工程，进行深部验证，初步了解各含锰岩系地层中深部碳酸锰矿层延伸及质量特征。

三、主要成果与进展

（一）地质认识

通过开展1:5万地质修测，项目组对调查区内部分地层、构造、岩体的界线进行了修正，初步查明了调查区含锰岩系的种类、规模、含矿性及锰矿层的分布情况。认为上泥盆统五指山组，下石炭统大塘组，下三叠统北泗组为主要含锰岩系。

（二）矿产检查

概略检查了靖西县岜爱山锰矿区、靖西县龙昌锰矿区、靖西县那敏锰矿区、德保县六钦锰矿区、田东县六乙锰矿区、天等县东平锰矿区、德保县大旺锰矿区、天等县把荷锰矿区8处矿点。对概略检查初步确定有找矿前景和进一步找矿价值的靖西县那敏、德保县六钦、田东县六乙、德保县大旺、天等县把荷5处锰矿区进行了重点检查。其中，德保县六钦、田东县六乙、德保县大旺和天等县把荷4个锰矿区锰矿石资源量规模达到矿产地要求，为新发现的4处矿产地。

1. 德保县六钦锰矿区。位于德保县城 65°方向 15km,行政区划属德保县足荣镇及荣华镇管辖。矿区北起平村,南至那深,东起普楞,西至那鱼,地理坐标:东经 106°43′45″—106°50′00″,北纬 23°20′00″—23°24′00″,面积约 90km²。

出露地层有中二叠统茅口组(P_2m)、上二叠统(P_3)、下三叠统马脚岭组(T_1m)、下三叠统北泗组(T_1b)、中三叠统百逢组(T_2b)和第四系(Q)(图 1)。含矿岩系为下三叠统北泗组(T_1b),根据岩性特征分为 3 个岩性段,锰矿层赋存于第二段(中段)。

第一段(T_1b^1):硅质泥岩,为黑灰色、深灰色,浅部风化后呈紫灰色、灰褐色,隐晶—泥质结构,薄层状构造。厚 10～16m。与下伏马脚岭组灰岩呈整合接触。

第二段(T_1b^2):该段岩性以普遍含锰为特征,以夹微层理构造为标志。有 5 层含锰层,由下而上编号为Ⅰ、Ⅱ、Ⅲ、Ⅳ、Ⅴ,5 层含锰层氧化界线以上被氧化、富集形成氧化锰矿,氧化界线以下为含锰泥岩、含锰硅质泥岩、含锰灰岩;其中以Ⅱ、Ⅲ、Ⅳ含锰层厚度大,含锰高,分布亦较稳定。

第三段(T_1b^3):深灰色、灰褐色薄层硅质泥岩,局部夹 1m 左右微层状构造锰质岩,划为Ⅵ矿层。矿区内氧化锰矿层赋存于下三叠统北泗组第二段薄层状及微层状含硅质泥岩、含泥质硅质岩、含锰灰岩中,含矿层受构造控制;矿层与岩层整合接触,产状与地层完全一致,较稳定,倾角 21°～65°,呈层状分布于背斜翼部、向斜核部。主要见Ⅱ、Ⅲ氧化锰矿层,Ⅰ矿层仅个别工程见到。由于夹层厚度小于夹石剔除厚度,Ⅱ、Ⅲ氧化锰矿层合并为Ⅱ+Ⅲ矿层,为矿区内主矿层,其厚度大,分布连续,规模较大。深部未见碳酸锰矿。氧化锰矿主矿体厚度一般为 0.57～2.40m,最大达 3.07m,平均 1.70m,变化系数为 55.03%,厚度变化小;Mn 为 13.22%～28.34%,平均 19.32%,变化系数为 21.16%,Mn 分布均匀;铁、磷含量相对较高,绝大部分矿石属中铁、中磷、贫锰矿石。调查工作在Ⅰ、Ⅱ、Ⅲ含锰层中共圈定了 7 个氧化锰矿体,控制矿体走向总长 14km,以①②③号矿体为主(图 1)。

2. 田东县六乙锰矿区。该矿区位于田东县南部,东平锰矿区外围西北面,属印茶镇管辖。矿区东起派腊,西到麦屯,南起班劳,北到百感,其地理坐标:东经 107°04′00″—107°07′30″,北纬 23°20′30″—23°25′00″。面积约 40km²。

出露地层从老至新为中二叠统栖霞组(P_2q)、中二叠统茅口组(P_2m)、上二叠统(P_3)、下三叠统马脚岭组(T_1m)、下三叠统北泗组(T_1b)、中三叠统百逢组(T_2b)及第四系(Q)(图 2)。

锰矿层赋存于下三叠统北泗组的第二岩性段(T_1b^2)中,普遍见Ⅰ矿层和Ⅱ+Ⅲ矿层,呈层状,与围岩呈整合接触,控矿构造为六乙向斜。由于地层的褶皱隆起和剥蚀,使得锰矿层出露地表,并沿褶皱的两翼分布,弓状延伸。受地层控制,矿层呈层状,形态规则,与围岩界线清晰,矿体顺坡出露在山顶—半山坡上,埋藏标高为 100～550m。锰矿层走向 NEE 至 NE-SW,倾向为 190°～335°,倾角为 25°～47°,矿层厚度为 3.1～5.5m。浅部为氧化锰矿,氧化锰矿原矿石野外要经简单水洗、人工初选,使净矿含矿率降到 22%～62%,锰矿石品位才达到 10%～35.52%;深部为碳酸锰矿,原矿品位为 10.09%。共圈定了 3 个锰矿体,沿地表控制矿体长约 6km(图 2)。

3. 德保县大旺锰矿区。矿区位于德保县城西南部,与天等县向都镇交界,属德保县大旺乡、荣华乡管辖。矿区东起果来,西到果慢,南起那旺,北到那光,其地理坐标:东经 106°47′00″—106°53′00″,北纬 23°12′15″—23°18′45″。面积约 80km²。

区内出露地层由老至新为下石炭统(C_1)、上石炭统(C_2)、中二叠统栖霞组(P_2q)、中二叠统茅口组(P_2m)、上二叠统(P_3)、下三叠统马脚岭组(T_1m)、下三叠统北泗组(T_1b)、中三叠统百逢组(T_2b)以及第四系(图 3)。

含锰岩系为下三叠统北泗组(T_1b),由下而上分 3 段。各段岩石特性如下:第一段(T_1b^1):岩性为灰色、灰黄色薄层状硅质泥岩,泥岩,局部见含锰质硅质泥岩。第二段(T_1b^2):该段为含锰层,岩性为薄层状含锰硅质泥岩、泥岩,普遍见Ⅰ矿层,局部地段见有Ⅱ矿层。第三段(T_1b^3):为灰黄色、黄色薄层状含锰泥岩,硅质泥岩,粉砂质泥岩,局部夹一层凝灰岩。

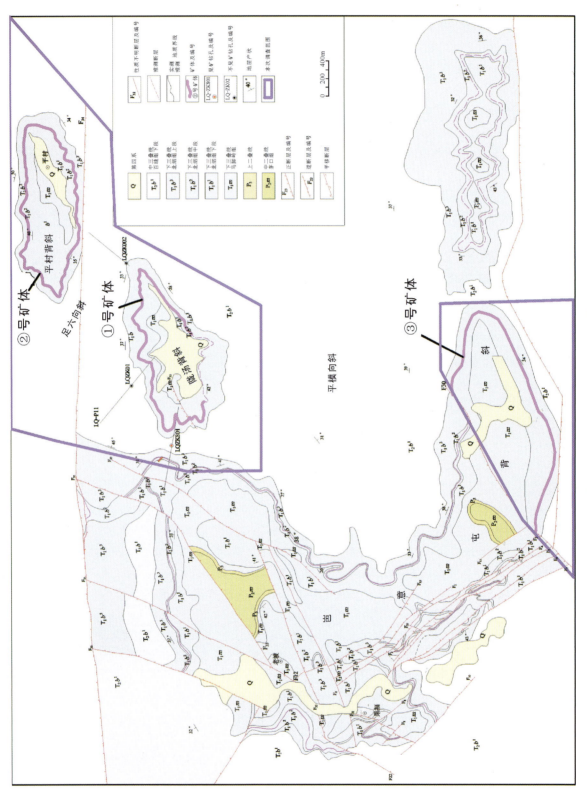

图 1 六钦锰矿区主矿体分布平面图

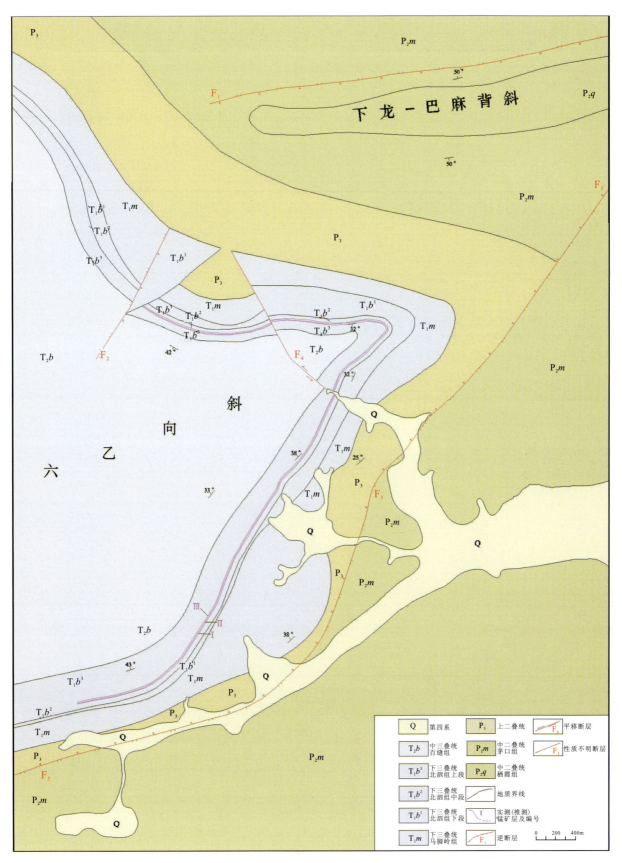

图 2 六乙锰矿区地质及工程分布平面图

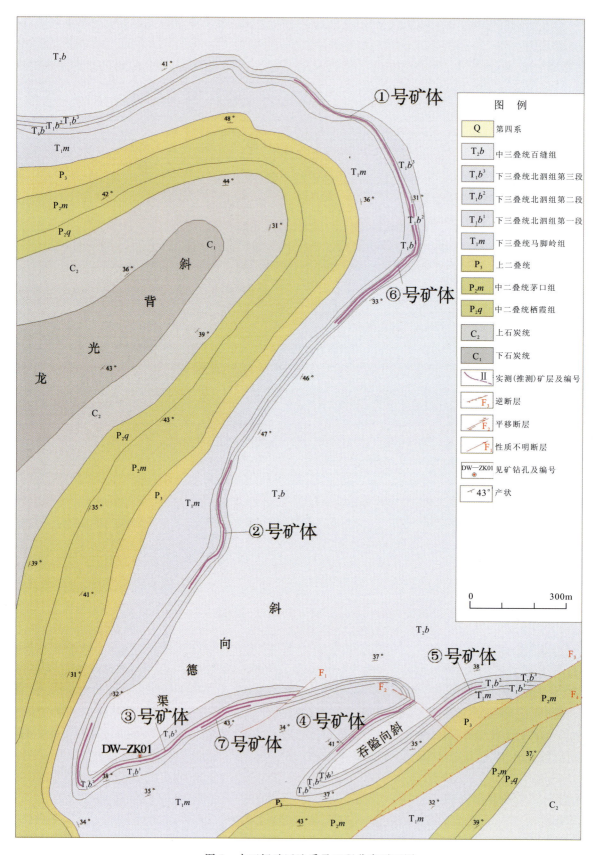

图 3 大旺锰矿区地质及工程分布平面图

本次工作在Ⅰ、Ⅱ矿层中共圈定7个锰矿体(图3)。锰矿为锰帽型氧化锰矿,赋存层位相对稳定,主要赋存于下三叠统北泗组第二段中,锰矿层呈层状产出,主要分布于渠德向斜两翼,沿地表控制矿体长度约12.5km,普遍见Ⅰ矿层,局部地段见Ⅱ矿层,Ⅰ矿层厚度为0.51~2.98m,Mn品位为10.02%~26.82%。Ⅱ矿层厚度为0.54~2.66m,Mn品位为13.68%~15.95%。矿层产状与岩层产状一致,倾角一般在30°~48°之间,在向斜扬起端地层褶皱反复,产状变陡,倾角54°~65°。大部分地段地层倾向与坡向相反,形成"插山矿",仅局部地段与坡向一致,形成"铺山矿",容易被剥蚀掉。

4. 天等县把荷锰矿区。矿区位于天等县北部,属天等县宁干乡、把荷乡、上映乡管辖。矿区东起伏曼,西到把荷茶场,南起下庄,北到金洞。地理坐标:东经106°48′00″—107°02′30″,北纬23°03′15″—23°11′45″。面积约70km^2。

出露地层由老至新有下泥盆统郁江组(D_1y)、中泥盆统东岗岭组(D_2d)、上泥盆统(D_3)、下石炭统大塘组(C_1d)、上石炭统(C_2)、中二叠统栖霞组(P_2q)、中二叠统茅口组(P_2m)、上二叠统(P_3)、下三叠统(T_1)及第四系等(图4)。

矿区内含锰岩系为下石炭统大塘组(C_1d),可划分为两个岩性段。

第一段:为灰色厚层状灰岩、假鲕粒灰岩,含少量燧石结核,局部地段为硅质岩夹深灰色薄层状含燧石灰岩以及锰硅质灰岩层。厚20~50m。

第二段:为薄层状硅质岩夹硅质页岩、泥岩、泥灰岩组成,厚20~160m。此段中见多层含锰硅质泥岩,且有2~3层氧化淋滤富集成锰帽型氧化锰矿层,一般厚0.5~1.2m。

共圈出9个锰矿体。锰矿层赋存于下石炭统大塘组第二段含锰硅质岩的风化壳中,氧化锰矿体赋存于含锰岩系裂隙中或层面上,呈似层状、脉状,局部为透镜状,分布于九十九岭背斜南北翼,沿地表控制矿体长约9.7km。见一层矿,为Ⅱ矿层,厚度为0.5~1.2m,品位为10.37%~50.28%。在走向上,矿体断续出露,间距一般在数十米至几百米,单个矿体长500~4400m。矿层出露于半山坡至山顶位置,一般埋藏标高670~535m。倾向延深80~100m,平均垂深80m,深部为含锰硅质岩。矿区走向大致呈SW-NE向,局部呈EW向,倾角25°~55°。

(三)资源量估算

对靖西县那敏锰矿区、德保县六钦锰矿区、德保县大旺锰矿区、田东县六乙锰矿区、天等县把荷锰矿区和广西天等县东平锰矿区6个矿区中的锰矿体进行资源量估算。

共探获锰矿石资源量3945.41×10^{4}t。其中333资源量595.44×10^{4}t(氧化锰矿石73.59×10^{4}t,低品位氧化锰矿石14.07×10^{4}t,碳酸锰矿石507.78×10^{4}t),占总资源量的15.09%,334$_1$资源量3349.97×10^{4}t(氧化锰矿石1266.19×10^{4}t,低品位氧化锰矿石990.64×10^{4}t,优质富氧化锰矿石177.23×10^{4}t,碳酸锰矿石915.91×10^{4}t),占总资源量的84.91%。

(四)锰富集区带的划分

调查区是广西区内乃至全国最为重要的锰矿矿集区,大、中、小型矿床(点)有80多处,亚洲最大的锰矿下雷锰矿就位于其中。已探明锰矿储量1.84×10^{8}t,其中优质锰矿和富锰矿1331×10^{4}t,主要集中分布在龙邦—下雷—东平一带上泥盆统和下三叠统中,另外,石炭系是近几年来发现的又一重要找矿层位。

锰矿主要围绕着地州-向都弧形褶皱带分布,西翼有龙邦锰矿区,东翼有下雷锰矿区、东平锰矿区。根据锰矿产出特征,可将本区锰矿分为沉积型和次生氧化锰矿型两大类,二者既共生又独立,有沉积碳酸锰矿的地方一定有次生氧化锰矿(如下雷、湖润),有次生氧化锰矿的地方不一定有达工业要求的沉积碳酸锰矿(如东平、宁干)。次生氧化型又可进一步分为锰帽型、淋积型、堆积型、洞积型氧化锰矿床。

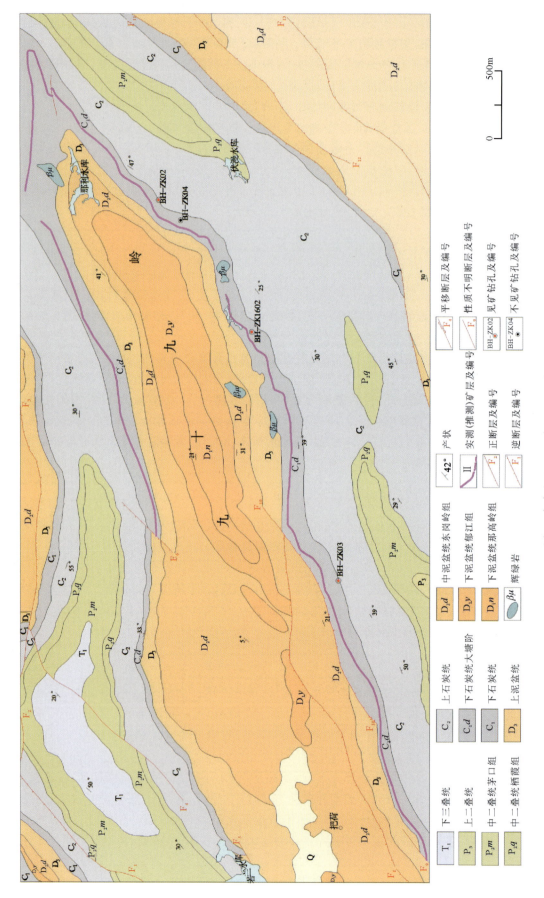

图 4 把何锰矿区地质及工程分布平面图

根据成矿的构造环境、矿床类型、赋矿层位、分布范围的不同,可将调查区锰矿划分为4个锰成矿带:下雷-湖润锰成矿带、凌念-宁干锰成矿带、足荣-东平锰成矿带、龙邦-岳圩锰成矿带。

1. 下雷-湖润锰成矿带。位于下雷-灵马坳陷之地州至向都弧型褶皱带的东翼,呈NE向,长28km,宽10km。上泥盆统含锰层普遍发育,已知的典型矿床有下雷锰矿床、湖润锰矿床、土湖锰矿床等超大、大、中型矿床。下雷锰矿和湖润锰矿的含锰岩系位于上泥盆统五指山组扁豆状灰岩中,土湖锰矿的含锰岩系位于上泥盆统榴江组第二段(D_3l^2)薄层硅质岩夹叶片状氧化锰矿及土状含锰泥岩和黄色泥岩组成的硅质岩相中。浅部为氧化锰矿,深部为碳酸锰矿。

2. 凌念-宁干锰成矿带。位于天等县北部,地州-向都弧型褶皱带的北端。呈NE向,长60km,宽16km。褶皱、断裂构造发育,下石炭统含锰硅质岩沿背斜两翼大面积展布,地表形成锰帽型、淋滤型氧化锰矿。数条走向逆断层通过矿区。本区是新发现的重要的锰矿成矿带。氧化锰矿床产于下石炭统大塘组下部含锰硅质岩的风化壳中,矿体则赋存于含锰岩层裂隙或其他构造裂隙中,呈似层状、脉状,局部透镜状。有Ⅰ、Ⅱ、Ⅲ矿层,厚度分别为Ⅰ矿层0.5~1.10m,平均0.70m;Ⅱ矿层0.5~1.25m,平均0.85m;Ⅲ矿层0.40~0.80m,平均0.60m。在走向上,矿体断续出现,间距一般在数十米至几百米,单个矿体长300~2400m,倾向延深30~120m。矿石中含Mn 10.37%~50.28%,平均25.3%。地质工作多为浅部的氧化锰矿,深部未控制到碳酸锰矿。典型矿床有宁干锰矿床。

3. 足荣-东平锰成矿带。位于地州-向都弧型褶皱带之北端,摩天岭复式向斜的两翼,呈EW向,长50km,宽30km。次级褶皱构造异常发育,控制着下三叠统北泗组含锰层的分布,氧化锰矿层由数层薄层状及页片状氧化锰矿与薄层状、微层状泥岩互层组成,锰矿的单层厚度为3~25cm,锰矿与泥岩极易筛选、水洗分离。典型矿床有东平锰矿床和扶晚锰矿床。

4. 龙邦-岳圩锰成矿带。位于地州-向都弧型褶皱带的西翼,下雷锰矿区的西部,具有类似下雷、湖润矿区的成矿地质条件。锰矿层赋存于上泥盆统五指山组中段条带状、薄层状硅质泥岩或硅质灰岩中,地表及浅部为优质氧化锰富矿石,深部为碳酸锰矿石。矿层产状与岩层产状一致,倾角25°~84°,产状基本稳定。典型矿床有岜爱山锰矿床、龙昌锰矿床。

(五)5%≤Mn<10%碳酸锰矿石的利用调查研究

通过本次远景调查工作,在如六钦锰矿区、六乙锰矿区和大旺锰矿区分别发现有下三叠统北泗组的低品位锰矿石。锰矿层由锰矿单层与泥岩(硅质泥岩)单层互层组成,泥岩单层的厚度比锰矿单层厚度厚1~8mm,导致锰矿层原矿石品位低,经过简单水洗一般也只能达8%~11%,大部分圈不出矿体,但净矿含矿率却达到30%~70%;经过反复试验、研究、比较,最终采用简单水洗、人工初选,使净矿含矿率降到20%~40%,可使锰矿石品位提高到10%~44.06%,绝大部分可以圈出矿体。

六钦锰矿区详查工作对5%≤Mn<10%碳酸锰矿石进行的实验室可选性试验,试验结果表明,5%≤Mn<10%碳酸锰矿石可选性能良好,当入选Mn为6.50%时,通过采用一粗两精一扫强磁选试验流程,获得的最终试验指标为:Mn精矿产率32.50%、Mn品位14.20%、Mn回收率71.39%,Mn精矿中铁品位为2.63%,试验指标较理想,精矿产品质量达到冶金用电解锰矿石标准;且选矿流程简单环保,技术经济可行,矿床开发效益显著。试验流程见图5。

(六)找矿远景评价

1. 下雷式锰矿床找矿远景评价。通过本次调查工作及对本区锰矿资料的收集和研究,发现茶屯-昌屯锰矿远景区带和靖西县那敏锰矿产地的深部具有较大的找锰矿潜力。

(1)茶屯-昌屯锰矿远景区带。在靖西县湖润锰矿区及外围茶屯—昌屯一带已经发现有含锰岩系为上泥盆统五指山组(D_3w),展布规模较大,走向延长约为20km。通过进一步收集湖润锰矿区勘查报告等资料,类比下雷锰矿区深部碳酸锰矿找矿成果,认为茶屯—昌屯一带其深部同样存在碳酸锰矿,预测矿床规模可达到中型。预测本区带潜在锰矿资源量$1000×10^4$t。

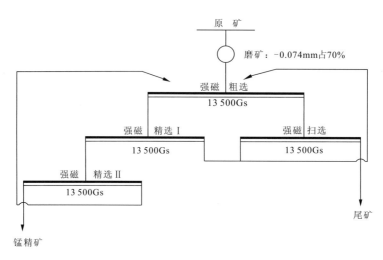

图 5 强磁选试验流程

(2)靖西县那敏锰矿产地的深部。本次调查工作新发现该矿产地锰矿属下雷式锰矿床,到目前仅初步评价了浅表的氧化锰矿,深部的碳酸锰矿基本无工程控制,有一定的找矿前景。

2. 东平式锰矿床找矿远景评价。通过对已有开采矿山、勘探报告的资料研究和分析,收集整理钻探工程,进一步证实东平锰矿区受各级次级褶皱控制的含锰岩系下三叠统北泗组深部赋存有碳酸锰矿,且以Ⅰ～Ⅳ锰矿层为主。调查区内东平式锰矿存在2个区带具有较大的找锰矿潜力:江城-田东远景区、峒干-那茶远景区。

(1)江城-田东远景区。在江城—田东一带发现含锰岩系为下三叠统北泗组(T_1b)展布规模较大,走向延长约为80km。通过进一步收集江城-田东勘查报告等资料,类比东平锰矿区,其深部同样存在碳酸锰矿,预测矿床规模达到大型—超大型。预测本区带潜在锰矿资源量有$(5000～8000)\times10^4$t。

(2)峒干-那茶远景区。该远景区西起德保县峒干乡,南至那茶、旺屯,锰矿地质工作程度低,基本上为空白区。本次调查工作通过矿点检查,发现含锰岩系为下三叠统北泗组,对该地层的锰矿成矿地质潜力进行了初步评价。北泗组分布在摩天岭向斜北西翼,展布规模较大,走向延长约为40km,该层位有多处锰矿点出露,矿层厚度大于3.50m。

(3)5%≤Mn<10%碳酸锰矿找矿远景。本次调查工作在德保县六钦锰矿区、田东县六乙锰矿区、德保县大旺锰矿区、天等县东平锰矿区等矿区针对下三叠统北泗组锰矿均施工或收集了钻探工程,大部分品位为5%≤Mn<10%含锰层。

根据德保县扶晚锰矿区对5%≤Mn<10%碳酸锰矿石开展的实验室可选性试验结果表明,这类矿石的可选性能良好,选矿工艺流程简单、环保,通过对德保县六钦锰矿区、田东县六乙锰矿区、德保县大旺锰矿区、天等县东平锰矿区等矿区锰矿进行潜力评价,共探获锰矿石资源量约1.5×10^8t。

调查评价区内含锰岩系下三叠统北泗组展布规模大,预期5%≤Mn<10%碳酸锰矿石资源量为$(5～10)\times10^8$t。

3. 宁干式锰矿床找矿远景评价。宁干式锰矿床的含锰岩系为下石炭统大塘组(C_1d),岩性主要为一套碳酸盐岩;据近期在中部宜州—忻城一带工作成果,大塘组深部碳酸锰矿以碱性矿石为主,是最好选冶的一类矿石。

宁干式锰矿床浅表氧化锰矿石锰品位较高,一般为25%～40%,深部也存在5%≤Mn<10%的含锰硅质灰岩,如BH-ZK04钻孔见到厚度为1.30m,Mn为5.69%～6.12%的含锰层。

与下三叠统北泗组中的5%≤Mn<10%碳酸锰矿石相比,大塘组中的该类锰矿石选冶性能更好一些。

因此,下石炭统大塘组中的 5%≤Mn<10%含锰层的工业利用应值得高度重视,是一个远景潜力较大的资源后备区。

根据以上地质背景及成矿地质条件分析,预测调查区内潜在的锰矿资源量巨大。

四、成果意义

1. 带动了调查区后续勘查工作:本次调查工作野外圈定氧化锰矿的方法及在东平锰矿区深部取得的成果,引领社会资金对下三叠统北泗组含锰岩系中的锰矿开展地质勘查工作,如六钦锰矿区、六乙锰矿区的详查工作;对 5%≤Mn<10%的含锰层进行实验室可选性试验,证明可选性良好,通过预可行性研究,经济效益较好,进而对深部的 5%≤Mn<10%的碳酸锰矿开展勘查工作,成果显著。

2. 带动了矿区的勘查工作:利用本次调查工作,带动了调查区内开展大量的勘查工作,如对六钦锰矿区的调查工作带动了扶晚锰矿区的勘查;六乙锰矿区的发现带动了该矿区的勘查工作;东平锰矿区驮仁东、驮仁西、渌利、洞蒙 4 个矿段深部碳酸锰的发现不仅带动了东平锰矿区其他 8 个矿段的勘探,同时还带动了对整个下三叠统北泗组的勘查工作,包括田东—德保地区锰矿远景调查评价(国家项目)、广西田东县龙怀锰矿区那社矿段碳酸锰矿普查(自治区专项)等。

第二十二章 广东英德金门-雪山嶂铜铁铅锌矿产远景调查

成先海 汪实 丘岸鹏 张健 罗强 徐义洪
杨凤娟 李晓儒 范运岭 吴勇庆

(广东省地质调查院)

一、摘要

通过1:5万水系沉积物测量、1:5万高精度磁测、1:1万地质填图、槽探及钻探等工作手段,圈定局部磁异常141处,化探综合异常57个,并对9处物化探异常进行了查证。圈定官山、黄屋、空门坳、白面塘、陈村、船洞、上黄7处找矿靶区,提交周屋、大龙、东山楼3处新发现矿产地。通过对金门—雪山嶂地区典型矿床研究,对金门—雪山嶂地区破碎带蚀变岩型金银矿、矽卡岩型铁铜矿、碳酸盐岩型铅锌矿、破碎带型铁银锰矿等主要矿种进行了成矿要素分析,建立了找矿模型。预测了金、银、铜、铁、铅、锌等矿种的资源量,明确了找矿方向。综合研究显示出本区找矿潜力大,值得进一步开展工作。

二、项目概况

工作区位于广东省韶关市、清远市和河源市,地理坐标:东经113°30′00″—114°45′00″,北纬24°00′00″—24°20′00″,涉及1:5万大镇幅、官渡幅、周陂幅、隆街幅、忠信幅、马头幅、涧头幅7个图幅,面积约3290km²。工作起止时间:2010—2012年。主要任务是在英德金门—雪山嶂地区的英德大镇、新丰花岭、连平大顶找矿远景区开展1:5万水系沉积物测量、高精度磁法测量,圈定找矿靶区。筛选找矿靶区开展矿产检查,提交新发现矿产地。综合研究工作区地质、矿产、物化遥资料,对区内主要矿产资源潜力作出远景评价。

三、主要成果

1. 提交周屋、大龙、东山楼3处新发现矿产地。

(1)周屋铜多金属矿。位于金门铁铜矿的南侧(图1),出露地层主要为泥盆系老虎头组、棋梓桥组、天子岭组,其中主要赋矿层位为老虎头组顶部、棋梓桥组底部。棋梓桥组底部含矽卡岩型铁铜矿,老虎头组顶部含硅化蚀变破碎带型金银矿。矿区分布晚侏罗世中粒斑状花岗闪长斑岩,呈岩株产出,提供成矿热液。

该矿产地是在开展物化探扫面的基础上,进行地质测量及槽探工作,择优开展钻孔5个,探槽5条,均见到工业矿体,特别是见到较好的铁铜矿体。其中,钻孔ZK508还见钨钼矿体(图2)。矿体呈层状、似层状,严格受层位控制。

共发现铁、铜矿体19个,其中磁铁矿体9个,铜铁矿体2个,黄铜矿体8个。主矿体4个,走向15°,倾向SEE,倾角35°~45°,矿体长100~1400m,倾向延深80~550m,磁铁矿体厚一般为3~6m、最大厚度为16.76m;黄铜矿体厚度一般为1.5~3m,最大厚度为4.45m,走向上由北往南、倾向上由浅往深厚度有变薄趋势。

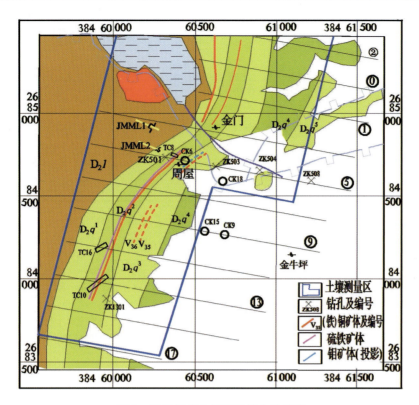

图1 周屋铜多金属矿区综合地质图

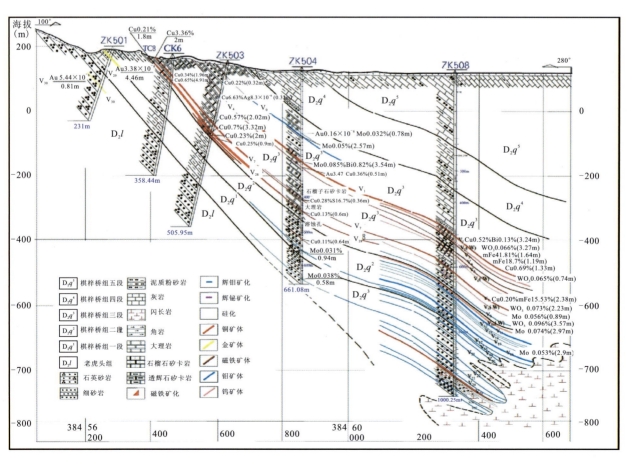

图2 周屋铜多金属矿区5号勘探线剖面图

矿床共生铜，Cu 品位 0.3%~0.5%，最高 1.67%，平均 0.42%。

矿石矿物：金属矿物主要有磁铁矿、黄铜矿、黄铁矿、磁黄铁矿，其次是辉钼矿、辉铋矿、方铅矿、闪锌矿。非金属矿物主要有石英、透辉石、石榴石、阳起石、透闪石、绿泥石、绿帘石、金云母等。

提交新增 334_1 资源量：金属量 Cu $6.22×10^4$ t、Bi $0.72×10^4$ t、Au 0.79t、Mo $0.30×10^4$ t、WO$_3$ $0.15×10^4$ t，磁铁矿矿石量 $192×10^4$ t，S(硫铁矿)矿石量 $1290×10^4$ t。

本区具有寻找中型规模以上的铜多金属矿找矿潜力。

(2) 大龙银多金属矿。位于英德金门铁铜矿南西约 10km 处(图3)，处于大镇远景区西南部，原为一个铁矿点，民窿密布，民采对象为铁锰矿。

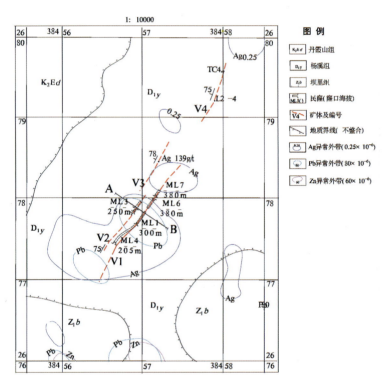

图3　大龙银多金属矿区综合地质图

构造上位于金门背斜南端。围岩为下泥盆统杨溪组，岩性为灰色、灰白色厚层状砂岩、含砾砂岩、中—细粒砂岩、泥质粉砂岩等。地表浅部见淋滤富集褐铁矿体，断续出露长>1000m。

本区发现规模较大的矿体3个，控制矿体长 500~1000m，厚 3~5m。矿体平行产出，产状 300°~330°∠70°~80°。出露高差>200m。其中，Ag 为 $(200~400)×10^{-6}$。矿石为风化淋滤形成的铁锰矿石，主要矿物为褐铁矿、赤铁矿、硬锰矿、软锰矿和石英，铁锰矿呈肾状、结核状、囊状、蜂窝状、角砾状，石英呈粒状集合体和网脉状不均匀分布。矿体产于构造断裂中，断裂面光滑平直或呈舒缓波状，矿体厚度、产状稳定。

分析结果显示，铁锰矿石普遍含银，并且随着海拔降低，Ag 品位逐渐增高。

提交新增 334_1 资源量：Fe 矿石量：$543.22×10^4$ t；Mn 矿石量：$137.51×10^4$ t；Ag 金属量：205.04t。Ag 金属量达到中型矿床规模，本区具有寻找大中型矿床的找矿潜力。

(3) 东山楼金银矿。位于大镇远景区北部(图4)，构造位置处于三姊妹背斜南端，出露地层主要为中泥盆统老虎头组和棋梓桥组。主要赋矿部位为中泥盆统老虎头组顶部含灰质砂岩中断裂破碎带。含矿类型主要是石英脉型(或石英脉-硅化破碎带型)，包括石英单脉、复脉、网脉及细脉带等多种产出形式。

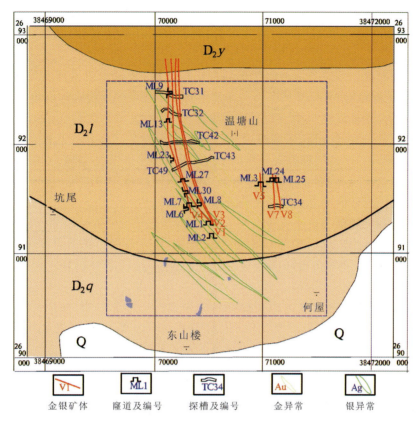

图4 东山楼矿区地质图

东山楼存在一条NW330°的破碎带,长约2.5km,宽约300m,由3条较大断层组成,产状陡,倾角约85°,伴生裂隙较多,多为含矿细脉。破碎带斜切中泥盆统老虎头组上部砂岩,强硅化。

目前发现金银矿体7个,其中较大矿体4个。矿体呈透镜状产于斜切老虎头组的破碎带中,走向290°～320°,倾向SW,倾角75°～85°。初步控制矿体长度500m,单条脉厚度0.30～1.20m,平均厚度0.6m。

矿石中Au品位为$(0.1～16.59)×10^{-6}$,平均$6.5×10^{-6}$,Ag$(0.093～44.46)×10^{-6}$,平均$8.59×10^{-6}$。伴生组分Ag $33.16×10^{-6}$、Cd 0.033%。

矿石矿物主要为自然金、自然银、闪锌矿、方铅矿,其次为黄铁矿以及微量的黄铜矿。矿石结构主要为自形粒状结构。矿石构造主要有致密块状、脉状、细脉状,少量细脉浸染状。根据矿床成矿条件及邻区对比,成矿时代为J_3—K_1。

提交$333+334_1$资源量:金属量Au为7.56t、Ag为282t。金、银矿均达到中型以上规模,有寻找大中型金银矿床的潜力。

2. 提交官山、黄屋、空门坳、白面塘、陈村、船洞、上黄等找矿靶区7处。

(1)官山(仰天窝)银多金属矿找矿靶区。该靶区位于英德金门铁铜矿床南西方向约3km处,原有一个铁锰矿点。2010年在英德金门地区开展1:5万水系沉积物测量,圈定了英德仰天窝Ag、Mn、Cu、Sb、Pb、Zn、Au综合异常,呈NWW长条状延伸,长3km,宽0.75km;Ag异常内带$(>2×10^{-6})$长3km,平均值$4.5×10^{-6}$,具二级浓度分带;Mn异常内带$(>5000×10^{-6})$长3km,平均值$20\,000×10^{-6}$,具三级浓度分带;Cu异常内带$(>200×10^{-6})$长3km,平均值$310×10^{-6}$,具二级浓度分带;Sb异常中带$(>20×10^{-6})$长3km,平均值$54.9×10^{-6}$,具三级浓度分带。进行异常查证时,在原采场边部的铁锰矿石中,发现了银铜矿化,两个拣块样分析:GS-H1 Ag为$438×10^{-6}$,Cu为0.26%,Mn为26.45%,Zn

为 0.065%；GS-H2 Ag 为 350×10^{-6}，Cu 为 0.2%，Mn 为 26.54%，Zn 为 0.053%。属含银铁锰风化矿石，含矿岩石为含银褐铁矿，产状不明。

推测异常是由 NWW 走向含银层间破碎带引起，找银、铅、锌矿前景较好。综合分析显示，银资源潜力可达中型规模。

(2) 黄屋铜金找矿靶区。位于英德金门中型铁铜矿的北侧，成矿地质条件与周屋铜金矿相同，1∶5 万水系沉积物测量 Cu、Au、Ag(As、Pb、Sb、Mo) 异常主要分布在中泥盆统棋梓桥组下部灰岩、钙质粉砂岩和老虎头组上部砂岩、粉砂质泥岩中。1∶1 万土壤化探查证，显示本区存在 Au、Ag、Cu、Mn、As、Sb 等元素异常，异常集中在检查区南部，浓度集中，强度高，套合性好。拣块样品位：Au 为 (0.12～12.1)×10^{-6}，Ag 为 (1.1～56.8)×10^{-6}，见前人废弃的采金民窿多处。黄屋与金门、周屋邻近，同处金门背斜东翼，地层主要为中泥盆统老虎头组顶部，成矿种类、规律相近，均具有较好的成矿地质条件，目前已发现工业品位的拣块样品，有较大的寻找铜金矿资源潜力。

(3) 白面塘铅锌矿找矿靶区。位于英德市东华镇东部，与竹子坑铅锌矿毗邻。矿区出露的地层为石炭系石磴子组、测水组。区内未见岩浆岩出露，矿区南侧约 7km 为佛冈花岗岩体。矿区大多为第四纪松散堆积物覆盖，并推断有 NNE 向的深大断裂通过本区，成矿地质条件较好。物探资料显示，深部存在隐伏岩体。

白面塘 1∶5 万水系沉积物测量显示为一低背景的异常。呈圆形分布，面积约 20km^2，异常由 Zn、Sb、Cu、W 组成，异常套合性较好。该异常比竹子坑铅锌矿的异常强度要高，范围更大。竹子坑已找到 8×10^{4}t 的铅锌矿体，通过进行查证，本区可望发现新的规模矿床。

该找矿靶区地表铁帽发育，开展 1∶1 万土壤测量，发现较好的 Pb、Zn、Au、Cd 等元素异常，有较好的铅锌矿找矿背景。

(4) 空门坳金矿找矿靶区。位于金门背斜的东北部，见废弃民采金矿点多处。区内主要出露老虎头组厚层状石英砂岩、石英质砾岩，棋梓桥组下部薄层-中厚层状钙质页岩、厚层状白云质灰岩，上部厚层状白云质灰岩、白云岩夹薄层状钙质页岩，岩层产状较缓，倾向南，倾角 5°～20°。

在空门坳附近，发现 3 条微细粒浸染状细脉带型金矿脉 (V1、V2、V3)，走向 NNW，倾向 SWW，倾角 75°～85°，延伸长 400～600m，厚 2.5～4.2m，由碎裂石英砂岩组成，底板面清晰，具黄铁矿化、褪色化。对 V1、V2 进行地表槽探揭露，V1 地表槽探 TC5 刻槽取样：厚 3.0m，Au 品位 (0.78～1.36)×10^{-6}，平均品位 1.07×10^{-6}；V2 地表槽探 TC161 刻槽取样结果：厚 1.20m，Au 品位 1.59×10^{-6}。

本区已开展槽探工作，前人在该处施工钻孔一个，但未取得好的效果。综合分析认为，金矿体可能存在侧伏现象，钻探未打到富矿部位，可以进一步工作。

(5) 陈村找矿靶区。该靶区位于陈村铁矿南部，属于翁源县周陂镇，面积约 10km^2，位于佛冈岩体北缘，有一 NE 向大断裂穿过本区。本区出露地层主要为中泥盆统老虎头组和棋梓桥组，岩性主要为灰色中薄层状砂岩、灰质泥岩和泥灰岩。

通过 1∶5 万水系沉积物测量，发现陈村外围有较好的 Cu、Au 异常，还有较好的磁异常。异常由 Cu、B、Ba、As、Mn、Au 等元素异常组成。Cu、B、Ba 等元素异常规模较大、强度高、内带发育，Cu 峰值 151.79×10^{-6}；B 峰值达 473×10^{-6}，Ba 峰值达 2068×10^{-6}，Au 峰值达 30.1×10^{-9}，各元素异常套合好，浓集中心明显。

发现较好的铜金矿石，探槽采样分析 Au 为 2.34×10^{-6}，Cu 为 0.33%。具有较好的金、铜找矿前景。

该找矿靶区与大镇远景区金门铁铜矿，周屋铜金矿的成矿地质条件相似，因此，有较好的金、铜找矿前景。

(6) 船洞铅锌矿找矿靶区。该找矿靶区位于连平船洞一带，面积约 14km^2，属于连平县隆街镇。地层主要为中泥盆统老虎头组和春湾组、上三叠统小水组及白垩系。岩性主要为灰色中薄层状砂岩、灰质泥岩和泥灰岩。本区地表普遍见赤铁矿、褐铁矿等铁帽分布。

1∶5万水系沉积物测量综合异常位于连平船洞一带,异常面积约14km²,由Ag、Pb、Sb、Mn、Zn、As、W等元素异常组成。Pb、Zn、W等元素异常规模较大、强度高、内带较发育,Mn峰值达3878.9×10^{-6},Zn峰值达1095.9×10^{-6},Pb峰值达841×10^{-6},各元素异常套合好,浓集中心明显。

踏勘时发现较好的铅锌矿石,拣块样CD-H1:Pb为5.46%,Zn为0.88%;伴生Ag为10.7×10^{-6},该地区铅锌银多金属矿找矿前景较好。

(7)黄陂上黄锑找矿靶区。位于黄陂圩NE方向约3km,构造上处于翁城向斜东翼。出露地层岩性主要为下石炭统石磴子组灰岩,该区已发现有上黄锑矿点、英德石角岭-宝岭崇铁矿床(点)和翁源横岭铁矿点。

上黄锑矿点拣块样分析,Sb为16.05%、Pb为21.97%、Ag为125.7×10^{-6},为富含锑铅银矿等。本区与竹子坑同处一NE向构造带,找锑、铅矿前景较好。

3. 通过1∶5万高精度磁测,共圈定局部磁异常141处。其中甲类61个,乙类74个,丙类5个,丁类1个。推断解译断裂53条,圈定16个有利磁异常区,其中Ⅰ类4个,Ⅱ类6个,Ⅲ类6个。对1处局部磁异常进行了查证。

4. 通过1∶5万水系沉积物测量圈定了综合异常57个。其中甲类异常14个,乙类异常20个,丙类异常22个,丁类1个。开展查证的综合异常9个。通过1∶1万土壤测量,在周屋、黄屋、东山楼、白面塘等土壤测量区内圈定出了18个综合异常。其中甲类5个,乙类13个。

5. 通过对金门—雪山嶂地区典型矿床研究,对金门—雪山嶂地区破碎带蚀变岩型金银矿、矽卡岩型铁铜矿、碳酸盐岩型铅锌、破碎带型铁银锰矿等主要矿种进行了成矿要素分析,建立了找矿模型。

(1)破碎带蚀变岩型金银矿。在对矿床地质特征、成矿作用及控矿因素等分析研究的基础上,归纳总结出广东省英德市东山楼金银矿的成矿要素表(表1)。

表1 东山楼式破碎带蚀变岩型金银矿东山楼预测工作区成矿要素表

成矿要素		描述内容	分类
地质环境	构造环境	断裂带与吴川-四会断裂带	重要
	控矿地层	泥盆系老虎头组砂岩	必要
	控矿构造	断裂破碎带	必要
	岩浆岩	深部隐伏岩体	重要
	成矿时代	燕山期	重要
成矿特征	容矿岩石	破碎带砂岩裂隙	必要
	容矿裂隙	脆性构造裂隙	必要
	矿体形态	脉状、透镜状	重要
	矿物组合	金属矿物主要为自然金、自然银、黄铁矿、闪锌矿、方铅矿、镜铁矿,脉石矿物为石英、绢云母、菱铁矿等	重要
	结构构造	晶粒状交代、包含结构;条带状、微粒浸染状、细脉浸染状和网脉状、角砾状构造	次要
	蚀变类型	硅化、绢云母化、黄铁矿化、铅锌矿化等	重要

(2)矽卡岩型铁铜矿。选择大顶铁矿作为典型矿床,引用广东省铁矿资源潜力评价资料,确定了大顶式矽卡岩型铁铜矿雪山嶂预测工作区成矿要素表(表2)。根据典型矿床预测模型、预测工作区成矿要素及成矿模式、区域预测要素等结果,编制雪山嶂预测工作区大顶式矽卡岩型铁铜矿成矿模式图(图5)。

表 2 大顶式矽卡岩型铁铜矿雪山嶂预测工作区成矿要素表

成矿要素		描述内容	分类
地质环境	构造背景	Ⅲ级构造分区属南岭东段碰撞型侵入岩带。NE向区域性新丰-连平断裂与NW向构造岩浆岩带交汇区。石背穹隆构造	重要
	赋矿地层	赋矿地层为壶天组、棋梓桥组。岩石为白云岩、白云质灰岩、灰质白云岩、灰岩夹石英砂岩、粉砂泥岩等	必要
	岩浆岩	第一阶段为粗粒斑状花岗岩,第二阶段为中粒斑状花岗岩,第三阶段为细粒斑状花岗岩	必要
	控矿构造	石背穹隆构造控矿,接触带控矿	重要
矿床特征	矿体形态、产状	矿体呈层状、似层状、豆荚状。全区14个矿体,原生矿体12个、坡积矿体2个。被矽卡岩、花岗岩环包,接触面走向NW,NE倾向SW、倾角15°~30°,SW倾向NE,倾角3°~40°	重要
	矿石类型	金属矿物主要为磁铁矿,其次为假象赤铁矿、黄铜矿、黄铁矿、赤铁矿、镜铁矿及少量伴生的磁黄铁矿、闪锌矿、方铅矿、毒砂、辉铜矿、褐铁矿等,非金属矿物主要为蛇纹石、绿泥石、绢云母、白云母、白云石、透辉石、透闪石、石榴石、阳起石、滑石、石英等	重要
	围岩蚀变	围岩蚀变有矽卡岩化、蛇纹石化、绢云母化、电气石化、绿泥石。由岩体往外接触带存在钠化花岗岩→矽卡岩→大理岩(角岩)的蚀变分带	重要

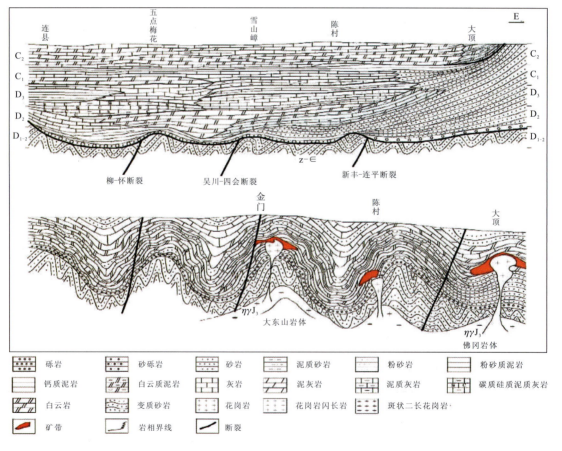

图 5 矽卡岩型铁铜矿的成矿模式图
[据肖光铭等《广东省资源潜力评价(铁)》,2010年12月]

(3)碳酸盐岩型铅锌矿。根据广东省资源潜力评价资料,确定竹子坑式碳酸盐岩型铅锌矿预测要素(表3)、并建立了成矿模式(图6)。编制雪山嶂预测工作区大顶式矽卡岩型铁铜矿成矿模式图(图6)。

表3 竹子坑式碳酸盐岩型铅锌矿雪山嶂预测工作区预测要素表

成矿要素		描述内容	分类
地质环境	构造背景	位于桂东-大东山近EW向岩浆岩体、EW向佛冈-丰良深断裂、NE向郴州-怀集大断裂和NE向恩平-新丰深断裂夹持区	重要
	赋矿地层	棋梓桥组和石磴子组不纯碳酸盐岩及砂泥岩	必要
	沉积相	滨海-浅海碳酸盐岩台地相	必要
成矿特征	控矿构造	断裂、层间破碎带及层间滑动	必要
	矿体形态	似层状、透镜状、扁豆状和不规则状	重要
	矿物组合	金属矿物有黄铁矿、闪锌矿、方铅矿,少量白铅矿、毒砂、辉银矿等;非金属矿物有菱铁矿、方解石、白云石、石英等	重要
	结构构造	矿石结构有自形—半自形晶粒状结构、他形晶粒结构、交代溶蚀结构和交代残余结构等;矿石构造有浸染状构造、块状构造、条带状构造、不规则脉状构造、网脉状构造等	次要
	围岩蚀变	主要蚀变有黄铁矿化、白云石化、重晶石化、菱铁矿化、硅化、绿泥石化、绢云母化等	次要
预测要素	化探异常	1:5万水系沉积物Pb、Zn三级浓度分带	必要
	物探异常	1:5万高精度磁法测量异常	重要
	矿床点	已知矿床点、民采等	重要

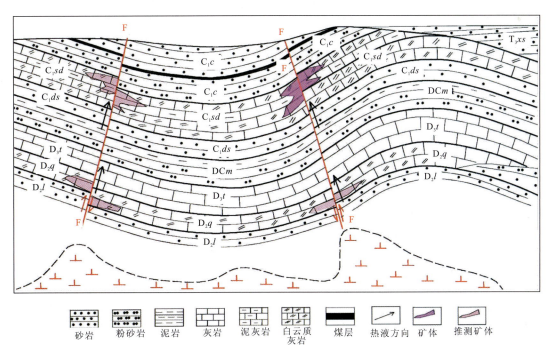

图6 竹子坑式铅锌矿成矿模式图(成先海,2014)

(4)破碎带型铁银锰矿。根据矿床特征综合分析建立大龙式铁锰银矿雪山嶂预测工作区预测要素一览表(表4)。

表4 大龙式铁银锰矿雪山嶂预测区预测要素一览表

特征描述		大龙式锰矿	分类
成矿要素		描述内容	
地质环境	构造背景	构造位置位于EW向桂东-大东山岩浆岩体(桂东-大东山断裂带)、EW向佛冈-丰良深断裂带、NE向郴州-怀集脆性逆冲断裂带、吴川-四会韧-脆性逆冲断裂带和NE恩平-新丰韧-脆性逆冲断裂带的夹持区的英德凹陷带	重要
	地层	中泥盆统杨溪组、老虎头组砂岩建造。棋梓桥组灰岩-白云岩建造,下石炭统石磴子组生物碎屑灰岩-白云岩、页岩建造	必要
	岩浆岩	燕山早期花岗岩	重要
矿床特征	矿体形态	透镜状、脉状、扁豆状	次要
	矿物组合	金属矿物主要为硬锰矿、软锰矿、褐铁矿,脉石矿物为方解石、石英等	重要
	结构构造	自形—他形晶粒结构、胶状、鲕状、角砾状等结构,块状、豆状、脉状、角砾状构造	重要
	蚀变类型	铁锰白云石化、菱锰铁矿化、硅化、白云石化和大理岩化	重要
	磁测特征	正负磁场过渡带,异常错动带及串珠状异常带断裂	重要
化探特征		1∶5万水系沉积物 Ag、Mn、Pb、Zn异常	必要
矿点		已知铁锰矿床点	重要

6. 通过对金门—雪山嶂地区开展矿产预测,预测了金银铜铁铅锌等矿种的资源量。

东山楼式金银矿总资源量 Au 为 93.37t,Ag 为 3482.63t,其中查明 Au 为 8.35t,Ag 为 281.97t,预测资源量 Au 为 85.02t,Ag 为 3200.66t。

大顶式铁铜矿总资源量 Cu 为 $22.7×10^4$ t,其中查明 Cu 为 $2.63×10^4$ t,预测 Cu 为 $20.08×10^4$ t。预测铁矿石量 $1734.68×10^4$ t。

竹子坑式碳酸盐岩型铅锌矿预测 Pb 为 $48.51×10^4$ t,Zn 为 $118.47×10^4$ t,其中查明 Pb 为 $3.30×10^4$ t,Zn 为 $5.73×10^4$ t,预测 Pb 为 $45.21×10^4$ t,Zn 为 $112.74×10^4$ t。

大龙式破碎带型银锰矿预测锰矿石量为 $717.24×10^4$ t,银金属量为 1069t,其中查明锰矿石量为 $137.51×10^4$ t,银金属量为 205t。

四、成果意义

本项目为后续开展勘查工作提供了有力的地质支撑。广东省国土资源厅对广东雪山嶂整装勘查区已部署广东省地勘基金进行衔接,随着新的勘探工作量的投入,本区可能实现新区带和新矿种的找矿突破。

第二十三章　湖南茶陵太和仙-鸡冠石锡多金属矿远景调查

伍式崇　陈梅　曾桂华　蔡维　郭锦　刘文军　朱浩锋

（湖南省地质矿产勘查开发局四一六队）

一、摘要

按照1:5万矿产地质调查、异常检查、矿产调查评价、综合研究4个层次的要求，全面开展了湖南茶陵太和仙-鸡冠石锡多金属矿远景调查工作，大致查明了锡多金属矿成矿地质条件、空间分布规律、控矿因素和找矿标志。总结了锡多金属矿成矿规律、成矿模式。新发现鸡冠石钨多金属矿和太和仙金铅锌多金属矿矿产地2处，估算了主要矿脉资源量。

二、项目概况

工作区属湖南省攸县、茶陵县管辖，地理坐标：东经113°29′44″—113°51′38″，北纬26°49′55″—27°22′29″，面积约1000km²。2007—2009年开展的国土资源大调查项目"湖南锡田地区锡铅锌多金属矿勘查"在邓阜仙矿田圈出一批钨锡铅锌多金属矿找矿远景区。2010—2012年，在上述工作取得成果资料的基础上开展了该项目。主要任务是以钨锡为主攻矿种，兼顾综合找矿，以大比例尺地质和物化探测量为主要手段，配合地表工程揭露，全面开展1:5万水系沉积物测量异常检查，圈定矿化有利地段，力争发现一批可供进一步工作的找矿靶区。在此基础上，以工程揭露和控制为主要手段，对有远景的钨锡矿集区（如鸡冠石、太和仙）开展评价工作，初步对区内资源潜力作出总体评价。

三、主要成果与进展

（一）矿产地质调查

在以往地质调查工作的基础上，对邓阜仙岩体北部外接触带开展1:5万矿产地质填图、剖面测量、野外地质调查和综合整理，进一步理顺了地层层序，将测区出露地层划分为21个岩石地层单位。

区内出露地层自老至新主要有寒武系、泥盆系、石炭系、二叠系、侏罗系、白垩系。寒武系为边缘海盆相砂泥质、碳泥质岩和碳酸盐岩沉积，前者经变质作用形成浅变质砂、板岩，是裂隙充填型铅锌金多金属矿床的主要赋矿围岩。泥盆系为滨海相碎屑岩、浅海相碳酸盐岩沉积，石炭系以浅海相碳酸盐岩为主，次为滨海相砂泥质沉积，泥盆系、石炭系碳酸盐岩与岩体接触部位有利于形成厚大的钨锡矿化矽卡岩，与钨锡成矿关系密切。

在工作区的水晶岭、羊古脑、麻石岭-首团等检查区开展了1:5000高精度磁法剖面测量的标本采集和测量工作。高精度磁测发现正负相伴并有一定规模的异常8处（表1）。麻石岭工区共圈定ΔT异常7处，从西到东、从北到南对有一定强度和规模的异常进行了编号，它们分别是C1~C7。水晶岭工区基本无异常显示，总的趋势是北东正，南西负。羊古脑工区一处异常编号C8，表现为中间正，两边负。

表1 麻石岭和羊古脑工区高精度磁法 ΔT 基本特征表

编号	发育位置	规模	异常最大值(nT)	引起异常的可能原因
C1	寒武系与泥盆系接触带上	长约500m,宽约250m	187	裂隙面的矿化蚀变引起
C2	断层附近	长约600m,宽约300m	104	断层引起
C3	寒武系与泥盆系接触带上	长约1500m,宽600m	152	裂隙面的矿化蚀变引起
C4	地层接触带的拐角及矿脉中心处	长约1500m,宽约500m	700	矿化引起
C5	两条矿脉中间	长约1000m,宽约400m	200	矿化引起
C6	两条矿脉中间	长约300m,宽约150m	120	矿化引起
C7	断层附近	长约300m,宽约150m	150	断层引起
C8	断层附近	长约2170m,宽约660m	455	热液活动引起

通过开展高洲、坊楼两个图幅西部湖南部分(200km²)1:5万水系沉积物测量和1:1万土壤测量,共圈定地球化学组合异常8处,其中Ⅰ级异常4处(黄丰桥林场刘家冲铅锌异常、花雨棚-太阳冲钨锡多金属异常、毛湖岭-茶子山钨锡金银多金属异常、太和仙金银铅多金属异常),Ⅱ级异常2处(滴玉-大坳里铅锌钨锡多金属异常、木瓜垄锡钨金银铅多金属异常),Ⅲ级异常2处(牛咀水-石壳里铅锌钨锡多金属异常、大坪里-建新钨锡异常)。

(二)矿产检查

矿产检查8处,其中概略检查5处(麻石岭-首团、风米凹、水晶岭、湘东乡、麦子坑),重点检查3处(鸡冠石、太和仙、麻石岭)(图1)。

1. 概略检查区主要有以下5个。

(1)风米凹概略检查区:出露地层主要有上泥盆统锡矿山组及佘田桥组,锡矿山组下段普遍见矽卡岩与大理岩互层。区内构造发育,以褶皱为主,断裂次之。检查区主要位于兔子坪复式向斜南翼,次级小背斜和向斜发育;断裂主要有NW向、NNE向和NEE向3组,其中NEE向断裂常被石英脉或细粒花岗岩脉所充填,与成矿关系密切。区内岩浆岩分布广泛,主要为邓阜仙复式岩体中印支期汉背岩体,属印支期第一次侵入。岩性为中粒斑状黑云母花岗岩,岩石呈灰白色,似斑状结构。区内围岩蚀变类型较复杂。岩体内部蚀变主要为电气石化、硅化、白云母化及星点状或斑点状黄铁矿化;外接触带围岩的蚀变主要有大理岩化与矽卡岩化,可见浸染状、星点状黄铁矿化,局部见白钨矿化。

本区发育有1:5万水系沉积物AS8,异常分布于邓阜仙花岗岩与泥盆系地层接触带部位,异常元素以W、Sn、Bi为主,浓集中心明显,连续性好,规模大,具矿致异常特征(图2)。

通过异常检测,在岩体内外接触带发现2条钨矿脉。

1号矿脉产于邓阜仙岩体与上泥盆统锡矿山组下段碳酸盐岩接触部位,为矽卡岩型白钨矿体,工程控制走向长约600m,平均厚0.64m,平均品位WO_3 0.189%;2号矿脉产于岩体内接触带,印支期花岗岩与燕山早期花岗岩接触部位附近,为构造-矽卡岩复合型白(黑)钨矿体,受一近EW向的断裂控制,工程控制走向长约400m,平均厚4.62m,平均品位WO_3 0.31%。

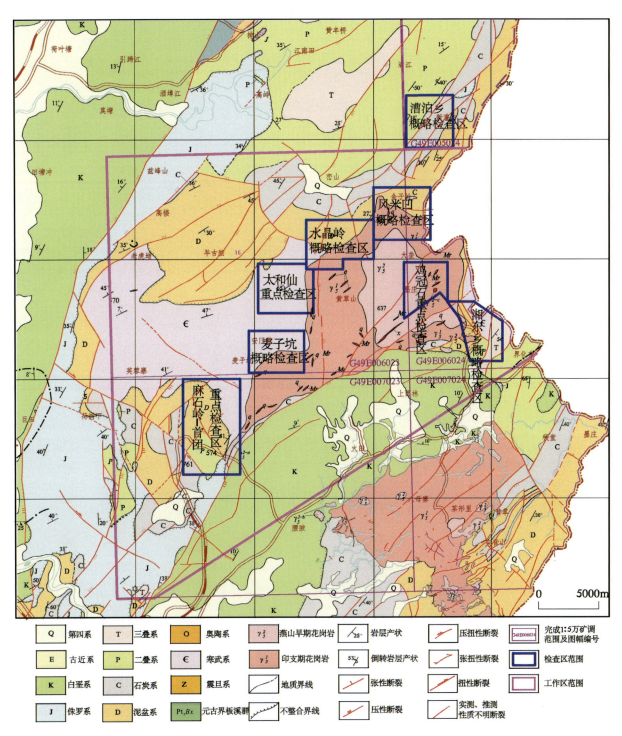

图 1 湖南茶陵太和仙—鸡冠石地区锡多金属矿综合地质图

（2）水晶岭概略检查区：出露地层主要有泥盆系和寒武系。泥盆系岩性主要为细粒石英砂岩、粉砂岩、白云质灰岩、泥质灰岩。区内的钨锡矿与中泥盆统棋梓桥组的碳酸盐岩有关。构造以断裂为主，走向近 SN、NW 向，由硅化碎裂岩、石英脉组成，局部见较好的黄铁矿化、矽卡岩化、褐铁矿化。岩浆岩以印支期邓阜仙花岗岩及其派生岩脉为主，岩性为中粒斑状黑云母花岗岩，岩体与围岩呈突变侵入接触，界线清楚，岩体内部以硅化、云英岩化为主，围岩中的变质砂岩及砂质板岩蚀变以角岩化为主，碳酸盐岩外接触带蚀变以矽卡岩化或大理岩化为主。

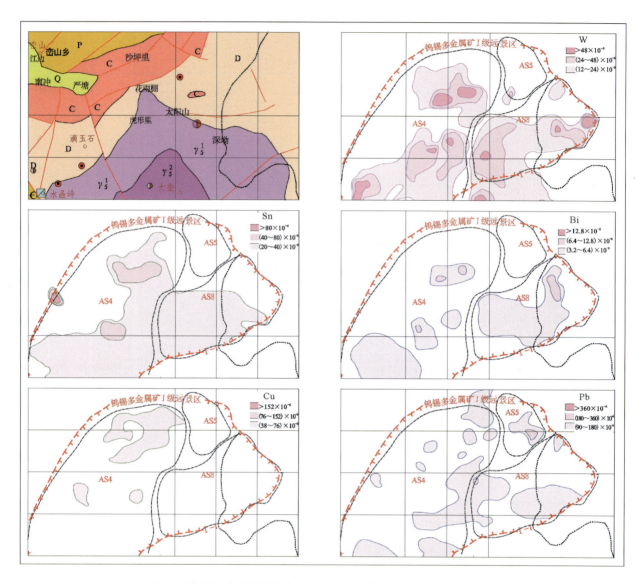

图 2 风米凹-水晶岭钨锡多金属矿 1:5 万水系沉积物异常剖析图

本区发育有 1:5 万水系沉积物 AS4,异常分布于邓阜仙花岗岩与泥盆系、石炭系接触带部位,地质构造复杂,异常元素以 W、Sn、Pb、Zn 为主,中—高强度的异常浓集中心围绕邓阜仙岩体接触带分布,连续性好、规模大,具有多处浓集中心,具矿致异常特征(图 2)。概略检查发现钨矿脉 2 条。

1 号矿脉位于邓阜仙岩体与中泥盆统棋梓桥组碳酸盐岩接触部位,为矽卡岩型钨矿脉,矿化体长约 400m,平均厚 1.24m,平均品位 WO_3 0.119%;2 号脉位于岩体内,为构造蚀变岩型钨矿脉,地表可见长约 1000m,经采样分析,厚 0.52m,品位 WO_3 0.301%。

(3)湘东乡概略检查区:出露的地层有第四系砂质黏土、上二叠统龙潭组石英砂岩、上泥盆统锡矿山组及寒武系砂质板岩。上泥盆统锡矿山组灰岩与岩体接触部位是形成矽卡岩型钨锡多金属矿的有利部位。检查区位于茶陵-临武断裂带北东段茶陵-永兴断裂带。岩浆岩以印支期邓阜仙花岗岩及其他派生岩脉为主,岩性为中粒斑状黑云母花岗岩,似斑状结构,岩体与围岩呈突变侵入接触,界线清楚。围岩蚀变岩体内部以硅化、云英岩化为主,围岩中的变质砂岩及砂质板岩蚀变以角岩化为主,碳酸盐岩外接触带蚀变以矽卡岩化或大理岩化为主。

本区位于1:5万水系沉积物甲1异常AS13东南部,异常以W、Sn、Bi、Cu、Pb、Zn等为主,强度均达Ⅲ级以上,具有多处浓集中心,元素组合复杂,明显受到花岗岩体的内外接触带所控制(图3)。该异常中心部位,与已知邓阜仙大型花岗岩型铌钽矿床、湘东中型钨矿和鸡冠石钨矿点基本相吻合。

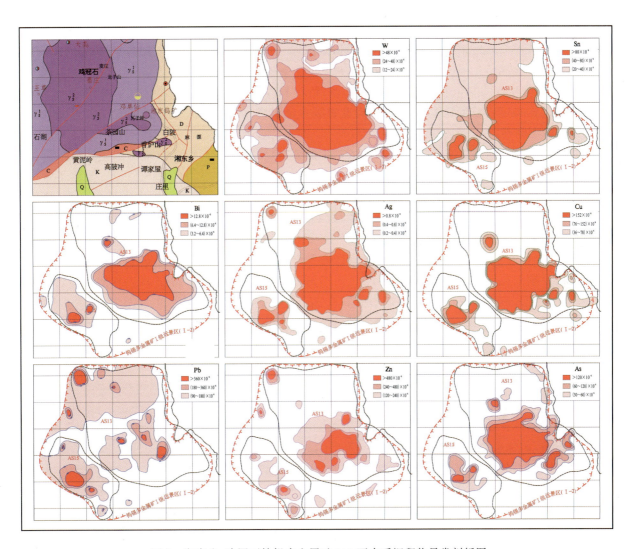

图3 湘东乡-鸡冠石钨锡多金属矿1:5万水系沉积物异常剖析图

经对区内分布的AS13异常初步检查,在邓阜仙岩体与上泥盆统锡矿山组下段碳酸盐岩接触部位发现矽卡岩型钨矿脉1条,矿脉走向长1000m,厚1.98m,品位WO_3 0.184%。

(4)麦子坑概略检查区:位于邓阜仙岩体西部内外接触带,出露地层主要为寒武系,岩性为浅变质砂岩、砂质板岩、板岩、碳质板岩,金铅锌多金属矿主要分布于浅变质的砂、板岩内的构造裂隙中。区内褶皱构造为NE向麦子坑-太和仙穹隆状复式背斜构造,次级褶皱发育。断裂构造十分发育,主要有NE向、NW向两组压性断裂,前者十分发育,二组断裂与成矿关系均较密切,是区内金铅锌矿的主要储矿构造。岩浆岩为印支期中粒斑状黑云母花岗岩,分布于矿区的东南部。围岩蚀变主要有硅化、云英岩化、绢云母化,硅化与金铅锌多金属矿关系密切。

本区分布有1:5万水系沉积物异常AS14异常,位于邓阜仙复式花岗岩体南西的内外接触带附近,异常元素以Au、W、Bi、Pb、Zn元素为主,异常均具中等强度,浓集中心明显,具矿致异常特征。

通过对AS14异常开展检查发现了规模较大的蚀变带4条,蚀变带长1300~2000m,厚0.1~0.5m,见黄铁矿化、方铅矿化、闪锌矿化。

(5)漕泊乡概略检查区：位于湘东攸县断陷盆地东侧，黄丰桥断褶带中段，柏市复斜向斜NE段及NE收敛扬起部位。区内出露泥盆系、石炭系和二叠系。岩性为石英砂岩、砂岩、泥岩、白云质灰岩、泥质灰岩等。断裂构造发育，有NNE向、NE向和SN向多组断裂，其中以NE向断裂构造最为发育。褶皱主要发育黄丰桥、兰村复式向斜，多被区域性NE向和SN向断裂破坏了褶皱的完整性，致使复式向斜内发育的次一级褶皱发育不全。

本区发育有1∶5万水系沉积物异常AS4、AS5、AS6。通过异常检查，在二叠系龙潭组与茅口组接触处发现一层氧化锰矿化体，走向长约1000m，Mn品位3.30%～4.20%。

2. 重点检查区有以下3个。在异常检查的基础上，选择成矿地质条件有利、找矿潜力较大的麻石岭铅锌矿和已知鸡冠石石英脉型、构造蚀变岩型钨锡多金属矿、太和仙构造蚀变岩型金铅锌多金属矿等3处进行了重点检查。

通过工作大致查明了检查区构造、岩浆岩、矿化蚀变带特征与分布情况；基本了解了矿（体）脉分布范围、规模、形态、产状及矿石质量，主要矿脉中深部矿体的形态、产状、厚度及矿石质量；基本了解了矿（体）脉近矿围岩蚀变种类、分布及其与矿化的关系；大致查明了矿床成矿控制因素和成矿条件；研究认为检查区钨锡多金属矿床为高温热液石英脉型、破碎蚀变岩型钨锡矿床，铅锌金多金属矿床为低—中温热液破碎蚀变岩型铅锌金矿床。

(1)鸡冠石钨锡多金属矿重点检查区：检查区内无地层出露，岩浆岩为印支期中—中细粒黑云母花岗岩和燕山早期细粒二云母花岗岩。后者与区内钨锡多金属矿成矿密切相关。区内构造主要表现为一系列的NE—NEE向的断裂，主要以含矿石英脉或含矿硅化破碎带的形式产出，为区内主要容矿构造。围岩蚀变发育，主要有云英岩化、绢云母化、电气石化、硅化、绿泥石化。硅化、云英岩化与钨锡矿化关系密切。

检查区位于1∶5万水系沉积物AS13北东部，以W、Sn、Bi组合为主，浓集中心明显，强度达Ⅲ级以上，具矿致异常特征（图3）。异常中心部位，与已知金竹垄大型蚀变花岗岩型铌钽矿床、中型湘东钨矿和鸡冠石钨矿点基本相吻合。

经进一步矿产查证，鸡冠石矿区内已发现石英脉或构造蚀变岩型钨多金属矿脉十余条，其中规模较大的矿脉8条，矿脉呈密集的脉状成组成带分布，走向NE，倾向SE，倾角较陡，一般65°～85°，单脉走向长640～2400m，一般1300m左右，矿体厚0.3～3.95m，单脉平均品位WO_3 0.12%～0.941%。其中6号矿脉为构造蚀变岩型，中深部经ZK301等6个钻孔控制，见矿情况较好，控制矿体倾向延深230～500m，厚0.35～0.81m，品位WO_3 0.302%～1.973%。

矿脉中主要金属矿物为黑钨矿、白钨矿、黄铁矿、磁黄铁矿、毒砂、黄铜矿、闪锌矿、方铅矿、微量的锡石和菱铁矿。脉石矿物以石英为主，少量长石、白云母、绢云母、电气石、萤石和方解石。矿石结构以他形—自形粒状结构、交代残余结构为主。矿石构造主要以条带状、浸染状构造为主，围岩蚀变主要有云英岩化、绢云母化、绢英岩化、电气石化、硅化、绿泥石化、叶蜡石化。

估算了鸡冠石石英脉型、构造蚀变岩型钨多金属矿主要矿脉333资源量WO_3为2138.18t，334资源量WO_3为2168.64t。

(2)太和仙金铅锌多金属矿重点检查区：出露地层主要为寒武系，岩性为浅变质砂岩、砂质板岩、板岩、碳质板岩，金铅锌矿主要分布于浅变质的砂、板岩内的构造裂隙中。区内褶皱构造为北东向麦子坑-太和仙穹隆状复式背斜构造。次级褶皱发育，向SE倒转，褶皱紧闭。区内断裂构造十分发育，主要有NE向、NW向两组压性断裂，二组断裂与成矿关系均较密切，是区内金铅锌矿的主要储矿构造。岩浆岩为印支期中粒斑状黑云母花岗岩，分布于检查区的东南部。围岩蚀变主要有硅化、绢云母化、绿泥石化，硅化与金铅锌多金属矿关系密切。

经进一步矿产查证，区内已发现构造蚀变岩型金铅锌多金属矿脉28条。其中NNE向13条，NW向15条。矿脉均产于中寒武统浅变质砂板岩系中，受NNE和NW向压扭性断裂或层间破碎带控制，呈较密集的脉状成组成带分布，脉带宽600m，长2600m。NNE组矿脉单脉走向长925～1250m，矿体厚

$0.3\sim 0.63\mathrm{m}$,品位 $\mathrm{Au}(4.49\sim 5.26)\times 10^{-6}$,Pb $0.23\%\sim 3.87\%$,Zn $0.34\%\sim 1.98\%$;NW 组矿脉单脉走向长 $300\sim 1400\mathrm{m}$,矿体厚 $0.2\sim 0.9\mathrm{m}$,品位 $\mathrm{Au}(2.41\sim 19.11)\times 10^{-6}$,Pb $0.75\%\sim 4.01\%$,Zn $0.069\%\sim 1.52\%$。两组矿脉中以 NE 组 4、5、12 号矿脉和 NW 组 8、9、10、14、16 号矿脉规模较大,且含矿性较好。

4、5、6 号矿脉中深部经 ZK001 和 ZK801 钻孔控制,均见到了相应的矿脉(体)。其中 ZK001 见 6 号矿脉,矿体厚 $0.72\mathrm{m}$,品位 Pb 1.286%,Zn 0.164%,Au 7.92×10^{-6},Ag 41.2×10^{-6},控制矿体斜深 500m(图 4)。

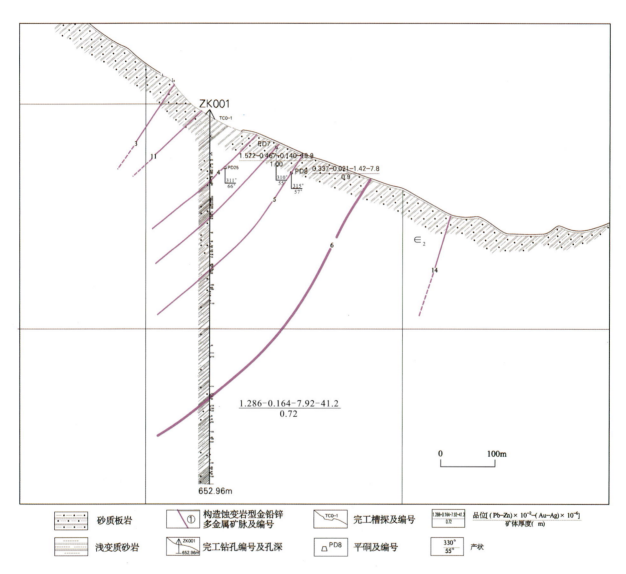

图 4 太和仙金铅锌多金属矿 0 号勘探线剖面图

矿脉中金属矿物以方铅矿、闪锌矿为主,次为黄铁矿、毒砂,含有较高的自然金及少量的银,含少量黄铜矿、斑铜矿。脉石矿物以石英为主,次为硅质、绿泥石、绢云母及黏土矿物等。原生硫化物矿石具它形粒状结构,斑点状、浸染状、团块状构造,少见角砾状、条带状构造。围岩蚀变主要有硅化、绢云母化、绢英岩化、硅化、绿泥石化。

估算主要矿脉 333+334 金属资源量:Au 为 3.71t,Pb+Zn 为 7062t。

(3)麻石岭铅锌多金属矿重点检查区:位于邓阜仙岩体南西侧外接触带,位于麦子坑-太和仙穹隆背斜的南东段,出露地层主要为寒武系、泥盆系,寒武系岩性为浅变质砂岩、板岩、碳质板岩。泥盆系为滨海相碎屑岩、浅海相碳酸盐岩沉积。区内褶皱构造不发育,断裂构造较发育,主要有 NE 向、NW 向两组。

经对 1:5 万水系沉积物 AS21、AS22 异常开展了 1:1 万地质简测,对异常较好、矿化蚀变有利部位进行了 1:5000 土壤剖面测量、1:5000 高精度测法剖面测量,取得了较好的成果,区内发现 4 条构造蚀变(矽卡)岩型铅锌多金属矿脉。

1 号脉为构造蚀变岩型铅锌矿脉,矿脉地表出露长 600m,厚 1.51m,品位 Pb 1.38%、Zn 0.35%、Ag 13.48×10^{-6};2 号脉为矽卡岩型铅锌矿脉,地表出露长 1050m,揭露矿脉平均厚度约为 1.20m,平均品位 Pb 0.50%、Zn 1.20%;3 号脉为构造蚀变岩型铅锌矿脉,地表出露长 2700m,平均厚 0.86m,品位 Pb 1.39%、Ag 110.03×10^{-6};4 号脉为构造蚀变岩型铅锌矿脉,地表出露长约 2000m,矿脉平均厚 0.87m,品位 Pb 0.957%、Ag 14.17×10^{-6}。

(三)综合研究

在系统收集、深入分析研究工作区已有地、物、化、遥等成果资料及近年来锡田地区开展的《南岭地区锡矿成矿规律研究》《湘东地区花岗岩与成矿关系及选区研究》取得研究成果的基础上,针对矿产远景调查阶段急需解决的矿产和基础地质问题,与锡田地区正在进行的《湖南锡田地区锡矿成矿规律与靶区预研究》密切协作,有针对性地开展了工作区锡多金属矿的成矿地质条件、成矿规律和成矿预测研究,对邓阜仙岩体岩浆岩特征和钨锡多金属矿床矿化蚀变、矿石矿物组合特征以及成矿时代信息等进行了初步分析,总结了工作区典型矿床的成矿模式。指出了下一步找矿方向,并在指导工作区深部工程验证方面取得了较显著的成效。综合研究成果主要体现在以下几个方面。

1. 区内矿床自邓阜仙岩体向外矿床类型和成因具有明显的分带性,即由气成热液高温石英脉型钨锡矿床、中高温接触交代矽卡岩型钨锡矿床→低中温热液裂隙充填型金铅锌多金属矿床→中低温热液锑金矿床的分带。在地球化学元素组合上由岩体中心向外具有 W、Bi、Mo、Sn、Cu、Ag、Zn、Pb、F→W、Sn、Bi、Mo、Cu、Ag、Zn、Pb、F→Pb、Zn、Au、Sb、Ag→Au、Sb、As 分带性。

2. 邓阜仙岩体为印支—燕山期多次侵入的复式花岗岩体,燕山早期形成的中粒二云母花岗岩与燕山晚期形成的细粒白云母花岗岩富含 Nb、Ta、W、Sn、Bi、Cu、Pb、Zn、Ag 等成矿元素,为钨、铜多金属矿床的形成提供了必要的成矿物质来源。在印支期与燕山期两期花岗岩体接触部位,NE—NNE 向构造发育,并发育有良好的物化探异常,是寻找石英脉型、构造蚀变岩型钨、锡多金属矿的有利部位。

3. 根据邓阜仙地区岩浆岩特征和锡多金属矿床矿化蚀变、矿石矿物组合特征,以及成矿时代信息等总结了矿区典型矿床的成矿模式:锡多金属成矿作用与燕山期岩浆活动密切相关,其成矿物质主要来自在岩浆房充分分异后的岩浆岩;当富含成矿物质的岩浆热液上升,并侵位到不同的围岩时,由于成矿物质的交代、充填作用而形成不同类型的矿床。中泥盆统棋梓桥组、上泥盆统锡矿山组不纯灰岩与邓阜仙岩体接触处的内外接触带是接触交代矽卡岩型钨锡多金属矿赋存的有利部位;邓阜仙岩体外接触带基底构造层寒武系中部含碳泥质浅变质砂、板岩是寻找裂隙充填型金铅锌多金属矿床的有利地段;发育于邓阜仙岩体中的 SN 向压扭性断裂构造是区内裂隙充填型铅锌矿的有利容矿构造。

四、成果意义

1. 大致查明了工作区锡多金属矿成矿地质条件、空间分布规律、主要矿脉地质特征及找矿标志。总结了石英脉型钨锡矿、矽卡岩型钨锡矿、构造蚀变岩型金铅锌多金属矿成矿规律、成矿模式,在后期工程验证中取得较好的找矿成效,为在湘东地区寻找该类型钨锡多金属矿床提供理论依据。

2. 太和仙重点检查区金铅锌多金属矿、鸡冠石重点检查区钨多金属矿成矿地质条件有利,主要矿脉经深部钻探工程了解,均见到了较好的工业矿体,为下一步在本区开展预查—普查工作提供了有力的支撑。

第二十四章 湖南新田地区矿产远景调查

陈端赋　陈长江　许以明　龚述清　黎传标
张国华　陈曦　张方军　胡斯琪

（湖南省地质调查院）

一、摘要

重新厘定了工作区地层序列，划分了22个岩石地层单位；对新田县境内的矿床（点）进行了全面梳理，概略检查矿点8处，重点检查3处；新发现矿产地1处，提交334锰矿石资源量$256.5×10^4$t。在综合分析研究的基础上，划分了找矿远景区，圈定了找矿靶区，指出了找矿方向。

二、项目概况

工作区主要位于湖南南部新田县，地理坐标：东经112°08′09″—112°22′45″，北纬25°42′53″—26°04′40″，面积960km²。工作起止时间：2010—2012年。新田县是国家级贫困县，该项目主要任务是在新田地区开展矿产远景调查，选择区内成矿地质较好、矿点分布较多的地段开展1∶5万矿产地质测量和土壤测量，圈定找矿靶区，择优开展矿点检查和异常查证，大致了解区内矿产的种类、分布及资源潜力，对新田地区矿产远景作出总体评价，预期提交新发现矿产地1处。

三、主要成果与进展

1. 通过1∶5万遥感地质解译，了解了区内地层、岩浆岩、构造等地质体的综合影像特征，提出了不同影像特征的地层影像单元22个、线性构造影像30多条、褶皱构造影像5个、环形构造影像1个，圈定了遥感异常35处，圈定遥感找矿远景区6个（表1）。

2. 通过收集和实测剖面资料的综合整理，测区厘定了22个岩石地层单位。

（1）泥盆纪棋梓桥组（$D_{2-3}q$）由原来的中泥盆世定为中—晚泥盆世；将"1∶20万桂阳幅区域地质调查报告"中的棋梓桥组中上部及佘田桥组下部地层划归为棋梓桥组。

（2）石炭纪地层由原来的3分法改为2分法："1∶20万桂阳幅区域地质调查报告"中的早石炭世地层不变，中石炭世黄龙组为现晚石炭世大埔组，晚石炭世船山组改为早二叠世马平组。

3. 通过1∶5万土壤测量，圈定土壤化探综合异常16处，查证7处：大桥边铅锌异常（AP1）、阳湾锑金异常（AP3）、新圩锑汞异常（AP12）、毛里铅锌异常（AP8）、石羊钨汞多元素异常（AP14）、道塘锑元素异常（AP10）、莲花铅锌异常（AP2）。

4. 通过矿产地质调查，查明区内有矿床、矿（化）点35处（表2），其中铅锌（铜）铜矿床、矿点5处、锑矿矿床2处、汞矿点5处、铁矿（化）点有14处、铁锰矿床1处、煤矿床4处、重晶石矿床点2处、黄铁矿点1处、磷矿点1处。

表1 遥感找矿远景区异常特征表

异常区编号	异常区面积(km²)	遥感异常综合特征
YG01	6.5	羟基异常呈零散状分布于大埔组白云质灰岩中,铁染异常展布分散,浓集度欠佳。线性构造、环形构造均有体现
YG02	4.2	铁染异常呈斑块状断续分布于泥盆纪棋梓桥组中,线性构造、断层均有体现,一、二级均有出现,展布分散,浓集度较好
YG03	8.8	铁染异常呈斑块状断续分布于泥盆纪跳马涧组中,线性构造、断层均有体现,一、二级均有出现,展布分散,浓集度欠佳
YG04	6.6	铁染异常呈斑块状断续分布于金鸡岭岩体中,铁染浓度分散,铁染异常二级异常均有出现。羟基异常呈零散状分布
YG05	2.5	铁染异常呈斑块状断续分布于寒武系中,铁染浓度分散,铁染异常二级异常均有出现。羟基异常呈零散状分布
YG06	3.8	两类遥感呈斑块状分布于石炭系、泥盆系中,铁染浓度集中,铁染异常二级异常均有出现,羟基分布较少。线性构造及环形构造均有体现

表2 新田县矿产统计一览表

编号	矿产地名	矿床类型	规模	工作程度
1	新圩铅矿	脉状方铅矿	矿化点	矿点检查
2	新圩铜铅锌多金属矿	脉状锑铅锌矿	小型	普查评价
3	大桥边铅锌矿	脉状铅锌矿	矿点	矿点检查
4	东门桥铅锌矿	裂隙充填型铅锌矿	矿点	详查
5	道塘锑矿	脉状锑矿	小型	普查
6	陶宝村汞矿	脉状汞矿	矿点	矿点检查
7	新圩汞矿	裂隙充填型锑汞矿	矿点	矿点检查
8	鹅公井汞矿	裂隙充填型汞矿	矿点	矿点检查
9	新塘铺汞矿	脉状汞矿	矿点	矿点检查
10	陶岭汞矿	裂隙充填型汞矿	矿点	矿点检查
11	源头岭铜矿	脉状铜矿	矿点	矿点踏勘
12	龙珠重晶石矿	脉状重晶石矿	矿点	新发现
13	枇杷窝重晶石矿	脉状重晶石矿	小型	矿点检查
14	大湾磷矿	层状磷矿	矿化点	矿点检查
15	阳湾锑矿	裂隙充填型锑矿	小型	新发现
16	龙溪煤矿	层状煤层	小型	普查勘探
17	落脚褐铁矿	铁帽型褐铁矿	矿点	矿点检查
18	麻凉亭褐铁矿	铁帽型褐铁矿	矿点	矿点检查

续表2

编号	矿产地名	矿床类型	规模	工作程度
19	饭窝岭褐铁矿	铁帽型褐铁矿	矿点	矿点检查
20	圹坪褐铁矿	铁帽型褐铁矿	矿点	踏勘检查
21	新圹铺褐铁矿	铁帽型褐铁矿	矿点	踏勘检查
22	张家岭褐铁矿	铁帽型褐铁矿	矿点	踏勘检查
23	塘湾褐铁矿	风化淋滤型褐铁矿	矿点	踏勘检查
24	田心村铁矿	风化淋滤型褐铁矿	矿化点	踏勘检查
25	坪山村铁矿	风化淋滤型褐铁矿	矿化点	踏勘检查
26	清山湾村铁矿	风化淋滤型褐铁矿	矿化点	踏勘检查
27	秀岭水铁矿	层控型铁矿	矿点	新发现
28	何昌村铁矿	风化淋滤型铁矿	矿化点	新发现
29	伍家铁矿	层控型铁矿	矿点	新发现
30	长冲铁矿	风化淋滤型铁矿	矿点	新发现
31	知市坪锰矿	风化淋滤型	中型	新发现
32	莲花铅锌矿	脉状铅锌矿	矿点	新发现
33	周家洞煤矿	层状煤层	矿点	踏勘检查
34	十字圩煤矿	层状煤层	矿点	踏勘检查
35	石羊煤矿	层状煤层	矿点	踏勘检查

5. 在分析全区矿点及地球化学异常特征基础上,选择了知市坪铁锰矿等8处矿点进行概略检查,择优3处(湖南省新田县知市坪铁锰矿区、湖南省新田县伍家铁矿点、湖南省新田县龙珠重晶石矿点)进行了重点检查。分别获得334锰矿石资源量256.5×10^4t、重晶石矿石资源量8.49×10^4t。其中知市坪铁锰矿点达新发现矿产地要求,介绍如下。

知市坪铁锰矿区位于湖南省南西部,行政区划隶属于永州市新田县南部,属知市坪乡管辖。矿区地理坐标:东经112°18′15″—112°22′30″,北纬25°47′15″—25°53′45″,面积30km²。

出露地层主要为泥盆系、石炭系,为一套浅海台地相碳酸盐岩夹滨浅海相碎屑岩、黏土岩的岩性组合(图1)。矿区构造发育,褶皱主要为知市坪向斜,断层主要有SN、NE及EW向3组。

铁锰矿主要分布于知市坪向斜核部大埔组顶部含铁锰质白云岩、白云质灰岩及灰质白云岩强风化后形成的残坡积土中,铁锰矿层覆盖整个大埔组。知市坪向斜核部长约3.8km,宽约2.1km,大埔组分布面积约7km²。矿体呈层状、似层状,近水平产出。区内大致控制结核状铁锰矿体4个、褐铁矿体3个。矿体分布范围:从北至南有9、0、10线控制,北起知市坪中心,南至龙溪村。

知市坪矿区共求得334氧化锰矿石量256.5×10^4t(中型规模)、平均品位:Mn 17.24%,TFe 18.46%,平均含矿率24.62%;334褐铁矿矿石量69×10^4t,平均品位:Mn 5.44%,TFe 39.00%,平均含矿率28.09%。

6. 系统分析了全区地层、构造、岩浆岩、变质作用等地质条件以及地球化学异常特征,总结了成矿规律,圈定了找矿远景区和找矿靶区。

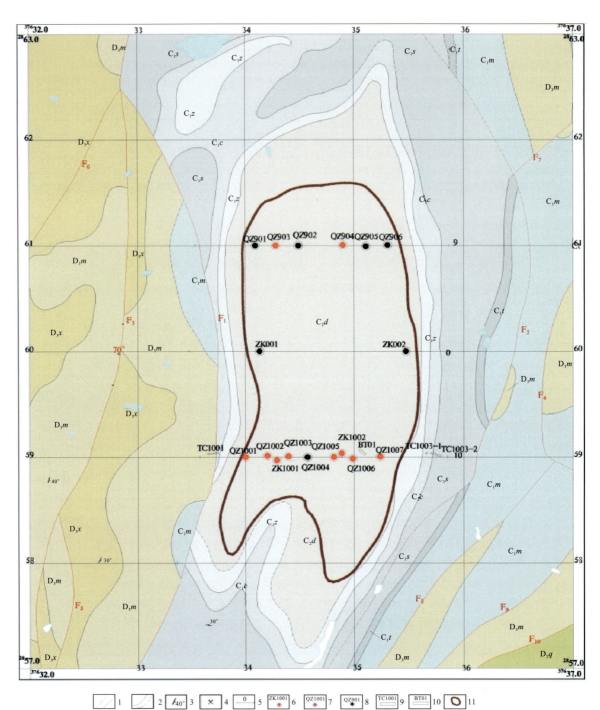

图 1 湖南省新田县知市坪矿区铁锰矿地质图

C_2d.大埔组；C_1z.梓门桥组；C_1c.测水组；C_1s.石磴子组；C_1t.天鹅坪组；C_1m.马栏边组；D_3m.公坳组；D_3x.锡矿山组；D_2q.棋梓桥组；1.实测、推测断层；2.实测及推测地层界线；3.产状；4.老窿；5.煤矿点；6.勘探线及编号；7.钻孔及编号（见矿）；8.浅钻及编号（见矿）；9.浅钻及编号（未见矿）；10.探槽及编号；11.剥土及编号

区内矿产以锑、汞、铅、锌等中低温矿产及沉积型铁锰矿产为主，属塔山-阳明山岩体外接触带范围，内生金属矿产 Sb、Hg、Pb、Zn 基本上沿陶岭—塘市一线以 NE 向构造骨架为主的断裂破碎带分布。矿床（化）点分布具有以下规律。

(1) 含矿地层层位集中。主要为泥盆系,控制了区内90%以上矿床(化)点,其中又以泥盆系棋梓桥组为主。

(2) 矿物组合分带性明显。平面上以新圩为中心,新圩以中低温铅、锌、铜矿化为主,往外围过渡以锑、汞矿化为主;剖面上以新圩为例,浅部以铁锰铅锌为主,往深部过渡到以铜钨为主,体现出成矿温度的顺向分布的特征。

(3) 矿床类型分带也有一定的规律,新圩一带以充填交代型为主,往外围逐渐过渡到以受构造控制的充填型矿床为主。

(4) 以铁锰和煤为主的沉积型矿产,则严格受向斜构造控制,特别是以石炭系大埔组为核部的向斜构造控矿作用明显。

(5) 构造控矿分带明显。矿床(化)点基本上分布在南东以油井-秀岗断层F_{11}为界、北西以鸡公嘴-山田断层F_6为界的NE向构造褶断带内。NE向断裂及其伴生次级裂隙是区内今后寻找构造破碎带型内生金属矿床的重要突破方向。

内生矿产主要集中分布于泥盆系中,受NE向构造控制。区内NE向主要区域性断裂切穿最老地层为寒武系、最新地层为石炭系,未切穿的地层最老为白垩系,推测成矿活动期应在石炭纪以后、白垩纪以前。工作区北部阳明山岩体形成时代为印支期,区内中低温矿床形成应在阳明山岩体侵入之后。据此认为区内主要成矿活动应集中在印支期后期—燕山早中期,以燕山期为主,而区内沉积型铁锰矿床则主要形成于第四纪。

通过综合分析研究,划分了4个找矿远景区(表3),其中Ⅰ级1个、Ⅱ级1个、Ⅲ级2个;圈定找矿靶区4处,其中A类1处、B类1处、C类2处。

表3 找矿远景区特征表

序号	级别	名称	远景区特征				
			地层	构造	异常特征	矿产特征	遥感特征
1	Ⅰ	新圩-陶岭锑多金属矿找矿远景区	泥盆系	褶皱、断裂构造发育,褶皱主要为向斜构造,断裂有NE向及近EW向两组	甲$_2$类化探异常两处:AP10、AP12。乙$_1$类异常两处:AP13、AP15;乙$_2$类异常一处:AP16	铅锌矿点2处,锑矿点1处,汞矿点2处,铁矿点4处	大型环形影像构造
2	Ⅱ	知市坪铁锰煤找矿远景区	泥盆系、石炭系	褶皱、断裂发育,褶皱主要为知市坪向斜,断裂有NE向及近SN向两组	丙类异常1处:AP11	中型铁锰矿1处,小型煤矿1处	环形构造边缘
3	Ⅲ	莲花-塘市锑铅锌矿找矿远景区	寒武系、奥陶系、泥盆系	区内褶皱、断裂构造发育,褶皱以紧闭型、半紧闭-开阔型背斜、向斜为主,断裂主要为NE向断层	甲类异常2处:AP1、AP3,丙类异常1处:AP2	铅锌矿点2处,锑矿点1处	大型NE向线性构造
4	Ⅲ	金盆圩-枧头铁锰多金属矿找矿远景区	泥盆系、石炭系、侏罗系	区内褶皱、断裂构造较发育,褶皱有背斜、向斜构造3处,断裂有NW、NE向两组	丙类异常1处:AP9	汞矿点1处,铁矿点1处,铁锰矿点1处	NW向线性构造

(1) 新圩锑汞多金属矿找矿靶区(A1):位于新田县新圩镇附近,面积11.3km²。找矿目标为构造蚀变带型锑铅锌多金属矿。出露地层为中泥盆统易家湾组、黄公塘组、棋梓桥组(图2)。赋矿层为棋梓桥组一套灰岩、泥质灰岩及易家湾组泥灰岩夹页岩。区内褶皱及断裂构造发育,以断裂构造为主。靶区内有矿床(化)点5处。所见铜、铅、锌、锑、汞多种矿化,主要矿化体受NE向断裂破碎带控制,地表多呈铁帽形式出现。发育甲₂类综合异常1处:AP12,既有中低温元素异常,也有高温元素异常,且强度高,浓集中心明显。

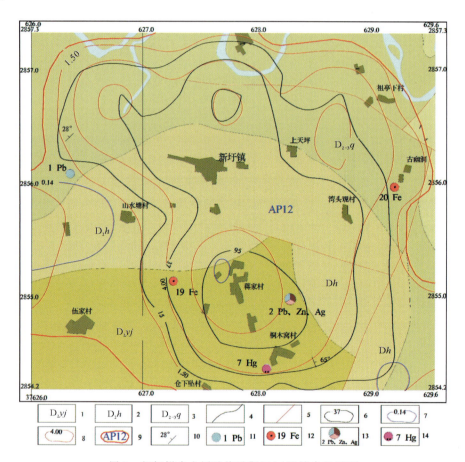

图2　新圩锑多金属矿找矿靶区(A1)综合地质图
1.易家湾组;2.黄公塘组;3.棋梓桥组;4.地质界线;5.断层;6.Sb等值线;7.Ag等值线;8.Hg等值线;9.化探异常及编号;10.产状;11.铅矿点及编号;12.铁矿点及编号;13.铅锌矿点及编号;14.汞矿点及编号

地表及浅部广泛分布着中低温的热液蚀变和矿化,范围大,说明成矿热液可能来自深部,暗示深部可能存在隐伏岩体;遥感解译又在本区发现一个较大的环形构造也推测深部有可能有隐伏岩体。本区浅部对寻找中低温锑铅锌矿床较为有利,同时深部也有寻找到隐伏矽卡岩型盲矿床的可能。

(2) 知市坪铁锰矿找矿靶区(B1):位于桂阳县塘市镇西北部,面积11.0km²。靶区处于知市坪中学-龙溪向斜中。出露地层主要为泥盆系、石炭系,为一套浅海台地相碳酸盐岩夹滨海-浅海相碎屑岩、黏土岩的岩性组合(图3)。区内构造以褶皱构造为主,主要为知市坪中学-龙溪向斜,断裂构造较为简单,主要有SN向组断裂及NE向组断裂。靶区内有新发现知市坪中型锰矿床1处(29),小型煤矿1处(16)。圈定AP11丙类化探异常1处。

(3) 莲花铅锌矿找矿靶区(C1):位于桂阳县塘市镇西北部,面积3.0km²。找矿目标为构造破碎带型锑多金属矿。

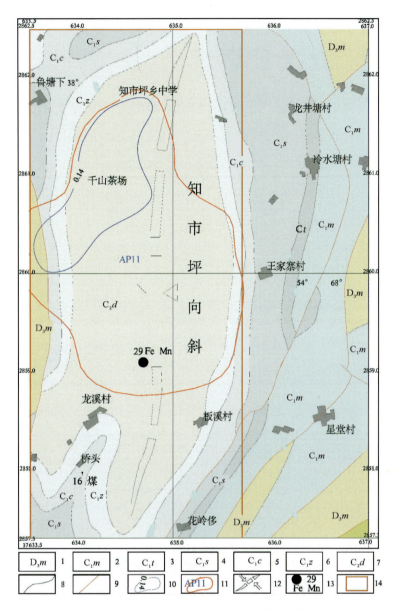

图 3　知市坪铁锰矿找矿靶区(B1)综合地质图

1. 孟公坳组；2. 马栏边组；3. 天鹅坪组；4. 石磴子组；5. 测水组；6. 梓门桥组；
7. 大埔组；8. 地质界线；9. 断层；10. Ag 等值线；11. 化探异常及编号；12. 向斜；
13. 矿点及编号；14. 靶区范围

靶区出露地层为泥盆系中统易家湾组、黄公塘组、棋梓桥组。赋矿层为棋梓桥组一套灰岩、白云质灰岩(图 4)。区内褶皱及断裂构造发育，以断裂构造为主，主要为 NE 向断裂。靶区内有新发现莲花铅锌矿点 1 处、圈定有甲$_2$ 类化探综合异常 1 处。

(4)苟头井铁锰矿找矿靶区(C2)：位于新田县金盆圩乡恩富村，面积 4.0 km^2。找矿目标为风化淋滤型铁锰多金属矿。靶区位于新田幅西南角。出露的地层为石炭纪马栏边组、天鹅坪组、石磴子组等。赋矿层以石磴子组一套含生物屑泥晶灰岩为主，夹含燧石团块和条带灰岩沉积(图 5)。区内褶皱、断裂构造较发育，褶皱以大山村向斜为代表，断裂主要有 NW 向组、NE 向组及近 SN 向组断裂。靶区内有铁锰矿点 1 处、圈定化探综合异常 1 处(AP9)。

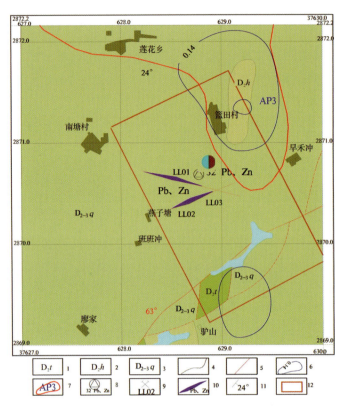

图 4　莲花铅锌矿找矿靶区(C1)综合地质图

1. 跳马涧组；2. 黄公塘组；3. 棋梓桥组；4. 地质界线；5. 断层；6. Ag 等值线；7. 化探异常及编号；8. 铅锌矿点及编号；9. 老窿及编号；10. 铅锌矿脉；11. 产状；12. 靶区范围

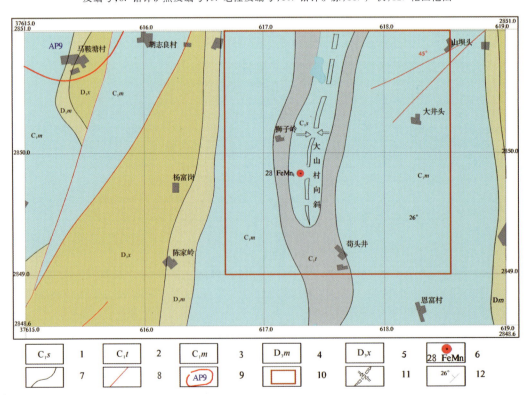

图 5　苟头井铁锰矿找矿靶区(C2)综合地质图

1. 石磴子组；2. 天鹅坪组；3. 马栏边组；4. 孟公坳组；5. 锡矿山组；6. 矿点及编号；7. 地质界线；8. 断层；9. 化探异常及编号；10. 靶区范围；11. 向斜；12. 产状

四、成果意义

1. 系统分析了地层、构造、岩浆岩和变质作用等成矿地质条件,总结了成矿规律,圈定了找矿远景区和找矿靶区,为新田地区下一步地质找矿及地方政府的规划部署提供了大量基础地质资料。

2. 湖南省新田县是国家级贫困县。新发现矿产地1处,估算334锰矿石资源总量256.5×10^4 t,开发后将有利当地群众脱贫致富,具有明显的社会经济效益。

第二十五章　湖南茶陵—宁冈地区矿产远景调查

谭仕敏　资柏忠　刘邦定　陈剑锋　刘峻峰　肖荣
李胜苗　朱耕戎　宁进锡　向轲

(湖南省地质调查院)

一、摘要

在综合分析地、物、化、遥成果的基础上,利用大比例尺地、物、化等工作手段,配合地表工程,检查化探异常 16 处,物探异常 15 处,择优概略检查矿点 7 处,重点检查矿点 6 处;新发现矿(化)点 21 处,提交牛头坳和白面石 2 处稀土矿产地;大致查明了区内稀土、钨(锡、钼、铜)、萤石矿控矿条件,分析了成矿规律,建立了区内稀土、钨(锡、钼、铜)、萤石矿等主要矿种主要类型的找矿模型;初步划分找矿远景区 5 个,圈定找矿靶区 10 个(A 类 6 个、B 类 3 个、C 类 1 个),明确了今后开展普查找矿的地域和方向。

二、项目概况

"湖南茶陵—宁冈地区矿产远景调查"是中国地质调查局 2010 年下达给湖南省地质调查院的矿产远景调查项目。调查区处于南岭成矿带东段北缘。行政区划隶属湖南省株洲市炎陵县及郴州市资兴市和桂东县管辖。工作区拐点坐标:东径 113°30′00″,北纬 26°20′00″;东径 114°00′00″,北纬 26°20′00″;东径 114°00′00″,北纬 26°10′00″;东径 113°45′00″,北纬 26°10′00″;东径 113°45′00″,北纬 26°00′00″;东径 113°30′00″,北纬 26°00′00″,面积 1442km²。工作起止时间:2010—2012 年,主要任务是系统收集利用区内已有地质、物探、化探、重砂、遥感、矿产和科研等资料,以钨、锡、钼、铅、锌、铜矿为重点,兼顾稀土、萤石等矿产,通过开展 1:5 万矿产地质测量、1:5 万水系沉积物测量、1:5 万高精度磁测、1:5 万遥感地质解译工作,配合地表工程,开展矿产检查。全面研究区内成矿地质背景,总结区域成矿规律,进行矿产预测,提出可供进一步工作的找矿靶区,并对调查区找矿远景作出综合评价。

三、主要成果与进展

(一)区域基础地质调查

通过路线踏勘与剖面测制,厘定出地层填图单位 15 个、岩浆岩填图单位 14 个(表 1)。完成了 1:5 万矿产地质测量 450km²(水口幅),大致查明了区内地层、构造、岩浆岩的产状、分布、岩石类型、变质作用、矿化等特征。

(二)物、化、遥工作

1. 高精度磁测成果。完成了 1:5 万高精度磁测 1442km²,圈出了 15 个 ΔT 磁异常(表 2),划分了 4 个磁异(区)带。

表 1 花岗岩岩石谱系单位划分表

时代	序列	侵入次	代号	岩性	代表性年龄（Ma）
中侏罗世	下村岩体	中侏罗世第三侵入次	$\eta\gamma J_2^c$	细粒二（白）云母二长花岗岩	
		中侏罗世第二侵入次	$\eta\gamma J_2^b$	中细粒（少）斑状黑（二）云母二长花岗岩	Z162
		中侏罗世第一侵入次	$\eta\gamma J_2^a$	细中粒斑状黑（二）云母二长花岗岩	Z154、KA-b181
晚三叠世	大洞岩体	晚三叠世第三侵入次	$\eta\gamma T_3^c$	细粒斑状二云母二长花岗岩	
		晚三叠世第二侵入次	$\eta\gamma T_3^b$	中粗粒少斑状二云母二长花岗岩	Z231
		晚三叠世第一侵入次	$\eta\gamma T_3^a$	（粗）中粒斑状黑云母二长花岗岩	Z233、Z213
中志留世	炎陵岩体	中志留世第三侵入次	$\eta\gamma S_2^c$	细粒黑（二）云母二长花岗岩	
		中志留世第二侵入次	$\eta\gamma S_2^b$	中细粒斑状黑云母二长花岗岩	
		中志留世第一侵入次	$\eta\gamma S_2^a$	中粒斑状黑云母二长花岗岩	
	彭公庙岩体	中志留世第五侵入次	$\eta\gamma S_2^e$	细粒二云母二长花岗岩	
		中志留世第四侵入次	$\eta\gamma S_2^d$	细粒斑状黑云母二长花岗岩	
		中志留世第三侵入次	$\eta\gamma S_2^c$	细中粒斑状黑云母二长花岗岩	
		中志留世第二侵入次	$\eta\gamma S_2^b$	中粗粒斑状黑云母二长花岗岩	
		中志留世第一侵入次	$\gamma\delta S_2^a$	细中粒斑状黑云母花岗闪长岩	

表 2 高精度磁测 ΔT 异常特征表

异常编号	ΔT_{max} (nT)	ΔT_{min} (nT)	长(m)	宽(m)	面积(km²)	异常区地质概况
C1	273	-189	1600	150~700	0.67	分布于奥陶系天马山组、寒武系小紫荆组、上寒武统—下奥陶统爵山沟组中，断裂构造较发育
C2	689	-66	1500	750	1.12	分布于奥陶系桥亭子组、烟溪组、天马山组、寒武系小紫荆组、上寒武统—下奥陶统爵山沟组中
C3	389	-91	250	180	0.05	主要分布于奥陶系烟溪组、桥亭子组中
C4	394	-209	1100	750	0.83	分布于花岗岩外接触带奥陶系天马山组、桥亭子组中
C5	271	-149	750	600	0.45	分布于花岗岩外接触带奥陶系桥亭子组、烟溪组中
C6	105	-189	1600	550	0.88	分布于花岗岩外接触带奥陶系天马山组、烟溪组中
C7	110	-39	1250	500	0.63	分布于花岗岩外接触带奥陶系天马山组中
C8	334	-200	2000	1200	2.40	分布于花岗岩外接触带奥陶系天马山组、桥亭子组、上寒武统—下奥陶统爵山组中
C9	103	-9	800	420	0.32	分布于奥陶系天马山组中
C10	483	-112	2200	1700	3.74	分布于泥盆系欧家冲组、孟公坳组、锡矿山组、长龙组、棋梓桥组中，断裂构造较发育
C11	126	-220	2000	1400	2.80	分布于奥陶系桥亭子组、天马山组、烟溪组中，为花岗岩接触带，断裂构造较发育
C12	203	-294	600	400	0.24	分布于奥陶系天马山组、烟溪组中
C13	222	-185	2300	1200	2.76	分布于花岗岩外接触带寒武系小紫荆组、上寒武统—下奥陶统爵山沟组、奥陶系天马山组中
C14	763	-94	1300	600	0.78	分布于花岗岩外接触带奥陶系桥亭子组、天马山组、上寒武统—下奥陶统爵山组中，断裂构造较发育
C15	57	-68	400	300	0.12	分布于奥陶系天马山组、震旦系埃岐岭组中，断裂构造较发育

注：异常长、宽、面积是指磁测 ΔT 正、负异常的长、宽、面积；异常面积圈闭的等值线为 20nT。

(1)叶河仙磁异常带:由C1、C2号磁异常组成,以ΔT正磁异常为主,主要分布于梨树洲-吊楼上-沈家垄-老沙仙区域性断裂带北西侧次级断裂发育部位。北段磁异常为彭公庙岩体外接触带。

(2)东坑垄-仁义仙磁异常带:位于调查区中部偏西北,整体走向NE-SW。由C3、C4、C5、C6、C7、C8号磁异常组成,异常南正北负,主要分布于岩体外接触带,梨树洲-吊楼上-沈家垄-老沙仙区域性断裂在异常区北西通过。

(3)渣村磁异常区:由C10号磁异常组成,异常走向近SN,面积约$3.74km^2$,以正异常为主,ΔT磁异常值一般为$-20\sim100nT$,最高为483nT。异常区出露泥盆系欧家冲组、孟公坳组、锡矿山组、长龙界组、跳马涧组、石炭系马栏边组,异常区断裂构造较发育,硅化强烈,发育有黄铁矿、褐铁矿、铜矿、铅锌矿等矿点。

(4)田心-鹰咀岩-黄草磁异常带:由C11、C12、C13、C14号磁异常组成,异常带走向NE-SW向,位于岩体接触带上,异常南东为下村岩体,异常西角岩化等蚀变强烈。

2. 水系沉积物测量成果。完成了1:5万水系沉积物测量$1442km^2$。编制出了15张单元素地球化学图和地球化学异常图,共圈出综合异常16个(表3)。其中AS6、AS10与老矿点吻合,异常检查中在AS3、AS4、AS5、AS7、AS11、AS14、AS16处新发现有矿(化)点。另外AS2、AS9、AS10、AS11分别与高精度磁测C1、C2、C8、C13、C14叠合较好,具有进一步工作价值。

表3 多元素组合异常多参数评序总表

异常编号	面积 S		平均值 X		极大值 max		标准离差 λ		衬度 $\dfrac{X}{Cb}$		NAP值/规模 $S \cdot \dfrac{X}{Cb}$		浓度分带		多参数评序结果		矿产特征
	多元素序数和	序数	多元素序数和	序数	多元素序数和	序数	多元素序数和	序数	多元素序数和	序数	多元素序数和	序数	多元素序数和	序数	总序数	序数	
AS10	25	1	20	1	19	1	21	1	21	1	19	1	15	1	140	1	钨铜矿点
AS6	47	2	27	2	33	2	35	2	27	2	38	2	16	2	222	2	钨矿点
AS4	75	6	53	3	52	3	51	3	48	3	55	5	20	3	339	3	铜铅锌矿点
AS14	74	5	67	8	63	7	65	5	69	5	62	6	24	8	408	4	
AS11	51	4	80	10	57	4	63	4	82	12	54	3	22	5	409	5	铅锌矿点
AS2	50	3	64	7	85	13	71	10	64	7	54	3	23	6	411	6	
AS1	67	7	58	4	66	8	69	9	58	4	70	8	23	7	411	7	
AS16	81	10	59	5	66	6	61	5	71	9	21	5			412	8	钨矿点
AS9	72	9	61	6	62	5	66	6	61	6	67	7	25	9	414	9	
AS15	70	8	81	11	73	9	68	7	84	13	74	10	25	10	475	10	
AS5	88	15	68	9	75	10	78	11	68	8	88	15	25	12	490	11	铅锌矿点
AS8	74	11	82	12	81	12	88	15	80	10	77	11	25	11	507	12	
AS12	81	13	85	14	85	14	81	13	85	14	82	13	27	15	526	13	
AS7	82	14	84	13	94	15	86	14	81	11	85	14	26	14	538	14	
AS13	76	12	102	16	81	12	79	12	102	16	79	12	26	13	545	15	
AS3	125	16	97	15	104	16	101	16	97	15	113	16	28	16	655	16	毒砂矿点

主要异常特征及评价如下。

(1) AS4 异常特征及评价。位于调查区北部联坑—渣村—桃源一带，区内已有联坑钨钼矿、渣村铜矿、鹅子垄铅锌矿矿（化）点。区内出露泥盆纪（D_2t、D_2q、D_3s、D_3x）及石炭纪地层（C_1m），岩脉出露较多，可见花岗岩脉、石英斑岩脉及辉绿岩脉，表明其深部岩浆活动较强。联坑钨钼矿体赋存于斑岩体与 D_3x 和 C_1m 的侵入接触带，围岩岩性为一套粉砂质灰岩、泥质灰岩、灰岩、粉砂岩、页岩；渣村铜矿赋存于 D_3x 破碎带灰岩中；鹅子垄铅锌矿赋存于 D_2q 微粒灰岩及粉砂质灰岩中。异常西部、中部分别发育 NNE、NE 向断裂构造。已知矿点均产在断裂带附近。异常西部 W、Bi、Cu、Pb、Zn、Ag、As 异常组合良好，分带清楚，这种良好的高、中、低温元素异常组合关系及众多岩脉的出露可能指示深部存在隐伏岩体。总之，该异常区地质条件有利，深部有可能存在隐伏岩体，因此，该异常具备向深部寻找钨钼铜铅锌多金属矿的潜力（图1）。

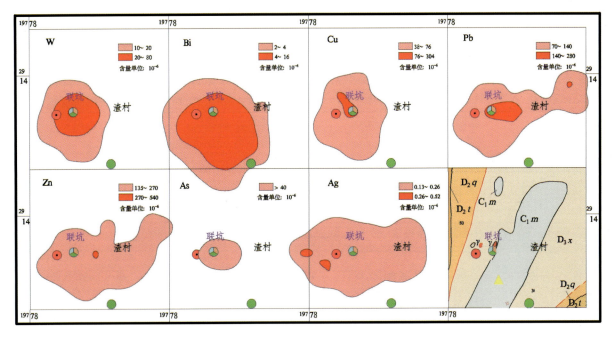

图 1　AS4 异常剖析图

(2) AS6 异常特征及评价。位于调查区东部曾子坳-鹰咀岩-田心成矿带南西端，区内已有曾子坳钨锡矿。该异常处于燕山期花岗岩（$\eta\gamma J_2^a$）与加里东期岩体（$\eta\gamma S_2^b$）接触带。花岗岩岩性：$\eta\gamma J_2^a$ 为细中粒斑状黑（二）云母二长花岗岩；$\eta\gamma S_2^b$ 为中细粒斑状黑云母二长花岗岩。异常区东有一 NE 向断裂。总之，该异常地质条件有利，元素组合良好、分带明显，尤其是 W、Bi、Sn、Cu、Ag 元素异常组合好，异常强度高；Pb、Zn、As 异常组合表现相对较差。该地段是寻找深部和外围钨锡铋铜多金属矿产的有利地段（图2）。

(3) AS10 异常特征及评价。位于调查区东部曾子坳-鹰咀岩-田心成矿带中段，已发现有鹰咀岩钨铜矿点。该异常处于燕山期花岗岩与地层（$\in Oj$、O_1q、O_2y、O_3t^1）接触带。花岗岩为细中粒斑状黑（二）云母二长花岗岩；地层岩性为浅变质粉砂—细粒石英砂岩、条带状板岩、砂质板岩、碳质板岩。异常区断裂不发育，但遥感解译有断裂通过。元素组合良好、分带明显，尤其是 W、Bi、Sn、Cu、As、Ag 元素异常组合完美；Pb、Zn 异常组合表现相对较差；As、Ag 异常指示地质历史上热液活动强烈。该区是寻找深部和外围钨铜多金属矿产的有利地段（图3）。

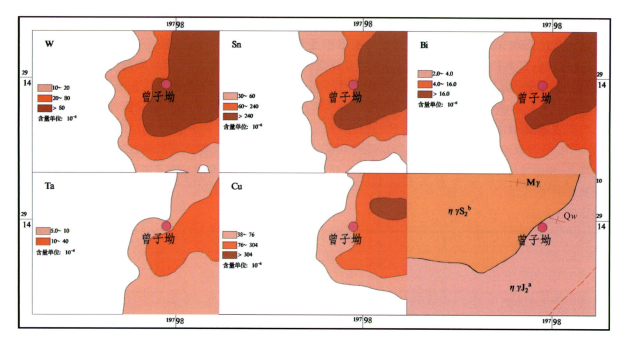

图 2　AS6 异常剖析图

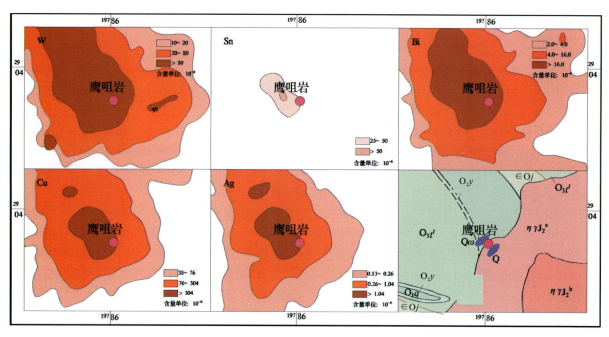

图 3　AS10 异常剖析图

（4）AS16 异常特征及评价。位于调查区中南部石牛仙一带，已知有石牛仙白钨矿点。区内主要出露加里东期岩体（$\eta\gamma S_2^c$，$\eta\gamma S_2^e$），岩性为中粗粒斑状黑云母二长花岗岩、细粒二云母二长花岗岩；次为震旦系埃歧岭组（Z_1a）和泥盆系跳马涧组（D_2t），岩性为浅变质细粒石英砂岩与板岩、砂质板岩互层、泥质粉砂岩、石英砂岩。此外，异常区西部还发育有细粒花岗岩脉。区内构造不发育，仅在本区东部发育一断裂，从构造面上看，位于加里东最晚期岩体与较早期岩体及地层的接触带。总体上说，地质条件基本够得上"较好"。区内异常以 As、Ag 异常最好，面积大，浓度分别达 2 级、3 级，指示本区热液活动强烈，对成矿有利；次为 W、Bi 异常，异常浓度分别达 3 级、2 级，Sn 异常亦有较好反映。由此可见，As、W、Ag

异常组合好,分带明显,Bi、Sn异常组合较好,区内Cu、Pb、Zn异常弱或无。区内As、W、Ag异常的良好组合是找矿的有利标志。这与已知鹰咀岩钨铜矿、石牛仙钨矿As、W、Ag异常组合相似。因此,该异常对寻找钨多金属矿有较好的指示(图4)。

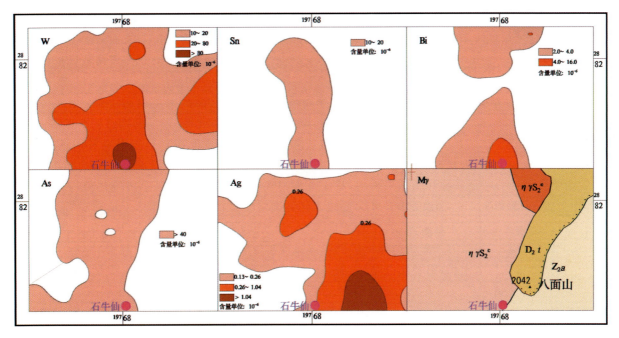

图4　AS16异常剖析图

3. 遥感地质解译成果。完成了1:5万遥感解译1442km²。确定了区内地层、岩浆岩、构造等地质体的综合影像特征;利用铁染、羟基等技术手段划分出了曾子坳-棉花坪、金字仙、鹫峰-大岭背、汤市-彭市、正冈里、八面山-小桃寮6个遥感异常区,为综合找矿提供了依据。

(三)异常查证及矿产检查成果

通过矿产地质调查和初步物化探异常查证,新发现两江口钨锡矿点、石牛仙钨矿点、联坑钨钼矿点、横岗铅锌矿点、上坳铅锌矿点、谷家铜矿化点、仓田铅锌矿化点、牛头坳稀土矿点、白面石稀土矿点、牛岗上稀土矿点、梨树洲稀土矿点、正冈里稀土矿点、平冈山稀土矿点、李家湾萤石矿点、株树排萤石矿化点、鹫峰钾长石矿点、下湾高岭土矿点、下湾毒砂矿化点、自源重晶石矿化点、鹅颈垄铀矿点、左基江热泉矿点共21处矿(化)点。通过矿产检查工作,初步认定牛头坳稀土矿点、白面石稀土矿点2处矿点为新发现矿产地,另外,石牛仙钨矿点、两江口钨锡矿点、横岗铅锌矿点、联坑钨钼矿点、左基江热泉矿点成矿地质条件良好,具有较好的找矿前景,值得进一步工作。

(四)综合研究成果

在分析总结区域成矿地质背景和矿产分布规律的基础上对调查区进行了综合研究。编制了区域地质矿产图、矿产预测图,并初步建立了调查区主要矿种成矿(找矿)模型,总结了区域成矿规律,针对不同预测类型进行建模与信息提取,构置、选择预测要素变量,圈定了找矿远景区并进行了优选和地质评价。在区内划分了"姑婆山式"离子吸附型稀土矿(牛头坳、白面石等稀土矿点)、"瑶岗仙式"脉型钨(锡、铜)矿(曾子坳钨锡矿点、鹰咀岩钨铜矿点)、"双江口式"脉型萤石矿(汤市、李家湾等萤石矿)3种矿产预测类型。对调查区成矿地质条件,成矿规律等作了初步的分析总结,并根据本次工作成果,圈定各类找矿靶区10个,其中牛头坳稀土矿和白面石稀土矿已达新发现矿产地规模。

(1)牛头坳稀土矿找矿靶区(A-1)。靶区位于万洋山-诸广山 SN 向构造岩浆岩带与炎陵-汝城新华夏系构造带的复合部位,是湖南"姑婆山式"花岗岩风化壳离子吸附型稀土矿资源找矿远景最有利的区段之一。区内花岗岩风化壳十分发育,分布面积约为 20km², 占靶区面积的 25%,矿体分布面积约 13km², 占风化壳面积的 65%;花岗岩风化壳以侏罗纪第一侵入次岩体中最为发育,是矿床的主体部位。矿体厚度一般 1~3m,局部山顶处超过 10m,ΣREO 单样含量最高 0.165%,最低 0.009%,平均含量为 0.07%;共圈出工业矿体 4 个,矿体长数百米至 3000 多米不等,分布面积 1.05~8.45km², 平均厚 1~1.67m,ΣREO 平均品位 0.07%。对区内圈定的主矿体进行资源量估算,获 334ΣREO 金属量 6.23×10^4t,达到中型规模。

(2)白面石稀土矿找矿靶区(A-2)。靶区位于南岭成矿带中段北缘,大地构造上位处南岭东西向构造隆起带东段北缘,彭公庙岩体北东部,东部为万洋山、诸广山岩体北体,根据湖南省稀土矿潜力评价成果报告,本区是湖南"姑婆山式"花岗岩风化壳离子吸附型稀土矿资源找矿远景最有利的区段之一。区内花岗岩规模较大,多为复式岩体,富含稀土元素,为离子吸附型稀土成矿提供了丰富的物质。岩石稀土元素丰度及部分特征参数计算结果表明,稀土元素总量总体中等偏高,轻重稀土比值($\Sigma Ce/\Sigma Y$)较大,均大于 2.28;$(Ce/Yb)n$ 比值大于 3.5,反映为轻稀土富集型特点(湖南省稀土矿资源潜力评价成果报告)。区内为典型的江南丘陵地貌,山脊方向多为 NE 或近 SN 走向。局部地形多为起伏小、坡度缓、山头宽阔的地貌。根据离子吸附型稀土矿勘查经验表明地形起伏小比起伏大、坡缓(坡角 25°~45°)比陡坡、宽阔山头比狭窄山头、山脊比山坳、山顶比山腰、山腰比山脚更有利于成矿。靶区位于湖南省矿产资源潜力评价Ⅴ级成矿预调查区——彭公庙稀土矿预调查区 A 级预测小区中,稀土矿成矿潜力巨大。已发现花岗岩风化壳离子吸附型稀土矿民采点多处,目前已初步圈定含矿风化壳发育地段两处,总面积大于 20km²,对不同地段采取了 6 组调查样分析,稀土总量 ΣREO 0.063%~0.434%,平均为 0.15%,显示稀土元素异常富集,通过后期的矿产检查工作,在矿区初步圈定了 3 个工业矿体,对其中工程相对较多、规模较大的Ⅰ号矿体初步估算了 ΣREO 资源量达 5.66×10^4t,矿体平均品位 0.07%,达到中型规模。

(3)石牛仙钨矿找矿靶区(A-3)。靶区位于南岭纬向构造带中段北缘,湘东南加里东褶皱隆起带的中南部,炎陵-蓝山 NE 向构造岩浆岩带与北西向汝城-安仁-桃源构造岩浆岩带交汇部位的南侧,是湘南地区资兴-宜章成矿带的组成部分。通过 2012 年的预查工作,在地表及深部均见到了良好的白钨矿化,地表已发现规模不等的含钨石英脉共 35 条,深部见到 3~5 层厚度 2~15m 不等的含钨云英岩化矿化带(WO_3 品位 0.02%~1.30%),在工作区布设的 3 个钻孔均见到工业矿体,真厚度为 0.75~1.07m,矿体平均品位 0.21%~0.54%,初步估算 WO_3(334)为 4116.24t。通过进一步工作,本区找矿会有较大突破。

(4)两江口钨锡矿找矿靶区(A-4)。靶区位于彭公庙岩体北部外接触带内凹部位,构造运动异常强烈,物化探异常显示良好,是区内最有利的成矿地段之一。该矿是 2012 年湖南省地质调查院开展矿产远景调查工作时新发现的矿点,矿(化)体主要赋存在花岗闪长斑岩体中,与云英岩化、硅化以及石英脉关系密切,含矿岩体的围岩为奥陶系桥亭子组砂质板岩。经刻槽取样分析,在长达 50 余米的矿化带中,发现 4 层厚 1~7m 不等的钨、锡工业矿体,WO_3 品位 0.068%~0.406%,Sn 品位 0.104%~0.333%。该区找矿前景良好。

(5)联坑钨钼矿找矿靶区(A-5)。靶区位于南岭纬向构造带中段北缘,湘东南加里东褶皱隆起带的中部,诸广山 SN 向构造带与炎陵-汝城新华夏系构造带的复合部位。目前发现主要以矽卡岩型钼、钨矿为主,分布于联坑花岗闪长斑岩体的南面,矿体产状与矽卡岩基本一致,倾向 100°~136°、倾角 25°~55°,通过槽探工程圈定的钼、钨矿体有 3 个,真厚度 0.9~11m 不等。该矿点位于 1:5 万水系沉积物异常 AS4 和高精度磁测异常 C10 的叠合区,物化探异常强度大,化探浓集中心明显。其中探槽 TC01 控制钼矿体真厚度 8m,Mo 平均品位 0.196%;钨矿体真厚度 2.84m,WO_3 平均品位 0.132%。显示区内具有良好的找矿前景。

(6)横岗铅锌矿找矿靶区(A-6)。靶区位于南岭EW向构造-岩浆成矿带东段的北缘,大地构造位置处于武夷山岩浆弧之炎陵加里东隆起带上。区内有AS5水系沉积物综合异常,属乙$_2$类异常,异常的主要元素为W、Bi、Sn、Cu、Pb、Ag,其次为Zn、Ta、As等。W、Bi、Sn、Cu、Pb、Ag异常强度较高,呈三级浓度带分布。铅、锌矿化与萤石矿化伴生,赋存于一NE向硅化破碎带NW侧,属脉型铅锌矿类型。整个硅化破碎带穿插了中侏罗世第一次侵入中粒斑状黑云母(二长)花岗岩和第二侵入次细粒、中细粒黑云母二长花岗岩。硅化破碎带已控制长约7km,宽9~40m,产状:130°~155°∠65°~76°。破碎带中已发现含铅、锌、萤石矿化地段长约2km,由数条槽探和一个老窿控制。老窿中见两处规模较大矿体,刻槽样化验结果:一处水平厚度2.8m,平均品位Pb 0.85%、Zn 5.52%;另一处水平厚度3.8m,平均品位Pb 0.22%、Zn 4.93%。区内已有较明显的矿化显示,通过进一步工作,有望取得较大突破。

(7)李家湾-株树排-汤市找矿靶区(B-1)。本区主要为寻找"双江口式"萤石矿靶区,位于调查区汤市幅李家湾—株树排—汤市一带,面积约18km^2。出露地层主要为奥陶系天马山组(O_3t)灰黑色、深灰色中厚层状浅变质细粒石英砂岩与板岩、砂质板岩互层,局部夹条带状板岩及碳质板岩。萤石矿产主要与中志留世第二侵入次二长花岗岩($\eta\gamma S_2^d$)关系密切。NE向区域性大断裂为成矿提供了热动力和物质来源,次级小断裂控制着矿体的分布。地表表现为萤石矿化硅化破碎带。水系沉积物异常有As-W-Ag-Cu-Pb-Zn(AS11和AS7异常)。地面高精度磁测异常有C6、C7。本区已发现萤石矿床(点)3处。综合分析本区西部有区域性大断裂通过,断裂构造发育,且多处见到较好的萤石矿化,成矿地质条件有利,是区内寻找萤石矿的最有利地段。

(8)下湾找矿靶区(B-2)。靶区位于调查区中部最北端。面积约12km^2。区内构造蚀变发育,且出露一中侏罗世小花岗岩岩体,侵入于O_3t^2浅成变质岩中,面积约0.56km^2。另可见数条石英斑岩呈脉状产出。水系沉积物有Sn-Bi-Cu-As-Au(AS3异常)。具弱地面高精度磁测异常。本区内见良好的砷、锡、铜矿化。综合分析本区走向NNE和NE向压扭性断层发育,系成矿前断层,沿走向和倾向延伸都较大,因此矿化也可能向下延伸较大。本区地表仅局部见微弱黄铜矿化,这可能是由于矿体尚未充分暴露的缘故。另外,在本区表现有良好的水系沉积物异常,推测在深部(相对于地表而言)可能有铜多金属矿体存在。

(9)曾子坳找矿靶区(B-3)。靶区位于加里东期万洋山岩体南部与燕山早期下村岩体北东部接触部位,成矿地质条件有利。面积约7km^2。靶区北部出露加里东期第二次侵入体($\eta\gamma S_2^b$),岩性为中粒斑状二云母二长花岗岩;南部为燕山早期第一阶段细粒黑云母二长花岗岩($\eta\gamma J_2^a$)。断裂构造为NEE—NE向的区域性断裂F$_1$,出露长>3km,宽1~5m,倾向300°~357°,倾角62°~82°。水系沉积物以W、Sn为主,伴有Bi-Ta-Cu-Ag-Pb-Pb-Zn-As(AS6异常)。区内共发现平行产出的石英脉型钨锡多金属矿脉5条,走向均呈SEE,大多倾向SSW,局部倾向NNE,单脉走向长700~2000m,厚0.05~0.38m,品位Sn 0.293%~0.599%,WO$_3$ 0.044%~0.321%,Cu 0.08%~1.068%。本区化探异常和矿产显示良好,是寻找钨锡多金属矿重要区位之一。

(10)鹰咀岩找矿靶区(B-4)。靶区位于1:5万水口幅中部,地层与岩体接触带,是区内最早进行矿产开采的所在地——老湘东钨矿工区。面积约16km^2。出露地层主要为奥陶系天马山组(O_3t)和桥亭子组(O_1q)灰黑色、深灰色中厚层状浅变质细粒石英砂岩与板岩、砂质板岩互层,局部夹条带状板岩及碳质板岩;以及上寒武统一下奥陶统爵山沟组(ϵOj)灰绿色厚层—块状浅变质细粒—中细粒石英杂砂岩、长石石英杂砂岩与绢云母板岩、板岩、碳质板岩。区内矿产主要与中侏罗世第一侵入次二长花岗岩($\eta\gamma J_2^a$)关系密切。NW向断裂构造控制着矿体的分布。地表表现为白钨矿化石英脉或硅化带。水系沉积物有W-Sn-Bi-Cu-As-Ag(AS10异常)。地面高精度磁测异常有C12、C13。综合分析本区具有良好的物化探异常和矿产显示,是区内最具找矿前景的区位之一。

四、成果意义

1. 以该项目找矿成果为基础,在 2011—2012 年间成功申报了新发现的联坑钨钼矿点(湖南省炎陵县联坑钼铜多金属矿预查)、石牛仙钨矿点(湖南省资兴市仓田钼多金属矿预查)以及左基江热泉矿点(湖南省炎陵县平乐地区地下水资源预可行性勘查)3 个湖南省探矿权采矿权价款项目。通过进一步勘查,在联坑钨钼矿点和石牛仙钨矿点深部均见到工业矿体,为本区进一步找矿工作提供了依据,也为区内资源的有效供给提供了保障。

2. 湖南茶陵—宁冈地区矿产远景调查项目主要调查区位于社会条件和经济条件相对落后的革命老区炎陵县,该项目及后续滚动项目的实施,不但加强了革命老区的基础矿产地质调查工作,而且也为革命老区的经济社会发展提供了基础技术支撑。

第二十六章　广西龙州地区铝土矿调查评价

陈粤[1]　辛晓卫[1]　赵辛金[1]　关会明[1]　韦访[1]　梁裕平[1]
吴天生[1]　张启连[1]　宫研[1]　黄飞[2]　吴文[3]

(1. 广西壮族自治区地质调查院；2. 广西壮族自治区第四地质队；
3. 广西壮族自治区 274 地质队)

一、摘要

通过工作，圈定找矿远景区 3 处，找矿靶区 5 处，新发现矿产地 3 处、矿点 4 处。探获堆积型铝土矿 $333+334_1$ 资源量 $6591.83×10^4$ t，堆积型铁矿资源量 $159.63×10^4$ t。采用高密度电阻率测量法对本区沉积型铝土矿进行了探索性评价，效果良好。矿石类型为一水型铝土矿，适合拜尔法生产氧化铝。在综合研究的基础上，对龙州地区铝土矿资源潜力进行了总体评价。

二、项目概况

龙州地区位于广西西南部。工作起止时间：2010—2012 年。主要任务是主攻堆积型铝土矿，通过对前期各项地质工作及成果等资料的综合分析，选择龙州金龙矿区、隆安布泉矿区、龙州水口-响水调查区、隆安乔建-大新硕龙调查区等为重点工作区，通过大比例尺地质测量及工程等手段开展龙州地区铝土矿调查评价工作，基本查明铝土矿的成矿地质条件，矿体特征、矿石特征及分布规律，圈定找矿靶区，发现新的矿产地，并对隐伏矿体进行了深部验证，为进一步矿产勘查工作提供了依据。综合各类工作成果，总体评价了全区找矿潜力。

三、主要成果与进展

1. 查明了上二叠统底部合山组为本区堆积型铝土矿的矿源层，其下伏地层下二叠统、石炭系及泥盆系的岩溶洼地则是岩溶堆积型铝土矿的富集场所；此外龙州金龙地区上泥盆统融县组（D_3r）与下石炭统都安组 C_d 平行不整合面之间所夹铁铝岩为金龙评价区矿源层（图 1），该层位为桂西地区新发现的矿源层。

2. 通过综合分析，并根据实际情况在工作区划分了 3 个找矿远景区（布泉铁铝找矿远景区、水口-金龙铁铝找矿远景区及亭亮-响水铁铝找矿远景区），圈定了如下 5 处找矿靶区。

(1)乔建找矿靶区：位于布泉成矿远景区东部，分布在乔建—都结一带，地理坐标：东经 107°26′00″—106°43′17″，北纬 22°59′36″—23°12′37″，面积约 400km²。

靶区主要位于多霖向斜及两翼，出露地层主要为石炭系—三叠系碳酸盐岩及第四系残坡积堆积层。峰丛洼地和峰林谷地发育。矿源层为二叠系合山组底部铁铝岩层。

2010 年项目组圈定含矿洼地 23 个，面积约 23km²。含矿洼地主要分布在隆安乔建及都结一带。含矿洼地范围广，规模较大，主要受多林向斜及合山组底部矿源层控制，总体呈近东西向平行分布于向斜两侧。含矿洼地多分布在以下-中二叠统碳酸盐岩为基底的溶蚀洼地和坡地的第四系红土化坡残积

图 1 泥盆系和石炭系不整合面上铁铝岩产出特征(龙州金龙)

层中,与地层、构造、第四系及地貌关系十分密切。矿体大部分直接裸露地表,连续性较好,平面形态复杂,主要呈不规则状、条带状、等轴状等。矿石一般在岩溶山坡、缓坡上地表出露较多,块度较大,磨圆度及分选性较差,硬度较高,质量较好;矿石在低洼平地处或相对开阔处地表相对出露较少,甚至没有分布,块度较小,磨圆度和分选性相对较好,泥质成分较高,质量较差。矿石表面呈褐黄色、褐红色、棕褐色,断口暗红色、紫红色,少数为青灰色、灰白色,多为次棱角状,大块度多呈棱角状。矿石以隐晶质结构为主,少量可见豆鲕状、砂屑、砾屑结构,块状构造,主要成分为铁铝质、硅质等。

随机采集拣块样品共计 39 件,其中样品达到铝土矿边界品位及以上的为 15 个,占 38.4%。Al_2O_3 44.07%~55.37%,铝硅比(A/S)2.65~5.04,矿石总体质量一般。此外,样品中还有 5 个 Al_2O_3 含量达到 40%以上,A/S 为 1.73~2.36,两者合计占样品总数的 51.3%。

对靶区中含矿洼地较好的地段进行了大致估算,334 资源量 $1473×10^4 t$。

2012 年,由自治区国土资源厅安排广西 274 地质队对南圩地区开展堆积型铝土矿普查工作,探获铝土矿 333+334 资源量约 $300×10^4 t$。

上述情况表明本区堆积型铝土矿具有一定的潜力,但矿石质量一般,品位变化较大,对资源量估算造成较大影响。

(2)金龙找矿靶区:位于水口-金龙铝土矿成矿远景区北东端,分布在金龙一带。地理坐标:东经 106°44′30″—106°52′20″,北纬 22°33′02″—22°43′15″,面积约 150km²。

处于凭祥-东门断裂北盘的龙州-凭祥弧形构造北侧,武德复式背斜北东翼。主要出露中泥盆统唐家湾组、上泥盆统融县组、下中石炭统都安组和第四系临桂组。其中融县组与都安组呈平行不整合接触,接触面上可见透镜状古风化壳沉积型铁铝岩或铝土矿层,是堆积型铝土矿的矿源层;临桂组则是堆积型铝土矿的赋矿层。褶皱不甚发育,局部发育小褶皱,规模小,特征不明显,多为单斜岩层,产状单一,总体倾向南,倾角一般为 5°~20°,局部受构造影响发生扭曲,使产状变化较大,倾角达 40°。断裂较发育,NW 向为主,次为 NE 向,交错切割矿区,以逆断层为主,规模较大,延伸远,达数十千米。据断层特征分析,可分两期,早期 NW 向被晚期 NE 向切割。区内仅见极少量中基性火山岩出露于融县组中,岩性为细碧岩、角斑岩、凝灰熔岩等。

圈定含矿洼地 44 个,分布范围广,海拔标高为 300~350m,规模大小悬殊,最大一个长达 10km,宽 50~1500m 不等,一般长几百米至几千米,宽几十米至上千米不等。矿体多分布在以中-上泥盆统为基底的第四系红土化溶余坡残积层中,与地层、构造及地貌关系十分密切。矿体大部分直接裸露地表,连续性较好,平面形态复杂,主要呈不规则状、条带状、等轴状等。

经普详查工作,圈出矿体 102 个,矿层平均厚度 4.69m,平均含矿率 $1044kg/m^3$,矿石质量较好,

Al_2O_3 含量 40.02%～54.19%,平均 46.45%;SiO_2 含量 3.41%～16.94%,平均 6.79%;Fe_2O_3 含量 18.24%～37.68%,平均 30.09%;灼失量含量 8.84%～12.87%,平均 10.84%;铝硅比平均 6.71,最高达 13.81。铝土矿石的矿物组分可分为铝矿物、铁矿物、硅矿物三大类,其中,铝矿物以一水硬铝石为主,其次为三水铝石;铁矿物以褐铁矿为主;硅矿物以高岭石、绿泥石为主。矿石呈褐红色、黄褐色、青灰色等,以棱角—次棱角状为主,少量次圆状,块径大小不一,具砂砾屑结构、豆鲕粒结构、微晶—隐晶质结构等;构造以块状构造、豆鲕状构造、定向构造较为常见。矿石自然类型中主要的铝矿物成分属一水硬铝土矿,工业类型属高铁低硫铝土矿,开采技术条件较好。估算堆积型铝土矿 332+333 资源量为 $3583.99×10^4 t$,位于中部的民建评价区探获 334_1 资源量 $724.64×10^4 t$,二者合计为 $4308.63×10^4 t$。

上述特征表明,本区矿床类型为岩溶堆积型铝土矿,规模已达大型以上,工作程度较高,可作为矿山建设储备资源。

(3)天等找矿靶区:位于天等、大新及龙门一带,地理坐标:东经 107°07′00″—106°20′50″,北纬 22°52′20″—23°09′11″,面积约 320km²。

出露地层为泥盆系—上石炭统碳酸盐岩及第四系残坡积堆积层,地貌以峰林谷地为主。本区未见合山组地层出露。

2010 年,项目组圈定含矿洼地 10 个,合计面积约 7.5km²。含矿洼地规模较小,连续性一般,平面上多呈树枝状,条带状,总体呈 SN 向展布,含矿洼地多分布在以下-中二叠统为基底的溶蚀洼地和坡地的第四系红土化坡残积层中。随机采集拣块样品共计 21 件,其中样品达到铝土矿边界品位及以上的为 8 个,占 38.1%。Al_2O_3 41.70%～55.23%,铝硅比(A/S)3.18～7.64,矿石总体质量较好。根据样品测试结果,对靶区中含矿洼地较好的地段进行了大致估算,334 资源量 $239.96×10^4 t$。

(4)硕龙找矿靶区:位于大新县硕龙、恩城一带,金龙找矿靶区北东与其相邻。地理坐标:东经 106°48′14″—107°03′14″,北纬 22°41′07″—22°44′04″,面积约 130km²。

处于凭祥-东门断裂北盘的龙州-凭祥弧形构造北侧,武德复式背斜北东翼。主要出露中泥盆统唐家湾组、上泥盆统融县组、下中石炭统都安组和第四系临桂组。本区未见合山组地层出露,与金龙矿区邻近,推测其矿源层来自于上泥盆统融县组与下中石炭统都安组底部的平行不整合面之间的透镜状沉积铁铝岩。地貌以峰丛洼地为主。

2010 年圈定含矿洼地 8 个,合计面积约 4km²。主要分布在硕龙及恩城一带,规模较小,但连续性较好,总体呈 EW 向展布,矿石质量较好。本区含矿洼地主要分布在以中泥盆统唐家湾组的碳酸盐岩为基底的第四系红土层中。调查工作在该靶区随机采集拣块样品共计 11 件,其中样品达到铝土矿边界品位及以上的为 10 个,占 90.9%。Al_2O_3 45.19%～55.23%,A/S 3.39～18.95,矿石总体质量较好。

根据样品测试结果,对靶区中含矿洼地较好地段进行了大致估算,334 资源量 $244.42×10^4 t$。

(5)新和找矿靶区:位于大新县雷平镇及崇左市新和镇一带,亭亮-响水找矿远景区北部。地理坐标:东经 107°00′00″—107°17′32″,北纬 22°32′00″—22°39′51″,面积约 430km²。

靶区处于西大明山隆起基地构造属西大明山-大瑶山大型复式背斜的一部分,出露石炭系、二叠系碳酸盐岩及第四系砂、砾石、黏土堆积层。褶皱平缓开阔。NE、NW 向两组共扼断裂发育,相互交切构成网格状构造,地貌以开阔的谷地为主。

2011 年圈定含矿洼地 9 个,合计面积约 8.60km²。含矿洼地规模较大,呈 NE 向展布,地势平缓。在该靶区随机采集拣块样品 11 件,分析结果显示铁铝岩块 Al_2O_3 含量较低,平均 19.11%,均未达边界品位;Fe_2O_3 含量平均为 47.82%,全铁(TFe)平均为 35.86,已达褐铁矿石边界品位以上(≥25%),表明本区主要为堆积型褐铁矿,地表出露矿体不连续,剖面显示厚度通常在 1～3m。根据地表含矿率及剖面出露矿体厚度预测本区资源量约数十万吨至数百万吨。

由于本次工作主攻矿种为堆积型铝土矿,没有开展下一步工作。

3. 新发现矿产地 3 处、矿点 4 处。

(1)新发现矿产地:金州县金龙矿区、隆安县布泉评价区、龙州县民建评价区,分述如下。

龙州县金龙矿区：位于勘查区西部、龙州县金龙镇一带，面积约120km²。主要出露地层有泥盆系、石炭系以及第四系，第四系残积层是岩溶堆积型铝土矿的赋矿层位。

矿化类型为堆积型铝土矿，圈定矿体100个，总体呈NW向展布，长120～3200m，一般为200～600m；宽0～800m，一般为70～250m；面积0.0008～3.095km²。

矿体平面形态呈不规则长条状、条带状、短轴状、分枝状、弧形状、瘤状、岛状等。剖面上，呈层状、似层状、透镜状。矿体产状总体较为平缓，受基底形态制约，随基底的起伏而起伏，底面凹凸不平。产状平缓，一般为0°～23°。矿体平均厚度4.69m，平均含矿率1044kg/m³，矿石平均品位 Al_2O_3 46.45%；SiO_2 6.78%；Fe_2O_3 30.09%，灼失量10.84%；铝硅比6.84。

2010—2011年广西壮族自治区地质调查院对金龙矿区开展了评价工作，提交了新增堆积型铝土矿332+333资源量 3583.99×10^4 t。其中，332资源量 1644.49×10^4 t；333资源量 1939.50×10^4 t。本区资源量已经通过评审备案。

隆安县布泉评价区：位于隆安县布泉镇附近，面积为112.34km²。主要出露茅口组、栖霞组、马平组、黄龙组—大埔组并层碳酸盐岩以及第四系，地貌主要为峰丛洼地及峰丛谷地。

矿化类型为堆积型铝土矿，圈定矿体109个，平面形态上呈树枝状、环岛状。剖面呈层状、似层状、透镜状。矿体产状总体较为平缓，受基底形态制约，随基底的起伏而起伏，底面凹凸不平，产状平缓。平均矿层厚度9.81m，平均含矿率827kg/m³，矿石品位：Al_2O_3 46.29%，SiO_2 15.72%，Fe_2O_3 21.84%，灼失量12.66%，铝硅比（A/S）2.94。估算堆积型铝土矿333资源量 1744.49×10^4 t。资源量尚未经过评审。

龙州县民建评价区：位于广西西崇左市龙州县金龙镇民建村一带，面积约21.40km²。出露地层主要有泥盆系、石炭系及第四系。地貌类型为峰丛洼地及峰丛谷地。

矿化类型为堆积型铝土矿，圈定矿体20个。矿体的平面形态复杂，一般呈不规则长条状、条带状、短轴状、分枝状、弧状、瘤状、岛状等。剖面上，矿体呈层状、似层状、透镜状。矿体产状总体较为平缓，受基底形态制约，随基底的起伏而起伏，底面凹凸不平，其倾向同坡向一致，平均矿层厚度6.67m，平均含矿率1081kg/m³，平均品位：Al_2O_3 44.17%，SiO_2 8.90%，Fe_2O_3 31.47%，灼失量10.15%，铝硅比（A/S）4.69。估算堆积型铝土矿 334_1 资源量 724.64×10^4 t。

（2）新发现矿点4处：龙州县水口评价区、龙州县科甲评价区、宁明县盆昌评价区和龙州县板造调查区。

龙州县水口评价区：位于广西崇左市龙州县水口—上龙乡一带，面积160km²。主要出露泥盆系、石炭系、二叠系、三叠系碳酸盐岩以及第四系。

矿化类型为堆积型铝土矿，圈定矿体5个，平面形态上呈长条状。剖面呈似层状、透镜状。矿体产状总体较为平缓，受基底形态制约，随基底的起伏而起伏，底面凹凸不平，产状平缓，一般为0°～20°，局部可达40°。平均矿层厚度5.64m，平均含矿率1193kg/m³，铝土矿矿石平均品位：Al_2O_3 45.10%，SiO_2 14.85%、Fe_2O_3 26.15%、灼失量10.51%、铝硅比（A/S）3.04。估算堆积型铝土矿 334_1 资源量 197.87×10^4 t。

龙州县科甲评价区：位于广西崇左市龙州县武德乡一带，面积约36km²。出露地层主要有泥盆系、石炭系碳酸盐岩以及第四系，地貌类型为峰丛洼地及峰丛谷地。

矿化类型为堆积型铝土矿，圈定矿体3个，呈不规则长条状、三角状，矿体为近NNW向展布。剖面上，矿体呈层状、似层状、透镜状。矿体产状总体较为平缓，受基岩形态制约，随基底的起伏而起伏，底面凹凸不平，坡地上的矿体多与洼地矿体相连，其倾向同坡向一致，倾角一般为12°～26°，厚度较小，仅在坡地平缓处厚度较大。平均矿层厚度5.15m，平均含矿率1080kg/m³，铝土矿矿石平均品位：Al_2O_3 40.88%、SiO_2 8.90%、Fe_2O_3 32.72%、灼失量11.30%、铝硅比（A/S）4.59。估算堆积型铝土矿 334_1 资源量 171.96×10^4 t。

宁明县盆昌评价区：位于宁明县城NNE方向13°，直距23km，行政区划属宁明县亭亮乡，面积

60.68km²。本区已经完成堆积型铁矿评价工作。出露地层主要有石炭系、二叠系、三叠系及第四系,地貌类型为峰丛谷地以及峰丛洼地。

堆积型铁矿层赋存于第四系堆积红土层中,平面形态复杂,变化多样,矿体间极不连续,矿体展布总体方向与地层构造线方向一致,呈NW-SE向展布,少数矿体近NE-SW向展布。一般呈不规则长条状、短轴状、姜状、弧状、瘤状、岛状等;剖面上,矿体呈层状、似层状、透镜状,局部夹有夹石。共圈定铁矿体32个,对17个矿体进行了浅井控制。平均厚度2.68m,平均含矿率731kg/m³,平均品位TFe30.25%,Al_2O_3 21.38%,A+F 51.64%,剥离比0.13。共探获堆积型铁矿(TFe≥25%;最小可采厚度≥2m)净矿石334_1资源量为$159.63×10^4$t。资源量尚未经过评审。

龙州县板造调查区:位于广西崇左市龙州县上龙乡—武德乡一带,面积约40km²。本区已经完成堆积型铝土矿评价工作,未开展下一步工作。出露地层主要有泥盆系、石炭系及第四系,地貌类型为峰丛谷地和峰丛洼地。

堆积型铝土矿矿体产于岩溶洼地第四系堆积层中,平面上一般多呈不规则枝杈状、圆锥状、短柱状、镰刀状,边界多呈港湾状;剖面上常呈层状、似层状、透镜状。共圈定矿体4个,矿体平均厚度2.56m,平均含矿率432kg/m³,平均品位Al_2O_3 42.33%、Fe_2O_3 29.17%、SiO_2 11.77%、灼失量10.77%,A/S 3.60。净矿石334_1资源量为$12.12×10^4$t,矿石类型按矿石矿物成分划分属一水型铝土矿。资源量尚未经过评审。

4. 对沉积型铝土矿进行了探索性评价通过研究沉积型铝土矿赋矿层位上二叠统合山组与中二叠统茅口组灰岩地层的岩性构成以及其电性差异,在本区采用新的找矿方法,即采用高密度电阻率测量,解译出上二叠统合山组与中二叠统茅口组之间的古风化壳的形态,利用古风化壳凹陷处有利于沉积型铝土矿的形成的特点,实现间接找矿,并通过钻探工程验证,该方法可行,提高了钻孔见铁铝岩层的几率。

沉积型铝土矿层的电阻率值随其风化程度、含水量的不同而变化,分布极为离散,其与周围介质的电性差异不固定,或因矿层厚度不稳定以及电测深法垂向分辨率等原因,沉积型铝土矿层未能形成明显的独立分层,高密度电法在区内不具备直接找矿的物性条件;但下伏灰岩与周围介质的电阻率差异明显,根据区域成矿条件,矿体规模受茅口组灰岩古侵蚀面控制,一般凹下地段矿层厚度较大,品位也较好,凸起地段厚度较小,甚至尖灭缺失,品位也较差。因此,可以利用高密度电法圈定灰岩凹下地段从而实现间接找矿(图2)。

5. 对龙州地区铝土矿进行了总体评价。龙州地区地处广西西南部,位于滨太平洋构造域与古特提斯-喜马拉雅构造域交汇部位附近。构造上属于右江再生地槽的西大明山隆起南缘,北部与下雷-灵马坳陷相邻,南部与钦州残余地槽区十万大山断陷带连接,处于凭祥-东门断裂北盘的龙州-凭祥弧形构造北侧。NW向及NE向断裂较为发育。出露地层有寒武系、泥盆系、石炭系、二叠系、三叠系和第四系,以泥盆系—二叠系出露较全,且分布最广。晚古生代—早三叠世大部分为地台型沉积,广泛发育碳酸盐岩、基性—酸性火山碎屑岩及含铁铝煤系建造。其中岩浆活动以海西期—印支期海相火山喷发最为强烈,受NW向那坡断裂带和NEE向凭祥-大黎断裂带控制,形成多期次的火山岩建造。区域矿产种类繁多,主要有煤、铁、铝、铅、锌、金、银等多种矿产资源。

本区矿源层有两个层位:一是二叠系合山组底部铁铝岩层;二是下石炭统都安组与上泥盆统融县组的平行不整合接触面上铁铝岩层(推测)。其中沉积型铝土矿含矿层位(合山组)广泛出露,规模大,连续性好,旁侧岩溶洼地发育,封闭性好,是堆积型铝土矿良好的容矿场所。

区内发育一条近EW向的Al_2O_3异常带,该异常规模大,强度高。Al_2O_3的异常面积大,一般为80~250km²;峰值高,Al_2O_3一般在20.07%~28.36%之间。高值异常区(≥25%)主要出现在泥盆系—中二叠统的岩溶洼地、谷地及坡地中。经实地调查,结果与异常指标基本吻合。

本区总体工作程度较低,本项目实施之前,大多为面上调查,个别地区仅有少量的浅井工程验证。根据前期面上调查成果,本次工作对成矿条件较好、矿体规模较好、矿石质量较好的区段进行了评价,基

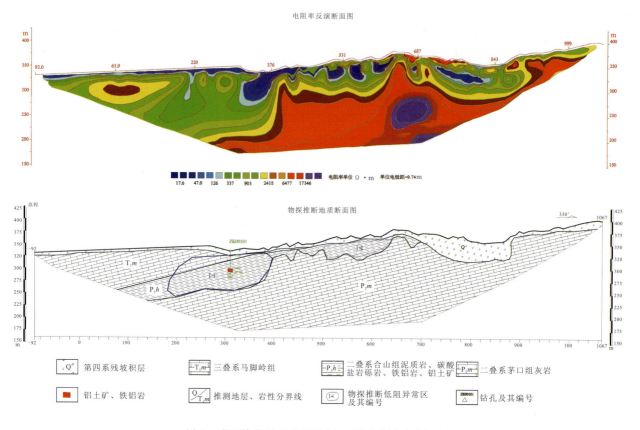

图2 广西隆安县布泉评价区01线物探综合剖面图

本对堆积型铝土矿分布特征及资源量有了了解,也取得了较好的找矿成果。此次调查评价工作,基本上已覆盖全区,圈定找矿远景区3处,找矿靶区5处,探获堆积型铝土矿资源量 $6462.20 \times 10^4 t$,其他单位在本区探明的堆积型铝土矿资源量约为 $2000 \times 10^4 t$,因此龙州地区堆积型铝土矿资源总量在 $8000 \times 10^4 t$ 以上。

铝土矿资源量大,矿床开采技术条件简单,矿体埋藏浅,可露天机械开采,外部建设条件较好。矿石质量一般,伴生有镓等有益组分,镓含量达到综合利用工业指标要求,可综合回收利用。矿石类型按铝矿物成分属一水型铝土矿、工业类型为适合拜尔法生产氧化铝的低硫高铁铝土矿。

此外,本区还存在数千万吨的 $Al_2O_3 > 40\%$、铝硅比 $A/S < 2.6$ 的低铝硅比堆积型铝土矿矿石,古风化壳沉积型铝土矿资源潜力也较大,但矿体形态变化较大,矿石质量较差,目前开发利用条件尚未具备,建议尽快开展对此类低品位矿石的选冶技术、试验和方法研究,待取得新突破后再开展下一步评价工作。

四、成果意义

项目总结了堆积型铝土矿的成矿规律,采用新方法对沉积型铝土矿进行了初步的探索性评价。探获堆积型铝土矿资源量达大型规模以上,有较好的经济效益,对促进"老、少、边、山、穷"地区经济和社会发展也具有重要的意义。

第二十七章 湖南茶陵锡田整装勘查区锡多金属矿调查评价与综合研究

伍式崇　陈梅　梁铁刚　曾桂华　张洋　龙伟平

（湖南省地质矿产勘查开发局四一六队）

一、摘要

以锡田矿区、万洋山找矿远景区为主攻区段，以钨锡铅锌金银为主攻矿种，开展大比例尺物探、化探和地质测量等工作，大致查明了区内钨锡多金属矿控矿地质条件，圈定了物化探异常和找矿远景区；对新（已）发现的主要钨锡铅锌多金属矿脉矿化富集地段开展了深部找矿，对区内矿产远景作出了总体评价，新发现矿产地 3 处。

二、项目概况

工作区位于湘、赣交界处，属湖南省茶陵县、炎陵县管辖。地理坐标：东经 113°30′00″—114°00′00″，北纬 26°30′00″—26°58′21″，面积约 2000km²。工作起止时间：2011—2013 年。主要任务是大致查明钨锡多金属矿控矿地质条件，圈定物化探异常和矿化有利地段；对新（已）发现的主要钨锡铅锌多金属矿脉矿化富集地段开展深部找矿，对区内矿产资源远景作出总体评价，提供一批可供进一步工作的找矿靶区和新发现矿产地。

以 2002 年以来大调查在工作区所取得的主要成果为基础，以钨锡铅锌金银为主攻矿种，按照异常检查、矿点评价、已知矿脉深边部找矿、综合研究 4 个层次，全面开展了工作区锡多金属矿远景调查工作。工作区主要涉及锡田矿区和万洋山找矿远景区（图 1）。锡田矿区根据矿床地质特征及所处部位共划分为 7 个矿段，由北往南分别为庙背冲矿段、山田矿段、黄草矿段、晒禾岭矿段、桐木山矿段、垄上矿段和圆树山矿段。通过以往的工作，垄上矿段已提交详查地质报告、桐木山矿段已达普查程度、晒禾岭矿段和山田矿段已达预查工作程度，该项目在锡田矿区的矿产检查与评价工作主要涉及庙背冲矿段、黄草矿段、圆树山矿段和桐木山矿段。该项目之前的国土资源大调查工作在万洋山找矿远景区开展了 1∶5 万水系沉积物测量，圈定了石下金矿、青山里金铅锌多金属矿、竹园冲钨钼多金属矿 3 个找矿靶区，本次主要针对上述 3 个找矿靶区开展矿产检查与评价工作。

三、主要成果与进展

（一）异常检查

采用 1∶1 万地质测量、1∶5000 土壤剖面测量、老窿调查、槽探揭露、采样分析等工作手段，主要针对锡田矿区锡田岩体北部庙背冲矿段锡多金属矿萤石矿Ⅱ级找矿靶区（AS25）和在万洋山找矿远景区石下金多金属Ⅰ级找矿靶区（AS1、AS3）、竹园冲钨钼多金属Ⅱ级找矿靶区（AS2、AS4）开展了异常检查工作。

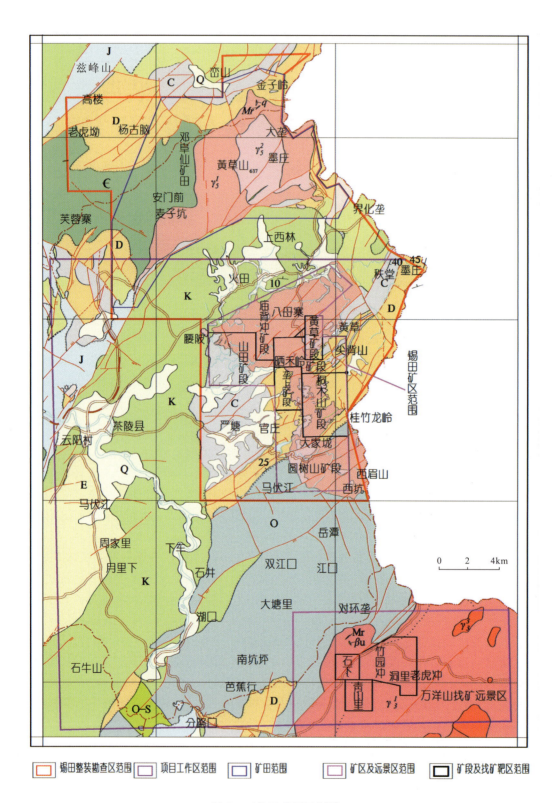

图 1 工作区范围区划图

1. 庙背冲矿段锡多金属矿萤石矿Ⅱ级找矿靶区（AS25）。庙背冲矿段位于锡田岩体最北端，区内无地层出露，断裂构造是本区的主要构造，以 NE 向为主，次为 NW 向，偶见近 EW 向和近 SN 向断裂。地表表现形式以硅化蚀变带和硅化破碎带为主，局部为石英脉或交代石英岩。区内岩浆岩为锡田复式花岗岩体的一部分,主要为印支期中粒斑状黑云母花岗岩,为勘查区主体花岗岩,呈岩基产出。其次为燕山期侵入的细粒二云母花岗岩、细粒黑云母花岗岩,为锡田岩体的补体,一般呈小岩株和岩脉的形式产出,侵入于主体印支期中粒斑状黑云母花岗岩中。

庙背冲矿段处在锡田岩体最北端锡多金属矿萤石矿Ⅱ级找矿远景区中,1∶5万水系沉积物异常编号AS25,面积约50km²,异常元素组合以W、Sn、F为主,呈NE向带状分布于印支期—燕山期岩体内,沿NE断裂构造带分布。异常以中等强度为主,形成多个局部浓集中心。

经异常检查共发现构造裂隙充填型萤石矿脉6条,云英岩型锡矿脉3条,构造蚀变带型锡矿脉1条。矿脉分布于印支期—燕山期锡田复式花岗岩体北端,萤石矿脉多赋存于与NE向主断裂构造带平行或斜交的次级断裂构造中,云英岩型锡矿脉多赋存于与NE向主断裂构造带近直交的NW向次级断裂构造中(图2)。

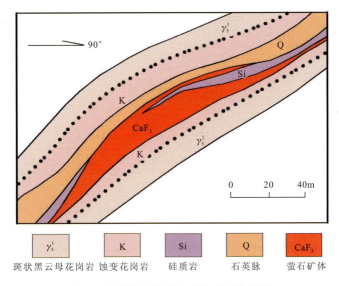

图2 矿体产出形态与围岩关系素描图

萤石矿脉多为隐伏延伸,地表表现为构造蚀变带,一般不见萤石矿化,只在浅表以下的民采坑道中见矿脉。含矿构造蚀变带走向延伸长300~2000m,带宽一般为1~5m。民采坑道中,矿脉走向上可见采长100~250m,矿脉平均厚0.2~5.06m,最厚达14.41m,平均品位36.67%~76.03%。经初步概算,334萤石矿物量在$53.55×10^4$t以上。

云英岩型锡矿脉走向延伸长100~500m,矿脉厚0.2~0.73m,Sn品位0.176%~0.448%。构造蚀变带型锡矿脉仅有单工程控制,矿脉厚0.85m,Sn品位0.153%。

2. 石下金多金属Ⅰ级找矿靶区(AS1、AS3)。找矿靶区位于万洋山找矿远景区北西部,区内大部分区域均被万洋山加里东期花岗岩覆盖,仅西南部有下古生界上奥陶统滨海相砂泥质碎屑岩地层出露。断裂构造是本区的主要构造,按其走向可分为NE向和近EW向两组。NE向断裂是本区的主要构造,贯穿全区,沿走向具分支复合特征,结构面一般较清晰,多呈舒缓波状,具压性特征,是酃县-睦村断裂带的组成部分。EW向断裂主要有3条,走向延长1.1~1.5km,宽2~20m,结构面清晰,呈舒缓波状,该组断裂将NE向破碎带切断,平面上断距10~50m,主要由硅化花岗岩夹石英细脉、石英团块等组成,具有不同程度的金矿化。区内岩浆岩为加里东期万洋山复式花岗岩体的一部分,岩性主要为灰白色细中粒少斑状黑云母二长花岗岩,局部见灰白色中细粒黑云母花岗岩,均为万洋山复式花岗岩体的第一次侵入体,呈岩基状产出。

区内水系沉积物异常有AS1和AS3,以Au、As异常为主,伴有Ag、Pb、Zn、W等异常。AS1异常呈NE向条带状沿断裂破碎带分布,NE向长约5km,NW侧未封闭,宽大于2km,Au、As异常浓度达Ⅲ

级,Zn异常浓度达Ⅱ级;AS3异常沿NE向断裂破碎带分布,NE向长约2.5km、宽1.5km,异常位于加里东期花岗岩与奥陶系断层接触部位,Au、As、Pb、W异常浓度达Ⅱ级。

以往大调查项目对AS1异常进行了初步检查,共发现构造蚀变岩型金多金属矿脉3条(编号V1、V2、V3),并已设探矿权。本次异常检查在AS1异常范围新发现NW向构造破碎带型金矿脉2条(V4、V5)。通过对已发现的V1、V2矿脉中浅部民窿的调查编录,发现V1、V2矿脉在深部合并为一条矿脉,民窿揭露矿体厚16.67m,Au平均品位5.32×10^{-6},矿化基本连续。通过地表追索将V3矿脉在原有基础上往SW方向延伸了1000m。

3. 竹园冲钨钼多金属矿Ⅱ级找矿靶区(AS2、AS4)。该找矿靶区位于万洋山找矿远景区中部,区内无地层出露,断裂构造发育,主要为炎陵-郴州-蓝山NE向大断裂之次级断裂,以构造蚀变破碎带、石英脉、硅化带的形式出现。区内岩浆岩为加里东期万洋山复式花岗岩体的一部分,岩性主要为灰白色细中粒少斑状黑云母二长花岗岩,局部见灰白色中细粒黑云母花岗岩,均为万洋山复式花岗岩体的第一次侵入体,呈岩基状产出。

1:5万水系沉积物测量在该靶区圈定了两个乙类异常(AS2、AS4),以W、Mo异常为主,异常分布面积大、强度高,并具有明显的浓度分带。经异常检查,区内共发现构造蚀变带型金、钨、钼矿脉各1条。矿脉分布于万洋山岩体加里东期中粒斑状黑云母二长花岗岩中。

构造蚀变带型金矿脉走向NE,出露长度约2km,往SW向与青山里金铅锌多金属矿脉V3脉相连,是本区内主要含金矿脉。经地表槽探工程控制,矿脉厚1.15m,Au品位0.70×10^{-6},说明青山里金铅锌多金属矿脉V3脉往NE向仍有稳定延伸,具有较好的找矿潜力。

构造蚀变带型钨矿脉走向NE,控制走向长100m,经地表剥土工程控制,矿脉厚0.60m,WO_3品位0.287%。

构造蚀变带型钼矿脉走向北东,目前只有单工程控制,可见长约20m,经地表剥土工程揭露,矿脉厚1.0m,Mo品位0.112%。

(二)矿产评价

针对区内已发现的锡田矿区黄草矿段构造蚀变岩型锡铅锌多金属矿和万洋山找矿远景区的青山里金铅锌多金属矿,采用1:5000地质简(修)测、老窿调查清理、槽探工程揭露等手段,初步查明其矿床地质特征,成矿控制因素,选择主要矿脉矿化富集地段进行少量的中深部钻探控制,大致了解其深部含矿性特征,对其找矿前景进行初步评价。

1. 黄草矿段锡铅锌银多金属矿。黄草矿段是本项目实施后新发现的构造蚀变岩型锡铅锌多金属矿脉集中分布区段,位于庙背冲矿段和晒禾岭矿段之间。

出露的地层主要为古生代上泥盆统佘田桥组和锡矿山组,下石炭统岩关阶,地层分布于矿段西南角。上泥盆统锡矿山组下段为一套浅海相碳酸盐岩夹滨海相砂泥质碎屑岩沉积,与矽卡岩型锡矿化关系密切,钨矿化仅局部地段可见。该矿段以断裂构造为主,地层中的褶皱仅在矿段西南角小面积出露。北端的子母岭-秩堂NE向区域性大断裂和中部的牛形里断裂是区内锡铅锌多金属矿的导矿构造;控制矿体空间展布的构造体系为一系列NNW向右行张剪性断裂,该构造体系呈近SN向雁形排列,为NE向区域性断裂的次级构造,是区内锡铅锌多金属矿的主要容矿构造。区内岩浆岩为锡田复式花岗岩体的一部分,主要为印支期中粒斑状黑云母花岗岩,呈岩基产出,其次为燕山期侵入的细粒二云母花岗岩、细粒黑云母花岗岩,主要分布于矿段中部,一般呈岩株和岩脉的形式产出,侵入于主体印支期中粒斑状黑云母花岗岩中。

黄草矿段位于1:5万水系沉积物测量所圈定的钨锡铅锌多金属矿Ⅰ级找矿远景区NW部,异常编号AS29。比较明显的异常元素是Pb,浓度级别为Ⅲ级和Ⅱ级,异常主要分布在矿段NE部,与已知矿点相吻合,为矿致异常;其次为Sn,浓度级别Ⅰ-Ⅲ级均有出现,主要分布在矿段南部,异常等值线分布区域,特别是浓度级别较高的等值线分布区域,与已知锡矿点相吻合,为矿致异常。

通过工作,矿段内共发现构造蚀变岩型铅锌银多金属矿脉和锡铅多金属矿脉 8 条,主要矿脉 2 条(V3、V7)(图 3)。

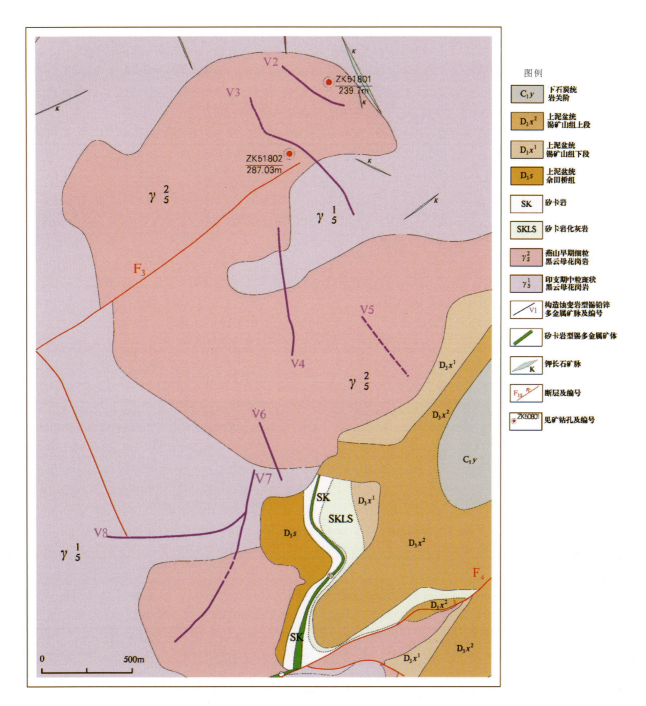

图 3　黄草矿段锡铅锌银多金属矿地质图

V3 矿脉:地表经槽探和民采老窿控制,矿脉走向长 800m,厚 1.07m。浅部经 PD4、PD5、PD6 控制,矿体走向长 230m,矿体平均厚 1.11m,平均品位分别为 Pb 7.351%、Zn 4.179%、Ag 59.96×10^{-6}。深部经 ZK51802 控制见矿 2 处,品位分别为 Pb 1.161%、Zn 0.770%、Ag 18.1×10^{-6} 和 Pb 0.573%、Zn 0.358%、Ag 15.0×10^{-6},真厚度分别为 0.82m 和 0.68m。

V7 矿脉:为锡铅矿脉,地表经 BT1、BT3、BT4、TC14、TC15、TC16、PD7、PD8 控制,矿脉走向长约

1000m，矿脉厚1.55m，地表见矿工程平均品位：Pb 4.872%，Sn 0.385%。深部经ZK53901、ZK54301控制，均揭露到了相应的含矿构造蚀变岩，但矿化微弱。

锡铅矿脉和铅锌银矿脉呈近SN向雁形排列，矿脉规模多数不大，且控制程度不高，目前暂圈定了9个工业矿体。矿体赋存于碎裂蚀变花岗岩中，其形态、产状严格受构造蚀变带控制。

该矿段主要矿脉估算334金属量：铅（24 416t）、锌（13 725.3t）、银（41.25t）、锡（842.75t）。

矿脉均为构造蚀变岩型，产于岩体内部，受NE向区域性构造之次级NW—NNW向断裂控制。矿石多呈浅黄绿色、褐黄色、灰黄色、深灰色等，他形晶粒结构，斑点状、浸染状构造。矿石矿物主要为方铅矿、闪锌矿、辉银矿，其次为黄铁矿；脉石矿物主要为热液石英和绢云母。

常见的围岩蚀变主要有硅化、绢云母化、黄铁矿化、黄铜矿化、褐铁矿化、铅锌矿化、绿泥石化等。较强的绢云母化并伴随有黄铁矿化，是寻找构造蚀变岩型铅锌银多金属矿脉的找矿标志。而较强的褐铁矿化或硅化、绿泥石化是寻找构造蚀变岩型锡铅矿脉的找矿标志。

2. 青山里金铅锌多金属矿。位于万洋山找矿远景区南西部，区内无地层出露，断裂构造较发育，主要为炎陵-郴州-蓝山NE向大断裂之次级NNE—NE向断裂，为成矿提供了良好的热动力及容矿场所，也是本区的容矿构造。区内岩浆岩为加里东期万洋山复式花岗岩体的一部分，岩性主要为灰白色细中粒少斑状黑云母二长花岗岩，局部见灰白色中细粒黑云母花岗岩，均为万洋山复式花岗岩体的第一次侵入体，呈岩基状产出。另外，区内出露有辉绿岩脉，呈NW向展布，走向延伸长2400m，岩脉厚4～20m。

1∶5万水系沉积物测量在该靶区圈定了2个异常（AS5、AS6），以往的国土资源大调查工作对AS5做过异常检查，并取得了较好的找矿成果。本次本区的勘查工作是在以往异常检查成果的基础上，收集并综合整理以往的成果资料，对AS5范围内所发现的矿脉开展矿点评价，同时对AS5南面未开展异常检查的AS6开展异常检查。

发现构造蚀变岩型金铅锌多金属矿脉11条，产于岩体内接触带，走向延伸长100～2000m，厚0.1～1.2m，多为薄脉状矿脉，主要呈NNE—NE方向展布，局部见近EW向低品位金矿脉。

其中V3号主矿脉区内地表延伸长2000m，往NE方向延伸至竹园冲钨钼多金属找矿靶区，矿脉走向总延伸长4000m，平均厚0.45m，Au平均品位5.76×10^{-6}。为了了解V3矿脉中深部含矿性，共施工了3个钻孔，均揭露到了相应的矿脉，但深部金矿化弱，含矿性不稳定。将地表和中深部含矿特征进行对比，显示矿脉在倾向上具分带性，浅表以金矿化为主，深部以铅锌矿化为主，伴生金银。其中ZK401孔见两层铅锌矿体，Pb品位分别为1.73%、4.11%，Zn品位分别为10.60%、15.29%，矿体厚分别为0.32m、0.50m。已初步估算该主矿脉334资源量金金属量400.17kg、铅锌金属量1.3×10^4t。

（三）已知矿脉深边部找矿

已知矿脉深部找矿工作主要针对锡田矿区岩体东接触带桐木山矿段31、43号矽卡岩型钨锡多金属矿脉主要矿体，在现有中深部见矿工程控制的基础上，继续往深部进行少量的钻探揭露，以评价锡田矿区矽卡岩型钨锡多金属矿床远景；已知矿脉边部找矿工作主要是对锡田矿区圆树山矿段21、21-1号矽卡岩型钨锡多金属矿脉（垄上矿段南延段），采用稀疏的钻探工程对其中深部进行控制，大致了解其中深部含矿性特征，对其找矿前景进行初步评价。

1. 已知矿脉深部找矿。主要选择在锡田岩体东接触带桐木山矿段。该矿段棋梓桥碳酸盐岩地层与岩体接触带之深部共施工3个钻孔，均揭露到了矽卡岩型锡钨矿体或矿化。其中ZK7201在控制斜深约1000m的接触带深部，见43号矿脉，矿脉厚0.38m，Sn品位0.165%；ZK11603在斜深约800m的接触带上，见31号矿脉，矿脉厚0.59m，WO_3品位0.379%；ZK10504在斜深约900m的接触带上，见钨矿化，WO_3品位0.078%，厚度1.52m。经初步概算，东接触带深部钨锡资源潜力在3.75×10^4t以上。说明锡田岩体东接触带深部仍具有一定的找矿潜力，是较理想的矽卡岩型钨锡多金属矿找矿靶区。

2. 已知矿脉边部找矿。该项工作选择在锡田矿区南部圆树山矿段。通过工作新发现构造-矽卡岩复合型锡多金属矿脉一条，石英脉带型锡钨矿集中分布区段5处，并根据可控源音频大地电磁测深成果,对垄上矿段21、21—1号矽卡岩型锡钨矿脉南延部位的深部含矿性进行了钻探验证。

构造-矽卡岩复合型锡多金属矿脉走向延伸长800m,因民采老窿均已垮塌,未收集到矿脉的品位、厚度数据。但地表沿矿脉走向有明显的露天采坑遗迹,采出的废渣中见较多的石英团块和矽卡岩碎块。经民采情况调查,矿脉中有用矿物以锡钨为主伴有铅和锌。

石英脉带型锡钨矿脉主要脉带5个,脉带走向延伸长100~500m,脉带宽100~200m。矿脉走向延伸长100~1000m,矿脉平均厚0.3m,Sn最高品位2.16%,WO_3最高品位2.287%。经初步概算,锡加钨资源潜力在$1×10^4$t以上。

根据区内施测的210线和248线可控源音频大地电磁测深成果,对垄上矿段21号矽卡岩型锡钨矿脉南延部位的深部含矿性钻探验证。其中ZK21001孔在棋梓桥组碳酸盐岩地层与岩体接触带附近见矿3层,本项目在21号矽卡岩型锡钨矿脉南延方向的边部接触带上,布置的3个钻孔亦均见到了较好的矽卡岩。说明垄上矿段21号矽卡岩型锡钨矿脉,向南有稳定延伸,只是其含矿性不稳定。

(四)综合研究

锡田地区以往地质工作已积累了大量的地质矿产、物、化、遥等成果资料,特别是近10年来的国土资源大调查《湖南诸广山—万洋山地区锡铅锌多金属矿评价》《湖南锡田地区锡铅锌多金属矿勘查》和本项目的实施,积累了大量的第一手地质矿产勘查资料。对区内已有地质矿产、物、化、遥等成果资料进行综合整理和深入研究,是本项目的一项重要内容。针对调查评价阶段急需解决的矿产和基础地质问题,总结该地区成矿规律并指导找矿,本项目与同期进行的《湖南茶陵锡田锡铅锌多金属矿整装勘查区专项填图与技术应用示范》项目密切合作,有针对性地对锡田矿区开展了综合研究。基于锡田矿区近年来的研究工作在钨锡成矿规律、花岗岩与钨锡矿床成矿专属性等研究方面已取得了较好的科研成果,本次综合研究重点主要是对其成矿构造分析和成矿预测两方面开展研究工作。

锡田矿区表现为NE与NW向构造的叠加复合部位控岩控矿。具体而言,NW向构造控制了锡田岩体的分布,其次级近于平行的断裂往往充填有构造蚀变岩型锡铅锌多金属矿(如黄草矿段1、2、3号矿脉)。NE向构造表现为两个方面:一方面岩体两侧的严塘复式向斜和小田复式向斜均主要由泥盆系碳酸盐岩组成,地层岩性本身化学性质活泼,加上受构造运动的影响,有利于成矿热液在背斜轴部和向斜洼底沉淀,从而形成较好的锡多金属矿床;一方面,NE向断裂构造为成矿热液的运移提供了良好的通道,有利于矿液沿岩体接触面构造及断裂两侧的矽卡岩层间破碎带充填,从而形成矽卡岩型锡多金属矿床;同时,断裂构造中残留的碳酸盐岩块在岩体侵入时,更易形成构造-矽卡岩复合型矿术。

基于已有分析,提出了锡田矿区的成矿及预测模型。锡田矿区的成矿受印支期和燕山期两个构造—岩浆—成矿系统控制,两系统的初始成矿作用相似,均为岩浆期后热液作用成矿,其源区为重熔型古老地壳,只是燕山期重熔的地壳包含了更多时代的岩石,矿种为钨、锡、铅、锌多金属矿,其矿床形成原因及过程与其他岩浆热液型相同。印支期和燕山期成矿系统的矿化特征的宏观表现仅有成矿时代和围岩的差异。受成矿期地质运动的影响,目前二者成矿特征的宏观差异出现较明显差异。印支期的矿化只保留了矽卡岩型矿,而燕山期成矿作用的叠加富化是其形成规模型矿化的关键成矿作用,这种叠加富化作用主要表现为:①燕山期岩浆侵入,并形成对原有矽卡岩矿体的有效接触(如超覆),叠加岩浆热液交代作用,形成后期的矽卡岩化,提高印支期矿化程度;②燕山期断裂对原有矿体的叠加,并有成矿热液进入而使原有矿化发生叠加富化。燕山期的矿化与其他地区的岩浆期后热液作用的成矿过程相同,其特点在于燕山期岩浆岩是以顶部边缘相为主,并由于印支期岩体的巨大占位空间,使之与灰岩的接触空间极为有限,未能形成独立的矽卡岩型矿,其矿化以沿断裂裂隙的热液充填或热液蚀变为主。

根据本次研究的成果及前人成果的综合分析,在研究区提出4个成矿预测区:垄上矿段深部石英脉、云英岩型钨、锡矿预测区;晒禾岭矿段鹅井里矽卡岩型、云英岩型矿化预测区;晒禾岭深部及外围构造蚀变岩型硫化物、石英脉、云英岩型钨锡矿化预测区,革麻塘一带岩体与碳酸盐岩地层接触带处为矽卡岩型矿预测区;狗打栏深部石英脉或云英岩型钨锡矿预测区。

四、成果意义

1. 大致查明了锡田矿区和万洋山远景区的钨锡多金属矿控矿地质条件,对桐木山矿段和圆树山矿段新(已)发现的主要钨锡铅锌金银多金属矿脉矿化富集地段开展了深部找矿,并对其资源潜力作了客观分析。

2. 新发现庙背冲矿段锡多金属矿萤石矿、黄草矿段锡铅锌银多金属矿、青山里金铅锌多金属矿3处矿产地,对其找矿前景进行初步评价,为下一步在本区开展预查—普查工作提供了有力的支撑。

3. 提出垄上矿段深部等4个成矿预测区,为锡田地区找矿提供了一批后备基地的同时,也为在湘东地区寻找该类型钨锡多金属矿床提供理论依据。

第二十八章　湖南宜章地区矿产远景调查

吴南川　周念峰　邓亮明　祝西闯　刘晓曦　何占珍
蒋喜桥　钟江临　何云乐　陈云华

（湖南省有色地质勘查局）

一、摘要

采用岩石地层为主的多重地层划分方法重新厘定了岩石地层单位27个。将测区侵入岩划分为志留纪、三叠纪、侏罗纪3个侵入期，建立花岗岩填图单位25个（13个期次），探讨了岩浆岩的成矿作用。对区内地球化学、地球物理场圈定异常的找矿意义作了系统分析。在综合区内地质、矿产、物化遥资料的基础上，总结了成矿地质条件和成矿规律，划分了找矿远景区5个，优选找矿靶区6处，为后续找矿工作的深入开展提供了宝贵资料。

二、项目概况

工作区位于湖南省郴州市境内，含郴州市幅、滁口幅、良田幅、瑶岗仙幅、香花岭幅、宜章县幅6个1:5万图分幅。地理坐标：东经112°30′00″—113°30′00″，北纬25°20′00″—25°50′00″，面积2700余平方千米。工作起止时间：2011—2013年。主要任务是以铅锌、锡为主攻矿种，兼顾其他矿产，系统收集区内已有的地、物、化、遥等基础地质资料及矿产地质勘查资料并进行综合分析；在重点找矿远景区开展矿产地质测量工作，大致查明区内锡铅锌多金属矿控矿条件，优选找矿靶区。在此基础上，通过大比例尺1:5千—1:1万地质填图、物化探测量、地表工程揭露和少量深部钻探验证等综合手段，开展矿产评价。综合区内各类工作成果，对区域资源潜力进行总体评价。

三、主要成果与进展

（一）矿产地质填图

对区内填图单位进行了重新厘定，建立岩石地层单位27个，岩浆岩填图单位25个（13个期次）。寒武系、泥盆系、石炭系是本区重要的含矿层位，其中泥盆系占主导地位，产于其中的矿床（点）有138处，占矿床（点）总量的47.7%，区内所发现的4处特大型—大型矿床（柿竹园钨锡钼铋矿、瑶岗仙钨矿、香花岭锡矿、荷花坪锡矿）都位于该层位之中，另有中型矿床2处（长城岭铅锌锑矿、田尾-李家塘铅锌银矿）。含矿构造线主要呈NE走向，具分支复合现象，是控矿的重要因素；岩浆岩多为中—酸性花岗岩，绝大多数大中型矿床的形成与中-晚侏罗世（燕山期）花岗岩相关。

（二）地球化学勘查

对湖南省有色地质勘查局1986—1992年在本区实施的1:5万水系沉积物测量资料进行了分析，圈定水系沉积物测量异常76处，其中甲类异常44处，乙类异常27处，为下一步的矿产检查工作提供了依据。

全区地层富集元素为 Sb、As、Pb、B、Bi、W、Sn、Cu、Ag、Zn，其浓度克拉克值分别为 40.90、6.08、5.61、5.53、4.64、2.17、1.99、1.02、1.33、1.27，而贫 Au(0.5)；从各地层主要富集元素叠加强度系数分析：时代越老，叠加成矿元素越复杂，晚古生代以后，只有碳酸盐岩易于叠加，次为碎屑岩。不同时代花岗岩区元素的丰度值相比，从志留系—三叠系—侏罗系，由老至新 W、Sn、Mo、Bi、Be、Cu、Pb 等元素的丰度值具有逐渐增大的演化规律，而 Zn、Au、Ag、Au、Sb 的丰度值具有逐渐减小的趋势；这一地球化学特征显示，本区中-晚侏罗世花岗岩的侵入活动对钨锡钼铋多金属成矿具有重要的控制作用。

（三）矿产检查

在 1:5 万矿产地质调查基础之上，结合物化探成果，对楼梯岭钨锡、黄甲山锑、大奎上铅锌、大冲铅锌矿点进行了概略检查；重点检查了杉木溪锡铷、龙公带铅锌、十字圩铅锌锡、大地坪钨锡铅锌、柴茅岭银等矿点，并在杉木溪锡铷、龙公带铅锌、柴茅岭银矿点进行了深部钻探验证。新发现杉木溪锡铷矿产地 1 处，提交 334_1 金属资源量铷 4836t、锡 1000t，达到大型铷矿规模；龙公带铅锌矿区验证孔 ZKA01 见层控型闪锌矿体两层，累计真厚度 8.44m，Zn 品位 1.88%～3.58%，单工程探获 334_1 金属量铅锌 $1.55×10^4$ t。

（四）综合研究

在系统收集已有区域地质矿产、物化探资料的基础上，结合本次工作成果，综合分析区内控矿地质条件及成矿规律，划分了 5 个找矿远景区（王仙岭-千里山-宝峰仙钨锡铅锌多金属找矿远景区（Ⅰ-1）、香花岭-泡金山锡铅锌多金属找矿远景区（Ⅰ-2）、瑶岗仙-界牌岭钨锡多金属找矿远景区（Ⅱ-1）、骑田岭南部锡多金属找矿远景区（Ⅱ-2）、长城岭铅锌银锑多金属找矿远景区（Ⅲ-1），圈定了 6 个找矿靶区，明确了找矿目标。

1. 杉木溪锡铷多金属找矿靶区：地处临武县香花铺村，面积 $6.5km^2$。找矿目标为矽卡岩型钨锡矿、热液充填交代型锡铅锌矿。

靶区位于尖峰岭岩体东侧、区域导岩导矿断裂 F_{73} SE 倾伏端。出露的地层走向近 SN，主要有石炭系孟公坳组、天鹅坪组、石磴子组；其中近花岗岩的孟公坳组、石磴子组碳酸盐岩地层具大理岩化、矽卡岩化、条纹岩化蚀变，是本区重要的赋矿层位。断裂构造发育，有 NE、NNE、NW、近 EW 向和 SN 向 5 组（图 1），主要含矿断层有 NE 向 F_{407}、NNE 向 F_{406}、NW 向 $F_{311-314}$。工作区西面紧邻尖峰岭岩体，该岩体成岩时间为燕山中期，岩性主要为黑云母花岗岩。施工的 4 个钻孔（其中 ZK1601、ZK3401、ZK5801 为湖南省价款项目，ZK4601 为本项目，图 1）都控制到了岩体，最低标高为 80m；尖峰岭岩体往矿区内延深，其接触面具有起伏，总的走向 NNE-SSW 向，倾向 SEE，倾角 30°～40°，岩性为中细粒黑云母二长花岗岩。

矿区与东山钨矿、香花铺白钨矿紧邻，区内有钨锡、铅锌矿（化）点 3 处。调查发现矿区西侧见有矽卡岩型及裂控型铅锌钨锡矿，尖峰岭成矿岩体向东倾伏延伸，在香花铺村东山林场一带施工了验证孔 ZK4601，共揭露铷、锡铷多金属矿（化）体 7 层，均产于岩体外接触带大理岩化-矽卡岩化-萤石化蚀变带中，产状与层位一致；共圈定了 Ⅰ-1、Ⅰ-2、Ⅰ-3、Ⅰ-4 四个铷矿（化）体，Ⅱ-1、Ⅱ-2、Ⅱ-3 三个锡铷矿（化）体。其中 Ⅱ-3 号锡矿体真厚度 5.11m，平均品位 Sn 0.218%，Rb_2O 0.100%，Ca_2F 11.11%。Ⅱ-2 号锡矿体真厚度 1.90m，平均品位 Sn 0.221%。Ⅰ-1 号花岗岩型铷矿体真厚度 41.69m，Rb_2O 平均品位 0.169%。该矿区于 2012—2015 年纳入了湖南省级采矿权探矿权勘查项目，共探获金属 333+334 资源量铷 $10×10^4$ t、锡 5000t。

靶区内 1:5 万水系沉积物异常显示 Zn、Sn 元素最高可达 2 级浓度，含量分别大于 $300×10^{-6}$、$36×10^{-6}$。区内圈定了激电中梯异常 7 处，IP1、IP2、IP3 三个异常呈环状、串珠状分布于尖峰岭岩体外接触带，钻孔资料证实存在裂控型和矽卡岩型锡铅锌多金属矿体。

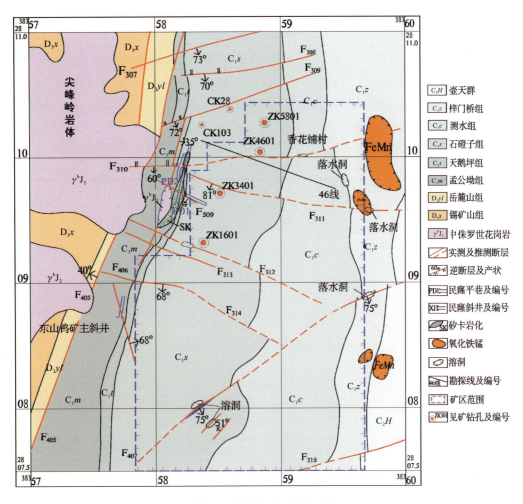

图1 杉木溪矿区地质略图

找矿前景及下步工作建议：矿区位于香花岭锡多金属矿田南东部，紧邻成矿母岩体—尖峰岭岩体。区内主要有断裂破碎带型锡铅锌矿、岩体接触带矽卡岩型锡（钨）矿、花岗岩型铷矿等；后两种矿床类型具有较大规模，16～58线范围内均控制有外接触带大理岩—矽卡岩型锡矿化体，长超过660m，向北还未封边控制；花岗岩边缘相的铷矿化体钻孔沿走向已发现超过1000m，沿走向、倾向均为封边控制，具有重大找矿前景。综合研究认为：58线以北、老屋场—香花铺村以东区域，矿体控制程度较低，是寻找岩体外接触带型锡（钨）矿、花岗岩型铷矿、热液充填型锡铅锌矿的有利地段。建议下一步工作布置适量山地工程、少量钻探工程查清本区已发现的岩体外接触带锡（钨）矿及花岗岩型铷矿沿走向、倾向延伸情况，变化规律等；根据以往1∶5万物探资料：矿区东部存在多个0m标高隐伏岩体隆起，结合区内已知岩体内、外接触带已知矿产，对这些区域可开展磁法剖面测量、可控源音频大地电磁测深等物探工作进行查证，了解深部隐伏矿化体分布情况，并布置少量钻探工程进行验证。

2. 龙公带铅锌找矿靶区：位于临武县北部，属临武县三合乡、麦市乡管辖。找矿目标为层控型闪锌矿。

出露的地层主要为泥盆系跳马涧组，其次为泥盆系棋梓桥组中段及寒武系。跳马涧组在区内广泛出露，顶部岩性为砂页岩、紫红色砂岩，下部为灰白色石英砂岩，并呈角度不整合覆盖在下伏寒武系之上，该不整合界面是本区蚀变底砾岩型锡矿的重要赋存部位。棋梓桥组出露在靶区北部及东部；下部为薄层状泥质灰岩，上部为白云质灰岩、含生物碎屑白云岩（为层控型闪锌矿赋矿围岩）及角砾状白云岩。寒武系在测区南部外围出露，为一套类复理石建造的浅变质岩系。

含矿构造主要有两条,北部 F_{60} 断层走向 NE 至近 EW 向,倾向 S,倾角 80°左右,在龙公带北为近 SN 向断裂 F_{121} 切割;该断层为 ZKA01、ZK3201 及 ZK2401 所揭露,见铅锌矿化体,破碎带厚 0.75～3.00m,破碎带内见铅锌矿(化)体,Pb 0.10%～2.37%,Zn 0.72%～1.59%。靶区南部 F_{95} 断层走向 NE—EW,断层东西两侧走向近 90°,中部走向转为 57°～77°;断层倾向 SE,倾角约为 50°,总体产状为上陡下缓;以往钻孔见到了产在断层上的铅锌、铅锌锡及锡矿体,品位 Pb 0.75%～9.24%,Zn 1.07%～3.33%,Sn 0.04%～0.91%。

矿体类型主要为层间破碎带型闪锌矿。施工的 ZKA01 及其他钻孔 ZK3201、ZK2401 所见该矿(化)体均位于 F_{60} 断层下盘(图 2),赋存于中泥盆统棋梓桥组含生物碎屑白云质灰岩中,受层间裂隙构造控制,矿物成分以闪锌矿、黄铁矿为主,含少量方铅矿,浅黄色,呈浸染状分布。根据矿区矿脉形态、产状及规模划分为 4 个矿体(PbZnⅠ—Ⅳ):①PbZnⅠ号矿体厚度 5.35m,平均品位:Pb 0.17%,Zn 1.58%;②PbZnⅡ号矿体厚度 0.89～5.35m,平均品位:Pb 0.17%,Zn 2.08%;③PbZnⅢ号矿体厚度 4.81m,平均品位:Pb 0.26%,Zn 3.58%;④PbZnⅣ号矿体厚度 4.33m,平均品位:Pb 0.10%,Zn 1.88%。围岩蚀变主要为黄铁矿化、硅化、铁锰碳酸盐化。施工的 ZKA01 单工程探获铅锌金属 334 资源量 15 480t。

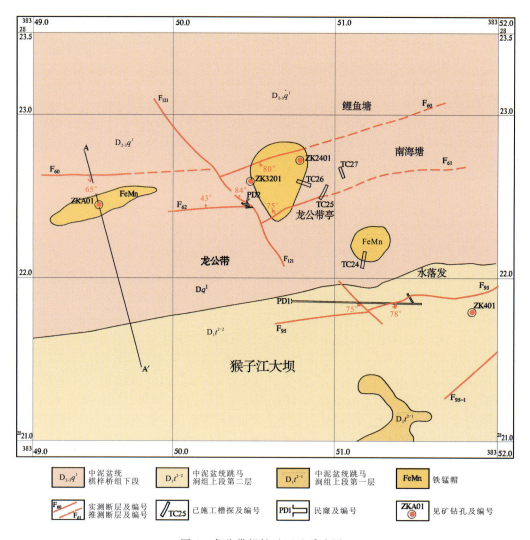

图 2 龙公带铅锌矿区地质略图

区内存在1:5万水系沉积物甲$_2$类异常1处AS55,主要异常元素为Pb、Zn、Ag、Sn,异常中心Pb元素达700×10^{-6}、Zn 1000×10^{-6}、Sn 50×10^{-6}。1:5万重力局部负异常呈NE向展布,根据南部所见蚀变底砾岩型锡矿特征,认为深部存在隐伏岩体隆起。在靶区内圈定了IP1、IP2、IP3三处激电异常与M1~M7七处高磁异常,均与含矿断裂有关;其中IP3与M7相互叠合区域已有ZK401揭露断裂型铅锌矿,M2异常区已有验证孔ZK2401、ZK3201揭露层控型闪锌矿体,均显示了较好的找矿效果,因此加强本次工作取得的激电中梯、高磁异常成果剖析,对指导靶区找矿具有重要指示作用。

找矿前景及下步工作建议:矿区位于香花岭短轴背斜北部,本次工作发现了赋存于F$_{60}$断层下盘的层控型闪锌矿体,为香花岭北部地区找矿提供了新的类型,具有重要的找矿意义。香花岭矿田北部龙公带矿区至黄沙寺层控型铅锌铜矿区一带(SN向展布),Pb、Zn、W、Sn、Cu等元素呈串珠状分布,均位于香花岭矿田西侧锣鼓堂-黄沙寺NE向导矿断裂向东倾伏端,已有钻孔资料显示铅锌铜矿化层厚9~24m,含矿层位稳定,沿SN向尚有近10km的区域具有类似的成矿条件。建议加强区内泥盆系棋梓桥组含矿层岩性分段研究及岩相古地理研究,将龙公带、黄沙寺两个矿区的含矿层位作岩性对比图,总结分层标志,为后续找矿提供依据。

3. 大地坪钨锡铅锌找矿靶区:位于郴州市苏仙区境内,隶属白露镇管辖。找矿目标为热液充填交代型铅锌矿、矽卡岩型钨锡矿。

靶区处于王仙岭-千里山重力低异常区内,存在隐伏岩体,具有多次岩浆活动、多次成矿作用和有利于交代成矿的岩性、岩相及构造条件。泥盆系棋梓桥组灰岩、白云质灰岩是主要的含矿层位(图3)。在桃花垄—金子仑一带形成以泥盆系棋梓桥组为核部、跳马涧组为两翼的向斜,向斜核部为多期次的花岗斑岩、断裂侵入切割,利于矿化叠加富集。靶区F$_1$断裂带以钨矿化为主,属金子仑F$_1$钨矿带向NNE延伸部分,倾向NW,南、中段倾角较缓,一般为50°~60°,北段倾角陡,在70°左右,在矿区南段以磁铁矿化为主,断层切割的断陷倒转向斜中,层间构造和层纹状大理岩化、条带状矽卡岩化发育,伴有磁铁、钨、锡、铍矿化;以往钻孔揭露,隐伏侵入接触带见有厚约3.42m的锡矿(化)体,平均品位Sn0.34%。靶区F$_2$断裂呈NNE向贯穿全区,倾向NW—NWW、倾角50°~70°,已发现的钨锡(铅锌)矿化体多赋存于该断裂上盘次级断裂或裂隙中,是区内重要的导岩导矿构造。

区内有已知矿化点4处,矿化类型为热液充填交代型、热液叠加层控型。本次工作在大壁口—曹家湾一带发现多处钨锡铅锌矿化点,具有代表性的有两处。

(1)矽卡岩型钨锡(铅锌)矿,主要赋存于隐伏岩体外接触带矽卡岩中;在民窿ML10见一层2m厚的矽卡岩型钨锡矿体,产于外围接触带大理岩中,受层位控制,产状为285°∠62°,见有矽卡岩,黄铁矿化,取样分析显示WO$_3$ 0.235%、Sn0.369%;钻孔ZK1503于隐伏岩体外接触带见有两层厚大矽卡岩型钨锡多金属矿体,第一层厚2.25m,品位Sn 0.215%;第二层厚3.97m,品位Sn 0.104%,Zn 1.84%,WO$_3$0.131%。

(2)热液充填交代型钨矿,主要产于F$_1$断层中,由ML13和TC8216控制,矿化体长约100m,宽1.5~15m,WO$_3$品位0.239%~0.33%。围岩蚀变有硅化、萤石化、绿泥石化、大理岩化、矽卡岩化、角岩化、铁锰碳酸盐化、云英岩化等。其中:①硅化在断裂破碎带及岩体接触带蚀变强烈,与白钨矿化关系密切;②萤石化在断裂破碎带中蚀变强烈,在断裂带旁侧围岩和金子仑岩体中也发育,与白钨矿化关系密切;③矽卡岩化主要发育于断层旁侧,伴有钨、铅锌、磁铁矿化;④铁锰碳酸盐化发育于棋梓桥组下段白云岩、云灰岩中,受断裂(含层间)破碎带控制,蚀变矿物是铁锰白云石-菱锰矿、含锰方解石,常与铅锌矿化伴生;⑤角岩化主要发育于花岗岩与跳马涧组上段地层接触带,主要蚀变岩石是绢云母石英角岩,伴有黄铁矿化,局部有铅锌钨矿化。

1:5万水系沉积物测量在远景区内圈定的甲$_1$类异常1处(AS3),异常元素为W、Sn、Pb、Zn、Ag、Bi、Cu、F、As等,与已知矿化点基本吻合;1:5万高精度磁测在远景区内圈出异常C1-12、C1-20两处,与磁铁矿基本吻合(如大马口锰磁铁矿);1:5万重力异常C 17-3显示在桃花垄存有负异常,已有钻孔证实深部存在黑云母细粒花岗岩。

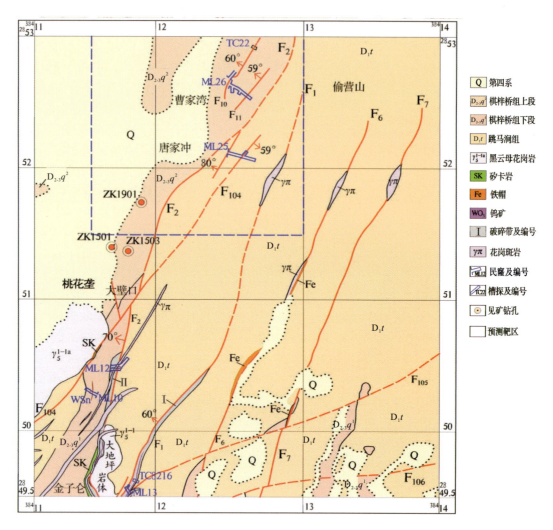

图 3 大地坪钨锡铅锌矿区地质略图

遥感地质特征显示构造主要表现为 NE、NNE 向线性叠加构造，可能为 F_1、F_2 等含矿断裂；靠近王仙岭岩体一侧见有 3 个环状构造，呈 SN 向分布，推测为隐伏岩体隆起。

找矿前景及下一步工作建议：大地坪岩体北桃花垄—曹家湾一带，因覆盖层厚，以往工作未予以重视。通过本次地质、物探工作表明，南部 F_2 断裂带向北仍在延伸，且见有铅锌、铜矿化点，尤其 19 线以北存在明显的矿致磁异常 M1，由深部磁黄铁矿、磁铁矿等物质引起；激电异常 IP1 为地表 F_2 断裂所含金属矿物引起，与地表矿化蚀变带一致，均走向 NE。在高磁异常 M1 与激电异常 IP1 的复合部位（800～1600 线之间区域）已有民窿 ML26 揭露了铅锌矿体（倾向 NWW）。结合 F_2 矿带南段已知钨、锡、铅、锌矿化体特征，本区应是寻找热液充填交代型、矽卡岩型钨锡多金属矿的有利靶区；预计可将成矿远景范围向北扩展近 2000m。建议今后工作：①加强本区资料的收集和综合利用，提取有利成矿信息，指导 F_2 北段找矿；②加强老窿调查，在有利位置布置槽探、浅钻等工程；③选择其他有利位置对 F_2 矿带北段物探异常区布置钻孔进行深部验证。

4. 十字圩锡铅锌找矿靶区：位于临武县北部，与临武县城直距约 13km，行政区划隶属临武县镇南乡。找矿目标为热液充填交代型锡铅锌矿。

靶区位于香花岭锡矿北东部，区域性控矿断裂 F_{68} NE 延伸段。区内地层中泥盆统棋梓桥组—石炭系梓门桥组均有出露，整体 NE 倾，倾角 20°～50°，走向 NW；泥盆系棋梓桥组、佘田桥组，石炭系石磴子组是主要含矿层位。控矿断裂主要有两条,其中 F_1 在王家—十字圩南一带形成弧形构造,走向 $30°\sim 60°$,为锡矿山组下段白云岩、白云质灰岩与石磴子组泥炭质灰岩呈不整合接触,于王家附近锡矿山组与石磴子组接触部位见强硅化现象,局部见有硅化角砾,李家附近见有 F_1 次级断裂,普遍见有强硅化现象,在十字圩 TC20 揭露有断层铁锰土(宽约10m),含 Pb 0.31%;F_1 自塘湾里 NE,经十字圩南至田腿以北,均由地层的不整合接触及地层错动引起,地表迹象不甚明显。F_{1-1} 断裂于花石垄—杨梅坳一带,走向约 45°,倾向 SE;地表发现长约 100m 的断层破碎带、宽 $1\sim 5m$,见破碎角砾,由方解石脉、硅质、铁泥质物胶结,局部见星点状黄铁矿,该断裂深部有杨梅坳民窿 ML02、花石垄南部民窿 ML01 揭露控制,矿(化)体较连续,向 NE 向延伸,含矿破碎带中普遍见黄铁矿化、强硅化、铅锌银矿化,局部见有矽卡岩矿化;取样分析显示:Pb 2.45%、Zn 3.11%、Ag 248.30×10^{-6};该断裂在杨梅坳—挂板山南一带,走向 NEE。

区内已知铅锌矿点 1 处,矿化类型为热液充填交代型。本次工作发现矿化点两处,分别为民窿 ML01 及 TC20 揭露;其中 ML01 控制的铅锌矿体赋存于 NE 向断层 F_{1-1} 的次级断裂 F_{1-2} 中,民窿内见断层破碎带,宽 $1.0\sim 2.0m$ 不等,断层产状为 $340°\angle 62°$,破碎带内见硅化角砾,棱角状,砾径 $0.2\sim 1.5cm$,充填有方解石脉,黄铁矿、方铅矿、闪锌矿较为富集,矿体赋存于破碎带中,共采取基分样 3 个,控制矿体长约 32m、宽 $0.7\sim 1.0m$;平均品位 Pb 3.403%、Zn 5.293%、Ag 114.604×10^{-6}。探槽 TC20 在十字圩南 F_1 断裂弧形弯曲处揭露有 10m 宽的断层铁锰土,含 Pb 0.31%。2013 年香花岭老矿山边深部项目在排洞 12 线施工了 F_{1-1} 验证孔 ZK1201,见两层锡矿(化)体,在进尺 $572.97\sim 574.18m$ 处见 1.21m 锡矿化体,品位 Sn 0.14%;在进尺 $668.40\sim 669.43m$ 见 1.03m 锡矿体,品位 Sn 0.389%。围岩蚀变为矽卡岩化、大理岩化、绿泥石化等。

靶区内圈定 1:5 万水系沉积物乙₂ 类异常 1 处(AS57),异常处于 NE 向含矿断裂 F_{68} NE 段与区域 SN 向断裂 F_{75} 交汇区域,面积约 7km²。浓集中心明显,异常组合元素为 Pb、Zn、Ag、W、Sn、As,Pb、Zn、Ag 元素具 $2\sim 3$ 级浓度,W、Sn 元素具 3 级浓度。异常总体呈 NE 和近 SN 向展布,与构造带方向基本吻合,具有较好的找矿意义。根据异常特征判断,为中型矿化规模,寻找铅锌、锡多金属矿比较有利。靶区北部存在 1:5 万重力局部负异常 C11-2,位于十字圩南—杨梅坳一带,显示深部可能有隐伏成矿岩体;其中 2014 年香花岭锡矿老矿山边深部项目在杨梅坳一带施工的验证孔 ZK81001 于 1050m 处揭露该隐伏黑云母二长花岗岩存在,正接触带见有厚约 20m 的矽卡岩化、磁铁矿化、磁黄铁矿化、黄铁矿化蚀变带。

遥感地质特征显示构造主要表现为 NE、NW、近 EW 向线性叠加构造,应为 F_1、F_{10}、F_{1-1} 等断裂。

找矿前景及下步工作建议:靶区位于香花岭锡多金属矿田边部,通过本次工作,认为具有寻找热液充填交代型锡铅锌矿的潜力。区内地表矿化信息较少,F_1 及其次级断裂 F_{1-1} 在地表形迹不清,多根据地层的不整合或错动来推测,因此加强邻近香花岭锡矿成矿规律分析显得尤为重要,区域控矿断裂 F_1 的控矿规律研究也是本区找矿的重要支撑,杨梅坳地段 ZK81001 新发现的隐伏岩体应进行岩矿综合测试,与香花岭癞子岭黑云母二长花岗岩进行分析对比,研究两者成矿的相似性与差异性,对今后找矿提供理论依据。

5. 楼梯岭钨锡矿找矿靶区:位于郴州市 SE 约 7km 处,属坳上乡管辖。找矿目标为热液充填交代型钨锡矿。

出露地层主要有泥盆系棋梓桥组灰岩、跳马涧组砂岩。NE 向构造发育,多数倾向 SE,倾角 $50°\sim 65°$,沿该组构造见有氧化铁帽、锡铅锌矿化体等,在岩体中沿 NE 向构造见有后期侵入的细粒花岗岩脉。岩浆岩分为两个期次:靶区东部王仙岭岩体接触带附近,第二次侵入体($T_3\gamma^b$)细粒花岗岩呈脉状侵入第一次侵入体($T_3\gamma^a$)中粗粒白云母花岗岩中,侵入界面见钨矿化;通过本次工作发现细粒花岗岩在野鸡窝一带分布较为连续,在松树板—后塘一带呈 NE 向断续展布,在楼梯岭东见有零星分布。

区内已知矿点有 2 处,其中围子湾钨矿属于接触带矽卡岩型,后塘锡矿属于热液充填交代型。本次工作新发现 3 处钨锡矿化体:①在野鸡窝北部民窿 ML01 中 $T_3\gamma^b$ 与 $T_3\gamma^a$ 两个期次花岗岩接触附近靠近

$T_3\gamma^a$一侧，发育有倾向SE、倾角62°的破碎带(碎裂花岗岩)，宽0.55~1.00m，铁锰质物发育，见有绿泥石化、星点状黄铁矿化、硅化；在该破碎带采样分析显示 WO_3 0.095%；②西部庵子垄一带有民采钨矿点，坑道开口方向均为SW-NE向；主要采粗粒花岗岩中北东向石英脉型白钨矿，宽0.3~0.5m，拣块取样分析显示：WO_3 0.053%，具弱白钨矿化；③2012年后塘一带施工的钻孔(商业项目钻探工程) ZK4710、ZK4712中，第二次侵入体($T_3\gamma^b$)细粒花岗岩与第一次侵入体($T_3\gamma^a$)中粗粒白云母花岗岩接触界面附近见有锡、铅锌矿化体，Sn 0.12%~0.40%，Pb 0.14%~0.97%，Zn 1.61%~4.78%。围岩蚀变主要有矽卡岩化、黄铁矿化、硅化、黑云母化。

区内圈定有1:5万水系沉积物甲1类异常1处(AS2)，主要异常元素为Sn、Pb、Zn，Sn具3级浓度，一般含量 $1300×10^{-6}$，Pb元素含量最高达 $1280×10^{-6}$，W元素含量最高达 $2600×10^{-6}$；甲$_3$类异常1处(AS8)，主要异常元素为W、Sn，Sn具3级浓度，一般含量 $1300×10^{-6}$，Pb元素含量最高达 $1280×10^{-6}$，W元素含量最高达 $2600×10^{-6}$；分别与后塘锡矿点、围子湾钨矿点对应。本次工作在全区圈定高磁异常3个，依次编号为M1~M3，异常呈扁豆状或囊状，主要分布在断裂构造及旁侧；圈定局部激电中梯异常(带)4个，编号为IP1~IP4。综合分析激电中梯与高磁异常，认为IP2异常带与高磁M1、M3异常位置基本吻合，IP3异常与高磁M2异常位置基本吻合；推测IP1异常为岩体内的矿化蚀变引起，IP2异常带和IP3异常为构造附近的黄铁矿化引起，IP4异常带为高阻高幅频异常带，应为黄铁矿化硅化岩体引起，具体成因有待进一步验证；4个异常中IP2异常带为最有利的矿致异常。

找矿前景及下步工作建议：在王仙岭岩体南部庵子垄一带断裂构造附近具有多个高磁及激电异常，且异常吻合较好，推测为深部矿化蚀变引起；化探圈定一个综合元素乙类异常，异常组合元素Ag-Bi-W-Sb-Pb-Sn，出现多个元素浓集中心，元素间吻合较好。区内NE向断裂是控岩、控矿构造，后期细粒花岗岩脉是沿NE向构造带侵入，同时带动矿液物质在两个不同期次侵入体接触部位富集，易形成钨锡多金属矿化体，具有一定的成矿前景。建议今后开展1:5000地质简测，测区西部庵子垄一带的物、化探异常区，布置适量浅钻工程揭露NE向构造蚀变带，了解其产状、规模、含矿特征等；在此工作基础之上，在IP2激电中梯异常带布置适量钻探，验证深部钨锡矿化赋存情况。

6. 土地寺铅锌萤石找矿靶区：位于临武县城北直线距离约13km，属花塘乡管辖。找矿目标热液充填交代型铅锌多金属矿。

主要出露地层为下石炭统孟公坳组白云质灰岩、上泥盆统锡矿山组厚层灰岩、中泥盆统棋梓桥组中段白云岩。区内断裂构造发育，主要为NE向F_{421}、F_{422}、F_{423}、F_{424}，其次为NW、NWW向F_{440}、F_{409}等，多数具压扭性特征。

主要蚀变有黄铁矿化、萤石矿化、硅化、铅锌矿化、铁锰碳酸盐化等。在异常西侧施工了TC01槽探，长54m，见有含铅锌矿化方解石脉，宽0.30~0.15m，倾向192°，倾角67°；取样分析Zn 1.63%。TC1 NE420m处发现萤石矿化点，分析显示CaF_2 39.36%，顺层产出。异常北侧存在含铁、锰、铅、锌老矿点，沿F_{422}上盘产出，矿体倾向NW、倾角75°，品位Pb可达2.4%，Zn 1.0%。本区成矿条件优越，位于尖峰岭岩体SW侧，沿岩体接触带分布AS64、AS65两个W、Sn、Mo、Bi、Cu、Pb、Zn甲$_1$(或甲$_2$)类异常，元素均具3级浓度，Pb、Zn元素含量均大于 $1000×10^{-6}$，在异常中心已发现有铅锌、萤石矿化点。本区位于香花铺-泡金山钨锡多金属NE成矿带上，F_{73}成矿构造SE倾伏端，其中泡金山锡矿已发现深部存在隐伏岩体，极大扩展了找矿空间，为本区找矿提供了指示作用。

找矿前景及下步工作建议：矿区NE向断裂发育，是主要的容矿、控矿构造，特别是区域性大断裂F_{73}通过本区NW部，是成矿溶液的良好通道，旁侧次一级断裂构成储矿场所。并且地表靠近该组断裂的亚黏土取样分析Pb可达0.8%~4.68%，Zn 1.0%，对深部矿体的富集情况有一定指示意义。以往钻孔资料在深部断裂带揭露有两层浸染状铅锌矿(化)体，因此NE向断裂具备很好的找矿潜力。建议开展1:1万地质简测，重点调查NE向断裂带、尖峰岭岩体外接触带矿化情况，施工少量钻孔验证含矿构造，并对深部隐伏岩体蚀变矿化带进行揭露。

四、成果意义

提交的 6 处找矿靶区均显示了较好的找矿前景,其中杉木溪锡铷矿区被列入了湖南省两权价款项目,已累计探获铷金属量 $10×10^4$ t、锡金属量 5000t;十字圩锡铅锌矿区列入了中国地调局香花岭锡矿危机矿山项目,已施工的 3 个验证钻孔,有 1 个钻孔揭露到隐伏花岗岩体,正接触带见厚约 20m 的矽卡岩、磁黄铁矿、磁铁矿化蚀变带,另 2 个钻孔均揭露 F_1 断层延伸段,见铅锌锡矿化体,龙公带铅锌矿被纳入了湖南省有色地勘局自筹资金实施项目中,新发现的泥盆系棋梓桥组层控型闪锌矿,为香花岭矿田新的找矿类型,目前已发现的铅锌资源量累计超过 $10×10^4$ t。这些成果的取得均是在公益先行、专项(整装勘查、商业项目)跟进的条件下取得的,体现了矿产地质调查评价项目的公益特征和示范作用,具有典型意义。

第二十九章　广西扶绥—崇左地区铝土矿调查评价

吴天生　罗立营　苏策励　梁裕平　李小林　张启连

(广西壮族自治区地质调查院)

一、摘要

通过工作,圈定找矿靶区5处,预测堆积型铝土矿资源潜力 $11\,300\times10^4$ t,沉积型铝土矿资源潜力 $20\,460\times10^4$ t。估算堆积型铝土矿净矿石 $332+333+334_1$ 资源量 5416.43×10^4 t,沉积型铝土矿矿石 $333+334_1$ 资源量 1008.95×10^4 t。其中扶绥县柳桥-山圩评价区堆积型铝土矿净矿石 $332+333$ 资源量 3751.35×10^4 t。评价区资源大,矿体埋藏浅,矿石可洗性能良好,氧化铝溶出率高,适合拜尔法生产氧化铝。

二、项目概况

工作区位于广西的西南部,行政区划隶属广西壮族自治区崇左市扶绥县、江州区及南宁市江南区、西乡塘区、武鸣县、隆安县管辖。地理坐标:东经 107°25′00″—108°30′00″,北纬 22°15′00″—23°20′00″,面积 8035km²。工作起止时间:2010—2012年。主要任务是主攻堆积型铝土矿,兼顾沉积型铝土矿,通过对前期各项地质工作及成果等资料的综合分析,选择扶绥柳桥-山圩矿区、扶绥驮卢—南宁吴圩地区、南宁金陵—武鸣陆斡地区等为重点勘查区,通过大比例尺地质测量及工程验证等手段开展扶绥—崇左地区铝土矿调查评价工作,基本查明铝土矿的成矿地质条件、矿体特征、矿石特征及分布规律,圈定找矿靶区,发现新的矿产地,并对隐伏矿体进行深部验证,为进一步矿产勘查工作提供依据。综合各类工作成果,总体评价区域资源潜力。

三、主要成果与进展

(一)查明扶绥—崇左地区铝土矿分布特征和控矿因素及矿化规律

1. 上二叠统合山组底部为本区沉积型铝土矿的成矿层位。沉积型铝土矿产于碳酸盐岩孤立台地中,在台地平稳上升过程中,在茅口组碳酸盐岩古侵蚀面形成古岩溶凹地并接受岩石风化形成的富铝"古红土",随着海平面上升或台地平稳下降,台地上的富铝"古红土"沉入海底,经固结、脱水等形成沉积型铝土矿或铝土岩。矿(化)体规模以及矿石质量受茅口组灰岩古侵蚀面控制,一般凹下地段矿层厚度较大,矿石质量较好,凸起地段厚度较小,甚至尖灭缺失,矿石质量较差。

2. 沉积型铝土矿下伏地层二叠统、下二叠统、石炭系以及泥盆系在表生条件下形成的岩溶洼地则是堆积型铝土矿的富集场所。评价区泥盆系、石炭系及二叠系主要为碳酸盐岩,随着地壳总体隆起,包括沉积型铝土矿的上述地层出露地表或抬升至近地表,在潮湿炎热、水量丰富的表生条件下遭受溶蚀作用,可溶性岩石碳酸盐岩遭受水介质的化学、物理侵蚀作用,形成溶沟、溶洞、漏斗、洼地等岩溶地貌。赋存于碳酸盐岩之上的沉积铝土矿层,由于其化学性质稳定,在表生环境中以物理风化为主,层状矿体经多次破碎成砾块状,在重力作用下以垂直崩落搬运为主,与其围岩的溶蚀残余红土混杂堆积于岩溶洼地中。在成矿过程中,矿石经过次生改造,化学性质稳定性较差的硫、硅等有害组分被淋滤流失,化学性质稳定的铝、铁组分相对富集,从而提高了矿石质量,形成具有工业价值的矿体。其形成过程大致可分为溶蚀-剥蚀、初始堆积、改造富集成矿 3 个阶段(图1)。

堆积型铝土矿的空间分布,宏观上受沉积型铝土矿或铝土岩的控制,其规模和质量随沉积型铝土矿或铝土岩的变化而变化,具有明显的继承性。堆积铝土矿均在距离矿源层(沉积型铝土矿)10km 以内的范围内分布。

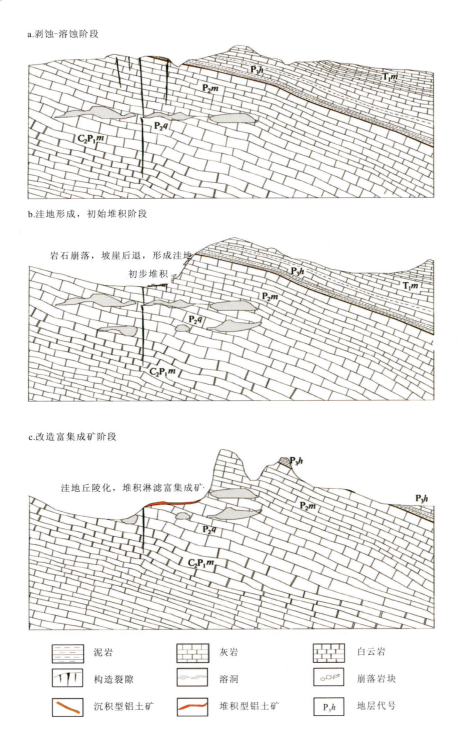

图 1　堆积型铝土矿成矿模式图

(二) 提交新发现矿产地 2 处,规模均达到大中型规模

1. 延安铝土矿区:估算堆积型铝土矿 333+334$_1$ 资源量 1665.08×10^{4}t,其中 333 资源量 278.30×10^{4}t,334$_1$ 资源量 1386.78×10^{4}t。矿体平均厚度 3.61m,平均含矿率 895.04kg/m^3,矿石平均品位 Al$_2$O$_3$ 48.46%,SiO$_2$ 13.33%,Fe$_2$O$_3$ 23.04%,灼失量 12.84%,铝硅比(A/S)平均 3.64。

2. 东罗铝土矿矿区:估算沉积型铝土矿 334$_1$ 资源量 764.47×10^{4}t。矿体平均厚度 1.97m,矿石密度为 2.86g/cm^3,矿石平均品位 Al$_2$O$_3$ 47.74%,SiO$_2$ 15.55%,Fe$_2$O$_3$ 16.12%;灼失量平均 16.12%;铝硅比(A/S)平均 3.07。

(三) 新发现高铁三水铝土矿矿化集中区 2 处,估算其 334 资源量 15 380×10^{4}t

1. 扶绥县龙头矿化集中区。圈定堆积型高铁三水铝矿体 2 个,总面积 164.24km^2。矿(化)体平面呈不规则长条形,剖面呈层状、似层状或透镜状展布,倾角一般 2°～10°。矿石以砾屑状、结核状分布于地表或主要以堆积形式赋存于第四系黏土层中,呈褐黄色、灰黄色、灰白色、褐红色等,砾径大多在 5cm 以下,矿砾多呈次棱角状、次圆—圆状。矿(化)体平均厚度 1.83m,平均含矿率 836kg/m^3,平均品位 Al$_2$O$_3$ 23.05%,三水铝石相 Al$_2$O$_3$ 11.53%,Fe$_2$O$_3$ 44.35%。矿石主要矿物有铁类矿物、一水硬铝石、三水铝石、鲕绿泥石和黏土矿物。

矿石结构以豆鲕状结构为主。矿石构造主要为块状构造,部分见蠕虫状、蜂窝状构造。

2. 武鸣县陆斡矿化集中区。圈定堆积型高铁三水铝矿(化)体 2 个,总面积 47.23km^2。矿(化)体 SN 向展布和 NNW 向展布,长 10～6km,平面呈长条形和不规则状,剖面呈层状、似层状或透镜状,倾角一般在 3°～10°。矿石以砾屑状、结核状分布于地表或主要以堆积形式赋存于第四系黏土层中,呈褐黄色、灰黄色褐红色、紫褐色、紫红色,砾径大多在 5cm 以下,矿砾多呈次棱角状、次圆—圆状,大部分矿砾质地较疏松,易破碎。

矿(化)体平均厚度 1.78m,平均含矿率 673kg/m^3,平均含量 Al$_2$O$_3$ 19.48%,Al$_2$O$_3$ 8.44%,Fe$_2$O$_3$ 46.99%。矿石结构以豆鲕状结构为主,矿石构造主要为块状构造、蜂窝状构造。矿石主要矿物有铁类矿物、一水硬铝石、三水铝石、鲕绿泥石和黏土矿物,胶结物主要是铁质和黏土。

(四) 探获铝土矿 332+333+334$_1$ 资源量 6425.38×10^{4}t

其中堆积型铝土矿 332+333+334$_1$ 资源量 5416.43×10^{4}t(332 资源量 634.56×10^{4}t,333 资源量 3395.09×10^{4}t,334$_1$ 资源量 1386.78×10^{4}t),沉积型铝土矿 333+334$_1$ 资源量 1008.95×10^{4}t(333 资源量 244.48×10^{4}t,334$_1$ 资源量 764.47×10^{4}t)。经过后期的铝土矿普查或详查,已经提交大型铝土矿矿床 1 处,预期可以提交大中型铝土矿矿床 3 处。

1. 扶绥县柳桥-山圩评价区。面积 996.38km^2。出露地层有上石炭统、二叠系、三叠系、白垩系及第四系。上石炭统、二叠系岩性以碳酸盐岩为主,三叠系以及白垩系岩性以碎屑岩为主,第四系岩性主要为黄色、棕红色黏土、亚黏土。其中上二叠统合山组底部普遍发育铁铝岩或铝土矿层,厚 0～9m,是沉积型铝土矿的赋矿地层,亦是本区堆积型铝土矿的矿源层,第四系临桂组是区内堆积型铝土矿及铁矿的主要含矿层位。

评价的矿床类型有堆积型铝土矿和沉积型铝土矿两类。圈定 167 个堆积型铝土矿矿体(图 2),总体呈 NE 向展布。矿体平面形态受地形控制,主要呈孤岛状、不规则条状、近等轴状;剖面上,矿体呈层状、似层状、透镜状(图 3)。产状与地形坡度一致,一般坡度为 5°～15°,局部为 25°～40°。矿体赋存于第四系堆积层中,原矿是由大小不等的铝土矿矿石(即净矿石)及黏土混杂堆积而成,偶含少量铝土岩、铝土质泥岩、褐铁矿等碎块。矿石多呈褐红色、褐黄色、褐灰色、灰黄色等,形态以次棱角状为主,其次为次圆状,少量为棱角状。矿石大小悬殊,个别大者达 2～3m,一般为 1～15cm,分选性差。

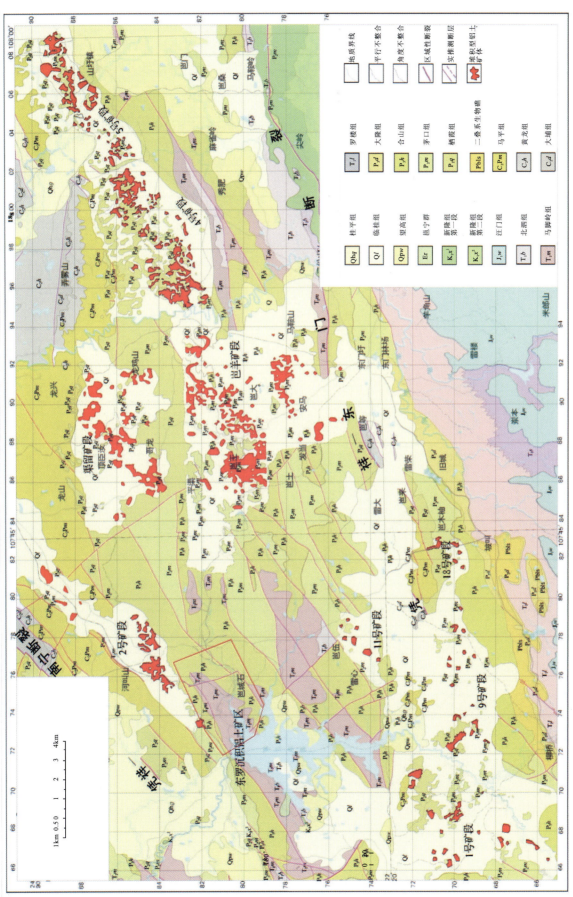

图 2 广西扶绥县柳桥-山圩评价区矿段及矿体分布图

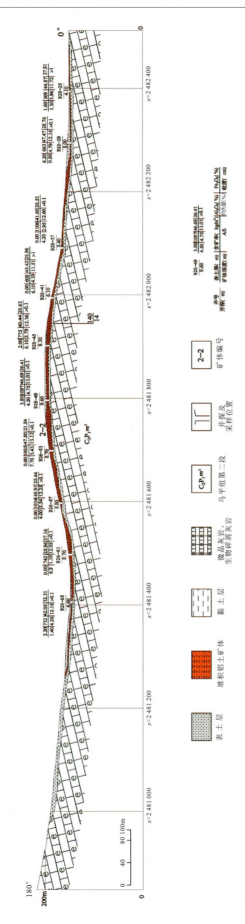

图 3 2号矿段 928 勘探线剖面图

矿体面积 0.000 392～0.86km²，平均 0.060km²；厚 0.70～12.30m，平均 4.12m；含矿率 200～2133kg/m³，平均 910.20kg/m³；矿石品位 Al_2O_3 40.23%～60.32%，平均 47.03%，SiO_2 7.40%～18.49%，平均 12.93%；Fe_2O_3 5.32%～31.12%，平均 25.04%；灼失量为 9.68%～14.01%，平均为 11.68%；铝硅比(A/S)2.61～6.61，平均为 3.64；表土厚 0～8.20m，平均 1.00m；剥离比 0～10.25，平均为 0.24。

矿物组分主要有一水硬铝石、褐铁矿、高岭石和锐钛矿等，次之为软水铝石、三水铝石等。铝土矿矿石主要的结构有鲕粒泥晶结构、团粒鲕粒泥晶结构、鲕状结构和砂屑泥晶结构。矿石的构造有块状或巨砾状、多孔状及角砾状等构造。

矿石自然类型按结构构造可分为豆鲕状铝土矿、砂状（鲕粒-砂屑混合）铝土矿；按主要的铝矿物成分划分，为一水硬水铝土矿石；根据化学组分含量可分为低硫高铁型铝土矿和低硫中铁型铝土矿。矿石工业类型为拜尔法生产氧化铝的铝土矿石。

评价区探获铝土矿 332+333+334₁ 铝土矿净矿石量 4760.30×10⁴t，其中堆积铝土矿 332+333 铝土矿净矿石量 3751.35×10⁴t（332 资源量为 634.56×10⁴t，333 资源量 3116.79×10⁴t），沉积型铝土矿 333+334₁ 铝土矿净矿石量 1008.95×10⁴t（333 资源量为 244.48×10⁴t，334₁ 资源量 764.47×10⁴t）。

2. 南宁市江南区延安评价区。面积 107.14km²。出露地层有石炭系、二叠系、三叠系、侏罗系及第四系。石炭系、二叠系以碳酸盐岩为主，三叠系、侏罗系以碎屑岩为主，第四系为砾石、亚砂土、亚黏土堆积。二叠系上统合山组岩底部为铝土矿、铁铝岩或铝土质泥岩，是沉积型铝土矿的成矿层位，也是堆积型铝土矿的主要来源，第四系为堆积铝土矿的含矿层。

圈定矿体 22 个（图 4），自 EW 向转向 NE 向展布，矿体面积 0.0075～1.27km²，多分布于峰林谷地的残丘坡地或者洼地，分布标高 110～160m。矿体平面形态呈孤岛状、半岛状、不规则条状或多边形状，剖面形态呈层状、似层状。产状地形坡度一致，一般坡度为 5°～10°，局部为 10°～15°。堆积铝土矿原矿是由大小不等的铝土矿石及黏土混杂堆积而成，偶含少量铝土岩、铝土质泥岩、褐铁矿等碎块。矿石形态呈棱角状、次棱角状、次圆状，块径一般为 1～15cm，最大达 150cm，分选性差。矿石多呈褐红、褐黄、褐灰。空间分布有一定规律，沿矿体垂向分布，一般中上部块度较大，下部块度较小且磨圆度较好；在水平方向上，愈靠近沉积铝土矿露头带，块度愈大，棱角愈明显，反之则小而磨圆度较好。矿体分布位置标高愈高，矿石棱角愈明显，反之则磨圆度较好，块度变小。

矿物组分主要以一水硬铝石、褐铁矿、高岭石和锐钛矿等为主，次为一水软铝石、三水铝石等。一水硬铝石含量 50%～66%，褐铁矿含量 10%～41%，高岭石含量 2%～13%，其他矿物含量均<1%。矿石品位：Al_2O_3 41.92%～62.39%，平均 48.46%；SiO_2 5.46%～17.96%，平均 13.33%；Fe_2O_3 9.63%～29.28%，平均 23.04%；灼失量 10.50%～13.69%，平均 12.84%。

矿石结构主要有鲕粒砂屑结构、砂屑鲕粒结构、粒屑结构、微晶结构、隐晶质结构、显微鳞片结构、粉微晶结构。矿石构造有块状或巨砾块状构造、略具定向构造、显微层状构造。

矿石自然类型按结构构造可分为豆鲕状铝土矿、砂状铝土矿。按主要的铝矿物成分划分为一水硬水铝土矿石。根据化学组分含量可分为低硫高铁型铝土矿和低硫中铁型铝土矿。矿石工业类型属于拜尔法生产氧化铝的铝土矿石。

探获矿石 333+334₁ 资源量 1665.08×10⁴t。其中 333 资源量 278.30×10⁴t，占总资源量的 16.71%；334₁ 资源量 1386.78×10⁴t，占总资源量的 83.29%。

（五）圈定具有大中型找矿潜力的找矿靶区 5 处

1. 东罗铝土矿找矿靶区。面积约 243km²。出露地层有下石炭统都安组，上石炭统大埔组、黄龙组，上石炭统—下二叠统马平组，中二叠统栖霞组、茅口组，上二叠统合山组，下三叠统马脚岭组和第四系临桂组、望高组、桂平组。早石炭世—早三叠世地层除合山组外，岩性以台地相碳酸盐岩为主，合山组岩性变化较大，铝土岩、煤层（线）、碎屑岩、灰岩、硅质岩等均有出露，其中第一段为沉积型铁铝岩或铝土

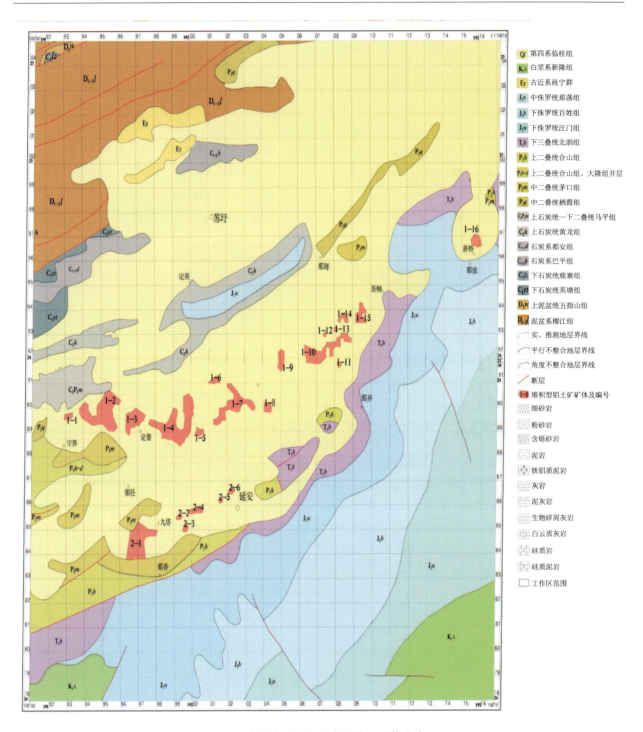

图 4 南宁市江南区延安评价区矿体分布

矿的含矿岩系。第四系为溶余堆积或洪-冲积物。堆积型铝土矿的矿源层是茅口组与合山组第一段底部之间的沉积的铝土矿或铁铝岩,赋矿层位为第四系溶余堆积层。

已经对 14 个堆积型铝土矿以及东罗附近的沉积型铝土矿进行了评价。

堆积型铝土矿矿体产于峰林谷地缓坡地带,平面形态受所在地貌形态控制,呈 NE 向或 SN 向不规则的长条带状、环带状、弧形条带状及树枝状、岛状等;剖面上呈似层状,透镜状。矿体产状受基岩及地形控制,在开阔处产状平缓,斜坡地带较陡。矿石主要呈棱角、少量次棱角状,细小矿石磨圆度较好,呈次滚圆状。矿体平均厚度为 4.00m,平均含矿率 900.50kg/m³,矿石平均品位 Al_2O_3 47.80%,SiO_2

11.46%，Fe_2O_3 25.34%，灼失量12.32%，铝硅比（A/S）4.17，估算332+333资源量532.68×10⁴t。

沉积型铝土矿矿体产在中二叠统茅口组与上二叠统合山组之间的平行不整合面。矿体控制长5540m，宽290~750m，厚0.69~3.22m（平均1.83m）。矿石品位 Al_2O_3 43.36%~53.94%（平均47.78%），SiO_2 10.03%~23.73%（平均15.88%），Fe_2O_3 9.15%~23.48%（平均15.75%），灼失量14.32%~18.36%（平均16.12%）；铝硅比（A/S）1.99~5.04（平均3.01）。估算沉积型铝土矿334_1资源量764.47×10⁴t。

本区已经完成堆积型铝土矿的评价，矿床规模已经达到中型规模。沉积型铝土矿的评价才刚刚开始，仅对靶区北部的东罗一带发现的3个沉积型铝土矿矿（化）体中的1个进行评价，其他地区如渠香、那辣、东陇等地段已经发现沉积型铝土矿，但尚未开展调查评价工作。本区具备形成大型远景规模沉积型铝土矿床的资源潜力，可望提交大型沉积型铝土矿矿产地1处。

2. 柳桥铝土矿找矿靶区：面积144km²。出露地层有上石炭统—下二叠统马平组，中二叠统栖霞组、茅口组，上二叠统合山组、大隆组，下三叠统石炮组、罗楼组、马脚岭组，中三叠统板纳组，第四系临桂组、桂平组。地层总体倾向SE，局部倾向W。上石炭统—中二叠统岩性为碳酸盐岩，岩相稳定；上二叠统—中三叠统岩性复杂，铝土矿或铁铝岩、碳酸盐岩、硅质岩、碎屑岩、火山岩均有出现，横向上岩性、岩相变化较大，其中的合山组第一段为沉积型铝土矿的含矿岩系；第四系以碳酸盐岩溶余堆积为主，局部为冲积层及现代河床沉积。堆积矿的矿源层是茅口组与合山组之间沉积型铝土矿或铁铝岩，赋矿层位为第四系。

靶区内有铝土矿分布，本项目组已经对1号矿段、9号矿段、16号矿段、17号矿段、18号矿段的46个堆积型铝土矿进行了评价。

堆积型铝土矿矿体产状受基岩及地形控制，在开阔处产状平缓，斜坡地带较陡。矿石形态主要呈棱角状，少量呈次棱角状，细小矿石磨圆度较好，呈次滚圆状。矿体平均厚度4.43m，平均含矿率772.45kg/m³，矿石平均品位为 Al_2O_3 46.21%，SiO_2 13.12%，Fe_2O_3 25.46%，灼失量11.45%，铝硅比（A/S）3.52，估算333资源量440.60×10⁴t。靶区西部发现沉积型铝土矿体1个，矿体出露长约30m，厚度3.64m，呈透镜状，沿走向往两端发生尖灭消失。矿石平均品位：Al_2O_3 45.54%，SiO_2 17.96%，Fe_2O_3 19.98%，灼失量11.91%，铝硅比（A/S）2.6。

本区已经完成堆积型铝土矿的评价，矿床规模已经达到小型规模。沉积型铝土矿的评价尚未开展，广西铝土矿资源潜力评价成果显示，靶区内有3个沉积型铝土矿成矿最小预测区，预测沉积型铝土矿资源潜力4252.56×10⁴t，同时已经发现了沉积型铝土矿露头，预测靶区具备形成大型远景规模沉积型铝土矿床的资源潜力，可提交大型沉积型铝土矿矿产地1处。

3. 东门铝土矿找矿靶区：面积144km²。出露地层有上石炭统—下二叠统马平组，中二叠统栖霞组、茅口组，上二叠统合山组、大隆组、生物礁，下三叠统石炮组、罗楼组、马脚岭组，中三叠统板纳组，第四系临桂组、桂平组，地层总体倾向SE。上石炭统—中二叠统岩性为碳酸盐岩，岩相稳定；上二叠统—中三叠统岩性复杂，铝土矿或铁铝岩、碳酸盐岩、硅质岩、碎屑岩、火山岩均有出现，横向上岩性、岩相变化较大，其中的合山组第一段为沉积型铝土矿的含矿岩系；第四系以溶余堆积为主，局部为冲积层及现代河床沉积。堆积矿的矿源层是茅口组与合山组底部之间古风化壳上沉积的铝土矿或铁铝岩，赋矿层位为临桂组。

靶区内有铝土矿分布，本项目组已经对3号矿段的24个堆积型铝土矿进行了评价。

堆积型铝土矿矿体产状受基岩及地形控制，在开阔处产状平缓，斜坡地带较陡。矿石形态主要呈棱角、少量次棱角状，细小矿石磨圆度较好，呈次滚圆状。矿体平均厚度为4.45m，平均含矿率815.45kg/m³，矿石平均品位为 Al_2O_3 44.84%，SiO_2 14.04%，Fe_2O_3 26.26%，灼失量11.65%，A/S 3.19，估算333资源量964.93×10⁴t。在靶区南部经钻探揭露，发现1个沉积型铝土矿矿化体，矿化体厚度1.14m。

本区已经完成靶区北部的堆积型铝土矿的评价，矿床规模已经达到中型规模，南部已经发现有规模较大的堆积型铝土矿，尚未开展评价。本区沉积型铝土矿成矿条件优越，已经发现沉积型铝土矿矿化体,预测靶区具备形成中型远景规模沉积型铝土矿床的资源潜力,有望提交中型沉积型铝土矿矿产地1处,中型堆积型铝土矿矿产地1处。

4. 山圩铝土矿找矿靶区:面积约86km²。地层呈NE向展布,倾向SE,属单斜构造。主要出露上石炭统马平组,二叠系栖霞组、茅口组、合山组,下三叠统马脚岭组和第四系临桂组、望高组。其中二叠系合山组是沉积型铝土矿或铁铝岩含矿层位,亦是堆积型铝土矿的矿源层,第四系临桂组是堆积型铝土矿的赋矿层。

靶区内有铝土矿分布,已经对4号矿段和5号矿段的79个堆积型铝土矿进行了评价。

堆积型铝土矿矿体产状受基岩及地形控制,在开阔处产状平缓,斜坡地带较陡。矿体平均厚度为3.89m,平均含矿率1020.85kg/m³,矿石平均品位为Al_2O_3 48.16%、SiO_2 12.73%、Fe_2O_3 24.20%,灼失量11.56%,铝硅比(A/S)3.78,估算332+333资源量1780.85×10⁴t。

沉积型铝土矿评价仅在靶区东部的山圩、榜旺一带开展,发现5个矿化体。矿体产在茅口组与合山组之间的平行不整合面,主矿体长963m,其他矿体走向尚未控制,矿体厚0.54~7.96m,矿体倾向延伸尚未控制,矿石品位Al_2O_3 42.95%~61.18%、SiO_2 12.83%~26.00%、Fe_2O_3 10.28%~19.70%,灼失量10.28%~12.67%,铝硅比(A/S)1.82~4.11。估算沉积型铝土矿333资源量244.48×10⁴t。

该区已经完成堆积型铝土矿的评价,矿床规模已经达到中型规模。沉积型铝土矿的评价范围小,仅在靶区东部的山圩一带开展,评价区其他地区如昆仑、那练等地段成矿条件优越,已经发现沉积型铝土矿,但尚未开展调查评价工作。本区具备形成大中型远景规模沉积型铝土矿床的资源潜力,有可能提交大中型沉积型铝土矿矿产地1处。

5. 延安-那浪铝土矿找矿靶区:面积约160km²。出露地层有石炭系、二叠系、三叠系、侏罗系及第四系。上二叠统合山组岩性主要为泥质岩及碳酸盐岩,局部夹煤Ⅰ—Ⅶ层,底部为铝土矿、铁铝岩或铝土质泥岩,是沉积型铝土矿的成矿层位,也是堆积型铝土矿的主要来源,第四系为堆积铝土矿的含矿层。

延安一带有堆积型铝土矿分布,已经对发现的21个堆积型铝土矿进行了评价。矿体呈孤岛状、半岛状、不规则条状或多边形状,自EW向转向NE向展布。矿体受地形地貌控制,主要分布于峰林谷地的残丘坡地或者洼地,分布标高在110~160m之间,剖面形态呈层状、似层状。矿体面积0.0075~1.27km²,产状地形坡度一致,一般较缓。一般坡度为5°~10°,局部10°~15°。矿体平均厚度为3.57m,平均含矿率875.51kg/m³,矿石平均品位为Al_2O_3 48.38%、SiO_2 13.55%、Fe_2O_3 23.06%,灼失量12.82%,铝硅比(A/S)3.57,估算333+334₁资源量1590.82×10⁴t。

已发现沉积型铝土矿露头点2处。矿体产于中二叠统茅口阶灰岩古侵蚀面上,赋存于上二叠统底部的古风化壳中,呈层状、似层状、透镜状。1号露头矿厚度大于3.00m,矿石含量(拣块样):Al_2O_3 47.44%、SiO_2 12.18%、Fe_2O_3 25.25%、灼失量10.84%、铝硅比(A/S)3.89;2号露头矿厚度1.50m,矿石含量(拣块样):Al_2O_3 54.22%、SiO_2 10.37%、Fe_2O_3 22.00%、灼失量11.48%、铝硅比(A/S)5.23。

该区已经完成堆积型铝土矿的评价,矿床规模已经达到中型规模。沉积型铝土矿成矿条件优越,已发现2处沉积型铝土矿露头点,矿层厚度大,矿石质量好,具备形成大中型远景规模沉积型铝土矿床的资源潜力,有望提交大中型沉积型铝土矿矿产地1处。

(六)系统总结了铝土矿区域成矿条件、分布规律和成矿远景

系统总结了本区铝土矿区域成矿条件、分布规律和成矿远景,并进行了区域矿产预测,初步评价了铝土矿的资源潜力。扶绥—崇左地区铝土矿的形成与分布,具有以下明显的规律性。

1. 沉积型铝土矿,受如下几种因素影响。

(1)构造因素:一是构造演化形成孤立台地或远岸台地,减少陆缘物质的加入;二是地壳平稳升降运动促进铝土矿(岩)"红土化—沉积"过程。铝土岩产于碳酸盐岩孤立台地中,这些台地在平稳上升过程中接受风化形成富铝"古红土";随后的平稳下降,有利于台缘礁的生长,台地中心区域处于台缘礁的包围之中,逐渐演化为封闭—半封闭滞水还源环境,有利于硫的富集,为后期酸性淋滤提供了基础。

(2)矿源因素：原生铝土岩是铝土矿的成矿母岩，保存在台地内的次级向斜构造中，在地下水氧化淋滤作用下亦可形成铝土矿体。

(3)第四纪地形地貌因素：地形起伏程度直接影响潜水面的高低，控制着氧化带深度的分布，可促使沉积型铝土矿质量提升。

(4)有利的层位和岩性：上、下二叠统侵蚀间断面上的铁—铝—煤沉积序列是寻找沉积型铝土矿最有利的成矿层位。沉积型铝土矿下部泥盆统、石炭系及上二叠统岩性主要为碳酸盐岩，含非碳酸盐岩很少，随着地壳总体隆起，形成对岩溶堆积型铝土矿的形成、富集十分有利岩溶洼地地貌。

(5)沉积型铝土矿均分布于碳酸盐岩穹隆或背斜内部次一组向斜中，评价区主要穹隆构造有扶绥—崇左一带的南庆背斜，其次一级的褶皱发育，其中的次级向斜是沉积铝土矿的赋矿构造。

2. 堆积型铝土矿，取得以下几方面认识。

(1)堆积型铝土矿的空间分布，宏观上受沉积型铝土矿的控制，其规模和质量随沉积型铝土矿的变化而变化，具有明显的继承性。堆积铝土矿均在距离矿源层(沉积型铝土矿)3km以内的范围内分布。

(2)堆积铝土矿矿石质量(Al_2O_3、A/S)从高到低与其时间分布上从早到晚、垂向空间分布上的从高到低，三者之间的演变是同步的，具有明显的一致性。即早期形成的矿体分布于高处，其矿石质量一般都优于晚期形成而又分布于低处的矿体，呈现出成矿时间从早到晚、垂向空间分布上的从高到低，矿石品位从高到低有规律的依次递变。

(3)堆积铝土矿主要化学成分的共生组合及其相关关系，具有以下规律性：①Al_2O_3、Fe_2O_3、SiO_2呈负相关关系，相关系数为$-0.92\sim-0.81$；②Al_2O_3、Fe_2O_3、SiO_2含量之和及Al_2O_3、Fe_2O_3、SiO_2、灼失量含量之和，从矿田到矿床、矿体的平均值乃至每一个样品的原始数据的统计结果基本吻合，而且接近一个常数；③Al_2O_3与灼失量呈正相关关系，表明一水硬铝石中的结构水稳定性良好，不会出现大的波动。

(4)矿石质量和矿石粒(块)度关系密切，表现为粒度大则Al_2O_3、A/S高，粒度小则Al_2O_3、A/S低，而且随着矿石粒级的由大变小，其Al_2O_3、A/S也随之有规律地由高变低。同一矿层中，大粒度矿石多集中于中上部，因而垂向上也普遍存在着Al_2O_3、A/S自中上部至下部由高到低的变化趋势。

根据本区铝土矿区域成矿条件、分布规律，评价了本区铝土矿的资源潜力，圈定12处最小预测区，预测评价区沉积型铝土矿和堆积型铝土矿资源潜力$31\ 769.28\times10^4$t，其中堆积型铝土矿资源潜力$11\ 304.07\times10^4$t，沉积型铝土矿资源潜力$20\ 465.21\times10^4$t，高铁三水铝土矿资源潜力$15\ 380\times10^4$t。

(七)首次把高密度电阻率测量大规模应用在沉积型铝土矿找矿工作中

根据本区沉积型铝土矿成矿规律，应用高密度电阻率测量，解译出上二叠统合山组与中二叠统茅口组之间的古风化壳的形态，利用古风化壳凹陷处有利于沉积型铝土矿的形成的特点，实现间接找矿。经钻探验证，揭露到沉积型铝土矿矿体(矿化体)的钻探工程比例由50%提高到95%。圈定与沉积型铝土矿有关的低阻异常带11条，新发现沉积型铝土矿体5个，探获沉积型铝土矿$333+334_1$资源量1008.95×10^4t。

四、成果意义

1. 探获铝土矿$332+333+334_1$资源量6425.38×10^4t，对保障我国资源安全具有重要意义，也为本区发展铝工业解决了铝土矿资源问题。

2. 铝土矿开发利用机构已经在龙州县挂牌成立，专门开发本项目探获的铝土矿资源。开发铝土矿生产氧化铝符合国家产业政策和西部大开发战略，对于促进"老、少、边、穷"地区经济发展和社会发展具有十分重要的意义。

3. 通过高密度电阻率测量成果，解译出上二叠统合山组与中二叠统茅口组之间的古风化壳的形态，利用古风化壳凹陷处有利于沉积型铝土矿的形成的特点，实现间接找矿，为本区沉积型铝土矿找矿解决了方法技术问题。

第三十章 湖南省水口山—大义山地区铜铅锌锡多金属矿调查评价

罗华彪[1] 熊阜松[1] 宛克勇[1] 郭闯[1] 李杨[1] 王金艳[1]
邓源[1] 聂道许[1] 夏九洲[1] 蔡勋龙[2]

(1 湖南省有色地质勘查局二一七队，2 湖南省核工业地质局三〇二大队)

一、摘要

选择7个重点评价区开展大比例尺地物化测量工作，圈定高磁异常12个、化探综合异常12个、可控源音频大地电磁法低阻异常5个。对主要异常开展异常查证，新发现矿产地2处、矿点2处。提交334_1资源量：Nb_2O_5 95t，Ta_2O_5 83t，Rb_2O 2.96×10^4t，Sn 1443t，Pb 4988t，Ag 21t。在综合分析研究基础上，划分找矿远景区3个、圈定找矿靶区8个（Ⅰ类5个，Ⅱ类3个），并评价了找矿潜力。

二、项目概况

工作区位于湖南省衡阳盆地的南缘，属衡阳市的常宁市、耒阳市和衡南县管辖。地理坐标：东经112°21′30″—112°48′30″，北纬26°12′00″—26°40′00″，面积2320km²。工作起止时间：2011—2013年。主要任务是以铜、铅、锌、锡为主攻矿种，通过对以往资料的综合分析研究，开展大比例尺成矿预测，优选找矿远景区；在矿化有利地段开展大比例尺地质、物探、化探测量及少量钻探工程验证，大致查明区内铜铅锌锡矿的空间分布特征及资源远景，圈定找矿靶区；综合区内各项工作成果，总体评价了全区矿产资源潜力。

三、主要成果与进展

通过开展大比例尺的地、物、化综合测量，在拖碧塘、黄沙寺、大角洲3个地区圈定了一批具有找矿意义的高磁异常12处、化探异常12处。其中拖碧塘圈定5处高磁异常、9处化探异常、3处物化探综合异常，经地表检查及综合分析，异常主要由花岗斑岩引起，具有进一步寻找稀有金属矿床的价值。黄沙寺圈定4处高磁异常、3处化探异常、3处物化探综合异常，经地表检查及综合分析，工作区西边两个综合异常主要由花岗斑岩引起，东南边综合异常推测主要由NNE向压扭性断裂引起，经探槽工程验证，Au品位为(0.2~0.24)×10^{-6}。狮子岭和栗江开展的可控源音频大地电磁法测量圈定低阻异常5个，推测断裂构造带5条，经地表检查及综合分析，其中狮子岭一低阻异常发育在硅化破碎带中，经钻探工程验证，在深部462.5m处硅化破碎角砾岩中见浸染状见闪锌矿，Zn品位1.87%，为下一步寻找铅锌矿床提供了有利的依据。

（一）新发现矿产地或矿点

通过异常查证和矿点检查，新发现矿产地2处（拖碧塘稀有金属矿产地和罗桥锡多金属矿产地）和矿点2处（黄沙寺稀有金属矿点和狮子岭铅锌矿点）。

1. 拖碧塘稀有金属矿产地：位于龙形圩背斜的核部，出露地层主要为中晚泥盆世黄公塘组、佘田桥组，以碳酸盐岩为主，岩浆岩为南北向展布的花岗斑岩脉。

稀有金属矿产于花岗斑岩脉中，花岗斑岩脉分布范围东西宽 2km 左右，南北长 6km 左右。脉大小不一，单脉最长达 3500m，短者 184m，最宽达 45m，窄者 1~2m。花岗斑岩脉平面上大致平行排列，脉间距 100~300m 不等，走向近 SN 向，倾向 80°~85°，倾角较陡，一般为 70°~80°。

铷矿体赋存于花岗斑岩脉内（图1）。以 0.10% 作为最低工业品位，控制铷矿体 3 个，其中 1 矿体位于①号花岗斑岩脉中，地表走向长 2130m，厚 9.32m，Rb_2O 平均品位 0.121%；3 矿体位于③号花岗斑岩脉中，走向长约 5320m，厚 12.26m，平均品位 0.145%；4 矿体位于④号花岗斑岩脉中，走向长约 3280m，厚 7.36m，平均品位 0.139%。ZK1802 控制 1 矿体斜深 320m，累计穿矿进尺 43m，平均品位 0.143%；ZK1802 控制 3 矿体斜深 160m，累计穿矿进尺 16m，平均品位 0.143%；ZK1801 控制 4 矿体斜深 160m，累计穿矿进尺 43.60m，平均品位 0.124%。

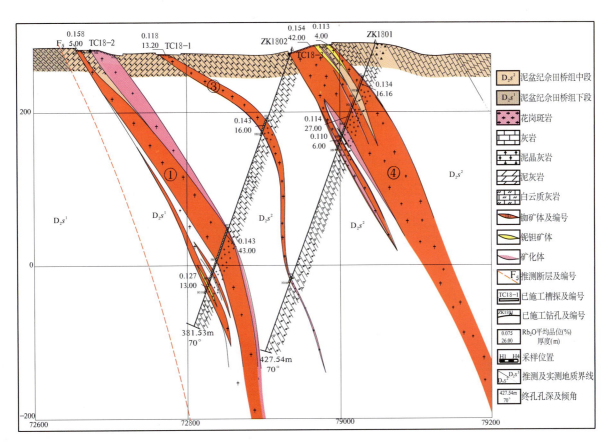

图 1　拖碧塘铷铌钽矿区 18 线地质剖面图

④号花岗斑岩脉中铌钽矿体最大厚度位于 TC18-3 号槽探，见两层矿体，第一层样长 7.0m，平均品位 Ta_2O_5 0.0109%，Nb_2O_5 0.0128%，第二层样长 7.0m，平均品位 Ta_2O_5 0.0096%，Nb_2O_5 0.0105%。①号花岗斑岩脉中铌钽最大矿体位于 ZK1802 钻孔 322.78~325.78m 处，样品长度 3m，平均品位 Ta_2O_5 0.0088%，Nb_2O_5 0.0121%，上下盘铌钽矿化范围达 27.41m，对应的地表槽探 TC18-2 见铌钽矿化体，样长 3.0m，平均品位 Ta_2O_5 0.0061%，Nb_2O_5 0.0095%，矿体倾向长度大于 350m。通过对 18 勘探线槽探、钻孔的综合统计分析，该剖面铌钽矿的平均品位随着深度增加，铌钽品位有增高的趋势。同时①号花岗斑岩脉的厚度往深部也有增厚的趋势。

经资源量估算,334 级别 Ta_2O_5 + Nb_2O_5 矿石量 $83.81×10^4t$,Nb_2O_5 金属量 95t,Ta_2O_5 金属量 83t,伴生 Rb_2O 矿石量 $2225.7×10^4t$,金属量 $2.96×10^4t$,且花岗斑岩中普遍具锂矿化。

2. 罗桥锡多金属矿产地:位于大义山岩体的北西外接触带,出露地层以中泥盆世棋梓桥组——晚泥盆世锡矿山组为主,岩性以泥质灰岩和泥灰岩为主,赋矿地层为晚泥盆世佘田桥组泥灰岩。褶皱断裂构造发育,断裂构造为 NW 向"大义山式构造"和层间破碎带,并控制铜锡多金属矿体的就位。大义山岩体出露于矿区的东部,并侵入矿区的深部,为成矿提供了物源和热源。

矿区共圈定 3 条矿体,主要为Ⅰ、Ⅱ号矿体(图2),Ⅲ号矿体规模较小。Ⅰ矿体为锡矿体,顺层产出,走向 NNW,倾向 E,倾角 55°～80°,具揉皱、扭曲特征。矿化带走向长度大于 500m,控制长度 150m,矿体平均厚度 7.3m,Sn 平均品位 0.28%。Ⅱ矿体为铜锡铅矿体。矿化带长度大于 500m,控制长度 250m,沿倾向延深大于 500m,控制长度 310m。矿体由层间破碎带控制,走向 NNW,倾向 E,倾角 65°～80°,矿体厚度 1.00～5.40m,平均厚度 2.87m,平均品位 Pb 2.28%、Sn 0.815%、Cu 0.47%、Ag 136.76×10^{-6}。Ⅱ矿体资源量估算:334_1 矿石量 $15.35×10^4t$,金属量 Sn1443t,Pb4988t,Ag21t。

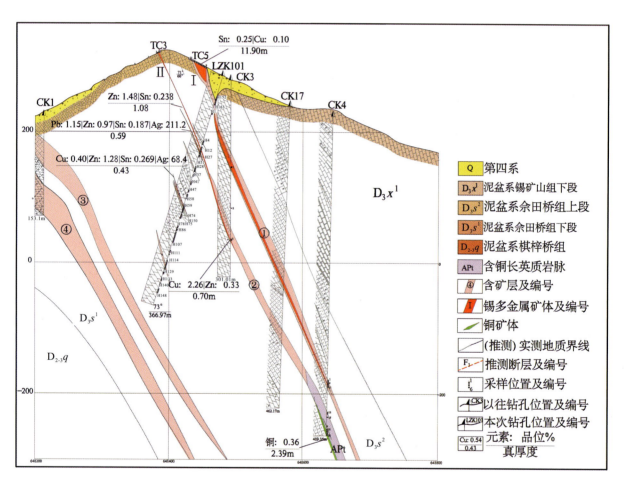

图 2　罗桥锡多金属矿区 1 线地质剖面图

3. 黄沙寺稀有金属矿点:位于龙形圩复式背斜的西翼,出露地层为中泥盆统棋梓桥组至下石炭统马栏边组,岩性以碳酸盐岩为主;褶皱断裂发育,构造形迹以 SN 向为主,并控制矿区内花岗斑岩脉的展布和物化异常的展布。

区内岩浆岩主要为沿黄沙寺次级背斜东翼分布的花岗斑岩脉,岩脉产状同褶皱轴面或断裂产状一致,即走向近 SN,倾向 E,倾角 40°～60°不等,长度约 5000m,宽 3～6m。

花岗斑岩中见铷铌钽矿化体,全岩具铷矿化,Rb_2O 单工程平均品位最高 0.182%,一般为 0.106%～0.166%。Nb_2O_5 最高品位为 0.0144%,最低为 0.0072%,平均 0.010%,Ta_2O_5 最高品位 0.0071%。

在黄沙寺的东南角圈定一个 Au、Ag、Zn、Hg、Sb 元素综合异常,异常东西宽约 400m,南北长约 1600m,面积约 $0.5km^2$,最高峰值 Au $207.68×10^{-9}$、Ag $1.18×10^{-6}$、Zn $911.4×10^{-6}$、Hg $19.12×10^{-6}$、Sb $75.0×10^{-6}$。在异常中心经槽探揭露,Au 品位一般在 $0.2×10^{-6}$ 左右,最高达 $0.24×10^{-6}$。推测异常受 NNE 向断裂控制。

4. 狮子岭铅锌矿点:位于水口山矿田的东南部,出露地层为晚泥盆世锡矿山组和早、中晚石炭世地层。岩性为碳酸盐岩和碎屑岩,赋矿层位为深部泥盆系棋梓桥组生物碎屑灰岩。构造主要为狮子岭背斜和背斜核部的硅化破碎带。地表沿硅化体圈定 Zn、Pb、As 化探综合异常,Zn 元素含量一般为 0.01%～0.1%,最高为 0.22%;As 元素含量一般为 0.01%～0.06%,最高为 0.1%;Pb 元素一般含量为 0.01%～0.06%,最高为 0.13%。可控源音频大地电磁法测量在硅化体高阻体中圈定一低阻异常,经钻孔 SZK101 揭露,深部见锌矿,样长 1.20m,Zn 品位 1.87%(图 3)。

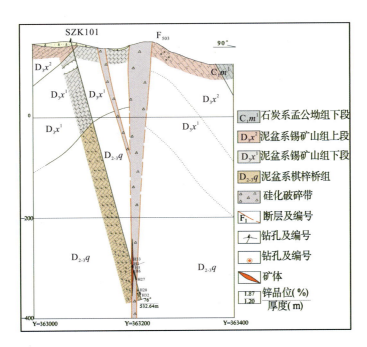

图 3 狮子岭工作区 1 线地质剖面图

(二)区内岩浆岩划分

通过对岩体特征、岩石地球化学和矿产特征进行系统对比研究,区内岩浆岩可以划分出两个岩浆岩带,并具有不同的成矿系列。

1. 受阳明山-大义山-上堡和大堡-水口山-五峰仙两条 EW 向基底断裂带的控制,评价区岩浆岩可划分两个明显的 EW 向岩浆岩带,南带由塔山、大义山、拖碧塘岩浆岩组成,北带由柏坊、水口山、春江铺岩浆岩组成,由南至北酸度降低。

2. 以大义山岩体为中心,岩体规模由中心向四周变小,岩浆岩酸度由中心向四周降低。微量元素组合存在明显不同,大义山富含 As、Sn、Bi、B、W 等,以高温元素组合为主;拖碧塘富含稀有元素和 Sn、Sb、Hg 等,含低温元素组合;水口山富含 Cu、Pb、Zn、Ag、Mo、Bi、As、Sb 等,以中低温元素组合为主。

3. 不同地段、不同时代岩浆岩稀土元素特征差别明显:总体上由早至晚稀土元素总量降低,$\Sigma Ce/\Sigma Y$ 的比值增加;标准化分布型式图明显有差异,南带岩浆岩明显具 Eu 亏损现象。

(三) 找矿远景区与找矿靶区特征

通过对地、物、化、遥和矿产资料的综合分析,评价区内划分出找矿远景区3处(图4),其中Ⅰ级找矿远景区2个,分别是水口山铁铜铅锌金银多金属Ⅰ级找矿远景区(Ⅰ-1)、大义山锡钨铜多金属Ⅰ级找矿远景区(Ⅰ-2)。Ⅱ级找矿远景区1个,为拖碧塘稀有多金属Ⅱ级找矿远景区(Ⅱ-1)。在找矿远景区的基础上,圈定找矿靶区8处,其中Ⅰ类找矿靶区5个:水口山-仙人岩铁铜铅锌金银矿找矿靶区(A-1)、康家湾-狮子岭铅锌金银矿找矿靶区(A-2)、罗桥-汤市铺锡铜多金属矿找矿靶区(A-3)、烟竹湖铜锡硼多金属矿找矿靶区(A-4)和拖碧塘稀有金属矿找矿靶区(A-5),Ⅱ类找矿靶区3个:金鸡岭-柏坊铜矿找矿靶区(B-1)、陈家岭-廻水湾铅锌锡矿找矿靶区(B-2)、黄沙寺稀有多金属矿找矿靶区(B-3)。

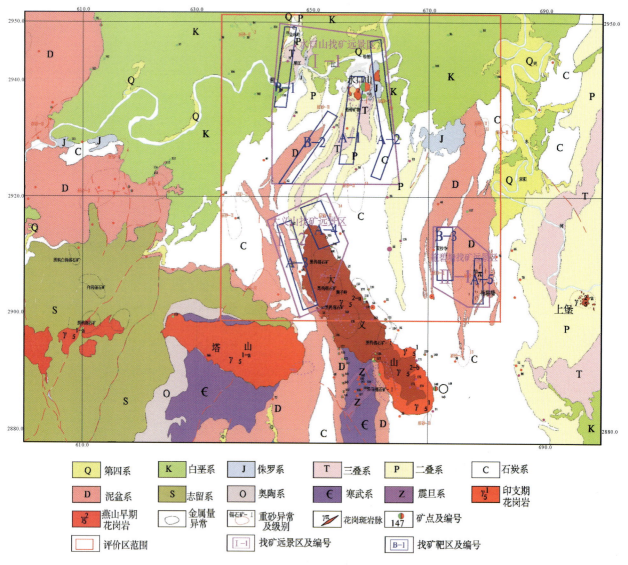

图4 找矿远景区和找矿靶区分布示意图

1. 找矿远景区特征

(1) 水口山铁铜铅锌金银多金属Ⅰ级找矿远景区(Ⅰ-1)。该远景区包括水口山和柏坊两个主要矿田,由于控矿因素相似,因此划分为同一个找矿远景区。该远景区位于SN向耒阳-临武褶断束、NW向郴州-邵阳基底断裂构造和近EW向大堡-水口山-五峰仙基底断裂交汇部位。出露地层上泥盆统锡矿组—下三叠统大冶组,陆缘弧浅海相碳酸盐岩和碎屑岩,下侏罗统高家田组—上白垩统戴家坪组,大陆裂谷滨湖相-浅湖相碎屑岩。褶皱断裂构造发育,构造形迹变化较大,硅化、碳酸盐化等蚀变普遍。中酸性和中基性岩浆岩发育,岩浆岩中铅、锌、铜、金、银等成矿元素含量丰富,后期矿化蚀变作用较强。

远景区位于衡阳重力高异常的南梯度带,航磁异常发育。Pb、Zn、Au、Ag、Cu、Sr、Ba等元素化探综合异常发育,具异常强度高、浓度分带明显等特点。

铅锌铜金银矿床(点)分布较密集,已知铅锌铜金银矿(化)点达17处,其中位于康家湾铅锌铜金银矿床和龙王山金矿为大型,老鸦巢铅锌矿、鸭公塘铅锌矿、铜鼓塘铜矿为中型,石坳岭铅锌矿为小型,区内共探获铅锌金属资源(储)量为$287×10^4t$,铜资源(储)量为$44×10^4t$,金资源(储)量为173t,找矿远景较好。

(2)大义山锡钨铜多金属Ⅰ级找矿远景区(Ⅰ-2)。位于大义山岩体的北端,为NW向郴州-邵阳基底断裂构造和EW向阳明山-大义山-上堡基底断裂的交汇部位。出露地层由泥盆系榴江组—二叠系斗岭组组成,为陆缘弧浅海相碳酸盐岩和碎屑岩,各地层间为整合接触。由于受NW向郴州-邵阳基底断裂构造活动影响,形成走向NW的"大义山式"断裂。岩浆岩为大义山岩体,岩性以二云母二长花岗岩为主。矽卡岩化、云英岩化、硅化、碳酸盐化等蚀变普遍。

该远景区位于大义山NW向重力负异常的北端,重力梯度变化较大。航磁异常主要沿大义山岩体接触带分布,异常常正负相伴,一般规模较小,主要与深部的矽卡岩体有关。远景区内重砂异常和水系沉积物W、Sn、Cu、Bi、As、Mo等元素异常及组合异常十分发育,异常均具有多个浓集中心,元素含量较高等特点。

内生有色金属锡钨铜铅锌和非金属硼矿床(点)分布较密集,小型以上的矿床有8个,其中七里坪硼矿为大型,主要受NW向展布的断裂带控制,具有矿种多、矿化类型多、蚀变种类多、矿床(点)多、找矿标志明显,呈带状分布的特点。沿大义山岩体的外围,分布大量的冲积型砂锡矿,中型以上的矿床有5个,总资源量锡近$10×10^4t$。

该远景区处于多组深大断裂带的交汇部位,岩浆岩发育,多级褶皱断裂发育,含矿层位分布广泛,岩石节理裂隙发育,云英岩化、矽卡岩化、硅化、碳酸盐化、褐铁矿化等蚀变普遍。区内物探异常和Sn、W、Cu、Bi、Pb、Zn、Ag等元素化探异常分布范围广,异常强度高,已知锡、铜矿(化)点分布密集,具中小型矿床较多、矿种多、矿化类型多、蚀变种类多等特点,找矿潜力很大。

(3)拖碧塘稀有多金属Ⅱ级找矿远景区(Ⅱ-1)。位于耒阳市小水铺镇至磨形乡一带,处在SN向耒阳-临武SN向褶断束与EW向阳明山-大义山-上堡深大断裂的交汇部位。出露地层为泥盆系黄公塘组—石炭系壶天群,岩性主要为灰岩、硅质灰岩、泥灰岩、页岩、砂岩及硅质岩。构造形迹以SN向为主,EW向次之,铅锌锑银矿和稀有金属矿均受近SN向构造控制。出露较多的花岗斑岩脉和石英斑岩脉,可划分为黄沙寺和拖碧塘两个斑岩脉带,脉带宽度300~2000m,长度6000m,单脉宽1~45m不等,长500~3500m不等。花岗斑岩微量元素含量丰富,与鄢明才和迟清华(1997)发布的华南褶皱系酸性花岗岩的元素平均值相比,Li、Sn、Ta、Bi、Sb、Hg的含量值富集系数大于10倍,Rb、Nb、W、As等元素的富集系数为2~9倍。

内生矿床(点)较少,铅、锌、锑、银矿只有大泉岭矿床,规模为小型。稀有金属矿主要产于花岗斑岩脉中,其中拖碧塘稀有金属矿床经资源量估算,Nb_2O_5金属量95t,Ta_2O_5金属量83t,伴生Rb_2O金属量$2.96×10^4t$,铷为大型矿床,找矿远景较好。

2. 找矿靶区特征

(1)水口山-仙人岩铁铜铅锌金银矿找矿靶区(A-1)。位于水口山铁铜铅锌金银多金属找矿远景区的中部,面积约$40km^2$,找矿目标为热液充填交代型铅锌金银矿和矽卡岩型铁铜铅锌金银矿。

该靶区位于盐湖复式向斜的北端,出露地层主要为壶天群白云质灰岩、白云岩,栖霞组含燧石灰岩,当冲组硅质岩、砂岩,斗岭组砂页岩和白垩系戴家坪组砂岩。花岗闪长岩和花岗闪长斑岩等中酸性岩浆岩发育,岩浆岩中成矿元素丰富。盐湖向斜受EW向压应力和基底构造的共同作用,在北端形成一系列的次级短轴倒转背斜和走向断裂,共同控制了Cu、Fe、Pb、Zn、Au、Ag等矿体的分布和就位。

重力、航磁异常发育,化探次生晕异常元素组合复杂,既有Pb、Zn、Cu、Mo、Bi组合异常,又有Au、Ag、Hg、Sb、As组合异常。化探原生晕组合有Pb、Zn、Cu、Ag、Mo、As、Sb、Hg等,其中Pb、Zn、Cu、Au异常范围和异常强度大,异常分带明显。外带、中带可基本反映出矿床大体范围,内带则反映矿体或矿化体位置。

围岩蚀变种类繁多,并在平面及垂向上相互叠加产出,主要有矽卡岩化、大理岩化、绢云母化、绿泥石化、赤铁矿化、角岩化、硅化、碳酸盐化(包括铁碳酸盐化)、黄铁矿化(深部为磁黄铁矿化)等,其中硅化的种类和形成阶段较多,至少可划分3个阶段,与成矿关系最密切。

Fe、Cu、Pb、Zn、Au、Ag等矿产十分丰富,其中老鸦巢-鸭公塘为一大型铅锌金矿床,伴(共)生铜硫铁等矿产,本区深部找到厚大的铜铁矿体,伴(共)生铅锌金银矿,矿体往深部和边部均未封闭,找矿潜力巨大;龙王山金矿资源储量达到大型规模,深部存在一定的寻找铅锌金矿的潜力,仙人岩金矿为一中型规模,深部花岗闪长斑岩脉发育,具有寻找铜铁金矿体的潜力。

(2)康家湾-狮子岭铅锌金银矿找矿靶区(A-2)。靶区位于水口山铁铜铅锌金银多金属找矿远景区的东部,面积约44km^2,找矿目标为热液充填型铅锌金银矿。

位于西岭复式背斜的北部,出露地层主要为泥盆系锡矿山组—二叠系斗岭组,岩性为碳酸盐岩和碎屑岩,北部出露侏罗系砂岩及白垩系红色砂岩,褶皱断裂构造复杂,次级背斜南部有狮子岭背斜和良和背斜,核部出露地层为锡矿山组,北部有康家湾隐伏背斜,核部地层为壶天群。断裂带主要为F_{61}和F_{74}及其平行的次级断裂,断裂带一般规模大,矿化蚀变强,局部形成大规模的硅化体,是本区主要的导矿和容矿构造。岩浆岩主要为北部出露的英安玢岩和流纹斑岩,富含Cu、As、Cr、Ni、Sb等微量元素。区内航磁异常发育,Pb、Zn、Cu、Au、Ag、Sb等元素化探异常具有范围大、强度高、浓集分带明显的特点。

围岩蚀变主要有硅化、绿泥石化、黄铁矿化、褐铁矿化,其中硅化较强,沿断裂带局部见硅帽分布。

康家湾铅锌金银矿为一隐伏的大型矿山,铅锌资源储量大于$200×10^4$t,黄金资源储量85t,伴生银2700t。通过危机矿山的勘查,在东部找到第二富矿空间,赋矿的硅化体往北过湘江,延伸至菱河口,并见有铅锌矿体,说明康家湾往北、往东均具有较好的找矿远景。

新盟山在侏罗系砂岩中揭露到隐伏铅锌矿体,矿体呈层状,最大视厚度6m,最小1m,平均3.44m,单工程品位Pb最高4.86%,最低0.85%;矿体平均品位Pb1.36%,Zn含量较低,平均品位0.10%,矿体规模为小型。狮子岭矿区在本次工作施工的SZK101钻孔中揭露一层锌矿体,厚度1.2m,品位Pb 0.01%,Zn 1.87%,闪锌矿呈细脉状和浸染状分布于构造角砾岩中,上下盘黄铁矿化明显。

该靶区铅锌金银矿化点多,矿床规模大,矿化蚀变发育,具较好的铅、锌、金、银矿的找矿潜力。

(3)罗桥-汤市铺锡铜多金属矿找矿靶区(A-3)。位于大义山铜锡多金属找矿远景区的西部,为大义山岩体北西端外接触带,呈NW向展布,面积约40km^2。找矿目标为热液充填交代型锡铜多金属矿。

靶区出露地层从泥盆系榴江组—二叠系栖霞组,岩性以碳酸盐岩为主夹砂泥质碎屑岩,靠近岩浆岩的部分蚀变为大理岩。岩浆岩为大义山岩体汤市铺超单元的岩前单元、道士仙单元和介头单元,其中介头单元是大义山岩体中唯一赋存蚀变花岗岩体型锡矿的岩浆岩。岩浆岩富含Sn、W、Bi、Cu、Mo、Pb、Zn等成矿元素,为区内成矿提供了丰富的物源和热源。褶皱断裂构造发育,背斜主要为李子坳背斜,控制了罗桥锡铜多金属矿床的分布,断裂构造为黄茅铺逆冲推覆构造系的一部分,逆冲断裂和层间破碎带十分发育,控制了锡铜多金属矿体和铜矿体的产出。

沿大义山岩体接触带分布串珠状航磁异常;沿NW向断裂圈定多个以W、Sn、Pb、Zn、Bi为主的中高温元素综合异常,异常与矿化吻合性好,出现多个浓集中心,显示矿致异常特征。

热液蚀变主要有硅化、矽卡岩和大理岩化。矿产丰富,有大范围的砂锡矿和多个锡铜等多金属矿床,其中邹家桥砂锡矿勘查储量锡$2.5×10^4$t,伴生有黑钨矿。罗桥锡铜多金属矿床,伴(共)生铅锌银锑矿产,本次评价估算334资源量为锡1443t、铅4988t、银21t;汤市铺矿区估算资源量铜$1.01×10^4$t、锡3600t、钨2500t。罗桥锡铜矿体沿走向和倾向均未封边,找矿远景较好。

(4)烟竹湖铜锡硼多金属矿找矿靶区(A-4)。位于大义山铜锡多金属找矿远景区的中部、大义山岩体的北端,面积约 29km²。找矿目标为热液充填交代型铜锡铅锌矿、矽卡岩型硼铜锡矿和云英岩型铜锡矿。

靶区出露石炭系孟公坳组—二叠系斗岭组,岩性为碳酸盐岩和碎屑岩。铜锡矿赋矿层位为壶天群层间矽卡岩,硼矿赋矿层位为壶天群白云质灰岩与花岗岩接触部位。断层节理发育,主要断层为 NE 向走向断层及近 EW 向横断层并控制壶天群层间矽卡岩和铜锡矿体的产出。岩浆岩为大义山岩体,岩性以二云母二长花岗岩为主,往北侵入至上古生界地层之中,由于受断裂构造影响,隐伏的岩体接触界面陡缓变化较大。

靶区内重力、航磁异常十分发育。烟竹湖化探综合异常,具多个异常浓集中心,总面积 6km²,主要异常元素为 Sn、W、Bi、As、Cu,异常强度:Sn 最大值 1618×10^{-6},W 最大值 408×10^{-6},Bi 最大值 534×10^{-6},As 最大值 2408×10^{-6},Cu 最大值 2000×10^{-6}。次要异常元素为 F、Be、Pb、Zn、Mo。

围岩蚀变主要有云英岩化、矽卡岩化、硅化、绢云母化、大理岩化。矿产资源丰富,种类繁多,主要有铜、锡、钨、铅、锌、硼等。矿床成因类型较多,有矽卡岩、云英岩型、断裂破碎带热液交代充填型等。铜矿主要产在壶天群层状矽卡岩中,资源量大于 5000t;锡矿以砂锡矿为主,包括七里坪、花亭子等矿床,砂锡资源储量 3.5×10^4t;内生锡以云英岩型和矽卡岩型为主,预测的远景资源量达 2.5×10^4t;硼矿为矽卡岩型,规模为大型,估算的矿石量达 48.4×10^4t。区内断裂褶皱构造发育,对铜锡多金属矿控制明显,物、化异常发育,与矿产吻合性较好,靶区找矿潜力较大。

(5)拖碧塘稀有金属矿找矿靶区(A-5)。位于拖碧塘稀有多金属Ⅱ级找矿远景区的东部,处在龙形圩复式背斜核部,面积约 12km²。找矿目标为花岗斑岩型稀有金属矿。

出露地层为泥盆系黄公塘组—石炭系孟公坳组,岩性以碳酸盐岩为主。由于受耒阳-临武 SN 向褶断束的影响,褶皱断裂发育,断裂构造控制了花岗斑岩脉和稀有金属矿体的就位和分布。花岗斑岩脉发育,是稀有金属矿的含矿母岩,岩脉走向 SN 向和 NE 向,往南收缩,往北散开,脉带宽度 300~2000m,长度 6000m,单脉宽 1~45m 不等,长 500~3500m 不等。

区内圈定一重力负异常,面积约 5km²。沿花岗斑岩脉圈出多个化探综合异常,异常元素为 Rb、Li、Cu、Zn、Pb、Nb、Ta、Sn,异常峰值较高。

靶区内主要稀有金属矿产为铷、铌、钽,局部伴生锂矿。花岗斑岩脉全岩具铷矿化,估算资源量为 2.9×10^4t,为大型规模,铌、钽矿赋存于花岗斑岩脉的边部,岩脉膨大部位矿体增厚,估算资源量铌 95t、钽 83t,经钻孔资料统计分析,花岗斑岩脉由浅部至深部平均品位有增高的趋势,锂与铌钽有同步增高的趋势。

重力异常解译推测深部存在隐伏岩体,具有较好的铌钽等稀有金属矿的找矿潜力。

(6)金鸡岭-柏坊铜矿找矿靶区(B-1)。位于水口山铁铜铅锌金银找矿远景区的西北部,面积约 28km²。找矿目标为热液充填型铜矿床和砂岩型铜矿床。

靶区出露地层为石炭系石磴子组—二叠系斗岭组、白垩系戴家坪组,岩性为碳酸盐岩和碎屑岩。构造较复杂,上古生界地层呈 SN 向推覆于白垩系之上,次级褶皱发育,以近 SN 断裂构造为主,EW 和 NE 向断裂次之。岩浆岩为规模较小的花岗闪长斑岩脉群,出露于靶区的南部。

铜鼓塘发育有航磁异常,磁异常线总体呈 SN 走向。可控源大地音频电磁测量在栗江圈定多个低阻异常。沿 SN 向断裂发育串珠状的铅、锌、铜异常,异常中心位于栗江一带。

靶区内蚀变发育,在白垩系戴家坪组普遍见褪色化(红色砂岩中发育浅色岩层)、碳酸盐化和孔雀石化;沿 SN 向断裂、EW 向断裂见硅化、碳酸盐化及弱的孔雀石化,局部见硅化体。

铜矿体根据赋存状态分为两类:一类为赋存于断裂破碎带中,矿体数量多,规模小,呈透镜状或囊状,矿体长度一般小于 150m,厚度大,一般厚度 2~30m,平均大于 7~8m,矿石品位高,最高 Cu 品位达 50%,平均 Cu 品位 3.36%~6.18%,伴生 Ag 品位 $(42.0\sim265)\times10^{-6}$,铜资源储量大于 10×10^4t;另一类为砂岩型铜矿,赋存于戴家坪组浅色砂岩中,大部分为隐伏矿体,其中规模较大为柚子塘矿段,矿体呈似层状、透镜状产出,单个矿体长 50~330m,宽 40~190m,Cu 品位 0.751%~2.817%,平均 1.566%,

Ag 含量$(2\sim19.2)\times10^{-6}$,平均 9.47×10^{-6},银与铜呈正相关。

本靶区处在有利的成矿构造部位,含矿断裂、赋矿地层、物化探异常从南至北均有分布,其深部具有较好的找矿潜力。

(7)陈家岭-廻水湾铅锌锡多金属矿找矿靶区(B-2)。位于水口山铁铜铅锌金银找矿远景区的西南部,呈 NE 向展布,面积约 $25km^2$。找矿目标为热液充填交代型铅锌锡矿。

靶区位于廻水湾复式背斜的核部,出露地层为泥盆系锡矿山组—二叠系当冲组,岩性为灰岩、泥灰岩、砂页岩和硅质岩。褶皱断裂构造发育,断裂主要为 F_{28},走向 NE,发育在廻水湾复式背斜的核部并与褶皱轴走向基本一致,在地表宽度为 $60\sim80m$,破碎带内主要为破碎角砾岩及褐铁矿碎片构成硫化物氧化带。氧化带中锡、铅含量较高,常构成工业矿体;深部则为糜棱岩和碎裂岩,局部矿化富集,构成锡石硫化物矿体。出露岩浆岩南部为英安玢岩,北部为花岗闪长斑岩,均呈岩脉分布,岩脉中铅锌等成矿元素含量丰富。

靶区内圈定多个铜、锌和铜、砷化探综合异常,异常峰值较低[$(100\sim150)\times10^{-6}$],Au、Pb、Sn 等元素化探异常呈点状分布。

围岩蚀变主要为硅化、黄铁矿化、碳酸盐化,大理岩化、黑土化(铁锰土化),次为绢云母化。

靶区北部为水口山矿田的陈家岭矿床,揭露的矿产为铅锌银矿,估算的 334_1 铅锌资源量为 1.21×10^4t,矿床规模为小型;南部为廻水湾矿床,揭露的矿产为铅锌锡等硫化物矿,规模为小型。

廻水湾铅锌锡矿体主要赋存于 F_{28} 断裂带中,该断裂带具规模较大、走向倾向延伸稳定、物质成分复杂、矿化蚀较强等特点,矿体在破碎带中成带、成群分段富集,其成矿规律明显,该断裂破碎带往北延伸,能指导陈家岭矿区今后的找矿突破,因此本靶区具有一定的找矿远景。

(8)黄沙寺稀有多金属矿找矿靶区(B-3)。位于拖碧塘稀有多金属矿找矿远景区的西部,面积约 $25km^2$,找矿目标为岩浆岩型稀有金属矿和热液充填型铅锌锑多金属矿。

位于龙形圩复式背斜西侧黄沙寺次级背斜中,出露地层主要为泥盆系佘田桥组—石炭系测水组,岩性为砂岩和灰岩。褶皱断裂构造发育,SN 向断裂构造及背斜核虚脱空间控制了铅锌锑矿体的分析。岩浆岩为发育于黄沙寺背斜核部的花岗斑岩脉,长度大于 $4km$,富含 Cu、Sb、Hg、Ta、Rb 等成矿元素。

沿花岗斑岩脉圈定一个 Li、Rb、Cu、Sn、Ta 等元素的综合异常,在磨形坪的东面圈定一个 Au、Ag、Zn、Hg、Sb 元素综合异常,经槽探揭露见 0.24×10^{-6} 的金矿化体,异常受 SN 向的断裂带控制。

靶区内围岩蚀变主要有黄铁矿化、硅化、绢云母化、重晶石化、云英岩化和碳酸盐化等。

矿产为铅、锌、锑、银、铷、铌、钽等,铅锌锑银产于南部大泉岭矿区,划分西、中、东 3 个矿化带,圈定多个矿体,经资源量估算,探获远景资源量铅锌 1.6×10^4t,锑 0.6×10^4t。北部花岗斑岩脉全岩具铷矿化,Rb_2O 单工程平均品位最高为 0.182%,一般为 $0.106\%\sim0.166\%$。Nb_2O_5 品位最高为 0.0144%,最低为 0.0072%,平均为 0.010%。

拖碧塘矿区铌钽矿地表规模较小,但往深部出现厚度增大,品位增高的现象,说明其深部具有一定铌钽稀有金属矿找矿潜力,本区地表花岗斑岩脉中的锡、钽平均含量均高于拖碧塘矿区地表平均含量,因此本区具有较好的稀有金属找矿潜力。

四、成果意义

1. 以该项目找矿成果为基础,2012 年成功申报了湖南省探矿权采矿权价款项目"湖南省耒阳市拖碧塘铷铌钽多金属矿普查",项目实施取得较好的找矿成果。

2. 首次在水口山矿田泥盆系棋梓桥组中揭露到铅锌矿,赋矿层位由壶天群、栖霞组和当冲组扩大至棋梓桥组,扩大了水口山矿田的找矿空间,为今后边深部找矿提供地质依据。

3. 大义山-水口山是南岭成矿带的一个重要矿集区,具成矿元素多、矿床类型多和找矿远景好的特点,该成果能为该矿集区今后找矿部署提供依据。

第三十一章　湖南省邵阳市崇阳坪地区矿产远景

李宏　孔令兵

（湖南省地质调查院）

一、摘要

重新厘定了区内地层层序，建立了岩石地层和岩浆岩填图单位。通过1∶5万水系沉积物测量圈出28处综合异常。新发现矿（化）点15处，对其中的牛角界钨矿等7个矿（床）点进行重点检查，探求了334资源量。分析了成矿地质条件，总结了成矿规律。通过综合分析研究，划分了5个找矿远景区、圈定了9个找矿靶区，提出了找矿方向，进行了矿产预测。

二、项目概况

工作区位于怀化市东部，邵阳市西部，距邵阳市洞口县城直线距离约25km，属怀化洪江市、邵阳洞口县、绥宁县等管辖。地理坐标：东经110°15′00″—110°30′00″，北纬26°40′00″—27°20′00″。涉及1∶5万塘湾幅、金屋塘幅、瓦屋塘幅和武阳幅4个图幅。工作起止时间：2011—2013年。调查区位于扬子地块与华南裂陷槽的过渡地带江南地块的雪峰加里东褶皱带上，区内地层、构造发育，岩浆活动强烈，为本区钨、锡、金、铜多金属矿的形成提供了十分有利的区域地质条件。项目主要任务是以中华山、崇阳坪、瓦屋塘3个岩体及周边矿化集中区的钨、锡、金、铁锰等矿产的调查评价为重点，开展塘湾、金屋塘、瓦屋塘、武阳4个图幅的矿产地质调查及1∶5万水系沉积物测量和遥感地质解译等面积性工作，圈定异常和找矿远景区；对圈定的异常和新发现的矿点进行检查查证，并对矿体进行工程验证，圈定找矿靶区，为下一步勘查工作部署提供依据。综合区内各项工作成果，对全区资源潜力进行总体评价。

三、主要成果与进展

（一）基础地质

1. 重新厘定了地层层序。查明了工作区地层的分布，建立了岩石地层填图单位22个。区内主要出露有青白口系、南华系、震旦系、寒武系、奥陶系、志留系、泥盆系、古近系、新近系、第四系，总厚度大于12 023.7m。结合地球化学元素背景值分析，认为：中泥盆统Au、Ag、Pb、Zn、Cu找矿潜力较大，寒武系是W、Au、Bi、Ag、Mo、Pb、As找矿的有利层位，震旦系具有较好的W、Bi、Mo、Au、Ag找矿前景。

2. 建立了岩浆岩填图单位。侵入岩岩体以中深成、中—中浅成侵入体为主，岩石类型主要为中酸性—酸性花岗岩类及少量基性、中酸性、酸性脉岩类。花岗岩一般呈较大的岩基或岩株出露，少量以岩脉产出，侵位时间240～203Ma，形成于三叠纪。基性—超基性岩主要呈岩脉产出，稍晚于酸性岩侵位，大致为晚三叠世—早侏罗世。根据目前所取得的同位素年龄，结合野外地质特征，将酸性岩体划分为一个侵入期5个侵入次(表1),建立岩浆岩填图单位7个,为建立岩浆岩的演化序列及其与成矿的关系奠定了基础。

表1 花岗岩活动序次表

时代			侵入期次	代号	分布位置	岩性特征	年龄值(Ma)
三叠纪	晚三叠世	印支期	第五侵入次	$\gamma\beta T_3^e$	瓦屋塘岩体	中粒黑云母花岗岩	203
			第四侵入次	$\gamma\delta T_3^d$	瓦屋塘岩体	中粗粒黑云母花岗闪长岩	
			第三侵入次	$\eta\gamma T_3^c$	瓦屋塘岩体	中粗粒黑云母二长花岗岩	203
			第二侵入次	$\eta\gamma T_3^b$	瓦屋塘岩体、崇阳坪岩体、中华山岩体	中粒黑云母二长花岗岩	222 / 211
				$\gamma\delta T_3^b$	黄茅园岩体	细中粒、中粒黑云母花岗岩闪长岩	227
			第一侵入次	$\eta\gamma T_3^a$	瓦屋塘岩体、崇阳坪岩体、中华山岩体	细粒黑云母二长花岗岩	240 / 222
				$\gamma\delta T_3^a$	黄茅园岩体	细粒黑云母花岗闪长岩	227

3. 初步建立了构造格架,分析了构造与成矿关系。根据出露地层情况、构造变形、岩浆活动、空间展布规律以及相互组合关系,将测区划分为4个主构造带(图1),褶皱构造12个,断裂构造64条。

通过对构造特征及构造演化史分析认为:断裂、裂隙和褶皱等构造形式是区内大部分矿(床)点和矿化点形成的重要控制因素之一,构造不仅起到了导矿和容矿的作用,也主导了岩浆活动、气液蚀变等成矿条件的发生和演变。其中剪切带为金矿成矿的主要控矿因素,强烈的韧性剪切变形和断裂变形,无论其本身产生的应变能,抑或是沟通地下深部热流,均能产生良好的热力学条件,导致或促进成矿物质的活化和迁移,岩石的不均一性和变形的差异性,造成应变强弱不同的构造分带,促成了活化矿源物质的分异结晶成矿,为区内较多金矿主要成矿模式。另一方面,构造也是区内钨锡等高温热液型矿床的主要控矿条件,区内NNE向紧闭线型褶皱和NNE向逆断层、逆掩断层导致了地壳深处大规模的酸性岩浆沿着深大断裂侵入到富含W、Sn等多金属元素的震旦系—志留系的碳硅质建造—黑色岩系中,由于大规模的酸性岩浆富含大量的热源、水源,在岩浆侵入上升过程中,同化、混染并萃取围岩中的成矿物质,丰富了酸性岩浆中的矿物质。当岩浆冷却凝固后,从岩浆分泌出来的含矿气水热液,由于存在大量的挥发分,提高了金属在溶液中溶解度,这些金属在溶液中主要以硫化物、氧化物、氟化物、氯化物等络合物形式被搬运。在岩浆气化热液作用的早期,由于含矿溶液中F^-、Cl^-大量存在,溶液pH值低,多呈酸性、弱酸性。此时大量的钨、锡等矿质在岩浆冷却凝固收缩的张性裂隙中(如NW向组脉),以交代-充填的成矿方式,富集形成高温的含钨锡石英脉型矿床。

4. 明确了变作用类型及其与成矿作用关系。调查区主要变质作用有区域变质作用、接触变质作用、气水热液变质作用及构造变质作用。区域变质作用和成矿的关系主要表现为由温度、压力、变质热液等因素的变化而使原有矿床改造,或使成矿元素迁移、富集而成矿;接触变质作用与本区成矿关系不密切;气成热液变质作用与成矿关系密切,在岩浆岩区以云英岩化、硅化为主,次为绿泥石化、绢云母等,与之相关的矿化则以钨、锡、钼等到高温矿物组合为主,在沉积岩区则以硅化、绿泥石化、绢云母化为主,发育在构造破碎带中,与之相关的矿化则以金、银、铜、铅、锌矿化为主;构造变质作用主要为含矿热液提供上升通道,为含矿元素的聚集提供适宜的场所。

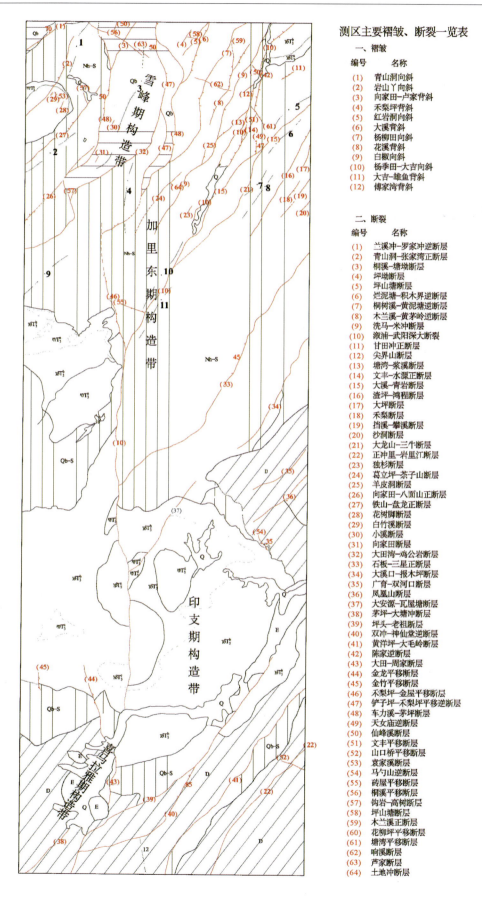

图 1 崇阳坪地区构造纲要图

(二)区域遥感

调查区总体呈中起伏中高山地与小起伏低山丘陵相间、中部夹条状平原的地质景观,主体山脊和主要河谷沿 NE 向排布,地质体受 NE 向主线性构造限制和截切,呈 NE 向延展的条带状图案。SPOT 宏观图像上,岩石地层相对单一且稳定,岩石裸露程度高,呈 NWW 向的条带状展布,线理结构较密集,色调较深,呈紫红色、浅紫色、灰红色等,纹形细而均一,山脊线分明且多呈直线状折转。中酸性侵入体零星分布在南部,环状特征较明显,色调较均匀,主要呈黄绿色色调,斑块状纹形,表面相对光滑圆浑,山脊浑圆,脊线多呈弧状,凹形或陡直坡,发育钳状沟头树枝状水系,表面点、线纹形密布。第四系表现为大型冲洪积扇,色调以均匀的浅黄绿色、浅灰红色为主,与基岩界线清楚。

划分出 22 个地层影像填图单位、1 个侵入岩单位。采用 PCI 软件通过对遥感图像的增强处理,提取铁染蚀变与羟基蚀变信息,圈定遥感异常 7 个(表 2)。

表 2 调查区遥感异常特征表

异常编号	异常区面积（km²）	遥感异常综合特征
Y01	5.0	铁染遥感异常呈斑块状分布于南华纪板岩、砂岩地层中,铁染异常仅见二级异常,与化探异常吻合度欠佳
Y02	1.1	铁染异常呈斑块状断续分布于烟溪组砂岩、板岩地层中,二级异常均有出现,与化探异常吻合度欠佳
Y03	0.4	羟基遥感异常呈斑块状分布于跳马涧组砂岩地层中,羟基异常二级异常均有出现,与化探 Mo、Ni、Zn 异常较吻合
Y04	0.6	两类遥感异常均有分布,呈斑块状分布于跳马涧组砂岩地层中,均见二级异常,与化探 Au、Cr、Bi 异常较吻合
Y05	0.7	两类遥感异常均有分布,呈斑块状分布跳马涧组砂岩地层中,三级异常均有出现,以铁染异常较为突出,强弱异常套合较好,强度高,与化探 As、Co、Mo 异常较吻合
Y06	0.45	铁染异常呈斑块状断续分布于棋梓桥组灰岩地层中,三级异常均有出现,与化探异常吻合度欠佳
Y07	8.2	铁染异常呈斑块状断续分布于棋梓桥等地层中,二级异常均有出现,与化探异常吻合度欠佳

(三)地球化学

通过 1:5 万水系沉积物测量共圈出了 28 处综合异常,其中甲$_1$ 类 4 处,甲$_2$ 类 1 处,乙$_1$ 类 2 处,乙$_2$ 类 3 处,乙$_3$ 类 14 处,丙类 4 处。对 14 处钨异常和 5 处金异常进行了异常多参数评序后综合认为,AS13、AS16、AS4、AS3、AS21、AS19 六个异常是找钨矿前景较好的异常,AS2、AS1、AS6、AS9 四个异常是找金矿前景较好的异常。在测区范围内共划分了 9 处地球化学找矿远景区,(其中Ⅰ级 6 处,Ⅱ级 1 处,Ⅲ级 2 处)。

(四)矿产检查

新发现了矿(化)点 15 处,其中钨矿点 8 处、金矿点 2 处、锰矿点 1 处、铅锌矿点 1 处、铜矿点 2 处、银铅锌矿点 1 处。钨矿床成因类型主要为与岩浆岩有关的高温热液裂隙充填型矿床,工业类型为石英脉带型钨矿床。金矿床成因类型主要为中低温热液型矿床,工业类型为破碎蚀变岩型、石英脉型、剪切破碎带型金矿床。锰矿床成因类型为沉积改造型矿床。铅锌矿床成因类型为沉积改造型矿床。银铅锌矿床为中温热液裂隙充填型。

在综合分析测区地、物、化、遥成果资料的基础上,择优概略检查了洪江市沙溪钨矿点、洪江市龙潭洞铅锌矿点、洪江市栗山坡外围钨矿点、洪江市麻溪金矿点、洪江市向家田金矿点、绥宁县苦梨树钨矿点、绥宁县红岩钨矿点、溆浦县水源锰矿点、绥宁县牛角界钨矿点、绥宁县罗连钨矿点、绥宁县泡洞银铅锌矿点等15处矿点,另外对AS4、AS6、AS13综合异常开展检查,经概略检查确定有找矿前景的矿点,进一步开展重点检查工作,其中重点检查了洪江市沙溪钨矿、洪江市栗山坡外围钨矿、洪江市向家田金矿、绥宁县苦梨树钨矿、绥宁县红岩钨矿、绥宁县牛角界钨矿、绥宁县泡洞银铅锌矿7处矿点。绥宁县寨溪山(红岩与苦梨树)钨矿区、绥宁牛角界钨矿区被列为2012年湖南省两权价款地质勘探项目,洪江市沙溪钨矿区列为2013年湖南省两权价款地质勘查项目。通过检查初步查明矿(化)体的矿化类型、特征、规模、形态、产状、矿石品位及控矿因素,对其远景作出了初步评价,结合控矿地质条件进行成矿预测,提供了进一步开展矿产普查工作的依据,并提出了进一步工作的建议。

通过对牛角界钨矿点等7个矿(床)点重点检查,累计获得334资源量:WO_3 $3.74×10^4$t,铅锌923t,金162kg,银6.22t。

1. 洪江市沙溪钨矿:位于怀化洪江市安江镇南部。区内大面积出露中华山花岗岩体,地层有南华系下统富禄组、南华系上统南沱组、震旦系下统金家洞组、震旦系上统留茶坡组、寒武系底下统及第四系(图2)。1:5万地球化学资料显示异常元素组合主要为W、Bi、Be,次为Sn、Pb,异常强度W、Be较高,其他元素一般。异常含量最高:W $33.9×10^{-6}$,Bi $6.5×10^{-6}$,Be $33.7×10^{-6}$,Sn $25.5×10^{-6}$,Bi、Be具有三级浓度分带,W、Sn具有二级浓度分带。主要元素异常吻合度较好。在矿区中岩体内接触带发现钨矿化带3条,编号Ⅰ、Ⅱ、Ⅲ矿化带。

Ⅰ矿化带:位于矿区中部,走向长度约1000m,矿化带北段倾向NE,南段产状局部有倒转现象,倾向SW。主要由石英大脉、石英细脉及中细粒黑云母二长花岗岩组成;石英脉呈乳白色,厚10~40cm,其两侧常发育0.5~5cm的石英细脉。矿化带中发育黑钨矿、电气石等矿物,黑钨矿主要产于10~40cm的石英大脉中,呈团块状、板状、透镜状,黑钨矿最大团块可达1cm×3cm。矿脉见矿厚度为0.80~2.80m,WO_3品位为0.513%~4.200%。

Ⅱ矿化带:长约2500m,脉带宽10~90m;整体倾向NE,主要由石英细脉及粗中粒、中细粒黑云母花岗岩组成;石英细脉呈乳白色,厚0.5~7cm,密度2~10条/m,间距10~70cm。见矿厚度1.00~1.07m,平均1.02m;WO_3品位0.064%~0.238%,平均0.123%。矿化主要有白钨矿化、毒砂矿化和黄铁矿化。白钨矿呈浸染状、细脉状和星点状分布于石英脉中。

Ⅲ矿化带:位于沙溪院子里附近,走向可见长度约70m,宽约20m,走向NE,两端均被第四系覆盖。主要由石英细脉及中细粒黑云母花岗岩组成;石英细脉呈乳白色,厚0.1~2.0cm,密度1~8条/m,间距0.10~0.70m。

沙溪钨矿点在后期的省级探矿权采矿权价款地质勘查实施时取得突破,其中Ⅱ矿化带累计矿体厚度超过30m,初步估算WO_3资源量$6×10^4$余吨,达大型规模。

2. 苦梨树钨矿:位于邵阳市绥宁县北部。矿点处于崇阳坪岩体东部之内外接触带上,崇阳坪花岗岩体围绕地层呈弧形分布。地层分布于矿区中部—北西部,自老至新依次有南华系南沱组、震旦系金家洞组、留茶坡组、寒武系牛蹄塘组,第四系(图3)。

区内有1:5万水系沉积物AS13综合异常。元素组合复杂,主要为W、Sn、Bi、Be、Cu、Pb、Zn等,AS13的NAP值排列为W($172.88×10^{-6}$)—Bi($74.09×10^{-6}$)—Sn($13.83×10^{-6}$)—Be($0.57×10^{-6}$)。异常规模大,强度高。在矿点上方均出现了成矿元素和伴生元素的异常,并有强度较高的W、Sn、Bi、Be累加衬值异常和Pb、Zn、Cu累加衬值异常。

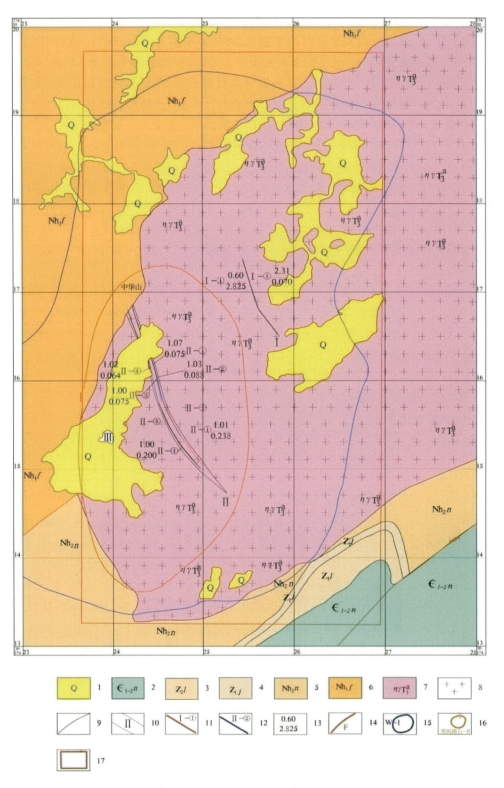

图 2 沙溪钨矿区地质略图

1.第四系;2.牛蹄塘组;3.留茶坡组;4.金家洞组;5.南沱组;6.富禄组;7.晚三叠世二长花岗岩;8.中细粒二长花岗岩;9.地质界线;10.矿脉带;11.工业矿体及编号;12.边界矿体及编号;13.工程见矿厚度/品位;14.断层;15.水系钨异常范围;16.重砂锡异常范围;17.矿区范围

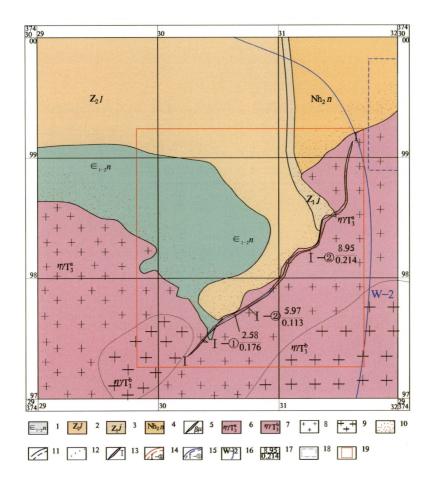

图 3 苦梨树钨矿点地质略图

1. 牛蹄塘组；2. 留茶坡组；3. 金家洞组；4. 南沱组；5. 辉绿岩脉；6. 晚三叠世二长花岗岩（第一期次）；7. 晚三叠世二长花岗岩（第二期次）；8. 细粒花岗岩；9. 中粒花岗岩；10. 角岩化带；11. 地质界线；12. 相带界线；13. 矿脉及编号；14. 工业矿体及编号；15. 边界矿体及编号；16. 钨地球化学异常；17. 单工程矿体厚度/品位（%）；18. 已有探矿权界线；19. 矿点范围

见含钨矿化带 1 条，位于北部苦梨树一带岩体与围岩内接触带附近，走向长约 2200m，出露宽 2～30m，矿化带总体走向 NE，向北转为 NNE，倾向 SE，倾角 45°～88°。主要由烟灰色石英细脉，烟灰色、灰黑色石英电气石细脉、极少量乳白色石英脉及细粒—中细粒黑云母二长花岗岩组成。细脉宽一般 0.2～2cm，密度一般 1～7 条/m。矿化主要集中在细脉内及脉两侧 1～2cm 之间的蚀变花岗岩中，主要为白钨矿化，特别是细脉发育密集处，脉两侧花岗岩硅化、云英岩化更强，伴随的钨矿化也更强。该矿脉初步圈定矿体两条：Ⅰ-① 矿体长 400m，矿体厚 2.58m，品位 0.176%。Ⅰ-② 矿体长 1300m，矿体厚 7.46m，品位 0.214%。

矿石类型主要为石英-白钨矿石、石英-电气石-白钨矿石。矿石矿物主要为白钨矿，脉石矿物主要为石英及长石。矿石中常见结构为自形、半自形晶粒结构，主要构造为块状、细脉状、侵染状构造。矿床成因类型为与岩浆岩有关的高温热液裂隙充填型矿床。工业类型为石英脉型钨矿床。

3. 红岩钨矿：位于邵阳市绥宁县北部，处于崇阳坪岩体南东部之内外接触带上。崇阳坪花岗岩体主要分布于矿点北西部，在矿点南西呈岩枝侵入奥陶系地层中。矿区地层分布于南东部，为奥陶系白水溪组（O_1bs）、第四系（Q）。

区内有 1∶5 万水系沉积物 AS16 综合异常，AS16 属乙$_1$类异常，主要由 W、Sn、Bi 等组成，其次为

Ag、Cu、Be、Pb、Zn。异常规模排列为 W（72.37×10^{-6}）—Bi（6.85×10^{-6}）—Be（3.59×10^{-6}）—Sn（1.57×10^{-6}）。异常的规模很大，强度高。在矿点上方均出现了成矿元素和伴生元素的异常，并有强度较高的 W、Sn、Bi、Be 累加衬值异常和 Pb、Zn、Cu 累加衬值异常。

新发现含钨矿化带 2 条，编号 Ⅱ、Ⅲ。

Ⅱ矿化带：赋存于岩体与围岩内接触带附近，长约 3500m，出露宽度 20～60m，走向 NE，局部倾角近直立，主要由烟灰色石英细脉、烟灰色、灰黑色石英电气石细脉、灰黑色电气石细脉、极少量乳白色石英脉及中细粒斑状黑云母二长花岗岩组成，细脉宽一般 0.2～3.0cm，密度一般为 1～10 条/m；局部达 5～13 条/m，细脉多呈波状，具尖灭侧现、尖灭再现、分枝复合等特征。矿化主要集中在细脉内及脉两侧 1～2cm 之间的花岗岩中，主要为白钨矿化，少量工程见到锡石矿化。Ⅱ矿化带圈定矿体 3 个：Ⅱ-①矿体长 400m，矿体厚 2.66m，品位 0.402%；Ⅱ-②矿体长 1600m，矿体厚 15.22m，品位 0.175%；Ⅱ-③矿体长 1600m，矿体厚 3.41m，品位 0.288%。

Ⅲ矿化带：与Ⅱ矿化带基本平行产出，长约 1800m，出露宽 20～100m，走向 NE，局部近直立。主要由烟灰色石英细脉、灰黑色石英电气石细脉、灰黑色电气石细脉及中细粒斑状黑云母二长花岗岩组成。细脉宽一般 0.2～2cm，密度一般为 1～6 条/m；局部达 3～9 条/m。细脉壁不平直，呈波状弯曲、破碎、尖灭再现等特征，细脉两侧花岗岩具硅化、电气石化等蚀变现象。矿化主要集中在烟灰色石英细脉、灰黑色石英电气石细脉、灰黑色电气石细脉内及脉两侧 1～2cm 的花岗岩中，为白钨矿化。Ⅲ矿化带圈定矿体 2 个：Ⅲ-①矿体长 400m，矿体厚 10.25m，品位 0.299%；Ⅲ-②矿体长 400m，矿体厚 15.91m，品位 0.182%。

矿石类型主要为石英-白钨矿石、石英-电气石-白钨矿石。矿石矿物主要为白钨矿，脉石矿物主要为石英及长石。矿石中常见结构为自形、半自形晶粒结构，主要构造为块状、细脉状、浸染状构造。矿床成因类型为与岩浆岩有关的高温热液裂隙充填型矿床。工业类型为石英脉型钨矿床。

红岩钨矿床与苦梨树钨矿床作为整体申请为湖南省探矿权采矿权价款勘查项目，通过后期的勘查工作，初步估算 333+334 资源量 WO_3 3×10^4 余吨，达中型规模。

4. 牛角界钨矿：位于绥宁县北西部。区内大面积出露瓦屋塘花岗岩，沉积岩仅在 NW 向及 SW 向出露，自老而新依次出露地层有寒武系底下统牛蹄塘组、奥陶系下统白水溪组、奥陶系中上统烟溪组（图4）。

W、Sn 等元素异常发育，异常强度大于 14×10^{-6} 的钨水系沉积物异常 1 个，位于岩体内外接触带附近，对钨找矿具有良好的指示意义。锡石异常 1 个，为Ⅱ级异常，异常面积 16.5km^2，一般含锡石 10～20 颗。

新发现钨矿脉 3 条，矿脉均产于晚三叠世侵入的细粒黑云母二长花岗岩中，受 SN 向断裂控制。矿脉长 2000～2180m，倾向 99°～146°。圈定矿体长 1320～1660m，厚度 4.20～14.30m，WO_3 品位 0.081%～0.276%。

矿石类型主要为石英-白钨矿石，矿石矿物主要为白钨矿，脉石矿物主要为石英及长石，矿石结构为自形、半自形晶粒结构。主要构造为块状、细脉状、侵染状构造。矿床成因类型为与岩浆岩有关的高温热液裂隙充填型矿床。工业类型为热液蚀变带型、石英脉型钨矿床。

牛角界钨矿床于 2012 年申请为湖南省探矿权采矿权价款勘查项目，通过后期的勘查工作，初步估算 333+334 资源量 WO_3 1×10^4 余吨，达中型规模。

（五）成矿规律总结

通过区内矿产特征与地层、岩浆岩、构造关系的调查研究，总结了成矿规律。钨、锡等金属矿产的形成主要与三叠纪花岗岩有关。各种矿床、矿点以及矿化异常主要分布于该时代花岗岩体接触带及其附近的断层破碎带中。矿种有钨、锡、铋、铜、铅等，以钨锡为主，构成与花岗岩有关的钨、锡多金属成矿系列。

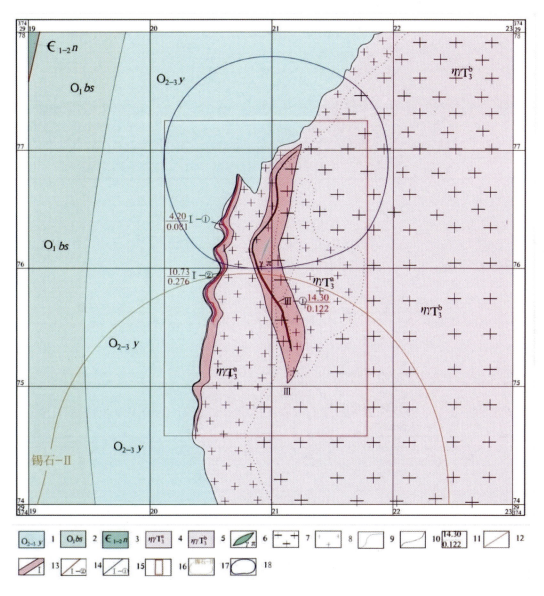

图 4 牛角界钨矿区地质略图

1. 烟溪组;2. 白水溪组;3. 牛蹄塘组;4. 晚三叠世二长花岗岩(第一期次);5. 晚三叠世二长花岗岩(第二期次);
6. 辉绿岩脉;7. 中粒花岗岩;8. 细粒花岗岩;9. 地质界线;10. 相带界线;11. 单工程矿体厚度(m)/品位(%);
12. 性质不明断层;13. 矿脉及编号;14. 工业矿体及编号;15. 边界矿体及编号;16. 矿点范围;17. 重砂异常及强度;18. 钨地球化学异常

通过综合研究和分析,结合本区地质、地球物理和地球化学背景、成矿系列、矿床(点)组合和控矿条件及矿床(点)时、空分布规律,总结划分了5个找矿远景区(沙溪-栗山坡钨、铋、钼、铅矿,上茶山-苦梨树-红岩钨、锡、钼、铋矿,宝鼎-牛角界-白石庙钨、锡、钼、铋矿,青山洞-大坪-向家田金、砷、锑矿,洗马-渣坪-炉坪铜、铅、锌、钼矿找矿远景区),圈定A类找矿靶区9个(表3),明确了开展普查找矿的地域和方向。

表 3 找矿靶区特征简表

靶区名称及编号	靶区面积（km²）	容矿地层	构造特征	化探特征	遥感特征	靶区评价	已有矿床及规模
青山洞-铲子坪金矿找矿靶区（A1）	45	青白口系—南华系长安组	NE、NW、NWW 向断层发育	1:5 万水系化探有 AS1、AS2 两个综合异常，主要异常元素有 Au、As、Sb，Au、As、Sb 具内、中、外分带，异常吻合度较好	线性构造发育	成矿地质条件较好，物化探异常发育，异常浓度中心与已知矿点吻合。原有矿山附近又有新矿脉发现，本区有望成为特大型金矿基地	青山洞中大型金矿、铲子坪中大型金矿等
向家田金矿找矿靶区（A2）	18	青白口系—南华系长安组	NE、NW 向断层发育	有水系化探 AS9 综合异常，Au 异常 NAP 值为 218.68。异常浓集中心与已知矿床重合	线性构造发育	靶区不仅化探异常面积大、强度高，而且所处成矿地质条件优越。向家田金矿现已发现 4 条矿脉，具中大型金矿远景	中山中小型金矿、向家田金矿点等
栗山坡外围钨矿找矿靶区（A3）	9	晚三叠世侵入二长花岗岩体	二长花岗岩体及内、外接触带上，NE 向断裂切割岩体	水系沉积物综合异常 AS4，异常元素组合主要为 W、Bi、Be，次为 Cu、Pb、As、Mo，主要元素 W、Bi 异常吻合度较好	岩体环状构造、线性构造发育	靶区成矿地质条件较好，水系沉积物异常浓度中心与已知矿点相吻合，有望找到一个小—中型钨矿床	栗山坡中小型钨矿
沙溪钨矿找矿靶区（A4）	5	晚三叠世侵入二长花岗岩体	二长花岗岩体及内、外接触带上，NE 向断裂发育	水系化探综合异常有 AS3（乙₁类）异常。异常元素组合主要为 W、Bi、Be，次为 Sn、Mo，异常元素吻合度较好	岩体环状构造、线性构造发育	地质成矿条件好，NE 与 NNE 向断裂发育，矿化活动强烈；地球化学异常分布范围大，具大型—特大型钨矿床远景	沙溪大型钨矿
上茶山钨矿找矿靶区（A5）	11	晚三叠世侵入二长花岗岩体	二长花岗岩体过渡相及边缘相上，NE—NNE 向断裂发育	靶区有 AS13 水系沉积物综合异常。异常元素组合为 W、Sn、Bi、Be，W、Sn、Bi 异常吻合性好，W、Sn 异常浓度中心明显，并且与上茶山钨矿矿床重合	岩体环状构造、线性构造发育	成矿地质条件好，NE 与 NNE 向断裂发育，矿化活动强烈，地球化学异常分布范围大，钨锡铜矿找矿潜力较大，有望发展成为区内大型—特大型钨锡矿床基地	上茶山大型钨矿

续表 3

靶区名称及编号	靶区面积 (km²)	容矿地层	构造特征	化探特征	遥感特征	靶区评价	已有矿床及规模
苦梨树钨矿找矿靶区(A6)	7	晚三叠世侵入二长花岗岩体	二长花岗岩体过渡相及边缘相上，NE—NNE向断裂发育	靶区有AS13水系沉积物综合异常。异常元素组合为W、Sn、Bi、Be，W、Sn、Bi异常吻合性好，W、Sn异常浓度中心明显，并且与苦梨树新发现矿脉重合	岩体环状构造、线性构造发育	成矿地质条件好，NE与NNE向断裂发育，矿化活动强烈，地球化学异常分布范围大，钨矿找矿潜力较大	苦梨树中小型钨矿
红岩W矿找矿靶区(A7)	5	晚三叠世侵入二长花岗岩体	二长花岗岩体过渡相及边缘相上，NE—NNE向断裂发育	靶区内有AS16水系沉积物综合异常，异常主要元素为W、Sn、Bi，其次为Ag、Cu、Be、Pb、Zn等，W、Sn异常浓度中心明显，异常浓集中心与新发现矿脉吻合	岩体环状构造、线性构造发育	靶成矿条件较好，化探异常的规模及面积大、强度高，在红岩钨矿的外围及深部，具有大型钨矿床的找矿前景	红岩中大型钨矿
牛角界W矿找矿靶区(A8)	5	晚三叠世侵入二长花岗岩体	二长花岗岩体过渡相及边缘相上，罗翁-陇城大断裂东侧	靶区内有1:20万水系沉积物钨异常2处，异常强度为Ⅱ级，面积4～6km²，同时区内还有Ⅲ级锡重砂异常，钨、锡异常中心与新发现矿脉基本吻合	岩体环状构造、线性构造发育	成矿条件较好，化探异常及重砂异常发育，在牛角界钨矿的外围及深部，具有中—大型钨矿产地的找矿前景	牛角界中型钨矿
泡洞铅锌银矿找矿靶区(A9)	9	三叠世黑云母二长花岗岩体东侧外接触带NE—NNE向大毛岭-黄羊坪断裂上	泥盆系棋梓桥组(D_2q)	有1:20万水系沉积物测量Pb、Zn异常，两元素异常中心叠加较好，皆为二级异常。1:20万水化学异常1处	线性构造发育	成矿地质条件好，化探异常发育并与新发现矿脉吻合，矿脉连续性较好，本区具中小型银铅锌矿找矿前景	泡洞小型银铅锌矿

四、成果意义

1. 沙溪钨矿、红岩钨矿与苦梨树钨矿申请为湖南省探矿权采矿权价款勘查项目，通过勘查工作，找矿效果良好，达中—大型矿床规模，充分发挥了公益性地质矿产调查先行作用。

2. 分析了成矿地质条件，总结了成矿规律，划分了找矿远景区，圈定了找矿靶区，对下一步找矿工作具有指导意义。

第三十二章 广东福田地区矿产远景调查

邓卓辉　彭兆金　李晨　吴伟源　黄小荣　龚杰龙　吴善益
何雄斌　李晓儒　代昌银　彭书良　向文辉　王平　周明文

（广东省地质调查院）

一、摘要

重新厘定了地层层序，建立岩石地层填图单位25个。划分了5个侵入期和35个岩体，建立了岩浆岩填图单位；提交新发现矿产地2处（挂榜岭钨钼矿、烟介岭金矿）；通过综合分析，划分了找矿远景区、圈定了找矿靶区；开展了主要矿种资源潜力预测，为调查区内找矿打开了新局面。

二、项目概况

"广东福田地区矿产远景调查"是"南岭成矿带地质矿产调查"计划项目的下属工作项目，承担单位为广东省地质调查院，参加单位为广东省地质局第五地质大队。调查区共4个1:5万国际标准图幅：连山县幅、寨岗幅、大崀圩幅、阳山县幅，面积1880 km²。工作起止时间：2011—2013年。主要任务是以金银铜铅锌为主攻矿种，兼顾综合找矿，以矽卡岩型多金属矿为主攻类型。开展1:5万矿产地质测量、1:5万水系沉积物测量、1:5万高精度磁法测量、遥感解译工作，大致查明该地区铜多金属矿控矿地质条件，圈定物化探异常和找矿远景区，并在此基础上，开展矿产检查，提出可供进一步工作的找矿靶区。收集各类工作成果，对区内金银铜铅锌资源潜力作出总体评价。

三、主要成果与进展

（一）建立了岩石地层和岩浆岩填图单位

通过剖面测量和野外地质调查，重新厘定了区内地层层序，基本上查明了工作区内地层的分布，建立了区内岩石地层填图单位25个；基本上查明了工作区岩浆岩的分布和侵入体岩石的物质组成、结构、构造、稀土元素和同位素地球化学特征，初步对岩浆岩体进行了解体，建立了岩浆岩填图单位，划分了5个侵入期（表1）和35个岩体，为建立岩浆岩的演化序列及其与成矿的关系奠定了基础。

（二）圈定化探异常

1:5万水系沉积物测量共圈定单元素异常358个，根据元素的共生组合特点，将13种元素分成3组，据元素组异常归并成49个综合异常，其中，甲$_2$类6个，甲$_3$类16个，乙$_2$类1个，乙$_3$类13个，丙类13个，开展查证的综合异常10个。

表 1 福田地区侵入岩简表

侵入时代			岩石类型	岩性描述
期次、阶段		代号		
燕山期	晚期 第五期	$\gamma\pi_5^{3(2)}$	花岗斑岩、石英斑岩	斑状结构,块状构造,矿物成分为钾长石、斜长石、石英、黑云母和角闪石组成
	晚期 第四期	$\gamma_5^{3(1)a}$	细粒黑云母花岗岩	细粒花岗结构,文象结构,块状构造,矿物成分为钾长石、斜长石、石英、黑云母组成
	晚期 第四期	$\gamma_5^{3(1)}$	细粒黑云母花岗岩、中粒黑云母花岗岩、中粒角闪石黑云母花岗岩	细粒、中粒花岗结构,块状构造,矿物成分为钾长石、斜长石、石英、黑云母及角闪石组成
	早期 第三期	$\gamma_5^{2(3)}$	细粒黑云母花岗岩、中粒斑状黑云母花岗岩、中粗粒斑状角闪石黑云母花岗岩	细粒、中粒、中粗粒似斑状结构,块状构造,矿物成分为钾长石、斜长石、石英、黑云母和少量角闪石组成
加里东期		γ_3^2	细中粒黑云母花岗闪长岩、细、中细粒斑状角闪黑云二长花岗岩	他形粒状结构,部分具似斑状结构。矿物组成为钾长石、斜长石、石英、黑云母、石榴石

(三)圈定局部磁异常及隐伏岩体

1:5万高精度磁法测量采集并测定岩石标本921块,矿石标本13块,共圈定35个局部磁异常,其中甲$_2$类异常5个,乙$_1$类异常9个,乙$_2$类异常6个,乙$_3$类异常14个,丙类异常1个;推断解译了NE、NW、近SN走向和近EW向4组断裂共19条;圈定老鸦山-大麦山、新圩-金鸡坪、阳山县城-根竹园3个隐伏岩体(表2),并对以上构造的成矿特征进行了分析研究。

表 2 隐伏岩体特征表

隐伏岩体名称	位置	区内出露地层	特征
老鸦山-大麦山	位于测区西北部老鸦山—大麦山一带,面积约145km²	区内出露寒武系高滩组和牛角河组地层	根据航磁资料,在其NW有明显的正磁异常,为中酸性岩体引起,而老鸦山-大麦山正磁场区处于航磁正异常向西南凸出部位,位于正磁场区上的航磁异常粤C5-1974-268(金鸡塝异常)的解释推断为隐伏中酸性岩体引起,所以认为老鸦山-大麦山正磁场区(Ⅰ区)反映的是隐伏中酸性岩体
新圩-金鸡坪	位于测区东南部,挂榜岭一带,面积约340km²	区内出露石炭系石磴子组灰岩和测水组砂岩	航磁特征以正异常为主,北侧及北西侧为弱负异常,异常最高值230nT,最低值-150nT。有4个明显的高值异常中心。新圩-金鸡坪正磁场区往南延伸为NE走向的正磁场,并与连阳岩体引起的规模巨大的正磁场相接,所以推断新圩-金鸡坪正磁场区(Ⅳ区)为隐伏岩体引起,为连阳岩体往NE延伸部分,该隐伏岩体顶部离地面1400m,沿剖面上长约9.2km
阳山县城-根竹园	位于测区东北部阳山县城至根竹园一带,面积约107km²	区内出露第四系和石炭系、泥盆系	根据航磁资料,阳山县城-根竹园正磁场区往东为明显的规模巨大的正磁场,是与连阳岩体引起的磁场相接,由此认为阳山县城-根竹园正磁场区(Ⅴ区)是由隐伏岩体引起,为连阳岩体往NW凸出部分

(四)提交矿产地

通过矿产检查,提交挂榜岭、烟介岭2处新发现矿产地。

其中,阳山县挂榜岭钨钼矿被列为2014—2016年广东省地质勘查基金项目。介绍如下:

1. 烟介岭金矿

(1)矿区地质特征。矿区位于连南县城南南东直距14.5km,隶属广东连南县大坪镇、涡水镇管辖。

出露地层为南华系,它是区域性金矿专属地层(图1)。矿区地层从新至老为:南华系活道组,岩性组合为细粒夹不等粒变质长石石英砂岩、薄层泥岩、粉砂岩、泥质粉砂岩、复成分砾岩、泥质砾岩等,变余细砂状、粉砂状、砾状等结构,块状构造。岩层走向NE,倾向NW,部分岩石发生褐铁矿化、黄铁矿化、硅化。活道组地层发生了区域变质、接触变质,岩石硅化较为普遍,金丰度值在各地层单元中含量最高,并受构造挤压作用,靠近岩体附近的断裂破碎带为矿区内寻找金矿的有利地段。南华系大绀山组分布于矿区内南东角,出露面积0.024km²,约占矿区面积的0.5%。岩性组合为变质石英砂岩、变质长石石英砂岩、变质粉砂岩、泥质粉砂岩与碳质、硅质板岩等组成,显微鳞片变晶、变余细砂状、粉砂状等结构,块状构造,岩层走向NE。部分岩石发生硅化。顶界以碳质、硅质板岩为标志整合于活道组之下。

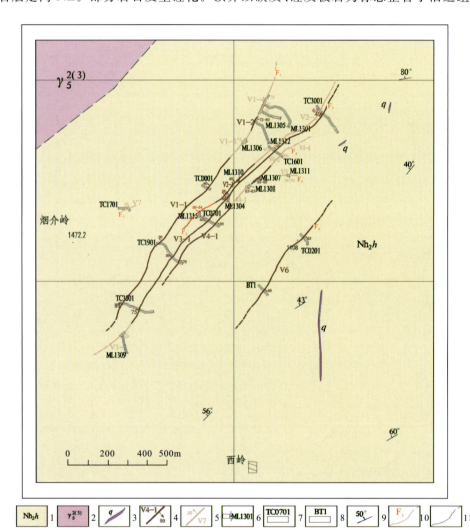

图1 连南县烟介岭金矿区地质略图

1.南华系活道组;2.燕山三期岩体;3.石英脉;4.矿体及编号;5.矿化体及编号;6.民窿编号;
7.探槽及编号;8.剥土及编号;9.地层产状;10.实测、推测逆断层及编号;11.推测地质界线

区内岩浆活动较强烈,岩浆岩主要为燕山三期侵入岩体($\gamma_5^{2(3)}$),其次为酸性脉岩。燕山三期侵入岩即晚侏罗世中细粒(斑状)黑云母花岗岩出露矿区北西部,属禾洞岩体。

矿区处于三水口背斜的北东端,涡水向斜的北西端,位于寒塘逆断层与涡水逆断层交汇部位的西部,永和断层东侧。构造线以 NEE、NNE 和近 SN 向 3 组断裂为主,其中最为醒目的应属 NEE 向断裂和 NNE 向断裂,成为本区的主要构造骨架,而褶皱构造为三水口背斜和涡水向斜。

(2)矿床地质特征。共发现 7 个矿体,8 个矿化体,规模较大的金矿体有以下 4 个。

V2-1 号矿体:产于 F_2 含金破碎带内靠上盘接触面上,矿石为褐(黄)铁矿化(强)硅化碎裂岩和碎裂石英脉等。矿体产状 304°~313°∠40°~56°,长度 275m,真厚度 0.56~1.10m,平均 0.83m。Au 品位 $(4.70~8.10) \times 10^{-6}$,平均 6.01×10^{-6}。

V3-1 号矿体:产于 F_3 含金破碎带,矿体产状与 F_3 断层产状一致,走向 NE,倾向 NW,倾角 40°~75°,长度 1300m,真厚度 0.69~2.45m,平均 1.09m。Au 品位 $(1.36~3.34) \times 10^{-6}$,平均 2.34×10^{-6}。

V4-1 号矿体:产于 F_4 含金破碎带中。矿石为褐(黄)铁矿化(强)硅化碎裂岩、碎裂石英脉等。矿体倾向 100°~130°,倾角 70°~80°,长度 480m,真厚度 0.74~1.24m,平均为 0.99m。Au 品位 $(1.86~4.96) \times 10^{-6}$,平均 3.52×10^{-6}。

V6 号矿体:产于 F_6 含金破碎带内靠上盘接触面上。矿体产状与 F_6 断层产状一致,倾向 130°~140°,倾角 60°~65°,长度 347m,真厚度 0.77~0.80m,平均 0.79m。Au 品位 $(11.8~12.4) \times 10^{-6}$,平均 12.08×10^{-6}。

(3)矿石特征。矿石为弱黄铁矿化硅化碎裂岩。矿体呈透镜状或脉状,赋存于南华系活道组变质砂岩中,严格受断裂裂隙控制。主要蚀变有硅化、黄铁矿化、绢云母化。黄铁矿呈星点状、团块状分布于裂隙面中,后期硅质呈网脉状穿插破碎带中。

主要矿石矿物为黄铁矿、褐铁矿、自然金微量及微量至少量的方铅矿、闪锌矿、磁黄铁矿、磁铁矿等;脉石矿物主要为石英 50%~90%,绢云母 2%~30%,泥质 3%~5%,硫化物 1%~8%,碳质少量。

矿石的结构主要有变余碎裂花岗变晶结构、变余碎裂不等粒变晶结构;矿石构造为浸染状、块状。矿石类型主要为含金蚀变石英脉金矿石,含少量硫化物的绢云母硅化碎裂岩金矿石等。

矿石中单样金最高达 12.4×10^{-6},最低 1.03×10^{-6},矿床平均品位 4.97×10^{-6}。根据化学分析及岩矿鉴定结果,矿石中主要有益组分金以自然金的形式存在。

矿床成因类型为与岩浆岩有关的低温热液裂隙充填型矿床。工业类型为构造破碎带型、石英脉型金矿床。

(4)资源量估算。对重点检查区内具有规模的 4 个主要金矿体(V2-1、V3-1、V4-1、V6)进行资源储量估算,共获得 334_1 资源量:矿石量 592 473t,金金属量 2943.7kg。

(5)找矿远景评价。本区具有找到一个中型规模以上的金矿找矿远景潜力。烟介岭金矿中,已新发现了产于活道组(Nh_2h)顺层产出 V2-1、V3-1、V4-1、V6 等 7 个矿体及 V1-1、V1-2 等 8 个矿化体,矿体受 NE 向断裂控制,矿体产出层位稳定、矿化连续性好,深部存在隐伏燕山三期岩体。推测矿体延深较大,具有较好的找矿前景。

2. 挂榜岭钨钼矿

矿区位于清远市阳山县阳城镇南南东直距 13km,行政区划隶属阳山县杜步镇管辖。

(1)矿区地质特征。区内出露地层为石炭系和第四系,含钨钼多金属矽卡岩带赋存于石炭系测水组(图2),矿区地层由新至老可分为 3 个组。

第四系:为洪冲积层的砾石、砂土等堆积物组成。

测水组:下部为砂岩、灰岩、泥岩、碳质泥岩夹 2~3 层煤;上部为含砾砂岩、砂岩、泥岩夹钙质或碳质泥岩及灰岩,局部含煤 3~4 层。岩层走向 NW,倾向 NE。钨钼矿赋存在测水组中下部厚层灰岩的层间矽卡岩中。

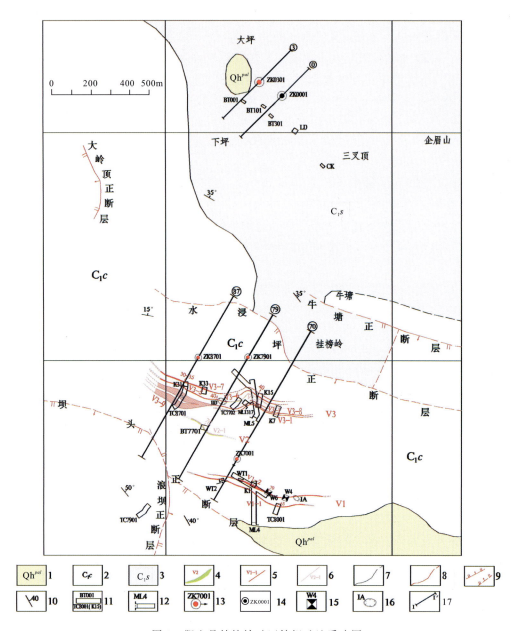

图 2 阳山县挂榜岭矿区钨钼矿地质略图

1. 第四系；2. 测水组；3. 石磴子组；4. 矽卡岩及编号；5. 矿体及编号；6. 矿化体及编号；7. 实测、推测地质界线；8. 实测、推测性质不明断层；9. 正断层/逆断层；10. 产状；11. 完工剥土、探槽位置及编号；12. 民窿及编号；13. 完工见矿钻孔位置及编号（箭头示钻孔倾向）；14. 完工未见矿钻孔位置及编号；15. 浅井位置及编号；16. 露头采场位置及编号；17. 勘探线位置及编号

石磴子组：为一套生物屑灰岩建造，岩性为生物屑粉晶泥晶灰岩夹白云质灰岩、白云岩、燧石灰岩、薄层泥质灰岩，富含硅质团块。岩层走向 NW，倾向 NE。

区内岩浆岩不甚发育，地表未见岩浆岩出露，仅在 ML5 中见有宽 5～100cm 的绿帘石化中细粒花岗岩脉出露；另外矿区西部直距约 7.5km 处出露燕山三期大坪岩体，且 1∶5 万高磁成果推断区内有隐伏燕山三期花岗岩。钨钼多金属矿与燕山三期大坪岩体关系密切。

本区处于区域NW向与NE向构造交接复合部位,发育了褶皱及一系列的NE、NW、近SN向的压扭性断裂。

岩石蚀变较普遍,蚀变种类比较多。见有萤石化、蛇纹石化、褐铁矿化、绿泥石化、硅化、方解石化、透闪石化、阳起石化、大理岩化等蚀变现象。其中萤石化、硅化与铅锌矿化关系较密切;蛇纹石化、碳酸盐化与钼矿化关系较密切。

(2)矿床地质特征。区内钨钼铅锌矿体13个,主要矿体4个,受NWW向矽卡岩带控制,成组成带分布。V1-1、V1-2、V4-1、V3-1至V3-8矿体产于早石炭世测水组(C_1c)中下部的NWW向层间矽卡岩中;V5-1、V5-2矿体产于早石炭世石磴子组(C_1s)的NW向矽卡岩中。主要矿体特征如下:

V1-1号钨钼铋锌矿体产于V1号矽卡岩带中部,长502m,矿石为含钼铋绿帘石-石榴石矽卡岩。矿体形态较简单,沿走向变化较稳定,沿倾向延伸变化较大,表现为浅部矿体倾角较陡,往深部倾角变缓。矿体总体倾角为43°。矿体厚度1.23~1.92m,平均1.85m,厚度稳定。矿石品位:WO_3 0.060%~0.811%,平均0.387%;Mo 0.004%~0.947%,平均0.377%;Bi 0.011%~0.239%,平均0.090%;Zn 0.037%~4.55%,平均1.465%。

V1-2号钨钼锌矿体产于V1号矽卡岩带上部,长469m,矿体形态简单,沿走向延伸较稳定,沿倾向延伸有一定变化,表现为浅部矿体倾角较陡,往深部倾角变缓。矿体厚0.99~6.24m,平均2.90m。矿石品位:WO_3 0.092%~0.349%,平均0.236%;Mo 0.021%~0.26%,平均0.021%;Zn 0.087%~1.649%,平均0.740%。

V3-1号钨钼锌矿体产于V3号矽卡岩带底部,走向长690m,矿带形态简单,矿体倾向NE,沿倾向延伸稳定,厚度在走向上由东往西逐渐变厚。矿体厚1.03~11.22m,平均4.93m。矿石品位:Zn 0.036%~1.211%,平均0.454%;WO_3 0.005%~0.165%,平均0.052%;Mo 0.009%~0.142%,平均0.032%。该矿带在东端及西端的地表部位仅为矿化,矿带中部地表及深部均为矿体。

V3-8号钨钼铋锌矿体产于V3号矽卡岩带下部,与V3-1大致平行展布,相距约6.0m。走向长700m。矿体形态中等,沿走向、倾向延伸稳定。矿体厚1.02~58.08m,平均9.99m,厚度不稳定(图3)。矿石品位:WO_3 0.005%~0.504%,平均0.229%;Mo 0.075%~0.32%,平均0.086%;Bi 0.003%~0.169%,平均0.064%;Pb 0.027%~0.45%,平均0.261%,铅矿化均匀;Zn 0.004%~1.43%,平均0.033%。

(3)矿石特征。主要金属矿物为方铅矿、闪锌矿、辉钼矿、辉铋矿、自然铋、白钨矿、深红银矿、黄铜矿、斑铜矿、黄铁矿等;脉石矿物主要为石英、石榴石、矽灰石、绿泥石、透辉石、钙铁辉石、符山石、透闪石、阳起石、方解石、萤石、蛇纹石等。

矿石结构主要有交代残余结构、自形晶粒结构、鳞片状结构、压碎结构、乳滴状结构;矿石构造为浸染状、块状、细脉状。矿石类型主要为层纹状、条带状或致密块状矽卡岩型钨钼矿石等。

矿床成因类型为与岩浆岩有关的高温热液裂隙充填型矿床。工业类型为矽卡岩型钨钼矿床。

(4)资源量估算。矿区共、伴生有用组份为铋、铅、锌、银。对区内3个规模较大矿体(V1-1、V1-2、V3-8)进行资源储量估算,其中钨资源量达中型以上规模,钼资源量达到小型以上规模。该矿区已被列为2014—2016年广东省地质勘查基金项目。

(5)找矿远景评价。区内成矿地质条件较好,矿脉分布于下石炭统测水组中下部厚层灰岩的层间裂隙中,受NWW向矽卡岩控制;目前发现含矿矽卡岩4条,圈定矿体13个,矿体规模较大,具有较好的找矿前景。通过进一步工作,区内矿体的规模(延伸和延深)还可进一步扩大,也还有在区内及外围发现新矿脉的可能。因此,有望突破找到一个大型钨钼矿床。

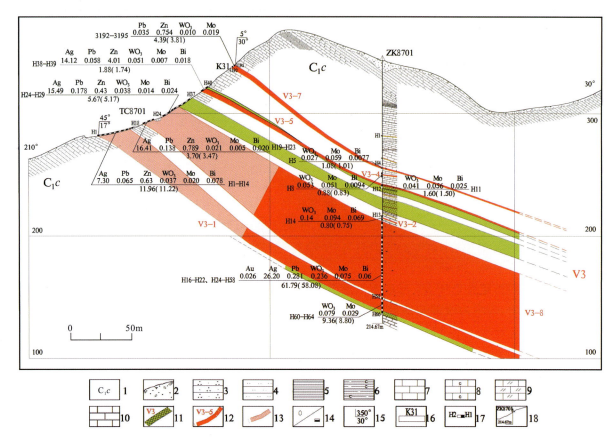

图 3 挂榜岭矿区钨钼矿 87 线地质剖面图

1. 测水组；2. 浮土；3. 细粒石英砂岩；4. 粉砂岩；5. 页岩；6. 碳质粉砂质页岩；7. 灰岩；8. 碳质灰岩；9. 白云质灰岩；10. 大理岩；11. 矽卡岩及编号；12. 实测/推测矿体；13. 矿化体；14. 白钨矿化/辉钼矿化；15. 产状；16. 探槽位置及编号；17. 刻槽采样位置及编号；18. 完工钻孔编号及孔深

（五）找矿远景区划分与找矿靶区圈定

通过综合分析，划分了岭洞-烟介岭-磨刀坑 Au、Ag（A 类）、大山口-挂榜岭 W、Mo、Bi、Cu、Pb、Zn、Ag（A 类）、大麦山-竹子径 Sn、Ag、Cu、Pb、Zn（B 类）3 个找矿远景区（表 3、图 4），圈定出大山口银多金属、大坪铜、大竹园锡多金属矿等 A 类找矿靶区 3 处（表 4、图 4），明确了今后开展普查找矿的地域和方向。

表 3　找矿远景区特征简表

远景区名称	预测矿种	远景区特征
岭洞-烟介岭-磨刀坑	金、银	远景区以赋存金银为特色的预测远景区。它位于测区北西部岭洞—烟介岭—磨刀坑一带，呈带状沿三水口背斜与涡水向斜组成的复式褶皱及寒塘断裂 NW 侧展布，面积大于 147.58km²。地层主要出露有南华系大绀山组、活道组，震旦系坝里组，寒武系牛角河组、高滩组等。出露侵入岩有晚奥陶世细中粒—中粒角闪石黑云母花岗闪长岩，晚侏罗世细中粒斑状黑云母花岗岩。褶皱、断裂构造发育，褶皱主要为 NE 向三水口背斜与涡水向斜；断裂构造以 NE 向寒塘断裂为主。次一级 NE、NW、近 EW 向和近 SN 向断裂也较发育。围岩蚀变多具角岩化、硅化、黄铁矿化、褐铁矿化。区内有 1:5 万水系沉积物测量 AS1、AS4、AS5、AS6、AS15 异常，各综合异常具有金矿化矿致异常的元素组合特征：成矿元素主要为 Au、Ag、Hg、As、Sb 元素，次要元素有 Pb、Zn、Cu 等。区内已知有连南磨刀坑中型银铜铅锌矿床及本次工作新发现的烟介岭金矿、岭洞金矿，目标矿种金、银
大山口-挂榜岭	钨、钼、铋、铜、铅、锌、银	远景区以赋存钨、钼、铋、铅、锌、银为特色的预测远景区。位于测区南东部倒流洞—大山口—挂榜岭—根竹园一带，呈不规则带状展布，分布面积大于 159.78km²。出露地层主要有石炭系、二叠系、三叠系和第四系。石炭系黄龙组、二叠系龙潭组、三叠系大冶组为赋存矽卡岩型铜多金属矿的层位；石炭系测水组中下部为赋存矽卡岩型钨钼多金属矿的层位；石磴子组为赋存矽卡岩型铜铅锌矿的层位。侵入岩主要出露燕山三期大坪岩体、燕山四期清龙潭岩体。根据 1:5 万地面高精度磁测及岩体的产状及与围岩接触关系推断远景区新圩-金鸡坪深部有燕山三期隐伏中粒斑状黑云母花岗岩岩基，且与钨、钼、铋、铅、锌、铜、金、银矿有密切的成因关系。褶皱、断裂构造发育，褶皱主要为 NW 向白石潭-太平墩倒转向斜以及分布于远景区西面青龙头至横坑一带轴向 NW、NNE、NNW 向的向斜、背斜；远景区东面以近 SN 向的彭屋-白修公断裂为主，中部、西面为 NE 向的以山口围断裂为主的断裂。区内有 1:5 万化探综合异常 AS29、AS34、AS45、AS38、AS39、AS40 和 AS47。其中 AS45 异常开展了化探一级查证，发现 13 个工业钨钼多金属矿体，有望成为一大型钨钼矿床。AS4 异常的大山口浓集中心开展二级查证，发现了 1 处银多金属矿点和 1 处银铅锌矿化点。AS34 异常经过化探三级查证，发现了 3 处铅锌矿化。目标矿种为钨、钼、铋、铜、铅、锌、银等
大麦山-竹子径	锡、银、铜、铅、锌	本区以赋存锡、银、铜、铅、锌为特色的预测远景区。呈"多边形"带状展布，面积大于 203.13km²。出露地层有寒武系、石炭系、二叠系、三叠系等。石炭系石磴子组为区内钼矿、铜铅锌矿的主要赋矿层位，测水组、梓门桥组与黄龙组为区内锡、铜、铅、锌、金、银矿的主要赋矿层位。侵入岩出露于本区的南部边缘，主要为燕山三期大坪岩体，少量燕山四期花岗岩和燕山五期花岗斑岩脉、石英脉。褶皱、断裂构造发育，褶皱主要为坪头岭-大麦山向斜、凤岗山向斜，断裂主要有桐油顶-桃花水区域性 SN 向断层及其派生的次级 NNE、NE 和近 EW 向断层 3 组。区内矿产丰富，有 AS21、AS26、AS27、AS21、AS3、AS17、AS22、AS23、AS24、AS28 和 AS32 等 1:5 万化探异常。其中 AS22 异常开展了三级查证工作，发现了 2 个锡铜矿体；AS21 异常开展了民窿调查、剖面测制及采样工作，发现了 2 个铜铅锌矿体和 1 个银矿体；AS27 异常开展了剖面测制及采样工作，发现了 1 个银铅锌矿体。目标矿种为锡、银、铜、铅、锌等

表4 找矿靶区特征表

找矿靶区名称	地质概况	规模	资料来源、工作程度及简评	备注
大山口银多金属矿	矿体产于燕山期补充期细粒（斑状）黑云母花岗岩矽卡岩残留体中（原岩为石炭系测水组钙质砂岩）。区内圈出含矿矽卡岩5条，矿体5条，矿化体6条。矽卡岩中均赋存有矽卡岩型银多金属矿（化）体。矿体大致呈近SN向展布，呈透镜状、似层状产于花岗岩上的残留体中。矿体一般倾向西，倾角较陡。银多金属矿体以V5-3号矿体最具找矿前景，由单工程控制矿体，厚18.50m，平均品位：Ag 142×10^{-6}，Pb 1.76%，Zn 2.21%，Bi 0.054%。银多金属矿主要产于透辉石矽卡岩带。矿石矿物主要以辉银矿、方铅矿、闪锌矿、黄铜矿为主，白钨矿、锡石、辉铋矿次之，脉石矿物主要为方解石、透辉石、绿泥石、石榴石等。矿石结构为不均匀粒状变晶结构、交代残余结构等。矿床成因类型主要为与岩浆岩有关的低中温热液接触交代型矿床。工业类型为矽卡岩型银多金属矿床	小型	已做重点检查，有进一步工作价值	
大坪铜矿	矿体产于燕山三期斑状角闪石黑云母花岗岩与石炭系黄龙组地层接触带中。区内圈出铜矿体2个，矿化体1个。2个矿体大致呈近NE向展布，呈透镜状、似层状产于花岗岩上与地层的接触带中的矽卡岩内。V1-1铜矿体，由5个见矿工程控制，矿体长度850m，厚度2.0~4.0m，平均3.02m，工程品位：Cu 0.51%~2.41%，平均1.74%，Ag $(21.3\sim56.82)\times10^{-6}$，平均$38.08\times10^{-6}$，TFe 22.90%。V2-1铜矿体由3个工程控制，矿体单工程厚度1.2m，单工程品位Cu 1.17%，Pb 0.22%。V3-1铜矿化体，形态呈透镜状、脉状，产状198°∠70°，仅单工程控制，厚度4.3m，单工程品位Cu 0.19%~0.26%，平均0.225%。矿石矿物主要为黄铜矿、辉铜矿、银矿，方铅矿、闪锌矿、磁铁矿次之。脉石矿物主要为方解石、透闪石、透辉石、石榴石。矿石结构主要为粒状变晶结构、半自形—他形晶粒结构。矿石的构造主要有浸染状、块状构造。矿床成因类型主要为与岩浆岩有关的中温热液接触交代型矿床。工业类型为矽卡岩型铜矿床	矿点	已做概略检查，有进一步工作价值	本次新发现
大竹园锡多金属矿	矿体产于燕山四期细、中粒黑云母花岗岩与石炭系石磴子组灰岩的内接触带中。区内圈出4条含矿矽卡岩带。V1号含锡矽卡岩长约145m，宽2~16.2m。V1-1号矿化体产于V1矽卡岩带顶部，产状一致：250°~330°∠75°~84°，厚度2~4m，品位：Sn 0.024%~0.16%，Bi 0.01%~0.102%。V2含锡铋磁铁矿矽卡岩：由4个工程控制，长800m，宽2~13.5m。产状：320°~330°∠28°~80°，V2-1矿体产于V2矽卡岩带底部，平均厚度4.875m，品位：Sn 0.06%~0.58%，Cu 0.41%，Bi 0.17%，Ag $(13.59\sim75.10)\times10^{-6}$，TFe 34.55%~41.90%。V2-2矿化体产于V2矽卡岩带顶部，平均厚度4.35m，品位：Sn 0.099%~0.061%，Cu 0.30%，Zn 0.146%，Ag 58×10^{-6}，WO_3 0.0329%。V3、V4矽卡岩中均发育规模较小的磁铁矿矿体。矿石矿物主要为锡石、黄铜矿，其次为磁铁矿、方铅矿、闪锌矿。矿石结构为粒状变晶结构，矿石的构造主要有浸染状、块状构造。矿床成因类型主要为与岩浆岩有关的高温热液接触交代型矿床。工业类型为矽卡岩型锡多金属矿床	矿点	已做概略检查，有进一步工作价值	

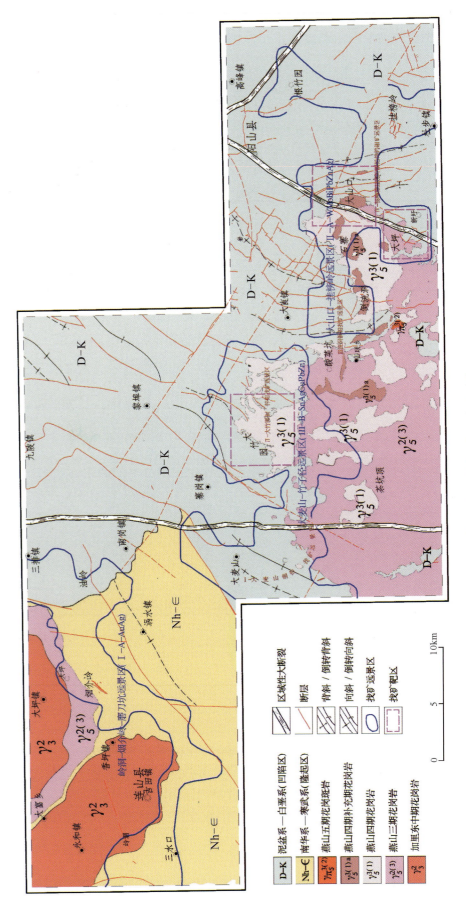

图 4 广东福田地区矿产预测图

四、成果意义

1. 提交了 2 处矿产地,为后续广东省地质勘查基金继续开展工作提供了地质依据,体现了地质矿产调查评价项目的公益特征和示范作用,具有典型意义。

2. 划分了找矿远景区、圈定了找矿靶区,并进行了主要矿种资源潜力预测,为下一步工作部署指出了方向。

第三十三章 湖南上堡地区矿产远景调查

杜云 田磊 郭爱民 付胜云 王敬元 樊晖 章靖 宁进锡 周国祥

(湖南省地质调查院)

一、摘要

基本查明了区内地层、岩浆岩、构造和变质作用等成矿地质条件,了解了区域地球物理、地球化学和遥感等特征。通过1:5水系沉积物测量,圈定48处综合异常。通过矿产检查和异常查证,发现了新的赋锰层位——奥陶纪天马山组一段。新发现常宁市茶潦锰矿、常宁市刘家锑铅锌多金属矿、桂阳县田木冲钨锡多金属矿、常宁市大平锡多金属矿等具有一定找矿潜力的矿(化)点。系统总结了区内矿产特征、分析了矿床成因,阐述了区内成矿控制条件和时空演化规律。在综合分析研究的基础上,建立成矿模式,划分了8个找矿远景区,圈定了10个找矿靶区,开展了矿产预测,为后续找矿工作的开展奠定了基础。

二、项目概况

工作区位于湖南省的南中部,行政区划隶属湖南省郴州市的永兴县、桂阳县,衡阳市的耒阳市、常宁市及永州市的新田县管辖。地理坐标:东经112°15′00″—113°00′00″,北纬26°00′00″—26°20′00″,面积约2750km²。起止工作时间:2011—2013年。主要任务是以锡铅锌为主攻矿种,通过开展矿产地质测量、1:5万水系沉积物测量和遥感地质解译等工作,大致查明区域控矿地质条件,圈定异常和找矿远景区;开展矿产检查,选择成矿有利地段开展大比例尺地质、物化探测量、槽探揭露,圈定可供进一步工作的找矿靶区,为下一步勘查工作提供依据。

三、主要成果与进展

1. 发现新的赋锰地层——奥陶纪天马山组一段,为在区内乃至整个湖南省内寻找沉积型锰矿床打开了新的思路。

通过矿产检查工作,在奥陶纪天马山组一段中上部发现4层氧化锰矿层,其中1层锰矿层赋存于浅变质长石石英砂岩夹板岩岩石组合中,另外3层锰矿层则赋存于条纹状粉砂质板岩、绢云母黏土板岩、板岩夹浅变质长石石英杂砂岩岩石组合中。各矿层相距50~110m,顺层产出,产状严格受地层控制,但局部有膨大缩小和尖灭再现现象,显示出明显的沉积变质特征。

2. 印支期塔山岩体形成时代及构造背景取得新认识。确定塔山岩体是多期次侵入的复式岩体,由5个侵入次组成,新获得第2侵入次岩体锆石SHRIMP U-Pb年龄218±3Ma,第3侵入次岩体年龄215±3Ma,形成于晚二叠世的印支期。主量、微量和稀土元素地球化学特征表明,塔山岩体为地壳部分熔融的S型花岗岩,形成于后碰撞构造环境。

3. 初步建立了塔山地区成矿模式(图1)。

(1)塔山岩体西部接触带及其外围寒武纪、奥陶纪浅变质碎屑岩中分布有大量铜铅锌矿点,从其分布、产出的规律来看,这些铜铅锌矿点的成因类型为中低温热液裂隙充填型,其矿脉走向皆为NNE和

NE向,主要受岩体接触带和断裂的双重控制,与围岩岩性没有太大关系。塔山岩体东部岩体内及其接触带分布有较多锡钨矿点,其类型主要有矽卡岩型、石英脉型、云英岩性、构造蚀变带型及伟晶岩型,其中矽卡岩型位于外接触带泥盆纪不纯的碳酸盐岩地层中,而石英脉型、云英岩性、构造蚀变带型及伟晶岩型则位于岩体内部或内接触带。矿脉走向多为NW、NE向和近SN向,矿化以钨锡矿化为主,同时伴生铷铌钽等稀有金属矿化和毒砂矿化。上述现象表明塔山岩体东西两部分岩性及时代大致相同,但却具有显著不同的成矿专属性,可能与岩浆的分异演化、岩体的剥蚀程度的差异及成矿流体系统的运输机制有关。

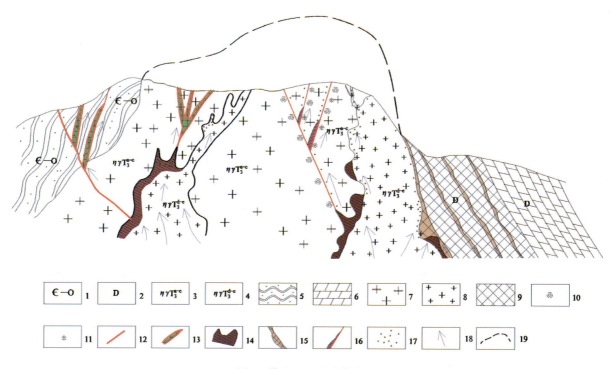

图1 塔山地区成矿模式图

1. 寒武系—奥陶系;2. 泥盆系;3. 第1~3侵入次花岗岩;4. 第4、5侵入次花岗岩;5. 浅变质砂岩;6. 泥灰岩;7. 斑状花岗岩;8.(中)细粒花岗岩;9. 矽卡岩;10. 硅化;11. 云英岩化;12. 断裂;13. 铜铅锌矿脉;14. 蚀变岩体型钨锡多金属矿体;15. 矽卡岩型钨锡矿体;16. 构造蚀变带型钨锡多金属矿体;17. 钨锡多金属矿化;18. 成矿流体运移方向;19. 推测塔山岩体未遭风化剥蚀前的顶部轮廓

(2)塔山岩体为多期次侵入的复式岩体,早期侵入的岩浆形成第1、2、3侵入期次的斑状花岗岩,岩浆演化到晚期,其中富集了较多Cu、Pb、Zn、W、Sn等成矿元素,导致了第4、5侵入次岩体中Cu、Pb、Zn、W、Sn等元素的金属矿物含量较高,随着岩浆演化到末期,在碱性、还原环境下,Sn主要以$Na_2Sn(OH·F)_6$的形式赋存于溶液中,形成了富含K、Na和挥发分(F、Cl等)的含矿气水热液,含矿气水热液沿断裂与接触带构造活动,成矿物质在断裂交汇部位、岩体接触带等有利部位沉淀下来,导致了大规模的成矿作用。

W、Sn、Cu、Pb、Zn等成矿元素随着含矿溶液从深部向浅部运移,由于W、Sn等元素成矿温度较高,首先在晚期岩脉、岩株与早期岩体接触带,岩体与地层接触带上部凹凸起伏部位及深大断裂与次级断裂的交汇部位沉淀成矿,形成石英脉型、云英岩性、构造蚀变带型及伟晶岩型钨锡矿体,并且受扩散作用的影响,会有少量W、Sn等元素溢出沉淀中心,在钨、锡矿体上部有利位置形成钨、锡矿化,同时伴生铷、铌、钽等稀有金属矿化,另有部分含矿热液会进入外接触带地层中由各种接触界面、岩性界面扩张形成的空隙及受岩体挤压形成的裂隙中,进而与不纯的碳酸盐岩发生充分的接触渗滤交代作用,形成走向延伸稳定、厚度较大、顺接触面或地层产出的矽卡岩型钨锡矿体。而Cu、Pb、Zn等元素由于成矿温度较低,随着含矿热液进入区域性断裂构造中,并进一步运移到更浅处的次级断裂中沉淀成矿。由于钨、锡与铜、铅、锌成矿温度及成矿环境的不同,从而形成了下部钨锡矿、上部铜铅锌矿的成矿模式。这种成矿模式也在野外工作中得到了验证,例如岩体东部剥蚀较深,在岩体内部及其接触带已发现了多个钨、锡矿(化)点,如果剥蚀加深,则很可能见到大规模的钨锡矿体,而岩体西部由于剥蚀较浅,目前在岩体接触带及其外围寒武纪、奥陶纪地层中发现了大量的铜铅锌矿点。

基于上述成矿模式,认为塔山岩体西部的浅部—中深部具有寻找中小型铜铅锌矿的前景,而铜铅锌矿点的深部及塔山岩体东部已知钨锡矿点的深部则具有寻找大型钨锡矿的潜力。

4. 开展了隐伏岩体与隐伏构造预测,分析了它们与矿床(点)的关系。

(1)重力和航磁异常的特征表明,塔山岩体展布形态主要受 EW 向构造控制;重力异常向东延伸至大义山,即反映塔山岩体向东隐伏延伸约 5km,与大义山岩体连为一体。本次在塔山岩体东部接触带对田木冲钨锡多金属矿点开展重点检查时,在距离塔山岩体东部出露边界约 260m 处的钻孔 ZK4(孔深 180.75m)中 21.69~180.75m 深处见到了隐伏的花岗岩体,也表明塔山岩体向东确实存在隐伏延伸部分,并且隐伏岩体局部存在向上凸起现象(图 2)。研究认为塔山半隐伏岩体与田木冲钨锡多金属矿关系密切,是该矿床的成矿物质来源。

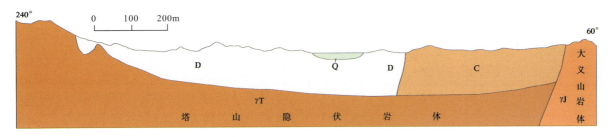

图 2 塔山东部隐伏岩体顶界面形态剖面图
Q. 第四系;C. 石炭系;D. 泥盆系;γJ. 侏罗纪花岗岩;γT. 三叠纪花岗岩

(2)在上堡一带重力异常呈椭圆状,长轴沿 NW 向展布,异常中心往南偏离上堡岩体出露中心约 1km,异常强度为 $(-52\sim-48)\times10^{-5}\mathrm{m/s^2}$,异常面积约为岩体出露部分的 10 倍,反映了上堡岩体隐伏部分的范围。异常在图区内未封闭,向东开口延出图区。异常梯度变化明显,北侧陡,南、西侧缓。重力异常的上述特征表明,引起异常的目标物可以近似地看作一低密度的长轴略大于短轴呈 NW 走向的等轴体,该目标物除了已出露的上堡岩体外,大部分可能为隐伏岩体。

在上堡一带航磁异常由互相伴生的正负异常组成。正、负异常都显示出等轴状三度体异常特征,负极小值出现在正值的北面,正、负异常构成一个整体,分布范围远大于已经出露的上堡岩体,并且正异常的分布范围和强度都大于负异常。正异常峰值为 250nT 左右,负异常峰值为 −150nT 左右,异常的零值线大体从磁性体的中心在地表的投影部位通过。上述现象表明上堡一带的正负伴生异常应是等轴状磁性体引起的,具有显著的倾斜磁化 ΔT 异常特征,并且异常面积约为岩体出露部分的数十倍,可能反映了上堡岩体隐伏部分的范围。

为了查明引起上堡航磁异常的原因,前人由南到北施工了 3 个孔深大于 500m 的验证钻孔,均在深部见到了花岗岩体,隐伏深度为 400~500m,并且表现出南北深、中间浅的特点,这与物化探异常推断是一致的(湖南省地质局物探队,1992)。

(3)在拖碧塘地段,重力异常与拖碧塘小岩脉群基本吻合,异常梯度平缓,异常强度为 $(-50\sim-52)\times10^{-5}\mathrm{m/s^2}$,异常面积约为岩体出露部分的 50 倍,反映了拖碧塘岩体隐伏部分的范围,异常形态呈椭圆状,长轴方向为 NW 向,异常极大值为 $-36\times10^{-5}\mathrm{m/s^2}$。异常梯度变化为北侧略陡,南侧缓,异常的上述特征表明引起局部重力低的目标物的剩余质量不大,其形态似椭圆状,且北侧边界较南侧边界略陡。拖碧塘布格重力异常虽以 $-50\times10^{-5}\mathrm{m/s^2}$ 等值线与大义山、塔山等布格重力异常相连,但经位场转换后,局部异常得到很好的分离,表明两场源目标物是不相连的。

(4)1:5万水系沉积物测量在石枕头一带圈出AS6综合异常,该异常以W、Sb、Cu、Pb、Zn元素异常为主,伴生As、Au、Be、Ag、Mo、Sn、Ta元素异常。其中W、Mo、Sn、Ta等元素为亲酸性岩浆岩的高温元素,由此表明石枕头矿点深部应发育有隐伏的花岗岩体。

(5)大义山北西向隐伏断裂带:该断裂带是郴州-邵阳NW向断裂带的一部分,它是加里东期以来长期活动的断裂。该断裂带在地质地球物理场和地球化学行为上具有如下特征:①沿断裂带分布有大量岩体,如大义山岩体、大义山NW和SE两端的隐伏岩体、羊角塘隐伏岩体(位于图区外)等,其整体轴向呈NW向展布,具带状、雁行式排列的特征;②布格重力异常具有十分明显的NW向展布的特点,两侧均为密集的梯级异常,梯度变化较大;③该断裂带为图区磁场及地球化学丰度特征显著不同的分界线。以大义山一线为界,磁场NE侧多以规模大、强度高、形态规则、正负伴生的局部异常分布为其显著特征,SW侧则以串珠状规模不等,强度不一,形态复杂多变的线状展布的局部异常分布为其特色。它标志着场源体有着根本性的不同。地球化学场Cu、Mo、Au、Ag等元素NE侧为高背景、高含量,SW侧为低背景、低含量,具明显的分区特征。可见,重、磁、地化异常具有同步特点,是断裂活动留下的印记。

(6)拖碧塘-上堡北西向隐伏断裂带:该断裂带是水口山-上堡NW向断裂带的一部分,它是燕山早期—晚期多次活动的断裂。该断裂带在物探、化探及地质等方面特点如下:①拖碧塘-上堡的布格重力异常带整体呈NWW向展布(这是由于叠加了深源因素的EW向区域场所致);②拖碧塘-上堡航磁ΔT异常明显呈NW向展布,异常等值线的局部扭曲方向也指向NW;③沿三泉村—拖碧塘—上堡一线,有酸性岩体、岩脉及基性岩脉出露,呈雁行排列,反映出NW向构造控岩特性,Cu、Mo、Zn、Pb、Fe、Hg、Au等元素异常,其中部分元素异常呈NW向展布,反映出NW向构造形迹。

(7)塔山东西向隐伏断裂带:该断裂带是阳明山-塔山EW向构造带的一部分,西起零陵,经阳明山(位于图区外)、塔山交于大义山NW向断裂带,很有可能波及至拖碧塘和上堡,长百余千米,属阳明山-塔山EW向构造带。该带的在物探、化探及地质等方面的特征为:①布格重力异常沿EW向呈串珠状分布,其SN两侧以梯级异常线性展布,异常梯度大;②航磁局部异常沿EW向串珠状分布,多数单个局部异常的轴向也呈EW向展布,反映出断裂活动的热动力作用;③沿该断裂带从西向东分布有阳明山、塔山岩体,其走向呈EW向;④地球化学场表现为W、Sn、B、F元素异常构成的EW向地球化学异常带。

5.1:5万水系沉积物测量共圈出48处综合异常中,其中甲$_1$类11处,甲$_2$类0处,乙$_1$类4处,乙$_2$类18处,丙$_1$类1处,丙$_2$类5处,丁类9处。对各异常的组分特征和各异常元素的空间分带进行了异常多参数评序后,认为AS5异常是元素组合最齐全的地段,高、中、低热液活动元素异常均有表现,应为热液活动时间最长的地段,是寻找锡多金属矿的有利地段。AS17、AS19、AS20、AS22、AS37异常Be、Nb、Ta、W、Sn、Bi等高温元素异常组合良好,是寻找钨锡多金属矿的有利地段。AS8、AS11、AS32、AS38异常W、Sn、Bi、Cu、Pb、Zn等高、中温元素组合异常发育良好,对寻找钨锡铜铅锌多金属矿有指示意义。AS6、AS45异常的Cu、Pb、Zn、Au、Sb、As、Ag中、低温元素异常发育良好,对寻找铜铅锌锑矿有利。区内共圈出地球化学找矿远景区13个,其中Ⅰ级2个,Ⅱ级6个,Ⅲ级5个。

6.通过综合分析地物化遥成果,采用全面踏勘—概略检查—重点检查工作顺序择优开展各类异常、矿产的检查工作。新发现矿(化)点30处,其中钨锡多金属矿点10处、铜铅锌多金属矿(化)点7处、锑矿点3处、煤矿点3处、铁锰矿点1处、镍锰矿点1处、锰矿点1处、铷矿点1处、金矿化点1处、重晶石矿点1处、高岭土矿点1处。重点检查了常宁市茶潦锰矿点、常宁市刘家锑铅锌多金属矿点、桂阳县田木冲钨锡多金属矿点、常宁市大平锡多金属矿点4处矿点,概略检查了桂阳县青松锑矿点、桂阳县猪婆寨锡矿点、常宁市茶盘园铜铅锌矿点、常宁市鳌头铜铅锌矿点、常宁市松塔铜铅锌矿点、常宁市塔山茶场铜铅锌矿点、常宁市石枕头铅锌矿点、常宁市双风重晶石、铁、锰、钨多金属矿点、常宁市白果塘金矿化点9处矿(化)点。初步估算了茶潦锰矿点334锰矿石量23.13×10^{4}t;刘家锑铅多金属矿点334矿石量32.28×10^{4}t,金属量铅3206.17t,锌384.07t,锑5276.01t,银2.34t,砷444.6t;田木冲钨锡多金属矿点334矿石量77.63×10^{4}t,金属量WO$_3$ 2214.78t,锡98.13t,Rb$_2$O 110.27t,Nb$_2$O$_5$+Ta$_2$O 16.41t;大平锡多金属矿点 334 矿石量 92.25×10^4t,金属量锡 3901.22t(其中包括低品位锡 241.47t),WO_3 2425.77t(其中包括低品位 WO_3 金属量 56.50t),伴生铜金属量 742.87t。

7. 分析研究了测区控矿地质条件、综合信息找矿标志,结合湖南省矿产资源潜力评价项目的成果,初步确定了区内主要矿床预测类型及其成矿模式与预测模型,即:①水口山式矽卡岩——裂隙充填交代型铅锌金银铜矿预测类型;②桃林式裂隙充填交代型脉状铅锌银铜矿预测类型;③瑶岗仙式石英脉型钨锡矿预测类型。在上述工作的基础上,系统总结了区内主要矿产成矿规律。

空间分布规律:区内以钨、锡、铜、铅、锌为主的内生矿产,与频繁的岩浆侵入及其后的热液活动有着密切的关系,它们的形成和分布无不与之有关。大部分钨、锡、铜、铅、锌等矿产多分布在岩体内部或岩体的接触带,对于大义山和上堡岩体,矿产具有明显的水平分带性,按照距离岩体的远近,从岩体向地层大致有 W、Sn→Cu→Pb、Zn→Sb 的分带特征,而对于塔山岩体则有东部产出钨锡矿与铷铌钽稀有金属矿,而西部产出铜铅锌矿的特征。区内外生矿产主要有煤、锰、铁、磷等,均有特定的赋矿层位,如煤主要赋存于石炭纪测水组、二叠纪龙潭组、侏罗纪茅仙岭组含煤碎屑岩中;沉积型铁矿主要赋存于泥盆纪跳马涧组、欧家冲组、孟公坳组、锡矿山组和石炭纪测水组;锰矿则赋存于二叠纪孤峰组和奥陶纪天马山组;磷矿赋存于寒武纪香楠组底部、泥盆纪棋梓桥组;石灰岩、白云岩主要赋存于晚古生代浅海台地相碳酸盐岩中;沉积型黏土矿多集中赋存于泥盆纪孟公坳组泥岩、粉砂质泥岩和石炭纪测水组砂页岩;各种砂矿均产于第四纪冲洪积、残坡积物中。

时间演化规律:区内钨、锡、铜、铅、锌等内生矿产与岩浆活动关系密切,而岩浆活动具有多期性特征,延续时间较长,从晚三叠世、侏罗纪直至晚白垩世,岩浆活动时限断续近 130Ma。随着岩浆岩持续演化活动,成矿作用也随之进行,最早的内生矿产集中矿化开始于晚三叠世末,在塔山岩体接触带形成了一批钨、锡、铜、铅、锌矿产,随后大义山早侏罗世花岗岩侵入,内生矿产的成矿作用开始变强,至中、晚侏罗世,随着大义山中、晚侏罗世花岗岩的侵入,内生矿产的成矿作用达到了顶峰,在大义山岩体内部及其接触带形成了大量钨、锡、铜、铅、锌等矿产,到晚白垩世,上堡岩体侵入,在上堡岩体内部及其接触带也造成了较强的钨、锡、铌、钽等矿化。在上堡岩体侵入之后,上堡岩体周边发生了幔源基性岩浆侵入活动,但未引起相关的内生金属矿化作用,至此内生矿产矿化作用基本停止。区内煤、锰、铁、磷等外生矿产均产于特定的赋矿层位中,严格受某一时代的地层控制。例如,对于煤矿,从寒武纪开始,区内初步具备了形成煤矿的气候、自然环境及地质条件,在寒武纪小紫荆组和奥陶纪桥亭子组等早古生代地层中形成了工业意义不大的石煤矿点,从石炭纪到侏罗纪的特定时间段内,区内气候、自然环境及地质条件极为适宜煤矿形成,因此在石炭纪测水组、二叠纪龙潭组、侏罗纪茅仙岭组形成了大量的煤矿床(点)。对于锰、铁、磷等矿产,由于其形成基本不受自然环境影响,气候的影响也有限,因此地质条件是其主要的影响因素,当某个时代的地层具有形成上述矿产的地质条件时,即成为上述矿产的赋矿地层。

成矿系列和成矿谱系:根据本区地质特征及矿产分布情况,可将区内主要有色、贵金属矿床划分为 4 个矿床成矿系列,分别为大陆板块边缘活动带与燕山期壳源花岗岩类有关的有色、稀有、稀土、贵金属矿床成矿系列,深大断裂带与燕山期壳幔源花岗岩有关的钨、锡、铜、铅、锌、金、银、铌、钽矿床成矿系列,印支隆起区与印支期壳源花岗岩体有关的铜、铅、锌、钨、锡矿床成矿系列,南华裂陷槽与上古生界碳酸盐岩容矿的铅、锌、铁、锰、铜、金、锡、汞、硫矿床成矿系列,其中大陆板块边缘活动带与燕山期壳源花岗岩类有关的有色、稀有、稀土、贵金属矿床成矿系列可进一步分为两个矿床成矿亚系列,分别为印支坳陷区钨、锡、钽、铌、硼、铍、铋、铅、锌、金、萤石矿床成矿亚系列和加里东隆起区钨、锡、铜、锑、铅、锌、银、金亚系列。上述 4 个矿床成矿系列可归并为两种矿床成矿系列组合,分别为与岩浆作用有关的矿床成矿系列组合和与热(卤)水作用有关的矿床成矿系列组合(表 1)。

表 1 上堡地区成矿系列一览表

成矿系列组合	成矿系列	成矿亚系列	大地构造位置	含矿地层时代及岩性	岩浆岩	岩浆岩侵入及成矿时代	成因类型	成矿元素	典型矿床
与岩浆作用有关的矿床成矿系列组合	大陆板块边缘活动带与燕山期壳源花岗岩类有关的有色、稀有、稀土、贵金属矿床成矿系列	印支坳陷区钨、锡、钼、铌、硼、铍、铋、铅、银、金、萤石矿床成矿亚系列	大陆板块拼贴带	D—P浅海相碳酸盐岩、滨海相碎屑岩	黑云母花岗岩、二长花岗岩、斑状花岗岩	燕山期	云英岩型、矽卡岩型、热液充填-交代型、热液充填型	W、Sn、Mn、Bi、Ta、Nb、Pb、Zn、Au、(As、Sb)、F	大平、刘家、上堡、拖碧塘
		加里东隆起区钨、锡、铜、锑、钼、铅、锌、银、金亚系列	武夷山隆起加里东隆起区或南华裂陷槽次级隆起	Z—∈浅变质杂砂岩、石英砂岩、砂质板岩、碳质页岩	黑云母花岗岩、二长花岗岩、钾长花岗岩、花岗斑岩	燕山期	矽卡岩型、热液充填-交代型、石英脉型、云英岩型、充填型	W（Sn）、Cu、Pb、Zn、Au（Ag）、As、Sb	绿紫坳、石枕头、松塔、塔山茶场、茶盘园
	深大断裂带与燕山期壳幔源花岗岩有关的钨、锡、铜、金、铅、锌、银、铌、钽矿床成矿系列		大陆板块拼贴带	D—P碳酸盐岩	花岗闪长斑岩、花岗闪长岩、正长岩	燕山期	矽卡岩型、热液充填-交代型、充填型	W（Sn）、Cu、Au、Pb、Zn、Nb、Ta、(S)、F(Sb)	上堡
	印支隆起区与印支期壳源花岗岩体有关的铜、铅、锌、钨、锡矿床成矿系列		南华裂陷槽	D—P碳酸盐岩	二长花岗岩	印支期	云英岩型、矽卡岩型、热液充填型	Cu、Pb、Zn、Sn、(W)	田木冲
与热（卤）水作用有关的矿床成矿系列组合	南华裂陷槽与上古生界碳酸盐岩容矿的铅、锌、铁、锰、铜、金、锑、汞、硫矿床成矿系列		南华裂陷槽	∈—D碳酸盐岩		加里东期	热水或岩浆热液-热水叠加充填-交代型	Pb、Zn、Fe、Mn、Au、W、Sb、Hg、S(As)	大江边、黄毛江

8. 划分了找矿远景区。在综合分析地物化遥及矿产资料基础上，上保地区划分了8个找矿远景区，分别为大平-邹家桥钨锡铜铅锌锑矿找矿远景区、双凤-七十担钨锡钶铌钽铅锌矿找矿远景区、茶潦锰矿找矿远景区、白果塘-石枕头铅锌金锑钨钼矿找矿远景区、茶盘园-塔山茶场铜铅锌矿找矿远景区、塘市-青松锑矿找矿远景区、大丘-寨下冲钨锡铜铅锌矿找矿远景区、枣子冲-斜岭铁锰镍矿找矿远景区（图3）。

图 3 湖南上堡地区矿产预测图

9. 圈定找矿靶区 6 处,分别为大平钨锡矿找矿靶区、刘家铜锡锑铅矿找矿靶区、田木冲钨锡铅锌矿找矿靶区、茶潦锰矿找矿靶区、石枕头铅锌钨钼矿找矿靶区、塔山茶场铅锌矿找矿靶区;另外还预测了找矿靶区 4 处,分别为茶盘园-松塔铜铅锌矿找矿靶区、青松-井头林场锑矿找矿靶区、大丘-寨下冲钨锡铜铅锌矿找矿靶区、白果塘金矿找矿靶区(图 3)。

四、成果意义

1. 新发现了茶潦锰矿、田木冲钨锡多金属矿、石枕头铅锌矿等一系列具有进一步工作价值的矿(化)点,其中茶潦锰矿点已于 2012 年申请了湖南省国土资源厅两权价款项目,开展了预查工作,并取得了较好的找矿效果和社会经济效益。

2. 建立了成矿模式与预测模型,划分了找矿远景区、圈定了找矿靶区,为后续找矿工作的开展奠定了坚实的基础。

第三十四章 广西三江地区矿产远景调查

陈文伦　蒋勇辉　魏建设　李春林　邬弘娟　杨俊杰

（广西壮族自治区地质调查院，广西壮族自治区二七一地质队）

一、摘要

以铅锌为主攻矿种，通过在广西三江地区开展矿产地质测量、水系沉积物测量和遥感地质解译，大致查明了区内铅锌矿的控矿条件和成矿地质特征，圈定数十处化探异常和5处找矿远景区。进行了区域矿产预测，利用大比例尺地质、物化探和槽探工程等手段对重点找矿远景区开展矿产检查，圈定 A 类找矿靶区2处。对隐伏矿体进行深部工程验证，提交矿产地一处，为下一步矿产勘查工作提供了重要依据。

二、项目概况

工作区位于广西三江侗族自治县南部，地理坐标：东经 $109°15'00''$—$109°45'00''$，北纬 $25°30'00''$—$25°50'00''$。面积 $1765km^2$。工作起止时间：2011—2013 年。主要任务是以铅锌矿为主攻矿种，在三江地区开展矿产地质测量、1∶5 万水系沉积物测量和遥感地质解译等面积性工作，大致查明铅锌矿控矿条件、成矿地质特征，圈定化探异常和找矿远景区。在此基础上，开展区域矿产预测，利用大比例尺地质、物化探和槽探工程等手段对重点找矿远景区开展矿产调查评价，圈定找矿靶区，并对隐伏矿体进行深部验证，为下一步矿产勘查工作提供依据；综合各类工作成果，总体评价区域资源潜力。

三、主要成果与进展

（一）遥感地质解译

1. 遥感解译线性构造 482 条，其中 NNE 向 187 条、NWW 向 151 条、NEE 向 84 条、NE 向 22 条、EW 向 13 条、SN 向 13 条、NW 向 7 条、NNW 向 5 条。解译环形构造 76 个，按可解译程度划分，其中明显的实环 16 个，推测的虚环 56 个，半隐性的环形构造 4 个。按环形构造的组合类型可将 76 个环形构造划分为 46 个组合。对环形构造的成因类型进行了初步分类，其中性质不明的环形构造 34 个，褶皱成因环形构造共 31 个，隐伏岩体共 11 个（表 1）。

2. 遥感信息提取，利用 TM1、TM3、TM4、TM5 进行主成分变换，对角岩化、铁染等青磐岩化带的提取有显著效果；利用 TM1、TM4、TM5、TM7 进行主成分变换，有助于对含 OH^- 的黏土矿物的提取。总结了"去干扰"+"主成分变换"+"SAM 分类"的遥感信息增强与提取模式；分别编制了铁染、羟基遥感异常图组及遥感组合异常图组。

3. 利用 GIS 数理统计和空间分析，进行了线性体对矿产地影响域分析，在线性体两侧以 875m 为线性体对矿产地的最大影响距离，线性体两侧 500m 范围内，是最有利的成矿区域。

表 1 广西三江地区环形构造(隐伏岩体)遥感特征简表

序号	组合编号	环形状	环组合特征	影像特征
1	Y01	圆形、近圆形	字母环	色彩界线较清晰,地貌反差较强
2	Y01	圆形、近圆形	字母环	色彩界线较清晰,地貌反差较强
3	Y02	圆形、近圆形	链环、串珠环	色彩界线较清晰,地貌反差较强
4	Y02	圆形、近圆形	链环、串珠环	色彩界线较清晰,地貌反差较强
5	Y02	圆形、近圆形	链环、串珠环	色彩界线较清晰,地貌反差较强
6	Y02	圆形、近圆形	链环、串珠环	色彩界线较清晰,地貌反差较强
7	Y02	圆形、近圆形	链环、串珠环	色彩界线较清晰,地貌反差较强
8	Y02	圆形、近圆形	链环、串珠环	色彩界线较清晰,地貌反差较强
9	Y03	圆形、近圆形	串珠环	色彩界线较清晰,地貌反差较强
10	Y03	圆形、近圆形	串珠环	色彩界线较清晰,地貌反差较强
11	Y03	圆形、近圆形	串珠环	色彩界线较清晰,地貌反差较强

4. 开展遥感地质综合分析研究,利用遥感解译的地层、线性构造、环形构造及提取的遥感组合异常进行定量变换和数据挖掘,生成了地层熵、线密度、地质复杂度、遥感蚀变强度等变量指标,以遥感蚀变强度为主要依据对工作区的各类遥感异常区进行综合划分,共圈定遥感综合异常 122 个,其中甲类异常区 14 个,乙类异常区 28 个,丙类异常区 39 个,丁类异常区 41 个。

5. 利用矿产资源评价系统(MRAS)对赋矿层位、地层熵、线密度、地质复杂度、遥感组合异常、遥感蚀变强度、环形构造、断层缓冲区 8 个证据因子,应用找矿信息量加权模型开展遥感综合成矿预测,根据找矿后验概率生成遥感综合找矿后验概率色块图,作为今后找矿预测区划分的主要依据,共圈定遥感找矿预测区 46 个,其中 A 类预测区 4 个,B 类预测区 18 个,C 类预测区 24 个。结合各预测区内出露的地层、线性构造、环形构造、遥感蚀变强度、遥感综合异常、矿产等分布情况对找矿远景进行了半定量评价,初步建立了在南方高植被覆盖下的遥感地质调查方法。

(二)地球化学勘查

1. 1∶5 万水系沉积物测量共圈定单元素异常 255 个,综合异常 42 处。根据综合异常的元素组合、异常特征,异常所处的地质环境,地质找矿意义和工作研究程度,划分出甲$_1$ 类异常 2 个,甲$_2$ 类异常 5 个,乙$_1$ 类异常 2 个,乙$_2$ 类异常 4 个,乙$_3$ 类异常 7 个,丙$_1$ 类异常 7 个,丙$_2$ 类异常 8 个,丙$_3$ 类异常 7 个。通过对各元素异常在区域上的分布及地球化学场特征进行分析,划分出 7 个异常区带:①老堡铅、锌、银、钒多金属异常带;②同乐银、钼、铅、锌多金属异常带;③斗江金、银、锌、钼多金属异常带;④猫头顶金、锑、银、钼多金属异常带;⑤牛浪坡铅、铜、金异常区;⑥雨岩山金、锑异常区;⑦鸡公坡金、锑、砷异常区。

2. 结合区域矿产分布规律及成矿地质条件,进行了地球化学找矿预测,划分出Ⅰ级找矿远景区 4 个:同乐铅锌多金属Ⅰ级找矿远景区、老堡铅锌多金属Ⅰ级找矿远景区、斗江铅锌金多金属Ⅰ级找矿远景区、猫头顶铅锌金多金属Ⅰ级找矿远景区;Ⅱ级找矿远景区 2 个:牛浪坡铅铜金多金属Ⅱ级找矿远景区、雨岩山金锑Ⅱ级找矿远景区。

(三)综合研究

1. 系统总结了调查区成矿地质条件、控矿因素和成矿规律、找矿标志,明确调查区内主要铅锌矿床成因类型为层控的中低温热液沉积-改造型铅锌矿床,建立了该类矿床的综合找矿模型(表 2,图 1)。

表 2 广西三江地区沉积-改造型铅锌矿综合找矿模型表

	特征描述	老堡式沉积-改造型铅锌矿床
控矿因素	大地构造位置	九万大山隆起带与龙胜褶断带交界部位
	地层	震旦系陡山沱组、老堡组
	构造	三江-融安深断裂、次级构造（老堡、新寨复式向斜、和里断裂等），层间构造（层间破碎、剥离、虚脱、裂隙等）组成的构造体系，褶皱转折端对成矿更有利
	岩相古地理	浅海陆棚相-半深海相（温润、弱动力、还原环境）
找矿标志	地层标志	震旦系陡山沱组、老堡组
	围岩标志	陡山沱组下部白云岩，老堡组硅质岩
	构造标志	三江-融安深断裂、次级构造（老堡、新寨复式向斜、和里断裂等），层间构造（层间破碎、剥离、虚脱、裂隙等）组成的构造体系，褶皱转折端对成矿更有利
	蚀变标志	硅化、碳酸盐化、黄铁矿化
	物探异常标志	激电异常表现为低电阻率异常和中高极化率异常
	化探异常标志	1∶5万水系沉积物异常元素组合主要为 Pb、Zn、Ag、Mo、V、Cu，土壤地球化学异常组合铅、锌高异常区与矿体产出部位基本一致
	矿化露头标志	地表见有强烈褐铁矿化及铅锌的氧化矿
	地貌标志	震旦系老堡组硅质岩为峭壁、陡崖、突起的正地形，在其下部的震旦系陡山沱组白云岩经风化剥蚀形成沟谷凹陷的负地形

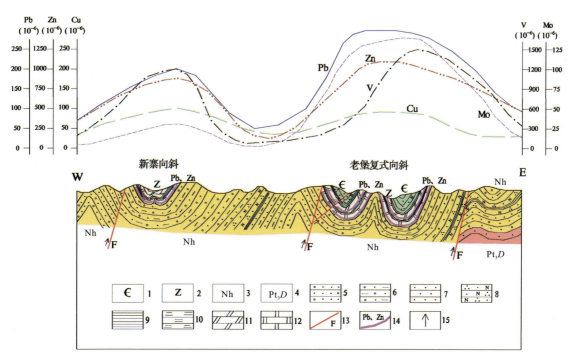

图 1 广西三江地区沉积-改造型铅锌矿找矿模型图

1.寒武系；2.震旦系；3.南华系；4.新元古界丹洲群；5.含砾砂岩；6.含砾砂质泥岩；7.砂岩；8.长石石英砂岩；9.板岩(泥岩)；10.千枚岩；11.硅质岩；12.白云岩；13.断裂破碎带；14.铅锌矿体；15.热液运移方向

2. 综合调查区地质、矿产、物化探、遥感等找矿信息,圈出具备良好成矿地质条件和找矿前景的找矿远景区5处。其中A类找矿远景区3处:老堡铅锌找矿远景区、同乐铅锌找矿远景区、桐木铅锌铜找矿远景区;B类找矿远景区2处:猫头顶铅锌钒钼找矿远景区、斗江钒锰找矿远景区(表3,图2)。

表3 广西三江地区找矿远景区划分一览表

找矿远景区名称	编号	类别	面积(km²)	主攻矿种	找矿方向和潜力
老堡铅锌找矿远景区	Ⅰ-1	A类	173.89	铅锌	沉积-改造型铅锌矿床,大型
同乐铅锌找矿远景区	Ⅰ-2	A类	88.94	铅锌	沉积-改造型铅锌矿床,中型
桐木铅锌铜找矿远景区	Ⅰ-3	A类	191.75	铅锌、铜	热液充填-交代型铅锌、铜矿床,斑岩型铜矿床,小—中型
猫头顶铅锌钒钼找矿远景区	Ⅱ-1	B类	141.52	钒	沉积型钒矿床,小型
斗江钒锰找矿远景区	Ⅱ-2	B类	81.56	钒、锰	沉积型钒矿床,次生淋滤型锰矿床,小型

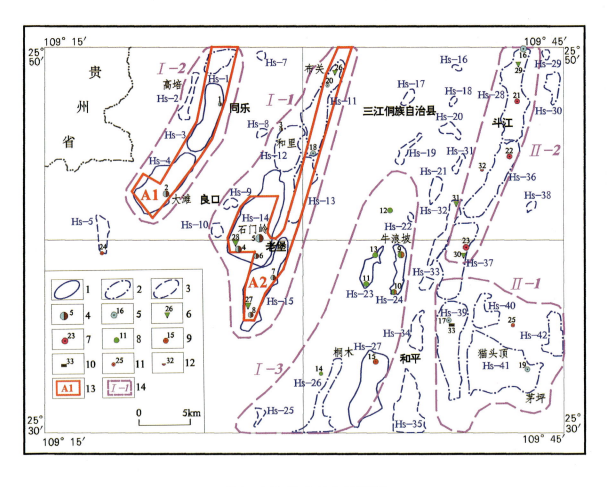

图2 广西三江地区矿产预测图

1. 甲类化探异常;2. 乙类化探异常;3. 丙类化探异常;4. 铅锌矿床矿点及其编号;5. 钒矿床矿点及其编号;6. 磷矿床矿点及其编号;7. 锰矿床矿点及其编号;8. 铜矿(化)点及其编号;9. 金矿点及其编号;10. 石煤矿点及其编号;11. 铁矿化点及其编号;12. 钾矿化点及其编号;13. 找矿靶区范围及其编号;14. 找矿远景区范围及其编号

3. 通过矿产检查圈定并提交 A 类找矿靶区 2 处：归岳-洋溪乡铅锌找矿靶区、马蹄岭-黄泥冲铅锌找矿靶区（表 4，图 2）。运用矿床模型综合地质信息成矿地质体体积法分别对找矿靶区进行了资源量预测，预测总资源量 213.84×10⁴t。其中马蹄岭-黄泥冲铅锌找矿靶区预测资源潜力达到大型以上远景规模，分别对两个靶区提出了进一步工作的初步建议。

表 4 广西三江地区找矿靶区划分一览表

找矿靶区名称	编号	类别	面积(km²)	查明资源量	主攻矿种	主攻类型、预测规模
归岳-洋溪乡铅锌找矿靶区	A1	A	38.99	333+334$_1$资源量 Pb+Zn 79 034.14t	铅锌	沉积-改造型铅锌矿，预测资源量：Pb+Zn 968 326t
马蹄岭-黄泥冲铅锌找矿靶区	A2	A	62.02	332+333资源量 Pb+Zn 251 887.06t	铅锌	沉积-改造型铅锌矿，预测资源量：Pb+Zn 1 170 123t

（四）矿产检查

通过广西三江县同乐大滩铅锌矿区的矿产检查工作，发现并圈定铅锌工业矿体 3 个，其中以 Ⅱ-③ 号矿体规模较大，矿体呈层状、似层状产出（图 3），沿走向呈舒缓波状，总体走向 40°～50°，倾向 NW，倾角 30°～50°，工程控制长 1400m，赋存标高 -300～200m，本次工作将该矿体控制斜深由原来的 200m 增加到了 600m。矿体平均厚度 2.45m，平均品位 Pb 0.48%，Zn 1.74%。估算新增铅锌 334$_1$ 矿石量 319.29×10⁴t，铅矿 10 640.99t，锌矿 49 560.94t，铅锌矿 60 201.93t。矿产检查获得了较大进展，取得了较好的找矿效果。

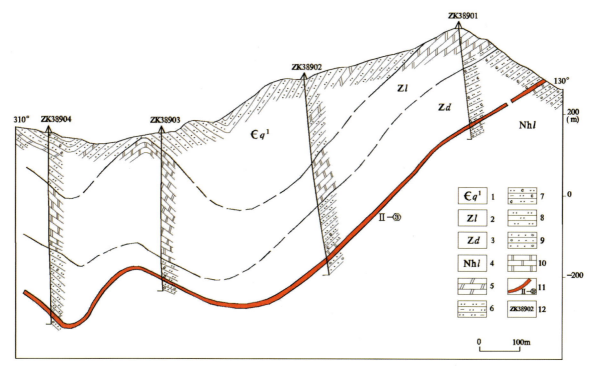

图 3 同乐大滩铅锌矿 389 号勘探线剖面图

1. 寒武系清溪组一段；2. 震旦系老堡组；3. 震旦系陡山沱组；4. 南华系黎家坡组；5. 硅质岩；6. 泥质粉砂岩；7. 含碳泥质粉砂岩；8. 粉砂岩；9. 含砾砂岩；10. 白云岩；11. 铅锌矿体及其编号；12. 钻孔及其编号

四、成果意义

通过本项公益性地质调查工作,圈定具有地质找矿意义的化探综合异常 42 处,圈出具备良好成矿地质条件和找矿前景的找矿远景区 5 处,提交 2 处可供进一步工作的找矿靶区,为实现广西三江地区铅锌矿找矿突破奠定了重要基础。系统总结了调查区成矿地质条件、控矿因素和成矿规律、找矿标志,建立了调查区主要铅锌矿床类型的综合找矿模型,对指导本地区找矿具有重要意义。

第三十五章　广东始兴南山坑—良源地区钨锡多金属矿评价

肖惠良　陈乐柱　范飞鹏　鲍晓明　李海立　蔡逸涛

姚正红　周延　滕龙　张洁

（中国地质调查局南京地质调查中心）

一、摘要

在前期项目工作的基础上，通过采用槽探揭露和钻探工程等手段开展异常深部验证，在广东始兴南山坑—良源地区钨锡多金属矿找矿实践和理论研究上取得了优异成果：找到了具有大型远景的良源铷钨铌钽多金属矿床（花岗岩型"高分异"式铷钨铌钽多金属矿）和南山坑矿钨锡多金属矿床（"层控矽卡岩型"钨锡多金属矿和"体中体"式钨钼多金属矿）；研究了南山坑—良源地区高分异花岗岩与钨锡、铷铌钽多金属矿床有关的含矿建造和层控矽卡岩建造地质地球化学特征，建立了南岭东段钨多金属矿成矿模式，为本区乃至整个华南地区钨锡、稀有金属矿产的找矿提供了新思路。

二、项目概况

工作区位于粤北始兴地区，地理坐标：东经$114°08'00''—114°16'00''$，北纬$24°50'00''—24°53'00''$，面积约$50km^2$。工作起止时间：2011—2013年。主要是以钨锡多金属矿资源潜力调查评价为战略任务，中—大型矿床为找矿目标，以矽卡岩型、花岗岩型为主攻矿床类型，开展始兴南山坑—良源地区钨锡多金属矿调查评价工作；采用槽探、钻探等手段对始兴南山坑—良源地区1∶1万土壤地球化学异常进行查证。开展始兴南山坑—良源地区成矿地质背景研究，总结成矿规律和找矿标志，建立钨锡多金属矿找矿模型，解决本区与钨锡多金属矿成矿有关的重大基础问题。

三、主要成果与进展

（一）良源铷铌钽钨锡多金属矿区找矿成果

广东始兴良源铷铌钽钨锡多金属矿床位于广东省始兴县罗坝乡境内，是以燕山期高分异花岗岩演化形成的花岗岩型铷铌钽钨锡钼铋多金属矿和石英脉型钨矿为主，兼有破碎带型钨锡多金属矿和矽卡岩型白钨矿的复合矿床。

矿区处于韶关-三南-寻乌东西构造亚带西段，出露地层为寒武系浅变质岩、中上泥盆统薄层灰岩、变质粉砂岩（图1）。

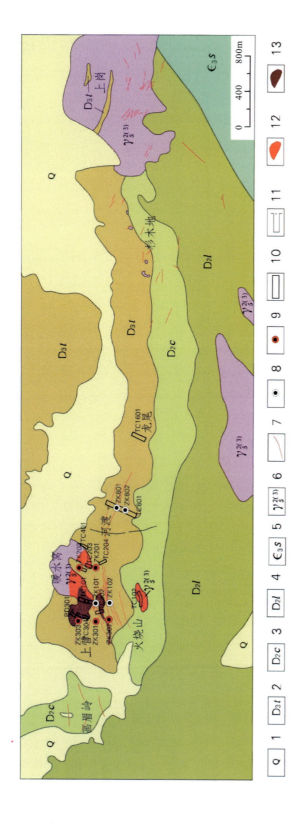

图1 广东始兴良源钽钨多金属矿床地质草图

1.第四系坡积物；2.上泥盆统天子岭组灰岩夹钙质砂岩；3.中泥盆统春湾组石英砂岩、粉砂岩；4.中泥盆统老虎头组石英砂岩、长石石英砂岩；5.上寒武统水石组变质粉砂岩、板岩及石英砂岩；6.晚侏罗世花岗岩；7.石英脉；8.前期钻孔；9.本项目实施钻孔；10.完工探槽；11.完工平硐；12.钽铌钼矿体；13.钽铌钼钨矿体

矿区花岗岩体为一成因复杂的高分异花岗岩。该区花岗岩经历了多期次的成岩作用，发生了高分异演化和自变质作用。由于高度演化分异，矿区燕山早期第三期花岗岩，自下而上呈中粒似斑状黑云母花岗岩—中细粒二云母花岗岩—中细粒白云母化钠长石花岗岩—云英岩的特征，其中成矿物质也发生了大规模富集。

石英脉型钨多金属矿主要赋存于中泥盆统老虎头组砂泥质互层的浅变质岩中，其次产于中细粒白云母花岗岩体内。分布在东起龙尾、西至画眉岭西缘，大体呈东窄西宽的长条状区域内，矿化面积约 2km²。产于变质岩内的石英脉，特别是靠近地表部分，一般品位较高，脉幅较大，含脉率较多；产于花岗岩的石英脉，一般品位较差，脉幅较小，且往下延深大部分不到 100m 便迅速尖灭。全区较大的含矿矿脉约 170 余条，主要为走向 NEE 和走向 NWW 两组，且多见后者切割前者。

花岗岩型铷钨铌钽多金属矿主要赋存于花岗岩内，地表主要分布在矿区良源上营暖水窝—火烧山一带，为岩体的小隆起部位。岩体往深部逐渐过渡为中细粒斑状黑云母花岗岩。成矿元素除铷钨外，还有铌钽锡铋钼等。矿体位于该处燕山期花岗岩的顶部，矿石为浸染状及细脉浸染状的云英岩和白云母钠长石花岗岩，铷铌钽矿化主要呈浸染状分布于细粒白云母钠长石花岗岩中。

云英岩型铷铌钽钨钼铋多金属矿主要分布在花岗岩型铷铌钽多金属矿的上部。按产出形式不同可分为云英岩脉、石英脉侧云英岩和接触带云英岩 3 种。

云英岩脉：为深部含矿花岗岩分异形成的云英岩或白云母化钠长石花岗岩的前锋部分，常呈脉状分布于岩体顶部的变质砂岩裂隙或破碎带中，内常有黑钨矿、白钨矿、辉钼矿、锡石、辉铋矿等，硅化发育时，见石英细脉。

矿区石英脉破碎带型矿（体）往往产于硅化破碎蚀变带，以河渡一带 V4 矿脉为代表。该石英脉-破碎带含铅、锌、银矿化，全脉地表长 1075m，矿体连续长 812m，厚 0.88～1.74m，比较稳定，WO_3 品位较高。

良源矿区呈 EW 向展布，圈定了 6 个铷铌钽钨多金属矿体。其中：

Ⅰ号铷钨铌钽矿体是目前圈定的最大矿体，地表有 4 处矿体露头：中心为呈"S"形近 EW 向展布的云英岩矿体，长约 500m，宽 10～30m；北部为被天子岭组分隔成东西大小不等的两块云英岩矿体，西侧较大的矿体露头长 830m，宽 200～380m，东侧较小的矿体呈半个弯月形，矿体露头长约 300m，宽几米至 100m 左右；南部云英岩矿体呈橄榄状，长 300m，宽 110m。上述 4 处矿体所展布的范围在 1km² 以上（图1）。

Ⅰ号矿体地表近 EW 向分布的含黑钨矿石英脉密布，深部为云英岩型和白云母钠长石花岗岩型铷钨铌钽多金属矿体。

云英岩矿石呈灰白色、白色，花岗结构、块状构造，矿石矿物主要为白云母和石英，局部地段为云母岩（均为白云母组成的集合体），金属矿物主要有黑钨矿、白钨矿、锡石、辉钼矿、钨铅矿、钼铅矿、黄铁矿、黄铜矿、方铅矿、褐钇铌矿、铌铁矿、钽铁矿等。

云英岩矿石中除铷铌钽外，钨锡钼铋含量较高，常构成共生或伴生矿产。

白云母化钠长石花岗岩矿石，为白云母化钠长石花岗岩，局部夹云英岩，岩石呈灰白色、细粒花岗结构，块状构造。肉眼见呈星点状分布的铅灰色辉钼矿，浸染状黄铁矿和多条乳白色、烟灰色石英脉。矿石中局部地段蚀变强烈，岩石呈松散颗粒状。矿石中见黄铁矿化及辉钼矿化，局部可见零星黄铜矿化，黄铁矿和辉钼矿呈浸染状，铌钽矿化与白云母化、云英岩化密切相关，云英岩化强烈的地段，铌钽矿化也好，品位也高。

矿体呈层状、似层状分布于矿区花岗岩的顶部。自上而下矿体的矿化、赋矿岩性、蚀变均呈明显的分带现象，矿石类型（自上而下，下同）：云英岩—白云母钠长石花岗岩—二云母花岗岩，成矿元素呈钽（钨、锡）-铌-铷的变化特征，矿体呈钽铌铷钨锡—铌铷（伴生钽、钨、锡）—铷伴生（铌、钽）—铷的变化趋势。

矿区矿石矿物复杂，矿石除黑钨矿外，还伴生金属矿物：锡石、黄铜矿、辉铋矿、辉钼矿、白钨矿、方铅矿、闪锌矿、黄铁矿、毒砂、磁黄铁矿、黝锡矿及次生氧化物褐铁矿、赤铁矿、钨华、铋华、钼华、孔雀石、铜蓝、臭葱石等，铷铌钽矿的矿石矿物主要有白云母、钠长石、钾长石等，脉石矿物主要有石英、萤石、绿柱石、方解石、叶蜡石、绿泥石等。

矿石以浸染状、块状和角砾状构造为主,花砂状、小囊包状构造和条带状为次。

矿区围岩蚀变发育,石英脉型蚀变内带为云英岩化、硅化、钾化,外带为白云母化、绢云母化、硅化;云英岩型主要以云英岩化为特征,并伴随硅化、白云母化和少量钾化;矽卡岩型内接触带以钾化、高岭土化和碳酸盐化为主,外接触带呈矽卡岩化和角岩化;破碎带蚀变岩型蚀变以发育绿泥石化、碳酸盐化、绢云化、黄铁矿化、硅化等中低温蚀变为特征;岩体型主要以绢云母化、硅化、钾化、云英岩化、高岭土化和绿泥石化等位特征。

根据矿物生成次序关系及矿物共生组合等特征,初步将良源铷钨矿化作用划分为两期(早期岩浆作用成矿期、晚期热液交代期)、6个阶段(燕山早期花岗岩高分异铷钨铌钽多金属成矿阶段、钨锡钼铋多金属矿成矿阶段、矽卡岩化钨锡多金属矿成矿阶段、高温热液钨锡多金属矿实况阶段、中温热液铅锌矿成矿阶段和低温成矿阶段)。

(二)南山坑钨锡多金属矿区找矿成果

广东始兴南山坑钨锡多金属矿床位于广东省始兴县罗坝乡境内,是以矽卡岩型钨锡矿为主,兼有石英脉型钨钼矿和花岗岩型钨钼多金属矿的复合型矿床。

矿区构造简单,地层产状一般呈 NE—NEE 走向,倾向 NW,倾角 15°～30°。区内成矿前期的裂隙构造较发育,地层中裂隙以 NW-SE 向为主;燕山期中粒花岗岩中的含矿石英脉及晚期细粒花岗岩脉以 NEE 或近 EW 向为主。

区内出露地层以古生代为主,主要为寒武系、泥盆系浅变质碎屑岩及碳酸盐类岩石(图2)。

受岩浆活动影响,矿区矽卡岩化强烈,受上泥盆统天子岭组(D_3t)钙质砂岩、灰岩等含钙地层控制的矽卡岩含矿建造已变质为多层矽卡岩,为主要含矿层位。自上而下,矽卡岩呈阳起石矽卡岩→符山石透闪石矽卡岩→硅灰石透辉石矽卡岩→透辉石石榴石矽卡岩→石榴石矽卡岩→大理岩→绿帘石透辉石矽卡岩的变化趋势。不同层位的含矿矽卡岩具有不同的矿化特征,钨锡多金属矿化则呈层状、透镜状分布于矽卡岩中。天子岭组上部主要为阳起石矽卡岩,矿化以钨铅锌多金属为主,中部较为复杂,主要为符山石透辉石矽卡岩,并常见石榴石、硅灰石等,矿化以钨锡为主,下部主要为透辉石石榴石矽卡岩,矿化以白钨矿为主。

区内岩浆岩以酸性岩为主,主要有中粒黑云母花岗岩(γ_5^{2-2a})、中细粒黑云母花岗岩(γ_5^{2-2b})、花岗斑岩、细粒黑云母花岗岩(γ_5^{2-3a})和细粒二云母花岗岩、石榴石白云母花岗岩(γ_5^{2-3b});脉岩主要有斜闪煌斑岩、石英脉,其次为云斜煌斑岩、伟晶岩、花岗细晶岩等,均为燕山期产物。其中以中粒黑云母花岗岩分布较广,其次为细粒二云母花岗岩。主要有四次侵入活动:即燕山早期第二阶段第一次侵入的中粒似斑状黑云母花岗岩,燕山早期第二阶段第二次侵入的细粒似斑状黑云母花岗岩、细粒白云母花岗岩、白云母二长花岗岩、细粒碱长花岗岩、燕山早期第三阶段第一次侵入的中细粒(似斑状)花岗岩和燕山早期第三阶段第二次侵入的细粒浅色花岗岩。燕山早期第三阶段第一次侵入花岗岩锆石 SHRIMP 年龄为 159～156Ma。钨钼多金属矿化主要与燕山早期第三阶段(γ_5^{2-3})侵入的细粒二云母花岗岩有关。

南山坑矿区由近 EW 向展布的南北两个矿带组成。

南矿带(Ⅰ号)呈条带状,近 EW 走向,宽 500m,长 2000m,矿化主要为矽卡岩型锡钨矿化、花岗岩型、斑岩型钨钼矿化。有4层矿体:浅部矽卡岩型钨锡矿、接触带矽卡岩型白钨矿体、花岗岩内云英岩型钨锡多金属矿体、深部花岗岩型钨钼多金属矿体。

北矿带(Ⅱ号)矿带受矿区上泥盆统天子岭组地层控制,主要金属矿物为黑钨矿、白钨矿、黄铜矿、黄铁矿、闪锌矿、方铅矿等,局部地段银、铜、锌含量较高,主要有3层,自上而下分别厚38m、154m和102.7m。矿化呈钨铜铅锌多金属矿—钨锡—白钨矿的变化趋势。含矿矽卡岩呈面型分布,总厚度约294.7m,在Ⅱ号矿带的分布面积达 2.26km²。

南山坑花岗岩型钨钼矿床是岩浆高分异作用的结果,石英脉型钨矿属岩浆晚期气化热液作用的结果。花岗岩型矿体与石英脉型矿体在时空和成因上的关系相当密切。

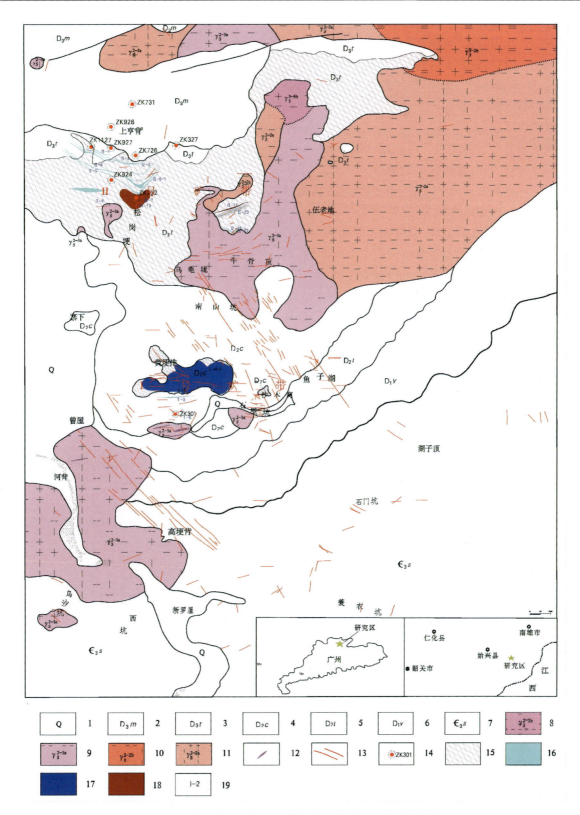

图 2 广东省始兴县南山坑钨锡多金属矿区地质矿产简图

1.第四系;2.上泥盆统帽子峰组;3.上泥盆统天子岭组;4.中泥盆统春湾组;5.中泥盆统老虎头组;6.下泥盆统杨溪组;7.上寒武统水石组;8.燕山早期第三阶段第二次侵入花岗岩;9.燕山早期第三阶段第一次侵入花岗岩;10.燕山早期第二阶段第二次侵入花岗岩;11.燕山早期第二阶段第一次侵入花岗岩;12.含黑钨矿酸性岩脉;13.石英脉;14.采样钻孔;15.矽卡岩;16.低品位钨矿体;17.钨矿体;18.钨锡矿体;19.矿体编号

南山坑钨锡钼多金属矿床矿物种类较多,已查明的矿物有30余种,主要有黑钨矿、锡石、辉钼矿、白钨矿、辉铋矿、辉铅铋矿、黄铜矿、黄铁矿、磁铁矿、闪锌矿、斑铜矿、褐铁矿、毒砂等。非金属矿物有石英、白云母、萤石、绿柱石、黄玉、叶蜡石、绿泥石、绢云母、高岭土、电气石、透辉石、石榴石、符山石、绿帘石、阳起石、硅灰石、方解石、透闪石、孔雀石等。花岗岩型的钨矿石中还有大量钾长石、钠长石以及微量的磁铁矿、磷灰石、锆石、独居石等。矿区铋、钼含量达到综合利用指标,既可作为伴生有用矿物,又可独立构成相应的矿体。

矿石结构有自形晶结构、半自形晶结构、他形晶结构、边缘交替结构、镶嵌粒状变晶结构、交代残余结构、假象结构但仍保留黄铁矿的晶形。

矿石构造主要有浸染状构造、蜂窝状构造、条带状构造、块状构造、晶洞构造。

矿体的围岩蚀变发育,石英脉型蚀变内带为云英岩化、硅化、钾化,外带为铁锂云母化、绢云母化、硅化;云英岩型主要以云英岩化为特征,并伴随硅化、白云母化和少量钾化;矽卡岩型内接触带以钾化、高岭土化和碳酸盐化为主,外接触带呈矽卡岩化和角岩化;破碎带蚀变岩型蚀变以发育绿泥石化、碳酸盐化、绢云化、黄铁矿化、硅化等中低温蚀变为特征;花岗岩型主要以绢云母化、硅化、钾化、云英岩化、高岭土化和绿泥石化等为特征。

根据矿物生成次序关系及矿物共生组合等特征,初步将南山坑钨锡钼多金属矿化作用划分为四期六个成矿阶段,即:早期沉积-交代成矿期(层控钨锡多金属矿沉积成矿阶段)、燕山早期岩浆结晶-交代分异成矿期(燕山早期结晶分异及交代成矿作用阶段、早期矽卡岩成矿阶段)、燕山晚期岩浆侵入及热液-交代叠加成矿期(矽卡岩叠加成矿作用阶段层控叠加改造和矽卡岩成矿阶段即晚期矽卡岩阶段、热液成矿阶段)和表生作用成矿期(次生氧化富集成矿阶段)。

(三)成矿规律与成矿模式研究

通过找矿实践在广东始兴南山坑—良源地区发现了与钨锡、稀有多金属矿有关的含矿建造,主要有中晚泥盆世地层控制的矽卡岩含矿建造、燕山期高分异花岗岩中白云母化钠长石花岗岩、二云母花岗岩和石榴石花岗岩含矿建造四类。

在重点探索研究了燕山期高分异花岗岩中晚期含浸染状钨钼矿体的花岗岩型("体中体"式)钨钼多金属矿床、("高分异"式)铌钽钨锡多金属矿床和中上泥盆统控制的层控矽卡岩型钨锡多金属矿床等与找矿密切相关问题的基础上,建立了南岭东段地区钨锡、稀有、稀土金属矿成矿模式(图3)。

(1)南岭东段钨锡多金属矿床类型以石英脉型、花岗岩型(蚀变花岗岩型、云英岩型、细脉浸染型、花岗岩脉岩型)、矽卡岩型为主,矿床的地质特征表明,本区广泛分布的钨、锡等矿床在成因上多与燕山期高分异花岗岩有密切联系,钨矿体主要是产在离接触面1000m范围的接触带中。由于区域成矿地质条件的差异,这些矿床类型既可独立产出,又可共存一体、相伴而生,往往形成多种矿化类型,成为"多位一体"的复合矿床。石英脉"五层楼"模式普遍发育,它常与其他类型的钨矿共生或伴生组成复合型矿床的一部分,因此,在一定程度上可以作为其他类型矿床的找矿标志。

(2)在南山坑地区燕山期高分异花岗岩中新发现的晚期含浸染状钨钼矿体的花岗岩型("体中体"式)钨钼多金属矿床、受中上泥盆统地层控制的矽卡岩型钨锡矿床和良源地区发现了燕山期高分异花岗岩体高分异演化花岗岩型("高分异"式)铷铌钽钨锡多金属矿床,为本区钨多金属成矿模式提供了新内容。

(3)与钨锡多金属矿床有关的燕山期高分异花岗岩体,成矿母岩以黑云母花岗岩、花岗斑岩、细粒似斑状黑云母花岗岩的小岩体为主,少数二长花岗岩、花岗闪长岩。成矿岩浆岩为中酸性—酸性岩[SiO_2变化于$65.638\% \sim 81.98\%$],富F,大多超过74%的超酸性花岗岩,中铝—过铝质,属浅成相强过铝质碱性花岗岩类,成岩年龄165~150Ma。

(4)在不同的地质环境中,各类钨锡多金属矿床在空间相互伴生,构成一定的矿床组合:气成热液带,主要以石英脉型钨矿为主的钨多金属矿床,当成矿岩体侵入碳酸盐岩或含钙质岩地层或成矿元素丰

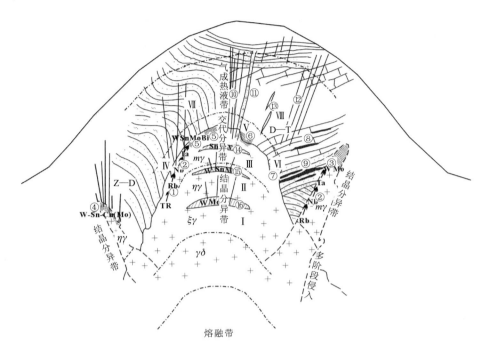

图 3　南岭东段地区钨锡、稀有、稀土金属矿成矿模式图

γδ. 花岗闪长岩；ξγ. 碱长花岗岩；ηγ. 二长花岗岩或黑云母花岗岩；*my*. 白云母花岗岩；Ⅰ. 钾长石化带；Ⅱ. 绿泥石化带；Ⅲ. 白云母化带；Ⅳ. 角岩化带；Ⅴ. 云英岩化带；Ⅵ. 矽卡岩化带；Ⅶ. 斑点状黑云母、绿泥石化带；Ⅷ. 大理岩化带；①～⑤高分异花岗岩型("高分异"式)铷铌钽钨锡多金属矿床：①花岗岩型稀土矿床；②白云母钠长石花岗岩型铷铌钽钨锡多金属矿床；③斑岩型钨钼多金属矿床；④斑岩型钨锡铜钼多金属矿床；⑤云英岩型钨铷铌钽铍钨锡钼铋矿床；⑥～⑨层控矽卡岩型钨锡多金属矿床：⑥矽卡岩型钨锡钼铋多金属矿床；⑦矽卡岩型白钨-多金属矿床；⑧碳酸盐岩型白钨-多金属矿床；⑨矽卡岩型钨锡多金属矿床；⑩脉状裂隙石英脉钨矿床(五层楼式脉钨矿床)；⑪破碎带充填型钨锡多金属矿床；⑫脉状钨锡铜铅锌锑矿床；⑬伟晶岩型铌钽铍锂矿床；⑭～⑯燕山期复式花岗岩中晚期高分异花岗岩浸染型"体中体"式钨多金属矿床：⑭云英岩型钨锡钼铋铅锌银矿床；⑮花岗岩型钨锡多金属矿床；⑯花岗岩型钨钼多金属矿床

度高的地层时,常形成矽卡岩型层状、似层状浸染型钨锡矿床;热液交代带主要发育云英岩型、细脉浸染型、花岗岩型("高分异"式)为主的铷铌钽钨锡多金属矿床;在岩浆多次侵入或结晶分异带主要发育花岗岩型"体中体"式为主的钨钼多金属矿床。

(5)南山坑矿区在成矿过程中,成矿元素自下而上呈 W、Mo(花岗岩型)—Mo(花岗岩型)—W(蚀变岩型、矽卡岩型)—W、Sn(矽卡岩型)—W、Mo(石英脉型)的特征。

(6)良源矿区在成矿过程中,成矿元素自下而上呈 Ta(云英岩型、花岗岩型)→Nb(云英岩型、花岗岩型)→Rb(花岗岩型)→W、Sn、Mo、Bi、Pb、Zn、Ag(花岗岩型)→W、Sn、Mo、Bi(花岗岩型)→W、Mo(石英脉型)。

四、成果意义

通过项目实施,在南岭成矿带东段实现了钨锡、铷钨矿找矿突破,丰富和完善了钨锡、稀有多金属矿成矿理论,为南岭成矿带乃至整个华南地区钨锡、稀有多金属矿找矿提供了经验和示范。

第三十六章 江西崇义淘锡坑外围钨矿调查评价

丁明　陈小勇　邬思涛　游磊　曾以吉
廖春良　曾载淋　谢有炜　陈琪

(江西省地质调查研究院)

一、摘要

针对淘锡坑钨矿进行了典型矿床研究,完善了"五层楼＋地下室"成矿模式。结合以往工作成果,在淘锡坑外围通过模式找矿应用,提交找矿靶区 5 处(东峰、长流坑、羊古脑、石咀脑、碧坑),新发现矿产地 2 处:崇义县东峰钨锡矿估算 334_1 资源量:WO_3 5894t、锡 2641t、铜 4047t;崇义县长流坑钨矿初步估算 $333+334_1$ 资源量:WO_3 5324t、锡 2238t、铜 1901t。

二、项目概况

工作区位于江西省崇义县城西南约 20km,属南岭钨锡成矿带的东段,包含淘锡坑、仙鹅塘、高垒、长流坑、碧坑、东峰、羊石脑、左溪等地段。工作起止时间:2010—2012 年。主要任务是以钨为主攻矿种,以大型矿床为找矿目标,以石英脉型、岩体型、破碎蚀变岩型、云英岩型钨锡矿为主攻矿床类型,开展淘锡坑钨矿外围的矿产调查评价,通过对化探异常查证及矿点检查,选取有突破潜力的矿区进行评价,实现钨矿找矿突破。

三、主要成果与进展

(一)在矿产地质和典型矿床研究等方面取得的新认识和成果

1. 通过三年工作,收集整理了淘锡坑钨矿历年来的地质勘查工作成果,结合本次工作,对淘锡坑典型钨矿床进行了系统研究:探讨矿区成矿地质作用;利用电子探针、X 射线衍射、拉曼光谱、等离子质谱等分析技术,对区内主要矿石矿物黑钨矿、白钨矿、辉铋矿、黄铁矿、磁黄铁矿、黄铜矿、闪锌矿等,脉石矿物白云母、石英等的产出特征和成分进行研究;对黑钨矿石英脉中流体包裹体测试,成矿温度在 160～410℃区间,但主要温度集中于 180～390℃;对矿区含矿石英脉中的石英单矿物进行了氢、氧同位素测试,结果显示:采自矿区黑钨矿石英脉中的 9 件石英 $\delta^{18}O$ 值非常接近,范围仅在 9.6‰～12.1‰之间,平均值为 11.1‰,表明其成矿流体应属同源的产物,成矿热液主要来源于岩浆,但可能有少量的大气降水混入;矿床的成矿时代根据同位素测定成矿年龄为 154.4Ma,成岩年龄为 158.2Ma,岩体与成矿关系密切;进行一步完善"五层楼＋地下室"的成矿模式。

2. 物、化、探工作先行,其中东峰、羊古脑、长流坑、石咀脑矿区分别圈定 1∶1 万土壤综合异常 11、12、10、9 个,共 42 个局部土壤异常;东峰矿区在圈定局部磁异常 10 个的基础上,根据音频大地电磁测深成果初步推断、预测了隐伏岩体断面形态。

3. 东峰矿区曾山里区段圈定宽 50～130m、长 1000m 的近 EW 向矿化带 1 条,施工验证钻孔 2 个,见矿的 ZK7071 共揭露钨铜锡石英矿脉 9 条,厚度为 2～35cm,品位钨锡 0.028%～2.80%,铜为 0.081%～2.59%;滴水寨区段圈定 NE 向云母、石英线钨锡矿化带长 400m、宽 45m;西坑口区段在民隆调查的基础上大致圈定 NE 向矿体 5 个,单脉脉幅 5～15cm,脉距 5～20m,控制走向长为 40～100m。在长流坑矿区地表圈定近 EW 矿化带 1 条,发现视厚度为 4.50m,最高品位 WO_3 0.112%、Sn 1.42% 的矽卡岩型钨锡矿体;另在其他配套项目资金中施工的 ZK301 中,见黑钨矿石英脉 4 条,厚度、WO_3 品位分别为 16cm、1.91%,50cm、2.88%,23cm、0.60%,7cm、2.80%,并在弱矽卡岩化细砂岩中发现厚度、品位分别为 90cm、0.312% 的白钨矿体。

4. 综合研究认为,东峰矿区钻孔尚未揭露到隐伏的岩体,但发现富钨锡石英细脉带,根据"五层楼+地下室"的成矿模式,表明向下具较大资源潜力,找矿空间大于 500m。

5. 根据本次工作,并结合以往工作成果,提供找矿靶区 5 处(东峰、长流坑、羊古脑、石咀脑、碧坑矿区),其中新发现东峰矿区、长流坑矿区 2 个矿产地。

(二)新发现矿产地介绍

1. 东峰钨锡矿

位于江西省崇义县 240°方向 16km,地处九龙脑成矿岩体北部外接触带,北东部紧邻淘锡坑钨矿,面积 26km²。

出露地层主要为震旦系、奥陶系,在矿区东麓有泥盆系、石炭系沉积岩系,此外,沿沟谷低洼处有第四系覆盖。地层总体产状:倾向 250°～290°,倾角 24°～80°(图1)。

(1)矿区开展了 1:1 万地面高精度磁测 12km²,圈出 8 个局部磁异常区共 10 个局部磁异常。根据磁异常的展布特征并结合地质资料综合分析,新推断了 6 条断裂构造,其中 EW—NE 向 4 条,NW 向 2 条。根据磁测解释,推断 C1 等 8 个磁异常与断裂构造或矿化有关,并认为在该异常区域寻找磁铁矿或与其伴生的其他金属矿床有进一步开展勘查工作的价值。局部磁异常及推测断裂的分布特征推测断裂具体形态见表 1 和图 2。

(2)本次在圈定地面磁异常和土壤元素综合异常叠合较好的曾山里区段布置了线距 300m、方位 315°～135°且相互平行的 7 条 1:1 万音频大地电磁测深(AMT)试验性剖面。从断面异常看,7 条剖面地电结构基本相同,以 $\rho_k<2000\Omega \cdot m$ 的形式出现,自新至老,岩性电阻率略有升高,总体呈层状分布,岩体电阻率相对较高,在断面图上异常以山峰状叠加于碎屑岩异常之上,且与磁法剖面高磁异常相吻合。卡尼亚视电阻率量值上总体可划分三层地电结构,浅部(深度 100m 左右)$\rho_k<1000\Omega \cdot m$,中深部(深度>100m),$\rho_k$ 略高于浅部,其值大致在 1000～2000Ω·m,断面等值线纵向上呈波状起伏,横向上与地形近似平行,等值线均匀、流畅,局部高或低阻异常较少,浅部有一定范围小于 400Ω·m 区域;$\rho_k>$ 3000Ω·m 区域主要分布在标高 300m 以深,呈向上突出的山峰状叠加于 1000～2000Ω·m 的背景之上,高阻异常断面等值线主体走向呈垂向,异常中心区域 $\rho_k>5000\Omega \cdot m$。

综合 7 条音频大地电磁测深(AMT)剖面地电结构和 ρ_{kxy} 反演拟断面图综合分析后推断:①区内以隐伏岩体为主,主要发育于标高 0m 以深,呈山峰状侵入奥陶—震旦系;②测线控制范围内,地层上部主要以中泥盆统为主,倾向 N,与下伏奥陶系—震旦系呈不整合,厚度一般在 100～200m;③F_1 断裂倾向 S,倾角 45°左右,断面呈波状起伏,控制岩体侵入。

(3)东峰测区开展 1:1 万的土壤化探,工作面积为 15km²,加上其他项目的 6km² 化探工作区,合并成图面积为 21km²。土壤测量数据用 MapGIS 空间分析的泛克里格网格化成图,并采用各元素的二级浓度带进行异常迭加,圈定综合异常的位置,以各综合异常中异常最好的元素作为主攻元素,筛选出 11 个综合异常,其具体特征可见表 2。

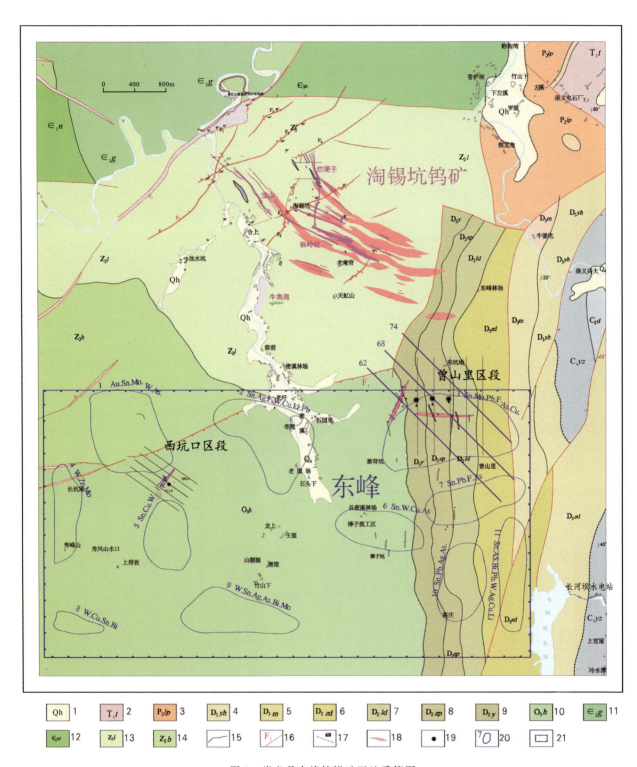

图 1 崇义县东峰钨锡矿区地质简图

1.第四系全新统；2.下三叠统铁石口组；3.中二叠统乐平组；4.上泥盆统洋湖组；5.上泥盆统麻山组；6.上泥盆统嶂东组；7.中泥盆统罗段组；8.中泥盆统中棚组；9.中泥盆统云山组；10.上奥陶统黄竹洞组；11.中寒武统高滩组；12.下寒武统牛角河组；13.上震旦统老虎塘组；14.上震旦统坝里组；15.地质界线；16.断裂及编号；17.物探测线及编号；18.矿化标志带 19.完工钻孔；20.1∶1万土壤异常及编号；21.工作区范围

表 1 磁测推断断裂一览表

断裂编号	断裂(位置)名称	走向	走向长度(m)	主要推断依据
F_{I-1}	老圩-枫树坪	NE	3000	串珠状异常
F_{I-2}	西坑口-老屋	EW—NE	1000	磁异常梯级带
F_{I-3}	寨背坑	NE	1000	串珠状异常
F_{I-4}	曾山里	EW—NE	1400	异常梯级带、串珠状异常
F_{II-1}	西坑口北	NW	300	磁异常梯级带、拐点
F_{II-2}	曾山里东	NW	200	磁异常梯级带

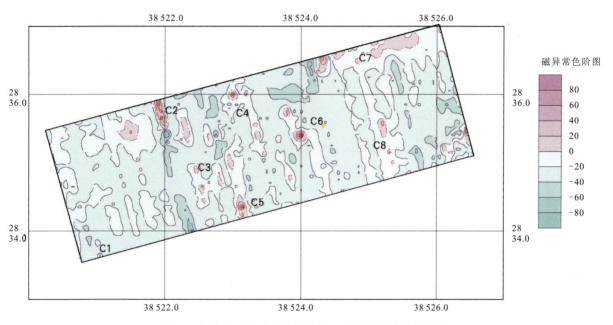

图 2 东峰矿区地面高精度磁测 ΔT 异常平面等值线图

综合异常图显示,在矿区东部异常比较密集,且以 Pb、Sn 异常最好;西坑口一带出现 W、Sn、Au 等不同主元素异常;F 异常在东部曾山里西和西坑口北西最强且呈 SN 走向,推断与断裂构造有密切关联性(图3)。

东峰矿区表现为外带石英脉型黑钨矿化,按脉组的空间展布位置,可分为曾山里、滴水寨、西坑口 3 个脉组,曾山里、滴水寨位于矿区的中东部,紧邻淘锡坑钨矿,西坑口位于矿区的中部,矿体工业类型属石英细脉—大脉型黑钨矿。本次工作重点是曾山里区段脉组。

已有地质资料表明,曾山里的矿体脉组赋存于中泥盆统罗段组、中棚组、云山组之间中,出露地表标高+600～+780m,矿脉带宽为 50～130m,控制走向延长 1000m,倾向延深 300～650m。地表矿脉呈石英线、云母线产出,成组出现,脉幅为 0.005～0.02m,施工 ZK7151、ZK7071 钻孔及收集的 ZK7001 钻孔显示,矿脉往深部逐渐增大至 0.02～0.35m,矿脉产状稳定,倾向 160°～195°,倾角 75°～85°,有反倾现象。矿脉平均厚度 0.10m,平均品位 WO_3 1.14%、Sn 0.915%、Cu 1.117%,最高品位 WO_3 3.40%、Sn 6.08%、Cu 3.63%。脉组间单脉相互平行,具分枝复合、尖灭侧现等现象。共发现大于 2cm 的石英脉 9 条,其中具有工业价值的 5 条,分别为 V1、V2、V3、V4、V5。

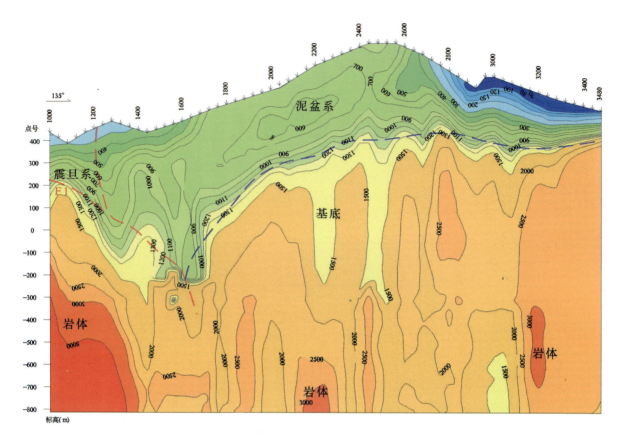

图 3　崇义东峰矿区 86 线 AMTρ_{kyx} 及推断地质断面图

表 2　崇义县东峰测区 1∶10 000 土壤测量综合异常统计表

异常编号	形态	异常面积（km²）	异常分带	异常主成矿元素	异常峰值 Au(10^{-6}),其他(10^{-9})
1	近等轴	0.86	Au3・Sn3・Mo3・W2・As2・F2・Li2・Sb2	Au、Sn	Au80,Sn72
2	不规则	0.98	Sn3・Ag3・F3・W2・Cu2・Li2・Pb2・	Sn、W	Sn141,W141
3	半圆	1.03	Sn3・Mo3・Pb3・F3・As3・Cu2・Li2・Sb2・Zn2	Sn	Sn126
4	长条	0.36	W3・Zn3・Mo2	W	W70,Zn10 000
5	椭圆	0.4	Sn3・Cu3・W2	Sn、W	Sn331,W57
6	椭圆	0.43	Sn3・W2・Cu2・As2	Sn、W	Sn263,W41
7	椭圆	0.45	Sn3・Pb3・F3・As2	Pb、Sn	Pb1001,Sn39
8	长条	0.12	W2・Cu2・Sn2・Bi3	SnW	Sn813,W57
9	长条	0.63	W2・Sn2・Ag3・As3・Bi3・Mo2	Ag、W、Sn	Ag65,Sn209,W171
10	椭圆	0.48	Sn2・Pb3・Ag3・As3・F3・Bi2Li2・Sb2Zn2	Sn	Sn65
11	长条	0.42	Sn3・AS3・Bi3・Pb3・W2・Ag2・Cu2・Li2	Sn	Sn110,W45

西坑口矿体脉组赋存于上奥陶统黄竹洞组，地表有大量民采现象，出露地表标高+420～+520m，矿脉带宽 80m，走向延长 200～300m，倾向延深 300～500m。矿脉呈石英细脉薄脉，脉幅 0.05～0.20m，收集的 ZK6001 钻孔证实矿脉向下延深脉幅变化不大，矿脉产状稳定，倾向 120°～130°，倾角 75°～85°，局部有反倾现象，较陡峻，脉壁波状弯曲频繁，具膨大缩小现象。共发现大于 0.05m 的石英脉 8 条，其

中具有工业价值的 3 条，即 V8、V9、V10。

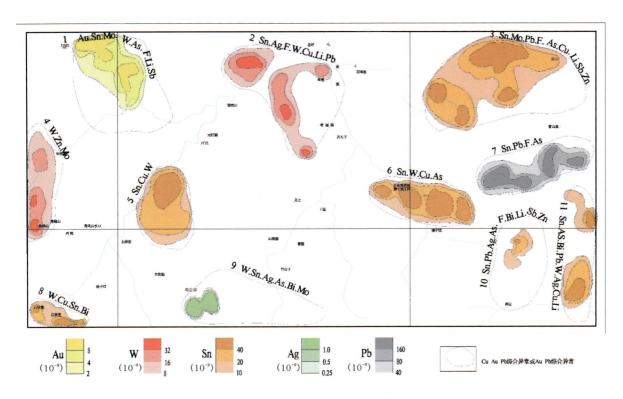

图 4　崇义县东峰地区 1:1 万土壤测量综合异常图

滴水寨区段圈定一个 NE 走向云母、石英线钨锡矿化带，带长大于 400m，带宽为 45m，产状以倾向 115°～135°、倾角 65°～82°为主。主要以云母线、石英线为主，脉幅 0.2～2.0cm，最大脉幅 5cm，可见黑钨矿、锡石、硫化物，围岩蚀变也较强。

东峰矿区各矿体特征见表 3 及图 5。

表 3　东峰矿脉主要矿体特征一览表

矿体号	控制标高 (m)	走向延长 (m)	延深 (m)	产状 (°)		平均厚度 (m)	平均品位（%）		
				倾向	倾角		WO_3	Sn	Cu
V1	650～200	300	450	345～5	75～85	0.04	3.400	1.040	0.714
V2	650～120	400	530	345～5	75～85	0.08	0.719	0.511	1.148
V3	650～190	300	460	345～5	75～85	0.09	0.008	2.140	0.144
V4	650～180	300	470	345～5	75～85	0.10	0.008	0.108	2.090
V5	650～100	500	550	345～5	75～85	0.20	1.681	0.830	1.460
V8	480～0	300	480	120～130	75～85	0.20	0.645	0.004	0.001
V9	480～0	300	480	120～130	75～85	0.13	2.126	0.012	0.032
V10	480～0	300	480	120～130	75～85	0.11	0.952	0.008	0.003

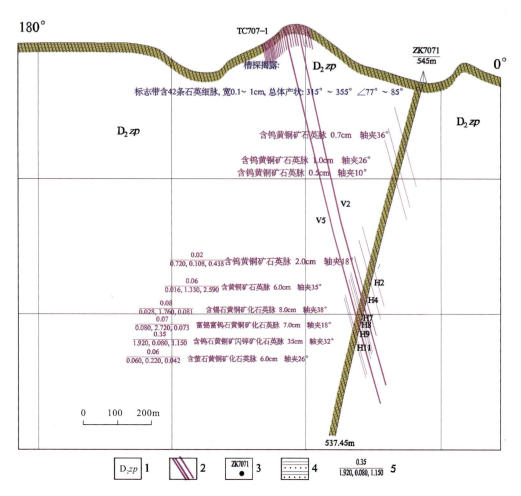

图 5 崇义县东峰钨锡矿矿区 707 号勘探线剖面简图

1. 中泥盆统中棚组；2. 矿带；3. 完工钻孔及编号；4. 石英砂岩夹粉砂岩、页岩；5. 石英脉长(cm)/WO_3%、Sn%、Cu%

崇义县东峰钨矿对脉组中 8 个矿体 V1、V2、V3、V4、V5、V8、V9、V10 进行列表估算。334_1 资源量：WO_3 5894t，锡 2641t，铜 4047t。因此，东峰矿区通过资源储量估算，钨锡已达到新发现矿产地要求。

2. 长流坑钨矿区

位于江西省崇义县 290°方向 12km 处，矿区地处淘锡坑钨矿北面，紧邻高垄矿区，面积 37km²。

矿区出露地层简单，主要为寒武系和奥陶系，此外，尚有少部分第四系全新统沿山坡或山沟零星分布（图 6）。寒武系出露水石组，分布于区内中部、南部，为一套次深海含碳泥质陆源碎屑的类复理石建造。岩性简单，主要为变余石英细砂岩、条带状板岩、含碳板岩夹灰岩透镜体，后者接触变质可形成透闪石岩等矽卡岩类。寒武系含钙地层为区内矽卡岩型锡多金属矿的形成具备了围岩条件。奥陶系主要分布于区内西部及北东角，出露 O_2s 半坑组、对耳石组和茅坪组，由一套板岩类组成，底部变余含粉砂岩，顶部含少量碳质、硅质，并赋存大量笔石化石，属一套静海沉积。主要岩性有：变余长石石英砂岩、变余杂砂岩、板岩、含碳质硅质板岩等。第四系分布广泛，厚度一般 1～5m 不等。堆积类型有残积、冲积、坡积、洪积等。物质组分为褐黄色亚黏土。腐殖土化亚砂土、砂、砾等混杂堆积物。

长流坑矿区 1∶1 万土壤样品化学分析统计结果显示，Cu、Pb、Zn、Sn 元素异常峰值较高，W 元素异常峰值一般。矿区异常以 Sn 为主，有 Sn 异常点 572 个，其中 255 个处于二级浓度带、257 个处于三级浓度带，占整个观测点的 21%。以各元素二级浓度带范围叠加，圈定综合异常 10 个（表 4，图 7）。

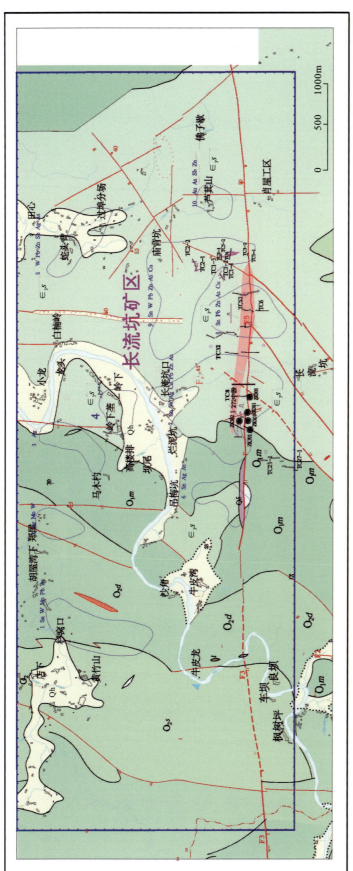

图 6 崇义县长流坑钨矿区地质简图

1. 第四系全新统；2. 中奥陶统石口组；3. 中奥陶统半坑组；4. 中奥陶统对耳石组；5. 下奥陶统茅坪组；6. 上寒武统水石组；7. 中寒武统高滩组；8. 下寒武统牛角河组；9. 斜长细晶岩脉；10. 花岗细晶岩脉；11. 石英闪长岩脉；12. 细晶辉长岩脉；13. 钨锡矿化标志带；14. 含钨锡石英脉；15. 硅化破碎带；16. 地质界线；17. 1∶1万土壤异常；18. 断层产状及编号；19. 工作区范围；20. 完工探槽及编号

表 4　崇义县长流坑测区 1∶1 万土壤测量综合异常统计表

综合异常编号	形态	异常面积（km²）	异常分带	异常主要元素	异常峰值 Au(10^{-9}),其他(10^{-6})
1	不规则状	0.30	Sn3・W2・Mo2・Pb2・As2	Sn、W	Sn251,W74
2	椭圆状	0.20	Ag3・Mo2・W2	Ag、W	Ag5.9,W63
3	花生状	0.20	Ag3	Ag	Ag10
4	近等轴状	0.17	Sn3	Sn	Sn126
5	花生状	0.31	W2・Pb2・Zn2・Sb2・Ag2・As2	W	W90
6	不规则状	0.17	Sn3・Ag2・As2	Sn	Sn195,Ag1.2
7	不规则状	1.43	Sn3・W3・Ag3・Cu2・Pb2・Zn2・As2・Sb2	Sn、W	Sn1100,W275
8	近等轴状	0.53	Sn3・Pb2・Zn2・As2・Cu2	Sn	Sn234
9	不规则状	0.94	Sn3・W2・Pb2・Zn2・As2・Cu2	Sn、W	Sn479,W139
10	近等轴状	0.14	Au2・As2・Sb2・Zn2	Au	Au20

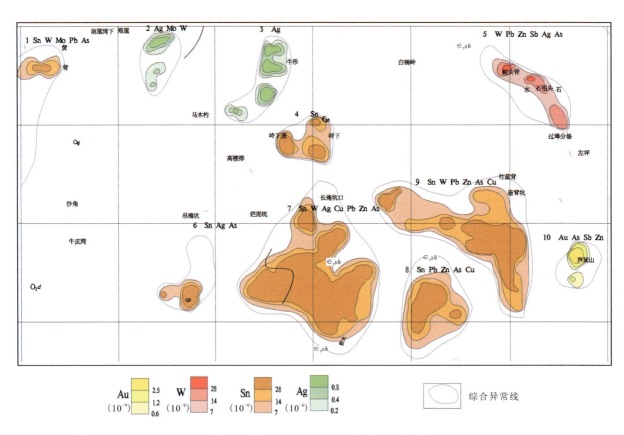

图 7　崇义县长流坑矿区 1∶1 万土壤测量综合异常图

遥感解译显示矿区内存在环状构造,表明本区不但断裂构造发育,岩浆岩广泛分布,而且深部可能存在隐伏岩体,成矿条件有利。

长流坑矿区表现为外带石英脉型钨锡矿化,局部见矽卡岩型白钨矿化。石英脉型矿体呈脉状,成组出现,矽卡岩矿体成薄层状,夹在石英脉组间。现已控制 1 个脉组,即 I 号带,是本次工作的重点。

已有地质资料表明,矿脉赋存于寒武系水石组中,部分分布于奥陶系茅坪组,出露地表标高+350～+250m,走向延长300～600m,倾向延深300～500m。地表呈细脉带及细脉,大小0.03～0.10m,已施工的坑道、钻孔证实,矿脉往深部增大至0.20～0.40m,最大厚度0.55m,矿脉产状稳定,倾向165°～185°,倾角70°～80°,有反倾现象。矿脉平均厚度0.47m,平均品位WO_3 0.979%、Sn 0.132%、Cu 0.508%,最高品位WO_3 3.12%。脉组间单脉相互平行,具分枝复合、尖灭侧现等现象。共发现石英脉5cm有10条,其中V5、V6、V8延长、延深稳定,是主要矿体。

矽卡岩白钨矿化严格受含钙砂岩层位控制。在地表及钻孔ZK001和ZK301中,矿体呈薄层状,夹在石英脉组间,其中有3条矿体达到工业价值,即为V1、V3、V4。矿体平均厚度0.75m,平均品位WO_3 0.061%、Sn 0.459%、Cu 0.023%,主要以锡矿为主,白钨矿呈星点状。

经过系统整理矿区2010—2012年勘查成果,并收集矿区历年来施工的钻孔资料,对现揭露矿体进行作图及列表估算,获$333+334_1$资源量:WO_3 5324t,锡2339t、铜2049t。通过资源量估算,长流坑矿区钨已达到新发现矿产地要求。

四、成果意义

在淘锡坑钨矿外围首次先行开展磁法、电法、土壤测量等物化探手段,结合槽探地表揭露、钻孔深部验证的方法进行综合找矿。在东峰矿区通过化探工作圈定异常区,应用物探音频大地电磁测深(AMT)推测矿区隐伏岩体形态,对最优异常区进行深部钻孔验证工作,从而揭露出新的矿化带。该综合找矿方法应用打破了单一的钨矿找矿方法,取得了突出的找矿效果。

进一步完善"五层楼+地下室"的成矿模式。通过应用该成矿模式在区域上进行找矿,新发现找矿靶区5处,新发现矿产地2处(长流坑、东峰)。表明该成矿模式在区域上,尤其是寻找隐伏矿体有良好的应用前景。

第三十七章 江西竹山—广东澄江地区钨锡多金属矿远景调查

肖惠良　范飞鹏　陈乐柱　李海立　鲍晓明　蔡逸涛　张洁　周延

（中国地质调查局南京地质调查中心）

一、摘要

通过在江西竹山—广东澄江地区开展矿产远景调查，新发现了一大批矿（化）点。1∶5万水系沉积物测量共圈定单元素异常733个，其中具有三级浓度分带的异常246个，圈定化探综合异常43个。对区内特色矿产——风化壳离子吸附型（淋积型）稀土矿床进行了深入研究。总结了该区控矿地质因素、找矿标志和分布规律，建立了钨锡多金属矿综合找矿模型。划分了12个找矿远景区，圈定了11个找矿靶区。

二、项目概况

工作区位于粤北赣南交界地带，地理坐标：东经114°15′00″—114°45′00″，北纬24°50′00″—25°10′00″。工作起止时间：2011—2013年。项目主要任务是以锡、钨为主攻矿种，在江西竹山—广东澄江地区开展矿产远景调查。通过1∶5万矿产地质测量、1∶5万水系沉积物测量、1∶5万自然重砂测量和1∶5万遥感地质解译工作，查明区域控矿地质条件，圈定物化探异常和找矿远景区；利用大比例尺地、物、化、遥等手段，配合地表工程，开展系统矿产检查，提出可供进一步工作的找矿靶区。

三、主要成果与进展

（一）基础地质取得的认识

江西竹山—广东澄江地区位于南岭多金属成矿带东段，北西向连平-始兴-郴州钨多金属成矿亚带的东南段。大地构造位置位于欧亚大陆板块与滨西太平洋板块消减带的内侧华夏板块的罗霄褶皱带中部。

区内地层出露较全，有震旦系、寒武系、泥盆系、石炭系、二叠系、白垩系—古近系和新近系，其中以震旦系、寒武系和泥盆系为主。通过工作，确定了中上泥盆统（江西地区中棚组、三门滩组下部，广东地区天子岭组、春湾组和老虎头组）为钨锡多金属的主要含矿层位。

岩浆活动主要有印支期、燕山期。印支期岩浆活动比较微弱，仅有少许中酸性岩株出露，岩性主要为二长花岗岩。燕山期岩浆旋回是区内岩浆最为活动的阶段，同时，这一岩浆活动与本区丰富的内生矿产的成矿作用关系十分密切，岩性主要为花岗岩、石英斑岩及石英正长岩，另有少量脉岩。早期主要为酸性岩浆侵入活动，间有少量基性岩浆侵入，晚期为中深成—浅成相酸性和超基性侵入岩，偶见碱性岩，此外，各种岩脉发育。

本区位于华南褶皱系的信丰-于都坳褶断裂的信丰-全南复背斜东翼，新元古代以来，褶皱、断裂作用强烈，岩浆活动频繁，从而形成了本区甚为复杂的构造图案。区内 EW 向构造，NE—NNE 向构造发育，此外也有 NW 向压性构造和 EW 向构造带。

对侵入岩及其成矿专属性研究成果显示，区内最大的两个岩体(龙源坝岩体和陂头岩体)是两个既密切相关、又各具特点的岩体。龙源坝岩体是自印支期开始活动，且以燕山早期第二阶段为主体的多期多阶段活动的高分异花岗岩，陂头岩体为形成于燕山期的高分异花岗岩。两个岩体具有不同的地球化学特征和不同的成矿专属性。龙源坝岩体主要与钨锡多金属、铀矿、稀有金属矿化有关；陂头岩体主要与稀土、稀有金属矿化有关。

(二)确定了区内钨锡多金属矿的主要找矿标志

江西竹山—广东澄江地区钨锡多金属矿的主要找矿标志为"两层""两体"和"二带"。

"两层"：与钨锡多金属矿关系密切的中泥盆统(江西地区中棚组、广东春湾组)和上泥盆统(江西三门滩组下部、广东天子岭组)为钨锡多金属的主要含矿层位。

"两体"：龙源坝岩体和陂头岩体。源坝岩体岩性主要为中细粒(似斑状)黑云母花岗岩，钨锡钼矿(床)点和铀矿点多，与钨锡钼铀等多金属矿关系密切，可能为钨多金属矿的主要成矿母岩。陂头岩体岩性主要为中粗粒(似斑状)黑云母花岗岩和黑云母二长花岗岩，岩体内部及岩相过渡带分布大量稀土矿点，以风化壳离子吸附型轻稀土为主，其资源潜力十分可观。

"二带"：断裂构造带和接触带。NNE—近 SN 向组断裂及其次级断裂与区内钨锡矿、铀矿关系密切；NE—NEE 向组控制着区内红层盆地的展布，岩浆岩的展布及钨锡多金属矿化、稀土、稀有金属及其萤石矿的分布；断裂交叉部位控制着钨锡多金属矿的分布；灰岩与岩体接触带与矽卡岩型钨锡矿关系密切。

(三)1∶5 万水系沉积物测量圈定了一批有找矿意义的异常

1∶5 万水系沉积物测量将江西竹山—广东澄江地区划分为 8 个地球化学区，即南雄凌江-主田-水口低背景区(Ⅰ)、澄江-棉土窝-青嶂山钨、锡、钼、铋、铅地球化学区(Ⅱ)、青水塘-竹山-龙王岩金、砷、锑、铜、铋地球化学区(Ⅲ)、大树下-桃树坑金、砷、铜、锑、铅、锌地球化学区(Ⅳ)、坪田-社迳-龙班仔低背景区(Ⅴ)、碓头洞钨、锡、钼、铋、铜、砷、银、氟地球化学区(Ⅵ)、黄狗寨-良伞寨-小叶东林场钨、锡、铀、钼、氟、钽、铌、铍地球化学区(Ⅶ)和竹山-官山-安基山-宝莲山-园岭钨、锡、钼、铋、银、砷、铀、氟、钽地区化学区(Ⅷ)，共圈定单元素异常 733 个，其中具有三级浓度分带的异常有 246 个，共圈定综合异常 43 个，其中棉土窝、青嶂山、官山、碓头洞山、小姑村、大坑迳、石围仔、安基山、大塘头、石壁湖、园岭等 11 个异常与区内已知矿床和矿点关系密切。

(四)发现了一批矿(化)点

矿产地质测量及矿产检查，取得了较好的找矿效果。新发现 40 个矿点，其中稀土矿点 21 个，钾长石矿点 2 个，萤石矿点 11 个，铀矿点 4 个，锰矿点 1 个，硅矿点 1 个。

(1)通过调查，确定了钨矿是本区经济价值最大的矿种之一，已知矿床(点)46 处，其中小型以上矿床多处。主要矿床类型为石英脉型、矽卡岩型和花岗岩型。石英脉型钨矿以官山、棉土窝、青嶂山为代表。区内矽卡岩型白钨(铅、锌)矿，找矿潜力较大。在岗鼓山、小姑村等地，接触交代-矽卡岩型钨锡多金属矿化发育，找矿潜力大。调查区内棉土窝、青嶂山及邻区的师姑山等老矿山深部也相继发现了花岗岩型钨钼多金属矿体，随着深部找矿的开展，这类矿体将越来越得到重视。

(2)花岗岩风化壳离子吸附型(淋积型)稀土矿广泛发育，主要分布于陂头岩体的风化壳中，调查中新发现的部分稀土矿点具有一定经济价值，也是本次工作取得的最重要成果之一。

(五)陂头地区稀土矿床特征研究取得新认识

与陂头岩体有关的稀土矿床是江西竹山—广东澄江地区特色矿产，本次调查获得了如下认识。

1. 稀土矿床类型：主要有花岗岩型、热液型和花岗岩风化壳离子吸附型（淋积型）3种，且以花岗岩风化壳离子吸附型为主。花岗岩风化壳离子吸附型钇族稀土矿产，火山岩风化壳离子吸附型铈族稀土矿产，含黄钇钽矿、氟碳钙钇矿的钽-稀土矿床为国内外罕见的矿床类型。稀土矿床在区内广泛分布，矿体形成条件、矿化富集特征、物质成分与赋存状态复杂多样。

花岗岩型稀土矿主要有燕山早期第一阶段含褐钇铌矿钾长石化花岗岩；燕山早期第二阶段含氟钙钇矿、硅铍钇矿、磷钇矿花岗岩；含独居石、磷钇矿花岗岩；燕山早期第三阶段含铌钽铁矿黑鳞云母花岗岩，含铌钽铁矿锂云母花岗岩，含铌钽铁矿细晶石白云母（铷锂）花岗岩，含铌钽铁矿细晶石钠长石化花岗细晶岩，含黄钇钽矿、氟碳钙钇矿锂白云母花岗岩。

热液型稀土矿主要为燕山早期第二阶段含铌钽的锡石-黑钨矿石英脉；含褐钇铌矿的长石-石英脉。

风化壳型稀土矿主要有燕山早期第一阶段风化壳铈族稀土矿；燕山早期第二阶段风化壳钇族稀土矿，上侏罗统火山岩风化壳铈族稀土矿，含独居石、磷钇矿风化壳；燕山早期第三阶段风化壳含铌钽矿。

初步调查显示，风化壳型（淋积型）稀土矿主要分布于花岗岩风化壳中，其形成与第四纪的风化作用密切相关，其矿化与岩体的构造、地貌关系密切，岩体的各个相带，无论是边缘相、过渡相或中心相，只要出露地表，强烈风化，在其风化壳内均见稀土矿产出（图1）。

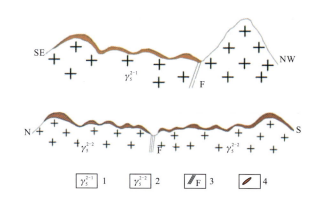

图1 花岗岩风化壳淋积型稀土矿与构造-地貌-风化壳关系示意图
（花岗岩顶部棕色部分为稀土矿体）
1. 燕山早期第一阶段花岗岩；2. 喜马拉雅早期第二阶段段花岗岩；
3. 破矿带破碎带；4. 矿体

2. 花岗岩风化壳（淋积型）稀土矿物质组成。

（1）风化壳的层状结构。淋积型稀土风化壳的厚度一般为数米至30m，是稀土矿体的主要赋存部位。根据风化作用程度的不同，从完全风化的表土层至新鲜的基岩，呈明显的层状结构，即表土层（A）、全风化层（B）、半风化层（C）、弱风化层（D）和基岩（E）（图2）。

A 表土层：可进一步分为两个亚层，腐殖土层（A_1）和亚黏土层（A_2）。

A_1 腐殖土层（厚0～0.3m）：该层呈黑褐色至黄褐色，含有大量植物根系和有机质，疏松多孔，主要由黏土和石英组成，含少量长石，局部该层缺少。

A_2 亚黏土层（厚0.5～1.0m）：呈土黄色至红褐色，植物根系很少，颜色与A层有明显区别，黏结性增强，主要成分仍为黏土和石英，<50μm粒级黏土含量40%～60%。

A_1 和 A_2 层均以出现三水铝石为特征，并且RE_2O_3含量趋于贫化。

B 全风化层：细分为网纹状风化层（B_1）和全风化层（B_2）两个亚层。

B_1 网纹状风化层（厚0～1.2m）：在全风化层上部，由于沿着岩石原有裂隙风化作用更为强烈，形成沿裂隙分布的网脉状亚黏土。纵横交错的亚黏土脉在灰白色至浅肉红色的全风化花岗岩背景上组成土黄色的网纹，因而整体呈现斑杂色。该层<50μm粒级黏土含量相对减少（30%～40%），石英、长石增加，局部出现三水铝石。

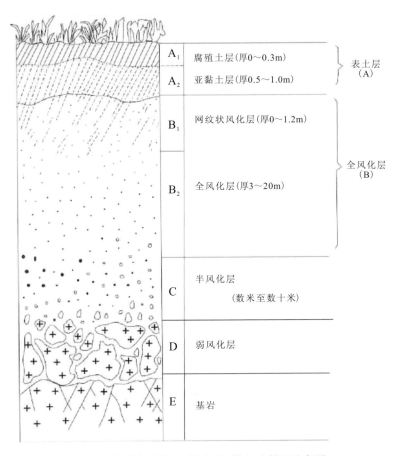

图 2　花岗岩风化壳（淋积型）稀土矿剖面示意图

B_2 全风化层（厚 3～20m）：为灰白色至浅肉红色疏松的全风化花岗岩，易碎（手捏即碎），<50μm 粒级黏土约含 30%，下部出现云母。

RE_2O_3 含量自 B_1 层开始富集，B_2 层则为矿体的主要部位。

C 半风化层（厚数米至十几米）：<50μm 粒级黏土含量进一步减少（15%～20%），云母、长石大量增加，岩石的疏松程度大大降低。该层与全风化层是逐渐过渡，其顶部富集 RE_2O_3，构成矿体。

D 弱风化层：厚度取决于岩石破碎和裂隙发育程度，浅井一般达不到该层，黏土极微，主要沿裂隙分布，除长石开始风化和少量云母水化外，岩石基本保持原貌。RE_2O_3 含量与基岩相同。

(2) 风化壳淋积型稀土矿矿物成分特征：风化壳中大于 50μm 粒级（过 250 目筛）的残余碎屑矿物主要为石英、长石、云母以及含量甚微、种类繁多的各种副矿物，主要有锆石、独居石、磷钇矿、铌铁矿、褐钇铌矿、电气石、黄玉、菱铁矿、褐铁矿、软锰矿、赤铁矿、磁铁矿、锐钛矿、钛铁矿、辉铋矿等。

石英主要集中于大于 2.5mm 粒级中（占各粒级总量 90% 以上）自上而下呈逐渐增多的趋势，石英呈不规则粒状，表明常凹凸不平，凹坑处被黏土化的长石充填。

长石（微斜长石和更钠长石）与石英不同，长石主要集中于<2.5mm 粒级中，由于长石在风化作用中极不稳定，绝大多数都已黏土化，疏松易碎。剖面自上而下，长石含量也增高，且增高的幅度超过石英，它反映了风化作用强度增强。

残余云母的种类取决于原岩。黑云母在表土层和全风化层均已褪色，水化。残留云母多见于半风化层。在表生条件下，黑云母比白云母更不稳定，极易水化为蛭石。

风化壳中小于 50μm 粒级的矿物主要有高岭石、埃洛石，次为少量蒙脱石、三水铝石。

高岭石结晶形态一般均较差，很难见到完好的六边形。片径大小不等，一般小于 0.5μm。在剖面上部的表土层中高岭石含量较高,多于埃洛石,向下有减少的趋势。

埃洛石自上而下逐渐增多,且结晶形态呈明显有规律的变化。在表土层中,埃洛石呈短管状($0.3\sim0.5\mu m$),轮廓不甚清晰,至全风化层,埃洛石呈密的集合体,轮廓较清楚,管的长度增加,可达 $1.2\sim4.5\mu m$。再向下至半风化层,埃洛石主要呈栅状连生的集合体,结晶度差,为风化作用初期的产物。

三水铝石见于表土层和部分全风化层,形态为浑圆的多边形。

蒙脱石主要出现于半风化层和风化层下部,呈片状,边缘模糊不清。

云母见于半风化层和全风化层下部,呈不规则片状,片径 $2\sim3.5\mu m$,可见表面呈现干涉条纹。

其他副矿物包括残余的金红石、锆石以及各种富含 REE、Fe、Ba、Sr、Zr、P、S 的微小质点,这类质点分为 4 种形态:①呈极细小($<0.01\mu m$)散染状的富铁质点,出现于表土层和全风化层,能谱分析这类富铁质点含有少量 Si、Al、Ca 等;②近椭圆形或浑圆状多边形的单个质点,轮廓较清晰,直径 $0.2\sim1\mu m$,富含 Ba、P、S、Si、Al、Zr 和 REE 等元素,这里质点可能为矿物集合体;③串珠状球粒,单个球粒的直径一般$<0.2\mu m$,个别可达 $0.3\mu m$,边缘呈模糊的绒絮状,其成分分为两类,其一主要为铁质,并含有 Al、Si、Ca、La、Nd 和 Y,另一类以含 Ce 为主,CeO_2 含量高达 68%~83%,并混有 Si、Al、Fe、Th、Pb 等元素,很可能为铈的氧化物方铈石(CeO_2)或氢氧化物;④较大矿物($1.8\sim2.4\mu m$)颗粒的绒絮状边缘见于半风化层,主要含 P、Si、Y、Ce、Zr、Th 和 Ca。

总体来看,富含稀土的残余矿物或胶状球粒在花岗岩风化壳中含量较高,这主要同稀土元素在原岩中的矿物形式和赋存状态有关。白云母钾长-碱性长石花岗岩的稀土元素以钇族为主,多赋存于氟碳钙钇矿、硅铍钇矿、少量磷钇矿、砷钇矿和钛钇矿及含稀土元素的萤石等副矿物中。在风化作用中,氟碳钙钇矿极不稳定,对比表明,氟碳钙钇矿在风化壳中含量急剧减少,硅铍钇矿、磷钇矿、砷钇矿和钛钇矿含量略有升高。黑云母钾长花岗岩含较多的磷钇矿和独居石等,这些矿物由于比较稳定,在风化壳中得到富集。

3. 花岗岩风化壳(淋积型)稀土矿体特征。

(1)矿体存在部位与分布状况:花岗岩风化壳淋积型稀土矿床的矿体分布及形态,与花岗岩风化壳相依相存。由于花岗岩的风化壳程度不同,相应地引起稀土元素富集程度与赋存性状及工业利用条件也具有较大的差异,目前已知具有工业意义的稀土矿床主要赋存于花岗岩全风化壳层。

花岗岩风化壳(淋积型)稀土矿矿化面积与花岗岩体出露的面积相近,矿化均匀,矿体连续,花岗岩体的全风化壳层往往全部或大部分是矿体,矿体的分布与花岗岩全风化壳基本一致,大体连成片,呈明显面状形态分布。矿区内除切割深沟、宽阔沟谷及少数基岩暴露的陡壁无矿外,其余都是稀土矿化地段。在矿体以下,绝大部分为花岗岩半风化层,其分界即是矿体的底板。

(2)矿体产状和形态:矿体呈似层状沿花岗岩全风化层分布,平面形态受风化壳形态控制。矿体形态的完整程度与所处地势有关,一般地势相对较高的地方,矿体完整性较好。相反,地势普遍较低的地方,因受流水侵蚀作用而被严重破坏,使矿体支离破碎。

花岗岩风化壳淋积型稀土矿体总体形态,平面上多呈阔叶状、圆状或椭圆状;剖面形态较为简单,总体呈似层状随地形起伏产出。根据矿体埋藏地下或暴露地表的产出特征,可划分为 3 种产出形式:①隐伏式——矿体上部全由非矿层覆盖,矿体赋存在花岗岩全风化层的中上部;②半隐伏式——在山顶、山脊及部分上山坡部位的矿体裸露地表,而下山坡或山脚部位则隐伏地下;③全裸式——花岗岩全风化层上部遭受强烈剥蚀,富矿层全部暴露地表。

矿体垂直厚度多为 $5\sim15m$,最厚达 $30m$ 以上,平均厚约 $10m$。矿体厚度一般随所处地形部位不同而变化,与其所处的微地貌位置关系密切。一般来说,山顶矿体最厚,$8\sim20m$,平均 $15m$ 左右,山脊次之,平均 $10m$ 左右,在平缓的鞍部矿体厚度较大,多在 $15m$ 以上,山坡及坡脚较薄,一般 $3\sim8m$。突出山顶由于遭受剥蚀作用更为强烈,矿体多被剥蚀而变薄,一般仅存 $2\sim5m$ 或不存在矿体。

矿体产状基本和地形一致,沿山脊矿体倾斜较缓,一般为 $5°\sim10°$,沿山坡矿体倾斜变陡,多数为 $20°\sim30°$,坡脚矿体局部倾角达 $35°$ 左右。

(3)矿体品位及其变化特征：花岗岩风化壳淋积型稀土矿品位和 Y_2O_3/RE_2O_3 一般较均匀，为 0.05%～0.20%，平均为 0.086%，最高达 0.7%，变化系数大都在 40% 以下。矿体厚度的变化大都在 50% 左右。

（六）控矿地质因素、找矿标志和分布规律研究取得新成果

根据本区矿化特征、成矿要素和成矿规律，总结了本区钨锡、稀土、稀有金属矿综合找矿模式和成矿模式。在此基础上，编制本区建造构造图、成矿要素图和成矿预测图。

（七）划分了找矿远景区、圈定找矿靶区

在成矿地质背景、地球化学研究成果基础上，划分了12个找矿远景区，圈定了11个找矿靶区，分别是：棉土窝-南坑山钨锡多金属找矿远景区（Ⅱ-A—WBiMoSn）、青嶂山-鸭子寨钨锡多金属找矿远景区（Ⅱ-A—WBiMoSn）、小铁寨-碓头洞钨锡多金属找矿远景区（Ⅳ-B—WSnBiMoPb）、大坑迳找矿远景区（Ⅳ-B—WMo）、园岭-大塘头-石壁湖钨锡钼多金属矿找矿远景区（Ⅷ-C—WBiMoSn）、小姑村-中洞钨、锡多金属矿找矿远景区（Ⅷ-B—WBiMoSn）、官山钨锡钼铋找矿远景区（Ⅷ-A—WBiMoSn）、安基山-垒营凹、岗鼓山-九曲-中坪钨锡钼铋找矿远景区（Ⅷ-B—WBiMoSn）、宝莲山-张屋背钨锡铋找矿远景区（Ⅷ-C—WBiMoSn）、坪田—社迳-龙班仔稀土矿找矿远景区（V-A—TR）、香木岭-良伞寨-鹅公塘钨锡铌钽铀矿找矿远景区（Ⅶ-B—WSnNbTaU）、大树下-桃树坑金砷锑铜找矿远景区（Ⅳ-C—AuCuSbAs）。11个找矿靶区基本特征详见表1。

表1 江西竹山—广东澄江地区找矿靶区简表

序号	名称	面积(km²)	类别	矿种	矿床类型	潜在矿床规模
1	碓头洞	5.18	A	钨锡钼铋	矽卡岩型	小型—中型
2	小姑村	5.87	B	钨铋钼锡	石英脉型、矽卡岩型	中型
3	悬塘	13.17	B	钨钼	石英脉型	小型
4	垒营凹	4.23	C	钨钼	破碎带蚀变岩型、石英脉型	小型
5	中坪	1.93	C	钨	石英脉带型、矽卡岩型	小型
6	良伞寨	8.13	B	铀	破碎带蚀变岩型	小型—中型
7	香木岭	4.34	C	钨铌钽	石英脉型	小型
8	李子坝	6.22	C	钨锡钼	石英脉型	小型—中型
9	宝莲山	2.94	C	钨锡钼	石英脉型	小型—中型
10	马脚㞍	3.68	B	钨铋钼	石英脉型	小型
11	陂头	47.03	A	稀土	风化壳淋积型	大型

四、成果意义

通过项目实施，新发现了一大批具有经济价值的矿点。总结了区内钨锡、稀有、稀土金属矿的控矿地质因素、找矿标志和分布规律，对特色矿产——风化壳离子吸附型（淋积型）稀土矿床地质特征进行了研究，建立了钨锡、稀有、稀土稀有金属矿综合找矿模型。划分了12处找矿远景、圈定了11个找矿靶区。基本摸清了江西竹山—广东澄江地区钨锡、稀有、稀土、铀多金属矿资源潜力，为本区钨锡稀有、稀土、铀多金属矿找矿奠定了坚实基础。

第三十八章　江西赣县罗仙崟-龙潭下钨矿远景调查

曾跃　李海潘　陶建利　张宁发

(江西省地质调查研究院)

一、摘要

通过在江西赣县罗仙崟-龙潭下开展钨矿远景调查工作,提高了测区地质、物探和化探等基础地质工作程度,圈定高精度局部磁异常14处、水系沉积物综合异常20处,异常查证及矿点检查新发现了众多的矿化信息。圈定找矿靶区4处,新发现矿产地1处,取得了较好的找矿效果。

二、项目概况

工作区主体属赣县管辖,部分归章贡区、于都县和信丰县管辖。地理坐标:东经115°00′00″—115°15′00″,北纬25°30′00″—25°50′00″,面积约928 km²。工作起止时间:2011—2013年。调查区位于南岭成矿带(东段)桃山-零山钨锡铀稀土多金属成矿亚带之于都-赣县矿集区中部。区内地层发育较齐全,地质构造复杂,岩浆活动强烈,成矿条件优越。主要目标任务是以钨为主攻矿种,综合分析赣县以往地质成果及赣县地区主要矿产资源调查评价成果,通过开展异常查证及矿点检查,选取有突破潜力的矿区进行评价,为矿产勘查提供找矿靶区,促进后续勘查开发。

三、主要成果与进展

(一)基础地质方面

1. 地层。在收集、分析整理以往1:20万及1:5万区域地质调查成果资料的基础上,结合本次调查测量成果,大致查明了区内地层、岩浆岩、变质岩分布特征,建立了区内地层层序(系级8个、组级21个、段级16个)。基本确定了本区地层为一个钨、锡、铅的高背景区(表1)。

区内广泛出露的震旦系、寒武系及泥盆系老地层是区内钨、锡等主要赋矿层(表1),也为燕山期重熔型岩浆岩及区内钨等多金属矿成矿提供了丰富的矿源。

2. 构造。区内构造变形强烈,褶皱、断裂发育,构造控岩、控矿作用十分明显,尤其是NNE向断裂和NE向(NEE向)断裂及其复合部位是本区重要的控岩控矿构造(图1)。

据各断裂的地质特点和构造岩的光谱分析成果,W、Sn、Mo等成矿元素在各断裂组中的含量一般均高出地壳克拉克值数倍。不同方向、不同时期的断裂,以及同一断裂的不同地段其成矿微量元素丰度、组合也是不尽相同,构造地球化学特征的研究为指导找矿提供了重要信息。

表1 工作区主要地层中元素的浓集系数统计表

地层时代	代码	样品数	Cu	Pb	Zn	Sn	Li	Be	Ag	W	Mo	As	Sb	Bi	Au
震旦纪	Z	209	1.75	1.52	0.78	1.28	1.60	1.44	2.33	2.6	1.94	3.33	0.7	0.64	0.44
寒武纪一组	$\in_1$	596	1.26	1.17	0.83	1.03	1.66	1.03	2.00	2.35	1.82	2.19	0.47	1.00	0.15
寒武纪二组	$\in_2$	206	1.34	1.27	0.94	1.07	1.74	1.12	2.11	2.73	2.04	2.73	0.47	1.30	0.16
泥盆纪	D	53	1.16	1.11	0.93	1.07	1.68	0.9	2.11	2.95	1.60	1.60	0.43	0.84	0.14
二叠纪	P	123	0.51	1.32	1.02	1.29	1.68	1.14	2.22	2.13	1.89	1.51	1.09	1.39	0.14
第四纪	Q	63	1.42	1.04	0.82	1.12	1.69	0.81	1.89	2.26	1.75	1.71	0.5	0.84	0.15
燕山期第一次	J_1	727	0.42	3.21	0.65	2.66	1.57	2.22	1.89	3.92	2.64	0.41	0.28	7.07	0.31
燕山期第二次	J_3	442	0.53	4.10	0.64	5.05	2.47	3.41	2.33	5.73	3.86	0.54	0.31	13.3	0.33
全区		1733	0.91	1.40	0.81	1.72	1.69	1.30	1.89	3.16	1.98	1.16	0.49	1.02	0.15

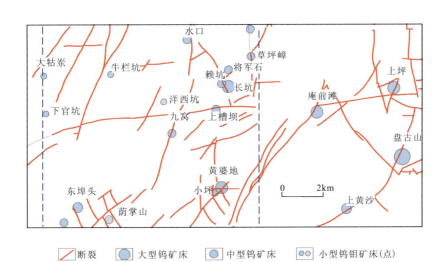

图1 构造复合控制矿床(点)分布示意图

3. 岩浆岩。根据花岗岩的侵入时代、岩性特征、主量元素、微量元素、稀土配分资料,厘定了本区岩浆活动旋回及活动期次,晚三叠世—晚白垩世(燕山期)为区内岩浆活动的鼎盛时期。其中成矿岩体同位素年龄在160～130Ma间,形成时代为侏罗纪,属燕山早期,钨多金属矿成矿较成矿岩体成岩年龄稍晚。

燕山期岩浆岩与钨、锡多金属成矿关系密切,区内钨等矿床(点)在空间上与成矿岩体形影相随,一般产于成矿岩体内及围绕成矿岩体2000m之内;岩体富含W、Sn、Cu、Pb、Zn等成矿元素(表1),是大陆壳或黎彤花岗岩丰度值的数倍至数十倍,成矿物质丰富,浓集系数高,有利于成矿,是区内钨多金属矿床成矿母岩和主要赋矿围岩之一。

(二)物、化探成果

1. 1∶5万地面高精度磁测:基本查明了测区磁异常分布特征,圈定了2处区域磁异常(Ⅰ、Ⅱ)和14个局部磁异常(C_1—C_5)。磁异常以负背景场为主,仅在测区西北部的仰平山—白石—老屋场—龙面一带和东南角的黄竹坪—桂竹山一带为正背景场,其他地区可见零星局部正异常。测区北部、东部磁异常复杂多变,而中南部则相对平稳。异常总体趋势为南高北低;负背景场中中南部高,西北部、东北部低,基本上反映了区内的基底构造格架。

表2 1:5万水系沉积物测量综合异常表

异常类型及编号	异常面积（km²）	异常分带	异常主要元素	异常峰值（10^{-6}、10^{-9}）	矿床（点）分布
HS1-乙	8.75	W2·Cu3·Bi2·Zn2	W、Cu	W43.3	石头坑小型铜矿
HS2-乙	24.5	W3·Bi3·Sn3·Mo3·Cu3·Ag3·As3·Pb3·Zn2	W、Bi、Sn、Mo	W220,Sn203,Bi58.9	水口小型钨矿及半径钨矿点
HS3-乙	8.5	W3·Ag3·As3·Sb3·Cu2·Pb2·Zn2	W、Ag	W640	才逢寮钨矿
HS4-乙	47.4	W3·Sn3·Mo3·Bi3·Ag3·Sb3·Cu3·Au2·Be2·Li2·Zn2·Pb2	W、Sn、Mo	W833,Sn309,Bi56.2	牛栏坑、枫树下等钨矿点
HS5-甲	43.1	W3·Sn3·Bi3·Be3·Cu3·Ag3·Au3·As3·Sb3·Li2·Zn2	W、Sn、Bi	W1175,Sn12 000,Bi40.8	赖坑、长坑钨矿等
HS6-乙	26.1	W3·Sn3·Bi3·Mo3·Cu3·Pb2	W、Sn、Bi	W515,Sn100,Bi65.4	
HS7-乙	15.4	W3·Bi3·Sn3·Li3·Pb3·Mo2	W、Bi、Sn	W183,Sn794,Bi59.7	大埠稀土
HS8-甲	23.9	W3·Sn3·Bi3·Mo3·Li3·Be2·Cu2·Zn2	W、Sn、Bi	W382,Sn933,Bi147	九窝中型钨矿
HS9-乙	12.3	W3·Sn3·Bi3·Be3·Mo2·Pb2	W、Sn、Bi	W625,Sn550,Bi23.4	虎爪印钨矿点
HS10-乙	36.8	W3·Mo3·Sn3·Bi3·As3·Au3·Be2·Pb2·Ag2·Sb3	W、Bi	W855,Sn162,Bi34.7,Mo26	下芫田、芫田口钨矿点
HS11-乙	19.7	W3·Sn3·Bi3·Mo3·Pb2·Zn2	W、Sn、Bi	W133,Sn151,Bi40.4	九窝铌钽矿，大垣坑、猪坑河钨矿点
HS12-乙	32.2	W3·Mo3·Sn3·Be3·Bi3·Pb3·Ag3·Zn3·Cu2·Li2·Sb3	W、Mo、Sn、Be	W385,Mo86,Sn1000,Cu158	葛藤坳钨矿
HS13-甲	36.2	W3·Mo3·Sn3·Cu3·Be3·Bi3·Zn3·As3·Ag3·Pb2·Li2	W、Mo、Sn、Cu	W383,Mo70,Sn282,Cu186	黄婆地、猪栏门等钨矿
HS14-甲	15.4	W3·Cu3·Bi3·Au3·Ag2	W、Mo、Bi	W179,Cu166	东埠头钨矿
HS15-丙	4.9	W3·Mo3·Bi3	W、Bi、Mo、Sn	W74,Mo26	
HS16-丙	30.6	W3·Bi3·Mo2·Sn2·Be2·Pb2·Ag2	W、Mo、Be	W168,Sn76,Cu96	
HS17-丙	11.0	W3·Mo3·Be2·Zn2·Ag2·As2	Mo、Sn、Pb	W164,Mo30	
HS18-丙	15.2	Mo3·Cu3·Sn3·Be3·Ag3·Zn3·Pb2·As2·Bi2·W·Sb3	Mo、Cu、Sn、Be	Cu1000,Sn1000	
HS19-乙	15.1	W3·Mo3·Sn3·Cu3·Be3·Bi3·Pb3·Ag3·As2·Zn2·Sb3	Cu、Be、Bi	W180,Cu245	五龙山、塘坑口等钨矿
HS20-乙	8.7	Cu3·Be3·Bi3·Ag2·As2·Sb3	Mo、Cu、Sn、Be	Cu219,Sb3	合头钨矿点

结合地质等资料推断解释，各类磁异常多由断裂、岩体以及深部岩性接触面和隐伏断裂破碎带中含有的铁磁性物质所引起，异常源（磁性地质体）埋深较深，为寻找隐伏矿床或成矿预测等工作提供有用信息。

2.1:5万水系沉积物测量：圈定了20处综合异常（甲类4处、乙类12处、丙类4处），其中以钨为主的综合异常16处）（图2，表2）。

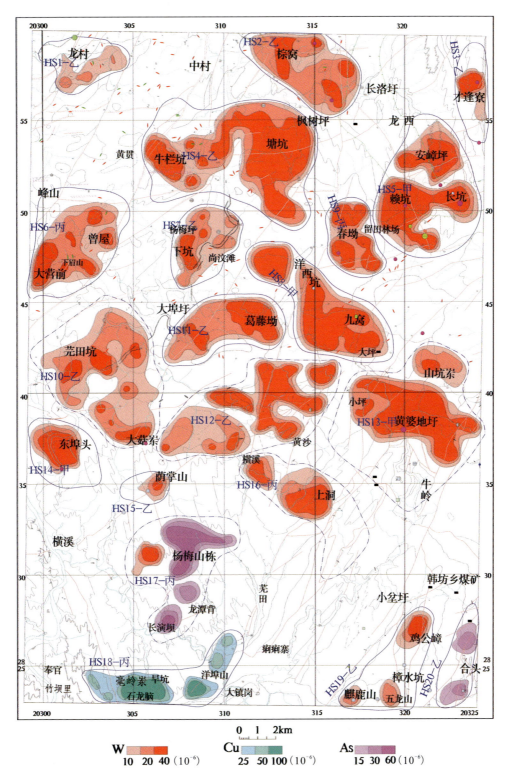

图 2　罗仙崀—龙潭下地区化探异常分布图

结合地质、矿产等已有资料,经路线踏勘、少量槽探验证,对测区异常进行了查证,显示各异常浓集中心与矿化分布吻合较好,为工作选区提供了可靠依据。

各元素间相关性均不显著,反映为多重性及成矿作用的多期性,但异常高温元素组合(W–Bi–Be–

Mo-Sn)—中温元素组合(Pb-Cu-Zn)—低温元素组合(Li-Ag-As)分带特征明显,具典型岩浆热液成矿特征,与燕山期花岗岩的多期次活动对应。

(三)矿点检查

1. 异常查证及矿点概略检查。在收集已有资料的基础上,采用地表踏勘、土壤地球化学(剖面)测量、槽探及采样测试等技术方法,对测区 HS2-乙、HS4-乙、HS5-甲、HS6-丙、HS10-乙、SH7-乙、H8-甲、SH9-乙、SH12-乙、SH13-甲、SH16-丙、SH19-乙共12处综合异常区内矿(化)体进行概略检查,发现了较多矿化线索,初步了解矿化带、蚀变带、矿(化)体的分布范围、数量、规模、主要有用元素含量及产状等特征,确定了龙潭下、罗仙东、棕窝、石人坑、大营前、安嶂坪、麒鹿山、樟水坑等一批钨(钼)矿(化)点等,为找矿远景区的划分、找矿靶区圈定及重点检查区优选等提供依据。

2. 矿点重点检查:主要包括龙潭下-下芫田、石人坑、大营前、杨嶂崇、合龙龙脑-牛岭坳(安嶂坪)5处。

(1)杨嶂崇钨矿区:位于黄婆地钨矿外围西北部。矿化类型以石英脉钨多金属矿为主,兼有矽卡岩型,其中石英脉型矿(化)体主要分布在北部寒武系变质岩与花岗岩内外接触带附近,矽卡岩型矿化体分布在西部残留的二叠系含钙质灰岩与花岗岩接触带附近。前者,地表共揭露十余条脉幅0.01~1m的石英脉,圈定8条石英脉钨矿体,走向延长200~400m,倾向控制延深100~300m,推测延深大于500m,脉幅0.24~1m,沿走向具分枝复合、尖灭侧现,沿倾向具尖灭或归并等现象,脉幅变大、WO_3品位变富趋势,品位 WO_3 0.6%~5.26%,Mo 0.01%~0.096%。脉侧发育0.1~5.0cm云母边,脉内及其两侧见黑钨矿,少量辉钼矿、黄铜矿等,产状120°~150°∠70°~80°。后者新发现4条矽卡岩型矿化体,多呈条带状及不规则状产出,矿化体延长100~600m,厚1.5~10.0m,地表因风化形成蜂窝状褐铁矿化,WO_3 0.005%~0.062%,Mo 0.004%~0.008%,具钨矿化。

区内8条石英脉钨矿体采用作图或列表方法估算资源量,获得 $333+334_1$ 资源量:矿石量 $56.84×10^4$t,金属量 WO_3 6625t,钼750t,其中333矿石量 $2.17×10^4$t,金属量 WO_3 186t,钼22t,钨达到新发现矿产地规模要求。

(2)龙潭下-下芫田钨钼多金属矿区:矿(化)体赋存在寒武系变质岩和燕山期花岗岩接触带附近,分为龙潭下、下芫田两个矿化集中区,与化探异常(SH10-乙)中心高度吻合。通过1:1万土壤测量缩小找矿范围,采用钻孔验证揭露控制,取得较好的找矿效果。

龙潭下矿化带分布在寒武系变质砂、板岩中,长约850m,宽约300m,地表或经槽探揭露共见有40余条脉幅介于2~25cm之间的石英脉,其中最大脉幅35cm,单脉延长介于250~650m之间。带内石英脉成组成带分布,间距为10~50m不等,经少量钻孔揭露,石英脉往深部具尖灭或归并,数量减少、脉幅变大。

下芫田矿化带分布在寒武系变质砂板岩与侏罗纪花岗岩接触带附近,主要分布于花岗岩区,标志带宽约800m,长约450m,已编号的石英脉有10条,沿走向延长100~450m,脉幅2~30cm不等,最大80cm。经地表槽探揭露脉幅小、矿化一般较差,仅少数石英脉钨或钼达工业品位以上。

龙潭下矿化带经钻孔揭露控制,圈定12条钨钼多金属矿体,揭露控制延深100~400m,延长介于250~650m之间,脉幅2~86cm,品位 WO_3 0.008%~3.2%,Mo 0.003%~2.16%。总体走向呈110°~130°,多倾向N,部分倾向S,倾角介于70°~85°之间。

资源量估算结果:对有工程控制的16条矿体采用作图或列表估算,获得 334_1 资源量:矿石量 $134.78×10^4$t,金属量 WO_3 2423t,钼3204t,锡285t,伴生矿产铜37t,铅12t,锌181t,银0.5t。其中作图(V104)估算 334_1 资源量:矿石量 $7.67×10^4$t,金属量 WO_3 1139t,钼97t,伴生锡14t。

根据钻孔揭露,龙潭下区段石英脉往深部具尖灭或归并、脉幅变大、品位变富的特点,并分布隐伏矿脉,综合区内物、化探异常特征,本区石英脉型钨矿床具有"五层楼"或"五层楼+地下室"成矿特点,找矿潜力大(图3)。

(3)石人坑钨矿区:为石英脉型钨矿化,矿(化)体主要赋存于内带(花岗岩体),矿体呈陡倾斜脉状,成组成带产出。矿化主要分布在石人坑—牛栏坑一带,异常中心与矿化较吻合。通过1:1万地质填图,配合槽探控制及民窿调查编录,圈定了12条石英脉,按其分布空间位置分为北、中、南三组,以前者为主,脉幅0.1～1.0m,最大2.2m,沿走向控制长150～750m不等,倾向控制延深50～280m,WO_3品位0.01%～4.2%,Mo品位0.004%～0.02%。总体产状近EW向、陡倾,并选择南组利用钻孔进行深部控制。

资源量估算:分别采用作图或列表的方法对V1等10条矿体进行估算,获得333+334_1资源量:矿石量$41.05×10^4$t,WO_3金属量2843t;其中333类矿石量2420t,WO_3金属量51t。

(4)赣县合龙龙脑—牛岭坳钨矿区:属长坑钨矿区外围,包括安嶂坪、牛岭坳和龙脑等矿点。通过检查,共新发现60余条石英脉,圈定了30条含钨(钼锡)多金属石英脉矿(化)体,其中安嶂坪区8条、龙脑15条、牛岭坳7条,按走向分为近SN、近EW、NE及NW向4组,钨矿(化)体均赋存于震旦系—寒武系变质岩中,深部隐伏岩体中仍有延伸。

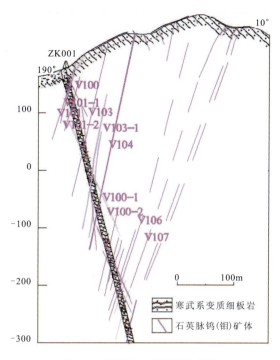

图3 龙潭下0号剖面示意图

安嶂坪地表揭露共见有29条石英(细)脉,圈定8条石英脉矿(化)体,脉幅0.1～0.4m,石英单脉延长300～1500m,倾向揭露延深200～600m,石英脉往深部具尖灭或归并,数量减少,脉幅变大,WO_3品位有变富趋势,$WO_3$0.004%～2.5%,包括NE、近EW和NW向3组矿脉,以NE向为主。

龙脑共发现17条石英脉,分南、北两组,南组呈近SN走向,北组呈NE走向。圈定15条石英脉,脉幅0.03～0.35m,走向延长100～500m,控制延深大于150m(深部为岩脉),以钨为主,少量钼或部分矿体锡较高,品位$WO_3$0.02%～0.14%,Mo 0.01%～0.032%,Sn 0.152%～1.76%(如V9、V10)。

牛岭坳共发现石英脉18条,地表以石英云母细脉为主,脉幅1～10cm,产状为近SN走向。圈定7条石英脉,脉幅0.04～0.24m,沿走向延长100～300m,控制延深98m,以钨为主,伴生锡,石英脉中钽铌含量较高,品位$WO_3$0.01%～2.655%,Sn 0.016%～0.208%。钻孔验证,区内石英脉往深部变大、WO_3品位变富,如V104,地表脉幅较小(4cm)、WO_3品位(0.17%)较低,往深部脉幅明显变大(PX4为17cm,ZK1001脉幅34cm,$WO_3$0.46%),脉侧具硅化、云英岩化,显示区内石英脉钨矿床具"五层楼"成矿模式,找矿潜力巨大。

资源量估算结果:获得333+334_1矿石量$13.266×10^4$t,WO_3金属量2565t,伴生锡27t。

(5)赣县大营前钨矿区:区内为石英脉型钨矿化,矿(化)体主要赋存于内带(花岗岩体)及接触带附近,产状以NW向为主,次为近EW走向,倾角陡倾。矿体主要分布在下官坑、梨树下、排子高等地。通过1:1万地质填图及民窿调查编录,圈定延伸较稳定的含钨等矿化石英脉12条,脉幅0.03～0.3m,最大0.61m,沿走向控制长100～450m不等。石英脉壁较平整,石英脉中石英油脂光泽较强至强,主要以(白)黑钨矿为主,少量锡石、辉钼矿、黄铜矿等,WO_3品位0.016%～1.35%,Mo品位0.004%～0.2%,Sn品位0.01%～0.034%。

资源量估算:采用列表的方法对矿区V1～V12共12条矿体进行估算,获334_1矿石量$19.1×10^4$t,WO_3金属量602t。

总之,根据物、化探测量,以及异常查证、矿点检查等工作取得的成果,结合前人矿产勘查等方面的成果,圈定找矿靶区 4 处,提交新发现矿产地 1 处,新增 333+334$_1$ 资源量:WO$_3$ 15 058t(其中 333 类 237t)、钼 3954t、锡 312t。

(四)典型矿床研究及成矿预测

通过对测区(长坑、黄婆地)钨、(大埠)稀土典型矿床的综合分析研究,总结了矿床成矿要素、成矿模式、矿床预测模型,以及基于与燕山期岩浆侵入有关的钨、稀土等矿产成矿规律及矿产分布特点,进一步完善钨矿床"五层楼+地下室"及稀土矿床的成矿模式。同时,参照《全国矿产资源潜力评价数据模型规范(V3.10)》(在潜力评价工作范围内简称"数据模型规范定稿版"),利用 MARS2.0 预测软件对工作预测区暨成矿远景钨、稀土资源进行了预测。预测钨资源潜力 43.67×10^4 t,共(伴)生钼 5.4×10^4 t。

四、成果意义

1. 项目实施进一步提高了工作区基础地质和矿产勘查工作程度。圈定找矿靶区 4 处,新发现矿产地 1 处。新增 333+334$_1$ 资源量:WO$_3$ 15 058t,钼 3954t,锡 312t,取得了较好的找矿效果。同时,带动了社会资金的投入,加速了区内以钨为主的矿产勘查评价工作。检查证实在长坑、黄婆地等老矿区外围发现仍具较多矿化线索、具较大的找矿突破潜力,为资源枯竭的老矿山深边部找矿提供依据及靶区,社会经济效益较为显著。

2. 总结了基于与燕山期岩浆侵入有关的钨、稀土等矿产的成矿规律,建立了矿床成矿模式和预测模型,进一步完善钨矿床"五层楼+地下室"及稀土矿床的成矿模式,预测钨、稀土矿资源潜力。为本区下一步项目立项或勘查工作选区等提供充足的地质依据,也为相关地质科研、普查找矿,以及地方政府相关矿产勘查规划编制等工作提供重要的指导意义和参考价值。

第三十九章 湖南通天庙地区矿产远景调查

陈端赋 陈长江 龚述清 许以明 田学峰 黎传标
郭海 陈曦 张方军 胡斯琪

(湖南省湘南地质勘察院)

一、摘要

重新厘定了测区地层序列,划分了33个岩石地层单位和15个岩浆岩填图单位。对通天庙地区的矿产进行了全面梳理,概略检查矿点7处,重点检查3处。新发现矿点7处,提交矿产地1处。获得334氧化锰矿石资源量 $266.81×10^4$ t,金属铅锌资源量 10 979.6t,锑 4339.4t,银 6.06t。对区内成矿地质条件、矿产分布规律做了全面系统的总结,圈定了成矿远景区和找矿靶区,指出了找矿方向。

二、项目概况

工作区位于湖南南部,南与广东省相接,地理坐标:东经 $112°00'00''$—$112°30'00''$,北纬 $25°10'00''$—$25°40'00''$,涉及1:5万图幅有蓝山县幅、所城幅、塘村圩幅、武源乡幅、冷水铺幅、嘉禾县幅,面积 2790km²。工作起止时间:2012—2014年。主要任务是全面系统地收集区内地质、物探、化探、遥感、矿产、科研等地质成果资料,以铅锌多金属矿为主攻矿种,进行综合分析、研究,总结区内岩浆岩特征及成矿专属性、有色金属矿产成矿规律及找矿方向,进行成矿预测,优选找矿远景区;开展1:5万矿产地质调查及矿产检查工作,对全区矿产资源远景作出概略评价,圈定找矿靶区。

三、主要成果与进展

1. 通过1:5万遥感地质解译,了解区内地层、岩浆岩、构造等地质体的综合影像特征,提出了不同影像特征的地层影像单元33个、岩体4个;解译出 NW 向、SN 向、NE 向、EW 向断层多条、褶皱构造2个;圈定了遥感异常9处(表1)。

表1 调查区遥感异常一览表

异常区编号	异常区面积(km²)	遥感异常综合特征
YG01	3.5	羟基异常呈零散状分布于棋梓桥灰岩中,铁染异常展布分散,浓集度欠佳。线性构造、断层及环形构造均有体现
YG02	1.2	铁染异常呈斑块状断续分布于石炭系中,线性构造、断层均有体现,二级均有出现,展布分散,浓集度欠佳
YG03	0.8	铁染异常呈斑块状断续分布于石炭系中,线性构造、断层均有体现,二级均有出现,展布分散,浓集度欠佳

续表 1

异常区编号	异常区面积（km²）	遥感异常综合特征
YG04	8.0	铁染异常呈斑块状断续分布于石炭系中，铁染浓度分散，铁染异常二级异常均有出现，羟基异常呈零散状分布
YG05	2.5	铁染异常呈斑块状断续分布于石炭系中，铁染浓度分散，铁染异常二级异常均有出现，羟基异常呈零散状分布
YG06	41.0	两类遥感呈斑块状分布于石炭系、泥盆系中，铁染浓度分散，铁染异常二级异常均有出现，羟基分布较少。线性构造、断层及环形构造均有体现
YG07	1.2	铁染异常呈斑块状断续分布，二级均有出现，展布分散，浓集度欠佳
YG08	8.0	铁染异常呈斑块状断续分布于花岗岩体中，二级均有出现，展布集中，浓集度好，线性构造、断层及环形构造均有体现，是找矿的有利地段
YG09	4.6	铁染异常呈斑块状断续分布于花岗岩体中，二级均有出现，展布集中，浓集度好，线性构造、断层及环形构造均有体现，是找矿的有利地段

2. 通过剖面资料的收集和综合整理，厘定了测区 33 个岩石地层单位、15 个岩浆岩填图单位（表 2）。

表 2　湖南通天庙地区花岗岩填图单位一览表

时代	岩体	侵入次	代号	岩性	代表性年龄（Ma）
晚侏罗世	金鸡岭岩体	第四侵入次	$\xi\gamma J_3^d$	细粒斑状黑云母正长花岗岩	119
		第三侵入次	$\xi\gamma J_3^c$	中粒斑状黑云母正长花岗岩	155
		第二侵入次	$\xi\gamma J_3^b$	粗中粒多斑黑云母正长花岗岩	146
		第一侵入次	$\xi\gamma J_3^a$	中粒斑状角闪黑云母正长花岗岩	
中侏罗世	西山岩体	第三侵入次	$\xi\gamma J_2^c$	中细粒少斑黑云母正长花岗岩	165
		第二侵入次	$\xi\gamma J_2^b$	细中粒少斑黑云母正长花岗岩	164
		第一侵入次	$\xi\gamma J_2^a$	中粗粒多斑黑云母正长花岗岩	
早侏罗世	沙子岭岩体	第四侵入次	$\xi\gamma J_1^d$	中细粒斑状角闪黑云母正长花岗岩	
		第三侵入次	$\eta\gamma J_1^c$	中细粒斑状角闪黑云母二长花岗岩	188
		第二侵入次	$\eta\gamma J_1^b$	中粒少斑角闪黑云母二长花岗岩	198
		第一侵入次	$\gamma\delta J_1^a$	细中粒少斑花岗闪长岩	188
	水莲角岩体	第四侵入次	$\xi\gamma J_1^d$	中细粒斑状角闪黑云母正长花岗岩	
		第三侵入次	$\eta\gamma J_1^c$	中细粒斑状角闪黑云母二长花岗岩	188
		第二侵入次	$\eta\gamma J_1^b$	中粒少斑角闪黑云母二长花岗岩	198
晚志留世	石头脚岩体	第一侵入次	$\gamma\delta S_3^a$	细粒斑状花岗闪长岩	487

3. 通过1∶5万水系沉积物测量,圈定综合异常57处,检查了8处,重点查证了5处异常[顾村As、Sn、Pb异常(AS34)、朱禾铺Sn、Cu、Zn异常(AS35)、分水坳Sn、As、Ag、Sb异常(AS54)、塘渣头Pb、Zn、Sn、As、Sb异常(AS19)、红石脚Hg、Sb、Ag、Pb、Zn异常(AS17)]。

4. 通过矿产地质调查,查明区内已有矿床、矿(化)点108处,其中有色金属矿产42处,黑色金属矿产28处,非金属矿产23处,能源矿产15处。

5. 概略检查了临武县长坪铁锰矿、蓝山县红石脚铅锌锑多金属矿、宁远县茶罗坪铅锌矿、蓝山县柏木坑铅锌矿、蓝山县牛塘冲铅锌矿、临武县龙家铅锌矿、临武县庄村铁矿等7处矿点。择优重点检查了临武县长坪铁锰、蓝山县红石脚铅锌锑多金属、宁远县茶罗坪铅锌3处矿点,分别获得氧化锰矿石334资源量266.81×10^{4}t(达中型规模)、褐铁矿石20.86×10^{4}t;金属334资源量:铅锌10 979.6t,锑4339.4t,银6.06t。新发现矿产地1处(湖南省临武县长坪铁锰矿);新发现重要矿点2处(湖南省蓝山县红石脚铅锑锌多金属矿点、湖南省宁远县茶罗坪铅锌矿点),其中,茶罗坪铅锌矿正式列为湖南省国土资源厅两权价款地勘项目。

(1)湖南省临武县长坪铁锰矿:位于湖南省南部,行政区划隶属于郴州市临武县、嘉禾县及永州市蓝山县管辖。地理坐标为:东经112°24′00″—112°26′45″,北纬25°25′30″—25°30′00″,面积32km^2。

矿区出露的地层主要为第四纪、二叠纪及石炭纪地层,为一套浅海台地相碳酸盐岩夹滨海-浅海相碎屑岩、含煤碎屑岩沉积组合(图1)。区内褶皱构造较为发育,主要为杉木冲-小言塘向斜构造。断裂构造较为简单,以NNW向断裂构造为主。

长坪矿区铁锰矿主要分布于杉木冲-小言塘向斜核部大木树—尖峰岭一带的大埔组上部含铁锰质白云岩、灰质白云岩及白云质灰岩强风化形成的含铁锰残破积土中,该残破积红土长约7km,宽0.6~0.9km,面积6.8km^2。矿体总体走向近南北,区内共见6个矿体,其中氧化锰矿体4个。

氧化锰矿体:主要以Ⅲ矿体为主,次为Ⅰ、Ⅱ、Ⅳ等矿体,分布于9~12号勘探线之间,矿体规模较大,厚度变化不大,矿体近南北向展布,控制长度200~1700m。Ⅰ矿体位于矿区的北部,分布于10~12号勘探线之间,矿体近南北向展布,平均厚度2.20m,平均品位:Mn 12.20%,TFe 21.26%,TFe+Mn 33.46%,平均含矿率24.49%;Ⅱ矿体是区内的主要铁锰矿体,分布于4~6号勘探线之间,矿体NE向展布,控制长度约450m,矿体厚度稳定,平均厚度3.00m,平均品位:Mn 20.67%,TFe 13.85%,TFe+Mn 34.52%,平均含矿率23.10%;Ⅲ矿体是区内规模最大的矿体,分布于2~5号勘探线之间,矿体NW向展布,控制长度约1700m,矿体厚度稳定,平均厚度4.49m,平均品位:Mn 13.19%,TFe 18.11%,TFe+Mn 31.30%,平均含矿率22.60%;Ⅳ矿体是区内的主要铁锰矿体,分布于7~9号勘探线之间,矿体NE向展布,控制长度约500m,厚度稳定,平均厚度4.50m,平均品位:Mn 15.46%,TFe 20.67%,TFe+Mn 36.13%,平均含矿率24.31%。

褐铁矿体:主要2个,分布于0~8号勘探线之间,规模较小,厚度变化大,矿体近南北向展布。Ⅰ矿体位于矿区的北部,分布于6~8号勘探线之间,近SN向展布,平均厚度2.02m,平均品位:Mn 6.41%,TFe 26.71%,矿体平均含矿率27.46%;Ⅱ矿体位于矿区的中部,分布于0~2号勘探线之间,近SN向展布,平均厚度6.00m,平均品位:Mn 3.92%,TFe 31.69%,矿体平均含矿率27.58%。

矿区估算334氧化锰矿石资源量266.81×10^{4}t(达中型规模),褐铁矿石资源量20.86×10^{4}t。

(2)湖南省蓝山县红石脚铅锌锑多金属矿:位于湖南省南部,蓝山县城北东向约15km处,行政区划隶属于蓝山县土市乡管辖范围内,面积20km^2。

区内地层出露简单,主要为第四纪和泥盆纪地层,第四纪地层主要有白水江组、橘子洲组,泥盆纪地层主要有中泥盆世跳马涧组、易家湾组、黄公塘组和晚泥盆世棋梓桥组等(图2)。断裂构造发育,主要为近SN向、近EW向和NE向三组。

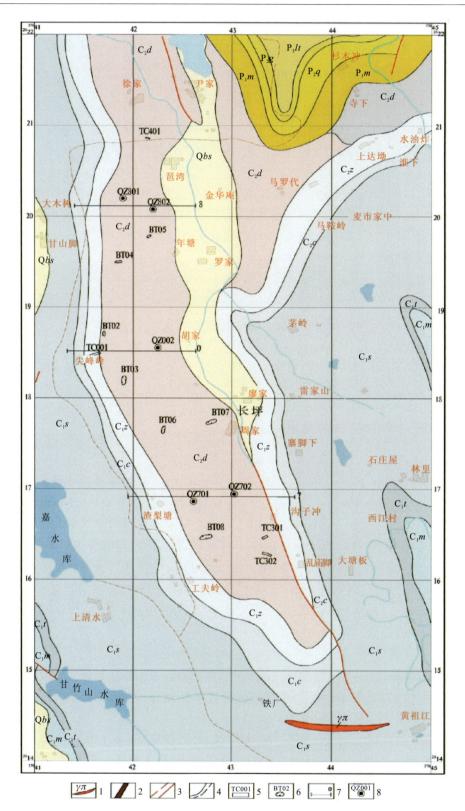

图 1　湖南省临武县长坪铁锰矿区地质简图

Qbs. 白水江组；P₃lt. 龙潭组；P₂g. 孤峰组；P₂q. 栖霞组；P₁m. 马平组；C₂d. 大埔组；C₁z. 梓门桥组；C₁c. 测水组；C₁s. 石磴子组；C₁t. 天鹅坪组；C₁m. 马栏边组；1. 花岗斑岩脉；2. 含铁锰矿化层；3. 实测、推测断层；4. 实测、推测地层界线；5. 探槽及编号；6. 剥土及编号；7. 勘探线及编号；8. 取样钻及编号

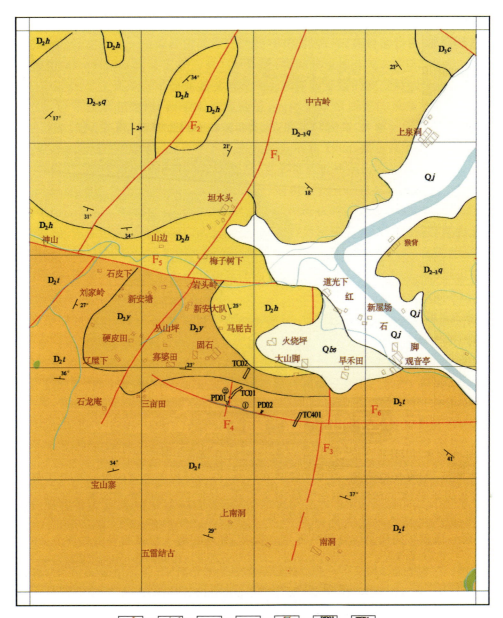

图 2 湖南省蓝山县红石脚铅锌锑多金属矿区地质简图

Qhj. 橘子洲组；Qpbs. 白水江组；D_1c. 长龙界组；$D_{2-3}q$. 棋梓桥组；D_2h. 黄公塘组；D_2y. 易家湾组；D_2t. 跳马涧组；1. 实测、推测断层；2. 实测、推测地层界线；3. 不整合地层界线；4. 产状；5. 铅锌锑矿脉及编号；6. 平硐及编号；7. 探槽及编号

破碎带中见大量石英细脉，近平行产出，与断面走向大致相同，铅锌锑矿多呈细脉状、浸染状、星点状分布于石英脉中或两侧，局部见有团块状辉锑矿。控制铅锌锑矿脉 2 条，编号为①②。

①矿脉位于寡婆田—观音亭一带，由近东西向正断层控制，硅化破碎带中石英细脉发育，近平行分布，与断面走向大致相同，铅锌锑矿石多呈细脉状、浸染状、星点状分布于石英脉中或两侧，局部见有团块状辉锑矿。控制长度约 700m，矿脉具膨胀收缩现象，厚度变化较大，平均真厚度为 3.99m，走向近 EW 向，倾向 190°～210°，倾角 60°～76°；矿体平均 Pb 0.99%，Zn 0.93%，Ag 14.12×10^{-6}，Sb 3.33%。

②矿脉分布于固石以南约 500m 处，由北东向次级断层控制，硅化破碎带中石英细脉发育，近平行

分布,与断面走向大致相同,铅锌锑矿石多呈细脉状、浸染状、星点状分布于石英脉中或两侧。控制矿脉长度约300m,平均真厚度为1.00m,矿脉在走向上不稳定,具尖灭现象,且局部厚度变化较大。矿体平均Pb 1.29%,Zn 0.39%,Ag 12.25×10^{-6};Sb 0.01%。

通过资源量估算,求得334金属量分别为:铅3081.38t,锌2747.61t,铅锌5828.99t,银4.29t,锑4339.38t(表3)。

表3 红石脚矿区铅锌锑多金属矿资源量估算汇总表

矿体编号	资源量类别	块段厚度(m)	矿石资源量(t)	矿体平均品位(%)				金属资源量(t)			
				Sb	Pb	Zn	Ag(10^{-6})	Sb	Pb	Zn	Ag
①	334	3.99	287 939.5		0.99	0.93	14.12		2850.6	2677.80	4.07
		5.03	287 939.5	5.22				4339.4			
②	334	1.00	17 890.0		1.29	0.39	12.25		230.8	69.77	0.22
合计								4339.4	3081.4	2747.60	4.29

(3)湖南省宁远县茶罗坪铅锌矿:位于宁远县半山水库以南约6km处,行政区划隶属于宁远县九嶷山瑶族乡管辖范围内面积12km²。

区内地层简单(图3),主要为寒武纪茶园头组、小紫荆组和爵山沟组等地层单位。区内构造发育,主要表现为褶皱和断裂,褶皱为茶罗坪倒转向斜;断层主要见有NW向和NNE向两组,与矿区范围内铅锌矿的形成有着密切的关系。

茶罗坪铅锌矿是产于寒武纪爵山沟组断裂破碎带中的脉状矿体,区内见铅锌矿化构造破碎带2条,编号分别为①②,呈NNE向延伸,二者近平行分布,其中①矿脉规模较大,②矿脉次之。

①矿脉位于矿区中部,大屋地—毛竹冲一带(图3),矿体走向NE5°~35°,总的走向NE12°左右,断面具波状起伏,产状变化较大,倾向95°~125°,倾角52°~80°。已控制矿化带长度大于1000m,控制长度700m,宽1.8~3.2m。其中300~350m铅锌矿化较好,且地表矿化弱,深部矿化强。矿脉南端被晚期北西向茶罗坪-毛竹冲断层切断,断距约20m。经刻槽取样控制矿体平均真厚度1.72m;矿体平均Pb 0.17%,Zn 3.29%,Ag 14.00×10^{-6}。

②矿脉位于矿区南西部,老打冲—毛竹冲口一带,赋存于NNE向断裂破碎带中,该控矿构造破碎带规模较大,宽3.0~8.5m,走向方向长度大于4km,两端均延伸出图,是区内规模最大的断层。已控制矿体长度300m左右,宽0.55~1.58m,矿体走向NNE,倾向80°~105°,倾角50°~65°。经刻槽采样矿体平均真厚度1.08m;平均Pb 0.38%,Zn 0.94%,Ag 4.14×10^{-6},Pb+Zn 1.32%。

通过334金属量估算:铅308.72t,锌4146.35t和银1.77t(表4)。

6. 系统分析了已发现的金属矿产、能源矿产、非金属矿产的分布及其特征,总结了工作区成矿规律。

区内矿产主要以铀、锡、铅、锌、铜等内生矿产及沉积型铁、锰、煤矿产为主,分布于金鸡岭岩体、西山岩体内及北部外接触带。矿床受地层、构造及岩浆岩控制较明显。总体特征表现为以下几方面。

(1)不同的矿床类型与不同的矿体受不同的地层、构造、岩浆岩控制。区内热液型铅锌矿主要分布于寒武纪地层中的SN向与NE向断裂破碎带中。矿体多呈SN向及NNE向展布。层控型铅锌矿床则主要赋存于泥盆纪灰岩中。铀矿则产于金鸡岭岩体的内外接触带与SN向断裂构造的交汇部位。锡矿产于金鸡岭岩体内。沉积型煤及铁锰矿床则基本上分布于以三叠系张家坪组为核部的向斜构造盆地两翼及周围。

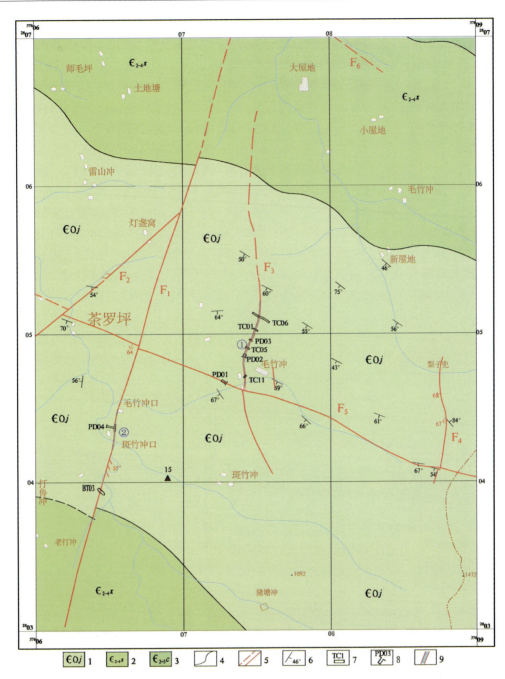

图3 宁远县茶罗坪铅锌矿区地质图

1.爵山沟组;2.小紫荆组;3.茶园头组;4.地质界线;5.实测及推测断层;
6.产状;7.槽探及编号;8.平硐及编号;9.铅锌矿脉

表4 茶罗坪矿区铅锌矿资源量估算汇总表

矿体编号	资源量类型	矿石体积(m^3) $V=m×S$	密度(t/m^3) D	矿石资源量(t) $Q=V×D$	矿体平均品位(%) C			金属资源量(t) $P=Q×C$		
					Pb	Zn	Ag(10^{-6})	Pb	Zn	Ag
①	334	21 094.80	3.09	117 884.33	0.17	3.29	14.00	200.40	3878.39	1.65
②	334	7081.55	3.09	28 505.99	0.38	0.94	4.14	108.32	267.96	0.12
合计	334							308.72	4146.35	1.77

(2) 矿物组合具一定的分带性。平面上以金鸡岭岩体、西山岩体为中心,由南往北依次表现为高中温水晶、铀、锡—中低温铜、铅锌、锑。剖面上也表现为一定的垂直分带性,铅锌近地表往往以氧化矿形式呈铁帽出现,地表以下则为原生矿床。如柏木坑铅锌矿。

(3) 热液充填型铅、锌矿体厚度、品位变化规律。区内的热液充填型铅、锌矿大部分呈现出从上至下矿体厚度有逐渐增大的趋势,品位有逐渐变富的趋势,如牛塘冲、犁头嘴等铅锌矿具此特征。

本区经历了加里东期、海西—印支期、燕山期及喜马拉雅期等几个大的构造运动旋回。各个时期都形成了各具特色的矿床点。根据控矿地质条件、矿床地质特征、矿物共生组合等多方面资料的综合分析:区内的成矿时代与三个大的构造运动时代相吻合。即沉积矿床主要形成于加里东期;层控矿床的矿源层形成于海西—印支期;岩浆热液矿床主要形成于燕山期。

与热液有关的钨、铅、锌、锡、水晶、硅石等矿床是燕山期岩浆活动的产物,其中晚侏罗世是主要的成矿地质时期。

沉积-改造型矿床包含了两个主要成矿阶段。其矿源层主要形成于中泥盆世。这一时期 Pb、Zn 等成矿物质得到初步富集,后来在燕山期等构造运动和岩浆热液活动过程中经受改造,成矿物质活化转移,在有利于沉淀的空间和地球化学环境下再次富集,形成了区内的沉积改造矿床。

7. 在综合分析研究基础上,划分出 9 个找矿远景区(Ⅰ级 2 个、Ⅱ级 4 个、Ⅲ级 3 个)(表 5),圈定找矿靶区 5 处,其中 A 类 3 处[湖南省临武县长坪铁锰矿找矿靶区(A1)、湖南省蓝山县红石脚锑铅锌多金属矿找矿靶区(A2)、湖南省宁远县茶罗坪铅锌矿找矿靶区(A3)],B 类 2 处[湖南省蓝山县柏木坑铁锰铅锌多金属矿找矿靶区(B1)、湖南省蓝山县黄腊坪-庙冲铀多金属矿找矿靶区(B2)],指出了找矿方向。

表 5 通天庙地区找矿远景区特征表

序号	级别	名称	远景区特征				
			地层或岩体	构造	异常特征	矿产特征	遥感特征
1	Ⅰ	太平-火市铁、锰、锑、铅、锌多金属找矿远景区	泥盆纪、第四纪地层	褶皱、断裂构造发育,以断裂为主。断裂有近 SN 向组、NE 向组、NW 向组断裂	综合异常 5 处:甲$_1$类异常 1 处,甲$_2$类异常 1 处,乙$_2$类异常 2 处,乙$_2$类异常 1 处	矿床(点)6 处:铁锰矿床 2 处,铅锌矿床 1 处,铅锌锑矿点 1 处,锑矿点 1 处	NE、NW 向线性构造发育
2		长坪-黄梅江铁、锰、铅、锌多金属找矿远景区	泥盆纪、石炭纪、第四纪地层	区内褶皱、断裂发育,断裂主要有近 SN 向组、NE 向组断裂	综合异常:甲$_2$类异常 1 处	铅锌矿点 8 处,铁锰矿床 1 处	NE、SN 向线性构造发育
3	Ⅱ	王朝印-琴棋锌铅多金属找矿远景区	泥盆纪、石炭纪、白垩纪地层	区内褶皱、断裂构造发育,以断裂为主,有 NW 向、近 SN 向、近 EW 向、NE 向 4 组断裂	综合异常 2 处:甲$_2$类异常 1 处,乙$_2$类异常 1 处	铅锌矿床 1 处,白云岩矿点 1 处	NE、SN 向线性构造发育
4		上洞-云里银、铅、锌、钼、汞多金属找矿远景区	泥盆纪、第四纪地层	区内断裂构造极发育,主要有 NW 向、NE 向、近 EW 向、SN 向组断裂	综合异常:甲$_2$类异常 1 处	铅锌矿点 4 处,汞矿点 1 处,铁矿点 1 处	NW 向线性构造发育

续表5

序号	级别	名称	远景区特征				
			地层或岩体	构造	异常特征	矿产特征	遥感特征
5	Ⅱ	银山咀-茶罗坪铅锌银多金属找矿远景区	寒武纪、泥盆纪、第四纪地层	区内构造以断裂为主,主要有近SN向组、NE向组、NW向组断裂	圈定综合异常5处;甲$_1$类异常1处,甲$_2$类异常1处,乙类异常1处,丙类异常1处	铁矿点5处,黄铁矿点1处,铅锌矿点2处	NE、NW向线性构造发育
6		八仙下棋-公塘钨锡钼铀多金属找矿远景区	寒武纪地层	近SN向、NE向断裂发育	圈定综合异常2处;甲$_2$类异常1处,乙$_1$类异常1处	铀矿床1处:中型1处,小型2处	NE向及SN向线性构造发育
7	Ⅲ	牛塘冲-长铺铅锌银多金属找矿远景区	寒武纪、泥盆纪地层,沙子岭岩体	断裂构造极其发育,有SN向组、NE向组、NW向组及近EW向组断裂	圈定综合异常4处;甲$_2$类异常1处,乙$_1$类异常2处,丙类异常1处	铅锌矿点3处,铁矿点3处	SN、NW向线性构造发育
8		大塘-楚江锑钨锡多金属找矿远景区	寒武纪、泥盆纪地层	褶皱、断裂构造发育,以断裂为主,主要有SN向组、NE向组、NW向组、近EW向组断裂	圈定综合异常7处;乙$_1$类异常3处,乙$_2$类异常3处,丙类异常1处	铅锌矿点2处,铁矿点2处	NE、NW向线性构造发育
9	Ⅲ	塘村-白竹园铁锰煤找矿远景区	石炭纪、二叠纪、三叠纪地层	区内褶皱、断裂构造发育,褶皱主要为袁家复式向斜。断裂主要有近SN向、NE向、近EW向三组	圈定综合异常:甲$_2$类异常1处	铁锰矿床(点)4处,煤矿床(点)8处	NE、近EW向线性构造发育

四、成果意义

1. 系统总结了成矿地质条件和成矿规律,圈定了9个找矿远景区和5个找矿靶区,这些成果为通天庙地区下一步开展地质工作提供了大量基础资料。

2. 新发现矿产地1处,334氧化锰矿石资源量266.81×10^{4}t,具有一定经济社会效益。

3. 茶罗坪铅锌矿正式列为湖南省国土资源厅两权价款地勘项目,充分体现了地质矿产调查项目公益性引领作用。

第四十章 湖南阳明山地区矿产地质调查

郭林志 曾志方 唐宪邦 刘七

（湖南省地质矿产勘查开发局四○九队）

一、摘要

对区内地层层位和岩性,尤其是对广泛分布于阳明山隆起的奥陶系进行了划分和厘定,对区内主要控矿构造进行了追索。建立地层填图单位16个、岩浆岩填图单位8个。厘定了阳明山复式花岗岩体侵入期次。圈定水系沉积物组合异常40处。结合地质、物化探异常等特征,划分了白果市-桎木湾、田子头-万寿寺两处A类找矿远景区;黄石坪-行江岭、青木原两处B类找矿远景区;狮冲沅、荒塘两处C类找矿远景区。圈定了桎木湾锡矿、瑶蓬岭钨锡矿、青木原铜矿等3处找矿靶区。通过综合研究总结了成矿规律,建立了桎木湾石英脉型锡矿、田子头构造破碎带型铅锌成矿模型,对工作区今后找矿方向和资源潜力作出了总体评价。

二、项目概况

阳明山地区位于湖南省南部,地理坐标:东经$111°45'00''-112°15'00''$,北纬$26°00'00''-26°20'00''$,面积$1848km^2$。工作起止时间:2012—2014年。主要任务是以锡多金属矿为主攻目标,通过1:5万矿产地质调查、水系沉积物测量、高精度磁测等工作,大致查明区内锡多金属矿控矿条件。在此基础上,利用地质、物化探等手段,开展矿产检查和异常查证,圈定找矿靶区。

三、主要成果与进展

（一）基础地质调查

1. 采用岩石地层为主的多重地层划分方法,初步查明了工作区地层层序、岩性、岩相、厚度及其与成矿的关系,并对各时代地层的沉积类型、建造、沉积环境作了一定研究与探讨,建立地层填图单位16个(表1),丰富了区内地层内容。

2. 工作区岩浆岩发育,具多期、多阶段侵位特征。主要分布于阳明山隆起核部,自西向东依次发育阳明山、大江背、白果市、大源里、土坳5个规模不等的岩体。锆石LA-ICPMS U-Pb同位素测年龄结果分别为:白果市-土坳岩体$228.6±1.4Ma$、阳明山岩体$221.8±1.3Ma$、大江背岩体$218.9±2.0Ma$、大源里岩体$217.8±1.6Ma$,侵位时代均为晚三叠世印支期。根据岩性特征及穿插关系,结合同位素测年将岩浆岩划分为8个填图单元(表2)。

3. 区内构造发育,以断裂为主,次为褶皱。断裂主要有NNW—SN、NNE和NE向3组,多为区域性,规模较大,长$8\sim40km$,在走向上切割了奥陶纪—泥盆纪地层。NNW—近SN向断裂主要有邮亭圩-大河江断裂(F_2)和荒塘-杨家湾断裂(F_6)两条,NNE向断裂主要有野马-土坳断裂(F_8)和朱家冲-磨石元(F_{12})两条,NE向断裂主要有郑家桥断裂(F_{16})和田子头断裂(F_{11})两条。地表断裂破碎带较清楚,主要由次生石英岩、构造角砾岩等组成,硅化、方解石化发育,破碎带宽 0.20～10 多米。断面可见擦痕和阶步,显示断裂性质为平移逆断层。在区域性断裂间局部发育 NEE 向组次级断裂,为主要容矿构造。区内钨锡、铅锌铜矿脉多赋存其中。

表 1　阳明山地区地层岩性特征简表

地质年代		岩石地层	代号	岩性	厚度(m)	主要矿产
纪	世					
第四纪			Q	黄褐色、紫红色黏土、亚黏土、砂质黏土及砂砾石等	0～50	砂锡矿、砂金矿
侏罗纪	早侏罗世		J	紫红色、灰绿色细砂岩、含砾砂岩,粉砂岩夹泥岩、页岩	280	
石炭纪	晚石炭世	石磴子组	C_1s	深灰色中厚—厚层状灰岩、含泥灰岩夹薄层状泥灰岩,底部夹少量灰黑色薄层状硅质岩	204	水泥灰岩
		天鹅坪组	C_1t	上部为深灰色、灰黑色薄—中厚层状含生物屑钙泥质粉砂岩;下部为深灰色薄层状泥质粉砂岩、钙质粉砂质泥岩夹薄层状生物屑泥晶泥质灰岩	66	
		马栏边组	C_1m	深灰色中厚—巨厚层状灰岩夹白云质灰岩,底部夹少量的钙质粉砂岩	247	水泥灰岩
泥盆纪	晚泥盆世	孟公坳组	D_3m	灰黑色中厚—厚层状粉砂岩、粉砂质页岩,夹深灰色中厚—厚层状岩、含泥灰岩	76	
		欧家冲组	D_3o	灰黄—灰白色中厚—厚层状石英砂岩、粉砂岩夹页岩	115	
		锡矿山组	D_3x	深灰色厚层状白云质灰岩、灰岩夹深灰色薄层状泥灰岩	184	
		佘田桥组	D_3s	上部:灰—深灰色厚—巨厚层状灰岩、白云质灰岩夹白云岩;中部:灰—深灰色中厚层状条带状含泥灰岩、泥灰岩或互层,局部夹薄层状硅质岩;下部:灰黑色薄—中厚层状硅质岩夹硅质页岩	111	
	中泥盆世	棋梓桥组	D_2q	灰色、深灰色厚—巨厚层状灰岩、白云质灰岩夹白云岩	360	水泥灰岩
		黄公塘组	D_2h	灰黑色中厚—厚层状白云质灰岩、白云岩	282	铅、锌、白云岩
		易家湾组	D_2yj	灰黑—黑色薄—中厚层状含泥灰岩、泥灰岩、透镜状灰岩夹深灰色钙质粉砂岩、页岩	168	
		跳马涧组	D_2t	上部:紫红色砂岩、石英砂岩、粉砂岩、页岩为主,夹浅灰色、灰绿色砂岩以及紫红色含豆状赤铁矿砂岩;下部:浅色、杂色中粗粒石英砂岩为主,夹砂砾岩、泥质粉砂岩、含铁锰质石英砂岩,底部见巨厚层状砾岩	>268	金、铁
奥陶纪	晚奥陶世	天马山组	O_3tm	上部:深灰色厚—巨厚层状浅变质细砂岩夹深灰色薄层状粉砂质板岩、泥质板岩,间或互层;下部:灰—深灰色中厚—厚层状粉砂质板岩夹条带状泥质板岩,泥质板岩中可见星散状及层状黄铁矿	>782	铜、钨锡、金
	中奥陶世	烟溪组	O_2y	深灰—灰黑色碳泥质板、含硅质碳泥质板岩及碳质板岩,夹薄层硅质岩,富含星点状黄铁矿及结核	94	
	早奥陶世	桥亭子组	O_1q	上部:灰色厚层状细粒不等粒绢云母石英砂岩,夹黑色板岩;中部:浅灰色中厚层至厚层状浅变质中细粒石英砂岩,夹浅黄色砂质板岩;下部:深灰至灰黑色纹层状绢云母板岩夹浅变质厚层状砂岩	244	

表 2　阳明山地区岩浆岩划分及特征表

岩体名称	时代	期次	代号	岩性	同位素年龄(Ma)
大源里	三叠纪	晚三叠世晚期第二次	$\zeta\gamma T_3^{3-2}$	黑云母斑状正长花岗岩	U-Pb 217.8±1.6
大江背		晚三叠世晚期第一次	$\eta\gamma T_3^{3-1}$	细中粒含电气石二云母二长花岗岩	U-Pb 218.9±2.0
阳明山		晚三叠世中期第二次	$\eta\gamma T_3^{2-2}$	细粒二云母二长花岗岩	U-Pb 221.8±1.3
		晚三叠世中期第一次	$\eta\gamma T_3^{2-1}$	中细粒斑状二云母二长花岗岩	
		晚三叠世早期第二次	$\eta\gamma T_3^{1-2}$	中粗粒斑状黑(二)云母二长花岗岩	
白果市-土坳		晚三叠世早期第一次	$\eta\gamma T_3^{1-1}$	中细粒斑状白(二)云母二长花岗岩	U-Pb 228.6±1.4
岩脉	不明		$\gamma\pi$	花岗斑岩	
			$M\gamma$	细粒花岗岩	

褶皱主要发育于隆起区的奥陶纪地层中,轴向 NNE—近 SN 向,轴向长 1~5km。规模较大的主要有行江岭背斜、神仙漕向斜、梅子园向斜、小河口桥向斜、花竹沅背斜等。

(二)物化遥工作

1. 区内开展了 1∶5 万水系沉积物测量,编制了全区 Cu、Pb、Zn、W、Sn、Mo、Bi、F、Au、Ag、Sb、As、Sr 共 13 种元素的异常图、地球化学图,圈定综合异常 40 处。异常以乙类异常为主,少量为甲类,其中甲$_1$类异常 3 处,乙$_1$、乙$_2$类异常 11 处,乙$_3$类异常 18 处(表 3)。甲$_1$类异常围绕 NNE 向断裂穿过部位、岩体中心、岩体与围岩接触带附近分布,异常强度高,重合性和连续性好,浓集中心明显,矿致特征较明显,是寻找中大型锡钨矿床有利地段。乙类异常范围主要分布于奥陶系天马山组、泥盆系跳马涧组地层中,异常范围小,异常强度较高,重合性和连续性好,浓集中心明显,是可能发现中小型矿床的有利地段。

表 3　阳明山地区 1∶5 万化探甲$_1$类特征表

异常编号	位置	元素	面积(km²)	含量范围	平均值	衬度	规模	地质及异常简况
AS22-甲$_1$	阳明山岩体群西部段	Sn	35.75	50~950	93.99	3.46	123.70	位于阳明山岩体的内外接触带及岩体内,出露有奥陶系天马山组地层,有已知钨锡矿点 2 处。异常主要分布在塘家湾—雷公田—墨斗岭一带。在岩体的 NW 部内外接触带附近,以 Sn、W、Pb、Zn、Cu 等为主,元素组合较复杂,而在花岗岩体内则以 Sn、W 组合分布为主,元素组合较简单。推测与矿引起有关,其 NW 部寻找钨锡铅锌多金属矿更为有利,岩体内寻找中大型锡钨矿床较为有利
		W	22.50	25~215.00	46.18	3.59	80.77	
		Bi	27.73	3.20~301.00	7.15	4.38	121.60	
		Cu	6.72	40~232.65	85.39	3.39	22.75	
		Pb	5.89	60~190	111.55	3.16	18.64	
		Zn	22.99	150~495.30	197.04	2.06	47.40	
		Ag	14.90	180~3794	397.97	4.56	67.91	
		As	18.50	40~417.10	77.51	4.90	90.64	
		Au	2.89	4.50~42.45	10.00	5.05	14.60	
		Mo	21.52	2~3.80	2.69	1.39	29.97	
		F	43.63	1300~6780	2030.00	3.00	145.00	

续表3

异常编号	位置	元素	面积 km²	含量范围	平均值	衬度	规模	地质及异常简况
AS23-甲₁	阳明山岩体群中部段	Sn	26.48	50～281	73.12	2.69	71.28	区内主要出露阳明山花岗岩、奥陶系天马山组地层,异常主要分布在冷风坳—唐家漕—罗家岭一带,在岩体的北西部内外接触带附近,以Sn、W、Pb、Zn、Cu等异常元素组合复杂,而在花岗岩体内则以Sn、W组合分布为主,元素组合较简。推测与矿(化)引起有关
		W	10.94	25～79.14	28.49	2.22	24.23	
		Bi	10.74	3.20～5.40	3.80	2.33	25.08	
		Cu	3.86	40～88	53.50	2.12	8.18	
		Pb	3.84	60～488	107.76	3.06	11.75	
		Zn	3.00	150～252	192.72	2.02	6.10	
		As	11.50	40～160	61.15	3.87	44.45	
		Au	3.33	4.5～77.71	19.36	9.78	32.54	
		Mo	5.45	2～9.80	3.35	1.74	9.46	
		F	29.00	1300～2540	1987.00	3.00	95.00	
AS24-甲₁	阳明山岩体群东部(土坳)段	Sn	78.69	50～2100	170.29	6.27	493.40	出露土坳花岗岩、奥陶系天马山组地层,有已知锡矿点2处,钨锡多金属矿点1处。在岩体北部的内外接触带,下冷水沅—观音岩—土坳—桎木湾一带,Sn、W、Pb、Zn、Cu、Ag等,异常强度高,且具有多处浓集中心,矿致特征显著;在岩体内,瑶山里—瑶蓬岭、高笋塘—发龙山等地段,以Sn、W为主,伴有As、Ag、Bi等组合,异常强度高,面积大,有多处浓集中心,矿致特征显著,是寻找大型锡钨矿床的有利地段
		W	57.32	25～282	47.94	3.73	213.70	
		Bi	13.42	3.20～23	5.13	3.15	42.27	
		Cu	16.51	40～182	61.23	2.43	40.09	
		Pb	5.18	60～185	82.93	2.35	12.19	
		Zn	13.83	150～334	199.94	2.09	28.92	
		Ag	37.65	180～5000	468.08	5.36	201.80	
		As	58.00	40～684	87.56	5.53	321.00	
		Mo	7.90	2～5.40	2.95	1.53	12.07	
		F	45.00	1300～4320	2149.00	4.00	160.00	
		Sb	1.16	4～7.78	7.21	4.94	5.70	

2. 本次工作在测区北西部菱角塘—郑家桥一带开展了激电测量和音频大地电磁测深工作,面积100km²。圈出激电异常带1个(JD1),走向为NE;同时根据音频大地电磁测深,推断了3条断裂带,F_1断裂走向NW,倾向WS,产状较陡;F_2断裂和F_3断裂走向为NE,倾向SE,产状较陡(图1)。物探工作未发现隐伏的控矿构造和岩浆岩体。

(三)异常查证及矿产检查

对区内矿(化)点进行了分类和总结,进一步了解了工作区内的地层、构造、岩浆岩等主要成矿地质条件。在充分收集整理以往工作成果,并结合本次所获物化遥综合找矿新信息,初步踏勘检查了全区面积性工作发现的矿(化)点、矿化信息以及以钨锡铜为主的多金属综合异常。概略检查了碧江口异常区、荒塘异常区,重点检查了青木原铜矿点、桎木湾锡矿区、瑶蓬岭钨锡矿点、菱角塘—郑家桥地段、行江岭金多金属矿点、白果市锡矿点、土坳锡矿点、黄石坪异常区、较车庙异常区、刀把漯异常区10处。其中桎木湾锡矿、青木原铜矿、瑶蓬岭钨锡矿等3处矿点达到了找矿靶区要求。并且桎木湾锡矿转为省级两权价款项目,取得了较好的找矿效果。现将上述主要矿种的典型矿床特征分述如下。

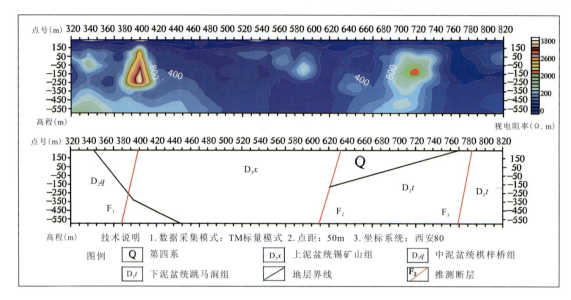

图1 湖南阳明山音频电磁大地测深电阻率断面图

1. 石英脉型锡矿（桎木湾锡矿）。区内石英脉型锡矿主要分布于白果市-土坳花岗岩体内接触带内，目前已发现桎木湾（图2）、白果市以及瑶蓬岭3处，以桎木湾锡矿规模较大。

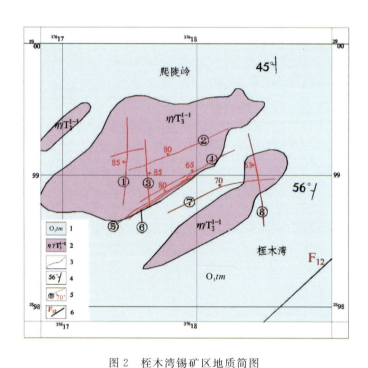

图2 桎木湾锡矿区地质简图
1. 晚奥陶世天马山组；2. 晚三叠世早期第一次侵入；3. 地质界线；
4. 地层产状；5. 锡矿脉产状及编号；6. 断层及编号

桎木湾锡矿点分布于阳明山复式花岗岩带北东突出部位的内接触带、区域性控矿断裂野马-土坳NE向断裂的SE盘。区内主要出露晚三叠世早期第一次侵入体中细粒斑状白（二）云母花岗岩，呈近EW向椭圆状岩株产出，其围岩为奥陶纪天马山组变质石英砂岩夹板岩。区内构造以NEE向组断裂为主，其次为近SN向组断裂，为主要容矿构造。断裂主要由石英脉组成，脉壁平直，具压扭性特征。化探异常较发育，元素异常组合较简单，以Sn、W为主，伴有F、As、Ag。异常强度较高，Sn(50～200)×

10^{-6},峰值(357～585)×10^{-6};W(25～100)×10^{-6},峰值172×10^{-6}。成矿元素Sn、W异常连续性和重合性好,有多处明显的浓集中心,具有一般矿致特征。区内已发现锡矿脉8条,受相应的断裂构造控制,成组、成带集中产出。其中近SN向组锡矿脉3条,走向3°～15°,倾向W,倾角较陡,为56°～85°。矿脉长200～660m,厚0.15～0.25m,Sn品位0.1%～2.81%。NEE向组锡矿脉5条,走向45°～60°,倾向W—NW,倾角均较陡,甚至直立,为80°～88°。走向长340～1100m,厚0.60～0.90m,Sn品位0.11%～1.42%。围岩蚀变不甚发育,近矿脉处仅见厚0.1～0.5m的云英岩化或白云母化蚀变边。

2. 构造破碎带型铜矿(青木原铜矿)。该类型铜矿仅发现青木原1处(图3)。矿点分布于土坳岩体东外接触带,区域性控矿断裂朱家冲-磨石元断裂(F_{12})的南东盘。区内出露晚奥陶世天马山组变质砂岩夹砂质板岩。区内构造较发育,以近SN向断裂为主,伴随NW褶皱,前者为主要容矿构造,断裂破碎带由含铜石英脉、碎裂化浅变质砂质板岩等组成。化探异常元素以Cu、Pb、Zn为主,伴有Sb、Mo、Au等组合异常沿NNE向断裂带呈带状分布,元素组合较复杂,主要成矿元素异常强度高,重合性和连续性好,浓集中心明显。

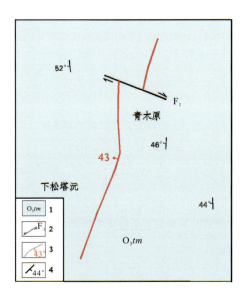

图3 青木原地质简图
1. 晚奥陶世天马山组地层;2. 平移断层;3. 铜矿脉;4. 岩层产状

区内发现铜矿脉1条,受近SN向断裂控制。矿脉走向为5°,倾向W,倾角35°～80°。矿脉北部较陡,局部呈直立,往南有变缓趋势。矿脉长约1200m,厚1.00m;铜品位0.22%～1.54%,平均0.76%。矿脉围岩为晚奥陶世天马山组深灰色浅变质石英砂岩夹砂质板岩。围岩蚀变主要为硅化、黄铁矿化等。

(四)综合研究

1. 总结了区内成矿规律,EW向的阳明山断隆带在成矿作用中起主导作用,是测区主要成矿区带,也是区域上大义山-阳明山EW向成矿区带的次级成矿区带。加里东—印支期构造为导矿构造,在燕山期重新活动产生的次级断裂构造为区内主要容矿构造,是矿液运移的浅部通道和赋存空间,矿床多沿NNE向、NNW—近SN向与EW向阳明山断隆带的交汇处的阳明山岩体内、外接触带,矿床产出与阳明山岩体侵入形态密切相关,主要分布于岩体侵入的突出部位。

2. 以锡、铅锌典型矿床认识为依据,在分析、研究测区控矿地质条件、综合信息找矿标志的基础上,建立了区内石英脉型锡矿(图4,表4)、脉状铅锌矿(图5,表5)等主要矿种和主要矿床类型的找矿模型,对工作区今后找矿方向和资源潜力作出了总体评价。

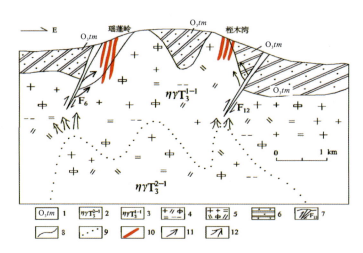

图 4 石英脉型锡矿成矿模式图

1. 晚奥陶世天马山组;2. 晚三叠世中期第一次侵入岩;3. 晚三叠世早期第一次侵入岩;4. 中细粒斑状白(二)云母二长花岗岩;5. 中细粒斑状二云母二长花岗岩;6. 浅变质碎屑岩;7. 断裂、编号及位移方向;8. 地层界线;9. 侵入体界线;10. 锡(钨)矿脉;11. 含矿热液运移方向;12. 岩浆气热液运移方向

表 4 石英脉型锡矿成矿要素表

	预测要素	地质-地球物理-地化球学综合找矿信息	成矿要素分类
	预测类型	石英脉型锡矿	
	成矿时代	晚三叠世	必要
	大地构造位置	大义山-阳明山 EW 向岩浆构造带西部	重要
地质	岩浆建造与成矿作用	侵入时代：晚三叠世	必要
		岩石组合：中细粒斑状白(二)云母二长花岗岩	必要
		岩体规模：由多个岩株状花岗岩体组成,呈近 EW 向排列,岩体面积 0.09～1.35km^2	重要
		岩体产状：岩株、岩脉状	重要
		侵位方式：被动	次要
		岩石化学成分：铝过饱和酸性岩,$SiO_2>72\%$,Al_2O_3 13.55%,Na_2O+K_2O 8%	重要
		微量元素：Sn 含量高,其他元素含量较低	必要
		成矿部位：岩体内接触带及产状平缓部位	必要
	控矿构造	区域构造：区域性 NNE 向断裂,控制了矿床的分布	必要
		控制矿床构造：岩体接触带、次级断裂带	必要
	地层岩性与成矿作用	时代岩性：奥陶纪浅变质砂岩、板岩	重要
		后期蚀变破碎：后期破碎,裂隙发育,具较微蚀变	必要
	围岩蚀变	蚀变类型：云英岩化、钠化,较弱硫化物化等	必要
		蚀变分带：由矿脉中心往外具分带性,依次为硫化物化—云英岩化—钠化	必要
	矿化情况	锡、铜	

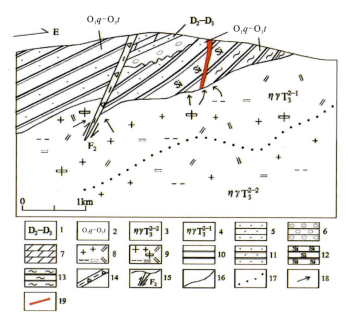

图 5　田子头式铅锌矿成矿模式图

1. 泥盆纪跳马涧组—易家湾组；2. 奥陶纪桥亭子组—天马山组；3. 晚三叠世中期第二次侵入；4. 晚三叠世早期第一次侵入；5. 砂岩；6. 砾岩；7. 泥灰岩；8. 细粒二云母二长花岗岩；9. 中细粒斑状二云母二长花岗岩；10. 板岩；11. 砂质板岩；12. 硅质板岩；13. 条纹状板岩；14. 断层破碎带；15. 逆断层及编号；16. 地层界线；17. 岩相界线；18. 岩浆气热液运移方向；19. 铅锌矿脉（体）

表 5　田子头构造破碎带型铅锌矿成矿要素表

预测要素		地质-地化球学综合找矿信息	成矿要素分类
预测类型		构造破碎带型铅锌矿	
成矿时代		晚三叠世	必要
大地构造位置		大义山-阳明山 EW 向岩浆构造带西部	重要
地质	岩浆建造与成矿作用		
	侵入时代	晚三叠世	必要
	岩石组合	中细粒斑状白云母二长花岗岩	必要
	岩体规模	阳明山花岗岩体，面积约 83km²	重要
	岩体产状	岩基	重要
	侵位方式	被动	次要
	岩石化学成分	属铝过饱和酸性岩，SiO_2 接近黎氏值，约 67%，$Na_2O+K_2O>8\%$，Na_2O、P_2O_5 的含量较高，发育隐伏花岗岩体	重要
	微量元素	W、Pb、Zn、Be 等元素接近维氏值，Sn、Bi、Li、Rb 等元素含量较高	必要
	成矿部位	岩体突出部位的外接触带	必要
控矿构造	区域构造	区域性 NNE 向断裂，控制了矿床的分布	必要
	控制矿床构造	岩体接触带与次级断裂带复合交汇部位	必要
地层岩性与成矿作用	时代岩性	奥陶纪浅变质砂岩、板岩	重要
	后期蚀变破碎	后期破碎，裂隙发育，较强硅化、硫化物化等蚀变	必要
围岩蚀变	蚀变类型	强硅化、硫化物化、绿泥石化等	必要
	蚀变分带	由矿脉中心往外具分带性，依次为硅化、萤石化、硫化物化-绿泥石化	必要
矿化情况		铅锌、铜	

3. 划分出找矿远景区6个，找矿靶区3处。找矿远景区主要包括田子头-万寿寺、白果市-枧木湾两个A类远景区，黄石坪-行江岭、青木原两个B类远景区，以及狮冲沅、荒塘两个C类远景区。圈定了枧木湾锡矿、瑶蓬岭钨锡矿、青木原铜矿等3处找矿靶区。

四、成果意义

（1）普遍认为华南地区锡多金属矿主要与燕山期花岗岩有关，而本区花岗岩形成时代为印支期，与之相关的锡多金属矿也可能是印支期形成的，为华南地区存在印支期成矿事件提供了证据。

（2）发现了锡（钨）矿点2处、铜矿点1处，以及一批化探异常，划分找矿远景区6处，圈定找矿靶区3处。其中，枧木湾锡矿已转入省级两权价款勘查，并取得了重要进展；其它矿点显示了较好的找矿前景，为下一步工作提供了依据。

（3）工作区位于湖南省较贫困的地区——永州市内，目前永州市制订了"打造千亿矿业经济"的经济发展战略规划，工作成果无疑为当地经济的发展提供了基础性保障。

第四十一章　广西龙州—扶绥地区矿产地质调查

陈粤　辛晓卫　申宇华　赵辛金　张启连
王来军　周辉　黄昌先　韦明汛

(广西壮族自治区地质调查院)

一、摘要

通过工作,圈定找矿靶区4处,新发现矿产地1处,矿(化)点5处。探获铝土矿 334_1+334_2 矿石资源量 $4348.14×10^4$ t。其中大型矿床规模平果太平评价区估算沉积型铝土矿 334_1 资源量 $531.10×10^4$ t,德保马隘调查区预测沉积型铝土矿远景 334_2 资源量 $1565.56×10^4$ t,宁明调查区估算堆积型铝土矿 334_1 资源量 $13.47×10^4$ t。采用物探方法对本区沉积型铝土矿进行了探索性评价:一是高密度电阻率测量,经钻探工程验证,该方法可提高钻孔见铁铝岩层的几率;二是采用区域重力测量,通过对重力异常进行反演计算,可推断合山组地层厚度及底部形态,从而间接确定铝土矿层的埋深,实行间接找矿的目的。对低品位矿石进行了初步选冶试验,取得了一定的效果。

二、项目概况

"广西龙州—扶绥地区矿产地质调查(原项目名称:广西龙州—扶绥地区铝土矿调查评价)"为中南地区2013年度优选项目,武汉地质调查中心于2013年4月16日在武汉组织招标大会,由广西地质勘查总院参与竞争性谈判中标。工作起止时间:2013—2015年。主要任务是主攻沉积型铝土矿,兼顾堆积型铝土矿,通过对前期各项地质工作及成果资料的综合分析,选择扶绥县东罗地区、宁明县亭亮地区、凭祥地区、平果地区、靖西地区、德保地区、田东县大板地区、大化县贡川地区、隆安县布泉地区,采用大比例尺地质测量、高密度电阻率测量及钻探工程,开展龙州—扶绥地区铝土矿调查评价工作,大致查明铝土矿的成矿地质条件、矿体特征、矿石特征及分布规律,探求资源量,并对其找矿前景进行综合评价。

三、主要成果与进展

(一)基本查明了本区成矿地质条件

大致查明了本区铝土矿的成矿地质条件,大致了解了矿体特征、矿石特征及分布规律。上二叠统合山组(P_3h)及上泥盆统融县组(D_3r)是本区铝土矿、菱铁矿及煤矿的重要赋矿层位或矿源层,其下伏地层中-下二叠统、石炭系的岩溶洼地则是岩溶堆积型铝土矿或褐铁矿的富集场所。铝土矿-煤矿-硅质岩的产出存在一定的相关性,古地理环境及风化条件不同对成矿的影响较大(表1)。

1. 赋矿层位及成矿模式。根据前人工作成果,桂西地区合山期岩相古地理图表明:规模最大的古台地为凌云-巴马-大化台地,其次为靖西-田东台地,靖西-田东复杂台地及乐业、凌云-巴马-大化、平果台地明显属孤立台地。大新古陆可能为台地,台地周缘普遍发育台缘礁。已发现的与合山组铝土岩有关的矿床无一例外均分布于台地之中。

表1 广西桂西地区古风化壳沉积型铝土矿区域成矿要素表

区域成矿要素		描述内容	成矿要素分类
区域地质环境	成矿时代	晚二叠世早期或早石炭世早期	必要的
	大地构造位置	一级构造单元南华板块、右江褶皱系	必要的
	岩相古地理	滨岸沼泽湖、沼泽潟湖亚相或开阔-局限台地滨海海湾或盆地亚相	重要的
	古地貌	P_2m 与 P_3h 之间的古风化壳或 D_3r 与 $C_{1-2}d$ 之间的古风化壳	必要的
	古气候	气候湿热	次要的
	基底	碳酸盐岩存在	重要的
区域成矿地质特征	化探异常	Al_2O_3、Fe_2O_3、Ca 高值异常	重要的
	已知矿床	中型矿床10余处,矿(化)点数十处	重要的
	岩性特征	铁铝岩系	必要的
	矿物组合	主要为一水硬铝石	必要的
	结构构造	隐晶质结构、豆鲕状结构、砂砾屑结构,块状构造、层状构造	次要的
	控矿条件	①沉积间断面:中二叠统茅口组顶部与上二叠统合山组底部之平行不整合面或上泥盆统融县组顶部与下石炭统都安组底部之平行不整合面;②含矿岩系为上二叠统合山组或下石炭统都安组底部铝土质(铁铝)岩;③围岩岩性为碳酸盐岩;④向斜构造;⑤次生作用,地表有堆积铝土矿分布	必要的
	含矿岩系厚度(m)	0~350	重要的
	矿(化)体厚度(m)	0~8.03	重要的
	矿(化)体延深	未控制	重要的

注:据广西铝土矿潜力评价资料

台地海侵之前长期抬升为陆,并发展为准平原地貌,碳酸盐岩遭受风化剥蚀,形成古红土;古红土在海侵前基本已短距离搬运到岩溶洼地中,海侵初期台地逐渐发展为局限—半局限台地潟湖,依次沉积了铝土质泥岩、泥岩夹煤(线)层、硅质泥岩,随着海侵规模加大,接受了晚二叠世晚期巨厚的碳酸盐岩沉积。

碳酸盐岩类岩石,经红土化作用(风化作用),由原生岩石风化→伊利石黏土→高岭石黏土→含铁铝矿石(高铁三水铝矿石)红土。期间,在热带和亚热带的气候条件下,在红土风化壳的渗透带下部和变动带中,经过一次次的晴雨交替,年复一年的四季干湿和暖热变化,使每次形成的三水铝石、针铁矿等矿物,经漫长的红土化作用后,即在残余(留)、淋积(淋滤)、吸附、压碎、胶结、堆积(潜积)等综合地质作用下,才形成了大小不一、形态各异、结构构造复杂的多世代的三水铝土质红土,甚至形成三水铝矿石和铝质铁、锰矿石等。

随着地壳缓慢下降和海水入侵,水体开始沉积泥岩盖层,同时由于台缘礁发育形成潟湖,水体环境逐渐趋于富含有机质,沉积物中碳质逐渐增多,硫首先在先期沉积的红土层上部富集,期后在层间水的作用下向下部红土层渗透,与先期存在的铁结合形成黄铁矿。三水铝石受压实作用开始脱水,转变为一水铝石,形成原生低品位铝土岩。

最后,地层褶皱上升成陆,原生沉积型铝土岩出露地表,在浅部,富氧地下水对原生铝土岩进行渗透淋滤,去硫脱硅,形成了现代高品位沉积型铝土矿矿床,见成矿模式图(图1)。

2. 桂西地区沉积型铝土矿分布规律及综合评价。靖西-平果成矿带上的靖西、德保、平果等调查区沉积型铝土矿规模较大,连续性好,矿石品位较好,具有较大的找矿潜力,建议开展后续工作;龙州-扶绥

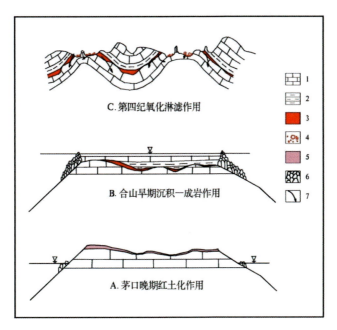

图1 桂西地区铝土矿成矿模式图
1. 灰岩;2. 泥岩;3. 沉积型铝土矿;4. 堆积型铝土矿;5. 红土;
6. 台缘礁;7. 地下水渗滤方向
注:据桂西整装勘查区铝土矿成因与富集规律研究报告

成矿带上的东罗、宁明、凭祥等调查区沉积型铝土矿有一定的规模,但连续性一般,矿石品位较差,不宜开展进一步的勘查工作。

2013—2015年,项目组对桂西地区开展了以沉积型铝土矿为主的调查评价工作,先后对龙州-扶绥成矿带及靖西-平果成矿带上沉积型铝土矿进行了概略性调查,局部进行了重点检查工作。认为:①沉积型铝土矿资源潜力较大,含矿层位合山组(P_3h)广泛出露于桂西地区,合山组出露的地方基本上可以发现铁铝岩露头,且有一定的连续性,规模一般较大,显示了良好的找矿前景;②通过地表填图结合深部钻孔验证,沉积型铝土矿矿体形态变化较大,连续性与基底岩溶形态有关,多呈透镜状,矿石品位变化较大,越靠近地表浅埋的矿石品位越好,矿石品质与氧化还原带位置关系密切,一般位于氧化带之上的矿石质量好;③建议尽快对桂西地区靖西-平果成矿带的有利成矿区开展进一步的地质工作。

(二)圈定找矿靶区

圈定找矿靶区4处,分别为扶绥东罗找矿靶区、平果太平找矿靶区、德保多敬-马隘找矿靶区、靖西南坡-渠洋找矿靶区。它们主要位于两个Ⅳ级成矿区带、三个Ⅴ级成矿区带(表2)。

1. 扶绥东罗找矿靶区。位于扶绥县东罗镇一带,地理坐标:东经107°35′46″—107°44′31″,北纬22°19′11″—22°25′47″,面积约100km²。

靶区位于渠勒-五联复式向斜构造的北东部,出露地层自老至新主要有上石炭统、二叠系、下三叠统碳酸盐岩及第四系(Q)残坡积堆积层。地形地貌以孤峰残丘和低缓坡地为主。沉积型铝土矿来自于合山组底部与茅口组顶部之间的平行不整合面上风化形成的铁铝岩层。

合山组地层出露于东罗向斜的两翼,沿NE向断续延伸,长度分别在数十千米,地表露头出露较少,一般以地表出露大块度的铝土矿矿石作为分界线(图2),矿石块度大,棱角状明显,多为原地残留风化形成。上覆地层为三叠系马脚岭微晶灰岩,地表出露较少,主要为第四系浮土覆盖,第四系洼地中多见有堆积的、粒度大小不一的铝土矿矿石。

表 2　龙州-扶绥地区找矿靶区一览表

Ⅳ级成矿区带	Ⅴ级成矿带	找矿靶区	预测资源量(10⁴t)
Ⅳ-19 靖西-平果铝-金-硫铁矿成矿带	Ⅴ-15 禄洞-隆华铝成矿区	靖西南坡-新甲找矿靶区	7236
		德保多敬-马隘找矿靶区	1413
	Ⅴ-16 游昌铝成矿区		
	Ⅴ-17 平果铝成矿区	平果太平找矿靶区	2002
Ⅳ-21 凭祥-崇左金-铁-稀土-煤-铝成矿区	Ⅴ-19 凭祥-龙州铝成矿区		
	Ⅴ-20 亭亮-东罗铝成矿区	扶绥东罗找矿靶区	1560

图 2　东罗残积铝土矿露头

根据前期地质工作成果,矿体总体呈不规则状沿 NE 向展布,规模较大,矿体连续性一般,厚度在 1~3m 间,多与基底岩溶形态一致,赋存于岩溶凹槽处,凸起处一般变薄或缺失,剖面上一般为透镜状,产状一般在 5°~20°之间。矿石质量一般,地表露头品质明显好于钻孔样品,Al_2O_3 一般为 40%~45%,铝硅比(A/S)1.8~5。涉及最小预测区为扶 C-35,预测 500m 以浅沉积型铝土矿资源量 $1560×10^4$ t。

2. 平果太平找矿靶区。位于平果县北西与太平镇一带,地理坐标:东经 107°21′25″—107°40′19″,北纬 23°18′59″—23°37′24″。面积约 290km²。

找矿靶区地处右江褶皱系靖西-都阳山凸起东部。由一系列 NW 向短轴状至长条状背斜、向斜及压扭性断裂组成。主要构造为太平向斜,向斜轴部为下-中三叠统地层。出露地层自老至新主要有上石炭统、二叠系、下三叠统碳酸盐岩及第四系残坡积堆积层。地形地貌峰丛洼地及谷地为主。沉积型铝土矿来自于合山组底部与茅口组顶部之间的平行不整合面上的铁铝岩层,主要分布于太平向斜东翼。

含矿层为上二叠统合山组,顶部为灰白色、灰色具鲕状结构的厚层灰岩,中部及下部各含煤 1 层,底部为 2~15m 厚的铝土矿层。合山组与上覆下三叠统罗楼组为假整合接触,局部为不整合接触。

矿体总体呈 NW 向展布,长度 15km,连续性较好,厚度较稳定,一般在 1~5m 之间,倾角一般在 10°~30°之间。矿石质量较好,地表露头样品为 Al_2O_3 45.51%~74.31%,Fe_2O_3 2.83%~38.76%,SiO_2 1.36%~14.67%,铝硅比(A/S)3.63~45.40,与本区堆积铝土矿矿石质量大致相同。涉及最小预测区为靖 C-37,预测 500m 以浅沉积型铝土矿资源量 $2002×10^4$ t。

3. 德保多敬-马隘找矿靶区。位于德保县多敬—马隘乡一带,地理坐标:东经 106°13′15″—106°29′

47″,北纬23°17′42″—23°29′01″。

找矿靶区地处右江褶皱系靖西-都阳山凸起的西部。出露地层主要有泥盆系、石炭系、二叠系、三叠系、第四系;泥盆系、石炭系、二叠系、三叠系为海相碳酸盐岩沉积,含矿层合山组为砂泥岩,底部为透镜状铁铝岩或铁铝质泥岩,似层状铁铝岩层较为少见。一般在地表表现为出露宽度不等,由大量块度巨大的铁铝岩块组成。局部地区其上可见到薄层含碳质泥岩、泥质粉砂岩,顶部还可见含髓石浅灰色中—厚层灰岩,该层可缺失。合山组地层为本区堆积铝土矿的主要矿源层。第四系为残坡积层,地表多见堆积铝土矿矿石。

矿体呈U型展布,总体呈NW向,矿体长度约75km,连续性较好,厚度一般在1~5m之间,倾角一般在10°~30°之间。根据地质填图结果表明,西翼矿体质量一般,个别地段出现相变,岩性多为碳质泥岩夹煤(层)线、泥岩夹薄层硅质岩,导致矿体缺失。东翼为正常形成的沉积型铝土矿矿体(图3),矿石质量较好,地表露头样品一般为 Al_2O_3 40.40%~75.80%,Fe_2O_3 2.74%~27.75%,SiO_2 1.33%~14.57%,A/S 2.77~56.99。涉及最小预测区为靖C-15,预测500m以浅沉积型铝土矿资源量 $1413×10^4$ t。

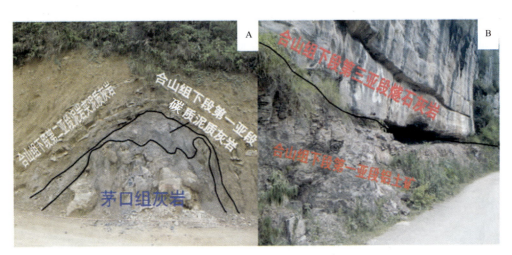

图3 多敬-马隘沉积型铝土矿剖面

A. 西翼铝土岩相变为碳质泥质灰岩,第二亚段硅质岩相变为泥质灰岩,总体上钙质增多;

B. 东翼第一亚段铝土岩直接与第三亚段灰岩接触

注:据桂西整装勘查区铝土矿成因与富集规律研究报告

4. 靖西南坡-渠洋找矿靶区。地处靖西县南坡—渠洋镇一带,地理坐标:东经106°13′15″—106°29′47″,北纬23°17′42″—23°29′01″。

找矿靶区位于右江褶皱系靖西-都阳山凸起的西部。出露地层主要有泥盆系、石炭系、二叠系、三叠系、第四系;泥盆系、石炭系、二叠系、三叠系为海相碳酸盐岩沉积,其中二叠系合山组为沉积型铝土矿赋矿层位,岩性主要是位于底部的铁铝岩层,上部碳质泥岩、泥岩,顶部的煤(层)线(局部缺失),第四系为残坡积层,为堆积型铝土矿赋矿地层。

沉积型铁铝岩分布面积约 $120km^2$,按地区可分为2处。其中一处主要分布在南坡向斜南北翼合山组(P_3h)与茅口组(P_2m)之间的平行不整合面上,面积约 $50km^2$,受北向三组平行断层控制。另外一处位于渠洋镇龙临-新甲向斜的南北两翼合山组与茅口组之间的平行不整合面上,面积约 $70km^2$。沉积铁铝岩含矿洼地主要受向斜及合山组底部矿源层控制,南坡向斜呈NE-SW走向,龙临-新甲向斜NW-S走向,矿体近于平行分布向斜两侧。

渠洋地区发现含矿层位合山组铁铝岩,长度约50km,厚2~5m。南坡地区发现含矿层位合山组铁铝岩,长度约60km,厚1~3m。在南坡及渠洋地区采样分析,矿石 Al_2O_3 在50%~70%之间,SiO_2 在10%左右,铝硅比(A/S)3%~10%,矿石总体质量较好。发现的沉积型铝土矿层规模较大,矿石质量普遍较好。涉及最小预测区为靖 C-7、C-8 及 C-11,预测 500m 以浅沉积型铝土矿资源量 7236×10^4 t。

(三)新发现矿产地

在找矿靶区内新发现沉积型铝土矿矿产地 1 处,矿(化)点 5 处,分别为平果太平沉积型铝土矿矿产地,扶绥东罗、宁明亭亮、德保多敬-马隘、大化贡川、靖西南坡及渠洋 5 个铝土矿矿(化)点。通过对 4 个找矿靶区进一步的地质工作,在上述矿产地或矿(化)点探获沉积型铝土矿 334_1+334 资源量 4348.14×10^4 t。其中东罗铝土矿区估算沉积型铝土矿 334 资源量 2238.02×10^4 t,平果太平铝土矿区估算沉积型铝土矿 334_1 资源量 531.10×10^4 t,德保马隘铝土矿区预测沉积型铝土矿远景 334 资源量 1565.56×10^4 t,宁明铝土矿区估算堆积型铝土矿 334_1 资源量 13.47×10^4 t(表3)。大化贡川及靖西南坡、渠洋等因工作量原因未能开展进一步工作。此外,对平果地区合山组顶部的煤层进行了初步的调查。

表 3　龙州—扶绥地区铝土矿资源量汇总表

矿区	矿厚 (m)	密度 (t/m^3)	分析品位(%)					铝硅比	334_1 矿石量 (10^4 t)	334 矿石量 (10^4 t)	总计	备注
			Al_2O_3	Fe_2O_3	SiO_2	灼失量	S					
东罗	2.84	3.03	42.55	15.68	19.17	15.62	3.79	2.22		2238.02	2238.02	大型
太平	2.71	3.03	53.07	12.47	10.00	17.20	7.46	5.310	531.10		531.10	中型
马隘	1.04	3.00	54.85	16.79	11.12	11.07	0.60	4.93		1565.56	1565.56	中型
宁明	11.55	467.00	41.01	31.58	12.71	11.34		3.23	13.47		13.47	堆积型
合计									544.57	3803.57	4348.14	

(四)采用物探法对本区进行评价

采用物探方法对本区沉积型铝土矿进行了探索性评价:一是采用高密度电阻率测量,通过钻探工程验证,该方法可行,可提高钻孔见铁铝岩层的几率;二是采用区域重力测量,通过对重力异常进行反演计算,可推断合山组地层厚度及底部形态,从而间接确定铝土矿层的埋深,实现间接找矿的目的。

1. 高密度电阻率测量。本区沉积型铝土矿矿体出露较少,大多为第四系浮土覆盖,一般为 3~10m,常规的找矿手段效果不好。通过近年本区沉积型铝土矿成矿规律研究,发现本区沉积型铝土矿主要赋存于二叠统合山组底部,其与下伏中二叠统茅口组之间为不整合接触关系,沉积型铝土矿的富集规律与下伏中二叠统茅口组地层的下凹或凸起导致中二叠统茅口组地层顶部的古岩溶洼地出现下凹或上凸形态存在非常密切的关系:当古岩溶洼地随下伏中二叠统茅口组地层下凹呈凹状时,沉积型铝土矿体存在的机会较大且矿体往往厚度较大品位较好;当古岩溶洼地受下伏中二叠统茅口组地层隆起而呈凸状时,沉积型铝土矿体往往被剥蚀变薄甚至尖灭。

在本区成矿地质条件较好的地段,用物探方法特别是开展高密度电阻率法探测出古岩溶洼地形态下凹或上凸形态,间接找到沉积型铝土矿富集的下凹古岩溶洼地,从而指导钻孔工作,提高见矿率(图 4)。

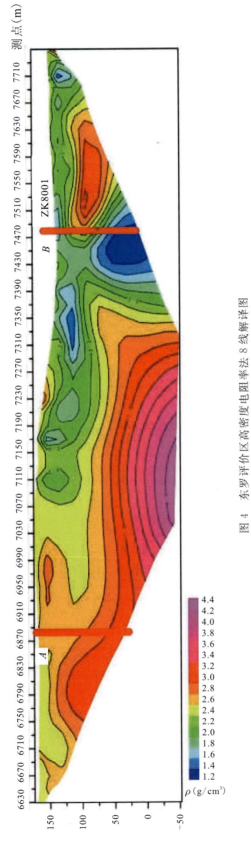

图 4 东罗评价区高密度电阻率法 8 线解译图

说明：红色高阻主要为茅口组灰岩，蓝、绿色低阻多为泥岩、粉砂岩与铁铝岩。根据物探剖面解译图进行工程验证，当钻孔于 A 点（凸起处）实施，多数不见矿，或者矿厚较薄且品位较差；当钻孔于 B 点（回陷处）实施，多数可见矿，矿厚较大且品位较好。

2013年项目组在东罗评价区NE开展高密度电阻率测量,布设物探剖面9条,通过对高密度电阻率数据的初步处理,发现下伏茅口组基岩下凹低阻异常24处,其中2线1处、8线4处、16线4处、24线2处、32线4处、48线3处、56线1处、64线4处、72线1处。

根据物探异常,对其中8线异常采用钻探工程(ZK0801)进行了验证(图4)。在钻孔中见4.0m厚铁铝岩层,经测试分析,ZK081H2号样品达边界品位,Al_2O_3 42.64%,A/S 2.99,证实高密度电阻率测量结合钻探工程验证对沉积型铝土矿勘查效果较好。需要注意的是,本区铁铝岩层之上的煤层、裂隙、溶洞及少量的薄层泥岩也表现为低阻异常,对物探解释也造成了一定的干扰。总体上看,如能在剖面上精确地定位出低阻异常,指导钻探施工,无疑能进一步提高见铁铝岩层的几率。

2. 1:5万区域重力测量。本区物性资料统计表明(表4),区内碎屑岩平均密度为2.52g/cm³,碳酸盐岩平均密度为2.72g/cm³,铝土矿密度为3.27g/cm³,铝土矿层太薄不足以形成相应的重力异常,含铝土矿层的合山组的碎屑岩地层具有一定的规模,其与碳酸盐岩的围岩密度差达$0.2×10^{-5}$ m/s²,存在明显的密度差异,完全可以对合山组的碎屑岩地层的规模以及起伏形态进行圈定,从而达到间接找矿的目的。

表4 区内岩(矿)石密度值统计表

岩性		密度平均值 (g/cm³)	岩类密度 (g/cm³)	平均密度 (g/cm³)
碎屑岩	砂岩	2.62	2.52	2.52
	含砾砂泥岩	2.52		
	砂质页岩	2.57		
	泥质页岩	2.36		
碳酸盐岩	灰岩	2.70	2.72	2.72
	生物碎屑灰岩	2.72		
	白云岩	2.79		
	细粒花岗岩	2.56		
	中粒花岗岩	2.56		
	粗粒花岗岩	2.55		
铝土矿	铝土矿	3.27	3.27	3.27

通过重力测量工作,共圈定局部重力低异常5个,编号G1、G2、G3、G4、G5(图5)。初步认为:重力低异常主要由出露及下伏的合山组密度低地层引起;重力高异常主要由断裂形成的推覆构造、地层局部高密度岩性和断裂带外侧矿化蚀变带引起。G1重力低异常偏向于目标地层的西侧,推断低密度地层向西具有一定的延伸;G2重力低异常形态和走向与地形相吻合,含重力异常进行各项改正时残留的"虚假异常",可通过回归分析和曲面处理等方法对其进行修正,获取反映目标层的重力异常;G3重力低异常走向与形态和出露的低密度地层吻合最好,并且重力异常具一定的规模,重力异常幅值也较大,推断目标地层存在一定的延深和规模;G4重力低异常呈近SN走向,异常规模远大于出露的合山组密度低地层,推断该段合山组地层存在一定的规模和延伸;G5重力低异常向出露目标地层SW方向偏移,推断该地段合山组地层向SW方向延伸,但由于重力异常处于测区的边部,其可靠程度相对较差。

据以上分析,在测区内圈定了3个找矿远景区(图5),主要以重力低异常进行圈定,重力异常与目标地层吻合较好且具有一定的规模,推断重力低异常由一定规模的目标地层引起。后经钻孔验证,3个见矿钻孔均位于重力测量所圈定G1~G4异常及3个物探推测的成矿远景区内,与物探推断成果大致吻合,说明本区采用重力测量对沉积型铝土矿的勘查有一定的指导意义,可起到间接找矿的作用。

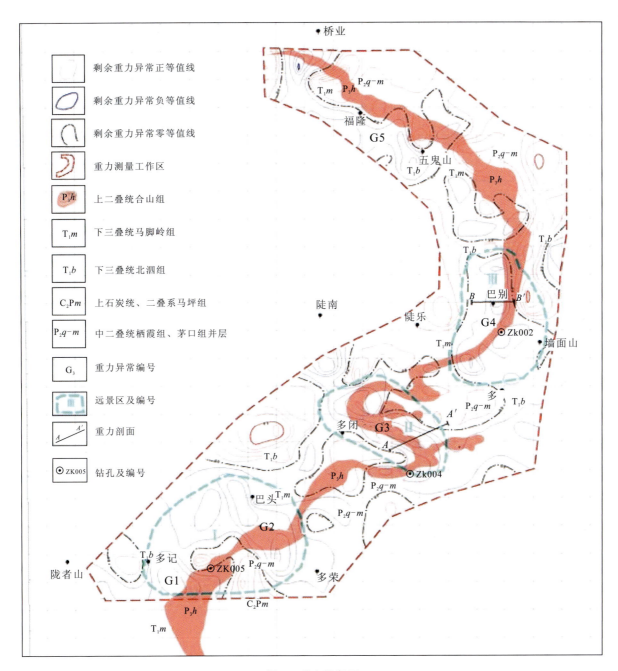

图 5 重力推断图

(五)矿石试验结果

对本区低品位矿石进行了选冶初步试验,试验结果理论上是可行的。

本次选冶试验,主要是对东罗评价区的低品位矿石进行试验。根据矿石性质,原矿样中伴生元素硫的含量较高,为 5.89%。硫的存在不仅影响氧化铝的溶出率,还会加速设备腐蚀,在铝土矿溶出试验前需将矿石中的硫脱除。

试验采用浮选方法进行脱硫处理,经过浮选细度条件试验,确定矿物细度在 -200 目含量 95% 的条件下进行"一粗二扫"工艺流程选硫,可达到最好的单体解离度。然后采用添加活化剂浮选,活化剂硫酸

铜用量为 300×10^{-6}，硫酸用量为 3000×10^{-6}，浮选流程中的尾矿产品即为下一步铝土矿溶出试验的入选原料，浮选所得的粗硫精矿产品可进一步处理得硫精矿产品加以综合回收。所得精矿采用常规的拜耳法在溶出温度 260℃、溶出时间 45min、配料分子比 1.4、石灰加入量 10%、循环苛性碱浓度 260g/L 的条件下，氧化铝实际溶出率为 69%，相对溶出率可达到 99% 以上。试验结果表明，在实验室条件下对低品位沉积型铝土矿的选冶流程是可行的。

四、成果意义

对广西铝土矿潜力评价预测成果进行了验证，总结了成矿规律及模式；采用物探方法对沉积型铝土矿进行了探索性评价，取得了一定的成果；对低品位铝土矿选冶方法进行了初步试验，理论上可行。探获沉积型铝土矿资源量规模较大，对扩大桂西地区铝土矿资源量具有十分重要的意义。

第四十二章　湖南宝峰仙—彭公庙地区矿产地质调查

杨齐智　吴清生　蒋喜桥　严彦　祝西闯　赵峰　郑国超
张鹏飞　陈云华　张静鸿　罗振军　沈长明

（湖南省有色地质勘查局）

一、摘要

调查工作确定了湖南宝峰仙—彭公庙地区的填图单位、主要赋矿层位和基本构造格架；查明了区内地层、构造、岩浆岩、矿化蚀变特征；新发现矿（化）点12处；通过综合分析，划分了4个找矿远景区，提交找矿靶区5处，明确了找矿方向。研究认为楠木峡、大岗岭等地区具备良好成矿条件和找矿潜力，中深部有望找到中型以上规模的锡、铅、锌等中高温热液矿床。

二、项目概况

工作区位于湖南省郴州市，行政区划隶属资兴市和永兴县管辖，地理坐标：东经113°15′00″—113°30′00″，北纬25°50′00″—26°20′00″，涉及鲤鱼塘、三都、资兴市3个1∶5万图幅，总面积1375 km²（图1）。工作起止时间：2013—2015年。主要任务是以锡、钨、铅、锌为主攻矿种，以矽卡岩型、断裂破碎带型为主攻类型，开展三都、资江县幅1∶5万矿产地质测量和水系沉积物测量，选择有成矿远景的地区开展大比例尺地质填图、物化探测量，对区域物化探异常进行异常查证，圈定矿化有利地段，择优进行深部验证，对区内矿产资源远景作出总体评价。

三、主要成果与进展

1. 厘定了岩石地层填图单位27个，岩浆岩厘定出9个侵入期次（表1），确定了各组的岩性标志。其中震旦系、寒武系、泥盆系的棋梓桥组、佘田桥组和锡矿山组为区内主要的赋矿层位，含矿岩性主要为板岩、浅变质砂岩、钙质砂岩、泥灰岩等。

2. 初步查明了区内构造、岩浆岩、矿化蚀变的分布特征，提高了工作区基础地质研究程度。

地层出露较全，除奥陶系、志留系缺失外，寒武系—白垩系均有出露。其中分布最广的地层是泥盆系，其次为震旦系、寒武系和白垩系，侏罗系仅在局部分布。与成矿有关的层位主要是寒武系、中泥盆统棋梓桥组及上泥盆统佘田桥组、锡矿山组。

岩浆岩分布较广，类型较复杂，以酸性岩为主，局部有中酸性—基性岩出露。出露岩体主要有宝峰仙岩体群、彭公庙岩体（南体），分别位于工作区南西部和北东部。形成时代从加里东期至燕山晚期，燕山期岩浆活动与成矿关系最为密切，按照侵入的先后顺序和岩性组合特征，全区共划分9个侵入期次。

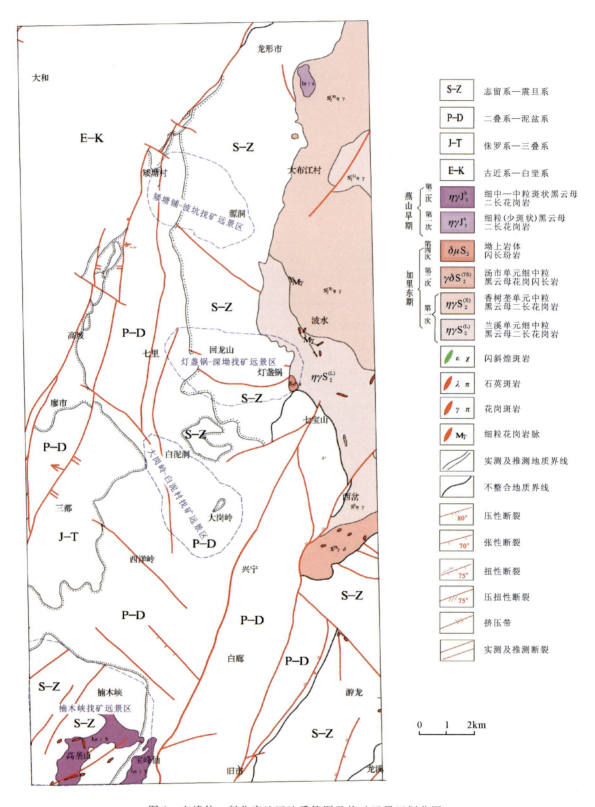

图1 宝峰仙—彭公庙地区地质简图及找矿远景区划分图

表 1 宝峰仙—彭公庙地区岩体划分及特征表

岩体时代	期次	代号	岩体名称	单元名称	岩性	产状	同位素年龄(Ma)
白垩纪	2	εχ	脉岩		闪斜煌斑岩	岩脉	
	1	λπ			石英斑岩	岩脉	76
		γπ			花岗斑岩	岩脉	124
		Mγ			细粒花岗岩脉	岩脉	
侏罗纪	2	$J_3\eta\gamma^b$	宝峰仙岩体		细中—中粒斑状黑云母二长花岗岩	岩株	158
			高垄山岩体			岩株	
	1	$J_3\eta\gamma^a$	宝峰仙岩体		细粒(少斑状)黑云母二长花岗岩	小岩株	161
			高垄山岩体				
			七甲岩体		中粒斑状黑云母二长花岗岩	岩株	
志留纪	4	$S_2\delta\mu$	坳上岩体		闪长玢岩	岩株	
	2	$S_2^{(TS)}\gamma\delta$	彭公庙岩体	汤市单元	细中粒黑云母花岗闪长岩	岩基	430
		$S_2^{(X)}\eta\gamma$		香树垄单元	中粒黑云母二长花岗岩		466
	1	$S_2^{(L)}\eta\gamma$		兰溪单元	细中粒黑云母二长花岗岩		

构造活动强烈，并具多期活动特点，加里东期形成 NW 向或近 EW 向基底构造格架；印支期—燕山期主要形成 NNE、NE 向条带褶皱及断裂构造。褶皱主要有粗石坑背斜、旧市-杨林向斜、回龙山-源洞背斜、西洋岭向斜、天鹅顶-瑶岗仙背斜，向斜轴部多为石炭系、二叠系，背斜轴部由震旦系、寒武系组成。与矿化关系密切的主要为 NE 向、NW 向两组断裂(图 1)。

3. 通过 1∶5 万水系沉积物测量，圈定了化探综合异常 28 处，其中甲类异常 5 个，乙类异常 17 个，丙类异常 6 个，初步确定具有较大找矿远景的 9 处化探找矿预测区。其中 1∶5 万三都幅、资兴市幅具有找矿意义的综合异常 20 处，异常面积达 192.58km²，划分找矿预测区 5 处，分别为楠木峡高温热液钨锡铅锌多金属矿预测区、灯盏锅中高温热液型钼多金属矿预测区、仁里中低温热液型铅锌多金属矿预测区、竹洞中温热液型银多金属矿预测区。

1∶5 万鲤鱼塘幅有综合异常区 10 处，异常面积达 83.07km²，划分找矿预测区 4 处，分别为矮塘铺中高温热液型铅锌多金属矿预测区、太和中低温热液型银多金属矿预测区、龙形市中低温热液型铅锌多金属矿预测区、高塘洞中低温热液型铅锌多金属矿预测区。

4. 矿产检查发现矿点(化)50 处，其中达中型规模以上的均为煤及非金属矿产，金属矿产共计 22 处，本次工作新发现锑矿点 1 处，钨矿(化)点 4 处，铅锌矿(化)点 3 处，褐铁矿点 3 处，磁铁矿点 1 处。经调查，楠木峡地区、大岗岭地区等具备良好的成矿条件和找矿潜力，中深部有望找到中型以上规模的锡铅锌等中高温热液矿床。

5. 在总结各类矿产的成矿规律的基础上，在工作区内划分出 I 类找矿远景区 1 个，Ⅱ 类找矿远景区 2 个，Ⅲ 类找矿远景区 1 个(图 1)。

(1)楠木峡钨锡铅锌矿找矿远景区(Ⅰ-1)。位于资兴市幅南部，覆盖宝峰仙、楠木峡一带，呈 NE 走向，面积约 50km²。

该远景区处于千里山矿田北东端，发育宝峰仙、高垄山等燕山期中酸性岩体，区内矿种以钨、锡、铅锌为主，兼有铜、银等。

主要含矿地层为南华系泗洲山组、天子地组，寒武纪香楠组、茶园头组，岩性以浅变质碎屑岩为主，是热液裂隙充填型钨、锡、铅锌矿床的赋矿围岩；区内构造具多期次活动特点，控矿断裂以 NNE 向、NE

向为主;褶皱均经过后期构造切割或错动,其形成的构造裂隙面或两翼虚脱空间均是有利的储矿部位。

岩浆岩发育,具多期次侵入特点,花岗岩、花岗斑岩和石英斑岩等小岩体成群出现。出露岩体主要有燕山早期高垄山、宝峰仙、种叶山岩体,三者为同期次岩浆活动产物,岩性为细中粒黑云母二长花岗岩,呈岩株状,锆石 U-Pb 法测得同位素年龄为 158Ma。岩体内见有多期次 NE 向斜穿花岗斑岩脉,长约 30km,宽 2~8km;多数形成于晚侏罗世末或白垩纪,对前期形成的构造层具有改造叠加作用,部分岩脉沿断裂侵入,对区内钨锡、铅锌多金属矿的形成具有极为重要的影响。岩体与内生金属矿产关系非常密切,具有一定的钨锡成矿专属性。

围岩蚀变因受区域变质作用及岩浆热力作用影响,种类繁多,强烈而且普遍,有硅化、云英岩化、电气石、绿泥石化、绢云母化、萤石化等蚀变现象,各蚀变常互相叠加。其中云英岩化、硅化、电气石化与钨锡矿化关系密切,矽卡岩化、硅化、绿泥石化与铅锌铜矿化关系密切。

区内分布有 C-77-154、C-77-155、C-77-157、C-77-158、C-77-159 等多个航磁异常,异常多受断裂控制,大部分异常都与已知矿(床)点吻合,围绕 W、Sn、Cu 矿点分布。1:5 万水系沉积物测量圈定的异常(AS23)主要异常元素为 W、Sn、As、Ag、Pb、Hg、Cd。各主要元素异常大多面积大、强度高,浓集中心明显。

该远景区内有矿点 8 处,以往民采活跃,矿种主要有钨锡矿、铅锌。矿床(点)均与岩浆热液活动有关,其中钨锡矿主要分布在楠木峡、三姑仙等地段高垄山黑云母花岗斑岩外接触带,铅锌矿则分布在离岩体稍远的 NE 向、NNE 向断层破碎带中,如庙门口、雷家等。区内矿床(点),按成因可分为云英岩型锡矿、石英脉型锡矿及裂隙充填型铅锌锡矿,其中又以裂隙充填型铅锌矿为主。

综合分析认为本区成矿条件十分有利,楠木峡找矿远景区具有进一步寻找中—大型钨锡铅锌多金属矿床的可能。可在岩体隆起前锋部位寻找云英岩型锡矿;在岩体接触带及附近寻找"瑶岗仙式"钨矿,即在岩体与碳酸盐岩接触部位寻找矽卡岩型白钨矿,在与碎屑岩接触部位寻找石英脉型黑钨矿;在远离接触带前寒武系地层中寻找"枞树板式"铅锌银矿,在跳马涧组底部与下伏寒武系不整合界面上可探索寻找"香花岭式"蚀变底砾岩型层状、似层状锡矿。

(2)大岗岭-白泥洞锑多金属矿找矿远景区(Ⅱ-1)。位于回龙山背斜南翼,出露地层为泥盆纪棋梓桥组、佘田桥组、锡矿山组、岳麓山组、石炭纪孟公坳组、天鹅坪组、石磴子组,北面分布小范围三叠纪一心亭组。岩性为一套浅滨海相碳酸盐岩沉积组合,为化学性质活泼的灰岩、白云岩、泥质灰岩。

区内构造较发育,NE 向断裂控制矿床的分布。沿断裂见硅化、铁锰碳酸盐化、黄铁矿化、锑矿化、弱钨锡矿化。据以往区域资料,本区处于蓝山-鄜县重力阶梯带上,东侧有 C-77-115 航磁异常分布,推测深部沿 NNE 向断裂可能有后期岩浆侵入。

1:5 万水系沉积物测量成果显示,远景区内异常有 AS15 和 AS18。AS5 位于异常区中西部,内有一个锑矿点。主要异常元素为 Sb、Pb、Hg、Au、As、Ag,其中 Sb、Pb、Hg 出现三级异常,Au、As、Ag 出现二级异常。Sb、Hg、Pb 的衬值均大于 2。AS18 位于异常区中南部,内有两个锑矿点,位于棋梓桥组内。主要异常元素为 Sb、W、Bi,但 W 和 Bi 均为单点异常。异常点较多的元素为 Sb、Au、As、F、Mo、Ag。Sb 的衬值达到 10.76,规格化面金属量达到 109.86,Sb 最高值含量 1301.16×10^{-6}。W 也有样点达到 227.30×10^{-6}。另外,Sn 的衬值达到 4.21,Hg 达到 3.28,As 达到 2.72,Ag 达到 1.96,因此以上元素的整体含量均较高。从元素组合上来说,该地区的异常具有较明显的前缘晕特征,且区内也出现了 W、Sn、Bi 等中高温元素的异常,证明除了浅表的低温热液型锑矿之外,其深部还有找中高温热液型多金属矿床的前景。

区内分布有大岗岭锑矿点、白泥洞锑矿化点、观音阁黄铁矿化点、土老匪褐铁矿点。其中锑矿化带分布长达 3.4km,矿达数百米。单个矿体控制长最长达 40m,宽约 20m。通过采样分析,矿体显示多期次成矿特点,具有高温热液矿化活动,高低温矿化反复叠加现象;除锑矿化外还伴有黄铁矿化、钨锡矿化,个别地段锡可达边界品位。

区域上该硅化破碎带往南延伸至长城岭锑铅锌矿床,同处在郴州-资兴大断裂带上,具备相同的地质构造背景和蚀变矿化特征,综合认为硅化体是重要的找矿标志,锑矿为深部成矿活动的浅表反映,推测深部具有较好的找矿前景,可望找到与长城岭相似的小—中型规模以上的锑多金属热液充填型矿床。

(3)矮塘铺-彼坑铜铅矿找矿远景区(Ⅱ-2)。位于鲤鱼塘幅中部,茶陵-郴州-临武区域性大断裂的东侧,区内矿种主要为铜、铅锌。

出露地层主要有寒武系浅变质砂岩、板岩、砂质板岩,中泥盆统跳马涧组石英砂岩等、第四纪残坡积层。其中寒武系浅变质砂岩为主要的赋矿层位。断裂构造以NE、NW向为主,矿体赋存在NW向断裂中。

1∶5万水系沉积物测量在矮塘铺、彼坑分别圈定了AS6、AS7、AS9异常,其中AS6异常主要由中低温亲硫元素组成,Cu、Pb异常吻合,异常分布Cu、Pb及Sb、Ag等元素异常,该异常与矮塘铺铜铅锌矿点吻合。

区内以往工作程度很低,目前仅发现矿点2处(矮塘铺铜铅锌矿点、沙帽塘铅锌矿化点);矿床类型较单一,均为破碎带型铜铅锌矿,铜铅矿体主要赋存在NW向断裂破碎带及次级裂隙中,矿化带规模长约500m,宽约数米至十余米。已查明矿体规模较小,多呈单个小富包,以囊状、脉状、透镜状矿体为主。单个矿体最长约30m,宽达余10m,规模变化较大,品位不均匀。围岩蚀变主要有绿泥石化、高岭土化、绢云母化、硅化等。其中硅化与铜铅锌富集密切相关。

综合分析认为,本区成矿条件相当优越,地层岩性有利,断层为矿化提供通道,化探异常与已知铜铅矿化点较吻合,指示本区具有一定的找矿远景。

(4)灯盏锅-深坳钨钼多金属矿找矿远景区(Ⅲ-1)。位于彭公庙岩体西部,主要地层为南华系泗洲山组、震旦系天子地组、留茶坡组,寒武系香楠组、茶园头组,泥盆系跳马涧组。

区内褶皱构造比较简单,主要为NW向短轴背向斜。断裂构造仅见一条近EW向断层,它是黑云母花岗斑岩和震旦系、寒武系连接的通道,断层局部见云英岩化、硅化现象。

主要化探异常有AS11和AS12,异常面积约20km^2。AS12主要异常元素为Ag、Hg、Co、Au、Sb,其中Ag的衬值达到4.16。各元素异常点均较少。大多数元素仅出现外带,少数出现中带,仅Ag出现内带。推测异常由热液引起。AS11主要异常元素为Mo、Ag、Co、As,其中Mo的衬值达到4.59,最大值达到$35.15×10^{-6}$。Ag的最大值达到$1.326×10^{-6}$,衬值达到2.13。此外Pb、Cu、Au、Cd在本区也有较好的异常出现。

综合分析认为,以上元素组合显示该异常区与震旦系、寒武系及热液活动有关,具有寻找中高温热液矿床的可能性。

6.通过优选,在上述找矿远景区内圈定找矿靶区5处。其中A类找矿靶区1处、B类找矿靶区2处、C类找矿靶区2处,进一步明确了区内的找矿目标。

(1)楠木峡钨锡矿找矿靶区[A类]。位于1∶5万资兴幅SW部、楠木峡钨锡铅锌矿远景区北部,高垄山花岗斑岩体北西部外接触带内突出部位,面积约7km^2。主要出露地层为寒武系香楠组浅变质砂岩,构造较发育。已发现主要钨矿脉组4组,可划分为3组粗脉组、1组细脉带组,各脉组垂直岩体大致呈EW向平行分布,其中规模最大的一组延伸长达730m,单脉宽2~20cm,WO$_3$平均品位0.92%。该靶区位于1∶5万水系沉积物异常AS23和航磁异常C-77-155的叠合区,物化探异常强度大,主要异常元素为W、Sn、As、Ag、Pb、Hg,浓集中心明显。是寻找"瑶岗仙式"石英脉型钨矿的有利地段。

(2)雷家锡铅锌银找矿靶区[B类]。位于1∶5万资兴幅南西部,楠木峡钨锡铅锌矿远景区西部,高垄山花岗斑岩体西侧外接触带,面积约10km^2。主要出露地层为寒武系、震旦系浅变质长石石英砂岩、板岩,区内断裂构造较发育,主要有NE、NW向两组,NEE向岩脉成组分布,区内分布有铅锌矿脉3条,铜锡矿脉1条,蚀变主要有硅化、绿泥石化、矽卡岩化、石英岩化,局部见云英岩化。该靶区位于1∶5万水系沉积物异常AS23和航磁异常C-77-154的叠合区,物化探异常强度大,主要异常元素为Sn、Ag、Pb、As、Hg等,浓集中心明显。是寻找"棕树板式"裂隙充填型锡铅锌银矿的有利地段。

(3)大岗岭锑多金属矿找矿靶区[B类]。位于1∶5万三都幅南部,大岗岭-白泥洞锑多金属矿找矿远景区中段,兴宁-长城岭 NE 向区域断裂带上,面积约 10km^2。出露地层主要为泥盆系棋梓桥组、佘田桥组。次级褶皱发育,断裂构造主要有 NE 向。已圈定 3 条较大规模的硅化带,长达 3.5km,硅化带南段分布多个透镜状、囊状的辉锑矿体,矿体受 NE 向断裂破碎带及层间错动控制,北部见一处裂隙充填型钨矿。围岩蚀变主要为硅化。靶区位于1:5万水系沉积物异常 AS18 甲类异常上,异常组合为 Sb、Pb、Hg、Au、As、Ag,东侧有航磁异常 C-77-115,可控源圈定的低阻异常与断裂大致吻合,土壤异常 Sb、Sn 异常与已知矿化对应,异常具有前缘晕特征,且存在 W、Sn、Bi 等高温元素异常呈现多期成矿特点,本区与长城岭锑铅锌矿同处同一构造带上,具有相同的地质构造背景和蚀变矿化特征,通过进一步工作,可望找到与长城岭同类型的中小型热液充填型锑多金属矿床。

(4)矮塘铺铅锌铜找矿靶区[C 类]。位于1:5万鲤鱼塘幅中部,矮塘铺-彼坑铜铅矿找矿远景区内,NNE 向区域性断裂东侧,面积约 8km^2。出露地层主要为寒武系香楠组、茶园头组,构造较发育,主要有 NW 向和 NE 向两组,其中矿体主要赋存在 NW 向断裂及次级裂隙中。靶区位于1:5万水系沉积物异常 AS6 甲类异常内,异常组合为 Sb、Hg、Au、Pb、Cu、W、Ag,异常主要元素大多面积较大、强度较高,且出现两个浓集中心,异常吻合好。异常主要元素也与区内所见铜铅锌矿化基本吻合,但异常范围远大于矿点范围。已发现 2 条 NW 向矿化蚀变带,矿化带长 200m,厚 0.3~1.5m,Cu 0.15%~3.94%,Pb 0.2%~25.40%,Ag(0.48~96.7)×10^{-6}。蚀变主要有绿泥石化、硅化、高岭土化。区内具有一定的物化探异常和矿化蚀变显示,通过进一步工作,可望在 NW 向断裂及裂隙中找到中小型规模低温热液充填型铅锌铜矿体。

(5)沙帽塘铅锌铜找矿靶区[C 类]。该找矿靶区位于1:5万鲤鱼塘幅中部,矮塘铺-彼坑铜铅矿找矿远景区内,NNE 向区域性断裂东侧,面积约 4km^2。出露地层主要为寒武系香楠组、茶园头组。断裂构造较发育,主要有 NW 向和 NE 向两组,其中矿体主要赋存在 NW 向断裂及次级裂隙中。靶区位于1:5万水系沉积物异常 AS5 甲类异常内,异常组合为 Sb、Hg、Au、Pb、Cu、W、Ag,2 处高磁异常和 5 个激电异常反应 NW 向断裂的分布情况。已发现铅锌矿化脉 1 条,含矿破碎带宽 1~4m,取样分析 Pb 0.39%,Ag 5.1×10^{-6}。蚀变主要有绿泥石化、硅化、高岭土化。区内具有一定的物化探异常和矿化蚀变显示,通过进一步工作,可望在 NW 向断裂及裂隙中找到低温热液充填型铅锌铜矿体。

四、成果意义

项目实施提高了地质工作研究程度。新发现一批矿(化)点,划分了找矿远景区,圈定了找矿靶区,进一步明确了找矿方向,为下一步本区地质矿产调查工作部署提供了重要依据。

第四十三章 湖南省新田县新圩—龙溪地区矿产地质调查

陈端赋　陈曦　田旭峰　许以明　龚述清　黎传标
陈长江　张方军　胡斯琪

（湖南省地质调查院）

一、摘要

完成了新田县大桥边铅锌矿、新田县莲花铅锌矿、新田县新圩褐铁矿、新田县苟头井铁锰矿、桂阳县阳湾锑矿和嘉禾县毛岭铁锰矿等6个重要矿区的检查评价工作，概略检查了桂阳县流渡桥铅锌矿区。提交氧化锰333+334矿石资源量 57.48×10^4 t、褐铁矿333+334矿石资源量 43.13×10^4 t。在综合研究的基础上，划分了找矿远景区、圈定了找矿靶区，指出了找矿方向。

二、项目概况

湖南省新田县是国家级贫困县。2010—2012年本区开展了"湖南新田地区矿产远景调查"工作，本项目是在完成该项目任务基础上设立的一个扶贫项目。地理坐标：东经112°08′09″—112°30′00″，北纬25°40′00″—26°04′30″，面积1700km²。工作起止时间：2013—2015年，主要任务是以铅锌为主攻矿种，兼顾铁、锰等矿产，系统收集新田县新圩—龙溪地区地质、物探、化探、矿产及科研等成果资料，初步总结成矿规律与控矿地质条件，圈定找矿远景区；通过地质调查与物化探测量等工作，开展矿产地质调查；圈定找矿靶区，对全区矿产资源远景作出总体评价。预期提交找矿靶区2处。

三、主要成果与进展

1. 通过矿产地质调查和资料收集整理，区内已知矿床（点）共计48处，其中中型矿床1处，小型矿床5处，其余多为矿点、矿化点。

2. 1∶5万飞仙幅水系沉积物测量共圈定综合异常12处[新圩Sb、Hg异常（AS1），高山Hg、W、Ag、Sb异常（AS2），社公下Mn、Mo异常（AS3），塘头下W、Pb异常（AS4），陶岭Hg异常（AS5），新元坊Hg异常（AS6），金鸡岭Sn、W异常（AS7），水头岭Hg、W异常（AS8），花园岭Bi、Pb异常（AS9），三元村Mo、Se、Mn异常（AS10），康里Sn、As异常（AS11），滑乐村Ni、Mn、Mo异常（AS12）]，其中，甲类异常1处，乙类异常8处，丙类异常3处。

3. 土壤地球化学测量（包括湖南新田地区矿产远景调查区域）共圈定综合异常24处，其中，甲类异常4处，乙类异常15处，丙类异常5处。

4. 开展了桂阳县流渡桥铅锌矿区矿产概略检查工作，重点对新田县大桥边铅锌矿、新田县莲花铅锌矿、新田县新圩褐铁矿、新田县苟头井铁锰矿、桂阳县阳湾锑矿及嘉禾毛岭铁锰矿6处矿区进行了重点检查。

（1）新田县苟头井铁锰矿点。位于新田县城南西部，行政区划隶属于新田县金盆圩乡管辖，距新田县城约22km；地理坐标：东经112°09′43″—112°11′21″，北纬25°43′04″—25°44′15″，面积9km²。矿区出露的地层主要为泥盆系、石炭系(图1)在中部尚有少量侏罗系分布。区内构造发育，以褶皱构造为主，断裂构造不发育，褶皱构造主要为苟头井向斜。

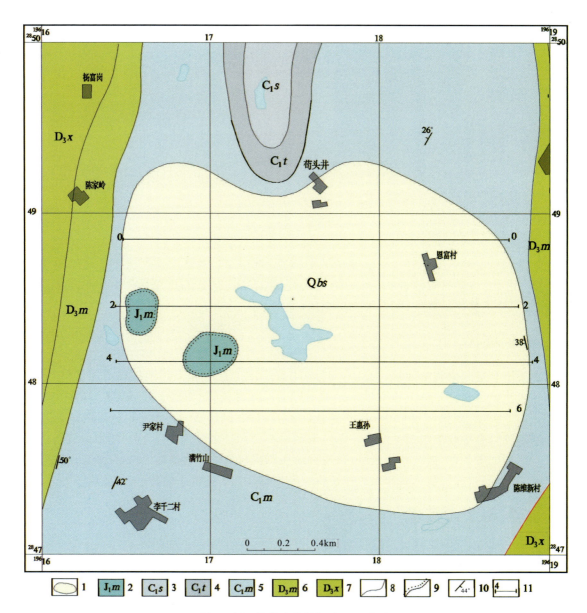

图1 新田县苟头井铁锰矿区地质图

1.白水江组；2.茅仙岭组；3.石磴子组；4.天鹅坪组；5.马栏边组；6.孟公坳组；7.锡矿山组；8.实测整合地质界线；
9.实测不整合地质界线；10.岩层产状；11.勘探线及编号

铁锰矿主要分布于苟头井向南部倾伏端马栏边组上部含铁锰质白云岩、白云质灰岩及灰质白云岩强风化后形成残坡积红土层中，铁锰矿体形态似"苹果"状，呈层状、似层状，近水平产出(图2)。见矿工程矿体情况如表1。

氧化锰矿体：矿区共有两个矿体。Ⅰ矿体位于矿区中部，为矿区主要矿体，NEE向展布，平均厚度2.39m，平均品位：TFe9.66%，Mn10.83%；Ⅱ矿体位于矿区东南部，矿体规模较小，SN向展布，矿体厚度4.45m，单工程平均品位：TFe12.44%，Mn11.52%。

褐铁锰矿体:矿区有一个矿体。Ⅰ矿体位于矿区NE部,EW向展布,矿体平均厚度1.75m,矿体平均品位:TFe30.08%,Mn2.38%。

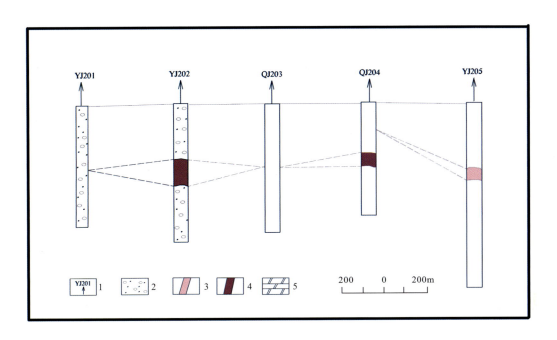

图2 苟头井铁锰矿区2线矿体形态分布图
1.浅井及编号;2.残坡积土;3.褐铁矿体;4.氧化锰矿体;5.白云岩

表1 苟头井铁锰矿工程矿体表

工程编号	矿石类型	矿体厚度(m)	平均品位(%)			含矿率(%)
			TFe	Mn	TFe+Mn	
BT01	氧化锰矿体	4.00	12.45	11.47	23.92	21.48
YJ002	褐铁矿体	3.00	28.44	2.13	30.57	19.89
YJ003	氧化锰矿体	2.00	23.82	11.65	35.47	19.53
	褐铁矿体	1.00	26.44	12.36	38.80	
YJ004	褐铁矿体	3.00	31.21	1.50	32.71	20.41
QJ202	氧化锰矿体	2.00	8.65	11.20	19.85	19.63
YJ204	氧化锰矿体	1.00	9.19	11.50	20.69	18.65
YJ205	褐铁矿体	1.00	31.42	0.18	31.60	19.38
YJ401	氧化锰矿体	1.00	10.38	10.34	20.72	21.21
YJ402	氧化锰矿体	3.00	11.58	11.92	23.50	20.36
YJ403	氧化锰矿体	1.00	8.72	10.11	18.83	19.84
YJ602	氧化锰矿体	4.00	10.73	12.46	23.19	18.84

本次求得333+334资源量:氧化锰矿石57.48×10^4t(具小型规模前景),褐铁矿石43.13×10^4t(表2)。

表 2 苟头井铁锰矿点资源量汇总表

矿石类型	资源量类别	矿体厚度(m)	矿石体积(m³)	密度(g/cm³)	含矿率(%)	矿石资源量(t)	矿体平均品位(%)	
							TFe	Mn
氧化锰矿体-Ⅰ-1	333	1.66	175 151.2	2.26	20.13	79 682.9	10.08	11.28
氧化锰矿体-Ⅰ-2	333	1.90	260 530.0	2.26	19.72	116 110.9	10.84	11.86
氧化锰矿体-Ⅰ-1	334	2.40	1 000 016.6	2.26	19.63	44371.2	8.64	11.17
氧化锰矿体-Ⅰ-2	334	1.55	1 067 058.3	2.26	19.99	48 206.7	9.02	10.98
氧化锰矿体-Ⅰ-3	334	2.03	102 821.6	2.26	19.25	44 732.5	10.71	12.14
氧化锰矿体-Ⅰ-4	334	3.36	111 178.3	2.26	18.84	47 338.0	10.78	12.51
氧化锰矿体-Ⅰ-5	334	2.03	126 148.6	2.26	19.01	54 196.7	10.42	12.10
氧化锰矿体-Ⅰ-6	334	0.85	85 472.2	2.26	19.14	36 972.2	9.00	10.93
氧化锰矿体-Ⅰ-7	334	1.00	35 509.07	2.26	18.65	14 966.7	9.19	11.50
氧化锰矿体-Ⅰ-8	334	1.55	87 313.7	2.26	19.68	38 834.4	8.66	10.93
氧化锰矿体-Ⅱ-1	334	4.45	101 799.9	2.26	21.48	49 418.5	12.44	11.52
合计	333					195 793.9		
合计	334				18.33	379 036.8	11.43	11.55
总计	333+334					574 832.7		

(2)桂阳县阳湾锑矿点。位于新田县城北东15km处,行政区划隶属于郴州市桂阳县塘市镇管辖,地理坐标:东经112°19′23″—112°21′08″,北纬25°57′40″—26°01′20″,面积42km²。

出露的地层为泥盆系、少量的第四系,前者主要为一套碳酸盐岩夹碎屑岩的岩性组合(图3)。区内构造发育,以断裂构造为主,褶皱构造次之;断裂构造主要有NE向组断层及近SN向组断层。

阳湾锑矿是产于泥盆纪易家湾组、黄公塘组、棋梓桥组破碎带中的脉状锑矿体,区内见断裂构造6条:NE向4条(F_1、F_2、F_3、F_4);近SN向2条(F_5、F_6)。其中:①矿脉位于阳湾村NE方向800m处,产于NE向断层F_1中,拣块采样分析结果:Sb2.48%;单工程控制矿脉厚度1.23m,Sb平均品位5.68%。②矿脉位于阳湾村北东700m处,产于NE向断层F_2中,含矿破碎带长达3500m,宽10~22m,矿脉最宽处达0.75m。矿脉平均宽度0.45m,Sb平均品位3.79%。③矿脉位于阳湾村东部150m处,呈NE向展布,产于NE向断层F_3中,矿脉平均宽度4.40m,Sb平均品位5.98%。

(3)毛岭铁锰矿点。位于新田县城南东30km处,行政区划隶属于郴州市嘉禾县石桥镇管辖,地理坐标:东经112°25′26″—112°29′04″,北纬25°43′03″—25°45′57″,面积25km²。

矿区出露的地层主要为石炭系与二叠系(图3)。区内构造发育,以褶皱构造为主,断裂构造不发育;褶皱构造主要为茶子窝向斜。

铁锰矿体主要分布于茶子窝向斜两翼的石炭纪大埔组上部含铁锰质白云岩、白云质灰岩及灰质白云岩强风化后形成残坡积土中,矿区见4个铁锰矿体,其中:①矿体呈SN向展布,形似"长柱状",长1830m,宽930m;②矿体呈SN向展布,形似"长柱状",长1800m,宽900m;③矿体呈NE向展布,长条状,长1250m,宽380m;④矿体呈SN向展布,形似"心形状",长2080m,宽900m。见矿工程矿体情况见表3。其中,①矿体中氧化锰矿体厚度1.00m,Mn平均品位13.51%,褐铁矿体厚度3.00m,TFe平均品位45.94%;②矿体中氧化锰矿体厚度4.55m,Mn平均品位23.07%,褐铁矿体厚度1.00m,TFe平均品位50.04%；③矿体中氧化锰矿体厚度2.07m，Mn平均品位16.59%；④矿体中氧化锰矿体厚度2.20m，Mn平均品位12.59%。

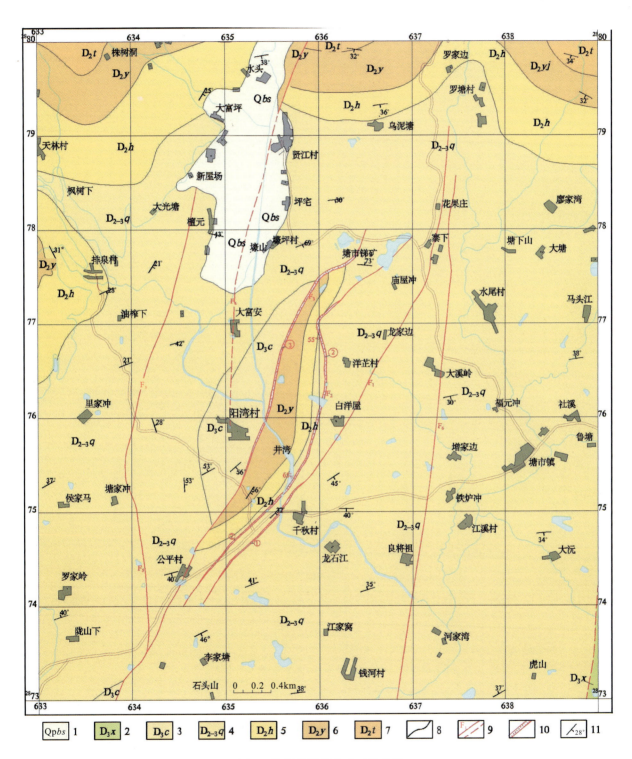

图3 桂阳县阳湾锑矿区地质图
1.白水江组；2.锡矿山组；3.长龙界组；4.棋梓桥组；5.黄公塘组；6.易家湾组；7.跳马涧组；8.实测地质界线；
9.实(推)测性质不明断层；10.断裂破碎带；11.岩层产状

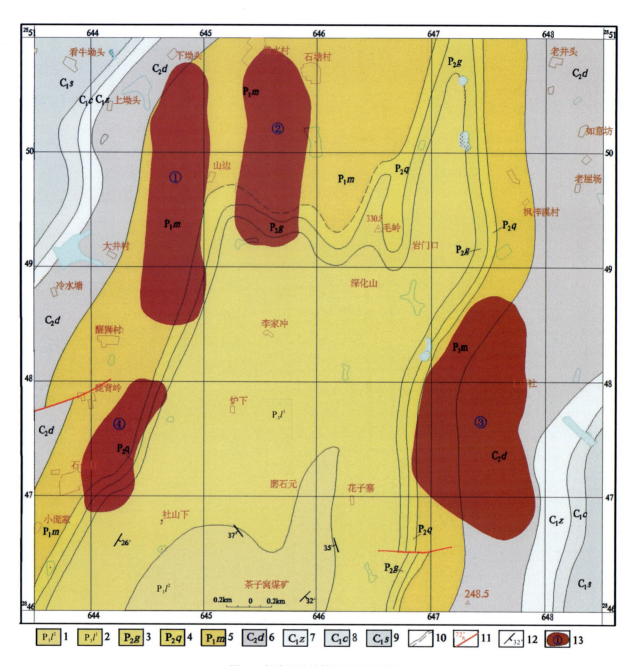

图 4 嘉禾县毛岭铁锰矿区地质图

1. 龙潭组上段；2. 龙潭组下段；3. 孤峰组；4. 栖霞组；5. 马平组；6. 大埔组；7. 梓门桥组；8. 测水组；9. 石磴子组；
10. 实测、推测地质界线；11. 断层及产状；12. 地层产状；13. 铁锰矿体

5. 系统地分析了工作区已发现的金属矿产、非金属矿产、能源矿产的分布及其特征，基本查明了已有矿(化)点、矿化蚀变带的时空分布规律；结合地质、矿产、物化遥综合信息，全区共划分了5个找矿远景区(新圩-道塘锑多金属矿找矿远景区(Ⅰ-1)、知市坪铁锰找矿远景区(Ⅱ-1)、莲花-塘市锑铅锌找矿远景区(Ⅱ-2)、毛岭铁锰多金属找矿远景区(Ⅱ-3)、金盆圩-枧头铁锰多金属找矿远景区(Ⅲ-1))，圈定了5个找矿靶区(新圩锑汞多金属矿找矿靶区(A1)、知市坪铁锰找矿靶区(B1)、毛岭铁锰找矿靶区(B2)、莲花铅锌矿找矿靶区(C1)、苟头井铁锰找矿靶区(C2))，指明了区内主要成矿区域与找矿区位。

表3 毛岭矿区工程见矿情况一览表

工程编号	矿石类型	矿体厚度(m)	平均品位(%)		
			TFe	Mn	TFe+Mn(%)
BT01	氧化铁锰矿石	1.80	17.75	16.76	34.51
	原生铁锰矿石	2.00	21.11	15.91	37.02
BT02	氧化铁锰矿石	4.80	32.51	20.95	53.46
	褐铁矿石	1.00	50.04	4.16	54.20
BT03	氧化铁锰矿石	2.70	19.50	21.75	41.25
BT04	氧化铁锰矿石	5.80	9.32	35.12	44.44
BT05	氧化锰矿石	4.90	10.04	14.47	24.51
	原生铁锰矿石	2.40	10.42	18.25	28.67
BT08	氧化铁锰矿石	2.20	31.59	12.59	44.18
BT09	原生锰矿石	2.70	8.76	15.85	24.61
BT10	氧化铁锰矿石	1.70	20.42	17.58	38.00
TC01	氧化铁锰矿石	1.00	19.84	13.51	33.35

四、成果意义

1. 划分了5个找矿远景区、圈定了5个找矿靶区,明确了找矿方向,为新圩—龙溪地区下一步的地质找矿和资源规划部署提供了基础资料。

2. 提交氧化锰333+334矿石资源量 $57.48×10^4$ t、褐铁矿333+334矿石资源量 $43.13×10^4$ t,对国家级贫困县湖南省新田县来讲具有明显的经济和社会效益。

第四十四章　江西大埠—盘古山地区矿产地质调查

罗小川　黄俊平　江俊杰　廖六根　龙立学

（江西省地质调查研究院）

一、摘要

通过系统开展 1∶5 万水系沉积物测量、高精度磁测、遥感解译、异常查证和矿点检查、综合研究等工作，初步查明了区内成矿地质背景，圈定水系沉积物综合异常 22 处、磁异常 21 处，新发现矿（化）点 2 处；总结了成矿规律与找矿标志，建立了石英脉型钨矿床的找矿标志及找矿模型，划分了找矿远景区 5 处，圈定了找矿靶区 17 处。

二、项目概况

工作区位于江西省南部，地理坐标：东经 115°15′00″—115°30′00″，北纬 25°20′00″—25°50′00″，面积约 1400 km²，涉及 1∶5 万小溪幅、盘古山镇幅、重石圩幅。工作起止时间：2013—2015 年。主要任务是以钨、锡为主攻矿种，以石英脉型（破碎带型）、矽卡岩型等为主攻矿床类型，通过大埠—盘古山地区开展 1∶5 万水系沉积物测量、高精度磁测、遥感解译和综合研究等工作，初步查明控矿地质条件，圈定异常和成矿远景区；在此基础上，利用矿产地质测量及物化探等手段进行异常查证与矿点检查；综合各类成果，总结成果规律与找矿标志，进行成矿预测，圈定找矿靶区，对区内资源潜力作出总体评价。

三、主要成果与进展

（一）初步查明了控矿地质条件

江西大埠-盘古工作区大地构造位置处在罗霄隆褶带东南侧边部中段，为南岭纬向构造带东段与武夷山 NE—NNE 构造带南段之复合部位。

南华纪—寒武纪地层广泛分布，占工作区面积约 50%，泥盆纪—二叠纪地层主要分布于工作区中部和中北部，约占 10%（图1）。各时代地层 W、Sn 元素分布总体显示同步性特征，并以新元古代—早古生代褶皱基底地层的 W、Sn 含量为最高。

出露的花岗岩岩体侵位时代主要为燕山早期，岩体产状既有规模较大的岩基也有规模中等和规模较小的岩株、岩瘤、岩滴、岩脉，属高硅、富钾、贫钙钠的酸性钙碱性花岗岩，岩浆分异程度较高；花岗岩中 W、Sn、Bi、Cu、Pb、Ta 等成矿元素含量普遍较高，稀土配分模式具有较低的稀土丰度、相对富集钇族稀土、铕强烈亏损的特点。

矿床受 NE—EW 向构造复合部位控制，叠加 NNE、NW、近 SN 向构造，构造控岩控矿作用十分明显。

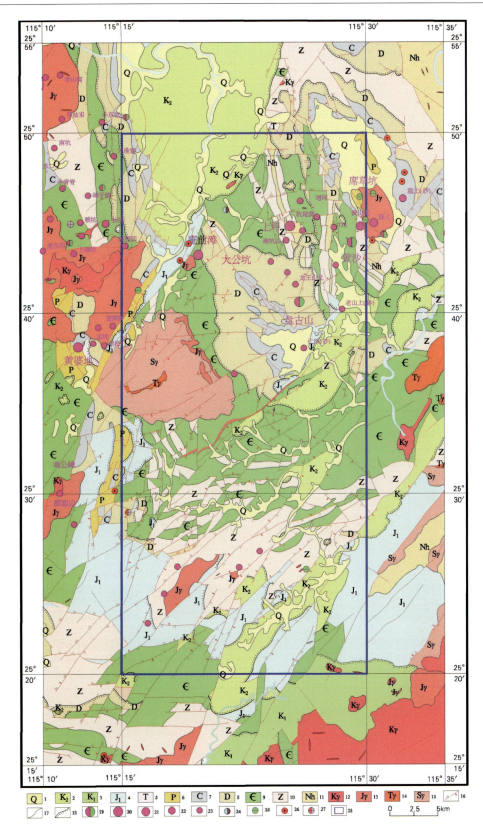

图 1 工作区地质矿产简图

1. 第四纪冲积物；2. 晚白垩世碎屑岩；3. 早白垩世火山碎屑岩；4. 早侏罗世碎屑岩；5. 三叠纪碎屑岩；6. 二叠纪碎屑岩；7. 石炭纪碎屑岩；8. 泥盆纪碎屑岩；9. 寒武纪变质岩；10. 震旦纪变质岩；11. 南华纪变质岩；12. 白垩纪侵入岩；13. 侏罗纪侵入岩；14. 三叠纪侵入岩；15. 志留纪侵入岩；16. 断裂；17. 地质界线；18. 不整合界线；19. 大型钨多金属矿；20. 大型钨矿；21. 中型钨矿；22. 小型钨矿；23. 钨矿点；24. 铅锌矿点；25. 铌钽矿点；26. 铁矿点；27. 金银矿点；28. 调查区范围

(二)1∶5万磁法测量

1. 查明了小溪幅、盘古山幅磁场分布特征。根据异常强度及异常形态可将全区分为3个分区,即西部正磁异常区、中部正负低磁异常区、东部正异常区。东部异常正值等值线相对密集,中部负磁场区磁场特征较复杂,以变化低缓磁场为背景,并辅以强度大小不等的局部异常。磁异常以NNE—NE方向延伸展布为特征,总体与区内构造方向一致。

2. 圈出了21处局部磁异常,并结合地质资料进行了推断解释。甲类异常4处,乙类异常10处,丙类异常6处,丁类异常1处。ΔT化极后并随上延情况(上延100~2000m),中部磁异常减弱并消失,东、西部异常轮廓更加清晰。正低缓磁异常与酸性岩体套合较好,酸性岩体中的中—强磁局部异常一定程度反映区内多期次、多阶段岩浆活动特征。

3. 推断解译线性构造23条,隐伏岩体共圈定环状或等轴状异常10个。在盘古山—铁山垅地区,推测断层F_5和F_{13}与F_8~F_{11}等线性构造群的交错位置圈定有5~9号隐伏岩体,显示(隐伏)岩体与断裂关系密切。

4. 推断了马岭岩体、盘古山岩体、铁山垅岩体的深部延伸情况。异常上延1000~2000m后盘古山岩体和铁山垅岩体磁异常形成一体,推断深部各岩体可能相连,且南西埋藏较深,北东较浅。据王万银等(2014)研究认为,盘古山岩体向NE一直插入铁山垅、白鹅岩体下方,向SW插入马岭岩体,且NLSD-2钻孔资料显示在盘古山矿区1300m以下存在隐伏低密度、强磁性花岗岩体,终孔2000m处依然见岩体(图2)。

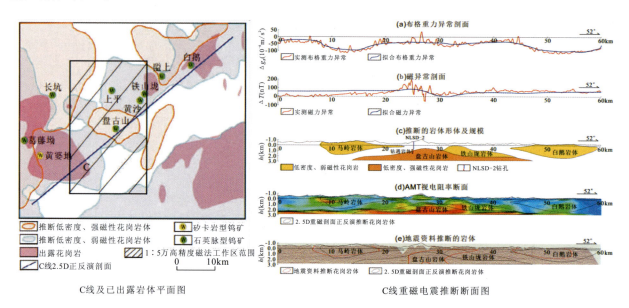

图2　马岭—盘古山—铁山垅地区岩体延深推断图
(据王万银等,2014资料修改)

5. 共圈出找矿远景区3处,指出在燕山期岩体内外接触带寻找钨锡等金属矿具有较好的前景。尤其在盘古山-铁山垅矿集区已知矿床外围进行就矿找矿、扩大资源量。

(三)1∶5万水系沉积物测量

元素异常集中分布在北部安前滩—盘古山—铁山垅一带及南部龙布—营尾山一带,主要分布在燕山期岩体内及其外围新元古代—晚古生代地层中,与已有矿床(点)对应较好。

圈出各类单元素异常377处,综合异常22处,其中甲$_1$类异常2处。通过部分异常检查,效果较好,新发现了矿(化)点3处,其中金矿(化)点1处,钨矿点2处。

综合分析异常查证及推断解释成果,结合区内地质成矿背景,共划出 4 个找矿远景区,并指出钨、金等为区内主攻矿种。

(四) 1∶5 万遥感地质解译

在对区内遥感影像进行滤波、融合等增强处理后,进行了目视解译,对工作区的岩性、线性、环形构造解译标志进行归纳,有效提取了岩性、环形、线性构造。利用主成分分析的方法提取了铁染和羟基信息。

线性构造以 NNE—NE 向、EW 向及 NW 向为主,环形构造主要为构造环、环块构造、岩浆环、热事件环及隐伏岩体等,常形成环链、环带,总体呈 NE、NW 向展布。圈定了 38 处遥感蚀变异常。蚀变异常展布方向往往受区域构造方向及环形构造的控制,且异常多出现在构造交汇地带,异常分布具明显的热液矿化背景。蚀变信息与已知矿点的吻合度较好。

通过对重点矿田矿床(点)的分析,依据地学理论和所总结的规律,结合线、环构造解译成果以及蚀变异常分布信息,对工作区进行了成矿预测,共圈定了 7 个找矿远景预测区。

(五) 矿产检查

根据以往资料及本次圈定的 1∶5 万高精度磁法测量、水系沉积物测量、遥感解译圈定的异常及成矿地质条件开展了 16 处矿产检查,其中概略性检查区 12 处,重点检查区 4 处。可提交找矿靶区 2 处,找矿效果较好。

1. 流水坑检查区(图 3),在铁山坳和高排分别发现钨多金属和钨矿化各 1 处,锡矿化信息 1 处。

东部铁山坳地段共圈连出 3 条钨多金属矿(化)体,矿化体走向近 EW 向,宽 2~10m,延长 5~20m(控制)。矿化体产于中粗粒黑云母花岗岩破碎带中,断层破碎带地表以强褐铁矿化为特征,呈角砾状—蜂窝状构造,褐铁矿、针铁矿等矿物为主,见弱云英岩化、弱白云母化。经取样化学分析 WO_3 0.010%~0.73%,伴生 Cu(0.014%~0.42%)、Pb(0.012%~1.63%)、Zn(0.012%~1.12%)、Mo(0.0018%~0.07%)、Sn(0.01%~1.13%)、Au[(0.17~0.38)×10^{-6}]、Ag[(33.7~178)×10^{-6}]。

东南部高排地区圈连出 1 处石英脉型钨矿化体,产状 220°∠65°,宽 2m,脉幅 0.5~15cm,产于高滩组变质砂状板岩中,主石英脉中见浸染状—星点状—团块状黄铁矿、黄铜矿等,中等—弱云英岩化,云英岩化带宽 1~5cm。经取样化学分析 WO_3 0.015%~0.24%。

西部发现一处云英岩化带,宽 1~5cm,石英(细)脉多呈平行分布,但有时具分枝复合的特点,经取样化学分析 Sn 0.11%。

2. 白竹坜检查区(图 4),金矿化主要见于 NE 向蚀变细粒花岗岩脉中及内外接触带,长约 1000m,最宽约 80m。围岩为寒武系变质砂岩、砂质板岩、绢云母板岩、粉砂质板岩。NW 侧与围岩呈侵入接触关系,围岩蚀变较强,宽约 10m,SE 侧与围岩呈断层接触带关系,为宽约 50cm 的断层破碎带。金矿化强度与围岩蚀变强度成正比关系,矿化不均匀[Au(0.11~0.58)×10^{-6}]。

其他检查区,发现一些石英脉(钨)找矿标志,未发现矿(化)体露头。巢米窑检查区震旦纪—寒武纪变质岩地层 NE 向断层破碎带中发现 1 处金矿化,样品显示 Au 含量 0.22×10^{-6}(D1544)。

(六) 综合研究

受 NE、NNW 向与 EW 向构造带复合控制,钨矿床呈 NE、EW 方向展布。EW、NE 向构造控制成矿岩体及钨矿床(田)的产出,并有近等距分布之特点。主要成矿期为侏罗纪:盘古山含矿石英脉年龄值 181±2.9Ma(Rb-Sr),上坪年龄 178~165Ma、178Ma(K-Ar);黄沙含钨石英脉 164±5Ma(Rb-Sr)。

钨矿化多见于高侵位、具细—中细粒结构的中酸性侵入体中,主要分布于北部庵前滩—盘古山和南部上坪—营尾山,以石英脉型钨矿床为主,具"五层楼"式钨矿床模式。

在综合分析地、物、化、遥等资料基础上,依据找矿远景区的划分和分类原则,将工作区初步划分出 5 处找矿远景区(图 3、表 1),其中一类远景区 1 处(禾丰-靖石钨锡多金属矿找矿远景区),二类远景区 3 处(马岭-庵前滩钨锡多金属矿找矿远景区、营尾山-木梓窝钨多金属矿找矿远景区、张地坪-白竹坜金矿找矿远景区),三类远景区1处(上黄沙-横龙钨锡多金属矿找矿远景区)。

优选圈定各类找矿靶区17处,其中A类找矿靶区6处,B类找矿靶区8处,C类找矿靶区3处(图5、表2)。

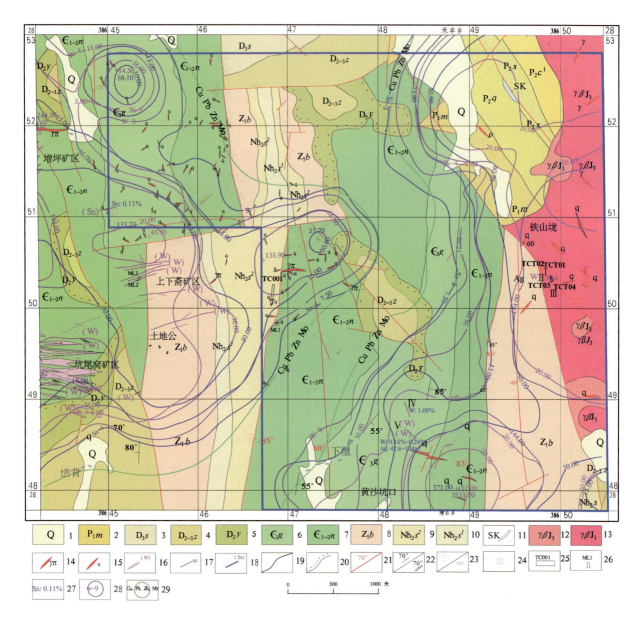

图3 流水坑钨矿化点地质简图

1.第四系;2.下二叠统马平组;3.上泥盆统三门滩组;4.中-上泥盆统中棚组;5.中泥盆统云山组;6.中寒武统高滩组;7.底-下寒武统牛角河组;8.下震旦统坝里组;9.上南华统沙坝黄组上段;10.上南华统沙坝黄组下段;11.矽卡岩;12.晚侏罗世细粒黑云母花岗岩;13.晚侏罗世中粗粒黑云花岗岩;14.花岗斑岩岩脉;15.石英脉;16.含石英脉钨矿化标志带;17.含钨石英脉;18.褐铁矿化;19.地质界线;20.不整合界线;21.断层及产状;22.地层产状/片理产状;23.硅化/黄铁矿化;24.云英岩化;25.探槽位置及编号;26.民窿位置及编号;27.元素化学分析成果;28.1:5万水系沉积物单元素异常及编号(单位:10^{-6});29.1:5万水系沉积物组合异常及编号

四、成果意义

项目成果为工作区找矿提供了1:5万物、化、遥等综合信息,也为该地区进一步开展地质调查、矿产勘查规划与开发提供了基础资料。

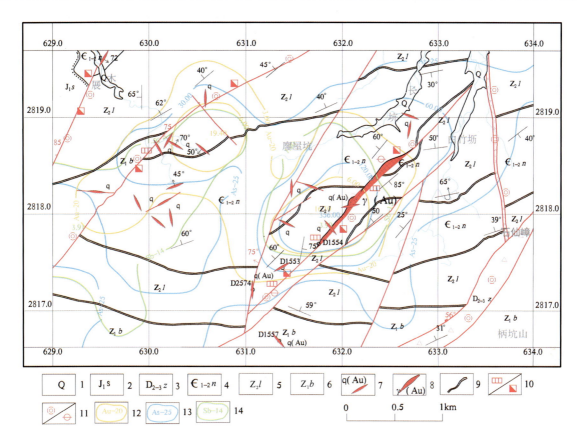

图 4　白竹坜金矿化点地质简图

1. 第四系；2. 早侏罗世水北组；3. 中-晚泥盆世中棚组；4. 底-早寒武世牛角河组；5. 晚震旦世老虎塘组；6. 早震旦世坝里组；7. 石英脉(含金)；8. 花岗岩脉(金矿化蚀变)；9. 标志层(硅质岩)；10. 黄铁矿化/褐铁矿化；11. 硅化/绿帘石化；12. Au 元素异常及编号(含量单位：10^{-9})；13. As 元素异常及编号(含量单位：10^{-6})；14. Sb 元素异常及编号(含量单位：10^{-6})

表 1　测区找矿远景区划分一览表

Ⅳ级成矿带	找矿远景区	找矿靶区名称及级别编号	
Ⅲ-83-② 雩山隆褶带 W-Ag-Pb-Zn-Au-Sn 成矿亚带	禾丰-靖石钨锡多金属矿找矿远景区(Ⅰ-1)	于都县曾坪钨多金属找矿靶区	A1
		于都县上坪-坑尾窝钨多金属找矿靶区	A2
		于都县盘古山及南部钨多金属找矿靶区	A3
		于都县上下斋-狐狸坑钨多金属找矿靶区	A5
		于都县流水坑钨多金属找矿靶区	A6
		于都县南坑山-并坑山钨多金属找矿靶区	B3
		于都县陶珠坑钨多金属找矿靶区	B4
	马岭-安前滩钨锡多金属矿找矿远景区(Ⅱ-1)	于都县庵前滩钨多金属找矿靶区	A4
		于都县垭权坳钨多金属找矿靶区	B5
		于都县均竹钨多金属找矿靶区	C1
	上黄沙-横龙钨锡多金属矿找矿远景区(Ⅲ-1)	安远县横龙钨多金属找矿靶区	C2
	营尾山-木梓窝钨多金属矿找矿远景区(Ⅱ-2)	安远县阳光口钨多金属找矿靶区	B6
		安远县金山印背钨多金属找矿靶区	B7
		安远县桐梓窝钨多金属找矿靶区	B8
		安远县长河钨多金属找矿靶区	C3
	张地坪-白竹历金矿找矿远景区(Ⅱ-3)	安远县白竹历金矿找矿靶区	B1
		安远县张地坪金矿找矿靶区	B2

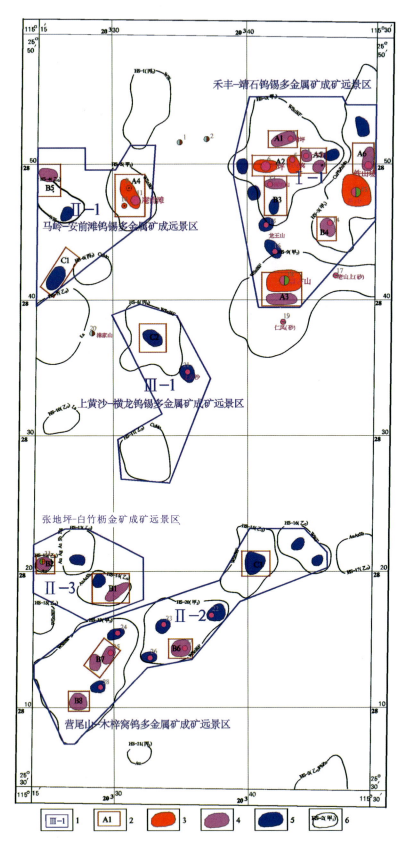

图 5 江西大埠—盘古山地区找矿远景区划分及找矿靶区分布图

1. 找矿远景范围；2. 找矿靶区范围及编号；3. A类最小预测区范围；4. B类最小预测区范围；
5. C类最小预测区范围；6. 水系综合异常及编号

表 2 找矿靶区基本特征表

主攻矿种	找矿靶区名称及编号	找矿靶区范围（东经；北纬）	预测要素特征			矿床地质特征及成因类型	远景评价及工作建议
			含矿建造构造及控矿因素	物化遥重综合信息特征			
钨锡	于都县曾坪钨多金属找矿靶区（A1）	115°25′15″~115°26′32″；25°45′35″~25°46′15″，面积2.63km²	出露寒武系牛角河组地层，成矿母岩为隐伏花岗岩体，发育NE向断裂、石英脉呈NE-NEE走向产出，蚀变见硅化	1:5万水系沉积物测量钨锡钼铋化探异常套合较好，处于钨异常内带，钨异常最高值244.50×10⁻⁶；处于遥感解译环形构造与断裂构造复合部位		靶区内有曾坪小型钨矿床，含钨石英大脉4条，伴生矿物主要为黄铁矿、萤石、少量黄铜矿、辉钼矿及绿泥石化；矿化石英脉呈NE向展布，WO₃平均0.76%，以石英大脉型为主。成因类型为高温热液石英脉型钨矿	该靶区成矿地质条件优越、化探异常反应明显，预测远景目标为中型钨多金属矿床，本次预测新增资源量钨28 750t，锡7 792t，建议开展详查工作
	于都县上坪-坑尾窝钨多金属找矿靶区（A2）	115°24′33″~115°26′42″；25°44′26″~25°45′17″，面积5.42km²	主要出露南华系-震旦系浅变质岩，成矿母岩为隐伏花岗岩体，区内发育NNE、EW向断裂，石英脉矿体呈近EW向展布，被NNE向断裂错断，前者切断后者，围岩具硅化	1:5万水系沉积物测量钨锡钼铋化探异常套合较好，浓集中心明显，处于钨异常内带，钨异常最高值1051.80×10⁻⁶；1:5万磁法推断显示断裂内存在隐伏中酸性岩体；区内显示钨锡铋重砂异常；处于遥感解译环形构造边缘部位与断裂构造复合部位		靶区内有上坪中型钨矿床和坑尾窝小型钨矿床，上坪矿区钨矿脉以近EW走向断裂控制，矿脉严格受东西断裂与NNE向断裂复合，走向延长数百米与南北向分支复合明显，矿脉厚度一般0.10~0.50m，有时可达1m甚至2~3m厚的巨型矿脉。金属矿物一般有黑钨矿、锡石、辉钼矿、黄铜矿、黄铁矿、方铅矿、闪锌矿、绿柱石等。坑尾窝钨矿床以辉钼矿、辉铋矿、黄铜矿等主要利用有益组分利用。绿柱石和黄铁矿作为有益组分利用，其围岩蚀变主要为云英岩化、绢云母化、绿泥石化和电气石化等，其次为云英岩化、绢云母化、砂卡岩化、绿泥石化和黄铁矿化。成因类型为高温热液石英脉型钨矿	该靶区成矿地质条件优越、综合信息特征反应远景找矿前景好，预测远景目标为新增钨金属量（2~3）×10⁴t或1处中型钨资源量，本次预测新增钨资源量26 267t，锡1 549t，建议对上坪钨矿区外围以及坑尾窝开展详查工作
	于都县盘古山南部钨多金属找矿靶区（A3）	115°25′04″~115°26′48″；25°39′16″~25°41′47″，面积5.76km²	主要出露华南系中棚组、三门滩组和峰紫组碎屑岩，成矿母岩为隐伏花岗岩体，区内发育NEE、EW以及NNW向断裂，围岩蚀变形见硅化	1:5万水系沉积物测量钨锡钼铋化探异常套合较好，浓集中心明显，处于钨异常内带；1:5万磁法推断显示区内存在隐伏岩体；区内显示钨锡重砂异常；处于遥感解译环形构造与断裂构造复合部位		靶区位于盘古山南部外围，盘古山钨矿向NWW向断裂控制，与NE向及EW向石英脉有关，金属矿物主要为黑钨矿、辉铋矿、辉钼矿、闪锌矿、黄铁矿、毒砂、黄铜矿、方铅矿等，围岩中发育弱硅化、绢云母化、绿泥石化和黄铁矿化，隐伏岩体中广泛发育云英岩化。成因类型为高温热液石英脉型钨矿	该靶区主要为盘古山成矿区南部外围，成矿地质条件优越，综合信息特征反应找矿前景好，预测远景目标为新增钨金属量（2~4）×10⁴t，本次预测新增钨资源量28 156t，锡775t，建议对盘古山矿区南部外围开展详查工作

续表 2

主攻矿种	找矿靶区名称及编号	找矿靶区范围（东经；北纬）	预测要素特征		矿床地质特征及成因类型	远景评价及工作建议
			含矿建造构造及控矿因素	物化遥重综合信息特征		
	于都县上下斋-孤狸坑钨多金属矿找矿靶区（A5）	115°26′42″—115°27′48″；25°44′35″—25°45′35″，面积3.45km²	出露南华系—震旦系浅变质岩，成矿母岩为隐伏花岗岩体，石英脉呈NE走向产出，区内发育近EW向和SN向断裂，其中SN向和EW向断裂后期错裂。地表见一条NEE向花岗斑岩人形成，可能沿EW向断裂贯入形成，切断近SN向断裂。围岩蚀变有白云母化、高岭土化	1:5万水系沉积物测量钨锡钼铋化探异常套合较好，处于钨异常中带；1:5万磁法推断显示区内存在隐伏中酸性岩体；处于遥感解译环形构造中心与断裂构造复合部位	靶区内有上下斋小型钨矿床和孤狸坑矿点，上下斋矿区钨矿脉走向为NEE向，倾向以SSE向为主，走向长度一般150～500m，主要见黑钨矿化，WO₃品位0.18%～0.644%。黑钨矿呈微细粒状，星散状分布。围岩蚀变主要为矽卡岩化、黄铁矿化。成因类型为高温热液石英脉型钨矿	该靶区成矿地质条件好，综合信息特征反应找矿前景较好，预测远景目标为1处中型钨多金属矿床，本次预测新增资源量钨24 126t，锡664t，建议对上下斋矿区外围及孤狸坑开展普查工作
钨锡	于都县流水坑钨多金属矿找矿靶区（A6）	115°28′59″—115°29′54″；25°44′37″—25°45′49″，面积3.47km²	出露震旦系坝里组浅变质岩，成矿母岩为晚侏罗世黑云母花岗岩，石英脉呈NW、NW近EW走向产出，区内发育NW向和近SN向断裂，围岩具硅化	1:5万水系沉积物测量钨锡钼铋化探异常套合较好，处于钨异常中带，钨异常最高值852.60×10⁻⁶	靶区内有铁山大脉走向近东西走向石英大脉为主，严格受燕山早期花岗岩控制，金属矿物有黑钨矿、锡石、辉钼矿、绿柱石、磁黄铁矿、黄铁矿、方铅矿、闪锌矿、黄铜矿等，主要利用黑钨矿、辉钼矿、绿柱石和黄铜矿等为有益组分利用，围岩蚀变有白云母化和电气石化较发育，其次有绢云母化、矽化和黄铁矿化。成因类型为高温热液石英脉型钨矿	该靶区成矿地质条件好，综合信息异常反应明显，化探异常目标为新增钨多金属矿远景目标为（1～2）×10⁴t，本次预测新增资源量钨21 819t，锡709t，建议对铁山矿块矿区深部及外围开展进一步工作
	于都县南坑山-井坑山钨多金属矿找矿靶区（B3）	115°25′07″—115°26′05″；25°42′53″—25°44′27″，面积4.83km²	出露南华系—震旦系浅变质岩，泥盆系浅变质岩，成矿母岩为隐伏中酸性岩体，区内发育NNE、NW，近EW向断裂，NNE向断裂相对更晚发育。石英脉呈近EW向展布，围岩蚀变具硅化	1:5万钼铋化探异常区，处于钨异常中带，钨异常最高值146.10×10⁻⁶；1:5万磁法推断隐伏中酸性岩体；区内显示钨砂重异常；处于遥感解译环形构造内	靶区内有南坑钨矿点，矿脉走向以近EW向，矿脉走向近EW、EW向SN向断裂控制，矿脉膨大与缩小，分支与复合等形态的多变，金属矿物主要为黑钨矿、黄铜矿、黄铁矿、辉钼矿；裂隙中围岩蚀变主要为绢云母化、云母化、硅化、绿泥石化、电气石化、白云母化，近矿围岩蚀变晚为绢云母化。成因类型为高温热液石英脉型钨矿	该靶区成矿地质条件好，综合信息特征好，预测远景目标为1处中型钨多金属矿床，本次预测新增资源量钨28 804t，锡793t，建议开展普查工作

续表2

主攻矿种	找矿靶区名称及编号	找矿靶区范围（东经；北纬）	预测要素特征		矿床地质特征及成因类型	远景评价及工作建议
			含矿建造构造及控矿因素	物化遥重综合信息特征		
钨锡	于都县陶珠坑钨多金属找矿靶区（B4）	115°27′26″—115°28′16″；25°41′55″—25°42′51″，面积2.49km²	主要出露震旦系—寒武系浅变质岩，成矿母岩为隐伏花岗岩，区内发育NNW、NEE向断裂。矿体呈近EW向展布，围岩蚀变常见硅化	1:5万水系沉积物测量钨锡钼铋化探异常套合较好，浓集中心明显，处于钨异常内带，钨异常最高值1105.50×10⁻⁶；1:5万磁法推断显示区内存在隐伏中酸性岩体	靶区内有陶珠坑小型钨矿床，矿区圈出6条矿化带，宽约400m，长1200m±，走向近EW向，以倾向N为主，倾角缓倾，部分陡立。走向延伸不稳定，多被断层切错，单脉幅为0.1~0.31m。金属矿物以黑钨矿为主，并见黄铁矿、黄铜矿、方铅矿、闪锌矿、锡石、辉钼矿、毒砂矿等；脉石矿物以石英为主，次为长石、铁锂云母、白云母、方解石、萤石、萤石等，有硅化、黄铁矿化、绢云母化和绢云母化、碳酸盐化、黄铜电气石化，以硅化和绢云母石英普遍。成因类型为高温热液型石英脉型钨矿	该靶区成矿地质条件好、综合信息特征反应找矿前景较好，预测远景目标为（2~3）×10⁴t中型钨多金属矿床，本次预测新增资源量钨22 518t，锡620t，建议对矿区深部及外围开展进一步工作
	于都县庵前滩钨多金属找矿靶区（A4）	115°18′30″—115°19′48″；25°42′46″—25°44′28″，面积6.91km²	主要出露寒武系高滩组，泥盆系跳马涧组浅变质岩，成矿母岩为隐伏—半隐伏晚侏罗世黑云母花岗岩，区内发育北东、近东西向断裂。石英脉呈NW向展布，被EW向断裂错断，为成矿后者	1:5万水系沉积物测量钨锡钼铋化探异常套合较好，浓集中心明显，处于钨异常内带，钨异常最高值936.80×10⁻⁶；1:5万磁法推断显示区内存在隐伏中酸性岩体	靶区内有庵前滩小型钨矿床，矿脉以NW向为主，NWW向次之，矿脉膨大与缩小分支；金属矿主要为黑钨矿、白钨矿、黄铁矿、辉钼矿、毒砂矿，闪锌矿，方铅矿等，WO₃平均0.25%~1.7%。花岗岩中广泛发育云英岩化、沉积岩和变质岩中发育弱硅化、局部见到电气石化、绿泥石和黄铁矿化。成因类型为高温热液型石英脉型钨矿	该靶区成矿地质条件优越，综合信息特征反应找矿前景好，预测远景目标为新增钨金属量（3~5）×10⁴t，本次预测新增资源量钨41 355t，锡1336t，建议对庵前滩矿区深部设计钻探，外围开展详查工作
	于都县垭权桐钨多金属找矿靶区（B5）	115°15′01″—115°16′01″；25°43′32″—25°44′49″，面积4.01km²	主要出露寒武系，泥盆系浅变质岩，成矿母岩为晚侏罗世花岗岩，区内发育NNE、NW向断裂，前者错断后者。石英脉呈NE、SN向产出，围岩蚀变常见硅化	1:5万水系沉积物测量，铋化探异常套合较好，具二级浓度分带；处于遥感解译环形构造中心与断裂构造复合部位	以近EW走、SN走向石英细脉为主。成因类型为高温热液石英脉型钨矿	该靶区成矿地质条件较好、综合信息特征反应找矿前景较好，预测远景目标为（1~2）×10⁴t中型钨多金属矿床，本次预测新增资源量钨18 770t，锡517t，建议开展普查工作

续表2

主攻矿种	找矿靶区名称及编号	找矿靶区范围（东经；北纬）	预测要素特征		矿床地质特征及成因类型	远景评价及工作建议
			含矿建造构造及控矿因素	物化遥重综合信息特征		
钨锡	于都县均竹钨多金属找矿靶区(C1)	115°15′12″—115°16′52″；25°39′31″—25°41′30″，面积4.52km²	主要出露寒武系牛角河组浅变质岩，成矿母岩为晚侏罗世花岗岩，区内密集发育NE、NEE、NNW向断裂	1:5万水系沉积物测量未见明显异常；处于遥感解译环式环形构造与断裂构造复合部位	靶区内暂未发现钨矿点，预测类型为高温热液石英脉型钨矿	该靶区成矿地质条件较好，预测远景目标为(0.5~1)×10⁴t小—中型钨矿，本次预测新增资源量钨11 510t，锡317t，建议开展预查-普查工作
	安远县横龙钨多金属找矿靶区(C2)	115°19′38″—115°20′48″；25°37′22″—25°38′31″，面积4.16km²	主要出露寒武系牛角河组、高滩组浅变质岩，成矿母岩为晚侏罗世黑云母花岗岩，区内发育NE向断裂。区内常见角岩化	1:5万水系沉积物测量显示区内具钨锡钼铋化探异常，异常套合较好，钨异常极值不高，仅具一级浓度带	靶区内暂未发现钨矿点，预测类型为高温热液石英脉型钨矿	该靶区成矿地质条件较好，化探异常反应较好，预测远景目标为1处小型钨矿，本次预测新增资源量钨8191t，锡225t，建议开展预查-普查工作
	安远县阳光口钨多金属找矿靶区(B6)	115°21′04″—115°22′08″；25°25′11″—25°25′58″，面积2.55km²	出露震旦系坝里组浅变质岩，成矿母岩为晚侏罗世黑云母花岗岩，区内发育NE、NEE向断裂。本区处于NE向片麻岩带之中，围岩蚀变常见硅化	1:5万水系沉积物测量锡钼铋化探异常套合较好，处于浓集中心明显，钨异常内带，钨异常最高值50.30×10⁻⁶	靶区内有阳光口钨矿点，黑钨矿呈细粒星散状分布于石英脉中。金属矿物主要有黑钨矿、黄铁矿、白钨矿、辉钼矿等，围岩蚀变有硅化、云英岩化、绿泥石化、叶蜡石化。成因类型为高温热液石英脉型钨矿	该靶区成矿地质条件好，化探异常反应明显，预测远景目标为(1~2)×10⁴t中型钨矿，本次预测新增资源量钨15 385t，锡423t，建议开展普查工作
	安远县金山印背钨多金属找矿靶区(B7)	115°17′20″—115°18′51″；25°24′25″—25°25′55″，面积3.78km²	出露震旦系坝里组浅变质岩，成矿母岩为晚侏罗世黑云母花岗岩，区内发育NE向断裂。本区处于NE向片麻岩带之中，围岩蚀变常见硅化	1:5万水系沉积物测量锡钼铋化探异常套合较好，浓集中心明显，处于钨异常内带，钨异常最高值786.00×10⁻⁶；处于遥感解译复式环形构造边缘	靶区内有金山印背钨矿点，黑钨矿呈囊状集合体，晶体颗粒比较粗大。金属矿物主要有黑钨矿、白钨矿、黄铜矿、萤石、毒砂矿等，围岩蚀变有硅化、云英岩化。成因类型为高温热液石英脉型钨矿	该靶区成矿地质条件好，化探异常反应投资较好，预测远景目标为1处中型钨矿，本次预测新增资源量钨17 798t，锡490t，建议开展普查工作

续表 2

主攻矿种	找矿靶区名称及编号	找矿靶区范围（东经；北纬）	预测要素特征		矿床地质特征及成因类型	远景评价及工作建议
			含矿建造构造及控矿因素	物化遥重综合信息特征		
钨锡	安远县桐窝多金属找矿靶区（B8）	115°16′37″—115°17′34″；25°23′01″—25°23′50″，面积2.37km²	出露震旦系坝里组浅变质岩，成矿母岩为晚侏罗世黑云母花岗岩，区内发育NNE、NE向断裂。本区处于NE向片麻岩带之中，石英脉呈NE向展布，围岩普见硅化、黄铁矿化	1:5万水系沉积物测量钨锡钼铍化探异常套合较好，浓集中心明显，处于钨异常内带，钨异常最高值532.00×10⁻⁶，处于遥感解译环形构造边缘	该靶区内发现矿化石英脉，矿脉主要呈NEE、次为NE向展布。成因类型为高温热液石英脉型钨矿	该靶区成矿地质条件较好，化探异常反应投矿前景较好，预测远景目标为（1～3）×10⁴ t中型矿矿，本次预测新增资源量钨13 877t，锡382t，建议开展预查工作
	安远县长河多金属找矿靶区（C3）	115°24′16″—115°25′30″；25°28′30″—25°29′30″，面积3.82km²	出露寒武系牛角河组、震旦系老虎塘组、坝里组浅变质岩，区内发育NE、近EW向断裂。本区处于NE向片麻岩带之中，围岩普见硅化、黄铁矿化	1:5万水系沉积物测量钨锡钼铍化探异常套合较好，浓集中心明显，处于钨异常内带，钨异常最高值225.00×10⁻⁶	靶区内暂未发现钨矿点，预测类型为高温热液石英脉型钨矿	该靶区成矿地质条件较好，化探异常反应较好，预测远景目标为1处小型新增资源量钨7749t，锡213t，建议开展预查—普查工作
金	安远县白竹山金矿找矿靶区（B1）	115°17′38″—115°19′16″；25°27′21″—25°28′32″，面积5.92km²	出露地层主要为泥盆系虎塘组和寒武系高滩系变质岩，断裂以NE—NNE向为主，NE走向花岗岩脉沿断裂贯入。蚀变常见黄铁矿化、绿泥石化、硅化等	1:5万水系沉积物测量金、砷化探异常套合较好，金、浓集中心大，异常规模较大，二级浓度分布明显，具二级浓度分带，最大值19.40×10⁻⁹	靶区内发现一条矿化花岗岩脉，岩脉走向北东，延长约1km，宽10余厘米至几米不等，金品位（0.11～0.58）×10⁻⁶。成因类型为岩浆期后中低温热液脉型金矿	该靶区成矿地质条件优越，化探异常指示找矿前景较好，预测远景目标为新增金金属量1～2t小型矿床，建议开展普查—详查工作
	安远县张地坪金矿找矿靶区（B2）	115°15′02″—115°15′51″；25°28′31″—25°29′15″，面积1.89km²	出露地层老虎塘组和中棚组碎屑岩，其次为震旦系老虎塘组浅变质岩，断裂以NE—NNE和近EW向为主，各个方向断裂相互错切特征，表明区内断裂活动具有多期性。蚀变黄铁矿化、硅化	1:5万水系沉积物测量金化探异常具二级浓度分带，最大值12.60×10⁻⁹	靶区内有张地坪小型金矿床，矿体受构造控制明显，沿构造裂隙充填交代而成。含矿硫化物多期脉动阶段活动的成矿特点。英脉赋存于泥盆系上统中棚组底部地层中，呈细脉状、网脉状。金平均品位89.91×10⁻⁶，银平均品位5.68×10⁻⁶。成因类型为岩浆期后中低温热液脉型金矿	该靶区成矿地质条件较好，化探异常指示找矿前景较好，预测远景目标为新增金金属量0.5～1t，建议对矿区深部及外围开展进一步工作

第四十五章　湖南湘潭—九潭冲地区矿产地质调查

黄飞　叶锋　丁荣武　刘承恩

(中国冶金地质总局湖南地质勘查院)

一、摘要

通过1:5万矿产地质调查,基本查明了湖南湘潭—九潭冲地区含锰岩系及锰矿层地质特征;通过物探(CSAMT)工作初步了解有锰向斜区构造形迹,在此基础上开展了乌田向斜深部验证;大致查明了景泉乡铁矿床地质特征;通过综合研究,圈定了3个锰矿找矿靶区,为进一步勘查工作提供了依据。

二、项目概况

工作区隶属湘潭市、湘潭县、湘乡市、宁乡县、韶山市管辖。地理坐标:东经112°15′00″—113°00′00″,北纬27°30′00″—28°10′00″,面积2700km²。工作起止时间:2013—2015年。主要任务是系统收集湘潭县九潭冲—湘乡金石地区地质、矿产及化探等成果资料,开展区内矿产地质调查,重点调查区内南华纪大塘坡期锰矿,分析研究其成矿地质环境、赋存规律、控矿条件及时空分布特征,总结找矿标志,建立找矿模式,对区内南华系大塘坡组锰矿资源潜力进行了总体评价。

三、主要成果与进展

(一)厘定了地层层序

重新厘定了区内地层层序,建立了岩石地层(组)填图单位46个,岩浆岩填图单位7个,基本查明了测区的地层分布。

(二)大致查明了工作区含锰岩系地质特征

1. 含锰岩系为下南华统大塘坡组黑色页岩,其顶板为南沱组冰碛砾岩,底板为富禄组砂岩。
2. 锰矿层分布在向斜内,向斜两翼地层产状变化较大,局部地段出现倒转现象。
3. 断裂构造破坏了浅部含锰岩系及锰矿层连续性,但深部较连续,如湘潭锰矿和金石锰矿浅部钻孔大多未见矿,但深部较为连续,且锰矿层有增厚趋势。
4. 含锰岩系大塘坡组黑色页岩富含碳质、沉积韵律明显,水平层理清晰,具备锰矿沉积必要的水体物理化学条件,对成矿有利。

(三)新发现锰矿(化)点

新发现的锰矿(化)点22处,含锰岩系为大塘坡组黑色页岩,主要特征见表1。

表 1 新发现锰矿点统计表

顺序号	矿产地名称	地 质 特 征	规模
1	银田镇幅仁兴村	矿体厚1.05m,氧化锰12.82%,延伸约50m,已风化成锰土	矿点
2	湘潭市幅梁山桥段虎形村	含锰岩系厚27m,氧化锰矿层3层,底部主矿层,厚1.5m,含锰11.17%	矿点
3	湘潭市幅梁山桥段虎形村	氧化锰矿层厚1m,含锰16.96%	矿化点
4	湘潭市幅梁山桥虎形村	氧化锰矿层厚1.2m,含锰10.25%	矿化点
5	湘潭市幅石冲	民采老窿,采碳酸锰矿,已关闭	矿点
6	湘潭市幅上湾里	民采老窿,采碳酸锰矿,已关闭	矿点
7	湘潭市幅樟木塘	民采老窿,采碳酸锰矿,已关闭	矿点
8	湘潭市幅水井	矿层走向延伸约200m,厚0.5m,含锰20.08%	矿化点
9	湘潭市幅桑树坳	锰矿层走向延伸约500m,厚0.6m	矿化点
10	湘潭市幅蚌壳山	锰矿层延伸约200m,厚0.5m,含锰15.84%	矿化点
11	金石锰矿成矿区云源村段	氧化锰走向延伸约100m,厚1.05,含锰18%	矿点
12	金石锰矿成矿区云源村段	氧化锰走向延伸约400m,厚1m,含锰14.6%;施工钻孔未见矿	矿点
13	花石幅旗山矿段	氧化锰矿层走向断续延伸约2km,倾向延深约50m,厚1m,含锰18.47%	矿点
14	花石幅旗山矿段	氧化锰矿层厚1.0m,呈透镜状	矿化点
15	花石幅旗山矿段	氧化锰矿层走向延伸约2km,倾向延深约10m,厚0.4m,含锰17.3%	矿点
16	花石幅旗山矿段	氧化锰矿层走向延伸约2km,倾向延深约15m,厚1m,含锰10.96%	矿化点
17	花石幅上围子	氧化锰矿层呈透镜体,厚0.80m,含锰21.68%	矿点
18	花石幅许家屋场	氧化锰矿层走向延伸约50m,倾向延深30m,厚0.80m,含锰14%	矿点
19	花石幅窑排上	地表氧化锰矿层呈透镜状,产于冰碛岩内厚2.4m,含锰12.98%	矿点
20	花石幅曹家坨	氧化锰矿层厚0.90m,含锰13.6%	矿点
21	花石幅白云庵	氧化锰矿层厚0.70m,含锰17.5%	矿点
21	花石幅回龙湾	氧化锰矿层厚0.80m,含锰15.27%	矿点
22	花石幅陈士塘	氧化锰矿层走向延伸约50m,倾向20m,厚1m,含锰15.43%	矿点

(四) 重点工作区成果

1. 乌田向斜区。地处湘潭成锰盆地湘九凹陷北部的鹤岭洼地,南邻仙女山背斜,北接水井背斜,轴长约15km,宽约4km(图1)。

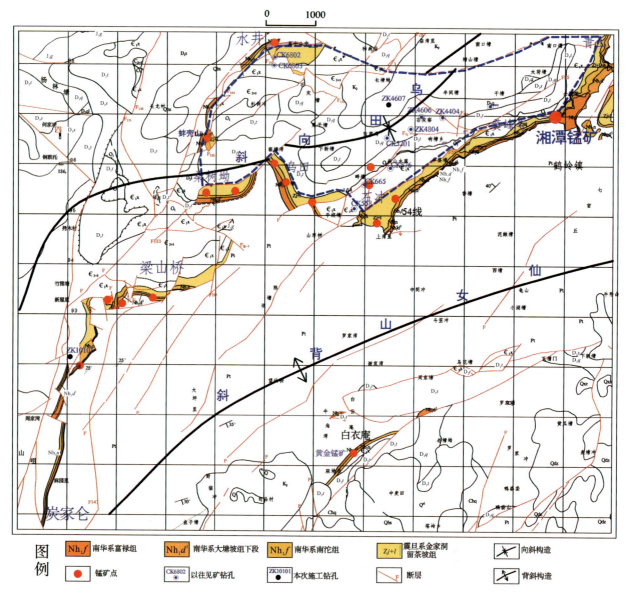

图1 湘潭锰矿乌田向斜区工程及锰矿点分布图

(1) 圈定了向斜两翼含锰岩系及锰矿层。

向斜南东翼圈定含锰岩系走向断续出露约15km,厚约22.63m,锰矿层断续出露约10km,仅一层,厚0.2~5.84m,品位10.25%~30%。该翼东北有湘潭锰矿、中部有乌田锰矿和桑树坳锰矿、西南有梁山桥-炭家仓锰矿。

乌田向斜北西翼水井-蚌壳山圈定含锰岩系走向零星出露,厚度15~29m。水井矿区含锰岩系自上而下均夹有大小不等的扁豆状硅质岩或硅质灰岩,含锰1.34%~6.82%;SiO_2、MgO较高,而CaO、S及有机质碳含量较低;矿层下部为粉砂岩或粉砂质页岩,含S低,但粉砂质中石英达15%~25%。

水井地段地表发现氧化锰矿露头,氧化锰矿体厚0.50m,Mn品位20.08%;在蚌壳山发现氧化锰矿

(化)层,厚 0.5m,锰品位 15.84%。

(2)初步了解了向斜区构造形迹及核部位置。在向斜区开展了 3 条 CSAMT 剖面测量,根据 CSAMT 反演成果(图 2),初步判断乌田向斜形态呈平底锅形,为不对称向斜,其向斜 SE 翼陡窄,NW 翼宽缓,其核部比地质剖面推测的核部向 ES 偏移且抬升。

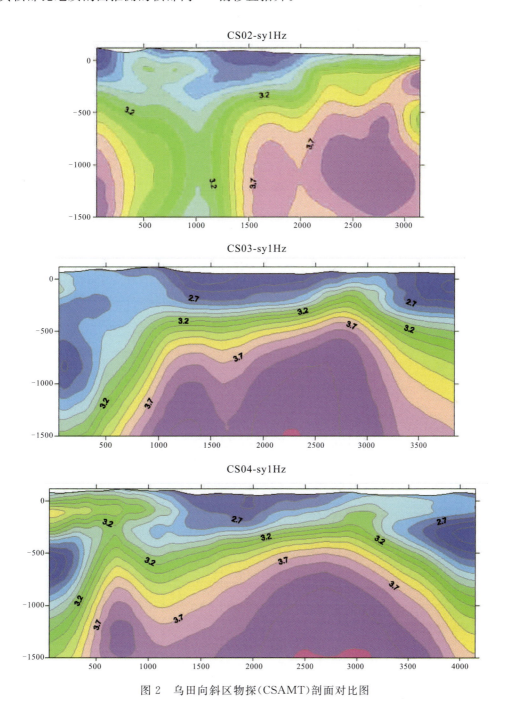

图 2　乌田向斜区物探(CSAMT)剖面对比图

(3)找矿靶区圈定:圈定了乌田向斜北东段找矿靶区范围,东起湘潭锰矿青山冲矿段,南至石冲,西至蚌壳山,北至水井。

(4)找矿潜力分析:湘潭锰矿区锰矿层主要赋存于乌田向斜区,两翼均有锰矿层(工业矿床),且深部及核部有增厚趋势;虽然浅部断裂构造发育,且破坏了锰矿层的连续性,深部也出现较大构造破碎带,对矿体有一定的破坏,导致部分钻孔未见矿(正断层错断),但并非沉积缺失无矿;根据前期钻孔证实深部有岩脉侵入,但对矿体影响不大。因此认为向斜深部及核部虽然断裂构造破坏了锰矿层的连续性,但仍具有很大的找矿潜力。

2. 紫云山背斜东翼次级向斜区。地处湘潭成锰盆地湘九凹陷南部旗山洼地,位于歇马岩体东侧,轴长约25km(图3)。本区北部有九潭冲锰矿区、中部楠木冲锰矿区、南部有旗山锰矿区。

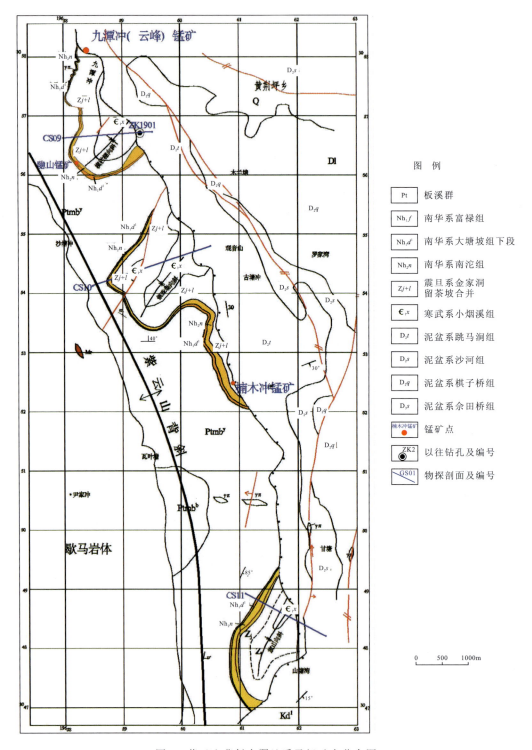

图3 紫云山背斜东翼地质及锰矿点分布图

(1)圈定了含锰岩系及锰矿层,分3个矿区介绍。

九潭冲锰矿区:北段为九潭冲锰矿,矿层走向SN,倾向E,控制锰矿层走向延伸约800m,产状与围岩一致,走向近SN,倾向E,倾角40°～50°,矿体呈似层状产出,控制最大斜深约1000m。矿石根据结构构造可分为两层矿,其中上层矿为似条带状碳酸锰,平均厚度2.35m,Mn平均品位14.62%,泥质成分较高,可达30%;下层矿为块状碳酸锰矿,平均厚0.84m,Mn平均品位16.72%。另外,在白云庵局部见小扁豆状矿体断续分布,长30～50m,厚0.2～0.5m。

中段发现多处锰矿点,自北向南控制氧化锰矿矿层约1.1km,该段氧化锰矿层平均厚0.8m,锰平均品位16.41%。

南段为隐山锰矿,控制含锰岩系走向延伸1.6km,厚2.20～38.17m,从地表往深部厚度增大,走向由近NE转为近NW再转为近NE,倾向由SE转为NE再转为NW,倾角25°～50°。地表锰矿体延伸长度约1.6km,产状与围岩一致,呈弧状分布,矿体呈层状产出,深部已控制走向长度390m,走向NNW,倾向NEE,倾角45°～50°,平均48°,斜深约1200m(ZK1901见矿厚度1.28m,碳酸锰矿品位10.03%,图4),矿区锰矿层厚0.78～1.52m,平均1.14m,平均品位Mn16.13%、TFe3.64%、P0.341%;灼失量22.60%～28.36%。

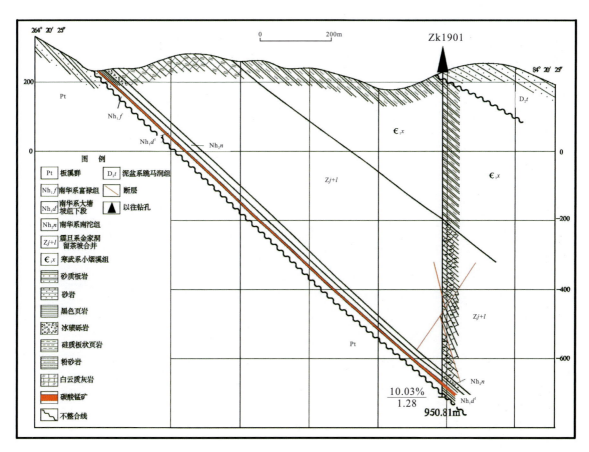

图4 隐山锰矿区19线剖面图

楠木冲锰矿区:北部氧化锰矿层,走向215°,延伸约50m,倾向85°,延深20m,矿层2层,中间夹层0.6m,下层矿为主矿层,厚0.50m,含锰15.64%,上层矿厚0.4m,含锰15.16%。

南部为楠木冲锰矿,锰矿层赋存于该含锰岩系下部,其岩性为灰黑色、黑色中层状含锰碳泥质岩,呈层状、似层状产出。产状与围岩基本一致,走向NNW,倾向70°～80°,倾角45°～50°,控制矿体走向长440m,倾斜延深120m,矿体平均厚1.51m,Mn平均品位15.16%,累计探获锰矿石量21.23×10^4t。

旗山锰矿区:北段矿层走向 NE,倾向 SE;南段走向 SSE,倾向 NE。由北向南发现多处锰矿(化)点揭露氧化锰矿层一层,延长约 3.0km,厚 0.4～1.0m,平均 0.7m,含锰 10.96%～25.62%,平均 18.02%。

(2)初步了解了次级向斜构造形态,在本区开展了 CSAMT 剖面 3 条,根据反演结果,初步判断横栏棚向斜区含锰岩系及锰矿层往东逐渐变浅(图5);银珠坳向斜深部出现一个中阻区,推测向斜核部深度不大(图6);初步判断旗山向斜为平底锅型,构造简单,深度约 1km(图7)。

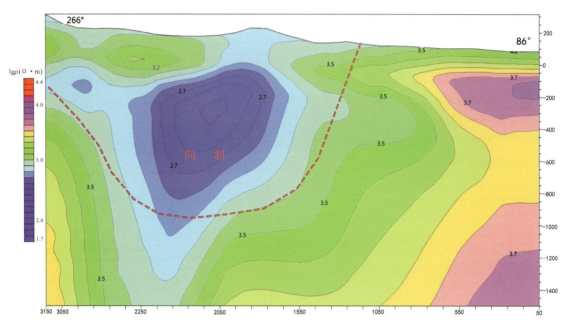

图 5　九潭冲锰矿区(横栏棚向斜)CS09 剖面图

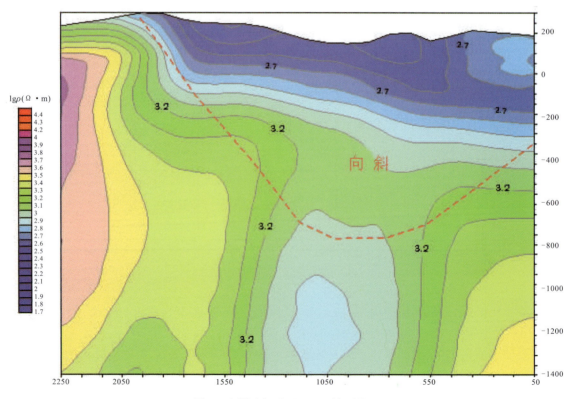

图 6　九潭冲锰矿区 CS10 剖面图

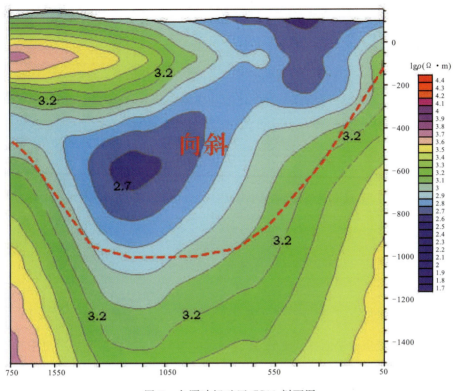

图 7　九潭冲锰矿区 CS11 剖面图

（3）根据以往勘查及开采等资料，结合本次调查工作成果，综合分析认为：①自北向南含锰岩系厚度及岩性较为稳定，北部相对较薄；②锰矿层自北向南均存在，虽然断续出露，但较为稳定，自北向南呈厚度变薄、品位有降低趋势；③次级向斜保存较为完好，北部锰矿层深部延伸大（1200m），且较稳定；④物探结果显示，3 个次级向斜深部构造较为简单，且深度不大（<1000m），推测均具有一定找矿潜力。

（4）找矿潜力分析。根据分析结果，本区锰矿层自北向南均有出露，且含锰岩系厚度、锰矿层厚度及品位等变化不大；且部分地段锰矿层延深达 1200m；同时物探成果显示各次级向斜保存完整，构造简单，深度不大。因此推测横栏棚、银珠坳和旗山 3 个次级向斜区找矿前景好，特别是九潭冲锰矿-隐山锰矿东部（横栏棚向斜）找矿潜力很大。

3. 青山塘向斜区。地处湘潭成锰盆地的金磨洼地内，位于调查区西北部，北西起南田坪以西，东南至花明楼，轴向 NW-SE，轴长约 20km，平均宽 11km，两翼出露地层较为对称，保存较为完整。

（1）圈出了向斜两翼含锰岩系及锰矿层。

向斜北东翼：控制地表含锰岩系断续出露约 3km，走向 100°～110°，平均厚 15m，倾角 25°～70°；碳酸锰矿层断续出露走向延伸长约 1.2km，产状与含锰岩系一致，控制斜深约 100m，厚 0.4～1.82m，较为稳定。

本区锰矿层间断出现，矿体产状与地层产状一致，自南向北，由走向近 EW，倾向 S 变为走向 NW，倾向 SW，倾角一般 45°～65°，控制锰矿层走向长约 2km，倾向宽 46～175m。

向斜南西翼：控制地表含锰岩系走向上断续出露约 10km，走向 120°～300°，倾向 NE，浅部倾角 20°～40°，一般 30°左右，深部倾角相对较缓，一般 10°～20°。矿层位于含锰岩系中下部，产状与围岩一致，其中上部为灰黑色、黑色碳质板岩、条带状碳质粉砂质板岩，厚约 16.2m；中下部为碳酸锰矿层，常呈褐灰—褐黑色，具块状、线理状、碎裂状、网脉状构造，质地坚硬性脆。常见石英、方解石细脉，厚度一般为 1～3m，局部可达 4～6m；下部为黑色板岩、含碳质板岩夹含碳质粉砂质板岩，常见星点黄铁矿和石英细脉。根据含锰岩系及锰矿层地表分布及勘探情况将锰矿体分为 3 段，即西北段七星锰矿、金石锰矿

(万群矿段)和烟田锰矿,中段为金石锰矿靳源矿段,西南段为云源村-北风柏锰矿段。

(2)初步了解了青山塘向斜区深部构造特征,通过物探CSAMT成果,结合已知矿山勘查成果和地质剖面对比分析得出:①褶皱构造以白垩系、石炭系为核部,青白口系、南华系等为两翼的向斜构造;②据反演的电阻率等值线断面图反映,推测次级褶皱有6个,次级向斜5个,次级背斜1个;③推测断裂10条,仅F_1处于板溪群内,其余推测断裂构造均切割上覆地层,其中F_3、F_8、F_{10}导致向斜深部、核部整体大幅下移,形成地堑,深度大;④向斜西南翼金石锰矿深部至核部F_3断层之间构造较为简单,且深度均小于1000m。

(3)综合分析。通过对已知勘探剖面,结合两翼含锰岩系及锰矿层柱状对比图综合分析认为:①向斜两翼含锰岩系厚度及岩性组合基本一致;②向斜南西翼锰矿层更为稳定,矿层厚度和品位明显大于北东翼,但锰矿石其他特征基本一致;③两翼地表见矿均较好,但因断裂构造发育,导致浅部大多工程无矿;南西翼深部矿体均呈再现,且较为连续;④西南翼锰矿层自北西向南东锰矿层厚度逐渐变薄,锰品位逐渐降低趋势;东北翼锰矿层自中间(5~12线)向走向延伸两端呈逐渐变薄、锰品位逐渐降低趋势;⑤通过物探CSAMT剖面反映,近西南翼部位构造相对较为简单,电阻率呈平底状,且深度不大(<1000m);但是靠近向斜核部近地表断裂较为发育,导致核部地层整体下滑,形成地堑,相对较深。

(4)找矿潜力分析。根据前期调查成果,结合区内已知勘查和矿山开采资料综合分析认为,青山塘向斜找矿潜力大。

向斜南西翼金石锰矿外围至核部地段,物探CSAMT剖面显示其构造较为简单且深度不大,推测具有大的找矿潜力;另外靳源锰矿勘查程度较低,深部锰矿层并未控制,具有进一步勘查价值,且有望取得大的突破;西南部云源村一带地表已见氧化锰矿层,虽然浅部钻孔未见矿,但通过与金石锰矿勘查工程对比分析认为,浅部钻孔未见矿,但深部锰矿层出现再现,且延伸大,因此推测其深部存在锰矿层,具有一定找矿潜力。

向斜东北翼磨子潭锰矿深部由于构造较为复杂,导致边部钻孔未能见矿,但多系正断层引起,因此推测磨子潭锰矿深部至核部地段具有大的找矿潜力;同时矿区西北走向延伸端地表锰矿层较为连续,也具有较大找矿潜力;在走向东部延伸地段,虽然地表被第四系覆盖,含锰岩系并未出露,但施工的钻孔(ZK101)见到了含锰岩系及锰矿层,虽然厚度小,但品位较高,因此认为东部也具有一定找矿潜力。

(五)其他矿产调查成果

本次调查矿(化)点共94处,其中已知矿(化)点35处,新发现矿(化)点59处,对新矿(化)点开展了概略检查。

除锰矿外,本区还有铁矿、石灰岩、白云岩、海泡石、铸型砂、磷、煤、铀、重晶石及黏土等多种矿产。具有规模以上其他矿产仅有磷矿、铁矿、灰岩及砂矿等,并未发现有价值的有色金属矿产,本次重点检查工作选择了景泉乡铁矿(宁乡式)1处。

(1)初步查明了含铁岩系地质特征。景泉乡铁矿为"宁乡式"铁矿,含铁岩系为泥盆系锡矿山组,顶板为岳麓山组石英砂岩与钙质页岩、碳质页岩等互层产出,底板为余田桥组石英砂岩夹泥岩、泥质粉砂岩。含铁岩系锡矿山组分为三段五层:⑤矿层顶板,薄层状灰岩与钙质页岩互层,厚30~40m;④铁矿层,第二层矿铁矿层位于上部,厚0.7~1m;中部夹约1m厚灰岩;第二层铁矿层为主矿层,位于下部,厚0.59~4.74m。总厚2.2~6.0m;③含铁质页岩,含铁质和鲕粒状铁质,含铁10%~15%,厚0.7~1.0m;②中厚层状灰岩,下部富含腕足和珊瑚化石,上部为钙质页岩,总厚约15m;①中厚层状灰岩,单层厚0.5~1.0m,层面清晰,上部为厚层状灰岩与钙质页岩互层,与下伏地层呈整合接触,厚40m。

(2)初步查明了铁矿层地质特征。矿区铁矿层为两层,产状与围岩一致,走向SN,倾向E,倾角40°~50°,其中第一层铁矿位于上部,矿层较薄,不具有工业价值,下层矿为主矿层,控制走向延伸约6km,斜深约300m。由于平移断裂构造错断,导致铁矿层错断,其中NE段长约4.5km,但含铁较低,仅在剖面见到0.92m厚的铁矿层,含铁39.7%,走向延伸两端并未见到工业矿体,仅见到含铁页岩;西南段走向延伸约 3km,控制斜深约 300m,铁矿层厚 3.20～4.74m,平均厚 3.95m,含铁 20.68%～48.70%,Fe 平均品位为 31.97%。

(3)资源储量估算。资源量估算按照湖南省铁矿一般工业指标进行,边界品位 20%,工业品位 25%,最低可采厚度 2m,夹石剔除厚度 1m,铁矿层走向延伸 2200m,斜深 300m,厚度 3.95m,密度 $3t/m^3$。资源量$=2200m\times3.95m\times300m\times3t/m^3=782.1\times10^4 t$。

四、成果意义

重点对锰矿进行了综合评价,验证了物探 CSAMT 方法对了解向斜构造的有效性,初步圈定了 3 个找矿靶区,分析了资源潜力,为区内锰矿下一步勘查工作提供依据,为寻找大中型锰矿床提供了找矿方向。

第四十六章　广西田东—德保地区矿产地质调查

文运强　夏柳静　侯宁　封余勇　李中启　李荣志　石伟　黄霞春

（中国冶金地质总局广西地质勘查院）

一、摘要

项目调查工作以展布于摩天岭复向斜两翼及转折端的下三叠统北泗组含锰岩系中深部碳酸锰矿为主攻对象，兼顾工作程度较低地区的氧化锰矿。提交了驮琶锰矿、平尧锰矿、那造锰矿及红泥坡重晶石矿4个矿产地，新增锰矿石 $333+334_1$ 资源量 $2376.93×10^4$ t 和重晶石原生矿石 $132.43×10^4$ t。探讨了锰矿的成因，总结了摩天岭复向斜含锰岩系的含矿性特点和分布规律，并对有利的成矿部位作出了预测。项目成果对"广西天等龙原—德保那温地区锰矿整装勘查区"地质工作起到了积极的指导作用。

二、项目概况

为配合"广西天等龙原—德保那温地区锰矿整装勘查区"工作，在计划项目"南岭成矿带地质矿产调查"下设立了"广西田东—德保地区矿产地质调查"工作项目。中国冶金地质总局广西地质勘查院作为项目优选单位承担本项目工作。工作起止时间：2013—2015 年。主要任务是全面收集整装勘查区内地质、物化探、勘查、科研、矿山开采等资料，以展布于摩天岭复向斜两翼及转折端的下三叠统北泗组含锰岩系中深部碳酸锰矿为主攻对象，兼顾工作程度低的地区中的氧化锰矿；开展1:5万矿产地质修测，初步查明整装勘查区内地层、构造、岩浆岩及锰矿层展布情况；对矿化有利区段开展1:1万地质简测、施工槽、井等探矿工程，圈定和揭露锰矿层；选择锰矿层厚度大、品位优的地段施工钻探工程，进行深部验证，初步了解含锰岩系地层中锰矿层延伸及矿石质量特征，为整装勘查提供资料，并圈定找矿靶区。开展综合研究工作，研究锰矿形成有利岩相古地理及亚相、微相、岩性组合等特征，研究断裂与含锰岩系、锰矿层关系，研究岩浆岩与锰矿的形成、富集的关系，指导整装勘查工作。

三、主要成果与进展

（一）新发现矿产地介绍

1. 驮琶锰矿。矿区出露的地层有二叠系、三叠系及第四系（图1）。

二叠系茅口组（P_2m）为灰白色厚层灰岩，结晶灰岩，顶部为同生砾岩，含少量燧石结核；合山组（P_3h）上部为灰绿色薄层状灰岩、页岩，下部为灰绿色铁、铝质泥岩、铁铝质砂岩。

三叠系马脚岭组（T_1m）上部为浅灰、灰黑色薄—中层泥质灰岩、灰岩，顶部夹燧石结核团块，下部为灰色厚层灰岩夹凝灰岩及竹叶状、角砾状灰岩，局部夹硅质灰岩；北泗组（T_1b）为深灰色薄—中层硅质泥灰岩、硅质泥岩，夹凝灰岩和数层贫碳酸锰矿或含锰硅质泥灰岩；百逢组第一段（T_2b^1）为灰绿色中厚层细—中粒长石砂岩夹粉砂岩、砂岩、页岩泥岩。

第四系（Q）为砂土、砂砾等。

矿区地层呈紧密线状，近 EW 向展布，构造以褶皱为主，断裂不发育（图1）。

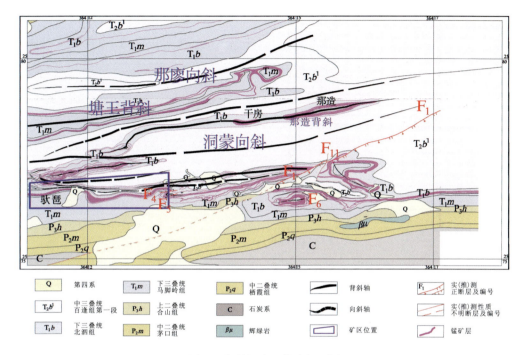

图1　驮琶锰矿区构造纲要图

从北西至南东的褶皱有那廖向斜、塘王背斜及洞蒙向斜，3个褶皱均控制含锰岩系及锰矿层的展布，驮琶矿区位于洞蒙向斜的南翼。

含锰岩系为下三叠统北泗组，该组岩性从下到上可分4个岩性段，其中第二岩性段（T_1b^2）、第三岩性段（T_1b^3）及第四岩性段（T_1b^4）为矿区的含锰岩性段（图2）。

2. 平尧锰矿。位于驮琶锰矿区西部外围约8km。矿区地层与驮琶锰矿区一致。

地层呈紧密线状，构造以褶皱为主，断裂不发育（图3）。矿区位于区域一级褶皱摩天岭复向斜的南翼，控矿褶皱为次级的龙怀向斜、麦陇背斜、内屯向斜。平尧锰矿含锰岩系均为下三叠统北泗组，特征与上述驮琶矿区相似。所不同的是，在平尧锰矿区氧化界线以下只有Ⅱ、Ⅳ矿层品位达到10%以上，可圈出碳酸锰矿体。其他矿层（含锰层）在氧化界线以下为含锰硅质泥灰岩。

锰矿层呈层状产出，与顶底板围岩均呈整合接触。在氧化界线之上，各矿层均为氧化锰矿层；之下为贫碳酸锰矿或含锰硅质泥灰岩。各锰矿层特征如下。

Ⅰ矿层主要分布矿区西部，地表为贫氧化锰矿或含锰泥岩，含锰9.04%～10.25%，厚度0.95～1.46m，走向长不超过800m，连续性较差。

Ⅱ矿层为矿区的主要矿层之一。矿层走向长3.7km，倾向延深大于500m，连续性好；氧化锰矿石含锰为10.00%～15.39%，厚度1.81～2.96m。碳酸锰矿石品位12.04%～15.63%，厚度为2.40～3.27m。矿层厚度往深部有变大趋势。

Ⅳ矿层为矿区主矿层，走向长5.1km，倾向延深大于500m，连续性好；矿体厚度1.55～5.50m，氧化锰矿石锰品位为11.60%～17.43%，碳酸锰矿石锰品位为12.88%～16.22%，矿体厚度0.79-5.50m。

系	统	组		段		分层		柱状图	厚度(m)	主要岩性特征
		名称	代号	名称	代号	层号	代号			
三叠系	中统	百逢组	T_2b	下段	T_2b^1				>100	上：灰绿色中厚质细—中粒长石砂岩夹粉砂岩、砂岩、页岩泥岩；中：灰绿、深灰色薄—中层钙质泥岩，含钙质页岩、粉砂岩或泥灰质泥岩；下：灰绿、灰黑色晶质凝灰岩、凝灰岩、泥岩
	下统	北泗组	T_1b	第四段	T_1b^4	2	XI		0~0.70	顶部：含锰硅泥质灰岩，浅海局部地段可氧化富集成氧化锰矿层
						1			18.4	中下部为深灰色薄—中层状微粒—致密硅泥灰岩、凝灰质泥灰岩
				第三段	T_1b^3	10	IX_1		1.95~2.26	深灰色细粒含锰硅质泥灰岩，浅部可富集形成氧化锰矿层
						9	夹12		1.40	深灰—灰黑色中层状细粒含锰硅质泥灰岩，夹0.1~0.2m灰色硅质岩
						8	IX_2		1.27~1.54	深灰色细粒含锰硅质泥灰岩，浅部可富集形成氧化锰矿层
						7	夹11		17.85	深灰—灰黑色中层状细粒含锰硅质泥灰岩、硅质泥岩
						6	VIII		0.82	深灰色细粒含锰硅质泥灰岩，浅部可富集形成氧化锰矿层
						5	夹10		4.27	深灰—灰黑色中层状细粒含锰硅质泥灰岩、硅质泥岩
						4	VII		0.83	深灰色细粒含锰硅质泥灰岩，浅部可富集形成氧化锰矿层
						3	夹9		3.72	深灰—灰黑色中层状细粒含锰硅质泥灰岩、硅质泥岩
						2	VI		1.04	深灰色细粒含锰硅质泥灰岩，浅部可富集形成氧化锰矿层
						1	夹8		3.00	深灰—灰黑色中层状细粒含锰硅质泥灰岩、硅质泥岩
				第二段	T_1b^2	15	V		1.14	深灰—浅灰薄—纹层状细粒含锰硅质泥灰岩，浅部可形成氧化锰矿层
						14	夹7		2.24	深灰—灰黑微粒，薄—纹层状含锰硅质灰岩，夹含锰方解石条带或小扁豆体
						13	IV		3.07~6.13	深灰—浅灰薄—纹层状细粒盆碳酸锰层，含黄铁矿小晶粒
						12	夹6		1.35	微粒薄—纹层状含锰硅质泥灰岩
						11	III		2.10~2.18	薄—纹层状微粒含锰硅质泥灰岩，局部地段为贫碳酸锰层，浅部能富集成氧化锰矿层
						10	夹5		2.74	微粒薄—纹层状含锰硅质泥灰岩
						9	II		3.36~8.56	灰黑—浅灰、肉红色微粒，薄—纹层状盆碳酸锰层，纹理明显，局部豆状
						8	夹4		1.80	微粒薄—纹层状含锰硅质泥灰岩
						7	I		1.45~2.04	灰黑—浅灰、肉红色微粒盆碳酸锰层，夹少量黑色燧石团块，局部豆状
						6	夹3		9.66	微粒薄—纹层状含锰硅质泥灰岩
						5	X_3		1.41	微粒薄—纹层状含锰硅质泥灰岩，浅部可富集成氧化锰矿层
						4	夹2		2.42	微粒薄—纹层状含锰硅质泥灰岩
						3	X_2		1.96	微粒薄—纹层状含锰硅质泥灰岩，浅部可富集成氧化锰矿层
						2	夹1		2.42	微粒薄—纹层状含锰硅质泥灰岩
						1	X_1		1.58	微粒薄—纹层状含锰硅质泥灰岩，浅部可富集成氧化锰矿层
				第一段	T_1b^1				13.80	灰—深灰色，薄—中层状微粒硅质泥灰岩夹粉砂岩、粉砂质泥岩

图2 驮琶锰矿区含锰岩系柱状图

3. 那造锰矿。位于驮琶矿区的NE部，矿区地层与驮琶锰矿区一致。

地层呈紧密线状，构造以褶皱为主，断裂不发育。

含锰岩系为下三叠统北泗组，与驮琶锰矿区相似。该组岩性从下到上可分为4个岩性段，其中第二岩性段(T_1b^2)、第三岩性段(T_1b^3)及第四岩性段(T_1b^4)为矿区的含锰岩性段。

主要锰矿层特征分述如下：

I矿层：氧化界线之上为氧化锰矿层，氧化界线之下为含锰硅质泥灰岩。

氧化锰矿层走向延长2.14km，矿层厚度1.80m，锰品位为Mn 10.28%~18.17%。

II矿层：氧化锰矿层沿走向长大于2.14km，矿层厚度为3.98m，品位为Mn 10.97%~18.49%。

氧化界线之下深部为碳酸锰贫锰矿，目前控制倾向延深450m，II矿层碳酸锰矿平均厚度为2.06m，碳酸锰贫锰矿石锰平均品位为11.19%。

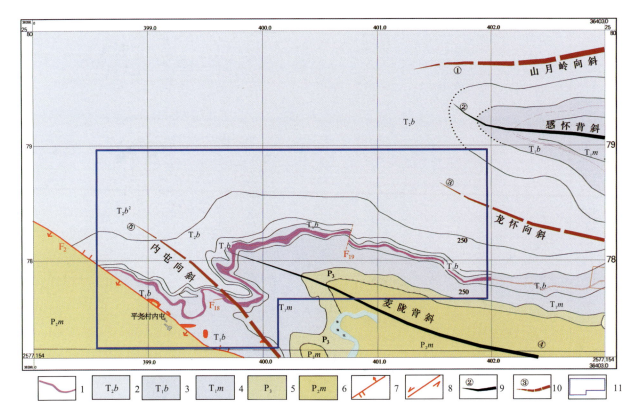

图 3 平尧锰矿区构造纲要图

1. 含锰岩系；2. 百逢组；3. 北泗组；4. 马脚岭组；5. 上二叠统；6. 茅口组；
7. 逆断层；8. 平移断层；9. 背斜及编号；10. 向斜及编号；11. 矿区范围

Ⅳ矿层控制走向长约3.5km，氧化锰矿体厚2.27m，锰品位为12.71%～24.06%。

氧化界线之下深部为碳酸锰贫锰矿，目前控制倾向延深450m，Ⅳ矿层平均厚度为1.51m，锰品位为12.34%。

4. 红泥坡重晶石矿。出露的地层有寒武系($\in_3$)、泥盆系(D)、第四系(Q)。

矿区褶皱构造、断裂构造较发育(图4)。断裂构造主要为EW向和NNW向。其中EW向断层以逆断层为主；NNW向断层以平移断层为主，对矿层有破坏作用。

矿体产出于上寒武统第三段($\in_3^c$)地层中，属沉积型层状重晶石矿，矿体呈层状产出，顶底板界线较为清晰，产状与围岩一致，较为稳定，倾角23°～40°，矿体形态受地层产状控制；矿层的顶板为砂质页岩、底板为页岩，真厚0.80～3.86m，$BaSO_4$矿石品位为68.26%～95.44%，控制走向长600m。

矿石矿物主要为重晶石，脉石矿为黄铁矿、石英、褐铁矿等，含量极少；矿体下部黄铁矿成分含量增高。$BaSO_4$矿石品位为68.26%～95.44%。

(二)新增资源量估算

资源量估算锰矿石333+334资源量2376.93×10^4t、333资源量重晶石132.43×10^4t(表1)。

(三)含锰岩系研究

通过对工作区龙怀—江城—上龙—印茶—作登(邻区典型矿床东平锰矿北部地区)的调查研究，建立了田东地区含锰岩系柱状图(图5)。

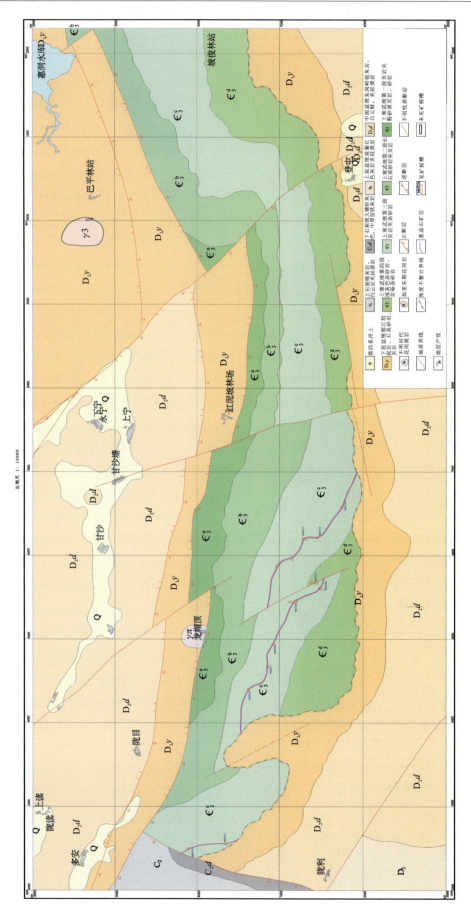

图 4 红泥坡重晶石矿区地质图

表1 调查区矿石资源量估算结果表

矿种	矿区	矿石类型	资源量类别	矿石资源量 10^4 t	矿体平均品位（%）	估算范围	备注
锰	驮琶锰矿区	碳酸锰矿	3341	1357.96	12.27	Ⅰ、Ⅱ、Ⅲ、Ⅳ、Ⅵ矿层	矿产地
	平尧锰矿区	碳酸锰矿	3341	449.17	13.12	Ⅱ、Ⅳ矿层	矿产地
	那造锰矿区	碳酸锰矿	3341	511.05	11.74	Ⅱ、Ⅳ矿层	矿产地
	峒干锰矿区	氧化锰矿	3341	24.44	11.80	Ⅲ矿层	找矿靶区
	乐育锰矿区	氧化锰矿	333	34.31	19.91	Ⅰ、Ⅱ、Ⅳ矿层	找矿靶区
	合计			2376.93			
重晶石	红泥坡重晶石矿区	原生矿	3341	132.43	82.51	①矿体	矿产地
	合计			132.43			

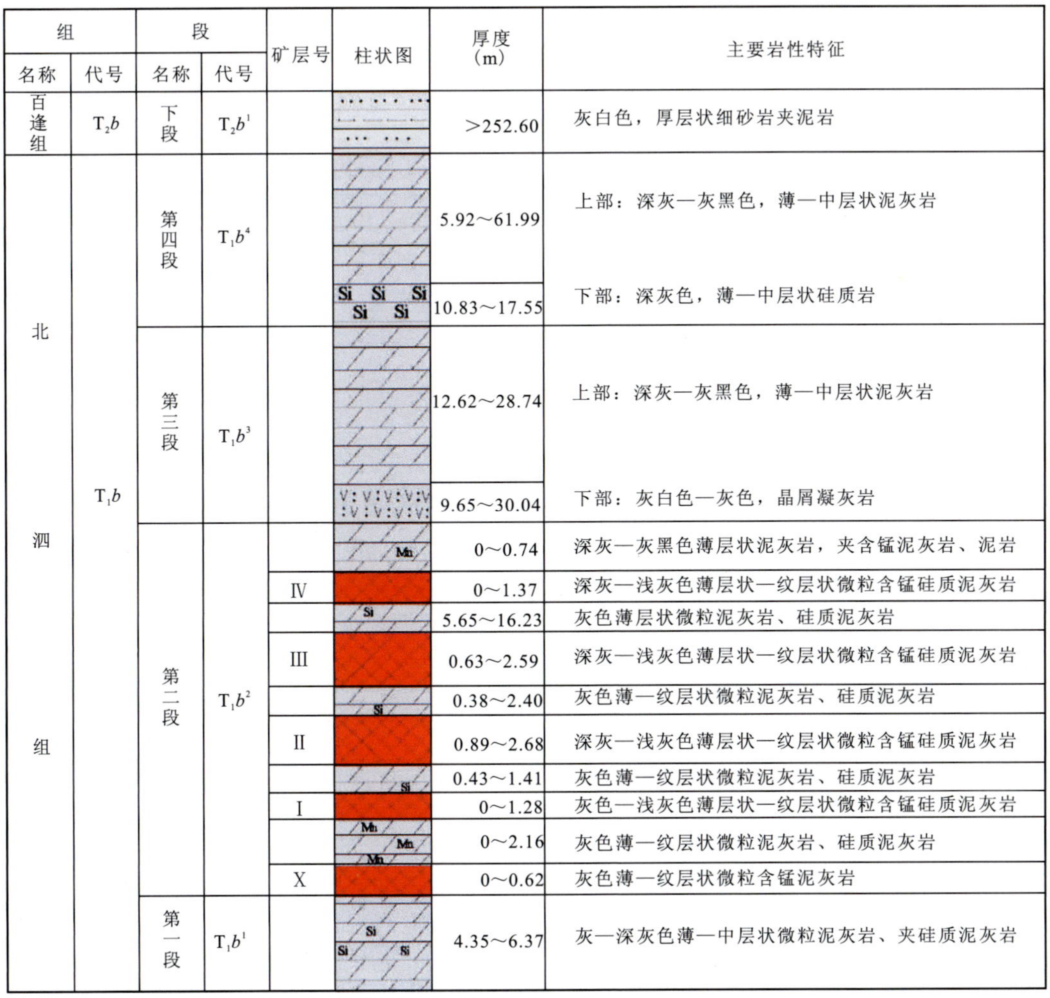

组		段		矿层号	柱状图	厚度(m)	主要岩性特征
名称	代号	名称	代号				
百逢组	T_2b	下段	T_2b^1			>252.60	灰白色，厚层状细砂岩夹泥岩
北泗组	T_1b	第四段	T_1b^4			5.92～61.99	上部：深灰—灰黑色，薄—中层状泥灰岩
						10.83～17.55	下部：深灰色，薄—中层状硅质岩
		第三段	T_1b^3			12.62～28.74	上部：深灰—灰黑色，薄—中层状泥灰岩
						9.65～30.04	下部：灰白色—灰色，晶屑凝灰岩
		第二段	T_1b^2		Mn	0～0.74	深灰—灰黑色薄层状泥灰岩，夹含泥灰岩、泥岩
				Ⅳ		0～1.37	深灰—浅灰色薄层状—纹层状微粒含锰硅质泥灰岩
					Si	5.65～16.23	灰色薄层状微粒泥灰岩、硅质泥岩
				Ⅲ		0.63～2.59	深灰—浅灰色薄层状—纹层状微粒含锰硅质泥灰岩
					Si	0.38～2.40	灰色薄—纹层状微粒泥灰岩、硅质泥岩
				Ⅱ		0.89～2.68	深灰—浅灰色薄层状—纹层状微粒含锰硅质泥灰岩
					Si	0.43～1.41	灰色薄—纹层状微粒泥灰岩、硅质泥岩
				Ⅰ		0～1.28	灰色—浅灰色薄层状—纹层状微粒含锰硅质泥灰岩
					Mn	0～2.16	灰色薄—纹层状微粒泥灰岩、硅质泥岩
				Ⅹ		0～0.62	灰色薄—纹层状微粒含锰泥灰岩
		第一段	T_1b^1		Si	4.35～6.37	灰—深灰色薄—中层状微粒泥灰岩，夹硅质泥岩

图5 田东地区含锰岩系柱状图

本区含锰岩系与东平锰矿区含锰岩系相比有其异同点,分述如下。

相同点:均为下三叠统北泗组,可分成四段,出露较全。

不同点:本区含锰岩系只在第二岩性段才能圈出工业矿体,其他各岩性段只见锰泥、锰线、锰染,含锰均较低;第二段圈出的锰矿层层数比东平锰矿区少,顶部的第Ⅴ层锰矿不出露,底部的 X_1、X_2、X_3 层矿合并成一层锰矿;碳酸锰矿石品位低,含矿的连续性稍差;硅质岩和凝灰岩标志层较稳定。

田东地区含锰岩系各岩性段特征如下。

第四岩性段:上部为深灰—灰黑色薄层状泥灰岩,下部为深灰色硅质岩。该层硅质岩发育较为稳定,可作为第四岩性段和第三岩性段的分层标志层。

第三岩性段:上部为深灰—灰黑色薄—中层状泥灰岩,下部为灰色、浅灰绿色凝灰岩。该层凝灰岩在田东地区发育稳定,为第三岩性段和第二岩性段的分层标志层,也是锰矿层的顶板标志层。

第二岩性段:为含锰岩性段。主要由泥灰岩、硅质泥灰岩和含锰硅质泥灰岩或贫锰矿层组成。见Ⅰ、Ⅱ、Ⅲ、Ⅳ、Ⅹ矿层,以Ⅱ、Ⅲ矿层较稳定,Ⅰ、Ⅳ、Ⅹ矿层局部可见。

第一岩性段:为灰色薄—中层状泥灰岩、泥岩。

(四)矿床成因及找矿标志

1. 矿床成因

(1)沉积环境。调查区早三叠世晚期处于西林-东兰浅海盆地相带的南部边缘,大新浅海孤立碳酸盐岩台地北缘具半封闭环境的水下海湾内(图6)。在水动力较微弱、氧化界面以下的较深海水环境中,沉积了泥晶、粉晶类灰岩及含锰硅质泥灰岩。锰矿层及其围岩具有泥质、微粒、隐晶结构,水平条带状,含有黄铁矿,反映其生成于还原环境。

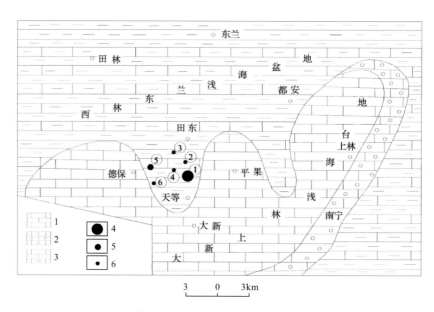

图6 桂西地区早三叠世晚期岩相古地理略图
(据《滇黔桂海西—印支期沉积锰矿成矿地质条件及找矿方向》,1985)
1. 浅海台地相;2. 台地边缘浅滩相;3. 浅海盆地相;4. 中型锰矿床;5. 小型锰矿床;
6. 锰矿点;①东平;②江城;③作登;④平尧;⑤足荣;⑥大旺

(2)原生碳酸锰矿的形成。成锰盆地受同沉积断裂的控制,深源锰质随海底热液沿同生断裂溢出海底,提供了丰富的物源。在合适的沉积环境下锰大量沉积下来,形成原生碳酸锰矿。

(3)次生氧化锰矿的形成。沉积形成的含锰岩系中的碳酸锰矿或"胚胎矿"在表生氧化环境中,地面酸性水介质使原岩中 Ca、Mg 溶解流失,Fe、Mn 因淋滤发生迁移,就近富集沉积在含锰岩段的层间、裂隙、节理中,形成以硬锰矿、软锰矿为主,含偏锰酸矿、恩苏塔矿、褐铁矿、水钠锰矿等矿物组合为特征的淋积型氧化锰矿床。由于原岩中矿物元素的流失和迁移,灰色、深灰色的原岩变成灰白色、黄色、土黄色,并具有泥岩的外貌,矿石中常见淋积作用形成的薄层状、条带状、脉状、块状、网格状、花斑状等结构、构造。

2. 摩天岭复向斜中的锰矿床为"海相沉积碳酸锰矿床",锰矿层受地层及构造的控制,找矿标志如下。

(1)矿层露头标志,原生锰矿层经风化次生富集形成比较明显的锰帽,且与围岩界线清晰,是很好的直接找矿标志。

(2)锰矿转石标志,原生锰矿经风化剥蚀,常形成大小不一的氧化锰矿块或颗粒,沿重力作用方向散布于残积、坡积及浮土中,是近矿的重要找矿标志。

(3)地层标志,含锰岩系为三叠系北泗组(T_1b),主要岩性为硅质泥灰岩,夹硅质岩、凝灰岩等。与上、下地层岩性差异较大,可作为明显的地层标志。

四、成果意义

1. 提交矿产地 4 处(锰矿 3 处,重晶石矿 1 处),新增锰矿石资源量 2276.93×10^4 t,重晶石原生矿石 132.43×10^4 t,具有明显社会经济效益。

2. 探讨了锰矿的成因,总结了找矿标志,对整装勘查区后续勘查工作具有重要指导意义。

第四十七章　广东城口—油山地区×矿远景调查

林建华　罗青明　叶茂华　王虹　梁波　陈小祥　刘立军　谢伟民

（广东省地质调查院）

项目主要任务是在粤北城口—油山及外围（连阳地区、新兴地区及茶阳地区）开展×矿远景调查，主攻花岗岩型×矿，优选成矿有利地段，通过大比例尺地质、物化探测量及工程等手段，开展矿产查证，并对隐伏矿体进行深部验证，圈定找矿靶区，为下一步矿产勘查工作提供依据。综合各类工作成果，对本区×矿资源潜力作出总体评价。工作起止时间：2010—2012 年。

在综合研究的基础上，项目组对成矿有利的南雄油山在"老区进行探边寻底"，对大埔岩体"新区"进行调查，以期扩大找矿远景。前者调查面积约 100km^2，后者面积约 400km^2。面上开展了 1∶5 万放射性水化学测量及遥感地质解译，圈定了 6 个×放射性水化学异常。在此基础上，选择了南雄油山工作区的雷锋寨及大埔高陂工作区的冷水坑、宋公 3 处矿（化）点进行了矿产概查，对南雄油山工作区的大兰、山背、大沅水库、鹧鸪水、邓坊及大埔高陂工作区的进光北 6 处矿点进行了系统矿产检查。发现了 88 个伽马异常点（带），圈定 24 条含×矿化蚀变带和 19 处×矿（化）体。通过综合分析，圈定 9 个找矿靶区，并预测南雄油山工作区资源量达到中型规模、大埔高陂工作区为矿点级规模（资料保密原因，本书没有使用作者全文）。

第四十八章 南岭成矿带基础地质综合研究

王晓地[1,2] 牛志军[1,2] 贾小辉[1,2] 杨文强[1,2] 易顺华[3]

魏运许[1,2] 胡升奇[2] 刘浩[1,2] 宋芳[1,2]

[1. 武汉地质调查中心；2. 中国地质调查局花岗岩成岩成矿地质研究中心；
3. 中国地质大学(武汉)]

一、摘要

按4个构造阶段划分了南岭断代地层分区，建立岩石地层序列对比表，划分并总结了9种含矿沉积建造及其特征；系统研究了新元古代、加里东期、印支期、燕山期岩浆岩的岩石地球化学、成因、构造背景及其成矿作用，建立了侵入岩精确年代格架和岩浆—成矿—构造序列；对南岭地区大地构造单元进行了三级划分，研究认为扬子板块与华夏板块的边界位于萍乡—衡阳—双牌—贵港—凭祥一线，二者在新元古代(约820Ma)拼合成华南板块，之后进入板内演化阶段；以组为编图单元，编制完成了1:50万南岭系列地质图件。

二、项目概况

工作区涉及广东、广西、湖南、江西四省(区)。地理坐标：东经107°00′00″—116°00′00″，北纬24°00′00″—27°00′00″。工作起止时间：2010—2012年。主要任务是系统收集区域地质、地球物理、地球化学、遥感地质、矿产调查的最新成果，依托正在开展的区域地质调查项目，开展成矿带基础地质综合研究，建立南岭成矿带地层格架、岩浆活动序列、构造演化及其成矿制约性。选择成矿带关键地质问题，开展综合研究，编制1:50万基础地质系列图件及数据库。发挥"指导、协调、综合、提高"作用，综合区内各工作项目成果，厘定重大地质问题，提出解决调查研究思路，及时指导各项工作。

三、主要成果与进展

(一)地层学及含矿沉积建造

1. 以最新的国际地层表和中国区域地层表、中南地区大地构造演化阶段为基础，对南岭地区按4个构造阶段划分断代地层分区，其中中元古代至新元古代早期将南岭地区地层区划分为2个地层区——扬子地层区、华夏地层区，新元古代晚期之后同属于华南地层区，并对部分岩石地层序列(尤其是前泥盆纪地层)进行了重新厘定，建立了研究区各时代多重地层划分对比的框架，编制了主要地质时代岩相古地理简图。

2. 划分了9种类型含矿沉积建造(含铅锌沉积建造、含钨锡沉积建造、含铁火山-沉积建造、含锰沉积建造、含铜沉积建造、含金沉积建造、含钒钼铀黑色页岩建造、含磷沉积建造、含煤沉积建造)，总结了它们的岩性组合、层位及沉积背景(图1～图3)，重点研究了泥盆纪台盆相间的古地理格局及其对含钨锡碳酸盐岩建造和含锡碎屑岩建造的制约作用。

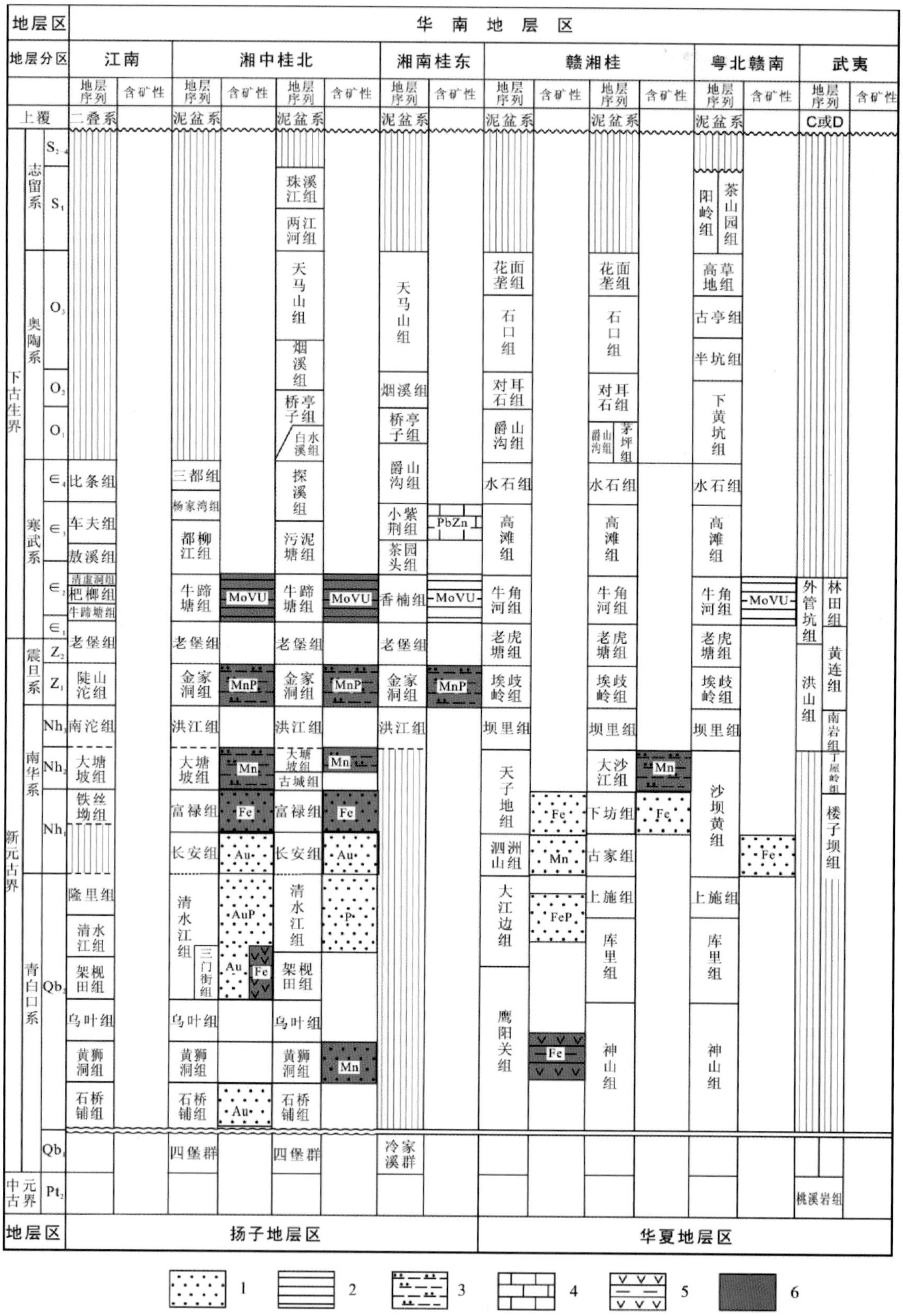

图 1 南岭成矿带前泥盆纪地层含矿沉积建造分布图

1. 碎屑岩型建造；2. 页岩型建造；3. 硅页岩型建造；4. 碳酸盐岩型建造；5. 火山-沉积建造；6. 含矿层

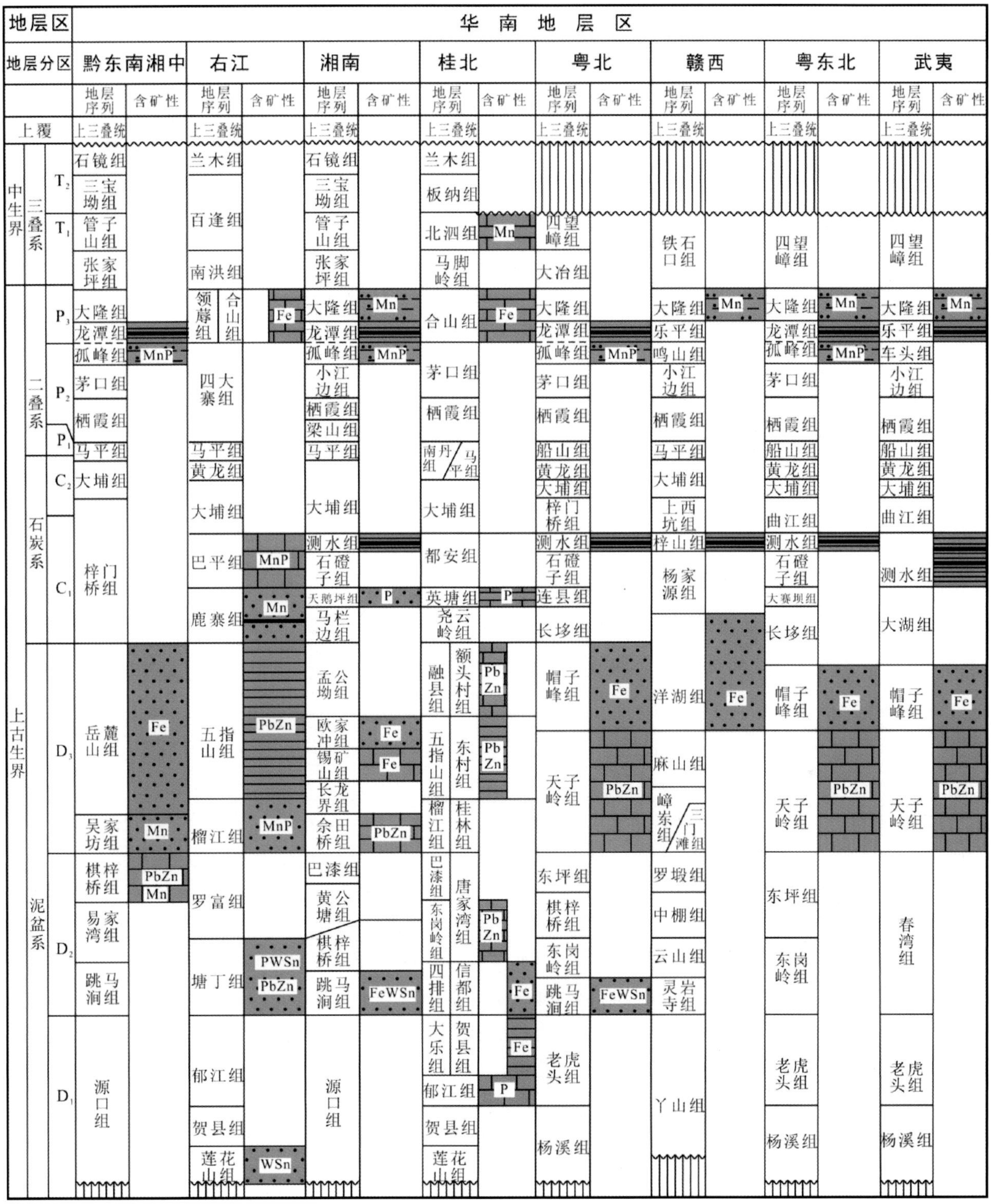

地层区		华 南 地 层 区														
地层分区		黔东南湘中		右江		湘南		桂北		粤北		赣西		粤东北		武夷
		地层序列	含矿性	地层序列	含矿性	地层序列	含矿性	地层序列	含矿性	地层序列	含矿性	地层序列	含矿性	地层序列	含矿性	地层序列 含矿性
上覆		上三叠统		上三叠统		上三叠统		上三叠统		上三叠统		上三叠统		上三叠统		上三叠统
中生界 三叠系	T₂	石镜组 / 三宝坳组 / 管子山组 / 张家坪		兰木组 / 百逢组 / 南洪组		石镜组 / 三宝坳组 / 管子山组 / 张家坪组		兰木组 / 板纳组 / 北泗组 / 马脚岭组	Mn	四望嶂组 / 大冶组		铁石口组		四望嶂组		四望嶂组
	T₁															
二叠系	P₃	大隆组 / 龙潭组 / 孤峰组	MnP	领薅组 / 合山组	Fe	大隆组 / 龙潭组 / 孤峰组	Mn / MnP	合山组	Fe	大隆组 / 龙潭组 / 孤峰组	MnP	大隆组 / 乐平组 / 鸣山组	Mn	大隆组 / 龙潭组 / 孤峰组	Mn / MnP	大隆组 / 乐平组 / 车头组 Mn
	P₂	茅口组 / 栖霞组		四大寨组		小江边组 / 栖霞组 / 梁山组		茅口组 / 栖霞组		茅口组 / 栖霞组		小江边组 / 茅口组 / 栖霞组		茅口组 / 栖霞组		小江边组 / 茅口组 / 栖霞组
	P₁	马平组		马平组 / 黄龙组		马平组		南丹组/马平组 / 黄龙组		马平组 / 黄龙组		船山组 / 黄龙组		马平组 / 黄龙组		船山组 / 黄龙组
石炭系	C₂	大埔组		大埔组		大埔组		大埔组		大埔组 / 梓门桥组		上西坑组		大埔组 / 曲江组		大埔组 / 曲江组
	C₁	梓门桥组		巴平组 / 鹿寨组	MnP / Mn	测水组 / 石磴子组 / 天鹅坪组 / 马栏边组	MnP / P	都安组 / 英塘组 / 尧云岭组	P	测水组 / 石磴子组 / 连县组 / 长圳组	P	梓山组 / 杨家源组		测水组 / 石磴子组 / 大寨坝组 / 长圳组		测水组 / 大湖组
上古生界 泥盆系	D₃	岳麓山组 / 吴家坊组	Fe / Mn	五指山组 / 榴江组	PbZn / MnP	孟公坳组 / 欧家冲组 / 锡矿山组 / 长龙界组 / 佘田桥组	Fe / Fe / MnP	融县组 / 额头村组 / 东村组 / 桂林组 / 榴江组	PbZn / PbZn / PbZn	帽子峰组 / 天子岭组	Fe / PbZn	洋湖组 / 麻山组 / 嶂崇组/三滩组	Fe / PbZn	帽子峰组 / 天子岭组	Fe / PbZn	帽子峰组 / 天子岭组 Fe / PbZn
	D₂	棋梓桥组 / 易家湾组 / 跳马涧组	PbZn Mn / PWSn PbZn	罗富组 / 塘丁组		巴漆组 / 黄公塘组 / 棋梓桥组 / 跳马涧组	PWSn PbZn / FeWSn	巴漆组 / 唐家湾组 / 东岗岭组 / 四排组 / 信都组 / 大乐组 / 贺县组	PbZn / Fe / Fe	东坪组 / 棋梓桥组 / 东岗岭组 / 跳马涧组 / 老虎头组	FeWSn / Fe	罗塅组 / 中棚组 / 云山组 / 灵岩寺组 / 丫山组		东坪组 / 东岗岭组 / 老虎头组		春湾组 / 老虎头组
	D₁	源口组		郁江组 / 贺县组 / 莲花山组	WSn	源口组		郁江组 / 贺县组 / 莲花山组	P	杨溪组				杨溪组		杨溪组

图 2　南岭成矿带泥盆系—中三叠统含矿沉积建造分布图（图例见图 1）

（二）岩浆岩成因、构造背景及与成矿关系研究

1. 新元古代花岗岩成因及构造背景。

新元古代花岗岩分布于桂北及粤北，时代集中在 835～742Ma，岩石普遍含有白云母及石榴石，片麻状构造发育，地球化学特征属高钾钙碱性、过铝质-强过铝质岩石，桂北花岗岩类属于 S 型花岗岩，粤

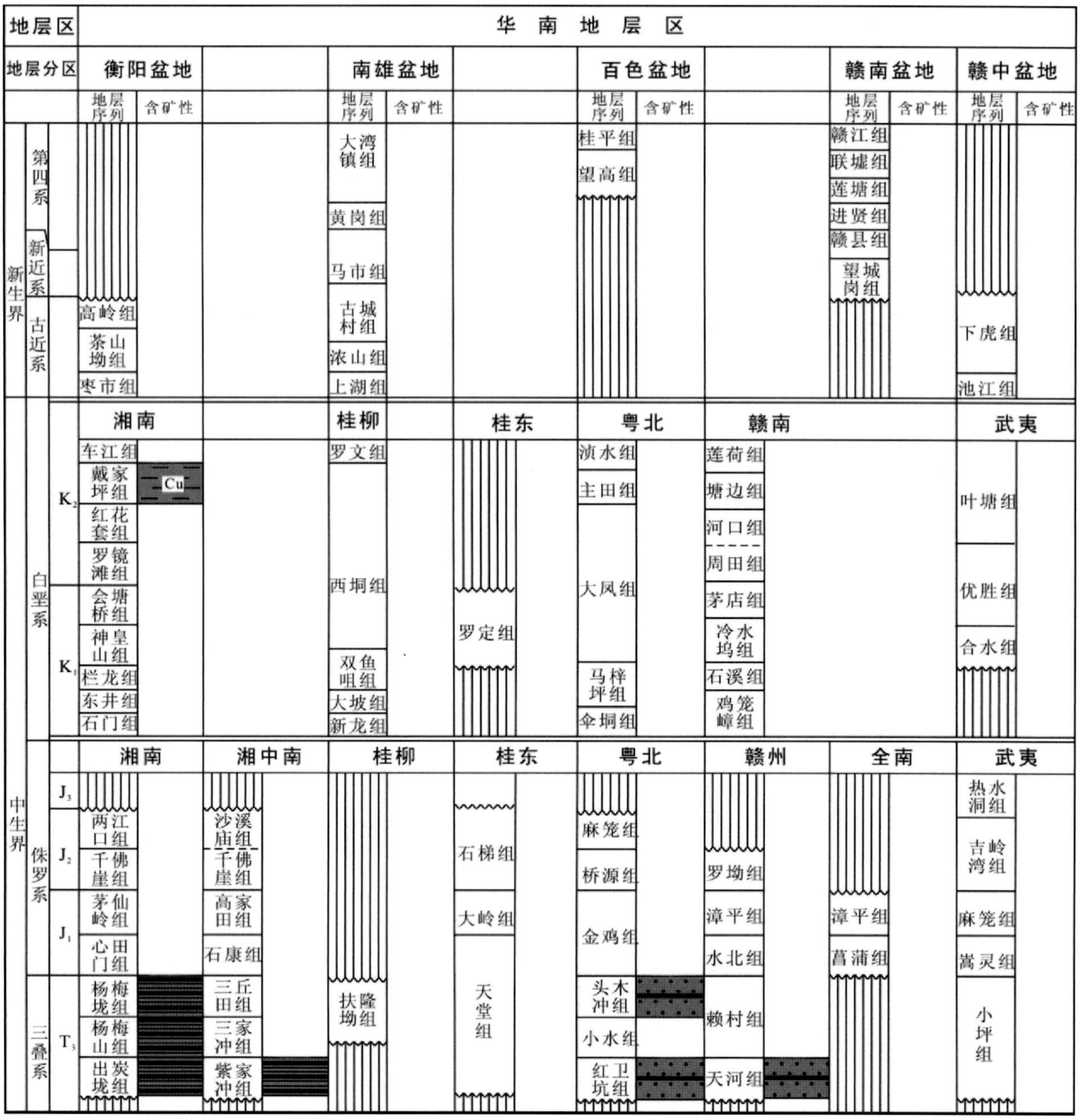

地层区	华南地层区											
地层分区	衡阳盆地		南雄盆地		百色盆地		赣南盆地		赣中盆地			
	地层序列	含矿性	地层序列	含矿性	地层序列	含矿性	地层序列	含矿性	地层序列	含矿性		
新生界 第四系 新近系 古近系	高岭组 茶山坳组 枣市组		大湾镇组 黄岗组 马市组 古城村组 浓山组 上湖组		桂平组 望高组		赣江组 联墟组 莲塘组 进贤组 赣县组 望城岗组		下虎组 池江组			
地层分区	湘南		桂柳		桂东		粤北		赣南		武夷	
中生界 白垩系 K₂ / K₁	车江组 戴家坪组 红花套组 罗镜滩组 会塘桥组 神皇山组 栏龙组 东井组 石门组	Cu	罗文组 西垌组 双鱼咀组 大坡组 新龙组		罗定组		浈水组 主田组 河口组 大凤组 马梓坪组 伞垌组		莲荷组 塘边组 周田组 茅店组 冷水坞组 石溪组 鸡笼嶂组		叶塘组 优胜组 合水组	
地层分区	湘南		湘中南		桂柳		桂东		粤北		赣州	全南	武夷
中生界 侏罗系 J₃ / J₂ / J₁ 三叠系 T₃	两江组 千佛崖组 茅仙岭组 心田门组 杨梅坳组 杨梅山组 出炭垅组		沙溪庙组 千佛崖组 高家田组 石康组 三丘田组 三家冲组 紫冲组		扶隆坳组		石梯组 大岭组 天堂组		麻笼组 桥源组 大凤组 金鸡组 水北组 头木冲组 小水组 红卫坑组		罗坳组 漳平组 赖村组 天河组	漳平组 菖蒲组	热水洞组 吉岭湾组 麻笼组 嵩灵组 小坪组

图 3 南岭成矿带上三叠统—第四系含矿沉积建造分布图(图例见图 1)

北细坳花岗岩为铝质 A 型花岗岩。分析认为南岭新元古代花岗岩形成的构造背景为"短期的地幔柱＋长时限的俯冲作用"。

2. 加里东期花岗岩及基性岩年代学及成因。

获取了桂北新寒岩体的形成年龄为 472.1±2.8Ma、粤北和平花岗岩闪长岩 434±18Ma；粤北青州东花岗岩闪长岩 441.7±2.2Ma、粤北子眉山闪长岩 458.1±3.2Ma、粤北大坑头次英安斑岩 465.3±6.9Ma、粤北水边花岗闪长斑岩 427.0±3.2Ma、湘东南吴集岩体 418.5±7.6Ma、赣南兰田岩体 441.2±7.3Ma、龙川辉长岩 461.1±2.2Ma、龙川辉绿岩 461.1±2.1Ma、子眉山镁铁质包体 461.8±2.3Ma。区内早古生代花岗质岩石绝大部分为准铝质-强过铝质岩石，明显不同于武夷-云开地区同期花岗岩(图 4)，基性岩主要属于钾玄岩系列(图 5)。花岗质岩石源自变基性岩和变质泥岩部分熔融(图 6)，基性岩与俯冲沉积物和俯冲流体交代的地幔源区有关(图 7)。

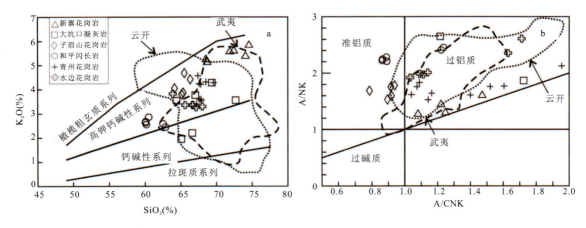

图 4 早古生代花岗岩 $SiO_2 - K_2O$ 图解(a)和 A/CNK - A/NK 图解(b)

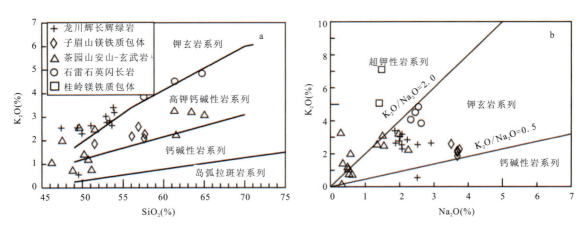

图 5 早古生代基性岩 $SiO_2 - K_2O$(a)和 $Na_2O - K_2O$(b)图解

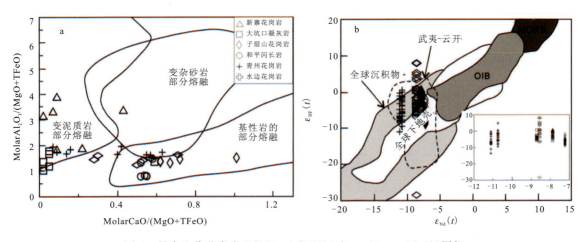

图 6 早古生代花岗岩 C/MF - A/MF(a)和 $\varepsilon_{Nd}(t) - \varepsilon_{Hf}(t)$ (b)图解

3. 印支期岩浆岩年代学、成因及构造背景。

获得湘东北将军庙岩体形成年龄 226.3±3.4Ma、赣南隘高岩体 236.6±5.5Ma、赣南清溪岩体 226.1±7.5Ma。印支期岩浆岩岩性以黑云母二长花岗岩、黑云母花岗岩、二云母花岗岩、二云母二长花岗岩为主，辉长岩、玄武岩、安山岩仅在局部出现。花岗岩具有高 SiO_2，富碱更富 K_2O，而低 MgO、P_2O_5

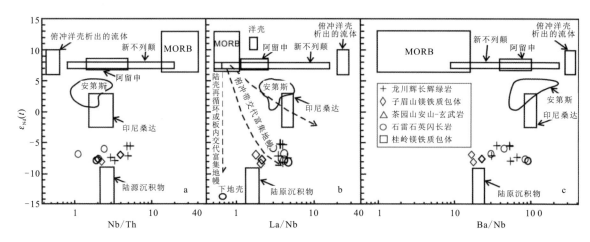

图 7 早古生代基性岩 $Nb/Th - \varepsilon_{Nd}(t)$(a)、$La/Nb - \varepsilon_{Nd}(t)$(b)和 $Ba/Nb - \varepsilon_{Nd}(t)$(c)图解

等特征,岩体是以壳源为主,伴有少量的地幔物质加入。印支运动的挤压造山后的区域拉伸、走滑断裂活化作用诱发岩浆岩活动形成这些后造山花岗岩。

4. 燕山期花岗岩年代学及构造背景。

获得桂北圆石山岩体的年龄 178.5 ± 2.0Ma、广东仁化县灵溪岩体和镁铁质包体年龄分别为 101.0 ± 1.1Ma 和 101.1 ± 0.8Ma。总结了南岭地区燕山早、中期各时代岩浆岩的岩石学特征。早侏罗世主要为黑云母花岗岩、黑云母二长花岗岩、花岗闪长斑岩、正长岩、辉长岩和流纹岩、流纹英安岩、粗面玄武岩等。中晚侏罗世为南岭地区岩浆活动的高峰期,其中 $165\sim150$Ma 达到峰值。岩石类型以黑云母花岗岩为主,同时伴有少量偏中性的花岗闪长岩、超酸性的二(白)云母花岗岩、A 型花岗岩和钾质碱性正长岩侵入体以及湘南道县地区很小规模的"高镁玄武岩"。研究表明,燕山期花岗岩主要形成与伸展-拉张作用的动力学机制,华南内陆燕山期存在多期次重要的拉张事件:约 170Ma、约 140Ma、约 120Ma、约 105Ma、约 90Ma(Li,2000;Wang et al.,2003;彭头平等,2004)。约 180Ma 以来华南内陆属陆内构造阶段,已经处于后造山的伸展环境(陈培荣等,2002;柏道远等,2005),东南大陆中生代时最早的裂解作用发生在距今 $140\sim120$Ma 的燕山晚期(李献华,1997;Li,2000)。南岭东段埃达克质岩的存在,表明区域拉张裂解作用虽然早已开始,但直至晚白垩世时期(约 100Ma)仍然具有加厚的地壳,且厚度较大(>50km),而之后的伸展减薄作用(如约 90Ma 的裂解作用)才使得南岭地区(至少在东段)的地壳厚度明显地减薄。结合区域上一系列同时期发育的 A 型花岗岩、双峰式火山岩、断陷红盆等地质事实,证实了 $100\sim80$Ma 期间,南岭地区可能才进入真正的拉张裂解环境(孙涛和周新民,2002),发生明显的地壳减薄。这种伸展-拉张作用的动力学机制可能与古太平洋板块俯冲后撤(roll-back)有关(Wong et al.,2009;Wang et al.,2012)或与拆沉板片引发的岩石圈伸展减薄有关(Li et al.,2013)。

5. 花岗岩与成矿的关系研究。

南岭成矿花岗岩形成年龄主要集中在 $100\sim90$Ma、$170\sim140$Ma、$240\sim210$Ma 三个阶段,其中 $160\sim150$Ma 最为集中。成矿花岗岩成岩年龄与其相关的金属矿床成矿年龄较为一致,不存在时间差,表明成岩与成矿是在相同的构造背景下产生(图8)。将成矿有关的花岗岩分 4 类:铜铅锌成矿花岗岩为独立的小岩脉、岩株及岩墙,为浅成—超浅成中酸性岩小斑岩体,具有小岩体成大矿的特征,主要岩性为花岗闪长岩、花岗闪长斑岩、石英斑岩、次英安斑岩,主要分布于钦杭结合带内,成岩年龄集中在 $160\sim150$Ma,源区以壳源为主,伴有少量幔源物质的加入;锡成矿花岗岩在空间上主要分布于钦杭结合带内及西侧即郴州-临武断裂带以西,在郴州-临武断裂带以东则零星出露,以复式岩体为主(骑田岭、花山-姑婆山等),次为独立的小岩株(大厂、金鸡岭),岩石类型主要为正长花岗岩、二长花岗岩,花岗闪长岩次之,同一岩基从早到晚岩石结构呈粒度变小的递变的趋势,早晚两期花岗岩接触部位有时会出现似伟晶岩,岩体中闪长质包体较多,少数有基性岩脉侵入,成岩年龄也主要集中在160～150Ma,其源区以壳幔源为主;钨成矿花岗岩集中分布在郴州-临武断裂带东侧,在西侧零星分布。以小复式岩体为主(大吉山、西华山等),岩性主要为黑云母二长花岗岩、黑云母正长花岗岩、二云母正长花岗岩,同一岩基早期以中粗粒斑状结构为主,晚期以细粒结构为主。成矿花岗岩年龄总体集中在170～140Ma,其中以160～145Ma为高峰期,其源岩为壳源;铌钽成矿花岗岩分布较散,以燕山期复式岩体为主(大吉山、姑婆山等),其次为岩株及岩脉(香花岭、水溪庙),岩石岩性以白云母钠长花岗岩、锂白云母钠长花岗岩为主,其次为花岗伟晶岩、细晶岩(表1)。通过四类成矿花岗岩地球化学参数的统计对比,四类成矿花岗岩常量元素构成大多数参数并无十分明显的区别,$Zr+Nb+Ce+Y$、Nb/Ta、Nb/La、Zr/Hf、Th/U、Th/Yb对于与各类矿床相关的花岗岩具有指示意义,大体上从铌钽-钨-锡成矿花岗岩逐渐增加,而铜铅锌成矿花岗岩范围较大;分异指数(DI)、锆石饱和温度(T_{Zr})稀土元素四分组效应的指标(TE_{13})等参数对成矿岩体具有一定的指示意义(图9)。根据南岭成矿带岩浆岩时空分布特征、地球化学特征、岩石成因将南岭岩浆岩分为5期4个构造岩浆岩带,7个构造岩浆岩亚带,总结了各个岩浆岩带及亚带的成矿特征,将南岭岩浆岩成岩成矿划为4个构造阶段,建立了南岭岩浆—成矿—构造演化表(表2)。

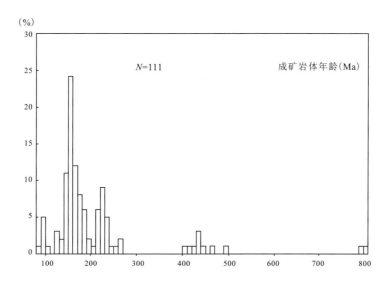

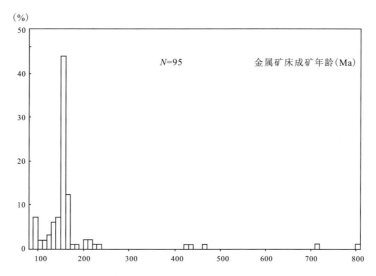

图8 南岭成矿花岗岩成岩年龄与金属矿床成矿年龄统计直方图

表 1 不同类型成矿岩体总体特征总结

成矿岩体类型	岩体空间分布	岩体时代	产状	岩石学特征	矿物岩石学特征	地化特征	成因
铜铅锌成矿花岗岩	钦杭结合带	175~131Ma，集中在160~150Ma	独立的小岩脉、岩株及岩墙	花岗闪长岩、花岗闪长斑岩、花岗斑岩、石英斑岩、次英安斑岩，斑状结构	矿物组合：石英+奥-中长石+正长石+黑云母+角闪石；副矿物组合：萤石+重晶石+锡石+黑钨矿+硫化物（黄铁矿、黄铜矿、闪锌矿、方铅矿、毒砂等）	过铝质，高碱，$K_2O>Na_2O$，低分异，属高钾钙碱性系列，稀土配分以"右倾型"为主负铕异常不明显。微量元素亏损：Cs、Rb、Ba、Sr、K、Nb、Ta、P、Ti，富集：LREE、Th、U	H型花岗岩为主，源区以壳源为主，伴有少量幔源物质的加入
锡成矿花岗岩	分布于钦杭结合带内及西侧即郴州-临武断裂带以西，在郴州-临武断裂带以东则零星出露	各个时代均有，集中在160~150Ma	复式岩体为主，次为独立的小岩株	主要为正长花岗岩、二长花岗岩，花岗闪长岩次之，同一岩基从早到晚岩石结构呈粒度变小的递变趋势，岩体中闪长质包体较多，少数有基性岩脉侵入	暗色矿物以铁黑云母或铁叶云母为主，角闪石次之，个别有铁橄榄石和铁辉石（西山），副矿物组合：磁铁矿+钛铁矿+锆石+锡石+磷灰石+萤石+褐帘石+榍石	高硅，过铝，高碱，高$K_2O>Na_2O$，高分异，ΣREE低，稀土配分图表现为"海鸥型"且轻稀土富集，负铕异常明显，微量元素表现为亏损Ba、Sr、K、P、Ti，富集Rb、Nb、Ta、Th、U、LREE	A型花岗岩为主，源区既有地壳的又有地幔的加入
钨成矿花岗岩	集中分布在郴州-临武断裂带东侧，在西侧零星分布	总体集中在170~140Ma，其中以160~145Ma为高峰期	小复式岩体为主	黑云母二长花岗岩、黑云母正长花岗岩、二云母正长花岗岩，同一岩基早期以中粗粒斑状结构为主，晚期以细粒结构为主	暗色矿物以铁黑云母、铁锂云母、白云母为主，副矿物组合：磁铁矿-锆石-磷灰石-金红石-独居石-绿帘石-萤石-黑钨矿-硅铍钇矿-黑稀金矿-石榴石等	高硅，过铝，高碱，高分异，稀土配分图表现为"海鸥型"，微量元素亏损Ba、Sr、K、P、Ti，富集Rb、Nb、Ta、Th、U、HREE的特征	具S型花岗岩特征，源岩为壳源

续表1

成矿岩体类型	岩体空间分布	岩体时代	产状	岩石学特征	矿物岩石学特征	地化特征	成因
铌钽成矿花岗岩	分布较散	总体以燕山期为主	复式岩体为主（大吉山、姑婆山等），其次为岩株及岩脉	白云母钠长花岗岩、锂白云母钠长花岗岩为主，其次为花岗伟晶岩、细晶岩，含矿岩体往往具有明显的似层状垂直分带	副矿物复杂：①铌钽矿物，如黄钇钽矿，钇钽矿，铌钽铁矿、细晶石，褐钇铌矿，含钽锡石，含铌、钽、黑钨矿等；②稀土矿物，如氟碳钙钇矿、硅铍钇矿、磷钇矿、独居石、钍石以及富铪锆石；③富挥发组分矿物，如黄玉、电气石、萤石、石榴石；④其他矿物，如磁铁矿、钛铁矿等	高硅，强过铝，高碱，高分异，ΣREE值很低，稀土元素配分图表现为"轻稀土略微亏损型"，强负铕异常四分组效应明显，微量元素蛛网图表现为亏损 Ba、Sr、K、P、Ti、HREE，富集 Rb、Nb、Ta、U 的特征	

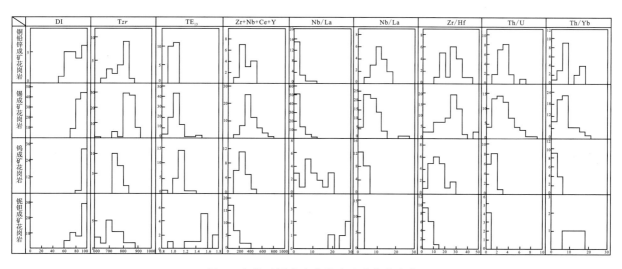

图 9　南岭不同成矿花岗岩地球化学参数

（三）大地构造及其演化

按 4 个构造演化阶段对南岭大地构造单元进行三级划分；扬子板块与华夏板块的边界位于萍乡—衡阳—双牌—贵港—凭祥一线，二者在新元古代（约 820Ma）拼合形成华南板块，之后进入板内演化阶段。

表 2 南岭岩浆-成矿-构造演化表

时代	岩浆岩带	构造岩浆岩带/亚带	岩石组合	形态及变形	地化特征	岩石成因	成矿岩体及时代	规模产状	岩石组合	地化特征	岩石成因	主要矿种	构造环境	构造阶段
新生代	喜山期	武夷云开构造岩浆岩带	$\beta\mu$、υ	岩脉	拉斑玄武岩	幔源							裂解	板内伸展裂解阶段
K	燕山晚期	右江裂谷岩浆亚带(94~90Ma)	γ、$\gamma\pi$、$\delta o\mu$	岩株、岩脉	钙碱性过铝质	A型	龙箱盖、铜坑(94~90Ma)	小岩株、岩脉	γ、$\gamma\pi$、$\gamma o\mu$	钙碱性过铝质	A型	Sn、Cu、Pb、Zn	裂解	
		武夷云开岩浆岩带(128~104Ma)	ξ、$\gamma\pi$、η、ξ	复式岩体	碱性、钙碱性过铝质	S型、I型	花山、姑婆山、骑田岭等时代集中在160-150Ma	复式岩体、岩脉	$\eta\gamma$、γ、$\gamma\pi$	碱性准铝-过铝	A型	Sn、W、Pb、Zn、Nb、Ta、REE	板内局部多期多次挤压伸展	
中生代	燕山中期	东南沿海岩浆亚带(160~136Ma)	γ、$\eta\gamma$、$\gamma\pi$、δo	复式岩体	钙碱性过铝质	A型、S型	水口山、西山、铜山岭、大宝山等时代集中在160~150Ma	岩株、小岩株	$\gamma\delta$、$\gamma\pi$	高钾钙碱性过铝质	I型	Au、Cu、Pb、Zn		
	燕山早期	湘桂构造岩浆亚带(175~130Ma)	γ、$\eta\gamma$、$\Lambda\pi$、$\gamma\pi$、ξ、$\beta\mu$	复式岩体、岩株、岩脉	高钾钙碱性准铝-过铝质	S型、I型	西华山、大吉山、天门山、荡塘、宝山等时代在145~160Ma	小岩株	$\xi\gamma$	高钾钙碱性过铝质	S型	W、U、Nb、Ta、REE		
		武夷云开构造岩浆岩带(196~145Ma)	$\xi\gamma$、$\eta\gamma$、$\gamma\pi$、ξ、$\beta\mu$	复式岩体、岩脉	高钾钙玄武-钾玄质	S型、I型	霞岚(196Ma)	小岩株	υ	碱性	幔源	Fe	构造体制转换	板内多旋回造山阶段
J														
生代	印支期	江南造山带岩浆亚带(235~211Ma)	$\eta\gamma$	复式岩体、岩脉	高钾钙碱性强过铝质	S型	苗儿山、越城岭(229~211Ma)	复式岩体	$\eta\gamma$	高钾钙碱性	S型	W、Mo	后造山	
T		湘桂构造岩浆亚带(243~210Ma)	$\xi\gamma$、$\eta\gamma$、β、υ	复式岩体、岩脉	高钾钙碱性强过铝	S型、幔源	将军庙、阳明山、川口、锡田等(230~210Ma)	复式岩体、岩株	γ、$\eta\gamma$	准铝质高钾钙碱性	S型	Sn、W	裂解?	裂解
		武夷云开构造岩浆亚带(249~205Ma)	$\eta\gamma$、γ	复式岩体	高钾钙碱性准铝-弱过铝质	S型	贵东、红山-大富足等(239~220Ma)	复式岩体	$\eta\gamma$	高钾钙碱性强过铝	S型	U、REE	同造山	
	海西期	右江裂谷岩浆亚带(257~241Ma)	$\beta\mu$、Σ、β	岩株、岩脉										
早中生-晚古生代														
S	加里东期	江南造山带岩浆亚带(435~381Ma)					苗儿山、越城岭(435~381Ma)	复式岩体	γ	强铝质高钾碱性	S型	Sn、W、Cu、U	后造山	板内多旋回造山阶段
O		湘桂构造岩浆亚带(432~418Ma)	γ、$\gamma\delta$、δo	岩株、岩脉	钙碱性-钙碱性准铝过铝	S型、I型	海洋山、都庞岭、白石顶等(431~424Ma)	岩基、岩株	$\eta\gamma$、$\gamma\delta$	准铝质高钾钙碱性	H型	Au、W、Cu、Pb、Zn	同造山	
早古生代		武夷云开岩浆亚带(507~416Ma)	γ、$\eta\gamma$、$\gamma\delta$、δo、υ	岩株、岩基、岩脉	钙碱性-钙碱性准铝过铝质	S型、I型	彭公庙、石雷、阳洞、白面石、隘高等(461~421Ma)	岩株、岩脉	γ、$\gamma\delta$、δo、$\eta\gamma$	准铝质钙碱性	S型、I型	W、U、REE	同造山	
新元古代	新元古代	江南造山带岩浆亚带(835~761Ma)	$\gamma\delta$、δo、$\gamma\pi$、ξ、Σ、β	岩基、岩端、岩脉、弱变形	花岗岩:强过铝-高钾钙碱;基性岩:原始地幔-高钾钙碱性特征;基性岩:OIB特征	花岗岩:S型基性岩:原始地幔+地壳混染	元宝山、本洞、三防、宝坛等(835~804Ma)	岩基、岩端、岩脉、弱变形	$\gamma\delta$、δo、$\eta\gamma$	强过铝-高钾钙碱性	S型	Sn	裂解?后造山	伸展裂解阶段
Pt₃		武夷云开构造岩浆岩带(996~742Ma)	$\eta\gamma$、$\gamma\delta$	岩基、岩端、强变形	高钾玄武质过铝质	S型、A型	宝坛、龙胜等(828~761Ma)	岩脉、岩端、岩端、弱变形	$\beta\mu$、Σ、β	具OIB特征	原始地幔+地壳混染	Cu	俯冲碰撞?	板块拼合阶段
中元古代 Pt₂														
古元古代 Pt₁														

四、成果意义

建立岩石地层序列对比表,划分含矿沉积建造类型;获得了一批高精度测年数据,建立了侵入岩精确年代格架和岩浆-成矿-构造演化序列;对大地构造单元进行三级划分,研究认为扬子板块与华夏板块的边界位于萍乡—衡阳—双牌—贵港—凭祥一线,两板块在新元古代(约820Ma)拼合成华南板块,之后进入板内演化阶段。以组为编图单元,编制了1:50万系列地质图件。这些成果为南岭成矿带下一步深化研究提供了大量的基础地质资料,对解决区内重大地质问题及与资源环境等相关的地质背景问题也具有重要指导作用。

第四十九章 南岭成矿带及整装勘查区重要金属矿床成矿规律研究与选区评价

付建明[1,2] 卢友月[1,2] 程顺波[1,2] 马丽艳[1,2] 陈希清[1] 梁约翰[1]

（1. 武汉地质调查中心；2. 中国地质调查局花岗岩成岩成矿地质研究中心）

一、摘要

总结了南岭地区成矿地质背景，进一步完善了成锡、成钨花岗岩综合判别标志；获得了一批高精度成岩、成矿年龄数据；总结了南岭成矿带钨锡多金属成矿规律，划分了 11 个找矿远景区和 24 个钨锡矿找矿预测区；提出了南岭成矿带钨锡多金属的找矿方向，部署了一批工作项目。总结了我国锡矿成矿特征和成矿规律，全国划分了 7 个成矿带（区）和 28 个找矿远景区，分析了资源潜力；按矿产远景调查、矿产调查评价、重点勘查、整装勘查、老矿山找矿、科技攻关与综合研究 6 个层次统筹部署全国锡矿找矿工作，为锡矿 358 目标完成提供了依据。

二、项目概况

南岭地区成矿条件优越，是我国有色、稀有金属的重要生产基地，也是环太平洋成矿带的重要组成部分，一直是国内外地学界关注和研究的焦点地区。

"南岭成矿带及整装勘查区重要金属矿床成矿规律研究与选区评价"是"南岭成矿带地质矿产调查"计划项目的支撑工作项目。工作起止时间：2011—2013 年，根据中国地质调查局下达的任务书，2011 年和 2012 年项目名称为"南岭地区重要金属矿床成矿规律研究及选区评价"，2013 年项目名称变更为"南岭成矿带及整装勘查区重要金属矿床成矿规律研究与选区评价"。研究范围：东经 $107°00'00''$—$116°00'00''$，北纬 $24°00'00''$—$27°00'00''$，面积约 $30 \times 10^4 \text{ km}^2$。主要工作任务是建立南岭地区重要金属矿床空间数据库；建立成矿花岗岩综合判别标志；揭示南岭大型、超大型矿床形成演化过程，剖析壳幔相互作用与重要金属矿床形成的关系；总结区域成矿规律，建立找矿标志，编制南岭地区重要金属矿床成矿规律及成矿预测图；对找矿远景区的资源潜力进行评估，提出下一步地质矿产调查评价工作部署建议。

三、主要成果与进展

1. 全面总结了南岭地区成矿地质背景，特别是对花岗岩形成时代、岩石地球化学特征、成因、与成矿关系及其产出的构造背景进行了系统分析研究。进一步完善了成锡、成钨花岗岩综合判别标志（表 1）。

2. 获得了一批高精度成岩成矿年龄数据（表 2、表 3），为研究南岭成矿带区域成矿规律、指导区域找矿勘查提供了年代学约束。

3. 系统总结了近几年在湖南香花岭、拖碧塘、魏家、衡阳盆地，广西苗儿山—越城岭、珊瑚（图 1），广东和尚田（图 2）、大宝山等地区花岗岩研究成果与找矿进展。研究认为，粤北和尚田碳酸盐岩区寻找到了具有"五层楼"成矿特征的大型石英脉型钨锡矿是一个重大突破，扩大了我们的找矿视野，在以后的找矿工作中应引起足够重视。

表 1　南岭地区成锡、成钨花岗岩特征对比

比较项目	成锡花岗岩		成钨花岗岩
成因类型	铝质 A 型	H 型	C 型
岩石共生组合	正长花岗岩和碱长花岗岩，其次为二长花岗岩	以花岗闪长岩和二长花岗岩为主，其次为正长花岗岩和二云母花岗岩	黑云母二长花岗岩、二云母花岗岩和白云母花岗岩
结构、构造	以细粒结构为主，块状构造	粗、中、细粒结构均有，斑状结构，块状构造	以细、中粒结构为主、早期斑状结构，块状构造
暗色矿物	黑云母含量低（2%～4%），个别有铁橄榄石和铁辉石	黑云母含量高（4%～6%或更高），基性端元常见角闪石	黑云母含量低（2%～4%），个别含角闪石
浅色造岩矿物	石英斑晶广泛分布	石英斑晶较多，晚期端元白云母含量<1%	晚期端元含石英斑晶，白云母含量也较高（1%～2%）
挥发分矿物	少量黄玉，局部较多	少量黄玉	电气石较为普遍
副矿物	榍石-褐帘石-磷灰石-磁铁矿-锆石组合	榍石-褐帘石-磷灰石-磁铁矿-锆石组合。基性端元含量高，酸性端元低	钛铁矿-锆石-独居石和（或）石榴石-磷灰石组合，含量较低
包体	偶见围岩捕房体	暗色微粒包体较多	变质岩、围岩捕房体及黑云母团块
主量元素	$SiO_2<74\%$ 为主，A/CNK 变化大，多为弱过铝质。基性端元 $P_2O_5>0.20\%$ 为主，富 Ca、Mg、Fe	$SiO_2<73\%$ 为主，准铝质-弱过铝质。基性端元 $P_2O_5>0.20\%$ 为主，富 Ca、Mg、Fe	$SiO_2>73\%$，弱过铝-强过铝质。基性端元 $P_2O_5<0.10\%$ 为主，贫 Ca、Mg、Fe
微量元素	Ba 较高，Cr、Ni、Co 略高，富 HFSE，Zr+Nb+Y+Ce 值高，Nb/Ta 值和 Zr/Hf 值高，Ga/Al 较高，Sm/Nd 值低	Sr、Ba、Th 较高，Cr、Ni、Co 略高，Zr+Nb+Y+Ce 值高，Nb/Ta 值和 Zr/Hf 值中—高，Ga/Al 较高，Sm/Nd 值低	Sr、Ba、Th 较低，Cr、Ni、Co 略低，Zr+Nb+Y+Ce 值和 Nb/Ta 值较低，Ga/Al 中—低，Sm/Nd 值高
稀土元素	ΣREE 高，基性端元 $\delta Eu>0.3$，$(La/Sm)_N$ 值以 3～4 为主	ΣREE 中—高。基性端元 $\delta Eu>0.3$，$(La/Sm)_N$ 值以 3～6 为主	ΣREE 中—低。基性端元 $\delta Eu<0.3$，$(La/Yb)_N$ 多大于 3
同位素	$\varepsilon_{Nd}(t)$ 相对较高（-6～-8），$T_{2DM}Nd<1600Ma$	$\varepsilon_{Nd}(t)$ 高（-2～-8），$T_{2DM}Nd<1600Ma$；$\varepsilon_{Hf}(t)$ 相对较高（-4～-8）$T_{2DM}Hf<1700Ma$	$\varepsilon_{Nd}(t)$ 较低（多小于-10），$T_{2DM}(Nd)>1600Ma$；$\varepsilon_{Hf}(t)$ 相对较低（-8～-12），$T_{2DM}(Hf)>1700Ma$
磷灰石饱和温度	$>800℃$	$>800℃$	$<800℃$
幔源物质	多	多	少或无
时代	燕山早、晚期为主	以加里东期、燕山早期为主	以燕山早期为主
代表性岩体	金鸡岭、通天庙	骑田岭、花山-姑婆山	西华山
矿床实例	大坳、香花岭	芙蓉、新路	西华山

表2 花岗岩成岩年龄数据

序号	采样地点	样品编号	岩性描述	年龄(Ma)	测试方法
1	锡田山田	09XT1-2	中粒斑状黑云母二长花岗岩	150.1	锆石 SHRIMP U-Pb
2	张公岭初洞	09D34	岩屑晶屑凝灰岩	419.6	锆石 SHRIMP U-Pb
3	安陲乡龙道沟	09D17	细粒花岗岩	842.4	锆石 SHRIMP U-Pb
4	佛子冲	FZC	花岗闪长岩	258.2	锆石 SHRIMP U-Pb
5	铜山岭	10D62-7	细中粒含斑花岗闪长岩	156.9	锆石 SHRIMP U-Pb
7	石背岩体	11D25-3	中细粒含斑二长花岗岩	183.1	锆石 SHRIMP U-Pb
8	石背岩体	11D28-1	粗中粒斑状二长花岗岩	186.0	锆石 SHRIMP U-Pb
9	金门岩体	11D11-1	细粒角闪黑云母二长花岗岩	156.0	锆石 SHRIMP U-Pb
10	越城岭	11D63	眼球状花岗质片麻岩	437.7	锆石 LA-ICPMS U-Pb
11	越城岭	11D67	细中粒电气石二长花岗岩	422.8	锆石 LA-ICPMS U-Pb
12	越城岭蜜蜂寨锡矿	11D68-1	中细粒少斑二长花岗岩	428.5	锆石 LA-ICPMS U-Pb
13	牛路口钨铜矿	11D69-1	强硅化中细粒花岗岩	428.6	锆石 LA-ICPMS U-Pb
14	界牌矿山	11D71	中细粒含斑花岗岩	215.0	锆石 LA-ICPMS U-Pb
15	越城岭	11D72	细粒花岗闪长岩	435.3	锆石 LA-ICPMS U-Pb
16	油麻岭钨矿	11D73-2	中细粒二长花岗岩	220.0	锆石 LA-ICPMS U-Pb
17	锡田垄上	11D80-1	花岗岩型钨矿石	240.1	锆石 LA-ICPMS U-Pb
18	荷树下	11D82-3	钠化、云英岩化细粒花岗岩	229.4/153.3	锆石 LA-ICPMS U-Pb
19	荷树下	11D83-3	细粒矿化花岗岩	152.9	锆石 LA-ICPMS U-Pb
20	荷树下	11D83-5	中粒含斑-斑状二长花岗岩	240.0	锆石 LA-ICPMS U-Pb
21	荷树下	11D83-7	中细粒小斑二长花岗岩	152.4	锆石 LA-ICPMS U-Pb
22	高陇铅锌矿	11D85-1	中粒少斑花岗岩	241.3	锆石 LA-ICPMS U-Pb
23	锡田	11D86-1	细中粒少斑二长花岗岩	241.5	锆石 LA-ICPMS U-Pb
24	联坑钼钨矿	11D93-1	中细粒黑云母花岗岩	162.9	锆石 LA-ICPMS U-Pb
25	营前岩体	08D11-1	细中粒斑状花岗闪长岩	166.0	锆石 LA-ICPMS U-Pb
26	瓦屋塘	12D01	粗中粒含斑二长花岗岩	221.1	锆石 LA-ICPMS U-Pb
27	崇阳坪	12D02-3	中细粒少斑二长花岗岩	208.8	锆石 LA-ICPMS U-Pb
28	拖碧塘	12D13-4	矿化花岗斑岩	88.4	锆石 LA-ICPMS U-Pb
29	拖碧塘	12D14-1	矿化花岗斑岩	204.7	锆石 LA-ICPMS U-Pb
30	五团	12D18	细粒含斑二长花岗岩	219.0	锆石 LA-ICPMS U-Pb
31	五团	12D20	细中粒二长花岗岩	210.8	锆石 LA-ICPMS U-Pb
32	五峰仙	12D35	细中粒黑云母二长花岗岩	220.8	锆石 LA-ICPMS U-Pb
33	塔山	12D49	粗中粒斑状花岗岩	221.3	锆石 LA-ICPMS U-Pb

续表 2

34	西山	12D66	中细粒二长花岗岩	154.0	锆石 LA-ICPMS U-Pb
35	西山	12D68	碎斑熔岩（黑色花岗岩）	160.4	锆石 LA-ICPMS U-Pb
36	砂子岭	12D72	中细粒（少斑）花岗闪长岩	152.1	锆石 LA-ICPMS U-Pb
37	大义山	12D74-1	中粒斑状二长花岗岩	159.5	锆石 LA-ICPMS U-Pb
38	塔山	12D76	粗中粒斑状二长花岗岩	213.4	锆石 LA-ICPMS U-Pb
39	阳明山	12D80	中细粒少斑二云母花岗岩	213.8	锆石 LA-ICPMS U-Pb
40	花山	12D88	片麻状二长花岗岩	444.6	锆石 LA-ICPMS U-Pb
41	宝山嶂	12D90-2	中细粒正长花岗岩	133.4	锆石 LA-ICPMS U-Pb
42	宝山嶂	12D91	细粒石英闪长岩	143.7	锆石 LA-ICPMS U-Pb
43	宝山嶂	12D92-1	中细粒黑云母二长花岗岩	147.9	锆石 LA-ICPMS U-Pb
44	彭公庙	12D106	中粗粒二长花岗岩	461.0	锆石 LA-ICPMS U-Pb
45	万洋山	12D116	中细粒二长花岗岩	445.2	锆石 LA-ICPMS U-Pb

表 3　钨锡多金属矿床成矿年龄数据

序号	采样地点	样号	测年对象	测年方法	年龄（Ma）	备注
1	广西路冲坪钨矿	07ZY1-3	云母	Ar-Ar	283.4	不可靠
2	佛子冲铅锌矿	FZC	黄铁矿	Rb-Sr 等时线	130	不可靠
3	姑婆山	06GPS	石榴石	Sm-Nd	151.6±9.6	
4	锡田	MC24	石榴石	Sm-Nd 等时线	235±530	不可靠
5	黄沙坪铅锌矿	10D6	闪锌矿	Rb-Sr 等时线	143±1	
6	宝山铅锌矿	10D15-2	闪锌矿	Rb-Sr 等时线	141±4	
7	锡田荷树下钨锡矿	10D55-10	辉钼矿	Re-Os	157.8±1.3	
8	锡田垄上钨锡矿	10D58-1	黑云母	Ar-Ar	157.5±1.0	
9	和尚田钨锡矿	11D6-1	石英	Rb-Sr 等时线	158.8±2.6	
10	和尚田钨锡矿	11D7-1-2	白云母	Ar-Ar	158.9±1.0	
11	和尚田钨锡矿	11D7-1	石英	Rb-Sr 等时线	166±7	
12	大顶铁矿	11D20-2	金云母	Ar-Ar	185.9±1.2	
13	珊瑚钨锡矿	11D32-2	白云母	Ar-Ar	101.7±0.7	
14	珊瑚钨锡矿	11D32-2	石英	Rb-Sr 等时线	106.4±3.5	
15	铜山岭铜多金属矿	11D50-3	辉钼矿	Re-Os	161±45	
16	玉龙钼矿	11D58	辉钼矿	Re-Os	165.2±8.3	
17	半径钨矿	13D63-1	辉钼矿	Re-Os	156.3±2.7	
18	半径钨矿	13D65-3	辉钼矿	Re-Os	157.0±1.1	

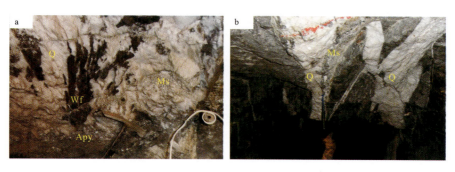

图 1 珊瑚钨锡矿 32 号钨锡石英脉照片（卢友月等，2016）
Apy. 毒砂；Ms. 白云母；Q. 石英；Wf. 黑钨矿

图 2 ZK0705 孔 467.33m 含钨石英脉（广东省地质调查院，2011）

4. 对国家找矿突破战略行动的整装勘查区"湖南茶陵锡田锡铅锌多金属矿整装勘查"和"广东雪山嶂地区铜多金属矿整装勘查"项目进行重点跟踪。锡田燕山早期花岗岩中存在大量印支期继承锆石（图3），初步认为燕山早期花岗岩可能是印支期花岗岩再熔融的产物。通过对比分析，进一步确定锡田花岗岩为铝质 A 型花岗岩，形成于伸展环境。新的证据显示，本区存在印支期成矿事件，但主成矿期应为燕山早期；雪山嶂整装勘查区英德金门花岗岩（156±2Ma）及相关铁铜矿、石背花岗岩（图4）及相关的大顶锡铁矿（图5）形成于燕山早期，前者为华南地区成岩成矿高峰期（160～150Ma）产物，而后者为"平静期"（205～180Ma）产物（图6），值得深入研究。分析了两个整装勘查区的找矿潜力、存在问题，提出了下一步找矿工作部署建议。

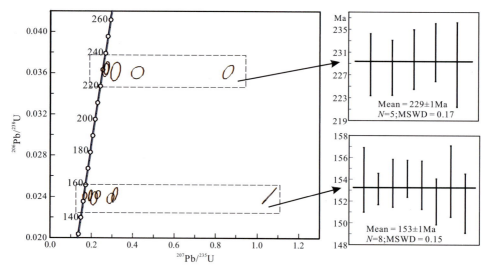

图 3 石背岩体花岗岩样品 11D25-2（a）和 11D29（b）锆石 LA-ICPMS U-Pb 年龄谐和图

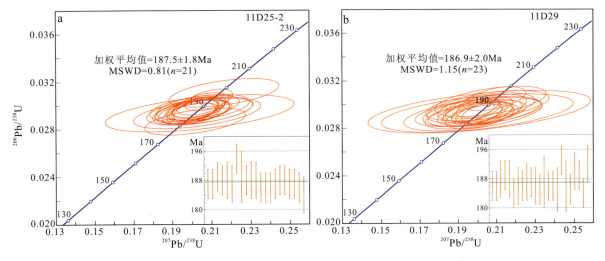

图 4 锡田花岗岩(样品 11D82-3) 锆石 LA-ICPMS U-Pb 年龄谐和图

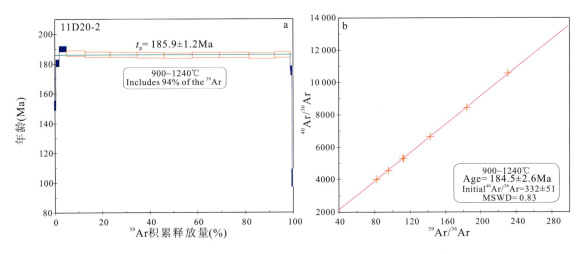

图 5 大顶矽卡岩型铁锡矿石(11D20-2)中金云母 $^{40}Ar/^{39}Ar$ 阶段升温年龄谱图与 $^{40}Ar/^{36}Ar - ^{39}Ar/^{36}Ar$ 等时线图

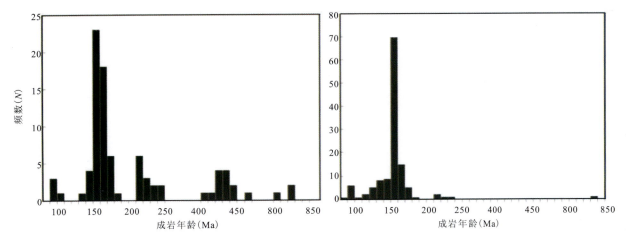

图 6 南岭成矿带成岩(左)成矿(右)年龄直方图

5. 系统总结了钨锡多金属矿的控矿因素。南岭地区钨锡多金属矿成矿作用主要是岩浆气成热液成矿作用：岩浆活动为成矿提供了巨大的能量和充足的成矿物质；各种构造为成矿热液的运移和沉淀提供了良好的通道和场所；不同的地层及岩性对成矿的类型提供了选择的可能性；在锡多金属成矿作用过程中地幔成矿流体可能起了积极的甚至关键的作用。

6. 总结了南岭成矿带钨锡多金属成矿规律。矿床主要分布在古板块结合带、隆起区与坳陷区结合部、深大断裂带三大部位，具有成带、成群分布特点。以 NE—NNE 向扬子板块与华夏板块之间钦州-钱塘结合带为界可分为扬子成矿单元和华夏成矿单元，前者以锡、（钨）、镍、钽、锑、金成矿为主；后者以盛产钨、锡、金、银、铜、铅、锌矿为特色。钦州-钱塘结合带成矿作用具有上述两个成矿单元的共同特征，锡、钨、铜、铅、锌矿产都十分丰富。相对而言，扬子成矿单元以锡矿为主，华夏成矿单元的钨矿更重要，钦州-钱塘结合带成矿单元锡、钨矿都很发育，总体显示出东钨西锡的特点。

南岭地区原生钨锡多金属矿床形成时代以燕山期为主（图6），并且成岩与成矿年龄有很好的对应关系（图6），成岩与成矿是一个连续过程，不存在明显成岩、成矿时间差，它们形成于统一构造背景。相对而言，锡矿（包括钨锡矿）的形成时间延续较长，从晋宁期到燕山晚期都有出现，而钨矿延续时间短（180～130Ma）（图7），印支期和燕山晚期几乎无独立钨矿形成，但它们成矿的高峰期均在 160～150Ma 间（图7）。

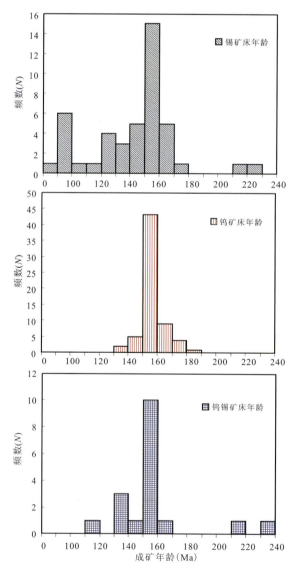

图 7　中生代锡矿、钨矿、钨锡矿成矿年龄直方图

7. 进一步完善了南岭中段燕山期锡矿成矿模式(图8)和南岭中段锡矿的综合找矿模式(表4)。

表 4 南岭中段锡矿的综合找矿模式

标志分类		特征
区域构造	构造单元	扬子、华夏两大板块结合带及附近最好
	地表、深部构造	NE向岩石圈强烈减薄区(带)、NE向和NW向深部构造带,特别是两者交汇部位对成矿最有利
区域地层	建造	巨厚不纯碳酸盐岩建造与巨厚砂页岩建造接触带及附近
	岩性	灰岩、白云岩、砂岩、砂页岩
区域岩浆岩	特点	地表岩浆岩成带分布,并于深部形成规模巨大的岩带。花岗质岩石具有壳幔混合及其分异型(H型)和铝质A型花岗岩的岩石地球化学特征
	时代	燕山早期中晚阶段(160~150Ma)、燕山早晚期过渡阶段(140Ma左右)和燕山晚期(100~90Ma)。印支晚期也有少量钨锡矿形成
区域地球化学场		W、Sn、Mo、Bi、Pb、Zn、F、B高背景场
区域重力场		反映矿区及外围深部有巨大隐伏花岗岩带存在,并多组交汇。结晶基底隆起区与坳陷区的斜坡带上常常为锡矿集区位置
区域磁场		异常范围大,强度高,正负异常相伴,岩体中有一定规模的磁异常分布
遥感信息		岩体构造发育、线形构造多组交切或成带分布,成矿岩体为特异的小型环
赋矿围岩		成矿岩体围岩为不纯碳酸盐岩时,找矿重点以矽卡岩型为主;围岩为硅铝质岩石时,找矿重点以破碎带蚀变岩型、石英脉型和变花岗岩型为主
矿田构造		矿区、矿带、矿体受NE向构造控制。矿田构造特别发育地段主要分布小脉型锡矿,主控矿构造两侧则有较大型矿体产出。层间滑脱构造发育的地段是寻找层间破碎带蚀变岩亚型锡矿的有利部位
矿田岩浆岩		岩浆岩多次涌动式侵入,酸性小岩体(岩脉)发育,并出现同期或略晚的幔源岩石(辉绿岩、煌斑岩)。相对晚期的岩体单元顶部是寻找云英岩型和变花岗岩型锡矿有利部位
地表直接找矿标志		复杂矽卡岩、云英岩化花岗岩、绿泥石化硅化破碎带,有老硐、有古代产锡记载,下游有砂锡矿,锡石的高强重砂异常指示锡石来源
矿区地球化学异常		异常元素多而强,组合与分带好;W、Be异常不大处于矿化中心;Sn、B、As、F等异常发育,丰值高,异常浓集中心明显;Pb、Zn异常呈破环状分布于外围

8. 提出了钨锡多金属的找矿方向:老矿山的深部及外围找矿,成矿规律总结是找矿突破的关键;进入岩基找矿,注意大岩基中的成矿小岩体;隐伏花岗岩分布区,特别是隐伏于泥盆纪碳酸盐岩中的燕山期成矿岩体,可能寻找到厚大矽卡岩型和变花岗岩型钨锡矿体;区域性不同方向构造带交汇地带,特别是NW向与NE向强烈减薄带或NE向断裂交汇部位;寒武系与泥盆系不整合面附近有望找到破碎带蚀变岩型(底砾岩型)钨锡矿;远离花岗岩岩体破碎带蚀变岩型钨锡矿的寻找。

9. 系统总结了钨锡多金属矿的找矿标志。在南岭成矿带划分了11个找矿远景区和24个找矿预测区(A类8个,B类6个,C类10个),预测了资源量(表5),为下一步工作部署和成矿预测指出了方向。

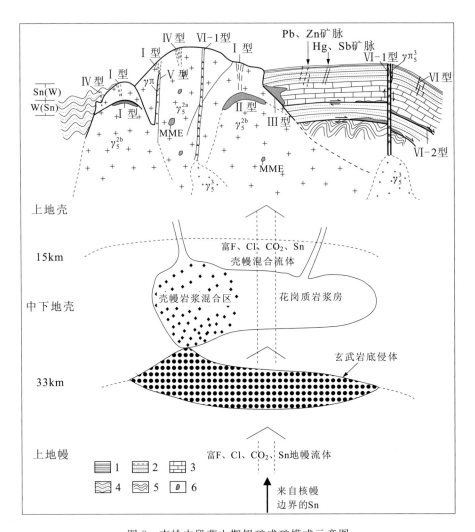

图 8 南岭中段燕山期锡矿成矿模式示意图
1. 板岩；2. 砂岩；3. 碳酸盐岩；4. 浅变质碎屑岩；5. 前震旦系基底；6. 铁镁质微粒包体

表 5 南岭成矿带钨锡矿找矿预测区预测资源量表（10^4 t）

找矿远景区及编号	找矿预测区名称	WO_3 预测资源量	Sn 预测资源量	WO_3 + Sn 预测资源量	找矿预测区等级	WO_3 + Sn 找矿远景区
南丹-河池锡铅锌找矿远景区（Ⅰ）	丹池	0.68	87.15	87.83	A	87.83
三江-融安锡铜铅锌找矿远景区（Ⅱ）	九万大山	3.27	36.11	39.38	C	39.38
越城岭钨锡多金属找矿远景区（Ⅲ）	牛塘界	6.92	0	6.92	C	15.95
	越城岭北	6.53	2.50	9.03	C	
关帝庙-大义山钨锡多金属找矿远景区（Ⅳ）	大义山	3.21	83.58	86.79	A	86.79
骑田岭钨锡铅锌找矿远景区（Ⅴ）	香花岭	36.87	103.75	140.62	A	430.83
	骑田岭	60.06	125.45	185.51	A	
	千里山-瑶岗仙	32.68	72.02	104.70	A	

续表 5

找矿远景区及编号	找矿预测区名称	WO_3 预测资源量	Sn 预测资源量	WO_3+Sn 预测资源量	找矿预测区等级	WO_3+Sn 找矿远景区
都庞岭-九嶷山钨锡多金属找矿远景区（Ⅵ）	栗木-古怪冲	8.28	10.22	18.50	C	188.25
	铜山岭-九嶷山	78.83	90.92	169.75	A	
花山-连阳钨锡铅锌找矿远景区（Ⅶ）	珊瑚-姑婆山	18.26	23.07	41.33	B	41.33
诸广山-万洋山钨锡多金属找矿远景区（Ⅷ）	邓阜仙-锡田	29.38	47.18	76.56	B	76.56
乐昌-翁源钨锡多金属找成矿远景区（Ⅸ）	汝城	46.26	4.25	50.51	B	77.11
	瑶岭-师姑山	25.67	0.93	26.60	B	
大余-宁都钨锡多金属找矿远景区（Ⅹ）	桂东		0.74		C	461.67
	崇犹余		11.43		A	
	赣县-于都		8.99		B	
	遂川	400.85	0	461.67	C	
	兴国		0		C	
三南-会昌钨锡多金属找矿远景区（Ⅺ）	粤北-三南		4.17		A	
	会昌		35.49		C	
其他	将军庙	44.15	0.85	45.00	B	119.74
	大东山北	17.43	17.81	35.24	C	
	英德	38.08	1.42	39.50	C	

10. 提出了南岭成矿带下一步工作部署建议方案。以新的地质理论为指导，以区带研究为基础，充分利用本区已有的基础调查资料和钨锡多金属找矿成果，采用多学科、多兵种联合作战，由点到面，点面结合，区域展开，重点突破，有层次、分阶段圈定成矿远景区段，择优查证与评价，对典型矿床进行勘探示范，在此基础上进行选区研究和成果集成。主攻矿种为钨、锡矿，兼顾铅锌，铁、铀、银矿，注意锰、铜、金、铌、钽等综合找矿评价。主攻类型，锡矿：矽卡岩型、破碎带蚀变岩型、变花岗岩型；钨矿：石英脉型、破碎带蚀变岩型；铅锌：沉积改造型。项目按区域地质调查—矿产远景调查—矿产调查评价—综合研究 4 个层次开展，部署了一批地质矿产调查项目。

11. 编制完成了 1:50 万南岭成矿带地质矿产图、南岭成矿带成矿规律及成矿预测图、南岭成矿带下步工作部署图等系列基础图件。

12. 2013 年编写"全国锡矿找矿部署实施方案"。系统总结了我国锡矿成矿特征和成矿规律，划分了 7 个成矿带（区）（表 6）和 28 个找矿远景区（表 7），并对其资源潜力进行了分析。按矿产远景调查、矿产调查评价、重点勘查、整装勘查、老矿山找矿、科技攻关与综合研究 6 个层次统筹部署全国锡矿找矿工作。主攻矽卡岩型、云英岩型、破碎带蚀变岩型和变花岗岩型矿床。主要选择西南三江、华南等锡多金属成矿带（区），重点在云南、湖南、广西和广东四省安排工作项目。共部署工作项目 102 项，其中矿产远景调查项目 12 项、矿产调查评价项目 36 项、重点勘查项目 30 项、整装勘查项目 4 项、老矿山找矿项目 14 项、科技攻关与综合研究项目 6 项。

表6 我国不同成矿带(区)锡矿资源量及其所占比例

编号	成矿带(区)	储量(10^4 t)	所占比例(%)
1	阿尔泰锡多金属成矿带	4.5	0.8
2	大兴安岭锡多金属成矿带	34.5	5.9
3	天山-北山锡多金属成矿带	2.2	0.4
4	阿尔金-秦岭锡多金属成矿带	6.7	1.1
5	西南三江锡矿成矿带	49.4	8.4
6	华南锡多金属成矿区	482.8	81.9
7	东南沿海锡矿成矿带	5.4	0.9
8	其他地区	3.9	0.7

表7 我国锡矿找矿远景区划分及资源潜力分析表

序号	远景区名称	面积(km²)	334_1(t)	334_2(t)	334_3(t)	合计(t)
1	新疆萨热什克锡矿	12 375	92 558	92 558	19 297	204 413
2	新疆-青海白干湖-祁曼塔格锡多金属矿	36 350	447 647	81 311	765	529 723
3	青海都兰-兴海锡矿	34 850	26 844	9572	76 434	112 850
4	西藏类乌齐-左贡锡(钨)多金属	35 275	77 704	31 222	29 841	138 767
5	四川巴塘-石渠锡多金属矿	59 725	12 593	49 434	99 269	161 296
6	云南滇西锡矿	122 450	271 943	252 298	279 378	807 909
7	四川会理—泸沽地区锡多金属矿	55 600	21 170	16 365	13 588	51 123
8	云南滇东南锡钨多金属矿	245 325	1 440 900	1 096 708	601 695	3 139 303
9	内蒙古黄岗梁-甘珠尔庙锡矿	91 350	551 523	601 438	725 869	1 878 830
10	黑龙江小兴安岭锡(钨)多金属矿	36 575	33 807	0	8497	42 304
11	江西德安彭山-永修云山锡矿	3400	97 860	145 094	39 569	282 523
12	江西浮梁茅棚店-婺源段莘锡矿	5125	32 232	58 480	16 298	107 010
13	广西大洲盆地锡矿	6625	0	28 220	0	28 220
14	广西南丹-河池锡铅锌矿	6610	841 687	10 185	19 597	871 469
15	广西融安-三江锡铜铅锌矿	12 150	230 866	79 799	55 308	365 973
16	广西-湖南越城岭钨锡多金属矿	8920	14 295	11 355	1145	26 795
17	湖南关帝庙-大义山钨锡多金属矿	6650	2637	417 246	533 708	953 591
18	湖南骑田岭钨锡多金属矿	6210	475 518	1 060 745	1 631 140	3 167 403
19	广西-湖南都庞岭-九嶷山钨锡多金属矿	7900	75 272	345 322	534 918	955 512
20	广西-广东花山-连阳钨锡铅锌矿	8700	79 173	97 027	9957	186 157
21	湖南-江西诸广山-万洋山钨锡多金属矿	7050	2456	259 302	220 774	482 532
22	广东乐昌-翁源钨锡多金属矿	15 940	44 021	48 112	205 484	297 617
23	江西大余-宁都钨锡多金属矿	18 760	53 798	106 082	140	160 020

续表 7

序号	远景区名称	面积(km²)	334_1(t)	334_2(t)	334_3(t)	合计(t)
24	江西三南-会昌钨锡多金属矿	7580	82 396	246 347	67 928	396 671
25	福建邵武-武平锡多金属矿	24 275	105 316	193 529	79 952	378 797
26	广东云浮-信宜锡多金属矿	19 025	82 694	180 478	15 154	278 326
27	广东梅州-惠州锡多金属矿	34 300	128 364	486 497	117 094	731 955
28	福建龙岩-云霄锡矿	13 150	55 902	124 538	102 809	283 249
	总计	942 245	5 381 176	6 129 264	5 505 608	17 020 338

四、成果意义

1. 在全面系统收集南岭成矿带各种成果资料的基础上,对成矿地质背景、成矿地质条件进行了深化研究。重点编制完成南岭成矿带相关重要图件,全面总结和分析了南岭成矿带钨锡多金属矿的成矿规律,圈定了找矿远景区和找矿预测区,提出了下步工作建议,为找矿突破指出了方向。

2. 总结了我国锡矿成矿特征和成矿规律,划分了成矿带(区)和找矿远景区,分析了资源潜力和工作部署重点,为国家科学决策、完成锡矿 358 目标提供了基础资料和技术支撑。

第五十章　南岭西段与锡矿有关花岗岩成因及壳幔相互作用研究

郭春丽

(中国地质科学院矿产资源研究所)

一、摘要

南岭西段位于钦杭成矿带和南岭成矿带的交汇部位,兼具两个成矿带的地质和成矿特征。在对出露于南岭西段的与钨锡矿有关的中生代锡田、王仙岭、千里山花岗岩体进行详细解剖的基础上,依据锆石U-Pb年龄、辉钼矿Re-Os年龄和云母Ar-Ar年龄限定了锡田岩体的成岩成矿时代,根据铼含量分析了的壳幔组分;系统分析了王仙岭岩体不同岩相的地质、年龄、矿物组成,岩石地球化学和锆石Hf同位素特征,研究了该岩体的演化特征和构造动力学背景;将千里山岩体划分为三期,总结了各期的岩相学和岩石地球化学特征,根据Nd-O-Hf同位素分析了该岩体的源区组成、分异和演化过程。对华南地区区域上的中生代与钨、锡、铜金矿有关的花岗岩特征进行了系统总结,划分了与印支期花岗岩有关的成岩成矿作用时代,确定了花岗岩的成因类型,总结了该期花岗岩的地球化学和Sr-Nd同位素特征,探讨了华南印支期的构造动力学背景;对比了钦杭成矿带中侏罗世与斑岩-矽卡岩-热液脉状铜金矿床有关的钙碱性花岗闪长岩类和晚侏罗世与云英岩-石英脉-矽卡岩钨锡矿床有关的碱性花岗岩类在空间分布、年代、地球化学和Sr-Nd同位素等方面的不同特征;总结了晚侏罗世与钨锡矿有关花岗岩类的物质来源,并划分了花岗岩的成因类型。

二、项目概况

"南岭西段与锡矿有关花岗岩成因及壳幔相互作用研究"是计划项目"南岭成矿带地质矿产调查"的工作项目。研究区位于南岭西段,工作性质是综合研究,工作起止时间:2012—2014年。项目主要任务是选择6个不同时代、不同成因类型的典型锡矿田(床)(荷花坪锡矿床、红旗岭锡矿床、芙蓉锡矿田、香花岭锡矿田、大坳锡矿床、姑婆山锡矿田)为解剖对象,揭示花岗质岩类的物质来源、成因分类和壳幔相互作用;综合研究区内矿床—矿田—矿集区尺度的时空演化规律、矿床成矿系列组合特征,查明南岭西段构造-岩浆演化过程及与锡多金属矿的成矿关系;在总结不同成矿类型成矿规律的基础上,结合前人资料,总结区内锡多金属矿床岩石学方面的找矿标志,提出勘查工作部署建议。

三、主要成果与进展

(一)锡田岩体成岩成矿年龄和岩浆来源

锡田岩体是一个印支期和燕山期的复式花岗岩体,岩性变化大,暗色包体多,成矿类型多样。锡田岩体的空间形态呈近NNW向展布的哑铃状,出露面积约230km², 主体印支期花岗岩呈岩基产出,岩性主要是细—中粒似斑状黑云母二长花岗岩、似斑状二云母二长花岗岩。燕山期花岗岩在主体岩基中以岩株、岩枝形式侵位,有几十个,岩性以细粒黑云母二长花岗岩、细粒少斑状黑云母二长花岗岩、细粒二云母二长花岗岩为主。该两期花岗岩接触界线截然，之间没有渐变过渡。

1. 辉钼矿 Re-Os 定年。定年所用的辉钼矿样品采自山田锡多金属矿床和桐木山锡多金属矿床。辉钼矿 Re-Os 定年测得山田矿床 Re-Os 模式年龄为 158.9±2.2Ma，桐木山矿床 Re-Os 模式年龄为 160.2±3.2Ma。近年来，高质量的年代学数据表明 160~150Ma 是南岭地区与花岗岩有关钨锡多金属大规模成矿作用的高峰期。锡田垄上、荷树下、山田、桐木山锡多金属矿床均形成于这个时期。

辉钼矿中的铼含量可以指示成矿物质的来源，而且利用辉钼矿中铼含量判断源区壳幔来源的有效性在研究中不断得到证实。获得的山田和桐木山矿床中辉钼矿的铼含量分别为 1.244×10^{-5} 和 2.367×10^{-6}，分别相当于 Mao et al.(1999)所总结的壳幔混合和地壳中铼的含量值。山田和桐木山矿床比荷树下矿床中辉钼矿的铼含量（1.739×10^{-8}~2.838×10^{-7}；刘国庆等，2008）高两个数量级，暗示从山田、桐木山到荷树下矿床，成矿作用中幔源物质减少，地壳成分增加。根据对南岭地区晚侏罗世与花岗岩有关 90 个钨锡矿床中辉钼矿的铼含量统计显示，这些矿床绝大多数为地壳来源，少数为壳幔混合来源。黄沙坪铅锌铜钨锡矿床中辉钼矿的铼含量为 5.890×10^{-7}~4.683×10^{-5}，相对其他矿床来说幔源物质参与的程度最高；其余矿床以地壳成分为主，几乎没有幔源物质的参与。

2. 锆石 LA-MC-ICPMS U-Pb 定年和云母 Ar-Ar 定年。8 个锆石 LA-MC-ICPMS U-Pb 定年样品分别采自印支期和燕山期花岗岩体。4 个印支期花岗岩的年龄分别为 225.6±1.1Ma、225.7±1.3Ma、225.3±1.1Ma、224.8±0.8Ma；4 个燕山期花岗岩的年龄分别为 165.8±1.3Ma、160.2±0.5Ma、158.3±0.8Ma、160.6±0.9Ma。4 个云母样品的坪年龄分别为 147.07±0.88Ma、150.2±1.0Ma、147.9±1.2Ma、149.79±0.86Ma。云英岩、石英脉位于花岗岩体顶部，局部还切割穿插花岗岩，在于花岗岩体侵位之后形成。

测得锡田印支期花岗岩年龄为 226~225Ma，燕山早期第一阶段期花岗岩为 166~158Ma。该年龄结果将该花岗岩体的形成时代限定在一个较狭窄的范围内，进一步精确了该岩体的成岩时代。锡田花岗岩体已有的年龄数据显示，锡田矿区燕山期早期花岗岩活动又可进一步划分为两个阶段，第一阶段花岗岩形成于 165.8~151.6Ma（高峰期为 155Ma）；第二阶段花岗岩形成于 151.6~141.6Ma。结合上述已有的年龄资料，本次研究将锡田花岗岩划分为三期：印支期（226~225Ma）、燕山早期第一阶段（166~158Ma）、燕山早期第二阶段（152~142Ma）。

（二）千里山花岗岩体成因研究

千里山花岗岩体为一个多期次的复式岩体，地表出露面积 $9.7km^2$。根据手标本和显微镜下观察、岩石地球化学分析，将千里山花岗岩划分为 3 个期次：第一期是微细粒似斑状黑云母花岗岩；第二期是细粒似斑状黑云母花岗岩；第三期是中粒等粒铁锂云母花岗岩。锆石 SIMS U-Pb 定年结果表明，岩体的 3 期成岩年龄分别是 154.5~152.3Ma、153.4~152.5Ma 和 152.4~151.6Ma。矿物学分析显示三期花岗岩中的黑云母分别是富镁的、富铁和富铝的。三期花岗岩的 A/CNK 值分别为 0.91~0.99、0.92~1.01 和 1.01~1.27，为高硅富钾钙碱性-碱性准铝质系列花岗岩。似斑状花岗岩的 Eu/Eu^* 比值是 0.13~0.28，等粒花岗岩是 0.01~0.02，第三期花岗岩显示出稀土元素的四分组效应，证明在岩浆演化后期具有流体—熔体的交代作用。

三期花岗岩的 $^{176}Hf/^{177}Hf$ 比值为 0.282 366~0.282 535，锆石 $\varepsilon_{Hf}(t)$ 和 $\delta^{18}O$ 值符合正态分布，加权平均值分别为 -7.95±0.29(2σ)、9.11±0.05(2σ)。两阶段的 Hf 模式年龄（T_{2DM}）为 1.9~1.5Ga，上述特征表明千里山岩体是晚元古代晚期地壳物质部分熔融的产物。千里山花岗岩前两期的分异程度较低，而第三期的分异程度高。A/CNK 值、P_2O_5 与 SiO_2、Y 与 Rb、$(Na_2O+K_2O)/CaO$ 与 $10\,000Ga/Al$、全岩锆饱和温度表明千里山花岗岩属于高温的 I 型花岗岩。总之，千里山三期花岗岩的源区物质相似，几乎没有地幔物质的参与，岩浆结晶分异程度不同造成了三期花岗岩的差异。

Zhao et al.(1998)指出湖南地区的玄武岩类从侏罗纪到白垩纪均有发育，而且与区内大型—超大型矿床在时空上有密切关系；在柿竹园南部的宜章县长城岭分布的玄武岩多具辉长或次辉绿结构，水口山周围的衡南冠市街、春江铺分布的主要为拉斑玄武岩,在柿竹园矿区内也多分布有辉绿(玢)岩。上述地区的玄武岩类形成于198～81Ma之间,属侏罗纪—白垩纪,主要的岩石类型包括碱性玄武岩或拉斑玄武岩,形成于大陆板块内部环境。Jiang et al. (2009)指出中侏罗世(178～170Ma)的长城岭玄武岩属于拉斑系列,宁远玄武岩属于碱性系列,它们来源于经历过古太平洋俯冲洋壳板块流体交代富集的软流圈地幔的分异结晶。而晚侏罗世(152～146Ma)的道县玄武岩和桂阳煌斑岩脉属于低Ti、高Mg的富钾岩石系列,它们形成于较浅(60～100km)的由含角闪石和金云母的二辉橄榄岩的岩石圈地幔的部分熔融。晚侏罗世时,古太平洋板块的后撤导致了弧后的伸展作用,沿着钦-杭结合带这个构造薄弱带的南端形成了板内的裂谷。因此,千里山花岗岩形成于弧后拉张所引起板内裂谷环境,虽然千里山花岗岩的岩相学和地球化学、同位素特征没有发现地幔物质参与成岩作用的迹象,但是同时形成的大量基性岩证明本区域范围内应该有地幔物质的广泛作用,地幔物质提供的热源导致了地壳的部分熔融。

(三)王仙岭花岗岩体成因研究

王仙岭花岗岩体出露面积约19.7km², 是一个印支期和燕山期的复合岩体。该花岗岩可分为两期:主体的电气石黑云母花岗岩岩基和后期侵入的黑云母二长花岗岩岩株。锆石LA-MC-ICPMS U-Pb定年结果表明印支期和燕山期岩体的成岩年龄分别是235.0±1.3Ma和155.9±1.0Ma。其中有3颗古老锆石的$^{207}Pb/^{206}Pb$年龄分别为2432.4±5.4Ma、2522.2±3.7Ma和2551.5±3.7Ma,说明华夏褶皱带也曾存在太古代老基底。

两期花岗岩均为过铝质高钾钙碱性岩石。印支期花岗岩中少数白云母为原生白云母,而燕山期花岗岩中均为次生白云母;印支期电气石黑云母花岗岩中的电气石均为黑电气石。从印支期电气石黑云母花岗岩到燕山期黑云母二长花岗岩,SiO_2含量从平均73.67%升高到76.82%。早期电气石黑云母花岗岩的Zr饱和温度分别为676～741℃,平均为699℃;晚期黑云母二长花岗岩为731～738℃,平均为735℃。稀土元素和微量元素标准化图解显示两期花岗岩均有Eu、Sr、Ti的亏损,反映出斜长石和钛铁氧化物的分离结晶作用。早期电气石黑云母花岗岩的CaO/Na_2O比值较低(<0.3),说明其主要是泥质岩熔融产生的(Sylvester,1998)。

燕山期黑云母二长花岗岩的$\varepsilon_{Hf}(t)$值为-10.66～-5.35,介于球粒陨石和下地壳演化线之间,推断其主要源自下地壳。早期印支期花岗岩的$\varepsilon_{Hf}(t)$值主要为-5.73～-0.61[其中一个样品的$\varepsilon_{Hf}(t)$为+4.61],明显高于燕山期黑云母二长花岗岩,推断印支期花岗岩较燕山期花岗岩的成岩作用过程有更多地幔物质的参与。早期电气石黑云母花岗岩和晚期黑云母二长花岗岩的两阶段Hf模式年龄分别为1.63～1.30Ga和1.86～1.54Ga。两者的Hf模式年龄略小于华夏地块变质基底岩石的Nd模式年龄(2.2～1.8Ga,陈江峰等,1999),其源岩应该来自于古中元古代古老地壳物质的重熔。

王仙岭岩体早期的印支期花岗岩年龄为238.6～230.5Ma,形成于同碰撞挤压环境向后碰撞拉张环境转换的时期(Zhou et al.,2006),但是235±1.3Ma这个年龄略早于Cai et al.(2015),提出的230～225Ma转换期,考虑岩浆作用一般形成于伸展的环境,因此印支期花岗岩也可能形成于碰撞挤压引起的陆壳叠置加厚环境下拉张伸展的间隙。晚期黑云母二长花岗岩的年龄为155.9±1.0Ma,和与其紧邻的千里山、骑田岭的成岩时间年龄(163～152Ma)一致,同属燕山早期花岗岩,且其位于Gilder et al.(1996)提出的高ε_{Nd}、低T_{DM}花岗岩带该期花岗岩在地壳薄弱地段侵位,可能为大陆边缘弧后伸展环境侵位的产物(Mao et al.,2011;毛景文等,2011)。

(四)华南印支期花岗岩特征和成因探讨

近年来,根据高精度定年数据的统计,发现印支期花岗岩一般是由多期次花岗质岩浆活动构成的复式岩体的组成部分,例如:白马山岩体由印支晚期(209～204Ma)的黑云母花岗闪长岩、黑云母二长花岗岩和燕山早期(176Ma)的二云母二长花岗岩构成(陈卫锋等,2007);沩山岩体是一个印支晚期(215～211Ma)至燕山早期(187～184Ma)多次岩浆侵入的复式岩体(丁兴等,2005);大义山岩体为印支期

(278~210Ma)至燕山期(185~156Ma,148~128Ma)三期多阶段岩浆活动形成的复式岩体(刘耀荣等,2005;伍光英等,2005);贵东岩体是由印支期的帽峰岩体(219Ma)(凌洪飞等,2005)、鲁溪岩体(239Ma)、下庄岩体(235Ma)和燕山期的隘子岩体(160Ma)、司前岩体(151Ma)(徐夕生等,2003)等组成的复式岩体;大吉山岩体由印支期的五里亭岩体(238Ma)和燕山期的大吉山主体、补体花岗岩(147Ma)组成(张文兰等,2004);龙源坝岩体是一个印支期—燕山期多期次岩浆侵位形成的复式岩体,印支期花岗岩年龄为241~210Ma,燕山期正长岩为149Ma(张敏等,2006);张天堂岩体由216Ma的印支期花岗岩(孙涛,2003)和156Ma的燕山期花岗岩组成(丰成友等,2007)。

印支期花岗岩大多数不成矿,只有少部分与钨、锡、铀矿化有关,例如广西栗木钨锡铌钽矿、江西仙鹅塘钨锡矿。印支期—燕山期复式岩体中的燕山期岩体成矿专属性明显,与160~150Ma钨锡多金属大规模成矿期次一致。

根据矿物学标志(吴福元等,2007)和SiO_2-P_2O_5、Th、Ba、Rb等元素(Li et al.,2007),对华南印支期花岗岩类进行了成因类型的划分。I型花岗岩中不出现典型的过铝质矿物,而出现角闪石等镁铁质矿物。例如,大义山观音阁超单元中含少量角闪石,斜长石以更长石为主,黑云母属铁质黑云母(伍光英等,2005);贵东复式岩体的印支期鲁溪、下庄花岗岩体中有角闪石,斜长石为更-中长石(徐夕生等,2003);沩山唐市超单元花岗岩中含有少量角闪石(<1%)(丁兴等,2005);白马山龙潭超单元的中—粗粒黑云母花岗闪长岩-黑云母二长花岗岩中发育暗色微粒包体,虽然矿物组成与寄主岩相似,但是暗色矿物以黑云母和角闪石为主(陈卫锋等,2007)。S型花岗岩的矿物学标志是普遍出现过铝质矿物,基本不含包体,例如栗木岩体特征副矿物为黄玉(林德松,1985;甘晓春等,1992);帽峰岩体副矿物组合属电气石、石榴石、磷灰石类型,具典型壳源型花岗岩的副矿物组合特征(凌洪飞等,2005);大容山-十万大山花岗岩带各类花岗岩普遍出现堇青石、石榴石、紫苏辉石、矽线石、红柱石、刚玉等,强烈铝过饱和(汪绍年,1991,1995);阳明山岩体中出现的电气石和白云母为典型的过铝质矿物(陈卫锋等,2006);红山岩体中普遍含有数量不等的黄玉(<2.5%)、萤石和(或)电气石(赵蕾等,2006);王仙岭岩体中含有1%~3%电气石(柏道远等,2006)。

对印支期花岗岩主量、微量元素和Sr-Nd同位素数据的统计表明,该期花岗岩具有高SiO_2、Al_2O_3、K_2O含量和K_2O/Na_2O比值,低MgO、CaO、P_2O_5含量的特征。绝大多数花岗岩的SiO_2含量为65%~88%,$K_2O+Na_2O=5.0$%~10.5%。印支期花岗岩大多数属于碱性系列,少部分属钙碱性;A/CNK值=0.86~2.45,铝饱和指数高,属过铝质花岗岩;TFeO/(TFeO+MgO)比值较低(0.56~0.98),但大多数值在0.80以下。印支期的花岗质岩属高钾过铝质碱性花岗岩类。

根据稀土元素球粒陨石标准化分布型式图,印支期花岗岩可明显分为两组:①五里亭、锡田、白马山、大容山-十万大山花岗岩的稀土总量ΣREE偏高(111.59×10^{-6}~429.23×10^{-6}),有较弱的Eu负异常(δEu=0.24~0.76),轻、重稀土之间的分馏明显,$(La/Yb)_N=7.16$~36.13,分布曲线呈右倾型;②柯树岭、帽峰、阳明山、栗木、王仙岭、红山的稀土总量ΣREE偏低(2.14×10^{-6}~219.7×10^{-6}),明显低于全球花岗岩稀土元素的平均含量(250×10^{-6}),有较强的Eu负异常(δEu=0.05~0.35),轻、重稀土之间的分馏不明显,$(La/Yb)_N=1.13$~11.62(除栗木花岗岩的极低点0.43和王仙岭花岗岩的极高点17.07),分布曲线呈水平型。

总体来说印支期花岗岩体富集大离子亲石元素Rb、U、Th和稀土元素Ce、Sm、Y,明显亏损Ba、Sr、Ti,属于低Ba、Sr花岗岩,与孙涛(2003)提出的南岭东段强过铝质花岗岩相似。Rb、Ba、Sr、Ti含量的变化主要受造岩矿物控制,Rb升高和Sr、Ba降低是钾长石和斜长石、黑云母分离结晶造成的,Ti负异常表明它们经历了铁氧化物矿物的分离结晶作用。此外,五里亭、锡田、白马山、大容山-十万大山、帽峰、红山岩体亏损P,暗示它们具有强烈的磷灰石分离结晶。印支期花岗岩Nb、Ta的亏损反映源区主要由地壳物质组成;Nb/Ta=2.05~11.99,反映岩浆作用过程中Nb和Ta曾发生较明显的分馏,且明显低于地壳平均值(12.22),暗示花岗岩具有壳源岩浆的特征(陈小明等,2002)。

印支期花岗岩的 Rb/Sr 比值（＞0.60）和 Rb/Nb 比值（10.55～42.02）变化明显，而且都显著高于中国东部（分别为 0.31 和 6.8；高山等，1999）和全球（分别为 0.32 和 4.5，Taylor & McLennan，1985）上地壳的平均值。Rb 含量的富集和变化除岩浆本身特征外，可能也部分地包含了碱交代作用的贡献。岩体的铀含量（1.82×10^{-6}～43.9×10^{-6}，平均为 12.4×10^{-6}）明显高于中国东部上地壳的平均值（1.5×10^{-6}；高山等，1999），从而可为区域内铀矿化的富集提供丰富的铀源。王岳军等（2002）的研究结果表明华南印支期过铝质花岗岩的形成主要受白云母、黑云母的脱水熔融控制。通常花岗岩的 Rb/Sr＞5 指示熔融反应与白云母的脱水熔融有关，而 Rb/Sr＜5 则与黑云母的脱水熔融有关（Visoná & Lombardo，2002）。白马山、大义山、五里亭、大容山-十万大山花岗岩的 Rb/Sr＝0.60～3.55，表明与源区黑云母的脱水熔融有关；帽峰、阳明山、王仙岭、锡田、红山花岗岩的 Rb/Sr＝7.65～183.72，表明与源区白云母的脱水熔融有关。

印支期花岗岩的 $\varepsilon_{Nd}(t)$ 值为 -14.42～-4.1，模式年龄 T_{DM} 值 2.09～1.63Ga，Nd 模式年龄与华夏地块基底变质岩的 Nd 模式年龄一致（2.2～1.8Ga）（陈江峰等，1999）。在 $\varepsilon_{Nd}(t)-(^{87}Sr/^{86}Sr)_i$ 图解中，印支期花岗岩落入古元古代基底变质岩区域内，推断印支期花岗岩起源于古元古代地壳变质基底的部分熔融，进一步利用 $Al_2O_3/(MgO+TFeO)-CaO/(MgO+TFeO)$（mol）图解判别花岗岩主要来源于变质杂砂岩和变质泥岩的部分熔融。例如，大容山-十万大山花岗岩类各类花岗岩普遍出现堇青石、石榴石和紫苏辉石，是泥质沉积岩经历角闪岩相至麻粒岩相变质作用，然后又经历不同程度部分熔融所形成的（方清浩等，1987；汪绍年，1991；王庆权和王联魁，1989；杜杨松等，1999）。

（五）钦杭成矿带与铜和锡矿有关花岗岩特征对比

钦杭成矿带亦简称十杭带，沿该带发育一系列铜金多金属和钨锡多金属矿产，构成了一个罕见的板内多金属成矿带。钦杭成矿带是扬子与华夏两个古陆块在新元古代的碰撞拼接带，后期经历了多次开合。沿该带主要发育有 3 个时期的矿床，新元古代海底喷流沉积型铜锌矿床、侏罗纪与不同类型花岗岩类有关的铜金钨锡铅锌矿床、白垩纪与次火山岩有关的浅成低温热液型金银铅锌钨锡矿床（毛景文等，2011）。其中，在侏罗纪形成两套截然不同的矿床及花岗岩类：一套是中侏罗世与斑岩-矽卡岩-热液脉状铜金多金属矿床及有关的钙碱性花岗闪长岩类；另一套是晚侏罗世与云英岩-石英脉-矽卡岩钨锡多金属矿床及有关的碱性花岗岩类。本研究对上述两种花岗岩类在空间分布、年代、主量元素、稀土元素、微量元素和 Sr-Nd 同位素特征等方面进行了详细对比，探讨了其不同起源和演化特征，并解释了这两个成岩成矿系列的形成机制和构造动力学背景的差异。

1. 两个系列花岗质岩类空间分布特征。

沿钦杭成矿带及其旁侧分布的与铜金银多金属矿有关的中侏罗世花岗闪长岩类，从北到南分布有：与赣东北德兴铜矿有关的花岗闪长斑岩，与银山铜铅锌银矿有关的英安斑岩和石英斑岩，与永平和东乡铜矿有关的花岗闪长岩，与湘东七宝山-赤马-石蛤蟆铜矿有关的花岗闪长岩，与湘东南水口山铅锌矿、宝山铜矿、铜山岭铜矿有关的花岗闪长岩和火山岩，与赣南营前金银铜铅锌矿有关的花岗闪长岩，与粤北大宝山铜金矿有关的花岗闪长斑岩。而晚侏罗世与钨锡多金属矿有关的花岗岩类集中分布于钦杭成矿带中部，从北到南依次有与柿竹园钨锡钼铋多金属矿有关的千里山花岗岩，与黄沙坪钨锡铅锌矿有关的花岗岩，与新田岭钨矿和芙蓉锡矿有关的骑田岭花岗岩，与香花岭锡矿有关的癞子岭花岗岩，与大坳锡矿有关的九嶷山花岗岩，与姑婆山锡多金属矿有关的花山和姑婆山花岗岩。杨明桂等（2009）、毛景文等（2010）指出钦杭成矿带及其旁侧是华南地区最重要的铜金铅锌银多金属成矿带。蒋少涌等（2008）指出位于该带中部的湘南-桂北花岗岩带钨锡矿床（点）数量多，储量大，是我国重要的钨锡矿产基地。

2. 两个系列花岗质岩类形成年代对比。

中侏罗世与斑岩-矽卡岩-热液脉状铜金银矿床和一些铅锌矿及其有关的花岗闪长岩类的成岩成矿时代为 182～158Ma，集中于 170～160Ma，粤北的大宝山铜矿床和赣南营前铜、银、铅锌矿床平行于行洛坑-西华山-始兴钨锡成矿带,虽然没有分布在钦杭带上,但是成岩成矿性质与其他几个矿床相似。

晚侏罗世与云英岩-石英脉-矽卡岩钨锡多金属矿床及有关的花岗岩类的成岩成矿时代为165～150Ma,集中在160～155Ma。晚侏罗世是与花岗岩类有关的钨锡多金属矿床的大规模爆发期,主要发育于南岭地区。锡矿与钨矿在南岭地区的分布也并不十分一致。华仁民等(2008)指出南岭东段的赣南地区以钨矿的密集产出为特征,尽管大部分钨矿床都有锡的共生或伴生,但是独立的锡矿床或以锡为主的矿床相对较少;南岭中段的湘东南、桂东北一带是钨、锡并重,但是锡的矿化已明显增强,出现了一些以锡为主的矿床。

3. 两个系列花岗质岩类岩石地球化学特征对比。

德兴花岗闪长岩的 SiO_2 含量为 56.24%～68.08%(Li X F & Munetake,2007a;Wang Q et al.,2005),水口山 SiO_2 含量 60%～65.05%(王岳军等,2001;Wang Y J,2003),宝山 SiO_2 含量 57.35%～68.8%(伍光英等,2005;王岳军等,2001;Wang Y J,2003),其余岩体(铜山岭、营前、赤马和石蛤蟆)的 SiO_2 含量>64.78%(魏道芳等,2007;郭春丽等,2010;彭头平等,2004)。德兴为闪长岩-花岗闪长岩,水口山为二长岩-闪长岩-花岗闪长岩,宝山为二长岩-花岗闪长岩,其余可归为花岗闪长岩。大多数与斑岩-矽卡岩-脉状铜多金属矿有关的花岗岩闪长岩可归为准铝质高钾钙碱性花岗闪长岩。稀土元素球粒陨石标准化分布型式图上,稀土配分曲线向右倾斜,铕异常不明显。$\Sigma REE=65.4\times10^{-6}～352.82\times10^{-6}$,$(La/Yb)_N=4.43～37.58$,$\delta Eu=0.62～1.06$。在微量元素原始地幔标准化分布型式图上,普遍存在高场强元素 Nb-Ta、Ti、P 的亏损。Nb-Ta 亏损表明源区存在壳源物质或者岩浆上升过程中受到了地壳物质的混染。除德兴外,其余岩体普遍亏损 Ba、Sr,表明存在斜长石和碱性长石的结晶分离作用;而德兴具有 Ba、Sr 的正异常,可能存在长石的堆晶或者表明源区存在基性组分。

晚侏罗世云英岩-石英脉-矽卡岩型钨锡多金属矿床有关的花岗岩属于高钾准铝弱过铝质花岗岩类。稀土元素球粒陨石标准化分布型式图中,稀土元素呈"斜倾式"分布特征的包括骑田岭、花山、九嶷山砂子岭和西山岩体、千里山第一期似斑状花岗岩、姑婆山里松岩体;稀土元素具有"海鸥式"分布特征的包括黄沙坪、癞子岭、九嶷山金鸡岭和螃蟹木岩体、千里山第二期等粒花岗岩、姑婆山新路和姑婆西岩体。相对来说"海鸥式"岩体的稀土元素 ΣREE 范围更大,轻重稀土比值更小,Eu 的负异常更明显。"海鸥式"的花岗岩的轻重稀土元素之间的分馏不明显,普遍具有极低的 Eu 负异常,并且呈现"四分组效应"特征。具有"四分组效应"特征是由于花岗岩浆作用最晚阶段残余熔体强烈的结晶分异作用导致挥发分 H_2O、F、Cl、B、P 和碱金属 Na、K 及 REE、Nb、Ta、Zr、Be 等成矿元素在残余熔体中高度富集,为产生熔体—流体相互作用以及稀有、稀土矿床的形成提供了必要的物质基础(Zhao et al.,2002)。大离子亲石元素(LILE)和高场强元素(HFSE)的比值通常可以代表岩浆分异的程度,LILE 更趋向于进入熔体,因而往往在花岗质岩浆演化末期或花岗岩系列的最晚阶段富集。例如随着岩浆的演化,Th/U、Ba/Rb、Zr/Hf、Nb/Ta 比值降低,而 Rb/Sr 和 Sm/Nd 比值增高。"斜倾式"花岗岩的 Th/U=1.35～8.18,Ba/Rb=0.01～7.87,Zr/Hf=10.75～36.96,Nb/Ta=3.40～17.11,Rb/Sr=0.93～53.44,Sm/Nd=0.11～0.32;"海鸥式"花岗岩的 Th/U=0.46～6.03,Ba/Rb=0.001～1.25,Zr/Hf=3.34～33.21,Nb/Ta=1.02～11.36,Rb/Sr=3.33～4218.18,Sm/Nd=0.17～0.44。可见,"海鸥式"花岗岩较"斜倾式"花岗岩经历了更高的演化阶段。

4. 两个系列成岩成矿的差异与构造动力学背景的演化。

在构造环境判别图解(图1)中,中侏罗世花岗闪长质岩投影在火山弧花岗岩(Volcanic Arc Granite)区域,晚侏罗世花岗岩投影在板内花岗岩(Within Plate Granite)区域。暗示这两个时代的花岗岩在形成构造环境、物质来源、幔源岩浆参与程度和形成温度和压力等方面存在着根本性的差别,也就是说,随着区域地质发展和时空框架的变换,会产生不同类型的花岗岩质岩浆活动及其相应的成矿作用。

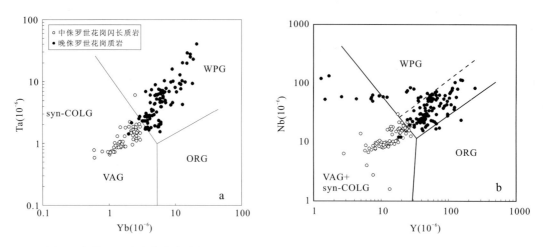

图1 南岭地区中生代花岗岩的 Yb-Ta(a)和 Y-Nb(b)判别图解（Pearce et al.，1984）
(Syn-COLG. 同碰撞花岗岩；VAG. 火山弧花岗岩；WPG. 板内花岗岩；ORG. 洋脊花岗岩)

(六)南岭与钨锡矿床有关晚侏罗世花岗岩的物源和成因类型

钨锡是我国的优势矿产,南岭地区是全球最重要的钨锡矿床集中产地。钨锡成岩成矿作用是相关花岗岩高度分异,金属元素和挥发份高度富集的结果。矿床类型主要有云英岩型、石英脉型和矽卡岩型。

1. 晚侏罗世两类花岗岩的物质来源。

晚侏罗世与钨锡矿有关的花岗岩以壳源物质重熔为主,但是 $(^{87}Sr/^{86}Sr)_i-\varepsilon_{Nd}(t)$ 图解显示南岭地区从东到西,地幔组分参与成岩作用的程度越来越高(图2)。根据对 Sr-Nd 同位素数据的统计,大吉山、天门山、漂塘、西华山、荡坪、大东山补体的 $\varepsilon_{Nd}(t)=-11.40\sim-7.92$，$T_{DM}=1.58\sim1.72Ga$，与华南中-古元古代低成熟度基底岩石(沈渭洲等,1995)有相似的 Nd 同位素组成,其中西华山花岗岩的 $\varepsilon_{Nd}(t)=-11.40\sim-10.74$；花山、姑婆山、南昆山的 $\varepsilon_{Nd}(t)=-3.20\sim-1.54$，接近原始地幔同位素组成；千里山、骑田岭、花山第三期美华-锦屏花岗岩、佛冈的 $\varepsilon_{Nd}(t)$ 值($-8.64\sim-4.40$)居中。根据 Ca/(Mg+Fe)-Al/(Mg+Fe)图解(图3)，"斜倾式"花岗岩落入变质沉积岩和变质火成岩部分熔融的交汇区域,而"海鸥式"花岗岩则落入变质泥岩和变质杂砂岩部分熔融区域。可见,相对于"海鸥式"花岗岩,"斜倾式"花岗岩的源区更为复杂,还有部分变质火山岩的加入。

2. 晚侏罗世两类花岗岩的成因分类。

目前,I、S、A、M 型是最常用的花岗岩成因分类方案。从矿物学角度,角闪石、堇青石和碱性暗色矿物是判断 I、S、A 型花岗岩的重要矿物学标志(Miller,1985)，但是南岭地区晚侏罗世与大规模钨锡矿有关的花岗岩的造岩矿物以黑云母、石英、斜长石和钾长石为主,常常不含 I、S 和 A 型花岗岩对应的特征矿物角闪石、堇青石和碱性暗色矿物。孙涛(2006)指出华南特别是南岭地区大面积的侏罗纪花岗岩多含有白云母或二云母,表现为过铝的特征。根据野外观察和矿物学、地球化学研究,认为南岭燕山早期含角闪石花岗闪长岩-黑云母二长花岗岩-黑云母钾长花岗岩-二(白)云母花岗岩为准铝质-弱过铝质的 I 型或者分异 I 型花岗岩(李献华等,2007；Li et al.，2007)。汪洋(2008)认为南岭出露最广泛的黑云母花岗岩可以分为 S 型和加里东 I 型,其中一些属于 I 型和 S 型之间的过渡类型；而燕山早期二云母花岗岩和白云母花岗岩并非分异的 I 型。还有部分研究者将沿郴州-临武断裂带分布的与钨锡矿有关的花岗岩全部归为 A 型(Li et al.，2007；蒋少涌等,2006,2008；朱金初等,2008)。

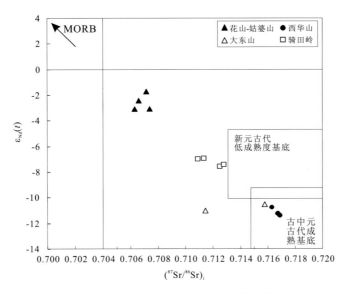

图 2 南岭地区与钨锡矿有关晚侏罗世花岗岩 $(^{87}Sr/^{86}Sr)_i$-$\varepsilon_{Nd}(t)$ 图解
(底图据彭头平等,2004)

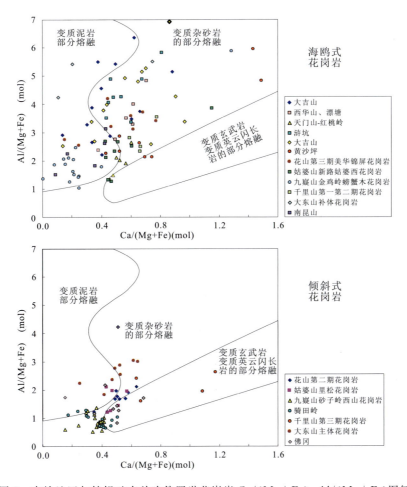

图 3 南岭地区与钨锡矿有关晚侏罗世花岗岩 Ca/(Mg+Fe)-Al/(Mg+Fe)图解
(底图据 Altherr et al.,2000)

从矿物学角度，南昆山花岗岩由于含碱性暗色矿物铁橄榄石、铌铁矿（包志伟和赵振华，2003），属于 A 型花岗岩。由于是过铝质，S 型花岗岩或多或少含有某些岩浆结晶的富铝硅酸盐矿物，包括堇青石、矽线石、石榴石、富铝黑云母、原生白云母、红柱石、黄玉（王德滋和周新民，2002）。西华山岩体含有原生白云母（刘家远，2002）、锰铝榴石和铁叶云母（王德滋和周新民等，2002），漂塘岩体含有黄玉（秦善和曹正民，1995），因此可认为是 S 型花岗岩。花山第三期美华-银屏细粒花岗岩因为与花山第二期角闪黑云母花岗岩共生（顾晟彦等，2006），且有演化关系而应属于 I 型花岗岩。骑田岭菜岭超单元花岗岩以中粗粒斑状角闪石黑云母二长花岗岩为主，暗色造岩矿物为黑云母和角闪石，角闪石含量最多可达 8%（朱金初等，2003，断定其属于 I 型花岗岩。九嶷山砂子岭岩体为中粒角闪石黑云母二长花岗岩及花岗闪长岩，岩石中含微细粒闪长岩包体，其中角闪石含量 1%～3%，九嶷山西山岩体是一个火山侵入杂岩体，在岩体中有铁橄榄石、铁辉石出现（付建明等，2004b，Guo 等，2016），表明西山杂岩体属于 A 型。花山第二期岩体为中粒含角闪石黑云母花岗岩，根据岩石含原生褐帘石、不含辉石、可见少量角闪石（顾晟彦等，2006；朱金初等，2006）的特征，判断其应属于 I 型花岗岩。姑婆山里松花岗岩为中粒斑状角闪石黑云母二长花岗岩，由斑晶和基质组成，基质中含 0～4% 的角闪石，应属于 I 型花岗岩。佛冈岩体内部相为粗粒及粗粒似斑状黑云母花岗岩，含少量普通角闪石（包志伟和赵振华，2003；李献华等，2009），应属于 I 型花岗岩。大东山主体占整个复式岩体的 85%，少数样品含少量角闪石（广东省地质矿产局，1988），应属于 I 型花岗岩。

根据近年来的研究，Th、Ba、Rb、Y 等元素也是判断上述两类花岗岩的较为可靠的标志（Chappell & White，1992）。根据上述微量元素，"斜倾式"花岗岩的 Rb 与 Th 呈正相关关系，均显示出 I 型花岗岩特征。除佛冈岩体外，"斜倾式"花岗岩的 P_2O_5 均具有与 SiO_2 负相关的关系。"斜倾式"花岗岩中，花山第二期花岗岩的 P_2O_5 含量为 0，姑婆山里松花岗岩样品的 P_2O_5 含量为 0，花山第二期花岗岩、姑婆山里松花岗岩应属于 I 型。"海鸥式"花岗岩中，南昆山属于 A 型花岗岩；大吉山、西华山、漂塘、浒坑为 S 型花岗岩；天门山-红桃岭、九龙脑、黄沙坪、千里山第一、第二期花岗岩、九嶷山金鸡岭螃蟹木花岗岩、花山第三期美华-银屏细粒花岗岩、姑婆山新路及姑婆西花岗岩、大东山补体属于 I 型花岗岩。

四、成果意义

1. 获得了一批高精度成岩成矿年龄数据，进一步构建了华南与花岗岩有关钨锡矿的成岩成矿年代学的精细格架；应用 Re-Os、Sr-Nd、Hf、O 同位素组成，对花岗岩的成岩成矿物质来源进行了判断，应用微量元素特征，对花岗岩的分异演化程度进行了判别。

2. 根据近年来新提出来的花岗岩成因类型分类方案，尝试对众多与钨锡矿有关的未分异和高分异花岗岩进行了成因类型划分，推进了对这一花岗岩研究难题的进一步研究。

3. 总结了华南印支期花岗岩的特征；对钦杭成矿带与中侏罗世铜金矿床有关的钙碱性花岗闪长岩类和晚侏罗世与钨锡矿床有关的碱性花岗岩类进行了对比。

第五十一章　南岭燕山期典型复式岩体中补体与主体的成因联系及其对成矿的意义

陈斌[1]　王志强[1]　马星华[2]

(1 合肥工业大学资源与环境工程学院；2 中国地质科学院矿产资源研究所)

一、摘要

通过对南岭中生代典型复式岩体(主要是姑婆山、骑田岭和千里山)的主体、补体和矿体，以及同期基性岩(脉)的野外关系、岩石学、年代学、同位素地球化学和熔/流体包裹体的系统研究，针对主体和补体之间的成因联系、高分异补体花岗岩的性质和成因、钨锡等成矿元素的富集成矿与补体岩浆的内在成因联系、成矿作用与岩浆流体体系的物理化学条件的关系，以及幔源物质参与对岩浆流体体系的分异演化(和成矿)等关键科学问题，提出了新的认识，建立了新的成岩和成矿模式。

二、项目概况

工作区位于南岭中西段，地理拐点坐标：北纬25°58′20.7″，东经114°26′20.7″；北纬25°30′45.7″，东经111°03′38.8″；北纬24°21′07.6″，东经111°09′34.8″；北纬24°21′43.6″，东经112°49′16.9″；北纬24°54′22.9″，东经114°21′24.1″。工作性质为综合研究。工作起止时间：2010—2012年。主要任务是通过南岭3个典型的复式岩体(连阳-姑婆山、九峰-诸广山和万洋山)的主体、补体和矿体，以及同期的基性岩(脉)的野外关系、岩石学、年代学、同位素地球化学和熔/流体包裹体的系统研究，查明补体和主体之间的成因联系(分离结晶/部分熔融?)；查明补体与同期基性岩脉在的成因联系；查明W、Sn和U等成矿元素的富集成矿与岩浆-流体体系的物理化学条件(温度-压力、F、Cl、CO_2等挥发分、氧逸度、含水条件等)的关系，以及幔源物质的参与对成矿的影响。

三、主要成果与进展

(一)南岭地区中生代复式岩体中补体与主体不是分离结晶关系而是多期岩浆事件的产物

通过对南岭地区5个典型复式岩体(千里山岩体、连阳岩体、九峰-诸广山岩体、姑婆山岩体和骑田岭岩体，图1)系统的年代学、岩石学、地球化学、同位素研究表明，这些复式岩体中补体与主体花岗岩不是分离结晶关系，而是多期岩浆事件的产物。主要证据如下。

(1)补体花岗岩的形成时间明显晚于主体花岗岩。千里山岩体主体似斑状黑云母花岗岩的形成时代为160～155Ma，而补体等粒二云母花岗岩的形成时代为155～149Ma，补体的形成时间略晚于主体花岗岩。连阳岩体主体似斑状中粗粒黑云母花岗岩形时代为144Ma，补体细粒黑云母花岗岩形成于104～102Ma。诸广山岩体为印支期岩浆活动的产物，侵位于约238Ma，而九峰岩体为燕山早期岩浆活动的产物，侵位于约162Ma。姑婆山岩体主体斑状中粗粒(角闪石)黑云母花岗岩形成于165～161Ma，而补体细粒黑云母花岗岩形成于154～151Ma。骑田岭岩体主体斑状中粗粒(角闪石)黑云母花岗岩侵位于163～155Ma,补体细粒黑云母花岗岩侵位于156～149Ma。综上,连阳岩体、九峰-诸广山岩体和姑婆山岩体补体和主体花岗岩年代差异明显,而一般的岩浆房结晶时间<1Ma,所以年龄结果表明这些岩体补体不可能是主体分离结晶的产物。而千里山岩体和骑田岭岩体主体和补体的年龄结果在误差范围内相差不大,但地球化学及同位素证据表明补体和主体之间也并非分离结晶关系。

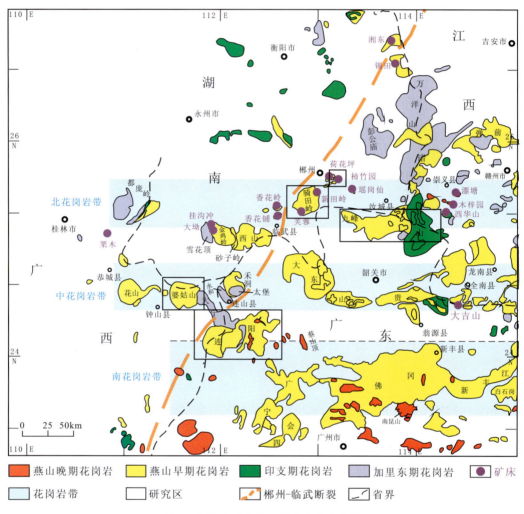

图1 南岭地区主要花岗质岩体分布图
(据陈骏等,2008修编)

(2)补体和主体之间在野外常呈现截然的侵位接触关系。如千里山岩体补体侵入主体花岗岩,补体侵位、包裹或蚕食主体岩体(图2),以及姑婆山岩体补体穿切主体花岗岩的现象(Feng et al.,2012)。这些现象表明补体花岗岩形成于主体花岗岩固结之后。

(3)全岩地球化学证据。①主量和微量元素Harker图解上主体和补体花岗岩具有明显成分间断,如千里山岩体(图3)。②微量元素模拟,模拟结果表明千里山主体可以由其底片麻岩通过20%～30%的部分熔融形成,而补体花岗岩则无法直接通过类似的源区形成,也无法由主体分离结晶作用形成。姑婆山岩体主体和补体在Na_2O和K_2O图解中,表现出不同的演化趋势。③对姑婆山岩体进行模拟计算表明,分离结晶模型难以同时满足Sr、Ba、Pb元素从主体到补体的变化特征(图4)。钾长石和斜长石是主体花岗岩的主要斑晶矿物,同时也是主体花岗岩的主要组成矿物。这表明钾长石和斜长石是主要的分离相。和主体相比,补体花岗岩含有更少的黑云母、磷灰石和Fe-Ti氧化物,并缺失角闪石。这表明黑云母、角闪石、磷灰石和Fe-Ti氧化物也是重要的分离相。通过岩石学观察,我们选择了3种可能的分离结晶矿物组合(图4)。模拟结果表明,需要有大量的以钾长石为主的分离结晶,才可以解释主体到补体Sr、Ba的变化(图4a)。然而,这个模拟又与补体中高Pb含量这一事实相矛盾(图4b),因为以钾长石为主的分离结晶必然会导致残余熔体中Pb含量的明显降低。

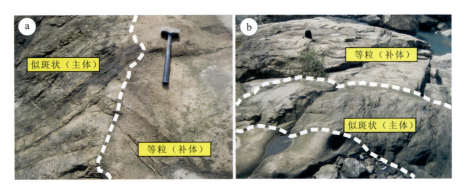

图2 千里山复式岩体中补体与主体的野外地质关系

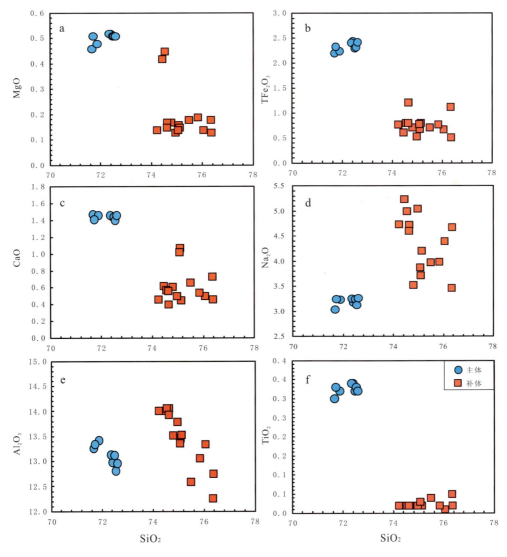

图3 千里山复式岩体主量元素Harker图解

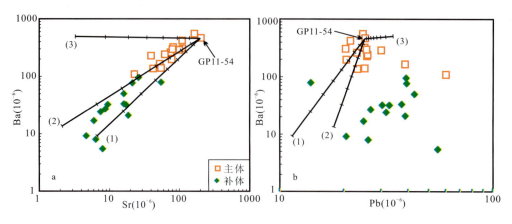

图 4 姑婆山补体花岗岩微量元素模拟图解

(4)矿物学和氧逸度证据。花岗岩的氧逸度(f_{O_2})可以通过黑云母中的 Fe^{2+}、Fe^{3+} 和 Mg^{2+} 的比值来进行估算(Wones & Eugster,1965)。在 Fe^{3+}-Fe^{2+}-Mg^{2+} 图解中(图 5),姑婆山岩体的氧逸度介于 Ni-NiO 和 Fe_2O_3-Fe_3O_4 之间。从主体花岗岩的 3 个样品计算表明,主体花岗岩的氧逸度随岩浆演化程度增加而增加,这与岩石学观察是一致的。在主体花岗岩中,早期结晶的不透明矿物为钛铁矿及少量的黄铁矿和黄铜矿,这些矿物都被包裹在早期结晶的硅酸盐矿物中(如角闪石和褐帘石)。晚期结晶的不透明矿物主要是磁铁矿及少量的钛铁矿,这些矿物都包裹在黑云母中或在分布于矿物间隙中。这些证据都表明主体花岗岩的氧逸度随着演化程度的增加而增加。氧逸度在岩浆演化中的变化在其他岩体也有描述(Czamanske & Mihalik,1972;Czamanske & Wones,1973;Anderson et al,2003)。因为补体具有更高的演化程度,所以如果补体是主体分异演化而来,补体应具有更高的氧逸度。然而,补体表现出明显低得多的氧逸度(图 5)。因为岩浆的氧逸度可以反映源区的特征(Carmichael,1991),所以我们认为晚期补体花岗岩是一次新的熔融事件的产物。

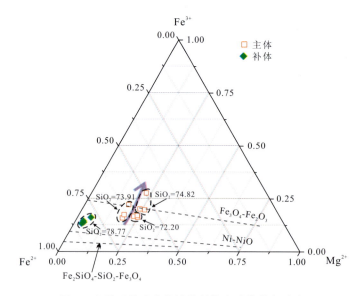

图 5 由黑云母成分估计的姑婆山岩体的氧逸度
(据 Wones & Eugster,1965)

(5)同位素证据。千里山岩体补体的 $\varepsilon_{Nd}(t)$ 值(-7.6~-6.1)明显高于主体花岗岩(-8.2~-7.8)(图 6);补体的 $\varepsilon_{Hf}(t)$ 值(-16~-4)也明显高于主体(-10~-2)。同样,骑田岭南部岩体$\varepsilon_{Nd}(t)$

值($-4.5\sim-6.8$)明显高于主体($-6.6\sim-7.2$);补体的$\varepsilon_{Hf}(t)$值($-11\sim-1.8$)明显高于主体花岗岩($-16.7\sim-3.7$)。Nd同位素的变化不能用围岩的同化混染作用来解释,因为后者具有更低的$\varepsilon_{Nd}(t)$值($-19\sim-9$)(Xu & Deng,2007)。因此,补体花岗岩高的Nd同位素比值,以及高的Hf同位素比值,表明补体和主体花岗岩来源于不同的源区。

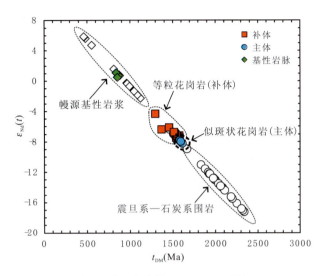

图6 千里山岩体 $\varepsilon_{Nd}(t)$ - t_{DM} 图解
(幔源岩浆数据引自Wang et al.,2003;围岩数据引自李献华等,1996)

(二)补体花岗岩的富F特征及其对岩浆性质的影响

南岭地区复式岩体中,尤其是补体花岗岩中普遍出现黄玉和萤石,表明其岩浆具有富F特征(黄玉的结晶表明熔体中F含量$>3.0\%$;Lukkari & Holtz,2007),补体花岗岩中的F含量明显高于主体花岗岩。这与石英的早期结晶、形成于粒间的云母和钠长石现象相吻合,因为实验数据表明花岗岩中F的加入会增加SiO_2的活度,因而导致石英早于长石和黑云母结晶,并且会使三相最小熔融成分向Ab端元移动(Manning,1981)。高分异花岗岩中F的来源具有较大的争议性,包括来源于下地壳源区、地幔岩浆的加入以及熔体—围岩相互作用。Collins et al.(1982)认为挥发分F(以及Cl)来源于下地壳源区中黑云母和角闪石的分解。而高分异花岗岩的源区可能是经过主体花岗质岩浆抽离而残余的麻粒岩相岩石,富F的矿物相,如角闪石和黑云母应该比较少。主体花岗岩主要来自于下地壳的部分熔融,而主体花岗岩的具有低F特征,因此下地壳对于F的贡献可能比较小。我们认为高F含量部分可能是由地幔来源岩浆贡献的[高分异花岗岩具有高的全岩$\varepsilon_{Nd}(t)$值和锆石$\varepsilon_{Hf}(t)$值],同样,Bailey & MacDonald(1987)也认为Kenyan裂谷中演化的岩石的富F特征也是由地幔贡献的。Siberian Traps的玄武岩橄榄石和辉石斑晶中熔融包裹体具有高的F(高达2%)和Cl(高达0.9%)含量,也支持我们这个观点。虽然萤石(和黄玉)主要出现在高分异花岗岩中,但是我们并不清楚其在母岩浆中是否出现,因为他们并没有出露地表。在高分异花岗的母岩浆中加入一定量的F将会明显降低岩浆的固相线温度,并且会延长岩浆的演化过程。这会使得熔体-岩石相互作用大大增强,因此古生代围岩中的F(F含量高达1600×10^{-6};Liu et al.,1982)将会通过熔体—岩石—循环水的相互作用进入岩浆体系。

F会对花岗质熔体的流变性质产生显著的作用,会使熔体的密度和黏度降低(Dingwell et al.,1985),这会使得晶体的沉淀更加容易。另外,硅酸盐熔体中F含量的增加会把熔体的固相线温度降低至$450\sim550℃$($F=4\%\sim5\%$;Manning,1981;Dingwell et al.,1985),这会使得熔体的分离结晶时间大大增长。这两个因素使得花岗质岩浆发生强烈分异演化,使得花岗质岩浆最终具有极低的CaO、MgO、FeO、TiO_2、Sr、Zr,以及极低的V、Co、Cr等元素。分离相可能包括石英、长石、磷灰石、锆石和铁钛氧化物。

补体花岗岩富 F 特征使得其常显示出高分异岩浆的特征，并在一定程度上表现出与典型 A 型花岗岩类似的性质，例如：①具有高温（可见 β 石英、文象结构、浅侵位）、贫水（无自形角闪石、而发育晚期充填结构的铁质黑云母、萤石）、低氧逸度（含钛铁矿）的特征；②地球化学上补体岩石具有高的 SiO_2、Na_2O+K_2O、Nb、Ga、Y、F 含量和 Ga/Al 比值，而 Ca、Ba、Eu 和 Sr 含量较低；③在球粒陨石标准化图解上，具有极明显的 Eu 负异常，并具有标准的四分组效应和 non-CHARAC 现象（高 K/Ba，低 Zr/Hf、Nb/Ta、K/Rb、La/Nb、La/Ta，图 7、图 8）。相对而言，主体似斑状黑云母花岗岩的高分异及 A 型花岗岩特征不够典型，其地球化学性质介于典型 A 型花岗岩和正常花岗岩之间。

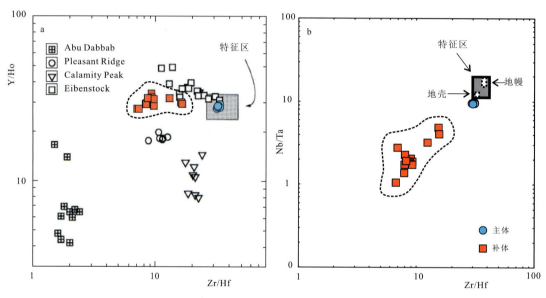

图 7　千里山复式岩体主体和补体 Y/Ho、Nb/Ta 与 Zr/Hf 图解

（图中其他地区数据引自 Taylor & Mclennan，1985；Bau，1996）

补体比主体岩浆经历了更为充分的演化，表现在以下几个方面：补体中更贫 K、Ca、Sr、Ba 和 Eu，这可能与钾长石（或部分斜长石）的分离结晶有关，而富 Rb 则与晚期结晶更多的黑云母和白云母有关，指示岩浆进一步向富 Rb 体系演化。此外，补体更贫 Zr 和 Hf，这可能与锆石或独居石分离结晶有关，而贫 La 可能与独居石分离结晶有关（从补体 La、Ce、Th、Nd、P 明显一致亏损来看，独居石一定发生了分离结晶）。补体贫 Ce、Sr 很可能与磷灰石分离结晶有关，这一过程也同时消耗了体系中的部分 F。另外，补体更富 Nb 说明榍石（亲 Nb）并没有发生显著的分离结晶，暗示岩浆在早期并非富水、高氧逸度的体系，同时其贫 Ti 说明可能存在钛铁矿分离结晶，指示岩浆体系的低氧逸度。另外，在岩浆演化晚期随着岩浆向富水体系演变，可能出现褐帘石（亲轻稀土，与独居石效应一致）的分离结晶，两者的分离结晶导致了补体岩石的"海鸥式"稀土分布模式。综上可知，补体岩浆演化过程中钾长石（亲 K、Sr、Ba、Eu）、独居石和磷灰石（富集 La、Ce、Th、Nd、P、F 等）以及锆石（亲 Zr、Hf）等矿物发生了较为明显的分离结晶作用。

补体比主体显示出更为显著的四分组效应和 non-CHARAC 现象（元素对不遵循离子价态和半径控制规律），也暗示补体经历了更充分的熔体/流体相互作用（这一过程持续时间较长、作用较充分），而主体不强烈（介于补体和正常花岗岩之间），所以四分组效应不明显。导致这一现象的原因在于该岩浆体系是富 F 而非富 H_2O 体系（例如富角闪石斑晶的闪长岩或花岗闪长岩岩浆）。

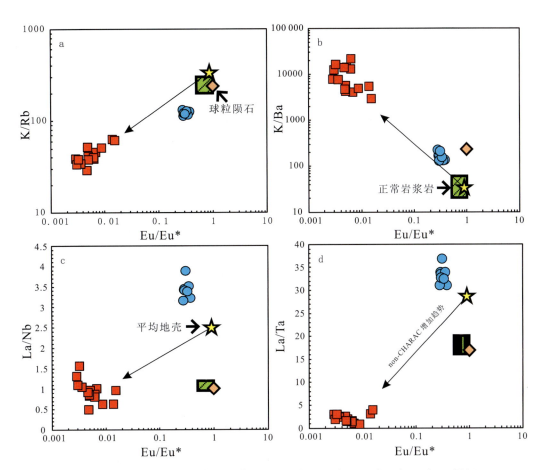

图 8　千里山复式岩体主体和补体 K/Rb、K/Ba、La/Nb、La/Ta 与 Eu/Eu* 图解
(图中球粒陨石数据引自 Sun & McDonough,1989;正常岩浆岩数据引自 Jahn et al.,2001;平均大陆地壳数据引自 Rudnick & Gao,2003;图例同图 7)

已有实验表明(赵振华等,1999;张辉等,2001),全岩和单矿物均表现出一致的四分组效应行为,说明残余岩浆已经具备了四分组性质。虽然其具体机制目前还存在一定争议(Peppard et al.,1969;McLennan,1994;Byrne et al.,1995),例如部分学者认为与独居石(Yurimoto et al.,1990;Zhao et al.,1992;Pan & Breaks,1997)、富 F 磷灰石(Jolliff et al.,1989;McLennan,1994;张辉等,2001)、石榴石(Zhao et al.,1992;Pan & Breaks,1997)和磷钇矿(Forster et al.,1998)有关,但多数学者基本都认为与富 F 流体作用所致(Kawabe et al.,1999;Masuda et al.,1987)。因此,副矿物的分离结晶可能对稀土的整体分配(右倾式还是对称式)起到明显作用,造成全岩和矿物具有四分组效应及 non-CHARC 特征可能还是与 F 在岩浆熔体中的具体作用方式有关(含 F 络合物作用于离子半径、价态、软硬酸碱结合的差异性)(Masuda & Akagi,1989;Kawabe et al.,1992,1999;Bau,1996;Irber,1999)。

综上可知,补体花岗岩具有高分异岩浆的特征,高温、贫水、富集 Li、Be、F 等挥发分,指示这些岩浆是 Li-Be-F 饱和的体系,这种挥发分能够大大延长岩浆的结晶温度区间,促使岩浆演化更为充分,造成残余岩浆具有显著的稀土元素四分组效应和 non-CHARC 特征,同时更有利于亲石和成矿元素(W、Sn、Mo、Bi、Ta、F 等)随岩浆的演化而逐渐富集与成矿。

(三)南岭地区中生代复式岩体中的补体与成矿关系更为密切

(1)野外观察表明,矿化带多与补体花岗岩直接接触或与补体花岗岩接触的矿化带矿化最为强烈。千里山岩体主体相接触的矽卡岩带中矿化较弱;在补体的内外接触带发生强烈的钨、锡、钼、铋多金属矿化。姑婆山岩体的 W-Sn 矿床主要集中分布于补体花岗岩与围岩的内外接触带上,表明二者之间的成因联系。

(2)黑云母微量元素成分表明,骑田岭岩体和姑婆山岩体补体花岗岩中黑云母的 W、Sn 含量明显高于主体花岗岩(图9),表明补体是富集 W、Sn 等成矿元素的。因为黑云母是晚期结晶,它的微量元素含量可以反映高分异的晚期补体的 W、Sn 含量。因此,补体花岗岩在与围岩发生相互作用的过程中,极易发生 Sn、W 矿化。

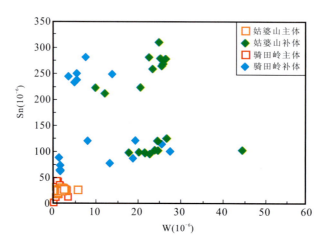

图 9　姑婆山岩体和骑田岭岩体中
黑云母的 W-Sn 二元图解

(3)补体花岗岩中常出现萤石,地球化学成分也显示出补体花岗岩含有更高的 F 含量。岩浆体系中 F 的加入会降低体系的固相线温度,降低岩浆的黏度,会延长岩浆分离结晶的时间,并且 F 倾向与高场强元素(如 Ti、Zr、Sn 等)形成络合物,有利于这些元素在熔体中富集和迁移。长时间的分离结晶作用会使花岗质熔体与围岩发生强烈的相互作用,如补体花岗岩中常见到的稀土元素"四分组"效应。成矿元素在岩浆中的富集及岩体与围岩强烈的相互作用下,极易发生钨锡矿化。

(四)南岭地区中生代复式岩体钨、锡成矿差异原因

在南岭地区,钨锡矿在区域分布上具有"东钨西锡"的特征。南岭东段(主要指赣南和粤北地区)以钨矿的密集产出为特征。赣南地区有3个重要的钨矿集区:"崇-余-犹"矿集区,包含西华山、漂塘淘锡坑、八仙脑等矿床;于都矿集区,包括盘古山、黄沙、画眉坳等矿床;"三南"(龙南、全南、定南)矿集区,包括大吉山、岿美山等矿床。粤北地区有梅子窝、石人嶂、行洛坑等钨矿。而到南岭西段,如姑婆山岩体、骑田岭岩体和九嶷山岩体,成矿则以锡矿为主,如新路锡矿床、芙蓉锡矿田、大坳锡矿等。

我们通过对南岭地区主要 W、Sn 成矿岩体的统计结果表明(图10),成锡岩体(如姑婆山、香花岭、九嶷山、骑田岭南部岩体)都具有较高的 Nd 同位素组成[$\varepsilon_{Nd}(t) > -7.5$],具有明显的地幔物质添加。而南岭地区主要的成钨岩体(如瑶岗仙、西华山、大吉山、骑田岭北部岩体)具有相对较低的 Nd 同位素组成[$\varepsilon_{Nd}(t) < -7.5$],这些成钨岩体的 Nd 同位素组成接近华夏板块的古元古基底的 Nd 同位素组成,表明幔源物质贡献不明显。

地幔物质对成矿差异的影响有两方面:①地幔物质直接带来 W、Sn 等成矿元素;②提供对成矿至关重要的 F、Cl 等挥发分。

该地区出露基性岩中 W、Sn 含量很低(戴宝章,2007),这说明地幔物质不可能是 W、Sn 等成矿元素的来源。在 F-Cl 二元图解中(图11),我们发现骑田岭岩体暗色包体具有较高的 F、Cl 含量,指示幔源物质可能提供了 F、Cl 等挥发分。Stefano et al.(2011)和 Black et al.(2012)通过测试玄武岩橄榄石中

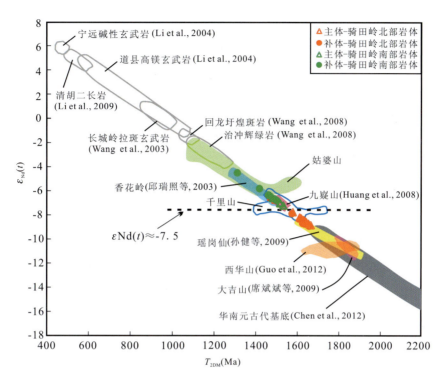

图 10 南岭中生代花岗岩 Nd 模式年龄(T_{2DM})-$\varepsilon_{Nd}(t)$图解

熔融包裹体的成分,表明玄武岩具有高 F、Cl 含量。而骑田岭围岩的 F、Cl 含量也很低,所以这些数据都暗示南岭地区成矿岩体的高 F、Cl 特征很大程度上是由于地幔物质的贡献不同引起的。同时,Partey et al.(2009)也通过 Sr-Nd 及 Cl 同位素(萤石中流体包裹体)证据,指出美国 Rio 大型重晶石-萤石-方铅矿矿床中 F、Cl 来源于软流圈岩浆和蒸发岩,其中软流圈源区可占 40%~49%,这也说明了地幔中 F、Cl 对成岩成矿的重要性。

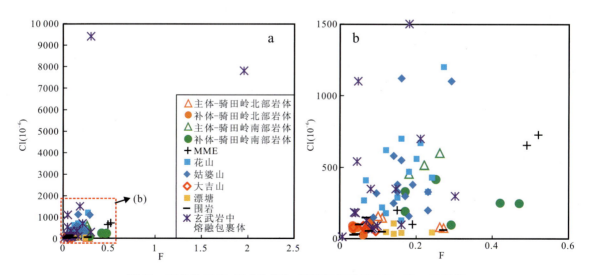

图 11 南岭地区钨、锡成矿岩体、围岩和玄武岩的 F-Cl 二元图解

所以我们认为地幔物质加入量的不同,造成南岭地区岩体 F、Cl 含量的不同,进而影响 W、Sn 成矿,这也是南岭地区钨锡矿空间分布特征形成的原因。

(五)稳定同位素示踪成矿流体来源及其演化

采用 H、O、S 等稳定同位素示踪方法,选择湖南柿竹园 W-Sn-Mo-Bi 多金属矿床为主要研究对象,对成矿流体的来源、演化路径及金属萃取及富集机制等问题进行了详细解剖。

硫同位素的研究可以约束成矿流体中与其他金属离子结合成金属硫化物的硫的来源,以认识矿床的成因。汇总已发表的共计 164 件样品可知(图12),柿竹园矿区成矿期中的硫化物 S 同位素分布范围较广,从 -10.9‰~+10.5‰,显示成矿流体并非单一的岩浆源,明显向重硫(^{34}S)方向偏移,暗示重要的地层硫的参与,说明与围岩作用显著,同时部分样品显示出一定的有机硫的参与。

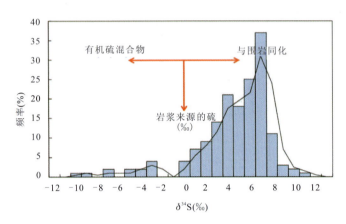

图 12　柿竹园 W-Sn-Mo-Bi 多金属矿床硫化物 S 同位素直方图

测定矿床中与矿石矿物共生的含氧脉石矿物的氧同位素组成及脉石矿物中包裹体的氢同位素组成,可以根据热液流体温度,计算获得成矿流体氢、氧同位素组成,从而可以了解参与成矿作用中水的来源和性质。近年来随着稳定同位素测试技术和精度的不断提高,这一手段逐渐被广泛应用于成矿流体来源示踪及流体演化与成矿过程。从千里山主体、补体、云英岩、网脉状矿石及贫矿石英脉中分离出 18 件石英进行了 H-O 同位素分析。结果显示(图13):①等粒花岗岩石英 δ^{18}O 值高于粗粒似斑状,指示等粒花岗岩与围岩(粉砂岩、碎屑岩等沉积岩具有高的 δ^{18}O 值)O 同位素交换强于粗粒似斑状花岗岩;②岩浆-热液、热液阶段从早到晚演化过程中不同地质体石英的 δ^{18}O 值逐渐减小,可能与流体混合(初始成矿流体—大气降水)有关,这与包裹体测温数据一致;③花岗岩石英中流体 δ^{18}O 普遍高,粗粒似斑状落在岩浆水中,而等粒花岗岩正向漂移,表明后者与围岩的交换更强烈;④块状和网脉状云英岩流体 δ^{18}O 从正常的岩浆水向大气降水线漂移,表明热液期成矿流体有较多大气降水加入(流体混合)。因此,由 H-O 同位素结果可知,等粒花岗岩(补体)受围岩混染和同位素交换程度高于似斑状(主体),热液期流体发生了强烈的混合作用。

(六)建立了复式岩体成岩成矿过程模型

通过对复式岩体和矿床成因的综合研究,建立了南岭地区中生代复式岩体成岩成矿作用模型(图14)。以千里山复式岩体和柿竹园矿床的形成为例。首先,千里山复式岩体中的补体和主体是多期岩浆事件的产物。千里山岩体的野外地质关系、年代学、元素地球化学(含微量元素模拟)以及 Nd-Hf 同位素证据均表明补体岩浆代表的是另一期独立的岩浆事件。Nd-Hf 同位素组成特征表明主体岩浆主要来自区内基底变沉积岩的部分熔融,类似于区域上大规模发育的同期 S 型花岗岩,这种岩石也被称作"改造型"花岗岩(徐克勤等,1983),主要形成于燕山早期(180~160Ma),在南岭乃至华南地区广泛分布(孙涛,2006;周新民等,2007)。晚期侵位的补体岩浆显示出较多的地幔组分加入的特征,这可能与软流

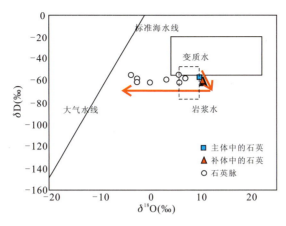

图 13 柿竹园 W-Sn-Mo-Bi 多金属
矿床硫化物 H-O 同位素投图

圈上涌、幔源基性岩浆底侵到下地壳底部,更多地参与到壳源岩浆中有关。同期幔源基性岩浆在华南地区也广为发育,始终伴随燕山期花岗岩的形成,比如,分布在湘南—赣南—闽西—粤北的车步辉长岩、宁远玄武岩、回龙迂煌斑岩、牛庙辉长岩等(陈培荣等,1999;Li et al.,2004;谢昕等,2005;Wang et al.,2006)。华南燕山期大规模岩浆事件的触发机制被认为与古太平洋板块俯冲或陆内活化有关,板内伸展背景下软流圈上涌引发强烈的壳幔相互作用及成矿大爆发(赵振华等,2000;Zhou & Li,2006;华仁民等,2007、2010;毛景文等,2007)。因此,概括来说,幔源岩浆最初的底侵引发了南岭燕山早期主体岩浆的形成,侵位至地壳浅部形成较大的岩基,该期岩浆规模较大但幔源物质参与有限,而随着软流圈的继续上涌,导致了补体岩浆的形成,同时发生了强烈的壳幔岩浆混合作用。

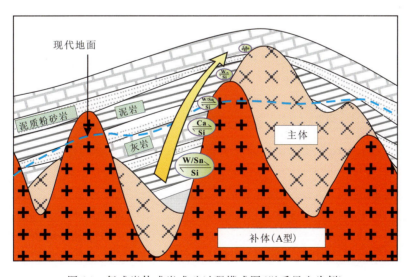

图 14 复式岩体成岩成矿过程模式图(以千里山为例)

第二,补体岩浆的高分异是钨、锡多金属成矿的关键。成矿特征显著的等粒二云母花岗岩和石英斑岩均富集 Li、Be、F 等挥发分(萤石常作为副矿物出现),全岩 Li、Be、F 等挥发分平均含量均远远高于正常的同类岩石(图 15,指示这些岩石是 Li、Be、F 饱和的体系。等粒二云母花岗岩和石英斑岩与典型 A 型花岗岩类似的特征(高温、贫水)和富集 Li、Be、F 等挥发分能够大大延长岩浆的结晶温度区间,促使岩浆演化更为充分,因此,这些 A 型花岗岩可长时间加热围岩(包括沉积岩地层及早期岩体),使得其中地下水获得高温并有效萃取成矿元素而使之富集成矿(具体元素交换见图 14 所示);而 A 型花岗岩特征不够明显的粗粒似斑状黑云母花岗岩和花岗斑岩与围岩中流体作用相对较弱,不利于成矿,这也是其稀土元素不显示四分组效应、non-CHARAC 现象也不显著的原因,因此补体对成矿意义重大。

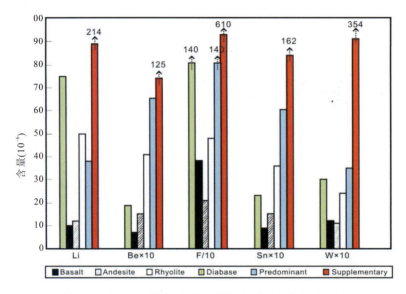

图 15　千里山辉绿岩、主体和补体岩石元素含量对比图
(玄武岩、安山岩及流纹岩数据引自 Taylor,1964;Wedepohl,1969;Krauskopf & Bird,1995)

第三,幔源组分(特别是 F、Cl 等挥发分)对成矿的重要作用。通过壳幔相互作用(底侵/岩浆混合),地幔不仅向壳源岩浆供给了岩浆,也提供了大量的挥发分。由区内辉绿岩元素地球化学所反映的源区性质来看,地幔具有被交代的特征,很可能是富含金云母、角闪石等矿物的地幔源区,当这种地幔发生部分熔融时,会形成富含 F、Cl、H_2O 等挥发分的岩浆,这种岩浆加入到地壳长英质岩浆中,将会明显降低岩浆的液相线和固相线(相对于没有这种流体加入的岩浆而言),从而使得岩浆发生高分异的演化,间接造成有利成矿元素的萃取和富集。因此,地幔物质直接或间接参与了华南地区燕山期钨、锡等多金属的大规模成矿作用,应当给予高度重视。

四、成果意义

本次研究对于南岭中生代复式岩体成因和钨锡矿床成因具有重要的理论意义,提出了新的成岩、成矿模型。同时,也具有重要的生产意义。华南地区拥有丰富的钨、锡等金属矿产,但大规模的开采使得大部分矿床面临枯竭,过去依靠地表直观寻找矿体的方法在当前已不再有效,因此成矿远景区的圈定成为目前棘手的难题。通过对南岭地区复式岩体的系统研究,我们认为复式岩体中具有高分异特征的补体花岗岩有利于成矿,因此找矿勘探工作应该围绕这一主题开展。通过野外地质单元的划分,主微量元素、同位素分析,围岩类型及蚀变特征,围绕"高分异补体有利成矿"这一主题将使得勘探工作有的放矢,将有效地促进未来在华南地区的找矿突破。

第五十二章 桂西整装勘查区铝土矿床成因与富集规律研究

张启连 梁裕平 吴天生 陈粤 韦访 陶文 罗立营 辛晓卫
王来军 杨海 覃小兵 韦松良

(广西壮族自治区地质调查院)

一、摘要

通过综合分析,提出桂西沉积型铝土矿初期沉积于陆相环境,经历了红土化、沉积-成岩、氧化淋滤3个阶段,强调了淋滤作用在铝土矿成矿过程中的重要性,建立了铝土矿成矿模式;初步总结了铝土矿的富集规律,提出了铝土矿富集的继承性,明确了富集作用与岩性组合的关系。

二、项目概况

工作区位于广西西部,北至贵州省,西邻云南省,南与越南接壤。行政区划隶属广西壮族自治区崇左市、河池市、百色市及南宁市管辖。地理坐标:东经$105°00'00''$—$108°30'30''$,北纬$22°00'00''$—$25°20'00''$,面积约8万km^2。计划工作起止时间为2013—2015年,后调整为2013年,属综合研究类项目。主要任务是以沉积型铝土矿为主要研究对象,兼顾堆积型铝土矿,研究桂西地区沉积型铝土矿矿床的成因,指导区域找矿。

三、主要成果与进展

(一)对国内沉积铝土矿(岩)产出特征进行对比研究

我国铝土岩的上覆地层普遍为由黏土岩、泥岩及煤层(线)组成的海侵沉积序列,但底板岩性各不相同。华北地区铝土岩直接底板普遍发育黏土岩(李启津等,1983),间接底板为灰岩。贵州务正道及遵义地区铝土矿直接底板为黏土岩,间接底板则较为复杂,有泥质岩,亦有灰岩或白云岩(雷志远等,2013)。广西二叠系铝土岩的直接底板绝大多数为灰岩,少数地区为黏土岩,此类黏土岩据本次观察研究,发育有铁质壳包裹的豆鲕及次生的高岭土,推测原岩应为铝土岩,受淋滤作用,上部铝土岩脱硅作用影响,二氧化硅向下渗入导致铝土岩演变为黏土岩。二叠系合山组底部铝土岩上覆岩层正常层序一般为铝土质泥岩、泥岩夹煤(层)线,向上为泥灰岩至含燧石灰岩。铝土岩以深灰色为主,少数呈灰色、灰绿色,氧化后表面呈褐黄—褐红色,内部仍保持深灰—灰色。

铝土岩(矿)含主要矿物为水铝石、黄铁矿、黏土矿物,扶绥、崇左地区尚见少量原生成因菱铁矿或白云石,副矿物为锆石、白铁矿、锐钛矿、白钛石。水铝石以一水硬铝石为主,次之为一水软铝石(勃姆矿)、胶铝矿,一水硬铝石呈细微的他形粒状、板状,粒径多为$0.005\sim0.01mm$。黄铁矿大多呈半自形、自形的立方体或五角十二面体状;少量呈不规则的他形粒状、球粒状,不均匀地分布于矿石中,呈稀疏浸染状,部分聚集形成不规则的草莓状、斑团等集合体,黄铁矿粒径$0.001\sim0.8mm$,一般在$0.02\sim0.12mm$间;集合体大小$1\sim16mm$不等。黏土矿物主要为叶蜡石、高岭石、绢云母、叶蜡石等硅铝酸盐类矿物,呈显微鳞片状，与水铝石紧密共生。当水铝石矿物含量大于45%时，铝土岩达到铝土矿的质量要求，而黄铁矿含量大于20%时，铝土岩达到硫铁矿的质量要求，但无论是铝土矿还是硫铁矿，主要矿物均为水铝石、黏土矿物和黄铁矿。

(二) 沉积铝土矿沉积环境研究

1. 铝土岩（矿）平面分布特征。勘查资料证实，二叠系原生铝土岩多为一层，分布范围广，层位稳定，规模大，地表露头一般延伸长数百米至数千米，尖灭再现。铝土矿的展布受到后期构造活动的改造，连续分布在桂西各个晚古生代地层构成的穹隆或复式背斜内次级向斜中。堆积铝土矿则赋存于次级背斜核部的碳酸盐岩岩溶洼地中，除局部地段受河流、冲沟影响外，次级背斜几乎所有地段的岩溶洼地均有数量不等的次生堆积铝土矿分布，由于次生堆积铝土矿是原生铝土岩崩塌堆积的产物，而各个洼地之间有峰座相隔不能连通。基于以上分析，我们认为桂西地区的孤立碳酸盐岩台地上除部分区域处于古高地位置保持剥蚀状态而无铝土矿沉积外，原生铝土矿在初始沉积时连续分布于整个台地范围内。若古红土是通过地表水搬运至局部海湾或潟湖中沉积，原生铝土岩在台地中应仅为局部分布。参考现代桂中地区的红土及三水铝石分布，风化沉积物就原地大面积堆积于贵港、宾阳、横县、武鸣等准平原地形中。

2. 地层缺失的指示。合山组组内地层缺失主要存在两种情况：第一种情况是在部分剖面，铝土岩上覆岩层存在超覆现象，合山组底部的岩性段如铝土质泥岩或泥岩夹煤（层）线缺失，如在德保多敬剖面（图1a），可见到合山组含燧石灰岩直接覆盖于原生铝土矿层之上（图1b），说明古红土在铝土岩上部的泥岩形成时期到燧石灰岩形成时期的长时间内均有生成，且大部分并未被完全搬运到海水中沉积，覆盖于孤立台地表面的铝土质直到晚二叠世早期才在海侵作用下被海水淹没，间接证明了铝土岩在沉积阶段的陆相环境。

图1 合山组组内地层缺失图(a、b)和铝土岩与下伏茅口组的接触关系图(c、d)

a. 靖西县新圩矿区中屯剖面，示铝土岩直接底板为茅口灰岩，铝土岩顶底板不平直；b. 德保县多敬剖面，示含燧石灰岩超覆于铝土岩之上；c. 靖西县大进剖面，示铝土岩与下伏茅口组灰岩间接触关系，注意铝土矿灌入灰岩缝隙中的现象；d. 靖西县新甲乡大进村采场铝土矿层底部中灰岩砾石

第二种情况是铝土矿沉积缺失,合山组下部钙质泥岩或泥灰岩直接覆盖于茅口组灰岩之上,如平果矿区 ZK5602 孔所见,应代表古红土形成阶段——准平原化过程中的古高地地形,其上的古红土已被短距离搬运迁移至周边的低凹地段中去。地形高差造成铝土矿层局部缺失的现代实例是斐济的现代铝土矿,该国为一火山岩岛国,气候炎热,植物茂盛,雨量充沛,除山地外,亦发育大片平原-丘陵地貌。在低山地区,仅局部地段的高地上产出风化型三水铝土矿层,且规模小;而在平原-丘陵地区,大部分平原区的腐殖土之下,丘陵及其周边则存在大面积的三水铝土矿层分布,表明在准平原化过程中可以形成规模大的红土层或三水铝土矿层。

3. 铝土岩与下伏茅口组地层的接触关系。靖西县新甲大进村发现了一层二叠系原生铝土矿,厚约 4m,在与下伏茅口组灰岩接触面上保存有明显同沉积时期未固结的铝土矿物质灌入下伏喀斯特溶洞或裂隙的证据(图 1C),灰岩中的溶蚀洞穴互相贯通,均充填有鲕豆状铝土岩,与砾岩上下的铝土岩相连接,证明了铝土矿的原地风化过程。在靖西县新甲乡大进村附近采场中,可以观察到铝土岩底部有大量的灰岩砾石,砾石分选性较差,分选性差,定向性差,最大可达 30cm,最小仅几厘米,杂乱分布。经与底板茅口组灰岩进行对比,发现砾石来自茅口组灰岩,胶结物均为铝土岩(图 1 D)。类似铝土矿(岩)灌注于底板灰岩溶蚀洞穴中的现象在桂西许多矿区均可见到。与之相对,这种现象在现代岩溶地形中常见,在碳酸盐岩为基岩的平原—丘陵地区,常见风化红土堆积于溶沟或塌陷漏斗中,是陆相喀斯特地貌沉积的普遍特征。

4. 铝土岩中的植物化石证据。植物化石在铝土岩中常见,如在扶绥县柳桥矿区的钻孔 ZK4353 中就可见到零星的植物化石碎片(图 2),苏煜(1985)在研究平果铝土矿沉积环境时提出,在沉积铝土矿层特别是在其上部富含植物化石,其中有些是植物根茎化石。植物化石的存在有力地支持铝土岩沉积于陆相环境下的观点。

图 2　钻孔 ZK4353 铝土矿层中保存的植物化石

5. 微量元素特征。沉积物在沉积作用过程中,不同的沉积环境具有不同的动力条件、介质性质、气候条件、生物作用及地形特征和各种元素的物理化学性质不同,所造成元素的分散与聚集规律也就不同,这就为利用微量元素的地球化学方法判别海、陆相沉积环境提供了依据。

硼对沉积环境及各种地质作用具有明显的指示意义,常被人们用来研究古环境恢复。一般而言,陆相环境下硼质量分数多少于 $60×10^{-6}$,过渡相半咸水 $(60～100)×10^{-6}$,海相咸水大于 $100×10^{-6}$,笔者对扶绥 ZK15108 中的铝土岩采集了 7 个样品进行测试,结果硼含量除最底部一个样品达到 $1×10^{-6}$ 外,其余 6 个样品硼含量均小于检出限 $(1×10^{-6})$,说明合山组铝土岩应沉积于陆相环境下。

除了硼元素分析方法外,锶和钡也可作为古环境的判别指标。陆相沉积物中锶含量一般小于 $60×10^{-6}$,海相沉积物则大于 $160×10^{-6}$,本次钻孔所采集的样品中,锶含量绝大部分小于 $60×10^{-6}$,显示了沉积时期的陆相环境。

V/Zr 也是判别陆相、海相的指标之一。据前人研究,高加索地区陆相岩石的 V/Zr 为 0.12～0.41,而海相在 0.25～4.0 之间。本区样品 V/Zr 主要在 0.19～0.22 之间,为陆相环境。

(三)成矿作用研究

铝土矿原始物质来自古红土,而古红土在形成过程中就受淋滤作用控制,通过淋滤,铝物质以三水铝石形式得到了初步富集,这已是十分明确了的事实,故本次研究主要为沉积后的铝土矿成矿作用。

1. 沉积-成岩作用。随着地壳缓慢下降和海水入侵,水体开始沉积泥岩盖层,同时由于台缘礁发育形成潟湖,水体环境逐渐趋于富含有机质,沉积物中碳质逐渐增多,硫首先在先期沉积的红土层上部富集,期后在层间水的作用下向下部红土层渗透,与先期存在的铁结合形成黄铁矿。关于黄铁矿的成因,李启津(1984)在平果矿区沉积型铝土岩中获得的 $^{32}S/^{34}S$ 值为 22.156～22.932,属生物成因范畴。本阶段除黄铁矿富集形成硫铁矿石外,三水铝石受压实作用开始脱水,较变为一水铝石,形成原生铝土岩。

2. 氧化淋滤作用。

(1) 去硅作用。地层褶皱上升成陆,沉积型铝土岩出露地表,在浅部,富氧地下水对原生铝土岩进行渗透淋滤,在此过程中,由于原岩中富含黄铁矿,受氧化后产生硫酸,水介质中 pH 值趋于变小,SiO_2 溶解度增大,黏土矿物开始脱硅,并随着液体流走;而 Al_2O_3 属惰性组分,只在强酸强碱溶液中溶解,在一般的自然环境下,是很难具备强酸强碱的条件。

脱硅作用还表现为铝矿物交代高岭石,李启津等(1983)在广西平果铝土矿石中发现高岭石普遍被一水硬铝石交代;本次工作我们发现了一水硬铝石交代高岭石的现象(图3),亦发现了底部灰岩硅化现象,推测被淋滤的 SiO_2 渗透到了底板的灰岩裂隙中沉淀。

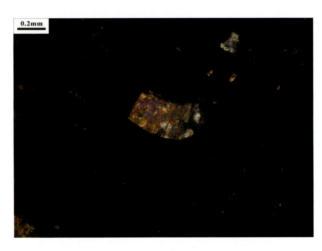

图 3 一水硬铝石呈高岭石假晶(柳桥)

氧化淋滤可在地表铝土岩层中观察到,图 4 为乐业县加刷村附近的铝土岩露头,在层状铝土岩底部可见一层不规则状铝土质黏土岩,可见次生高岭石细脉穿插,黏土岩呈松散泥状,尚保留有大量的鲕、豆,普遍受到铁染。SiO_2 含量比其顶板铝土矿的高,Al_2O_3 含量则相对低,推断上部铝土岩部分脱硅,SiO_2 往下部渗透,与其中的 Al_2O_3 结合形成了高岭石(土)。该层黏土岩区域上不发育,偶尔见到,呈透镜体产出,容易被认为是原生黏土岩。

表 1 为柳桥矿区部分工程中的铝土岩(矿)含量,经岩矿鉴定及 X 衍射分析,钻孔 ZK9317、ZK10908 中,除 ZK10908-1 是以方解石为主(56%)外,其余样品均为以高岭石为主要矿物的铝土岩(矿),高岭石含量 36%～54%,铝矿物(一水铝石为主)含量 28%～44%,黄铁矿 5%～15%,个别样品(ZK10908-4)含菱铁矿达 14%;地表沉积铝土矿主要矿物均为铝矿物,含量 44%～58%,高岭石含量 10%～20%,最高 32%。褐铁矿和赤铁矿含量 20%～30%,未发现有黄铁矿和方解石,但可见少量绿泥石。从深部

到地表,高岭石减少,铝矿物增多。

表中可以看出,SiO_2、S和烧失量在钻孔和地表中含量均有明显的差别,三者在地表含量明显减少,说明氧化淋滤作用显著。

图 4　乐业县花坪沉积铝土岩露头

表 1　扶绥柳桥矿区部分样品分析结果(%)

样品编号	样品类型	Al_2O_3	Fe_2O_3	SiO_2	S	灼失量	铝硅比	备注
ZK9317-1	沉积型铝土矿	42.08	11.85	23.16	9.06	19.13	1.82	扶绥东罗钻孔
ZK9317-2	沉积型铝土岩	39.64	13.11	23.69	10.26	20.80	1.67	扶绥东罗钻孔
ZK9317-3	沉积型铝土矿	43.06	11.98	21.23	9.68	20.48	2.03	扶绥东罗钻孔
ZK10908-1	沉积型铝土岩	18.36	10.78	11.01	8.30	22.54	1.67	扶绥东罗钻孔
ZK10908-2	沉积型铝土矿	50.00	4.36	24.49	1.16	15.65	2.04	扶绥东罗钻孔
ZK10908-3	沉积型铝土岩	44.40	9.18	25.01	6.13	17.48	1.78	扶绥东罗钻孔
ZK10908-4	沉积型铝土矿	44.49	14.82	19.70	4.65	17.88	2.26	扶绥东罗钻孔
BT12701-H1	沉积型铝土矿	50.96	15.62	15.60	0.03	13.20	3.27	扶绥东罗地表
BT12701-H2	沉积型铝土矿	47.19	19.00	15.24	0.02	12.92	3.10	扶绥东罗地表
JK-1	沉积型铝土矿	50.34	30.48	6.04	0.02	10.53	8.33	扶绥渠坎地表
JK-2	沉积型铝土矿	48.52	20.33	17.22	0.01	11.08	2.82	扶绥渠坎地表
JK-3	沉积型铝土矿	48.41	17.47	17.98	0.03	11.95	2.69	扶绥渠坎地表
JK-4	沉积型铝土矿	44.90	18.37	20.93	0.03	12.59	2.15	扶绥渠坎地表

(四)成矿模式

前人对桂西铝土矿的成矿模式研究主要针对堆积型铝土矿,本次研究将沉积型和堆积型综合考虑,力求全面地反映桂西地区铝土矿的成矿过程。

根据矿床地质特征,结合成矿物质来源、成矿环境研究分析,桂西铝土矿成矿作用可大致分为3个主要阶段(图5)。

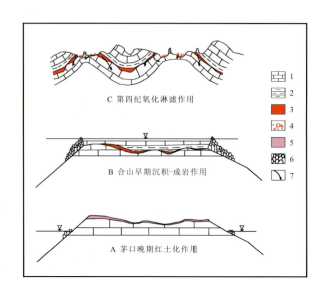

图 5 桂西地区铝土矿成矿模式图
1. 灰岩；2. 泥岩；3. 沉积型铝土矿；4. 堆积型铝土矿；5. 红土；
6. 台缘礁；7. 地下水渗滤方向

1. 红土化作用：发生于茅口期晚期，孤立台地（或远岸台地）遭受溶蚀，碳酸盐岩长期风化形成红土、铝和相对活泼的钾、钙、钠、镁、硫、硅等物质分离，形成富集铝物质的古风化壳，大部分三水铝矿在此阶段形成。该时期大部分红土已短距离搬运到低凹地段。

2. 沉积-成岩作用：古风化壳与基岩接受海侵，盖层开始沉积，由于台缘礁的发育，台地中心区域演变为局限的滞水还原环境，局限水环境导致藻类繁盛，促使碳质和硫的富集，并往下渗滤与古风化壳红土及沉积物中的铁形成黄铁矿；随着埋深-压实作用的发展，三水铝石转变成一水硬铝石、一水软铝石，同时形成高岭石、蒙脱石、长石、云母等含铝矿物，本阶段形成了沉积型铝土岩。

3. 氧化淋滤作用：褶皱抬升为陆，地表浅部的沉积铝土矿（或沉积铝土岩）接受富含氧的地下水渗透淋滤，大部分相对活泼组分流失，铝组分相对提高，提高沉积型铝土矿品质。而崩塌到碳酸盐岩洼地中的沉积型铝土岩（或铝土矿）则被改造成堆积型铝土矿。

（五）铝土矿富集规律

1. 区域富集规律。我们分别在 3 个矿集区（北部的河池-凌云-隆林集中区、中部的平果-靖西集中区和南部的扶绥-龙州集中区）测制了地质剖面（北部矿集区为乐业加刷剖面，中部矿集区为靖西大甲剖面、平果矿区剖面，南部矿集区为扶绥渠坎剖面）。分析数据表明，中部矿集区沉积铝土矿层 Al_2O_3 较高，大于 50%，平果矿区甚至大于 70%；南部矿集区沉积铝土矿 Al_2O_3 含量为 40%～50%；北部矿集区相对较低，Al_2O_3 含量为 40%～45%，有些地段如乐业花坪、凤山金牙，Al_2O_3 含量小于 40%，通过对北部矿集区凌云县保上铝土矿地表工程统计，部分样品 Al_2O_3 含量可大于 50%，但 SiO_2 的含量一般为 12%～24%，极少样品的 SiO_2 的含量小于 10%。

这种区域上的变化与古红土风化时长有关，根据广西潜力评价资料，南带（靖西-平果、扶绥-崇左）一带茅口组灰岩厚 0～350m，一般厚 19～101m，仅见新希瓦格蜓带，缺失了上部的矢部蜓带，而北带乐业—宜山的茅口组灰岩厚 515～932m，且有矢部蜓和新希瓦格蜓两个化石带，而且靖西—平果、扶绥—崇左一带的孤立台地规模比北部的大得多，说明南带经历了时间较长的剥蚀，准平原化发育较彻底，红土化阶段时限较长，成熟度较高，铝矿物含量相对较大，从而导致 Al_2O_3 含量相对较高，红土风化的成熟度最直接的标志是豆、鲕的含量，根据野外观察，北部隆林、乐业、凤山一带的铝土岩豆鲕较少，有些地段甚至缺少豆鲕,而靖西、德保、平果一带的豆鲕极为发育,南部一带的豆鲕亦较为发育;至于南部扶绥—崇左一带的 Al_2O_3 含量相对于中部靖西—平果一带的低,而 SiO_2 含量普遍比中部的高,可能与陆源物质加入有关,在凭祥地区所发现的早二叠世低钾拉斑玄武岩(Qin et al.,2012;吴根耀等,2002)可能对扶绥—崇左地区茅口组古红土贡献了火山物质,从而导致 SiO_2 含量相对较高。

2. 矿床富集特征。

(1)在矿床尺度范围内,铝土矿富集具有继承性,一般而言,原生矿石 Al_2O_3 含量高,则氧化矿石质量较好,以氧化矿石质量最佳的平果矿区为例,那豆矿段原生矿石 Al_2O_3 含量均大于50%,对应的氧化矿石包括地表沉积矿石和堆积矿石,其 Al_2O_3 含量较高,一般为50%~70%,且厚度大,一般大于2m;南部矿集区的柳桥-山圩矿区,原生矿石 Al_2O_3 含量一般为40%~45%,其相应的氧化矿石 Al_2O_3 含量一般为40%~53%,厚度亦较大;北部矿集区如凌云县保上硫铁矿区,原生铝土岩 Al_2O_3 含量20%~35%,其地表沉积铝土矿层 Al_2O_3 含量一般为40%~50%,且厚度薄,规模小。

(2)富集与岩性组合有关,当含矿岩系中块状铝土岩上部发育铝土质泥岩时,矿体厚度较大,矿石质量好。

(3)一般情况下,铁、铝沿厚度方向有分段富集特点,两者呈互为消长关系,最底部常为褐铁矿体, SiO_2 也常常富集于底部,有时甚至形成次生的铝土质泥岩;当厚度大时,可有若干个铁、铝矿体相间产出, SiO_2 一般从顶底板、夹层向矿层中部减少,灼失量一般变化不大,比较稳定,其余组分无明显规律;各组分在走向上的变化是呈跳跃式变化的,不太稳定。

(4)风化强烈时,铝土质泥岩中的铝可以得到大幅提升,原生的铝土质泥岩 Al_2O_3 含量一般为20%~30%,遭受强烈风化时可达到40%以上,如果堆积于第四系岩溶洼地中时,在沉积铝土矿崩塌前淋滤的基础上,再次遭受淋滤,硅大部分淋失后,铝土质泥岩就可衍生为铝土矿,彰显淋滤作用对成矿的重要性。

(5)根据勘查资料,沉积型铝土矿延深不大,与地形、地下水活动、矿层产状有关,凌云县保上硫铁矿区详查报告对沉积型铝土矿延深程度进行了一般性概括,与平果布绒矿段的见矿情况基本一致,即:①地形陡峭的且矿体与坡向相同时,矿体出露面积虽少,但由于水和大气沿矿层及围岩极易向深部渗入,造成硫铁矿在水和氧的作用下,受到氧化的条件相对较强,氧化深度相对较深,深度一般为30~200m;②地形陡峭的且矿体与坡向相反时,矿体出露面积较少,水和大气沿矿层及围岩极难向深部渗入,硫铁矿基本处于缺水和缺氧的条件下,受到氧化的条件相对较弱,氧化深度相对较浅,深度一般为0~20m;③地形平缓时,矿体出露面积较大,矿体与地形坡向相反,水和大气沿矿层及围岩均不易向深部渗入,硫铁矿基本仍处于缺水和缺氧的条件下,受到氧化的条件相对较弱,氧化深度相对较浅,深度一般为10~50m;④地形平缓时,矿体出露面积较大,矿体与地形坡向相同,水和大气沿矿层及围岩均不易向深部渗入,硫铁矿基本仍处于缺水和缺氧的条件下,受到氧化的条件相对较弱,氧化深度相对较浅,深度一般为20~50m。由于大多数矿区矿体产状较缓,氧化深度大多不超过50m。

(6)构造对沉积型铝土矿后期富集影响最大,构造形成的溶洞、裂隙系统有利于地下水的渗透,加强原生矿石氧化淋滤作用。尤其是地下河低于矿体标高,且影响范围大时,可促使原生矿石大面积的氧化,形成大规模的铝土矿床。

四、成果意义

1. 提出了广西沉积型铝土矿为陆相成因的观点,在理论上有创新。
2. 论证了氧化淋滤作用在铝土矿成矿作用中的重要作用,建立了铝土矿的成矿模式;初步总结了桂西地区铝土矿的富集规律,为今后的勘查选区提供了依据。

第五十三章　南岭成矿带资源远景调查评价

付建明[1,2]　卢友月[1,2]　程顺波[1,2]　秦拯纬[1,2]

（1. 武汉地质调查中心；2. 中国地质调查局花岗岩成岩成矿地质研究中心）

一、摘要

在系统分析南岭成矿带已有的地质、矿产、物化遥等资料的基础上，对南岭地区成矿地质背景、成矿地质条件开展深化研究，总结和分析了成矿带内重要矿种的成矿规律、资源潜力和找矿方向；划分了19个Ⅳ级成矿（区）带和56个Ⅴ级成矿（区）带；圈定了19个找矿远景区和96个找矿靶区；充分应用GIS软件平台，编制完成了南岭成矿带相关重要图件。

二、项目概况

南岭成矿带成矿条件优越、找矿潜力大、矿业基础好、工作程度高、采选冶产业发达，是我国钨、锡、铋、铅、锌等矿的传统基地，也是世界上独具特色的与大陆花岗岩有关成矿作用最为强烈的地区之一，在全国资源发展战略中具有举足轻重的地位。

作为计划项目"南岭成矿带地质矿产调查"支撑工作项目，原计划工作3年（2014—2016年），由于项目调整，实际工作时间为2014—2015年。工作区地理拐点坐标：东经116°00′00″，北纬26°30′00″；东经114°36′36″，北纬23°49′48″；东经109°09′00″，北纬22°53′24″；东经108°04′48″，北纬24°37′12″；东经110°05′24″，北纬26°33′36″。面积约$23\times10^4 km^2$。项目主要任务是综合分析工作区以往地、物、化、遥和矿产资料，针对典型钨锡多金属矿床及与之关系密切的花岗岩开展解剖工作。通过野外地质调查及室内综合研究，分析重大地质事件及其与成矿的耦合关系；全面总结区域成矿规律，完善钨锡等主要金属矿床的成矿模式和找矿模型，指导区域找矿；开展靶区优选研究，确定找矿方向，提出本区地质矿产调查工作部署建议；跟踪和了解南岭成矿带矿产调查评价项目进展情况，开展成果集成；开展南岭成矿带地质矿产调查计划项目业务推进等各项工作。

三、主要成果与进展

1. 系统整理了南岭成矿带基础地质调查（区域地质调查、区域物化探）、矿产勘查（能源矿产、金属矿产、非金属矿产）、成矿区划与地质科研工作程度。分析了能源（煤炭、铀及地下热水）、金属（钨锡、三稀及铅锌，其次还有铁、锰、金、银、铜、钼）、非金属（硫铁矿、萤石、重晶石、硼、磷、大理石、水泥灰岩）等重要矿产资源分布与钨、锡、铅锌、锰等矿产开发利用现状；系统总结了区域成矿地质背景（区域地层及含矿性、区域构造与成矿、区域岩浆活动与成矿、区域变质作用与成矿、区域地球物理、区域地球化学、区域遥感地质、深部构造及隐伏地质建造控矿）特征，对区域成矿地质条件进行了分析，指出了影响找矿突破的主要问题，为下一步找矿工作部署提供了地质依据。

2. 获得了大量高精度成岩、成矿年龄数据，进一步明确了南岭地区存在晋宁期、加里东期和印支期的成矿事件，为研究南岭成矿带区域成矿规律、指导区域找矿勘查提供了年代学约束。

3. 对花岗岩形成时代、岩石地球化学特征、成因及产出的构造背景进行了较系统的研究。总结了南岭地区成钨花岗岩与成锡花岗岩特征,提出了一些有效的成矿花岗岩的判别标志。

4. 总结了近几年在大义山、高凹背、大顶、宝峰仙、衡阳盆地周缘、大宝山等地区花岗岩研究成果与找矿进展。认为在大面积花岗岩岩基内也具有寻找大型钨锡矿的潜力,主攻矿床类型为石英脉型、云英岩型、破碎带蚀变岩型,扩大了找矿视野,在以后的找矿工作中应引起足够重视。

5. 应用GIS软件平台,重点编制完成了1∶75万《南岭成矿带地质矿产图》《南岭成矿带成矿规律图》《南岭成矿带重要矿产综合预测区分布图》《南岭成矿带找矿远景区及找矿靶区划分图》和《南岭成矿带地质工作程度及工作部署图(2016—2020年)》等系列基础图件。

6. 初步建立了钨、锡等重要矿床区域成矿模式和找矿模型,对今后区内重要找矿靶区深部找矿勘查示范工作将发挥重要的指导作用。

7. 系统总结了南岭地区成矿作用的时空演化规律。南岭地区最为重要的成矿地质作用是沉积成矿作用和岩浆成矿作用,前者主要形成了锰、硫铁、铝、硫、煤等矿产,后者形成了铁、铜、金、钨、锡、钼、稀土等多金属矿产。其他重要的成矿地质作用还有沉积-变质成矿作用、热液成矿作用及风化成矿作用等,形成了金、银、铅、锌、稀土等矿产。各类成矿地质作用的生成、发展、叠加、改造形成的各类矿床记录了区域成矿地质作用演化进程,可分为5个主要成矿阶段:元古代成矿阶段、早古生代成矿阶段、晚古生代成矿阶段、中生代成矿阶段、新生代成矿阶段。

8. 按照全国成矿单元划分方案,南岭地区主要涉及扬子成矿省江南隆起西段锡-钨-金-锑-铁-锰-铜-重晶石-滑石成矿带(Ⅲ-78)和华南成矿省的南岭钨-锡-钼-铍-稀土-铅-锌-金-铀成矿带(Ⅲ-83)、湘中-桂中北(拗陷)锡-铅-锌-钨-铜-锑-汞成矿带(Ⅲ-86)3个Ⅲ级成矿区带(图1)。按照成矿区(带)划分原则进一步划分和圈定了19个Ⅳ级成矿(区)带(表1)和56个Ⅴ级成矿(区)带(表2),为下一步地质找矿部署奠定了工作基础。

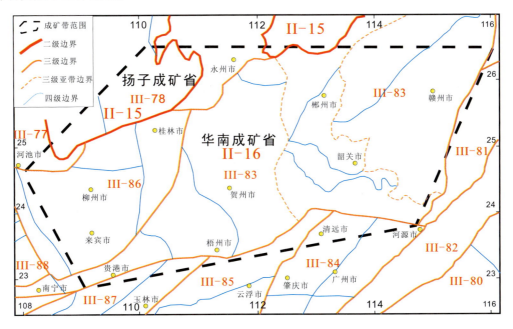

图1 南岭成矿带成矿分区图(据潘仲芳等,2015修改)

Ⅱ-15. 扬子成矿省;Ⅱ-16. 华南成矿省;Ⅲ-77. 上扬子中东部铅-锌-铜-银-铁-锰-汞-锑-磷-铝土矿-硫铁矿-煤和煤层气成矿带;Ⅲ-78. 江南隆起西段锡-钨-金-锑-铁-锰-铜-重晶石-滑石成矿带;Ⅲ-80. 浙闽粤沿海铅-锌-铜-金-银-钨-锡-钼成矿带;Ⅲ-81. 浙中-武夷山(隆起)钨-锡-钼-金-银-铅-锌-镍-钽-铀-叶蜡石-萤石成矿带;Ⅲ-82. 永安-梅州-惠州铁-铅-锌-铜-金-银-锑成矿带;Ⅲ-83. 南岭钨-锡-钼-铍-稀土-铅-锌-金-铀成矿带;Ⅲ-84. 粤中铅-锌-金-银-锡-钨-铀-稀土成矿带;Ⅲ-85. 粤西-桂东南锡-金-银-铜-铅-锌-铁-钼-钨成矿带;Ⅲ-86. 湘中-桂中北(拗陷)锡-铅-锌-钨-铜-锑-汞成矿带;Ⅲ-87. 钦州金-铜-锰-石膏成矿带;Ⅲ-88. 桂西-黔西南-滇东南北部(右江海槽)金-锑-汞-银-锰-水晶-石膏成矿区

表 1 南岭成矿带 Ⅱ-Ⅳ 级成矿区（带）划分表（据潘仲芳等，2015；魏道芳等 2015 修改）

Ⅱ级成矿区（带）	Ⅲ级成矿区（带）	Ⅳ级成矿区（带）
Ⅱ-15 扬子成矿省	Ⅲ-71 武功山－杭州湾铜－铅－锌－银－金－钨－锡－铌－钽－锰－海泡石－萤石－硅灰石成矿带	Ⅲ-71-②-1 湖南邓阜仙－五峰仙铁－钨－锡－铅－锌成矿区
		Ⅲ-71-②-2 湖南衡阳盆地铜－铅－锌－重晶石成矿区
	Ⅲ-77 上扬子中东部铅－锌－铜－银－锰－汞－锑－铁－金－钨－磷－铝土矿－硫铁矿－煤和煤层气成矿带	Ⅲ-77-②-2 湘鄂西－黔中南永（顺）－桑（植）铅－锌－银－硫铁矿－石墨成矿亚带
		Ⅲ-77-②-4 广西环江－罗城铅－锌－银－硫铁－煤成矿区
	Ⅲ-78 江南隆起西段锡－钨－金－锑－铅－锌－锰－铜－重晶石－滑石成矿带	Ⅲ-78-4 湖南洪江－广西桂北铁－锰－铅－锌－钨－锡－铜－钴－镍－滑石成矿带
		Ⅲ-78-5 广西元宝山锡－铜－铅－锌成矿区
Ⅱ-16 华南成矿省	Ⅲ-83 南岭钨－锡－钼－铍－稀土－铅－锌－金－铀成矿带	Ⅲ-83-①-1 南岭东段（赣南隆起）钨－锡－钼－铍－稀土－铅－锌－金－铀成矿亚带
		Ⅲ-83-①-2 赣南－粤北钨－锡－铅－锌成矿区
		Ⅲ-83-②-2 湖南水口山－香花岭钨－锡－铅－锌－金－银成矿区
		Ⅲ-83-②-3 湖南千里山－骑田岭－广东九峰钨－锡－钼－铋－铅－锌－稀土成矿带
		Ⅲ-83-②-4 湖南－广东大东山－贵东钨－锡－铅－锌－钼－硫铁矿成矿带
		Ⅲ-83-②-5 广东英德铁－铜－铅－锌－铜－锡铁成矿区
		Ⅲ-83-③-1 湖南阳明山－塔山多金属成矿区
		Ⅲ-83-③-2 广西都庞岭－湖南九嶷山－广东怀集锰－钨－锡－铁－铜－铅－锌成矿区
		Ⅲ-83-③-3 广西大瑶山金－银－铜－铅－锌－钼－金－银－稀土成矿区
		Ⅲ-83-③-4 广西贵港－桂平金－银－铜－铅－锌－锰－铅－铝成矿区

续表1

II级成矿区（带）	III级成矿区（带）		IV级成矿区（带）
II-16 华南成矿省	III-84 粤中铅-锌-金-银-锡-钨-铀-稀有成矿带		III-84-1 广东清远高明金-银-铅-锌-钼成矿区
			III-84-2 广东龙门铁-铅-锌-钨成矿区
	III-85 粤西-桂东南锡-金-银-铜-铅-锌-铁-钼-钨成矿带	III-85-① 云开（隆起）锡-金-银-铅-锌-钼-钨-铌-钽-锰成矿亚带	III-85-①-1 广东广宁-广西岑溪-北海金-银-铜-铅-锌-钨-钼-铜-钛-高岭土成矿区
	III-86 湘中-桂中北（拗陷）锡-铅-锌-铜-锑-铁-锰-汞成矿带	III-86-① 湘中铅-锌-锑-金-铁-钨-铜-锰成矿亚带	III-86-①-1 湖南-广西湘中铁-锰-钨-锡-金-铅-锌-多金属成矿区
		III-86-② 桂中北铅-锌-锡-铜-锑-铁-锰-汞(承)-钨成矿亚带	III-86-②-1 广西桂林-阳朔铅-锌-重晶石-铁-煤成矿区
			III-86-②-2 广西融安铅-锌-银-重晶石-铁-煤成矿区
			III-86-②-3 广西桂中锰-铅-锌-煤-萤石-银-锰-石膏-煤成矿区
	III-87 钦州金-铜-锰-石膏成矿带		III-87-1 广西六万大山铅-锌-银-锰-萤石-稀土-钛成矿区
			III-87-2 广西钦州-灵山铅-锌-锰-石膏-煤成矿区

表2　南岭成矿带Ⅳ-Ⅴ级成矿区(带)划分对比表(据潘仲芳等,2015;魏道芳等,2015修改)

序号	Ⅳ级成矿区(带)	序号	Ⅴ级成矿区(带)
1	Ⅲ-77-②-4 广西环江-罗城铅-锌-银-硫-铁-煤成矿区	1	Ⅴ-1 广西罗城煤-铁矿集区
2	Ⅲ-78-4 湖南洪江-广西桂北铁-锰-铅-锌-钨-锡-铜-钴-镍-滑石成矿区	2	Ⅴ-2 湖南城步-广西三江铁-锰-铅-锌-钨矿集区
		3	Ⅴ-3 湖南-广西苗儿山-越城岭铅-锌-锰-钨-锡-金-铁-萤石矿集区
		4	Ⅴ-4 广西三江-龙胜铅-锌-铁-滑石-萤石-重晶石矿集区
3	Ⅲ-78-5 广西元宝山锡-铜-铅成矿区	5	Ⅴ-5 广西宝坛-九毛锡-铜-镍矿集区
4	Ⅲ-83-①-1 湖南桂东-江西泰和-永丰钨-锡-银-铅-锌-金-铀-稀土成矿区	6	Ⅴ-6 湖南-江西万洋山钨-锡-稀土-金矿集区
		7	Ⅴ-7 湖南彭公庙-桂东钨-锡-钼-萤石-煤矿集区
5	Ⅲ-83-①-2 赣南-粤北钨-锡-铅-锌成矿区	8	Ⅴ-8 江西茶园-均村钨-锡-萤石矿集区
		9	Ⅴ-9 江西青圹-岩前钨-多金属-硫铁矿集区
		10	Ⅴ-10 江西良碧洲-弹前钨-锡-稀土矿集区
		11	Ⅴ-11 江西留龙-银坑金-银-铅-锌-锰矿集区
		12	Ⅴ-12 江西邹家地-笔架山钨-锡-稀土-多金属矿集区
		13	Ⅴ-13 江西营前-思顺钨-锡-多金属矿集区
		14	Ⅴ-14 江西黄沙-黄婆地钨-锡-钼-铋-稀土-金-银-萤石矿集区
		15	Ⅴ-15 江西崇(义)-(大)余-(上)犹钨-锡-金-银-多金属矿集区
		16	Ⅴ-16 江西大吉山-广东锯板坑钨-锡-铅-锌-铌-钽-稀土-萤石矿集区
		17	Ⅴ-17 湖南小垣-益将钨-锡-钼-铁矿集区
		18	Ⅴ-18 广东九峰钨-钼-铜-萤石-银矿集区
		19	Ⅴ-19 广东仁化长江铀矿集区
		20	Ⅴ-20 广东瑶岭钨-锡-钼-铜-铅-锌-萤石矿集区
6	Ⅲ-83-②-2 湖南水口山-香花岭钨-锡-铅-锌-金-银成矿区	21	Ⅴ-21 湖南大义山-上堡铅-锌-金-铜-锡-硼-铁-煤矿集区
		22	Ⅴ-22 湖南香花岭钨-锡-锑-铅-锌-锂-铁-锰-煤矿集区
7	Ⅲ-83-②-3 湖南千里山-骑田岭-广东九峰钨-锡-钼-铋-铅-锌-银-稀土成矿区	23	Ⅴ-23 湖南骑田岭-瑶岗仙钨-锡-钼-萤石-铅-锌-铁-锰-煤矿集区
		24	Ⅴ-24 广东和尚田钨-铅-锌-锑矿集区
		25	Ⅴ-25 广东凡口铅-锌-银-硫铁矿集区
		26	Ⅴ-26 广东一六钨-铅-锌-锑-重晶石-铁矿集区
8	Ⅲ-83-②-4 湖南-广东大东山-贵东钨-锡-钼-稀土成矿区	27	Ⅴ-27 湖南-广东大东山稀土-铅-锌-铁-煤矿集区
		28	Ⅴ-28 广东大布钨-锡-铋-铅-锌矿集区
		29	Ⅴ-29 广东下庄铀-稀土矿集区

续表 2

序号	Ⅳ级成矿区（带）	序号	Ⅴ级成矿区（带）
9	Ⅲ-83-②-5 广东英德铁-铜-铅-锌-钨-钼-硫铁矿成矿区	30	Ⅴ-30 广东大麦山铁-铜-铅-锌矿集区
		31	Ⅴ-31 广东西牛硫铁矿集区
		32	Ⅴ-32 广东大宝山钨-钼-铜-铅-锌-硫铁矿集区
		33	Ⅴ-33 广东金门铁-钨-锡-铅-锌矿集区
		34	Ⅴ-34 广东新丰稀土-钨-钼-铜矿集区
		35	Ⅴ-35 广东大顶铁-锡-硼矿集区
10	Ⅲ-83-③-1 湖南阳明山-塔山锡多金属成矿区	36	Ⅴ-36 湖南阳明山-塔山铅-锌-钼矿集区
11	Ⅲ-83-③-2 广西都庞岭-湖南九嶷山-广东怀集锰-钨-锡-铁-铜-铅-锌-钼-金-银-稀土成矿区	37	Ⅴ-37 湖南宁远-新田锑-铅-锌矿集区
		38	Ⅴ-38 湖南铜山岭-九嶷山铁-锰-铅-锌-硫-钨-锡-锂-硼矿集区
		39	Ⅴ-39 广西栗木-古怪冲钨-锡-铅-锌矿集区
		40	Ⅴ-40 广西-湖南花山-姑婆山锡-钨-稀土-金-银锰-铁-煤矿集区
		41	Ⅴ-41 广东怀集铁-锡-铜-铅-锌-金矿集区
		42	Ⅴ-42 广东园珠顶-金装铜-钼-金-钨矿集区
12	Ⅲ-83-③-3 广西大瑶山金-银-铜-铅-锌成矿区	43	Ⅴ-43 广西平乐锰-铁矿集区
		44	Ⅴ-44 广西古袍-爱群金-银-铁-稀土-铜-铅-锌矿集区
13	Ⅲ-83-③-4 广西贵港-桂平金-银-铅-锌-锰-铝成矿区	45	Ⅴ-45 广西木圭锰-重晶石矿集区
13	Ⅲ-83-③-4 广西贵港-桂平金-银-铅-锌-锰-铝成矿区	46	Ⅴ-46 广西镇龙山-龙头山金-银-铜-铅-锌-铝-硫铁矿集区
14	Ⅲ-85-①-1 广东广宁-广西岑溪-北海金-银-铜-铅-锌-钨-钼-铜-钛-高岭土成矿区	47	Ⅴ-47 广东新洲金矿集区
15	Ⅲ-86-①-1 湖南-广西湘中铁-锰-钨-锑-金-铅-锌多金属成矿区	48	Ⅴ-48 湖南-广西东湘桥锰-铁-煤矿集区
		49	Ⅴ-49 广西两河锰-铁-煤矿集区
16	Ⅲ-86-②-1 广西桂林-阳朔铅-锌-银-锰-铁成矿区	50	Ⅴ-50 广西老厂铅-锌-银-铁矿集区
		51	Ⅴ-51 广西荔浦-长乐铜-锰-铁-金-铅矿集区
17	Ⅲ-86-②-2 广西融安铅-锌-银-重晶石-铁-煤成矿区	52	Ⅴ-52 广西泗顶-保安铅-锌-银-硫-铁-重晶石矿集区
18	Ⅲ-86-②-3 广西桂中锰-煤-铝-铅-锌-重晶石-石膏成矿区	53	Ⅴ-53 广西龙头-思荣煤-锰矿集区
		54	Ⅴ-54 广西那马-古立铅-锌-锰-重晶石矿集区
		55	Ⅴ-55 广西乔贤-稔竹-王灵铝-煤矿集区
19	Ⅲ-87-1 广西六万大山铅-锌-银-锰-萤石-稀土-钛成矿区	56	Ⅴ-56 广西南安-六岑金-稀土矿集区

9. 在总结前人工作的基础上,通过对地质构造、地球化学和成矿特征的综合分析,将南岭成矿带成矿系列划分为9个系列13个亚系列(表3)。

表 3 南岭成矿带主要成矿系列划分表

矿床成矿系列	矿床成矿亚系列	矿床式
与第四纪风化、淋滤有关的稀土、高岭土成矿系列	离子吸附型稀土矿成矿亚系列	足洞式重稀土矿床 何岭式轻稀土矿床
	风化残积型高岭土矿成矿亚系列	高岭式高岭土矿床
与白垩纪—古近纪红盆沉积有关的铜、铀、钙芒硝、石膏、石盐矿系列	砂岩型铜、铀矿床成矿亚系列	柏坊式铜铀矿床
	与蒸发沉积有关的硬石膏、钙芒硝、石盐矿床成矿亚系列	衡阳式蒸发岩矿床
下扬子及华南与晚古生代沉积作用有关的铁、锰、磷、煤、铝、硫铁矿、石膏、重晶石、黏土矿床成矿系列	与中泥盆世—中二叠世海相沉积有关的铁、锰、磷矿床成矿亚系列	宁乡式铁矿床 东湘桥式锰矿床 贵港式铝土矿床
	与二叠纪沉积作用有关的煤、黄铁矿、黏土矿床成矿亚系列	郴耒式煤田
上扬子台褶带与沉积作用有关的铁、磷、钒、镍、钼矿床成矿系列	南华纪与沉积有关的铁矿床成矿亚系列	江口式铁矿床 湘潭式锰矿床
	与震旦纪—寒武纪黑色岩系有关的钒、镍、钼矿床成矿亚系列	慈利式钒钼矿床
与晋宁期中浅成—浅成中酸性花岗岩类有关的锡、铜多金属矿床成矿系列		一洞五地式锡铜矿床
与加里东期中酸性花岗岩类有关的钨、锡、铜、金、锑矿床成矿系列		牛塘界式钨铜矿床
与印支期中浅成—超浅成中酸性—酸性花岗岩类有关的钨、锡、铌钽、稀土矿床成矿系列		栗木式钨锡铌钽多金属矿床
与燕山期中浅成—超浅成岩浆岩有关的稀土、稀有、有色及铀矿床成矿系列	粤北与铁镁质-超铁镁质岩石有关的铁、钒、钛矿床成矿亚系列	霞岚式钒钛磁铁矿床
	赣南-粤北后加里东隆起区与花岗岩类有关的钨锡、稀土、铌钽、钼、铋、铍、铀矿床成矿亚系列	西华山式钨矿床 黄沙式钨矿床 邓阜仙式钨锡铌钽 岩背式锡矿床
	湘粤桂海西—印支拗陷区与花岗岩类有关的锡钨、铌钽、铍、铋、钼、铅锌、铜、萤石矿床成矿亚系列	姑婆山式锡钨铌钽稀土矿床 柿竹园式钨锡铌钽多金属矿床 香花岭式锡铅锌矿床
	湘粤桂海西—印支拗陷区与花岗岩类有关的铅锌、铜、铁、硫、钨、钼、金矿床成矿亚系列	水口山式铅锌金矿床 黄沙坪式铜铅锌多金属矿床 大宝山式铜钼多金属矿床 大顶式铁锡矿床 凡口式铅锌矿床 泗顶式铅锌矿床
	大瑶山隆起区与花岗岩类有关的的铜、金、钼、铅锌、银、钨、矿床成矿亚系列	龙头山式金矿床 园珠顶式铜钼矿床

10. 根据地、物、化、遥、重砂等成矿信息、矿化集中分布区、资源潜力分析等资料,在成矿带内划分找矿远景区 19 个(图 2),找矿靶区 96 个(表 4),并对其资源潜力进行了评价。

表 4 南岭成矿带重要矿产找矿远景区及找矿靶区一览表

找矿远景区		找矿靶区	
编号	名称	编号	名称
YJ-1	湖南—广西苗儿山-越城岭钨锡多金属找矿远景区	ZB01C	大圳铜铅锌多金属矿找矿靶区
		ZB02B	猴子界钨矿找矿靶区
		ZB03A	茶坪-梅溪钨锡稀土矿找矿靶区
		ZB04A	牛塘界-老茶亭铁钨稀土矿找矿靶区
YJ-2	广西九万大山锡铜多金属找矿远景区	ZB05A	九毛钨锡铜镍矿找矿靶区
		ZB06A	五地锡铜锑矿找矿靶区
YJ-3	湖南—江西万洋山诸广山钨锡稀土找矿远景区	ZB07C	井冈山钨铜铅锌矿找矿靶区
		ZB08C	州门司钨矿找矿靶区
		ZB09B	清泉稀土矿找矿靶区
		ZB10A	清洞钨稀土矿找矿靶区
YJ-4	江西遂川-湖南汝城钨锡铅锌多金属找矿远景区	ZB11C	良碧洲钨矿找矿靶区
		ZB12B	焦里钨铅锌矿找矿靶区
		ZB13C	桐苦钨钼矿找矿靶区
		ZB14A	西华山-漂塘钨锡钼矿找矿靶区
		ZB15B	圩前稀土矿找矿靶区
		ZB16A	大平铁钨矿找矿靶区
		ZB17C	三江口稀土矿找矿靶区
		ZB18A	白云仙钨锡矿找矿靶区
		ZB19A	乐昌钨锡矿找矿靶区
YJ-5	江西兴国-于都钨锡铅锌萤石稀土找矿远景区	ZB20B	青塘钨硫铁矿找矿靶区
		ZB21A	银坑金银钨多金属矿找矿靶区
		ZB22B	黄婆地钨钼多金属矿找矿靶区
		ZB23B	黄沙钨多金属矿找矿靶区
		ZB24A	江口稀土矿找矿靶区
YJ-6	江西全南-广东连平钨稀土找矿远景区	ZB25C	南雄稀土矿找矿靶区
		ZB26B	始兴钨多金属矿找矿靶区
		ZB27B	翁源铅锌多金属矿找矿靶区
		ZB28B	连平钨多金属矿找矿靶区
		ZB29C	岗鼓山钨锡多金属矿找矿靶区
		ZB30A	大吉山钨多金属矿找矿靶区
		ZB31A	岿美山钨多金属矿找矿靶区
		ZB32A	足洞稀土矿找矿靶区

续表 4

找矿远景区		找矿靶区	
编号	名称	编号	名称
YJ-7	湖南水口山-大义山钨锡铅锌金银矿找矿远景区	ZB33A	水口山铅锌多金属矿找矿靶区
		ZB34A	七里坪铅锌多金属矿找矿靶区
		ZB35B	白沙锡多金属矿找矿靶区
		ZB36A	南阳煤矿找矿靶区
		ZB37B	黄市硫铁多金属矿找矿靶区
		ZB38A	永兴煤矿找矿靶区
YJ-8	湖南香花岭-坪宝锡铅锌钨多金属矿找矿远景区	ZB39A	大坊锰多金属矿找矿靶区
		ZB40C	袁家煤锰矿找矿靶区
		ZB41A	黄沙坪铅锌多金属矿找矿靶区
		ZB42A	香花岭锡铅锌多金属矿找矿靶区
YJ-9	湖南骑田岭-千里山钨锡铅锌银找矿远景区	ZB43A	柿竹园钨锡铅锌多金属矿找矿靶区
		ZB44A	新田岭钨多金属矿找矿靶区
		ZB45C	王家山铅锌多金属矿找矿靶区
		ZB46A	瑶岗仙钨多金属矿找矿靶区
		ZB47A	白腊水钨锡铅锌多金属矿找矿靶区
YJ-10	广东乐昌-韶关铅锌钨锑多金属找矿远景区	ZB48A	凡口铅锌多金属矿找矿靶区
		ZB49B	乳源钨锡锑多金属矿找矿靶区
		ZB50A	韶关钨铅锌多金属矿找矿靶区
YJ-11	广东英德-曲江铜铅锌钨金多金属找矿远景区	ZB51A	沙口硫铁多金属矿找矿靶区
		ZB52A	新江铁铜钼铅锌多金属矿找矿靶区
		ZB53A	英德钨铜多金属矿找矿靶区
		ZB54C	官渡煤硫铁矿找矿靶区
		ZB55A	西牛金硫铁多金属矿找矿靶区
		ZB56A	石灰铺硫铁矿找矿靶区
		ZB57A	佛冈稀土矿找矿靶区
YJ-12	广西都庞岭-湖南九嶷山钨锡铅锌多金属找矿远景区	ZB58B	黄关锡多金属矿找矿靶区
		ZB59B	铜山岭铜铅锌多金属矿找矿靶区
YJ-12	广西都庞岭-湖南九嶷山钨锡铅锌多金属找矿远景区	ZB60B	祥霖铺钨多金属矿找矿靶区
		ZB61A	后江桥铁锰铅锌多金属矿找矿靶区
		ZB62C	湾井铁锰铅锌多金属矿找矿靶区
		ZB63B	正冲锂锡多金属矿找矿靶区

续表 4

找矿远景区		找矿靶区	
编号	名称	编号	名称
YJ-13	广西—湖南花山-姑婆山钨锡金稀土多金属找矿远景区	ZB64A	河路口钨锡稀土多金属矿找矿靶区
		ZB65A	望高钨锡稀土多金属矿找矿靶区
		ZB66A	大宁金银稀土多金属矿找矿靶区
		ZB67A	珊瑚钨锡多金属矿找矿靶区
		ZB68C	连山金矿找矿靶区
YJ-14	广东封开-怀集铜金钼多金属找矿远景区	ZB69A	洽水铁铜锡多金属矿找矿靶区
		ZB70B	怀集金钨矿找矿靶区
		ZB71B	赤坑金铁多金属矿找矿靶区
		ZB72A	封开铜钼金多金属矿找矿靶区
		ZB73C	广宁金铜多金属矿找矿靶区
		ZB74C	渔涝钨铜矿找矿靶区
YJ-15	广西大瑶山金银钨稀土多金属找矿远景区	ZB75B	大黎金钼多金属矿找矿靶区
		ZB76B	马江金矿找矿靶区
		ZB77B	夏郢金银钨矿找矿靶区
		ZB78B	苍梧金稀土矿找矿靶区
YJ-16	广西平南-贵港金铅锌多金属找矿远景区	ZB79A	木乐锰铅锌矿找矿靶区
		ZB80A	蒙圩铅锌锡稀土矿找矿靶区
		ZB81A	覃塘金矿找矿靶区
		ZB82B	镇龙山金银铝土矿找矿靶区
YJ-17	湖南东安-广西兴安锰找矿远景区	ZB83B	紫溪市锰矿找矿靶区
		ZB84C	春芽町锰矿找矿靶区
		ZB85C	枣木铺锰矿找矿靶区
		ZB86A	东湘桥锰矿找矿靶区
		ZB87A	两河-大姑拉锰铁铅锌矿找矿靶区
YJ-18	广西融安-永福铅锌多金属找矿远景区	ZB88B	沙坑-红茶口找铅锌多金属矿找矿靶区
		ZB89A	泗顶-屯秋铅锌多金属矿找矿靶区
		ZB90B	铜矿沟-保安铅锌多金属矿找矿靶区
YJ-19	广西宜州-来宾锰煤找矿远景区	ZB91A	龙头-山等煤锰矿找矿靶区
		ZB92A	洛富-三岔锰铝土矿找矿靶区
		ZB93B	七洞锰铝土矿找矿靶区
		ZB94B	柳东锰矿找矿靶区
		ZB95B	忻城铝土矿找矿靶区
		ZB96B	凤凰-思荣锰矿找矿靶区

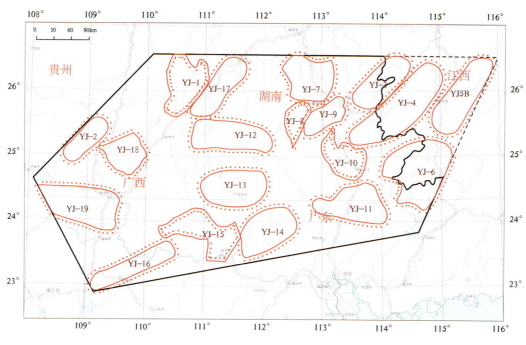

图 2　南岭成矿带重要找矿远景区图

注:远景区编号及名称见表 4

11. 利用锆石 LA-ICPMS U-Pb 法获得赣南花岗闪长岩 ^{206}Pb/^{238}U 加权平均年龄为 454±2Ma (图 3),其中一粒锆石的边部环带 ^{206}Pb/^{238}U 年龄为 454±9Ma,核部 ^{207}Pb/^{206}U、^{207}Pb/^{235}U、^{207}Pb/^{238}U 年龄分别为 4039±13Ma、4039±19Ma、4040±60Ma(图 4)。4039Ma 锆石核的发现成为继西澳 Yilgarn 克拉通(碎屑锆石,4276±6Ma、4404±8Ma)、加拿大 Wopmay 造山带(Acasta 片麻岩,4016Ma)、中国西藏普兰(石英片岩碎屑锆石,4103Ma)、北秦岭(奥陶纪火山岩捕房锆石,4079Ma)、北武夷龙泉(云母石英片岩碎屑锆石,4127Ma、4070Ma)、广西西大明山(寒武系砂岩碎屑锆石,4107Ma)之后世界上为数不多的发现冥古宙(4.56~3.85Ga)地质记录的地区,而且也成为世界上在相对较年轻的侵入岩中发现 4000Ma 以上地质记录的地方,为研究华南乃至世界早期地壳生长和构造演化历史提供了重要信息。

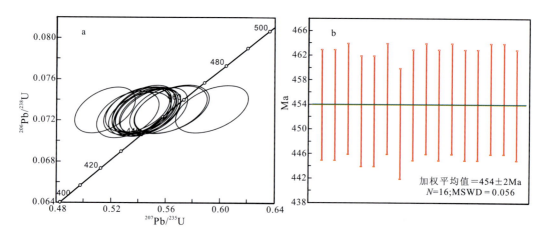

图 3　赣南花岗闪长岩锆石 LA-ICPMS U-Pb 年龄谐和图(a)和加权平均年龄图(b)

12. 提出了南岭成矿带重点选区部署建议,根据一级项目"基础性公益性地质矿产调查"和二级项目"南岭成矿带中西段地质矿产调查"总体目标任务,以及中国地质调查局下达给南岭成矿带中西段1∶5万矿产地质调查和1∶5万区域地质调查面积和经费的控制数,按1∶5万区域地质调查、矿产地质调查、专题调查研究3个方面部署工作。到2018年南岭成矿带中西段共建议部署25个子项目。其中2016年14个子项目,以续做项目为主,新开了2个1∶5万区域地质调查子项目;2017年、2018年分别新开1∶5万地质矿产调查和区域地质调查子项目为4个和4个、3个和0个,子项目工作周期为3年。

图4 赣南花岗闪长岩部分锆石CL图像(Ma)

四、成果意义

梳理了南岭成矿带地质工作程度,划分了Ⅳ级和Ⅴ级成矿(区)带,圈定了找矿远景区和找矿靶区,分析了资源潜力,编制了系列基础图件,提出了下一步工作部署建议方案。这些成果为国家和地方政府的勘查规划部署和引导社会地质工作提供了有力的技术支撑和服务。